Prix 10.00

LA BELGIQUE, LA HOLLANDE

L'Allemagne et l'Autriche

ÉTABLISSEMENTS DIVERS

TABLE DES MATIÈRES

TIROL INNSBRUCK TIROL

L'admirable situation d'Innsbruck, abritée au Nord par l'imposante chaîne de montagnes qui borde la rive gauche de l'Inn, a fait de cette gracieuse cité un des **séjours favoris** des touristes : le printemps et l'automne comme station de passage, l'été comme station par excellence, soit à cause de la beauté de ses environs, soit à cause de sa position centrale, au point de rencontre des grandes lignes de Paris à Vienne par l'Arlberg, de Munich à Vérone par le Brenner, et de nombreuses routes venant des pittoresques vallées de la Bavière et du Tirol.

C'est une des villes où pas un touriste ne manque de s'arrêter, et les monuments qu'elle renferme ajoutent une nouvelle attraction à la capitale du Tirol. — Facilités pour l'éducation : Université ; lycée ; bibliothèque ; leçons de langues, etc.

La route de **Paris à Vienne par l'Arlberg** est sans contredit la plus pittoresque sans être pour cela la moins rapide ; celle de **Paris en Italie par l'Arlberg et le Brenner** est des plus intéressantes. Le Brenner, d'ailleurs, par sa situation relativement plus méridionale et moins élevée, est le plus agréable passage pour se rendre en Italie, même à la fin de l'hiver (mars), ou à la fin de l'automne (novembre), lorsque d'autres passages sont déjà couverts par la neige.

Innsbruck est devenu depuis quelques années un **séjour climatique d'hiver, recommandé** pour les personnes qui ont besoin d'un climat froid, sec, reconstituant, constant, sans vent ni brouillard et surtout abrité contre le vent du Nord.

PRINCIPAUX HOTELS DANS LE VOISINAGE IMMÉDIAT DE LA GARE

Hôtel Tirol. Propre CARL LANDSÉE.

Hôtel zur goldenen Sonne. Propre CARL BEER.

GRAND HOTEL BRASSEUR
LUXEMBOURG
P. BEYENS, Propriétaire.
VUE PRISE DU PONT DU CHATEAU
ENTRÉE DE LA VILLE
PREMIER ORDRE
Électricité. — Ascenseur. — Bains. — Douches.
Le plus grand et le plus confortable de la ville.
A COTÉ DES PARCS ET BOULEVARDS
Restaurant à la carte et table d'hôte
à 12 h. 1/2 et 7 h.
OMNIBUS

Chemins de fer et Paquebots de l'État Belge

LIGNE : **OSTENDE-DOUVRES**

TROIS DÉPARTS PAR JOUR

Après l'arrivée des express en correspondance

TRAVERSÉE EN 3 HEURES

Magnifiques paquebots : *Rapide, Léopold II, Marie-Henriette, Princesse-Clémentine, Princesse-Henriette, Princesse-Joséphine, Prince-Albert, Ville-de-Douvres, la Flandre* et le paquebot à turbines *Princesse-Elisabeth*, le plus rapide des paquebots faisant la traversée entre l'Angleterre et le Continent (24 nœuds, 45 kilomètres à 'heure). Poste, télégraphie sans fil (système Marconi), buffet-restaurant, à bord.

A Ostende, le train accoste les bateaux. — Buffet-restaurant en face du débarcadère.

Prix : Aller : 1re cl., 11 fr. 20 ; 2e cl., 8 fr. 90. — Aller et retour (validité 15 jours) : 1re cl., 18 fr. 70 ; 2e cl., 15 fr. — Cabines particulières : en sus du prix de la 1re cl., 7 fr., petite cabine ; 14 fr., grande cabine ; 28 fr., cabine spéciale, et 75 fr., cabine de luxe.

RAVISSANTE EXCURSION A PRIX TRÈS REDUITS

Ostende à Douvres et retour. Du 1er mai au 31 octobre, il est délivré, au prix de 11 fr. 90 en 1re classe et de 9 fr. 40 en 2e classe, des billets d'excursion valables 3 jours.

Il est également délivré des billets de fin de semaine et des billets valables 17 jours d'Ostende à Londres *via* Douvres, à des prix très réduits, ces derniers toute l'année.

NOUVELLES CORRESPONDANCES EXTRA-RAPIDES. — De Londres vers **Ostende-Vienne-Budapest-Carlsbad-Constantinople-Berlin-Wirballen-Saint-Pétersbourg-Varsovie-Moscou-Bâle-Milan** (3 serv. quotidiens).

OSTENDE-VIENNE-BUDAPEST-EXPRESS. — **Grand train de luxe** en marche tous les jours entre *Londres, Ostende, Cologne, Francfort-sur-Mein, Vienne* et *Budapest*, cinq fois par semaine, entre **Londres, Ostende et Constantinople.**

NORD-EXPRESS. — **Grand train de luxe** en marche tous les jours entre **Ostende, Bruxelles, Cologne et Berlin**, deux fois par semaine entre **Londres, Ostende, Berlin, Eydtkühnen-Wirballen et Saint-Pétersbourg**, et une fois par semaine entre **Londres, Ostende, Berlin, Varsovie, Moscou.** En correspondance à Moscou avec le " Transsibérien ", hebdomadaire (composé exclusivement d'un wagon-restaurant, 2 voitures-lits de 1re classe et 2 voitures-lits de 2e classe), qui effectue le parcours de Moscou à Vladivostock en 10 jours, 3 heures.

Ces grands trains de luxe sont composés de wagon-salon, restaurant et lits. Nombre de places limité ; se munir d'un billet de 1re classe et d'un supplément à payer à la Compagnie des wagons-lits. Tarif affiché dans les voitures.

SUISSE. — **Trois trains express quotidiens** (sans supplément de prix) entre Londres, la Suisse et l'Italie, *via* Ostende-Strasbourg.

Départs de Londres : 9 h. matin, 2 h. 20 soir et 9 h. soir. Trajet de Londres à Bâle en 18 heures.

Pour retenir une cabine particulière, s'adresser, selon l'itinéraire à suivre, à M. le chef de station d'Ostende (quai) ou à M. VANHERCKE, agent belge, Strond Street, 7, à Douvres. — Transport gratuit de 25 kilogr. de bagages enregistrés.

Renseignements complémentaires : Chemins de fer belges, 47, Cannon Street et 53, Grace Church Street, *Londres* E. C., et 72, Regent Street, *Londres* W. — 42, rue Le Peletier, *Paris*. — Gare de *Bruxelles* Nord ou à *Douvres*, 7, Strond Street

Photo Charles Bellmann, Prague

HRADČANY ET LE CHATEAU ROYAL VUS DU QUAI FRANÇOIS

PRAGUE

Prague est le livre le plus précieux
de l'histoire et de l'architecture.
(William RITTER.)

La capitale du royaume de Bohême compte (y compris les faubourgs et la banlieue), 600.000 habitants. — Deux universités ; 2 écoles techniques — Académies. — De nombreux musées et galeries de tableaux ; archives, bibliothèques.

PRAGUE, la ville aux cent tours, est un des plus grands centres intellectuels de l'Europe. Elle possède de vieux monuments et de précieuses œuvres d'architecture. Citons, par exemple : la Cathédrale St. Guy, bijou d'architecture gothique, dans laquelle se trouvent des trésors artistiques ; le Belvédère de la reine Anna, célèbre construction de style Renaissance ; le monastère de Strahov, contenant une riche bibliothèque, de précieux incunables, une galerie de tableaux (la fête du Rosaire de Dürer), ainsi que le tombeau de Pappenheim ; l'église de N.-D. de Lorette (joli carillon) et ses précieux trésors ; le cloître de St. Thomas, avec ses vieux tableaux de Rubens ; l'hôtel de ville (style gothique) avec sa vieille horloge ; le vieux cimetière juif, aussi célèbre que la vieille synagogue ; la vénérable église de Tyn dans laquelle se trouve le tombeau de Tycho de Brahé ; de nombreux palais (entre autres celui de Wallenstein), le Théâtre National ; beaucoup de magnifiques constructions du plus pur style « baroque », etc.

Il est possible de faire de Prague, en une journée, des excursions aux célèbres stations thermales de la Bohême

Pour tous renseignements s'adresser au

« Česky zemsky svazy ku povzneseni návštevy cizincû v kralovstvi Českém, v Praze » (Syndicat tchèque d'initiative pour le royaume de Bohême à Prague), **Josefské nám, 5.**

LE TIROL

Cette province de l'empire d'Autriche est sans contredit l'**une des plus admirables contrées de l'Europe.** *Moyens de communication nombreux et faciles; sécurité du voyage; hôtels bien tenus; grande et magnifique nature; peuple honnête, intelligent et marqué d'une empreinte caractéristique:* en voilà plus qu'il n'en faut pour attirer les touristes.

A des nombreuses **stations d'été** et à des **stations thermales,** facilement accessibles et bien installées, heureusement situées à des altitudes variant entre 400 et 2000 mètres, s'ajoutent des **stations de transition** et, enfin, des **stations d'hiver** de climat très différent, dont les unes peuvent être rapprochées de celles de la Provence, tandis que les autres rivalisent avec celles de l'Engadine (*V.* « les Stations d'altitude dans la phtisie pulmonaire », par le Dr Jaccoud, professeur de clinique médicale à la Faculté de Paris), et offrent toutes les ressources du sport d'hiver.

Les Alpinistes ont le choix entre des **superbes courses de montagnes et de glaciers** jusqu'à l'altitude de 4000 mètres dans les districts de l'ORTLER, de l'ŒZTHAL, du STUBAITHAL, de l'ADAMELLO, et dans la MERVEILLEUSE RÉGION DES DOLOMITES (*Ampezzo*, *Rosengarten*, *Pala*, *Brenta*, etc.), et les excursions plus faciles dans les belles VALLÉES qui conduisent au pied de ces montagnes, égayées par de nombreuses *cascades* et parsemées de *lacs* et de *ruines* pittoresques, que parcourent des routes bien entretenues. Des *refuges* alpestres, appartenant à diverses Sociétés d'Alpinistes et situés à des endroits propices jusque dans le cœur des glaces facilitent les excursions.

Des **lignes ferrées** d'importance internationales telles que celles du *Brenner*, de l'*Arlberg*, du *Pustertal* et de la *Giselabahn*, ainsi que d'autres lignes locales, parcourent ce beau pays où le climat, les aspects et les habitants offrent le plus heureux contraste entre le Nord et le Sud.

Bons hôtels de 1er et de 2e ordre; pensions; auberges villageoises bien tenues. — Guides autorisés et tarifés par les Sociétés alpines, etc.

Les Bureaux de Renseignements (*Fremden-Verkehrsbureau*) d'Innsbruck et de Bozen donnent gratuitement toutes les indications demandées et reçoivent toute communication ayant trait aux services de transport dans le Tirol.

A*

ALLEMAGNE DU NORD

BAINS DE BOHÊME

DANEMARK, SUÈDE, NORVÈGE

GUIDES COMPOSANT LA

COLLECTION JOANNE

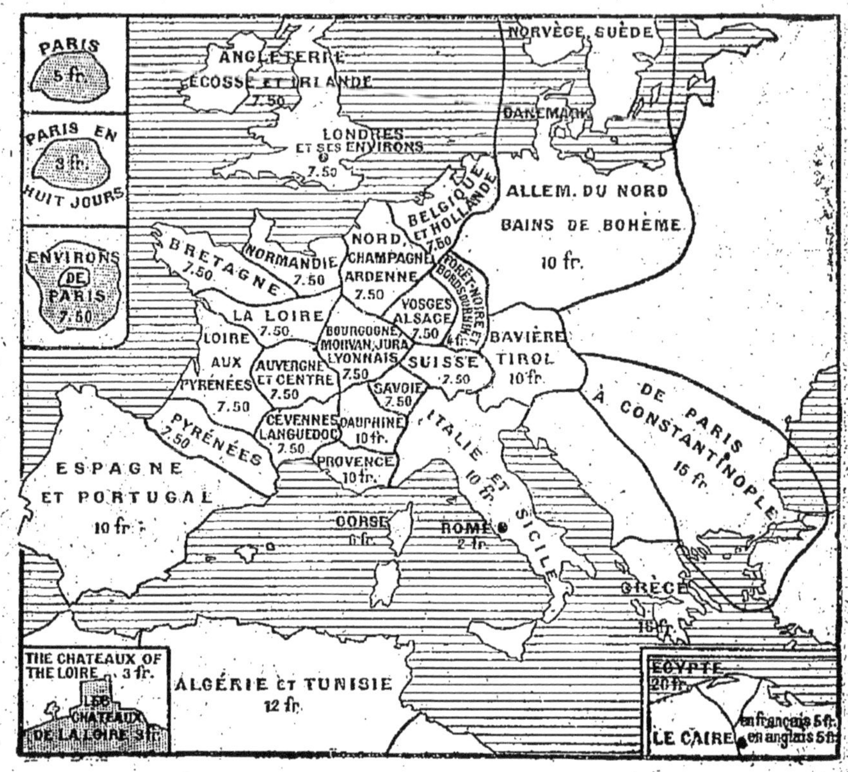

MONOGRAPHIES JOANNE

Série à 0 fr. 50

Angers.
Arles et les Baux.
Avignon.
Blois.
Chantilly.
Lourdes.
Montpellier.

Série à 1 franc.

Aix-les-Bains.
Ajaccio.
Alger.
Arcachon.
Bagnères-de-Bigorre.
Biarritz, Bayonne.
Bordeaux.
Boulogne.
Bruxelles.
Caen, Bayeux.
Cannes, Antibes, etc.
Cauterets.
Chamonix.
Chartres.
Châtelguyon, Riom, Châteauneuf.
Clermont-Ferrand, Royat.
Compiègne.
Contrexéville, Vittel.
Dax.
Dieppe et le Tréport.
Dijon.
Eaux-Bonnes.
Fontainebleau.
Genève.
Gérardmer.
Le Havre.
Iles de la Manche.
Luchon.
Lyon.
Le Mont-Dore et la Bourboule.
Marseille.
Menton.
Mont-St-Michel.
Nancy.
Nantes.
Nice.
Nimes.
Orléans.
Pau.
Plombières, Bains.
Poitiers.
Reims.
Rouen.
Royan.
Saint-Malo, Dinard.
Saint-Raphaël.
Saint-Sébastien.
Toulon, Hyères.
Toulouse.
Tours.
Trouville.
Tunis.
Versailles.
Vichy.

Série à 2 fr.

Gorges du Tarn.
G[d]-Duché de Luxembourg.

1194-09. — Coulommiers. Imp. PAUL BRODARD. — 7-10.

COLLECTION DES GUIDES-JOANNE

ALLEMAGNE DU NORD

BAINS DE BOHÊME

DANEMARK, SUÈDE, NORVÈGE

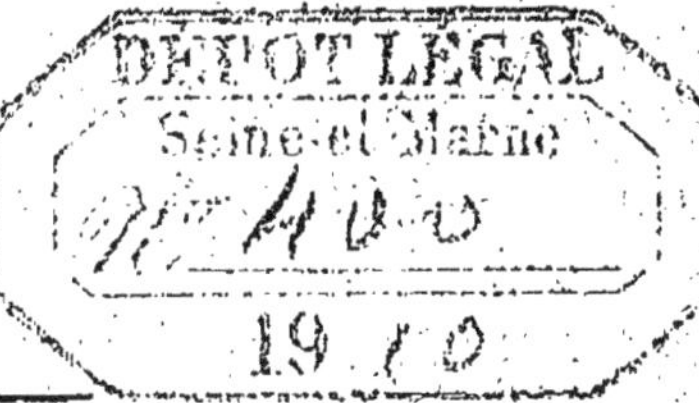

7 CARTES, 42 PLANS

PARIS

LIBRAIRIE HACHETTE ET Cie

79, BOULEVARD SAINT-GERMAIN, 79

1910

Toutes les mentions et recommandations contenues dans le texte des Guides-Joanne sont entièrement gratuites.

TABLE MÉTHODIQUE

ROUTES D'ACCÈS

PREMIÈRE SECTION

BAINS DE BOHÊME : — FRANZENSBAD, MARIENBAD, CARLSBAD; — PRAGUE

DEUXIÈME SECTION

LA THURINGE, DRESDE, LA SUISSE SAXONNE, LEIPZIG

TROISIÈME SECTION

HANOVRE, BRÊME, HAMBOURG, BERLIN

QUATRIÈME SECTION

DANEMARK, SUÈDE ET NORVÈGE

CARTES ET PLANS

CARTES

PLANS

ABRÉVIATIONS

all.	aller.
alt	altitude.
arr	arrivée.
asc., ascens	ascension.
aub	auberge.
b	bourg.
bat	bateau.
capit	capitale.
ch	chambre.
chât	château.
ch. de fer	chemin de fer.
ch.-l	chef-lieu.
chev	cheval.
c., com	commune.
déj	déjeuner.
dép	départ.
dil., dilig	diligence.
dîn	dîner.
dr	droite.
embr., embranch.	embranchement.
env	environ.
E	est.
l'Enf. J	l'Enfant Jésus.
fr	franc.
g	gauche.
h	heure.
hab	habitants.
ham	hameau.
hell	heller.
hôt	hôtel.
int	intérieur.
k	kilomètre.
kil	kilogramme.
Kr	krone (en Autriche, Danemark, Suède, Norvège).
hell	heller (en Autriche).
M	mark.
m	mètre.
mat	matin.
min	minute.
nécess	nécessaire.
N	nord.
O	ouest
œ	œre.
pens	pension.
pf	pfennig.
R	route.
ret	retour.
S	sud.
sem	semaine.
s	soir.
t. l. j	tous les jours.
la V	la Vierge.
V	ville.
v	village.
V	voir.
voit	voiture.
	chemin de fer.
	tramway.
	bateau à vapeur.
	automobile.
	route de voit.
Ⓑ	buffet.
Ⓟ	portrait.
	bifurcation.

N. B. — A défaut d'indication contraire, les hauteurs sont toujours évaluées au-dessus du niveau de la mer.

PRÉFACE

Cette nouvelle édition de l'*Allemagne du Nord*, qui comprend en outre une description des principales routes du *Danemark*, de la *Suède* et de la *Norvège*, a été revue et rédigée : pour l'Allemagne, par M. le Professeur *Ernest Franco*, et pour les pays scandinaves, par MM. *Gustave Bagge* et *Ernest Franco*.

Nous devons des remercîments tout particuliers, pour les notes ou corrections qu'ils ont eu l'obligeance de nous communiquer à MM. : Dr *W. Bode*, Directeur général des Musées royaux de Berlin ; D[r] *Ch. Wœrmann*, Directeur de la Galerie de tableaux de Dresde ; Dr *Gros*, bourgmestre de la Ville de Prague ; *chevalier E. de Čenkov*, à Prague.

P. Joanne.

Juillet 1910.

AVIS IMPORTANT

Les **renseignements pratiques**, c'est-à-dire les hôtels, — classés, autant que possible, par ordre d'importance avec indication de leurs prix (là où il nous a été possible de les obtenir), — les restaurants, les cafés, les voitures, les trams, etc., en un mot : tout ce qui a rapport à la vie matérielle, se trouvent soit dans le texte même pour les localités qui ont peu d'hôtels, soit, pour les villes et les centres importants, dans l'*Index alphabétique*, au nom de la localité à laquelle ils se rapportent.

La mention (*V.* l'*Index*) signifie donc qu'il se trouve à l'Index alphabétique des renseignements pratiques à consulter.

MM. les voyageurs sont instamment priés d'envoyer à l'auteur des notes rectificatives pour les erreurs ou modifications qu'ils remarqueront en cours de route.

A nos Collaborateurs volontaires

Ces feuillets sont destinés à recevoir les observations ou corrections que chacun peut recueillir en cours de route. Prière de les adresser à M. JOANNE (librairie Hachette, boulev[d] St-Germain, 79, Paris); celui-ci les recevra avec reconnaissance.

Il en remercie d'avance ses collaborateurs volontaires.

INDEX ALPHABÉTIQUE

NOTA. — Pour les villes importantes la liste des hôtels et les renseignements sur les trams, voitures, etc., sont dans cet Index. Pour les localités secondaires les hôtels sont dans le texte.

Les hôtels sont classés, autant que possible, par ordre d'importance, avec indication des prix (quand il nous a été donné de les connaître). Nous prions instamment MM. les touristes de nous adresser toutes les corrections et observations nous permettant de tenir à jour cette partie si importante du guide.

Ce signe *, à la suite d'un nom d'hôtel, n'implique aucune recommandation et indique seulement des prix relativement élevés.

ABRÉVIATIONS :

asc. : ascenseur;
aub. : auberge;
av. v. : avec vin;
av. : avenue;
ch. : chambre;
chauff.centr. : chauffage central;
chev. : cheval ou chevaux;
déj. : déjeuner;
dep. : depuis;
dîn. : dîner;
écl. : éclairage;
h. : heller;
h. : heure;
hôt. : hôtels;
j. : jour;
Kr. : krone;
M. : Mark
mat. : matin;
œ. : œre;
omn. : omnibus;
ouv. : ouvert;
part. : particulière;
pens. : pension;
pers. : personnes;
pf. : pfennig;
pl. : place;
rest. ou restaur. : restaurant;
r. : rue;
s. v. : sans vin;
serv. : service;
s. : soir;
voit. : voiture;
[symbole] Chambre noire;
[symbole] Garage pour automobiles.

Les noms des localités les plus importantes sont suivis d'une lettre indiquant le pays dans lequel elles se trouvent : A. = Allemagne; Autr. = Autriche; D. = Danemark; N. = Norvège; S. = Suède.

A

AKERVASS — BERGEN

B

Hôt. : *Reichsadler*, Maximilianstr. (ch. dep. 3 M.); *Goldene Anker* Opernstr.; etc. — Restaurant au *Festspielhaus*.

BERGEN (N.) 287

Voitures de place (*V.* ci-dessous) et *commissionnaires* (35 œre à 1 Kr.) à la gare et aux débarcadères des bateaux.

Hôtels : — *Norge* *, Olle Bullplads, près du Parc (confortable; ch. dep. 3 Kr.; dîn. 3 Kr., soup. 2 Kr.); — *Métropole*, Christiesgade, à côté du Parc (ch. 2 à 8 Kr.; dîn. 3 Kr., soup. 2 Kr.); — *Holdt*, Engenplads (ch. 2 à 7 Kr.; dîn. 3 Kr., soup. 1 Kr. 50); — *Victoria*, Christiesgade (ch. 2 Kr. à 3 Kr. 60); — *Boulevard*, Olaf Kirresgade, près du Parc (petit; ch. 2 Kr. 50 à 4 Kr.; dîn. 2 ou 3 Kr., soup. 1 Kr. 50 à 2 Kr.); — *International*, Torvet (Mme Ottilie Hansen; recommandable; ch. 1 Kr. 50 à 2 Kr.; ascens., chauffage central).

Cafés-restaurants : — *Grand Café* en face de l'hôt. Norge, au Stadpark (salons de restaur. au 1er étage; dîners de 1 à 4 h.); — *Norge*, à l'hôt. de ce nom; — *Boulevard*, à l'hôt. de ce nom (belle décoration; musique le soir); — *Bellevue*, au Flœien; etc.

Voitures de place : — de la gare ou du débarcadère des bateaux en ville, 1 à 2 pers. 1 Kr. 50, 3 à 4 pers.

2 Kr., malle 20 œre; à l'heure, karriol 2 Kr., victoria pour 1 à 3 pers. 3 Kr., landau à 2 chev. de 1 à 4 pers.) 4 Kr., en ville ou aux environs.

Tramways : — 10 œre la course; — du Nygaardsbro, par la Nygaardsgade au Torv-Almenning et du Torv, par le Torvet et l'Œvregade, à Sandviken; — du Nœstetorv à Kalfaret, par l'Engen, le Torv-Almenning, la Poste et le Kalfarveien (d'où l'on monte au Flœien).

Poste : — Raadstueplads (le dim., de 8 à 9 h. le mat., de 5 à 6 h. le soir).

Télégraphe : — à la Bourse.

Agences de bateaux à vapeur : — *Bergenske Dampskibsselskab*, Torv-Almenning, 8; — *Nordenfieldske Dampskibsselskab*, chez J.-C. Bruenech et fils, Strandgade; — *Hamburg-Amerika Linie*, chez F. Beyer, Strandgade; etc.

Agences de voyages : — *Th. Bennett et fils*; *Th. Cook et fils*, toutes les deux sur le Torv-Almenning; — *F. Beyer*, Strandgade, près du Torv-Almenning.

Arrivée. — A l'arrivée des trains on trouve à toutes ces gares un soldat de police qui distribue les jetons avec numéros pour les fiacres (*Droschke*); on demande, au choix : « Taxameter », ou « Erster Classe Droschke » ou « Zweiter Classe Droschke », ou bien « Gepæck Droschke », selon que l'on veut une voit. à taxamètre, de 1re ou de 2e classe, ou à bagages (à 2 places seulement; indispensables si l'on a du gros bagage). On peut charger de ce soin le facteur qui porte vos bagages; on lui donne 25 à 30 pf. pour une malle ordinaire, 50 pf. et plus pour une malle plus lourde. — De la gare en ville on paie pour les *fiacres à taxamètre* (cocher à chapeau blanc), 1 à 2 pers. et bagage jusqu'à 25 kilog. : 800 m., 50 pf., tous les 400 m. en plus, 10 pf.; 3 à 4 pers. : 600 m., 50 pf., tous les 300 m. en plus, 10 pf.; la nuit, 400 m., 50 pf., tous les 200 m. en plus, 10 pf.; pour les *voitures de 1re cl.* (cocher à redingote bleue avec collet à galon d'argent), 1 à 2 pers. 15 min. 1 M., 30 min. 1 M. 50, 3 à 4 pers., 1 M. 50 et 2 M.; bagage 25 pf., plus de 25 et jusqu'à 50 kilog. 50 pf., de 50 à 100 kg. 1 M.; si le bagage dépasse 100 kg., il faut prendre un Gepæckdroschke et on paye 50 pf. par 50 kg.; pour les *voitures de 2e cl.* 1 à 2 pers., 15 min., 60 pf., 30 min., 1 M.; 3 à 4 pers., 1 M. et 1 M. 50; bagages, comme pour la 1re cl. — *N. B.* A ces prix il faut ajouter 25 pf. pour le jeton à numéro que l'on vous a remis à la gare.

Hôtels. — DANS LE CENTRE : *Adlon* *, Unter den Linden, 1, et Pariserplatz (grand et luxueux hôtel de tout 1er ordre; 325 ch. et salons; ch. à 1 lit dep. 6 M., avec salle de bain dep. 12 M.; ch. à 2 lits dep. 12 M., avec bain dep. 20 M.; dîn. 6 M.; restaur., bar américain, jardin d'hiver; bureau de chemin de fer pour billets et bagages, etc.); — *Continental* *, Neustædtischer Kirchstr. 6-7, près de la gare de Friedrichstr. (très bien tenu, confortable; ch. à 1 lit dep. 4 M., à 2 lits dep. 8 M., éclair. et chauff. compris; petit déj. 1 M. 50, lunch 3 M., dîn. 4 et 6 M., servi par petites tables; pens. 9 M., sans la ch.); — *Bristol* *, Unter den Linden, 5-6 (ch. dep. 4 M. 50; dîn. 6 M., soup. de 9 h. à 11 h. 30, 5 M.): — *de Rome et du Nord* *, Unter den Linden, 26, angle de la Charlottenstr. (très bien tenu, recommandé; ch. à 1 lit dep. 4 M., à 2 lits dep. 6 M.; lunch, de 11 à 3 h., 2 M. 50; dîn. de 3 à 8 h., 5 M.; soup. 3 M. 50; bon restaur. et cave renommée; établ. de bains); — *Kaiserhof* *, Wilhelmplatz et Ziethenplatz (ch. dep. 6 M.; lunch 3 M.; dîn. 6 M.; bureau de ch. de fer); — *Central*, Friedrichstr., 143-149 (immense caravansérail; 500 ch. dep. 3 M.; dîn. 5 M.); — *Kaiser-Hôtel*, Friedrichstr. 178, angle de la Jægerstr. (ch. dep. 3 M. 50; dîn. 2 M. 50; grand restaur. du Kaiserkeller); — *Alexandra Hôtel*, Mittelstrasse, 12-13 (bien tenu; 100 ch. dep. 2 M. 50, dîn. 3 M. 50); — *Minerva*, Unter den Linden, 68 (ch. dep. 3 M. 25; lunch 2 M. 50, dîn. 3 M. 50); — *Métropole*, Unter den Linden, 20 (ch. dep. 3 M.; pas d'ascens. ni de chauff. central); — *Victoria*, Unter den Linden, 46, angle de la Friedrichstr. (ch. dep. 2 M.; bon café très fréquenté).

Près de la gare de Potsdam et du Tiergarten : — *Esplanade* *, Bellevuestr., 17-18 (grand hôtel de 1er rang; ch. dep. 6 M.; lunch 3 M., dîn. 6 M.); — *Fürstenhof* (ch. dep. 4 M.; lunch 2 M. 50, dîn. 4 M. 50, soup. 3 M. 50); — *Bellevue* et *Tiergarten-Hôtel*, tous les deux Potsdamerplatz (ch. dep. 3 M. 25; lunch 2 M. 50, dîn. 3 M. 50), etc.

Restaurants : — 1° de luxe (fréquentés surtout le soir après les théâtres, pendant la saison et alors on y va généralement en habit) : *de l'hôtel Adlon*, Unter den Linden, 1, angle de la Pariserplatz; — *de l'hôt. Esplanade*, Bellevuestr., 17-18; — *de l'hôt. Continental*, Neustædtischer Kirchstr., 6-7; — *Astoria*, Unter den Linden, 32; — *Hiller*, Unter den Linden, 62-63 (maison d'ancienne renommée); — *Borchardt*, Franzœsischestr., 48, etc.

2° de prix moins élevés, mais également bons : — rest. : de l'*hôtel de Rome*, Charlottenstr., angle d'Unter den Linden, côté N. (bonne cuisine, cave renommée); — *Kempinski*, Leipzigerstr., 25; — *Traube*, Leipzigerstr., 117-118; — *Trarbach*, Behrenstr., 47; — *Rheingold*, Bellevuestr., 19-20, près de la gare de Potsdam (somptueux édifice tout moderne, luxueusement décoré; l'une des curiosités de Berlin).

On mange bien et on boit de bons vins d'Italie (Piémont, Lombardie et Toscane) à l'*Unione Cooperativa* milanaise, Taubenstr., 18.

Bons vins d'Espagne et mets froids (surtout pour le goûter) à la *Continental Bodega Cie*, Friedrichstr., 49, non loin et au N. d'Unter den Linden; etc.

Brasseries (on y boit surtout de la bière de Munich; la cuisine n'y est pas mauvaise, on peut y dîner, de midi à 4 h., pour 2 M. env. à prix fixe; ou à la carte) : — *Pschorrbræu*, Friedrichstr., 165; — *Sedlmayer zum Spaten*, Friedrichstr., 172; — *Münchner Hofbræu*, Leipzigerstr., 85; — *Siechen*, Behrenstr., 23 (bonne cuisine bourgeoise; bière de Nuremberg); — *Saalburg*, Mittelstr., 16-17; — *Rheingold* (*V.* ci-dessus : Restaurants); — *Alt-Bayern*, Potsdamerstr., 10-11; — *Rolandhaus*, Potsdamerstr., 127-128 (toutes les deux, belles et vastes constructions modernes); etc.

Cafés, Pâtisseries (Conditoreien; on peut y déjeuner à la fourchette; presque partout on y débite de la bière) : — *Bauer*, Unter den Linden, 26, angle de la Friedrichstr. (côté S.); — *Victoria* (à l'hôtel de ce nom), Unter den Linden, 46, angle de la Friedrichstr. (côté N.) — *Kranzler*, Unter den Linden, 25; — *Josty*, Bellevuestr., 21-22, angle de la Potsdamerplatz; — *Fürstenhof*, Potsdamerplatz (à l'hôtel de ce nom), etc.

Bains : — *Admiralsgartenbad*, Friedrichstr., 102, près de la gare (ouvert jusqu'à 8 h. du s.; bains de baignoire, 1re cl. 1 M. 50, 2e cl. 75 pf.; bains russes et de vapeur; bassin de natation); — *Verein der Wasserfreunde* (Société des Amis de l'eau), Kommandantenstr., 7-9 (bassins de natation pour hommes et pour femmes; bains russes et de vapeur; café-restaurant; ouvert jusqu'à 9 h. du s.; le dim. on ferme à 1 h.); — à l'*hôtel de Rome* (spécialité de bains de boue de Pistyan et autres bains médicaux); etc.

Poste : — bureau central (*Haupt-Postamt*), Kœnigstr., 60 (Plan D, 2); c'est ici le bureau pour les lettres « poste restante » (en allem. « postlagernd ») qui ne portent pas l'indication d'un bureau de poste spécial.

Télégraphe : — bureau central (*Haupt-Telegraphenamt*), Oberwallstr., 4 a; les bureaux secondaires sont annexés aux différents bureaux de poste de la ville.

BERLIN — BILIN-SAUERBRUNN

Téléphone : — bureau central (*Haupt-Fernsprechamt*), Franzœsischestr., 33 b, etc,

Voitures de place : — on les appelle *Droschke* et elles sont presque toutes à taxamètre.

TARIF DES TAXAMÈTRES A CHEVAUX : — 1 à 2 pers., le jour jusqu'à 800 m., 70 pf., tous les 400 m. suivants, 10 pf.; la nuit (c.-à-d. de minuit à 6 h. mat.) jusqu'à 400 m., 70 pf.; tous les 200 m. suivants, 10 pf.; — 3 à 5 pers., jusqu'à 600 m. 70 pf.; tous les 300 m. suivants, 10 pf.; la nuit comme ci-dessus. — Les arrêts coûtent : jusqu'à 8 min., depuis le départ, 50 pf.; sinon, pour 4 min. 10 pf., ce qui fait 1 M. 50 l'heure.

TARIF DES TAXAMÈTRES AUTOMOBILES (à benzine) : — 1 à 2 pers., le jour, jusqu'à 600 m. 70 pf., tous les 400 m. suivants 10 pf.: la nuit, jusqu'à 400 m. 70 pf., tous les 200 m. suivants 10 pf.

TARIF DES TAXAMÈTRES AUTOMOBILES (électriques, dits « Bedag ») : prix initial 80 pf.; le reste comme ci-dessus.

Trams et autobus : — un réseau très complet de lignes se croisant dans toutes les directions sillonne la ville; le service des trams est fait à peu près exclusivement par l'électricité. — Les voitures suivent la voie de dr.; il faut monter et descendre toujours de ce côté; les places de plate-forme antérieure ne sont pas accessibles de l'intérieur de la voiture. Le prix initial de la course est de 10 pf. (sur quelques lignes, 20 pf.) et il augmente par 5 pf. suivant les zones parcourues. Une des lignes de tram les plus fréquentées par les touristes est celle, marquée par la lettre N qui, du *Kupfergraben* et du *Kastanienwældchen*, square planté de marronniers, derrière l'Université, va par la Dorotheenstr. à la porte de Brandebourg et de là, par la Charlottenburger Chaussée (qui traverse le Tiergarten), aboutit à Charlottenbourg (toutes les 7 min. jusqu'à 11 h. du s.; en 37 min.; 15 pf.).

Théâtres (les représentations commencent d'habitude à 7 h. 30, et au plus tard à 8 h.) : — *Kœnigliches Opernhaus* (Opéra), sur l'Opernplatz; opéra, ballets, grands drames du répertoire classique (Tell, Jungfrau von Orléans, etc.); prix, de 2 M. 50 (balcon du 4e rang) à 12 M. (loge d'avant-scène, dite « Fremdenloge »); — *Kœnigl. Schauspielhaus* (théâtre Dramatique), sur le Gensdarmenmarkt; tragédie, drame, comédie et répertoire classique (Schiller, Gœthe, Shakespeare, etc.); prix, de 2 M. 50 (2e balcon) à 10 M. (Fremdenloge); — *Neues Operntheater* (ancien Kroll), succursale de l'Opéra, sur la Kœnigsplatz; prix variant suivant le spectacle; entrée dans le beau jardin pendant la belle saison seulement; concert), prix de 50 pf. à 1 M.; — *Deutsches Theater* (théâtre Allemand), Schumannstr., 13 a; important; tragédie, drame, comédie; prix de 2 M. 50 (2e balcon) et 3 M. (parterre debout) à 8 M. 50 (Fremdenloge); — *Komische Oper*, Friedrichstr., 104, prix de 4 M. 50 (2e balcon) à 10 M. (loges d'avant-scène et du 1er rang); — *Lessing Theater*, Kronprinzenbrücke, et *Neues Theater*, sur le Damm; pour les nouveautés dramatiques; — *Residenz Theater*, Blumenstr., 9; pour le répertoire français (genre Vaudeville et Gymnase); — *Neues Schauspielhaus* (nouveau théâtre Dramatique), Motzstr., 82; prix : fauteuils d'orchestre 5 M. 70 à 7 M. 70, loges du 1er rang 6 M. 20; — *Westens-Theater*, Kantstr., dans le quartier O.; opéra; etc.

Concerts : — en hiver, nombreux concerts de musique classique et symphoniques, de l'*orchestre royal de l'Opéra* à l'Opéra, de la *Philharmonie*, etc.; — en été, au *Jardin zoologique* (habituellement entre 5 et 11 h. du soir), au *jardin* du *Neues Operntheater* (V. ci-dessus), etc.

Pour tous ces spectacles et amusements, on peut en trouver la liste t. l. j. dans les journaux (*Berliner Tagblatt*, *B. Lokal Anzeiger*, etc.).

BILLESHOLM-BRUNSWICK

BRÊME (A.) 133

Buffet : — à la gare Centrale.

Arrivée : — aux 2 gares on trouve des voit. de place (*Droschke*) à taxamètre, que l'on paye 70 pf. pour 15 min., et 10 pf. en plus par chaque fraction de 3 min. successive (avec bagages : 70 pf. pour 10 min., et 10 pf. en plus par chaque 2 min. 1/2 successives); les voit. ordinaires se paient, pour la course, 1 à 2 pers., 70 pf., chaque pers. en plus 20 pf.; chaque malle, 20 pf.

Hôtels : — *Hillmann*, sur la Contrescarpe, près du Heerdentor (ch. dep. 4 M. tout compris; dîn. 3 M. 50; restaurant); — *de l'Europe*, près du précédent (ch. dep. 3 M. 50; café-restaur.); — *Central*, Bahnhofplatz (ch. dep. 3 M., dîn. 3 M. 50); etc.

Weinstuben (restaurants avec spécialité de vins fins) : — aux hôtels *Hillmann* et *de l'Europe*; — *Ratskeller*, au Rathaus (cave renommée exclusivement de vins allemands); — *Altbremer Haus*, Langenstr., 13 (dîn. 1 M. 75 et plus); — *Continental Bodega*, Hakenstr., 2 a (dîn. 2 M. 50); etc.

Brasseries-restaurants : — *Rutenhof*, pl. du Domhof, 28 (local élégant); — *Liebfrauen*, Sœgestr., 4 (dîn. 1 M. 50); — *Centralhôtel Tunnel*, à l'hôt. Central; — *Beckrœge*, Catharinenstr., 15; etc.

Poste et télégraphe : — sur la Domsheide.

Bains : — dans le *Badeanstalt*, en face de la gare, vers la ville (bains de toute sorte; bains de vapeur, 2 M.; de baignoire, 1 M.; natation, 40 pf.).

Voitures de place : — à taxamètre, à 1 chev., pour 10 min. 70 pf.; par 5 min. successives, 20 pf. en plus (la nuit, pour 6 min. 70 pf., par 1 1/2 min. successives 10 pf. en plus); — à 2 chev., 10 min. 80 pf., par 5 min. en plus 20 pf.; — avec gros bagages, à 1 chev., 80 et 25 pf.; à 2 chev., 90 et 30 pf.; — la nuit (de 11 h. à 7 h.), à 1 chev., 1 M. et 35 pf.; à 2 chev., 1 M. et 45 pf.

BRUNSWICK (A.) 126

Buffet : — à la gare Centrale où se trouvent aussi les omnibus des hôtels.

Hôtels : — *Deutsches Haus* *, Ruhfæutchenplatz et Burgplatz (bien tenu; ch. dep. 3 M., dîn. 3 M. ou 3 M. 50); — *Schrader*, Gœrdelingestr.; — *Monopol*, à la gare Centrale (ch. de 2 M. 50 à 6 M.; dîn. 3 M.); etc.

Restaurants : — *Lück*, avec jardin, Steinweg, 22, en face du Théâtre; — *Preussischer Hof*, Damm, 26; — *Bruning*, Damm, 16, etc.

Café : — *Residenz*, Damm, 26.

Voitures de place (*Droschke*) : — la course de 15 min., 1 à 2 pers. 60 pf., 3 à 4 pers. 1 M.; 30 min. 1 M. et 1 M. 50; chaque 15 min. en plus 50 pf.; une malle 20 pf.; la nuit, de 10 h. s. à 7 h. m., taxe double.

Tram électrique : — 10 à 20 pf.

Poste et télégraphe : — Friedrich-Wilhelmstr., 3.

C

CARLSBAD ou **KARLSBAD** (Autr.). 27

Buffet : — à la gare.

Arrivée : — à la gare Centrale (10 min. du centre de la ville), omnibus des hôtels et voit. de place (à 1 chev. 2 Kr. à 2 chev. 3 Kr.); — à la gare de Buschterad (20 min. du centre de la ville), voit. à 1 chev. 2 Kr. 20, à 2 chev. 3 Kr. 60; omnibus 80 heller.

Hôtels (dans les hôtels de 1er rang le prix des ch. varie de 3 Kr. 50 à 12 Kr. par j., ou de 36 à 90 Kr. par semaine) : — *Grand Hôtel Pupp* *, vers l'extrémité S. de la ville, près du nouveau Kaiserbad (grande et excellente maison; salons de concert, de musique, de lecture, etc.; t. l. j. concert d'orchestre ou de musique militaire); — *Savoy-Westend-Hôtel* * et dépendances *Villa Cleopatra*, *Villa Carlton*, etc., sur le Schlossberg (ch. dep. 6 Kr.; jardin; belle vue); — *Goldener Schild und Zwei Monarchen* *, près du Théâtre et du Sprudel (maison d'ancienne réputation et très bien tenue; ch. dep. 5 Kr.; dîn. 5 Kr.; jardin, etc.); — *Bristol* *, bien situé, sur la hauteur, près de l'église anglicane (ch. dep. 8 Kr., dîn. 5 Kr.); — *Kœnigsvilla* * et dépend. *Villa Thérésa*, très bien situé au Westend (ch. dep. 8-12 Kr., dîn. 5 Kr.; pens. 15 Kr.); — *Kroh* *, Parkstrasse, en face du Stadtpark (ch. dep. 3 Kr. 50, dîn. 4 Kr.); — *de Russie* *, situation centrale en face des sources et du Stadtpark (ch. dep. 3 Kr., dîn. 4 Kr.); — *Angers'hôtel* * sur la Neue Wiese; — *Continental* *, à l'angle de l'Alte Wiese et de la Marktplatz; — *Nürnberger-Hof*, en face du Sprudel (60 ch. dep. 4 Kr.; bonne cuisine); — *Schützenhaus*, Kaiser Franz-Josefstr. (dîn. 2 Kr. 50); — *Centralbahnhof* à la gare Centrale (ch. dep. 1 Kr. 60; café-restaur.); etc., etc.

Maisons meublées (chaque maison de Carlsbad porte un nom particulier qui sert à la désigner) : — *Pupp's Logirhæuser* « à la Goldene Harfe » et « Quisisana », belles et grandes maisons bien installées (ascens.; bains, etc.), sur l'Alte Wiese et dans la Marienbaderstr.; — *Villa Schæffler*, très bien située sur le Schlossberg, Parkstr., à proximité des bois et des promenades; — *Quirinal*, près du Kaiserbad; — *Stadt Mailand*, Marienbaderstr.; etc.

Les logements chez les particuliers sont en général confortables, et le service bien fait. Les prix sont les mêmes que dans les autres villes d'eaux; ils varient nécessairement suivant le moment de la saison et suivant la situation de l'appartement. Le loyer est payé le premier jour de la location. Les baigneurs doivent payer 8 j., même s'ils dénoncent de

CARLSBAD

suite la location. Dans tous les hôtels et appartements particuliers, on trouvera toujours un règlement municipal sur les locations (« Mieth-Ordnung ») qui doit être présenté chaque fois qu'on le réclame; *il est envoyé sur demande à quiconque veut retenir un appartement dans la ville.* Les difficultés entre les locataires et les propriétaires ou les hôteliers sont soumises à la juridiction de la « k. k. Bezirks-Hauptmannschaft » (sous-préfecture).

Kurtaxe : — tous les étrangers restant plus de 8 j. à Carlsbad doivent payer la taxe de séjour, qu'ils prennent ou non les eaux; elle est divisée en 4 classes et varie suivant la fortune; pour la 1re classe (personnes riches) elle est de 20 Kr.; pour la 2e cl. (gens aisés) de 12 Kr.; pour la 3e cl. (personnes moins aisées) 8 Kr.; pour les enfants au-dessous de 14 ans et pour les domestiques elle est de 2 Kr. — La taxe pour la musique est réglée d'après la taxe générale et le nombre des personnes. — On trouvera tous les renseignements détaillés dans les « Amtlichen Nachrichten zur Kurliste » (60 hell.). — Le paiement de ces taxes permet au baigneur, durant son séjour, de boire à toutes les sources, de visiter les jardins, d'entendre les concerts de l'après-midi et de la soirée, organisés par la municipalité de Carlsbad.

Restaurants : — *Pupp's Restaurant* (élégant; très fréquenté), au Grand hôtel Pupp, extrémité S. de l'Alte Wiese; — *du Kurhaus* (dîn. 3-4 K.); — *du Stadtpark* (dîn. de midi à 3 h., 3-4 Kr.); — de l'hôtel *Goldner Schild*; — *Pœtzl*, Mühlbrunnstr. (dîn. et soupers; bière de Münich, vins de Munich, vins de choix); — *Morgenstern*, Kaiserstr., etc. — *Weinstube Charwat* (magasins de vins fins et comestibles; salle de restaurant), dans la Kreuzgasse, etc.

N. B. — Dans plusieurs restaurants on trouve une carte spéciale pour les diabétiques.

Cafés : — *Pupp's Café-Salon* (très fréquenté; concerts plusieurs fois par sem.), à l'extrémité S. de l'Alte Wiese, près du Grand Hôtel Pupp; — *du Stadtpark*; — *Wiener Café*; — *du Théâtre*; — *Wiener-Café*; — etc.

Salle de lecture : — au Kurhaus (15 Kr. la séance; 70 Kr. la semaine; 2 fl. le mois), avec journaux et une salle pour les dames.

Concerts : — de la *Brunnenmusik* (orchestre des sources), le matin de 6 h. à 8 h. au Sprudel et au Mühlbrunn; de la *Kurcapelle* (orchestre de la ville) l'après-midi, de 4 h. à 6 h., alternativement au Stadpark, chez Pupp, ou au Posthof : concerts symphoniques, 1 Kr. d'entrée), au Schœnbrunn (concert symphonique; 1 Kr. d'entrée); le soir, de 7 h. 30 à 9 h. alternativement au Stadtpark chez Pupp et au Kurhaus, ou à la Salle de Saxe; — musique militaire; chez Pupp, fréquemment pendant la saison (1er mai-30 sept.).

Théâtre : — pendant la saison.

Kurhaus : — bal toutes les semaines, pour lequel on n'a besoin ni d'invitation particulière, ni de présentation; on paie simplement une entrée.

Bains : — dans les différents établissements (*Kaiserbad*, *Sprudelhaus*, *Mühlbadehaus*, *Kurhaus*, *Neubad*), placés sous le contrôle de la ville. On y donne des *bains d'eau minérale*, des *douches* chaudes ou froides, des *bains de boue* provenant des boues ferrugineuses de Franzensbad, des *bains de vapeur*, des bains et des *douches d'eau douce*. — *Bains ferrugineux* dans l'établissement des bains d'*Eisenquelle*; bains dans les *eaux chargées d'acide carbonique*, à l'établissement de *Dorotheen-Säuerling*. Dans tous ces établissements, on trouvera les objets nécessaires aux baigneurs. Le prix des bains varie de 1 Kr. 20 (bain-douches sans service) à 2 Kr. (bain minéral et bain d'eau douce simple; bain russe de vapeur, etc., avec service) et 3 Kr. (bain-douche minéral, avec service; bain ferrugineux avec douche; « mineral Salonbad » au Kurhaus, etc.); le « Moorbad », ou bain de boue de tourbière, 4 à 6 Kr.

Poste et télégraphe : — angle de la Gartenzeile et de la Kaiser Franz-Josefstr. (ouv. en semaine de 7 h.

du m. à 7 h. du s.; dim. et fêtes de 8 à 11 h. mat. et 3 à 4 h. soir).

Voitures, chevaux, etc. : des gares, ou aux gares, *V.* ci-dessus; les colis placés dans la voiture sont transportés gratuitement; en ville, la course de 15 min à 1 chev., 1 Kr., 30 min. 1 Kr. 60, chaque 1/4 d'h. successif 40 hell.; à 2 chev., 30 min. 2 Kr. 40, chaque 1/2 h. en sus 1 Kr. 20; la nuit 50 p. 0/0 en sus. On trouve aussi des voitures traînées par des ânes et des ânes sellés, des chaises roulantes, des chaises à porteurs, des chevaux de louage.

Buffet : — à la gare.

Arrivée : — on trouve à la gare Centrale (*Haupt-Bahnhof*) des voitures de pl. (*Droschke*) à taxamètre; 1 à 2 pers. jusqu'à 800 m. 70 pf., tous les 400 m. en plus 10 pf.; 2 à 4 pers. jusqu'à 600 m. 70 pf., tous les 300 m. en plus 10 pf.; la nuit (de 10 h. à 7 h.), 1 à 4 pers., jusqu'à 400 m. 70 pf., tous les 200 m. en plus 10 pf. et 75 pf. de supplément fixe; bagage, 10 pf. par colis dépassant les 25 kilog., grandes malles, 20 pf. chaque.

Hôtels : — près de la gare : *Royal* * (ch. dep. 3 M.; dîn., 3 et 4 M.; rest.); *du Nord* (ch. dep. 3 M.); *Central*, Hohenzollernstr., 33; — au centre de la ville, sur la Kœnigsplatz; *Kœnig von Preussen* *; *Schirmer* * (ch. dep. 3 M.; bon restaurant; bons vins de la Moselle), etc.

Restaurants : — *Gerhardt*, Obere Kœnigstr., 28, près du théâtre; — *du Stadtpark* (concert le soir), Wilhelmstr., 6, etc.

Poste et télégraphe : — sur la Kœnigsplatz.

Bains : — chez *Erdmann* (aussi bains russes), Mauerstr., 1; — *Palmenbad*, à Wilhelmshœhe.

Voitures de place : — à taxamètre : *V.* ci-dessus; — pour *Wilhelmshœhe* : taxamètre, prix à débattre à 2 chev. jusqu'à l'hôtel Schombardt ou au Château 9 M.; jusqu'à la Lœwenburg 11 M.; jusqu'au Riesenschloss (Octogone), 15 M. (retour compris; prix à bien fixer d'avance).

Tram électrique : — 10 pf.; — pour *Wilhelmshœhe*, 1° de la Kœnigsplatz, par la Kœnigstr. et la Wilhelmshœher Allée, jusqu'à l'entrée du parc, en contrebas de l'hôtel et du Château (25 min., 20 pf.); 2° de la Kœnigsplatz, par la Kœlnischestr., la Hohenzollernstr., la station de Wilhelmshœhe, jusqu'à Mulang et au Grand-Lac (25 min., 20 pf.).

Buffet : — à la gare Centrale.

Hôtels : — *Disch* *, Brückenstr. (ch. dep. 3 M.); — *Monopol* *, Wallrafsplatz (ch. de 3 à 10 M.); — *du Nord* *, Frankenplatz, à côté du pont (ch. dep. 3 M., dîn. 5 M.; jardin); — *du Dom* * (ch. dep. 3 M., dîn. 4 M. 50; restaur.); *Savoy-hôtel* (ch. dep. 3 M., dîn. 4 M.), tous les deux à côté du Dôme; — *de l'Europe et Ewige Lampe* (bon restaurant, très fréquenté; prix modérés); *Belgischerhof* (ch. dep. 3 M.; restaur.), tous les deux Comœdienstr., près du Dôme.

Poste et télégraphe : — bureau principal, Dominikanerstr.

Voitures de place (*Droschke*) : — *Taxamètres* : 1 à 2 pers. 800 m. 60 pf.; par 400 m. en sus, 10 pf.; 3 à 4 pers. 600 m. 60 pf.; par 300 m. en sus, 10 pf.; 10 kil. de bagage gratuit; 10-25 kil. 25 pf. — *Ordinaires* — la course en ville, 1 pers., 75 pf.; 2 pers., 1 M.; 3 pers., 1 M. 25; 4 pers.,

COPENHAGUE

1 M. 50; aux Jardins zoologique et botanique, 1 M. 25, 1 M. 50 et 1 M. 75; la 1/2 h., 1 ou 2 pers., 1 M.; 3 ou 4 pers., 1 M. 50; chaque 1/4 d'h. en plus, 50 ou 75 pf. — Il y a aussi des auto-taxamètres.

Trams : — ligne faisant le tour de la ville en partant de la place du Dom (15 pf.); pour Ehrenfeld, Melaten, Lind, au Neumarkt; Bayenthal; Eigelstein, Jardins Botanique et Zoologique; Kalk, Mülheim, Deutz.

Bateaux à vapeur : — pour les Jardins Botanique et Zoologique (20 pf.; aller et ret. 30 pf.); départ du pont de bateaux; — pour les localités des bords du Rhin, en amont et en aval.

COPENHAGUE (D.). 195

Histoire, 195. — Le centre, 196. — Quartiers nord et nord-est, 197. — Quartiers nord-ouest; Kunstmuseum, 198. — Quartiers sud-est, 201. — National Museum, 202. — Ny Carlsberg Glyptothek, 204. — Environs, 207.

Arrivée : — les bagages enregistrés directement pour Copenhague sont visités à la gare de cette ville; le facteur (« drager ») reçoit 30 à 40 œre pour porter le bagage jusqu'à la voiture.

A l'arrivée des trains on trouve aux gares des voitures de place (taxamètres; jusqu'à 1,000 m. 50 œre, tous les 500 m. en plus 10 œre, la nuit le double; bagage, 15 œre par malle).

Hôtels : — *d'Angleterre* *, Kongens Nytorv, 34 (confortable; ch. dep. 3 Kr. 50, lunch 3 Kr., dîn. 4 Kr. 50); — *Phénix* *, Bredgade, 37 (ch. dep. 3 Kr., lunch 2 Kr., dîn. 3 à 6 Kr. 50; bon restaur.); — *Bristol* *, Raadhusplads, non loin de la gare Centrale (confortable; ch. dep. 3 Kr. 50, lunch 2 Kr. 50, dîn. 3 Kr. 50); — *Dagmar**, Vestre boulevard, 12 (ch. à 1 lit dep. 3 Kr., à 2 lits dep. 5 Kr.; café-restaur.); — *National*, Vesterbro-passage (ch. dep. 2 Kr. 50, dîn. 3 Kr. 50; brasserie-restaur. très fréquentée); — *Monopol*, Kongens Nytorv (ch. dep. 2 Kr.; dîn. 3 Kr. 50); — *Savoy*, Vesterbrogade, 34 (ch. dep. 2 Kr.); — *Palads Hôtel*, Raadhusplads (confortable), etc.

Restaurants : — des hôtels *Phénix*, *Dagmar*, *National* (*V.* ci-dessus); — *Continental*, Œstergade, 1; — *Café de la Reine*, au pont de la Reine Louise (Dronning Luisebro); — *Nimb*, au Nouveau-Bazar du Tivoli, etc.

Cafés et pâtissiers : — *d'Angleterre*; *Continental; A Porta et Cie*, Kongens Nytorv; — *Schucani et A. Porta*, Store Kjœbmagergade, 18; *Bristol*, Raadhusplads; etc.

Bains : — bon établissement, dans la Studiestræde; — bains de mer, sur le Strandvej.

Poste et télégraphe : — Store Kœbmagergade, 33; de 8 h. du m. à 9 h. du s. (dim. et fêtes de 8 à 9 h. m., de midi à 2 h. et de 5 à 7 h. s.); poste restante, dans l'avant-corps à dr.; entrée du télégraphe par la Walkendorfsgade.

Voitures de place : à taxamètre : — 1 à 4 pers., la course jusqu'à 1,000 m. 50 œre, chaque 500 m. en plus 10 œre; la nuit (de minuit à 6 h. du mat.) les prix doublent.

Trams (*Sporvogne*) : — prix des trajets, de 10 à 30 œre.

Bateaux à moteur électrique : — partant du Kongens Nytorv pour l'Œsterbrogade, par le Peblingesœ et le Sortedamsœ, 10 œre (intéressant).

Théâtres et concerts : — *Théâtre Royal* (du 1er sept. à fin mai), Kongens Nytorv; prix variant de 2 à 6 Kr.; — *théâtre Dagmar*, Jernbanegade, etc. — *Tivoli*, Vestre boulevard; grand établissement avec théâtre (le spectacle commence vers 6 h. et finit vers 11 h.; soirée select le sam.), cirque, panorama, restaurant, etc., de 6 h. à 11 h. du s. (50 et 75 œre).

Agences de voyages : — *Prahl*, représ. de Th. Cook et fils, à l'hôtel d'Angleterre; — *Dansk Turistforening* (Touring Club Danois), Ny Œstergade, 7 (renseignements gratuits t. l. j. en semaine, de 9 à 4 h.).

Arrivée : — à l'arrivée des trains et des bateaux les grands hôtels envoient des omnibus. Station du tram et de voitures de place (*Drosker*) tout à côté de la gare.

Hôtels : — *Grand-Hôtel* *, Karl-Johansgade, 31 (confortable ; 150 ch. dep. 3 Kr. 50 ; petit déj. 1 Kr., lunch 2 Kr. 50, dîn. 3 Kr., soup. 2 Kr. 50 ; jardin et terrasse) ; — *Victoria*, Raadhusgade, 8 (100 ch. de 3 à 6 Kr. ; dîn. 3 Kr.) ; — *Skandinavie*, Karl-Johansgade, 8 (ch. de 2 Kr. 50 à 6 Kr. ; dîn. 2 Kr. 50) ; — *Continental*, Storthingsgade (ch. dep. 2 Kr., dîn. 2 à 3 Kr., soup. 2 Kr.) ; — *National*, Storthingsgade (ch. dep. 1 Kr. 50) ; — il y a en outre des « hôtels privés », sorte de pensions, tenus par des dames, p. ex. celui des sœurs Larsen : *Sæstrene Larsen*, Karl-Johansgade, 39 (ch. dep. 1 Kr. 50, dîn. 2 Kr.).

Restaurants : — dans presque tous les hôtels ; — *Teaterkafeen*, Storthingsgade, angle de la Klingenberggade ; — *Christophersen*, Bankpladsen, 1 ; — *Frimurerlogen*, Storthingsgade ; — *Tostrupgaardens-Café*, Carl-Johansgade, 23 ; — *Tivoli*, très joli local.

Cafés et Konditorier (Pâtisseries) : — du *Grand-Hôtel*, *Teaterkafeen*, *Christophersen*, V. ci-dessus ; — *Halvorsen*, Prinsensgade, 26,6 ; — *Mœllhausen*, Carl-Johansgade, 17.

Bains : — *Christiania Bad*, Ringsgangen, 3, luxueusement installé ; — *Badehuset*, Torvgade ; — *Bygdœ* ; — *Varme Sœbade* (bains de mer chauds), Victoria Terrasse.

Poste et télégraphe (bureau central) : — Carl Johansgade, 14 ; ouvert dans la semaine de 8 h. à 7 h. 30 ; dim. et fêtes de 8 h. à 9 h. le mat. et 5 à 6 h. le soir.

Trams électriques : — réseau très complet, parcourant la ville et les environs ; — 10 œre, correspondance gratuite sur certaines lignes, sur d'autres on paye un supplément de 5 œre.

Voiture de place ou Drosker : — on paye par zones, avec un système assez compliqué ; il y a un tarif dans chaque voiture.

Théâtres : — *Nationaltéatret*, Carl-Johansgade ; — *Centralteatret*, Akersgade ; — *Fahlstrœm*, Torvgade ; — *Tivoli* (music-hall), près du théâtre National.

Agences de voyages : — *Th. Cook et fils*, Karl-Johansgade, 33 ; — *Th. Bennett* et fils, Karl-Johansgade, 35 ; — *F. Beyer*, Karl-Johansgade, 33.

Bureau de renseignements : — *Forening for Reiselivets fremme*, Storthingsgade, 2.

D

DOKKA — DRESDE

Histoire, 62. — Itinéraire : — 1° Terrasse de Brühl, Château royal, Grünes Gewœlbe, Galerie de Tableaux, 62; — 2° Centre de la ville : Johanneum; Jardin Royal, 71. — La Neustadt; les ponts Carola et Albert, 74. — Environs, 74.

Buffet : — à la gare Centrale.

Arrivée : — à l'arrivée des trains on trouve aux gares un soldat de la police qui distribue des jetons numérotés pour les fiacres (*Droschke*), comme à Berlin (p. 17*); on a le choix entre les voit. à *taxamètre*, de 1re cl. (nous ne conseillons pas de prendre celles de la 2e) et les voit. à 2 chev. (*Fiaker*); on paye, pour les taxamètres de 1re cl. : 1 à 2 pers., les 1,000 premiers m. 70 pf., par 500 m. successifs 10 pf.; chaque 375 m. suivants 10 pf.; 1 à 3 pers. *avec plus de 25 kil.* de bagage, les 500 premiers m. 70 pf. (ce dernier tarif est aussi celui de la nuit : de 11 h. du s. à 7 h. m.); — pour les Fiaker : la 1re 1/2 h. 2 M. 50, chaque 1/2 h. suivante 1 M. 50; — *à ces prix il faut ajouter* 10 pf. *lorsqu'on part d'une gare ou lorsqu'on s'y rend*; péage des ponts, 10 pf.; — il y a, en outre, quelques autotaxis tarifés.

Hôtels : — PRÈS DE LA GARE CENTRALE : — *Grand Union-Hôtel* *, Bismarckplatz, 2 (entièrement remis à neuf, très bien tenu; ch. dep. 3 M.; dîn. 4 M.; pens. dep. 7 M. 50; jardin, ✉); — *de l'Europe* *, Pragerstr. et Sidonienstr. (ch. dep. 3 M. 50, dîn. 4 M. 50); — *Continental* *, Bismarckstr. 16 (ch. dep. 3 M.; dîn. 3 à 5 M.; jardin); — *Savoy*, Sedanstr., 7 (ch. dep. 3 M.; dîn. 4 M. 50; établ. de bains); — *Bristol*, Bismarckplatz, 5 (ch. dep. 2 M. 50; dîn. 3 M.); — *Westminster*, Bernhardstr. (ch. dep. 3 M.); — *Kaiser Wilhelm*, Wienerplatz, 5 (ch. dep. 2 M. 50; dîn. 3 M. 50; jardin); etc.

DANS LE CENTRE, près du Musée et du Théâtre : — *Bellevue* *, Theaterplatz, 1, au bord de l'Elbe (ch. dep. 4 M.; dîn. 5 M.; jardin); — *Weber*, Ostra Allée, 1 (ch. dep. 3 M.; dîn. 3 M); — *Impérial*, Kœnig Johannstr., angle du Maximiliansring (bien tenu, prix modérés; ch. dep. 2 M.), etc.

DANS LA NEUSTADT : — *Kronprinz* *, Haupstr., 5 (ch. dep. 2 M.; dîn. 3 M.); — *Kaiserhof*, près de l'Augustusbrücke (ch. dep. 2 M.; restaur.; jardin sur la rive dr. de l'Elbe); etc.

Restaurants : — *Belvédère* (dîn. dep. 4 M.; jolie vue; musique en été), sur la terrasse de Brühl; — *Kaiserpalast*, Amalienstr.; — *Englischer Garten*, Waisenhausplatz; etc. — Pour déjeuners ou goûters, les « Weinstuben » de l'hôtel de l'Europe (*V.* ci-dessus), de *Grell*, Zahnsgasse, 2, de *Tiedeman et Grahl*, Seestr., 9; — *Bodega* (vins d'Espagne), Waisenhausstr., 14; etc.

Bains : — *Dianabad* (avec bains de vapeur et russes), Bürgerwiese, 22; — *Albertshof* (hôtel Savoy, *V.* ci-dessus, hôtels), Sedanstr., 7; — nombreux établissements de bains de rivière.

Poste : — bureau 1 (Postamt 1), sur la Postplatz; t. l. j. de 7 h. en été, ou de 8 h. du m. en hiver, à 8 h. du s., les dim. et fêtes de 7 ou de 8 à 9 h. du m. et de midi à 1 h. s.

Télégraphe : — au 1er étage de l'hôtel des Postes, Postplatz.

Voitures de place (*Droschke*) : — *V.* ci-dessus : Arrivée.

Trams (*électriques et à chevaux*) : — de 15 à 20 pf. la course.

Bateaux à vapeur : — pour la *Suisse Saxonne*, *Schandau*, *Tetschen*, *Bodenbach* et *Leitmeritz*, en amont de l'Augustusbrücke (rive g. de l'Elbe; au pied de la terrasse de Brühl); — pour *Meissen*, en aval de l'Augustusbrücke, devant l'hôtel Bellevue (rive g. de l'Elbe).

Théâtres, Concerts : — *Opernhaus* (Opéra royal); — *Schauspielhaus* (comédie), dans la Neustadt. — Concerts en été au Belvédère (terrasse de Brühl; très courus), au *Jardin zoologique*, au *Waldschlœssschen*, etc.

Hôtels : — *Palast-Hôtel Breidenbacher-Hof* *, Alleestr., 34 (ch. dep. 3 M. 50, dîn. 5 M.); — *Park-Hôtel* *, bien situé près du Hofgarten. (ch. dep. 3 M. 50; dîn. 3 à 4 M.); — *Royal*, Bismarckstr., près de la gare (ch. dep. 3 M. 50; dîn. 3 à 4 M.); — *Monopol*, Kaiser Wilhelmstr., près de la gare centrale (restaur.); etc.

Poste : — à l'angle des rues Haroldstr. et Casernenstr.

Télégraphe : — Kœnigsallée, 29.

Voitures de place (*Droschke*) : — à taxamètre : 1 à 2 pers., 800 m. 70 pf., chaque 400 m. en plus 10 pf.; la nuit (11 h. à 7 h. du m.), 400 m. 70 pf., chaque 200 m. en plus 10 pf.

Trams : — nombreuses lignes pour la ville, au sortir des gares.

E

Arrivée : — voit. de place (*Droschke*) de la gare en ville 75 pf. à 1 M. (la nuit le double); tram électrique de la gare à travers la ville jusqu'à Mariental et Annatal.

Hôtels : — *Rautenkranz*, sur le Markt (ch. dep. 3 M.; dîn. 3 ou 4 M.); — *Kurhaus Fürstenhof* (dep. 2 M. 50; dîn. 3 M.; jardin, avec musique pendant la belle saison); — *Kaiserhof* (ch. dep. 2 M. 50; dîn. 3 M.); — *Grossherzog von Sachsen*, à la gare; etc.

Voitures de place : — pour la Wartbourg, à 1 chev. 4 M. (all. et ret. en 2 h., 5 M.); à 2 chev. 5 M. (all. et ret., 7 M.); pour le tour Wartbourg, Annatal, Hœhe Sonne et Wilhelmstal (env. 5 h.), 10 M. et 14 M.

ENGELSBERG — FRANCFORT-SUR-MAIN

F

FRANCFORT-SUR-MAIN (A.). . . 12

Buffet : — à la gare Centrale (*Haupt-Bahnhof*; bon restaur., de midi à 2 h., dîn. dep. 2 M.; bains; etc.).

Arrivée : — presque tous les touristes descendent à la gare Centrale. — On trouve aux gares des voit. de place (*Droschke* à taxamètre) et on paie pour la course de la gare en ville : 1 à 2 pers., les 800 premiers m. 50 pf., chaque 400 m. en plus 10 pf.; 3 à 4 pers., 600 m. 50 pf., chaque 300 m. en plus, 10 pf.; bagages au dessus de 10 kil. 25 pf. par malle.

Hôtels : — PRÈS DE LA GARE CENTRALE : *de Russie* * (ch. dep. 3 M.; dîn. 4 M. 50); — *Bristol* * (ch. dep. 4 M., dîn. 3-4 M.; — *Englischer Hof* * (150 ch. dep. 4 M., dîn. de 1 à 6 h., 6 M.); — *Continental* * (ch. dep. 3 M. 50; dîn. 3 ou 4 M.); — *Monopol et Métropol* (ch. dep. 2 M. 50, dîn. 3 M.); — *Savoy* * (ch. dep. 2 M. 50).

EN VILLE : — *Palast-Hôtel Fürstenhof* *, Gallus Anlage, près de la Kaiserstr. (ch. dep. 4-5 M.); — *Impérial* *, bien situé, Opernplatz (ch. dep. 3 M. 50, dîn. 4 M. 50); — *Frankfurter Hof* *, Kaiserstr. (ch. dep. 4 M., dîn. 5-6 M.); — *Union*, Steinweg, 9 (ch. dep. 2 M. 50, dîn. 3 M.); — *Central* (avec brasserie-restaur.), près de la Kaiserstr.; etc.

Restaurants (« Weinstuben »; on n'y sert d'habitude pas de bière) : — *Kaiserkeller* (1er étage), en face du Schauspielhaus; — *Buerose*, Gœthestr., 29; — *Malepartus*, Grosse Bockenheimerstr., 30; — *Falstaff*, Theaterplatz, 7. — En outre les restaur. (où l'on débite aussi de la bière) du *Palmengarten* (souvent musique) et du *Zoologischer Garten* (très fréquenté pendant la belle saison, musique).

Basseries-restaurants : — *Kaiserhof*, Gœtheplatz, 5 (bière de Pilsen, bonne cuisine viennoise); — *Kaiserkeller* en face du Schauspielhaus (concert le soir); — *Alemannia*, Schillerplatz, 4; — *Kaisergarten*, Opernplatz, 2; etc. (avec jardin, très fréquentée en été).

Vins d'Espagne et de France : — *Bodega Company*, Schillerplatz, 2 (on peut y déj.).

Cafés : — *Bauer*, Schillerstr., 2-4;

— *Bristol*, Schillerplatz, 5-7; — *Kaiser-Café*, Kaiserstr., 58; etc.

Poste et télégraphe : — bureau principal, sur la Zeil.

Voitures de place (*Taxameter-Droschke*) : — deux zones, dont la première comprend à peu près toute la ville; 1re zone, 1 à 2 pers., 800 m. 50 pf.; chaque 400 m. successifs 10 pf.; 3 à 4 pers. 400 m. 50 pf., chaque 300 m. successifs 10 pf.; 2e zone, 1 à 2 pers., 600 m. 50 pf., chaque 300 m. successifs 10 pf. (la nuit tarif plus élevé); bagage gratis jusqu'à 10 kil., au delà, 25 pf. par 10 kil. — Droschke à 1 chev., la course, dans la 1re zone, 60 pf.

Trams : — de la gare Centrale à la Zeil par la Kaiserstr. et le Rossmarkt; au Palmengarten, au Zoologischer Garten, à la gare de Hanau, par la Zeil; de Sachsenhausen à l'Ost-Bahnhof, etc.

Buffet : — à la gare.

Omnibus : — de certains hôtels et voit. de louage à la gare (à 1 chev. 1 Kr. 40, à 2 chev. 2 Kr.; la nuit 2 à 3 Kr.).

Hôtels : — *Kœnigsvilla* *, Salzquellenstr., au parc Morgenzeil (maison de tout 1er rang; ch. dep. 10 Kr.; dîn. 6 Kr. 50, soup. 4 Kr. 75; pens. dep. 15 Kr.); — *Bristol* *, Parkstr. (ch. dep. 6 Kr.; dîn. 3 Kr. 50 et 6 Kr.; pens. dep. 16 Kr.; 🚗); — *Grand-Hôtel* * Salzquellstr. (ch. dep. 3 Kr.; dîn. 3-4 Kr.; pens. dep. 13 Kr.); — *Palace-Hôtel* *, Kaiserstr. (restaur.; jardin; 🚗); — *Post* *, Kaiserstr. (ch. dep. 5 Kr.; dîn. 3 Kr. 20 à 4 Kr. 40; pens. dep. 15 Kr.; grand jardin; 🚗); — *Belvédère et Bellevue* *, Morgenzeile (ch. dep. 5 M. 50; dîn. 3 M. 50 et 4 M. 50; pens. dep. 12 M.; restaur.; 🚗); etc., etc.

Logements : — environ 120 maisons sont organisées pour recevoir des baigneurs en location; en tout, 4,000 chambres.

Pour prévenir tout conflit, on est prié, avant de conclure avec un propriétaire, de consulter le règlement officiel sur les locations; il doit se trouver dans chaque maison.

Kurhaus municipal : — dans la Kaiserstrasse, près de la Kurplatz. La *salle de lecture* est ouverte de 8 h. mat. à 8 h. s. (journaux français); entrée libre pour les baigneurs.

Etablissements de bains d'eaux minérales et de bourbe : — au nombre de quatre avec 460 cabines. Ce sont, suivant l'ordre chronologique de leur fondation : 1° les établ. de bains du Dr Loïmann, dans la Kaiserstr. et la Louisenstr. près de Franzensquelle, Louisenquelle et du kalter Sprudel; — 2° l'établ. de bains de la ville d'Eger, près de la Franzensquelle et Neuquelle; — 3° l'établ. de bains du Dr Cartollieri, près de la Wiesenquelle; — 4° les Bains impériaux, près de la Salzquelle. — Il y a un tarif officiel.

Kurtaxe (taxe de séjour et de musique) : — 1re cl. 30 Kr., 2e cl. 19 Kr., 3e cl. 13 Kr.

Voitures de louage : — il y a un tarif officiel.

Poste et télégraphe : — Neuquellstr.

Concerts publics : — t. les matins à la Salzquelle et à la Franzensquelle; 5 à 6 fois par sem. l'après-midi au Kurpark.

G

GŒTEBORG (S.) 217

Arrivée : — on trouve aux gares des voitures de place (75 œre la course) et des commissionnaires; les grands hôtels envoient généralement des omnibus. — Les voyageurs arrivant par la voie de mer passent la visite de la douane.

Hôtels : — *Grand Hôtel Haglund*, Sœdra Hamngatan (125 ch. de 3 à 15 Kr.; déj. 1 Kr., lunch 2 Kr., dîn. 2 Kr. 25 à 3 Kr. 50; café; bar); — *Eggers*, Drottningsgatan, à la gare de l'État (120 ch. de 2 Kr. 50 à 8 Kr.; déj. 1 Kr. 50; dîn. 2 à 4 Kr.; café); — *Palace* Sœdra Hamngatan (90 ch. de 3 à 15 Kr.; déj. 1 Kr.; déj. 1 Kr. 50; dîn. 2 à 3 Kr. 50, café); — *Gœta Kællare*, Sœdra Hamngatan (60 ch. de 2 K. 50 à 8 Kr.; déj. 75 œre, dîn. 1 Kr. 40 à 2 Kr. 75); — *Kronprinsen*, Drottningsgatan (25 ch. de 2 à 10 Kr.; déj. 50 œre, dîn. 2 Kr.); — *Kung Karl*, Nils Ericsonsgatan (50 ch. de 1 Kr. 25 à 5 Kr.; déj. 75 œre dîn. 1 Kr. 25 à 2 Kr.; souper; 1 Kr.); — *Angleterre*, même rue (30 ch. de 1 Kr. 25 à 2 Kr. 50; déj. 75 œre, dîn. 1 Kr. 25).

Restaurants : — aux grands hôtels — *Frimurererlogen*, Sœdra Hamngatan, 31; — *Trædgardsfœreningen*; — *Lorensberg* (seulement l'été), musique t. l. soirs; — *Valand*, au coin de l'Avenue et Vasagatan; — *Phœnix*, Norra Hamngatan, 28. — Hors de la ville (tram), *Henriksberg* et *Langedrag*, tous les deux au bord de la mer, bonne table et vue ravissante sur l'entrée de la ville.

Poste et télégraphe : — Poste : bureau central, Packhusplan, 3; — télégraphe : bureau central, Vestra Hamngatan, 15.

Change de monnaies : — dans tous les établissements de banque : — *Riksbank*, Sœdra Hamngatan, 27; — *Gœteborgsbank*, Lillatorget; etc.

Voitures de place (*Droska*) : — la course 75 œre; l'heure 1 Kr. 80.

Trams électriques : — réseau complet qui parcourt la ville dans toutes les directions. Des plaques sur les voitures en indiquent le trajet; prix 10 œre (avec correspondance).

Petits bateaux à vapeur (Angslupar) : — station au Skeppbron.

GOSLAR — HAMBOURG

H

HAMBOURG (A.) 143

Buffet : — aux grandes gares.

Arrivée : — il n'y a pas d'omnibus d'hôtels, mais on trouve aux gares, comme à Berlin, un soldat de la police qui distribue les jetons numérotés pour les voit. de place (*Droschke*); on paie pour une course de la gare en ville : pour *voit. à taxamètre* 1 à 2 pers., les premiers 1,200 m. 80 pf., chaque 400 m. en sus 10 pf.; 3 à 4 pers. 900 m. 80 pf., chaque 300 m. en sus 10 pf. (la nuit, de 11 h. à 7 du m., mêmes prix pour 600 m. et par 200 m. en sus); il y a aussi des autotaxamètres.

Hôtels : — *Atlantic* *, sur l'Alster-Bassin, 72-79, à 5 min. de la gare Centrale (nouvelle construction, très confortable; 250 ch. dep. 4 M., avec bain et toilette, dep. 10 M.; petit déj. 1 M. 50, que l'on compte toujours quand même il ne serait pas pris; lunch 3 M. 50, dîn. 6 M.; bar, grill-room, etc.); — *Hamburger Hof* *, Jungfernstieg, 30 (remis à neuf; ch. depuis 5 M. y compris le déj., le serv. et l'éclair.; lunch 3 M., dîn. 5 M.); — *Palast-Hôtel* *, Neuer Jungfernstieg, 16 (ch. dep. 4 M.; lunch 3 M., dîn. 4 à 5 M.); — *Esplanade* *, sur l'Esplanade (ch. dep. 6 M.; déj. 1 M. 50, lunch 3 M. 50; dîn. 6 M.); — *Vier Jahreszeiten* *, Neuer Jungfernstieg, 11-12 (ch. de 4 à 10 M.; lunch 3 M.; dîn. 4 à 5 M.; restaurant); — *Streits-Hôtel* * Jungfernstieg, 38 (ch. dep. 5 M., déj. compris); — *Kronprinz* *, Jungfernstieg, 16 (ch. dep. 4 M.; déj. 1 M. 50, lunch 2 M. 50, dîn. 4 M. ou 4 M. 50); — *Moser*, en face du Rathaus (ch. dep. 3 M.; déj. 1 M. 25; dîn. 2 à 4 M.) — *Graf Moltke*, Steindamm., 1 (ch. dep. 2 M. 50; déj. 1 M., dîn. 1 M. 50 à 2 M.); etc.

Cafés : — *Alster Pavillon*, sur le Jungfernstieg (Alster-Bassin); — *Dammtor Café*, près du Dammtor Pavillon; — *Alsterlust* (vue sur l'Aussen Alster); etc.

Restaurants : — *Pfordte* *, à l'hôtel Atlantic (dîn. de 4 à 8 h., 4 à 6 M.);

HAMELIKA-BERG — HANOVRE

— *Carlton*, Neuer Jungfernstieg, 3 (lunch 2 M. 50, dîn. 4 M. à 5 M. 50); — *Ratsweinkeller*, au Rathaus (pas de bière; lunch 2 M. 50, dîn. de 2 à 7 h., 4 M).; etc.

Brasseries-restaurants : — *Bœrsenkeller* (dîn. 2 M. 50 ou 3 M.), à la Bourse; — *Siechen*, Bergstr., 29; — *Dammtor Pavillon*, non loin de l'hôt. Esplanade; — *Kaiserkeller*, Jungfernstieg, 6; — *Sankt-Pauli Fahrhaus*, près de la Landungsbrücke (Plan A, 3), avec vue du port; etc.

Débit d'huitres (*Austernkeller*, surtout pour le déj.); — *Schumann*, Jungfernstieg, 34; — *Cœllin*, Brodschrangen, 1.

Vins d'Espagne et de France : — *Continental Bodega Company* (déj. froid), Rathaus Markt, à l'angle de la rue Plan.

Bains : — *Alsterlust* (avec café), dans l'Alster; — *Gertgi*, Grosse Bleichen, 36; — *Hansa-Bad*, Grosse Theaterst., 42-43; etc.

Poste et télégraphe : — bureau central (*Haupt Postamt*), Stephanplatz (Plan B, C, 2).

Voitures de place (Droschke) : — *Voit. à taxamètre* : 1 à 2 pers., les premiers 1,200 m. 80 pf., chaque 400 m. en plus ou par 4 min. d'attente 10 pf.; 3 à 4 pers., les premiers 900 m. 80 pf., chaque 300 m. en plus 10 pf.

Trams électriques : — 10 à 20 pf. suivant les distances.

Barques (*Jollen*) : — sur l'Alster, 2 à 4 pers. et un batelier, 1 h. 1 M. 50, chaque heure successive 1 M.; — sur l'Elbe, par 1/2 h. et par pers., 40 pf. (débattre les prix).

Bateaux à vapeur : — *sur l'Alster*, à chaque instant pour la Lombardsbrücke et les diverses localités de l'Aussen-Alster (10 à 20 pf.); — *sur l'Elbe, tournées dans le port*, par les bateaux de l'agence *Bangert* ou, mieux encore, par ceux de Kæse (*H. Kæse Rundfahrten*, 3 M. par pers., recommandé; 50 pf. en sus si l'on visite un grand Transatlantique; on prend ses billets Alsterarkaden, 9, près du Jungfernstieg; on part t. l. j. à 10 h. et à 3 h. de l'Alster pavillon), de la *Hammonia*; etc.; — pour *Helgoland*, t. l. j. en été, de la St-Pauli-Laedungsbrücke (en 6-7. h.; all. et ret., 16 M.).

Agences de Compagnies de Navigation à vapeur : — *Hamburg-Amerika Linie* (croisières en Norvège), siège social, Alsterdamm, 25; — *Bergenske Dampskibsselskab* (idem), Glockengiesserwall, 6.

Eglise catholique : — la *Kleine Michaeliskirche*, Michaelistr., à quelques min. du Jungfernstieg par le Neuer Wall.

Arrivée : — on trouve à la gare des voit. de place (*Droschke*) à taxamètre : 1 à 2 pers. 800 m. 50 pf., chaque 400 m. en sus 10 pf.; 3 à 4 pers. 600 m. 50 pf., chaque 300 m. en sus 10 pf. (la nuit de 10 h. 30 à 7 h., 400 m. 50 pf., chaque 200 m. en sus 10 pf.); bagage : 10 kil. gratuit, chaque 25 kil. en sus 25 pf.

Hôtels : — *Kasten* *, Theaterplatz (bien tenu; confort moderne; ch. depuis 3 M., dîn. 3 M.; très bon restaurant et bonne cave); — *Royal* *, Ernst-Augustplatz, en face de la gare (ch. dep. 3 M. 50, dîn. 4 N.); — *Bristol* *, Ernst-Augustplatz et Bahnhofstr. (ch. dep 3 M. 50, dîn. 3 à 4 M.); — — *Bornemann*, Ernst-Augustplatz (ch. dep. 2 M. 50, dîn. 2 M. 50); etc.

Restaurants : — *de l'hôtel Kasten* (V. ci-dessous); — *Ratsweinkeller*, au Rathaus; — *Spiess* (dîn. 2 M.), Langelaube, 47; etc.

Weinstuben (restaur. à spécialité de vins fins) : — *Georgshalle* (cave de choix), à l'*hôtel Kasten*, Theaterplatz. 9; — *Ratsweinkeller*, au Rathaus; — *Bodega*, Georgstr., 38; etc.

HARBURG — HUSUM

Brasseries-restaurants : — *München Bürgerbræu*, à l'hôt. Kasten. — *Franziskaner*, Luisenstr., 10 ; etc.

Bains : — *Luisenbad*, Louisenstr., 5 ; — *Stædtische Badeanstalt* (avec piscine), Goseriede ; etc.

Voitures de place : — (*Taxameter Droschke*) : — *V.* ci-dessus : arrivée ; il y a aussi des autotaxis.

Trams électriques : — en ville, 10 à 20 pf. ; — pour Herrenhausen, 20 pf. ; — pour (30 k. en 2 h.) Hildesheim, 60 pf.

Concerts, etc. : — au *Tivoli*, Kœnigstr. (t. l. j. en été) ; — au *Jardin zoologique* (en été) ; — *Lister Turm* ; — *Neues Haus* ; etc.

Arrivée : des grandes barques transportent les voyageurs du bateau à vapeur à terre, 80 pf. par pers. (à moins que ce ne soit compris dans le prix du billet Cuxhaven-Helgoland) ; le bagage est transporté dans le hall aux bagages, où il faut le faire prendre par un commissionnaire (40 pf. par colis). — Hôt. : *Conversationhaus* *, *Kœnigin Victoria* (ch. dep. 2 M. 50, dîn. 3 M. 50), dans l'Unterland ; *Janssen*, dans l'Oberland (ch. dep. 3 M.) ; nombreuses maisons meublées (*Logierhæusern*). — *Conversations'haus* (restaurant ; dîn. 3 M. 50 ; salles de réunion, de lecture, etc.). — Kurtaxe : 1 pers. 3 M. par sem. ; familles de 3 pers. 6 M. par sem., etc. — Ascenseur de l'Unterland à l'Oberland, 20 pf.

IÉNA — KISSINGEN

I

J

K

Hôtels : — *Germania*, Jensenstr., à la gare (ch. dep. 3 M.; dîn. 3 M. 50, et 5 M., soup. 2 M. 50 à 4 M.); — *Seebadeanstalt*, Düsternbrookerweg avec vue sur la mer (ch. dep. 4 M., dîn. 4 M.); — *Bellevue*, Düsternbrookerweg, avec vue sur la mer (ch. dep. 3 M., dîn. 3 à 5 M.); — *Hansa-Hôtel*, Sophienstr. (ch. dep. 2 M., dîn. 2 à 3 M.); — *Europæischer Hof*, à la gare (ch. dep. 2 M. 25; café et restaur.); etc.

Voitures de place : — à taxamètre 1 à 2 pers. 800 m. 50 pf., chaque 400 m. en sus 10 pf., 3 à 5 pers. 600 m. 50 pf., chaque 300 m. en sus 10 pf.; la nuit (de minuit à 7 h., 1 à 5 pers. 400 m. 50 pf., chaque 200 m. en sus 10 pf.).

Bateaux à vapeur : — pour *Bellevue*, *Holtenau*, *Friedrichsort*, toutes les heures (à la demie), de 6 h. m. à 8 s., etc.; — pour *Kœrsœr*, 2 fois par j., le mat. et le s. en 5 h. 30 env.

Hôtels : — *Kœnigliches Kurhaus-Hôtel**, au Kurgarten (ch. dep. 5 M.);

KJELSAAS — LEIPZIG

— *Regina**, dans Rosenviertel, près du Kurgarten (ch. dep. 3 M., dîn. 4 M.; grand jardin, tennis; 🚗); — *de Russie**, en face du Kurgarten; — *Villa Diana**, Kurhausstr. (pens. dep. 11 M.); — *Sanner* *, non loin de la gare au Luitpold-Park (ch. dep. 3 M., dîn. 3 M. 50); — *Métropole**, sur la rive dr. de la Saale (pens. dep. 9 M.; 🚗), etc.

Restaurants : — *du Casino*; — *du Kursaal*; — *Messerschmidt*, au Kurgarten; — *Altdeutsche Weinstube* (dîn. 2 M. ou 2 M. 50), Marktplatz; etc.

Bains : — au *Kurhaus*, au *Prinzregenten-Bad* et au *Salinenbad*.

Poste et télégraphe : — Ludwigstr.

Kurtaxe (taxe de cure et de musique) pour séjour de plus de 7 jours : 1re cl., le chef de famille 30 M., chaque pers. âgée de plus de quinze ans 16 M., enfants et domestiques 5 M.; 2e cl., 20 M., 6 M., 3 M.; 3e cl., 10 M., 3 M., 1 M. 50.

L

LEIPZIG (A.) . . . 13 et 85

Arrivée : — on trouve aux gares des voit. de place (*Droschke*, *à taxamètre*)

LEISNIG — LÜBECK

de 1re et de 2e cl.; on paie avec celles de 1re cl. (les meilleures, à caisse jaune) pour les premiers 800 m. (1 à 2 pers.), 80 pf., chaque 400 m. en sus 10 pf.; 3 à 4 pers. 600 m. 80 pf., chaque 300 m. en sus, 10 pf.; bagages de 10 à 25 kil., 25 pf.; la nuit, 1 à 4 pers. 400 m. 80 pf., chaque 200 m. en sus 10 pf., plus un supplém. de 25 pf. s'il s'agit de 2 ou 3 pers. et de 50 pf. s'il y a 4 pers.

Hôtels : — *Hauffe**, Ross-str., 2 (ch. dep. 3 M. 50 tout compris; dîn. à 1 h., 3 M. à 4 M. 50; — *Kaiserhof**, Georgiring, 7 (ch. de 3 à 8 M.; dîn. 3 M. à 4 M. 50); — *de Prusse**, Rossplatz, 7 (ch. de 3 M. 50 à 8 M. tout compris; dîn. 3 M.); — *Hentschel*, Ross-str., 7 (bon hôtel de 2e rang; ch. dep. 2 M., dîn. 3 M.); — *Royal*, Augustusplatz (ch. dep. 2 M., dîn. 2 M. 50); etc.

Restaurants (Weinrestaurants; on y débite du vin et rarement de la bière) : — *Paege*, sur le Markt; — *Ratskeller* (dîn. 1 M. 50 à 3 M.).

Brasseries-restaurants : — *Baarmann*, Katharinenstr., 3, au Markt; — *Kitzing et Helbig*, Peterstr., 36 (dîn. 1 M. 50); — *Theater-Restaurant*, au Neuen-Theater (dîn. 1 M. 50); etc.

Cafés : — *Felsche*, ou *café Français*, Augustusplatz; — *Bauer*, Rossplatz (ouvert toute la nuit); — *Hennersdorf*, Gewandgæsschen; etc.

Bains : — *Dianabad*, Langestr., 8-10; — *Carolabad*, Dufourstr., 14; — *Sophienbad*, Dorotheenstr., 3; etc.

Poste et télégraphe : — sur l'Augustusplatz.

Voitures de place : — prix des voit. à taxamètre de 1re cl. (à l'exception des courses de ou à une gare, dont le prix est indiqué ci-dessus) : 1 à 2 pers., 800 m. 70 pf., par 400 m. en sus 10 pf.; 3 à 4 pers., 600 m. 70 pf., par 300 m. en sus 10 pf.; la nuit, 1 à 4 pers. 400 m. 70 pf., par 200 m. en sus. 10 pf., plus une surtaxe de 25 pf. pour 2 ou 3 pers. et de 50 pf. pour 4 pers.

Théâtres, concerts : — *Neues Theater*; *Altes Theater*; *Schauspielhaus Kristall-Palast* (music-hall); — *musique religieuse*, le samedi après-midi par les chœurs de la Thomas-Schule, à la *Thomaskirche*; — pendant la belle saison, musique au *Palmengarten* (entrée 1 M. le jour, 1 M. 50 le soir; entrée et dîner 2 ou 3 M.), au *Zoologischer Garten*; — en hiver, concerts classiques au *Gewandhaus*.

LÜBECK (A.) 150

Hôtels : — *Stadt Hamburg*, sur le Klingenberg (ch. dep. 3 M., dîn. 3 M. ou 3 M. 50); — *Kaiserhof*, Untertrave, 104 (ch. dep. 3 M., dîn. 2 M. 50; restaur.); — *Union*, Braunstr., 15 (ch. dep. 3 M.; dîn. 2 M. 50 ou 3 M. 50); etc.

Restaurants (pas de bière) : — *Ratsweinkeller*, au Rathaus (vins de France et d'Allemagne); — *Fredenhagen*, Fischstr.

Brasseries : — *de la Schiffergesellschaft*, en face de la Jacobi-

kirche; — *Deutscher Kaiser*, Kœnigstr. et Johannisstr., etc.
Poste : — sur le Markt.
Télégraphe : — Schüsselbuden.
Voitures de place (*Droschke*, à taxamètre) : — 1 à 2 pers., 1,000 m. 50 pf., par 500 m. en sus 10 pf.; 3 à 4 pers., 750 m. 50 pf., par 375 m. en sus 10 pf.; la nuit (de 10 à 6 h.) 1 à 4 pers., 500 m. 50 pf.; par 250 m. en sus 10 pf.; bagage, 10 kil. gratuit, de 10 à 25 kil. 25 pf.
Bateaux à vapeur : — t. l. j., pour *Travemünde*, *Copenhague*, etc.

M

MARIENBAD (Autr.) 23

Buffet : — à la gare.
Hôtels : — *Klinger* *, vaste et excellent hôtel au centre de la ville, en face du parc et près de la Colonnade (200 ch. et salons, dep. 3-4 Kr.); — *Grand-Hôtel Ott* *, Franz-Josefsplatz (ch. dep. 4 Kr., dîn. 4 Kr.); — *Weimar* *, Kirchenplatz (ch. dep. 5 Kr., dîn. 4 Kr.); — *Egerlænder* *, Franz-Josefsplatz (ch. dep. 4 Kr., dîn. 5 Kr.); — *Impérial* * (avec dépendance, Villa Schœnbrunn), Schillerstr. (ch. dep. 4 Kr., dîn. 4 Kr.); — *Carlton* *, Schillerstr. (ch. dep. 5 Kr., dîn. 4 à 8 Kr.; ⚙); — *Stern* *, Kirchenplatz (ch. dep. 4 Kr., dîn. 3 à 5 Kr.); — *Park-hôtel Waldmühle* *, à quelques min. du centre, vers la Waldquelle (ch. dep. 5 Kr., dîn. 3 à 6 Kr.; pens. dep. 10 Kr.); — *Delphin*, Waldbrunnenstr. (ch. dep. 3 Kr., dîn. 3 Kr., dîn. 3 Kr.); etc. — *Weimar* *, Kirchenplatz; — *Englischer Hof*, Kaiserstr.; — *Delphin* (restaur.; véranda), en face du théâtre; etc.
Maisons meublées (hôtels garnis) : en grand nombre (on paye pour 1 ch. depuis 14 Kr. par semaine).
Café-restaurants : — *du Kursaal*; — *Egerlænder*, sur la Kœnigs-Ottohhœe (à l'O. del a Kaiserstr.); — *Waldmühle*, près de la Waldquelle; — *Miramonti*, au S. de la ville; — *Alm*, à la Petite-Suisse, etc.
Bains : — *Centralbad* (bains; bains de boue ou « moorbæder »; hydrothérapie; inhalations, etc.), avec dépendances; — *Neues Badehaus* ou *Neubad* (très bien organisé; 52 cabinets; bains ferrugineux des sources Ambrosius, Marie et Ferdinand; bains de vapeur, etc.). — Le prix des bains est réglé par un tarif officiel.
Kursaal : — bon café-restaurant; salles de bal, de conversation, etc.
Kurtaxe : — en 3 classes : 1re cl., une pers. 20 Kr. et 10 Kr. pour la musique (2 pers. pour la musique 16 Kr.; 3 pers. 22 Kr., etc.); — 2e cl., une pers. 12 Kr. et 8 Kr. pour la musique (2 pers. 10 Kr., etc.); — 3e cl., une pers. 8 Kr. et 4 Kr. pour la musique (2 pers. 6 Kr., etc.).
Marienbader Reitclub : — *Manège* (location de chevaux de selle pour promenade).

MARIENBERG — MOTALA

Poste et télégraphe : — à l'Hôtel de Ville (Stadthaus).

Voitures de place : — pour et de la gare, sans bagages, à 1 chev. 2 Kr., à 2 chev. 3 Kr. 60 ; avec bagages 2 Kr. 40 et 4 Kr. ; en ville, la 1/2 heure avant midi, à 1 chev. 90 hell. à 2 chev. 1 Kr. 60, l'après-midi 1 Kr. 30 et 2 Kr. ; pour les autres courses et pour les excursions, *V.* le tarif officiel.

Buffet : — à la gare Centrale.

Hôtels : — Rheinstrasse, avec vue sur le Rhin, hôt. : *Hollændischer Hof** (ch. dep. 3 M. ; dîn. à 1 h., 3 M.) ; *Rheinischer Hof** (dîn. à 1 h. 15, 3 M.) ; *Englischer Hof** (dîn. à 1 h., 3 M. ; ascens.) ; — près de la gare, *Central Hôtel* (ch. dep. 2 M.) ; *Mainzer Hof* (ch. dep. 2 M.) ; *Continental* (ch. dep. 2 M.) ; etc.

Restaurants : — *Café de Paris*, place Gutenberg ; — *Stadthalle*, avec terrasse sur le Rhin ; — *Rheinische Bierhalle*, en face de la gare ; — *Casino* (vin seulement), Grosse Bleiche ; etc.

Poste et télégraphe : — Bahnhofplatz.

Voitures : — à 1 chev., 1/4 d'h. ; 2 pers., 50 pf. ; 3 ou 4 pers., 70 pf. ; l'h., 2 M. et 2 M. 30 ; pour 1 malle, 20 pf. ; — à 2 chev., environ 1/3 en sus des prix ci-dessus. — La nuit les prix sont doublés. — Pour les courses aux environs de la ville, demander le tarif spécial.

Tram : — de la gare Centrale à Kastel et à Wiesbaden, par la Rheinbrücke, et à Weisenau.

Bateau à vapeur du Rhin ; — pour *Biebrich* (60 pf.) ; *Bingen*, *Coblenz*, etc.

Hôtels : — *Geiranger*, près du débarcadère des bateaux (ch. 1 Kr. 50 à 3 Kr. ; lunch 1 Kr. 50, dîn. ou soup. 2 Kr. 50) ; — *Union*, sur la hauteur au-dessus de l'église, à 15 min. du débarcadère (ch. 1 Kr. 50 à 3 Kr. ; lunch 1 Kr. 50, dîn. ou soup. 2 Kr. 50) ; — *Merok* (modeste ; ch. dep. 1 Kr.) ; — à 1 h. env. du fjord, sur la route de Grotli, bon hôt. *Udsigten* (Bellevue ; ch. 1 Kr. 50 à 2 Kr. ; lunch 1 Kr. 50, dîn. 2 Kr., soup. 1 Kr. 50).

Voitures (on les trouve à l'arrivée du bateau au débarcadère) : — pour la *Djupvashytte* : stolkjærre 1 pers. 4 Kr. 45, 2 pers. 6 Kr. 65, all. et retour (7 h. env.) le double ; calèche all. et ret. 2 pers. 23 Kr. 50, 3 pers. 26 Kr., 4 pers. 31 Kr. 50 ; — pour *Hjelle*, sur le lac Stryn, calèche (all. seul. en 2 jours), 2 pers. 54 Kr. 50, 3 pers. 60 Kr. 50, 4 pers. 72 Kr. 50 ; etc.

Hôtels : — *Kaiserhof*, Bahnhofstr. (ch. dep. 2 M.; restaur. dîn. 1 M. 50 à 2 M.); — *Kœnig von England* *, Principal Markt (ch. dep. 3 M., dîn. à 1 h. 15, 3 M.: omnibus 50 pf.; ascens.; bon restaur. Weinstube, on n'y sert pas de bière, et café); etc.

Brasseries-restaurants : — *Central Hof*, Retenburg, 5-6; — *Kaiserhof*, Bahnhofstr.; — *Kreuzschanze*, à la Kreuzschanze; etc.

Poste et télégraphe : — Domplatz.

Voitures de place (*Droschke*) : — la course, 1 pers. 60 pf., 2 pers. 75 pf., chaque pers. en plus 25 pf.; bagages, 20 pf. par malle; 30 min., 1 à 2 pers. 1 M., 1 h. 1 M. 50, 3 à 4 pers., la moitié de ces prix en sus.

N

Hôt. : *Kaiserhof*, en face des Bains (ch. dep. 3 M. 50; dîn. 5 et 6 M.); *Carlton* *, au Parc (cuisine française; ♣); *Métropole* et *Monopole* *, près du Parc (nouveau, confortable); *Impérial* *, en face de la gare (pens. dep. 7 M.); *Park-Hotel* * (ch. dep. 4 M.; dîn. 3 M. ou 4 M. 50); *Britannia* (pens. dep. 7 M.); etc.

O

Hôt. : *Schloss-Hôtel* (ch. dep. 2 M.; dîn. 3 M. ou 4 M. 50); *Grand-Hôtel Wünscher* (ch. dep. 2 M. 50; dîn. 3 M. 50 à 6 M.); *Kurhaus* (ch. dep.

OBER-MARSBERG — POSTELWITZ

2 M. 25. dîn. 3 à 4 M.); etc. — Bains au *Hedwigsbad*. — Kurtaxe: pour séjour d'une semaine, 2 M. 50 à 6 M. 50 suivant la classe; pour la saison, 5 à 9 M.

P

Hôtels : — *Palast-Hôtel**, Humboldtstr., 1, près du Château (ch. dep. 3 M., dîn. 3 M.; restaur.); — *Stadt Kœnigsberg**, Brauerstr., 1-2, sur la Havel (ch. dep. 2 M. 50, dîn. 3 M.); — *Eisenbahn*, à la gare (ch. de 2 à 4 M.; jardin sur l'Havel), etc.

Restaurants : — au buffet de la gare (dîn. 3 M.); — à l'*hôt. Stadt Kœnigsberg*; — *Zum Schultheiss*, au Palast-Hôtel; etc.

Voitures de place (*Droschke*) : — à taxamètre, en ville, 1 à 2 pers., 800 m. 50 pf., chaque 400 m. en sus 10 pf., 3 à 4 pers., 600 m. 50 pf., chaque 300 m. 10 pf.; hors de la ville, à 5 pers., 400 m. 50 pf., chaque 200 m. en sus 10 pf; — à chevaux : 1re cl. (2 pers.), 15 min. 75 pf., 30 min. 1 M. 25, 45 min. 1 M. 50, chaque 1/4 d'h. successif 50 pf., la journée 12 M.; de 2e cl., 15 min. 1 à 2 pers. 50 pf., 3 pers. 75 pf., 4 à 5 pers. 1 M. 25, 1 h. 1 M. 50, 1 M. 75, 2 M. 25.

Tram : — 10 à 15 pf., aussi pour Klein Glienicke.

Bateaux à vapeur : — embarcadère près de la Paradeplatz.

Histoire, 32. — I. Nouvelle ville, 34; II. Vieille ville, 36; III. La Vltava (Moldau), 38; IV. Le Petit-Côté, 39; V. Le Hradschin, 40.

Buffet : — aux gares, Hybernska ulice, non loin de la gare et du Na Přikopě; celui de la gare de l'Etat est fort bon.

Hôtels : — *Palace-Hôtel**, Panska ulice (confort moderne 🚗); — *Erzherzog Stephan**, Václavské námesti (bien tenu); — *de Saxe** (bien tenu, recommandé; ch. à 1 lit, dep. 3 Kr. 50; à 2 lits, dep. 6 Kr.; petit déj. 1 Kr. 20; lunch 3 Kr., vin; dîn. 5 et à 6 Kr. ou à la carte; restaur.; bains; etc.); — *Blauer Stern **, à l'angle de l'Hybernska ulice et du Na Přikopě (ch. dep. 3 Kr. 50; dîn. 6 Kr.); — *Schwarzes **Ross***, Na Přikopě (ch. dep. 4 Kr. dîn. 2 Kr. 50 à 6 Kr.); etc.

Restaurants : — de l'hôtel de Saxe; — de l'hôtel Blauer Stein (*V.* ci-dessus); — *Deutsches Haus* (bon), Na Přikopě; — *Lippert*, Na Přikopě, 39; — à la gare de l'Etat (bon); etc.

Cafés : — *Continental*, dans le palais Kolowrat, Na Přikopě, 17; — *Français*, même rue, 39; — *Viennois*, même rue, angle de Václavské námesti; etc.

Bains : — *Elisabethbad*; — *Kœnigsbad*; — bains de rivière à la Sofien-Insel; etc.

Poste et télégraphe : — Jindřišská ulice.

Voitures de place : — tarif intérimaire pour les autotaxis (*Taxameter Automobilen*) : — *dans l'intérieur de la ville* : 1 à 2 pers. 800 m. 1 Kr., chaque 400 m. en sus 20 hell. (ou bien 8 min. d'arrêt 1 Kr., 4 min. d'arrêt 20 pf.); 3 à 4 pers. 500 m. 1 Kr., chaque 250 m. en sus 20 hell. (8 min. d'arrêt 1 Kr., 4 min. 20 pf.); la nuit (de 10 h. à 6 h. du mat.) 1 à 4 pers., 400 m. (ou 8 min. d'arrêt) 1 Kr., chaque 200 m. en sus (ou 4 min. d'arrêt), 20 hell.

De, ou à l'une ou l'autre des gares : comme ci-dessus, plus 40 hell. en sus; bagages, chaque colis 40 hell.

De ou à l'un ou l'autre des lieux de divertissement (théâtres, concerts, bals publics; expositions; fêtes populaires, etc.), comme ci-dessus et 40 hell. en sus.

Trams électriques : — réseau complet.

Bureau officiel de renseignements : — Josefské námesti, 5, près de l'Hybernska ulice et du Na Přikopě (on parle français).

La gare est à 3 k. de la ville; tram (30 pf.); voit. à 1 chev. 1 M. 50, à 2 chev. 2 M.; omnibus, 50 pf. — Hôt. : *Fürstliches Kurhôtel** (ch. dep. 3 M., dîn. 3 M. 50; *Grand Hôtel des Bains** (confort moderne); *Lippischer Hof* (ch. 2 à 3 M., dîn. 3 M.; pens. 6 à 7 M.); *Krone* (ch. dep. 3 M.); etc. — Kurtaxe : 20 M., chaque autre pers. de la famille 10 M.

Q

R

RAMMELSBERG — SCHANDAU

S

SCHANDAU (A.) . . . . . . 78 et 80

Buffet : — bon, à la gare, qui se trouve sur la rive g. de l'Elbe.

Hôtels : — *Sendig's Hôtel** (grand établissement avec nombreuses dépendances, entouré de beaux jardins, sur l'Elbe (ch. dep. 3 M.; dîn. 3 M. 50); — *Stædtisches Kurhaus Park-Hotel**, dans le parc près de la forêt (ch. dep. 1 M. 50; pens. dep. 5 M.); — *Forsthaus et Deutsches Haus*, sur l'Elbe (ch. 2 à 5 M.; dîn. 3 M.; jardin), etc.

Restaurants : — *Valentin*, sur la Bade Allée; *Schutzenhaus*, à 10 min. du Kurhaus.

Kurtaxe : — 1 pers. 1 M., chaque pers. en plus 75 pf. par sem.

Voitures de louage : — à 2 chev. pour 4 pers., 1 h. 3 M.; demi-journée 10 M.; journée 18 M.; pour la Bastei 10 et 15 M.; pour la Bastei, par le Hockstein, 11 et 16 M. (avec halte de 2 h.).

Tram électrique : — de l'hôtel Lindenhof à la cascade (grosser Wasserfall) toutes les 20 min., en 50 min., 60 pf. (all. et ret. 1 M.).

Montures, porteurs, guides : — tarifés (1 chev. jusqu'à Herrnskretschen, 4 M. 50 à 5 M.).

Buffet : — à la gare Centrale.

STOCKHOLM

Arrivée : — à l'arrivée des trains on trouve un agent de police qui distribue des jetons avec numéros pour les fiacres (*Droska*), automobiles et les commissionnaires. Les fiacres et les automobiles sont tous munis de taxamètres ; les commissionnaires sont payés : la course sans bagage, ou avec bagages ne dépassant pas un poids de 4 kil., 25 à 60 œre ; de 4 à 25 kil., 50 œre à 1 Kr. ; de 25 à 75 kil. 1 Kr. à 1 Kr. 75. Les grands hôtels ont généralement des omnibus à la disposition des voyageurs.

Les voyageurs qui arrivent par bateau soit à *Skeppsbron*, soit à *Riddarholmen*, où l'on passe la visite de la douane, trouvent aussi des voitures de place et des commissionnaires.

Hôtels : — *Grand Hôtel* *, *Grand Hôtel Royal* *, tous les deux à Blasieholmen, et sous la même administration (ch. dep. 4 Kr. ; lunch. 2 K. 50, dîn. 4 à 7 Kr., restaur. ; café) ; — *Rydberg* *, pl. de Gustave-Adolphe (ch. dep. 3 Kr. 50 ; lunch. 2 Kr. à 2 Kr. 50 ; café-restaur.) ; — *Continental* *, Vasagatan, 22, en face de la gare Centrale (ch. dep. 3 Kr. ; dîn. 2 Kr. 50 à 3 Kr. 50) ; — *Kronprinsen* *, Drottningsgatan, 29 (ch. dep. 3 Kr. ; lunch, 2 Kr., dîn. 2 Kr. à 3 Kr. 50) ; — *Belfrage*, Vasagatan, 8 (ch. de 1 Kr. 75 à 2 Kr. 75 ; pens. 6 Kr.).

Hôtels meublés : — *Kung Carl*, Brunkebergstorg (ch. dep. 2 Kr.) ; — *Hellman*, Bryggaregatan, 5 (ch. dep. 1 Kr. 75), — *Central*, Klarabergsgatan, 31 (ch. dep. 2 Kr.) ; etc.

Pensions de famille : — *Mlle L. de Gyllenram*, Linnégatan, 7 (5 à 8 Kr.) : — *Rex*, Vasagatan, 44 (5 à 7 Kr.) ; — *Cosmopolite*, Barnhusgatan, 3 (5 à 6 Kr.).

Restaurants : — *Opera Kællaren*, au théâtre royal (table d'hôte, déj. 1 Kr. 50, dîn. 2 Kr. 50) ; — *Rosenbad*, Strœmsgatan, 24 (dîn. 2 Kr.) ; — *du Nord*, Kungstrædgardsgatan, 8 ; — *Métropole*, Norrmalmstorg, 2 ; — *Riche*, Birger Jarlsgatan, 4 ; — *Hamburger Bærs*, Jakobsgatan, 6 ; — *Hasselbacken* au Djurgarden (dîn. 3 Kr. 50 ; musique militaire t. l. j.).

Cafés : — dans tous les hôtels de 1er ordre ; — *Blanche*, Kungstrædgarden ; — *Berns*, au Berzeliipark ; — *Bærsschweizeriet*, Kællargrænd, etc.

Brasseries : — *Antons Bierstube*, Jakobsgatan, 19 : — *Strœmporterren*, sous le Norrbro ; — *Taverna degli Artisti*, Norrmalmstorg, 4 ; — *Sturehof*, Stureplan, 6 ; — *Lennart Kahns Bierstube*, Karduansmakaregatan, 4 ; — *Kaiserhof*, Norrlandsgatan, 5.

Konditorier (Pâtisseries) : — *Berg*, Regerengsgatan, 14, et Sturegatan, 14 ; — *Bultgren*, Jœrntorget, 83 ; — *Victorin*, Hamngatan, 8 ; — *Akerstrœm*, Drottninggatan, 84 ; — *Landelius*, Storkyrkobrinken, 9 ; — *Jeith*, Strandvägen, 1.

Bains : — *Sturebadet*, Sturegan, 4 ; — *Stora Badhuset*, Malmtorgsgatan, 3 ; — *Centralbadet*, Drottningsgatan, 88 ; — *Mälarbadet*, Handtverkargatan, 11 (bains de baignoires, bains russes et de vapeur, grandes piscines pour natation dans tous ces établissements ; les prix varient de 50 œre à 1 Kr.).

Poste : — bureau central (*Centralpost kontoret*), Vasagatan, 28-34, ouvert de 8 h. du m. à 9 h. du s. en semaine et de 9 à 11 h. du m. et de 1 à 6 h. du s. les dimanches et fêtes ; boîtes aux lettres (rouges) et boîtes aux imprimés (bleues) sur les places les plus fréquentées.

Télégraphe : — bureau central, Skeppsbron, 2, ouvert jour et nuit.

Téléphone : — deux grandes administrations, *Rikstelefon*, appartenant à l'Etat, et *Aktie Bolaget Stockholmstelefon*, appartenant à une compagnie. Toutes les maisons, tous les appartements et souvent toutes les chambres ont un appareil téléphonique.

Voitures de place (*Droska*, à taxamètre) : 1 à 2 pers. 800 m., 2 à 3 pers. 600 m., 50 œre, chaque 400 ou 300 m. en sus 10 œre ; *de* ou *à une gare* 1 à 4 pers., 400 m. 50 œre, chaque 200 m. en sus, 10 œre ; ces derniers prix sont aussi ceux de la nuit. Il y a également des autotaxamètres tarifés.

Voitures de louage (*Hyrkuskar*) : — Upplandsgatan, 17, 77 ; — Gamla Kungsholmsbrogatan, 49 ; — Brunkebergsgatan, 44, etc. — Automobiles à louer : au *Bilbolaget*, Hagagatan,

STŒNGA — TEPLITZ

24; — *hôtel Kronprinsen*, Drottningsgatan, 29; etc.

Trams électriques (*Sparvagn*) : — un réseau très complet de lignes sillonne la ville, il est partagé en 7 différentes lignes qu'on distingue par les pancartes et les lanternes : — 1re *Ringlinien*, pancartes et lanternes vertes, dessert la cité et le faub. du Nord; — 2e *Œstermalm et Kungsholmen*, pancartes et lanternes blanches; — 3e *Haga*, *Slussen* et *Roslagstull*, pancartes rouges barrées de blanc, lanternes rouges et blanches; — 4e *Norrmalmstorg*, *Valhallavægen*, *Handtverkoregatan*, pancartes et lanternes bleues; — 5e *Karlberg à Ropsten*, pancartes et lanternes jaunes; — 6e *Djurgarden*, pancartes et lanternes bleues et jaunes. — Prix unique 10 œre avec droit de correspondance pour toutes les lignes, excepté la ligne 6 (Djurgarden).

Sœdermalm possède son réseau partagé en 3 lignes, prix : 10 œre.

Ascenseurs (*Hissar*) : — *Katarina*, du Stadsgarden à Mosebacke (prix : montée 5 œre, descente 3 œre); — *Maria*, de Mælarstrand (rive du lac Mælar) à Bellmansgatan (6 et 5 œre); — *Stadsgards* (4 œre et 2 œre).

Commissionnaires (*Stadsbud*) : — on en trouve sur toutes les places un peu fréquentées; ils sont généralement munis de vélocipèdes.

Chaloupes à vapeur (*Angslupar*) : — plus de 15 lignes desservent les différentes parties de la ville et le Djurgarden; — 12 lignes desservent les environs de Saltsjœn et 8 lignes relient les environs du lac Mælar avec Stockholm.

Théâtres : — *Kungliga teatern* (théâtre Royal), place de Gustave-Adolphe (opéra et ballets); — *Dramatiska teatern*, Nybroplan; — *Svenska teatern*, Blasieholmsgatan, 4 a; — *Oscars teatern*, Kungsgatan, angle de Vasagatan; — *Œstermalms teatern*, sur la place du même nom; — *Sœdra teatern*, Mosebacketorg; — *Vasateatern*, Vasagatan; — *Intima teatern*, Norra Bantorget, 20.

Change de monnaies : — *Skanes enskilda bank*, Drottningsgatan, 5; — *Stockholms enskilda bank*, Lilla Nygatan, 27; — *Stockholms Væxel Kontor*, Drottningsgatan, 1; — *Gerels Væxel Kontor*, Gustaf Adolfs torg 16, et dans toutes les banques.

Bureaux de renseignements : — *Turistfœreningen* (réunion des touristes suédois), Norrlandsgatan, 2-4, 2e étage (de 10 à 4 h. 30); — *Nordisk resebureau*, théâtre royal, Arsenalsgatan; — *Turisttrafik færbundet*, à la gare Centrale.

T

TEPLITZ (Autr.) 31

Arrivée : — 3 gares, dont celle de la ligne d'Aussig est la plus importante; voit. pour la ville : à 1 chev.

TERNOWAN — TYSSE

80 pf., à 2 chev. 1 Kr. 60, bagage 40 hell. en sus.

Hôtels : — *Grand-Hôtel**, Marktplatz (ch. dép. 2 Kr.; dîn. 2 Kr. 50 à 4 Kr.; pens. dép. 7 Kr.); — *Post*, Langegasse (ch. dép. 2 Kr.; dîn. 2 Kr. 50); — *de Saxe* (ch. dép. 2 Kr.); etc.

Restaurants : — aux hôtels; — *Theater-Café*; — *Garten-Salon* au jardin Clary; *Kursalen*; etc.

Kurtaxe : — 1re cl. 18 Kr. le chef de famille, 12 Kr. les autres pers.; 2e cl. 12 et 8 Kr.; etc.

Voitures de place : — la course, en ville, 1 chev. 80 pf., 2 chev. 1 Kr. 20; 1/2 h., 1 Kr. 20 et 1 Kr. 80, chaque 1/2 h. en sus 80 hell. et 1 Kr. 20 (la nuit, la moitié en plus).

Tram électrique : — de la gare du Schlossgarten à *Eichwald*, par la Schulplatz et la gare d'Aussig, en 50 min. (50 hell.; all. et ret. 70 hell.).

Arrivée : — il y a deux gares, toutes les deux situées sur le *port*, où accostent les grands bateaux, à une distance de 650 m. l'une de l'autre. La première : *Rœradsbanens-Station* (ligne Trondhjem-Christiania) et la seconde, *Meraakers-Station* (ligne Trondhjem-Suède). — Les hôtels envoient des omnibus à l'arrivée des trains et des bateaux; on trouve aussi au port des voitures de place et des commissionnaires.

Hôtels : — *Britannia**, Dronningensgade (installation de luxe; ch. dép. 2 Kr.; dîn. 3 Kr.; bains; bon restaur.); — *d'Angleterre**, Nordregade (ch. dep. 2 Kr. 50; dîn. 3 Kr., soup. 1 Kr. 80); — *Grand-Hôtel**, Krambodgade et Olaf Tryggvessœnsgade (ch. dep. 2 Kr.; dîn. 2 Kr. 50, soup. 2 Kr.); — *Métropole* (ch. dép. 1 Kr. 50; dîn. 2 Kr., soup. 80 œre à 1 Kr. 25).

Restaurants : — aux grands hôtels; — *Frimurerlogen*, Kongensgade; — *Grand-Café*, au théâtre; — *City Cafeen*, Olaf Tryggvæssœnsgade.

Poste et télégraphe : — à la Bourse, angle de Nordregade et de Kongensgade.

Voitures de place : — 1re zone : 1 à 4 pers., la course 40, 60, 80 œre et 1 Kr.; — 2e zone : 1 à 4 pers., 70 œre, 1 Kr., 1 Kr. 20, 1 Kr. 40; l'heure : 1 Kr. 20 à 2 Kr. 10.

Voitures de louage : — Prinsensgade, 22.

Agences de voyages et de renseignements : — *F. Beyer*, Dronningensgade, 16; — *Th. Bennet et Fils*, même rue, 12.

U

V

W

WICKWITZ — ZWITTAU

Y-Z

RENSEIGNEMENTS GÉNÉRAUX

I. — *ALLEMAGNE ET BOHÊME*

A. — Choix d'un itinéraire. — Époque du voyage. Modèles d'itinéraires.

Tracer son itinéraire, tel est le premier *devoir* du voyageur. Ce travail préparatoire, chaque voyageur le fait pour soi, après avoir compté le temps et l'argent dont il a la libre disposition, consulté ses habitudes et ses goûts, éprouvé ses forces, interrogé sa santé, suivi, en un mot, son inspiration.

Si l'on voyage pour son agrément ou pour sa santé, on devra visiter l'Allemagne du Nord et la Bohême du 15 mai au commencement d'octobre. — A d'autres époques de l'année, les touristes seraient trop souvent arrêtés dans leurs excursions par le mauvais temps et par la courte durée des jours. Quelles villes ou quelles contrées leur faudra-t-il explorer de préférence ? A cette question, une réponse générale est tout simplement impossible. Chacun ira où le conduiront ses goûts personnels. Les touristes qui recherchent les villes, les monuments et les musées, s'arrêteront de préférence à Francfort, à Cologne, à Hambourg, à Lübeck, à Berlin, à Dresde, à Prague, à Goslar, à Hildesheim, à Cassel ; ceux qu'attirent et que retiennent surtout les beautés de la nature préféreront les bords du Rhin, la Thuringe, le Harz, la Suisse Saxonne ; ceux enfin qui ne seront pas forcés de faire des économies de temps pourront combiner un itinéraire assez complet comprenant les principales curiosités naturelles, monumentales et artistiques.

Nous donnons ici deux modèles d'itinéraires qui pourront servir ou, du moins, être utilement consultés pour combiner un plan de voyage définitif.

1er *itinéraire* : **Allemagne du Nord.** — Paris, par Liège et Aix-la-Chapelle, à Cologne (R. 4), 1 j. 1/2. — Cologne (R. 4), 1 j. 1/2. — Cologne, par Düsseldorf, à Hanovre (R. 28), 1 j. 1/2. — Hanovre-Hildesheim (R. 19, *A*), 1 j. — Hildesheim-Goslar (R. 19, *A*), 1 j. 1/2. — Goslar-Brunswick (R. 22, *C*),

1 j. 1/2. — Brunswick, par Stendal, à Hambourg (R. 32, *B*) et Hambourg (R. 29), 3 j. — Hambourg-Lübeck (R. 31) et Lübeck (R. 31), 1 j. — Lübeck-Berlin (R. 32), 1/2 j. — Berlin et environs (R. 33 et 34), 4 j. 1/2. — Berlin-Dresde (R. 14) et Dresde (R. 12), 3 j. — Suisse Saxonne (R. 13), 1 j. — Dresde-Leipzig (R. 17) et Leipzig (R. 16), 1 j. 1/2. — Leipzig, par Erfurt et Eisenach, à Cassel (R. 15, *B*), 1 j. — Cassel et environs (R. 21), 1 j. 1/2. — Cassel-Francfort-sur-Mein (R. 21), 1 j. — Francfort (R. 3, *B*), 1 j. — Francfort, par Metz (R. 3, *B*), à Paris, 1 j. — Total : 30 jours.

2e *itinéraire* : **Allemagne du Nord et Bohême.** — Paris, par Liège et Aix-la-Chapelle, à Cologne (R. 3, *C*), 1 j. 1/2. — Cologne (R. 3, *C*), 1 j. 1/2. — Cologne, par Münster, à Brême (R. 28) et Brême (R. 26), 1 j. 1/2. — Brême-Hambourg (R. 27) et Hambourg (R. 29), 2 j. 1/2. — Hambourg-Lübeck (R. 31) et Lübeck (R. 31), 1 j. 1/2. — Lübeck, par Hambourg, à Hanovre (R. 31 et 29), 1/2 j. — Hanovre-Hildesheim (R. 19, *A*), 1 j. — Hildesheim-Goslar (R. 19, *A*), 1 j. — Goslar-Brunswick (R. 22, *C*), 1 j. — Brunswick-Berlin (R. 22, *C*), 1 j. — Berlin et environs (R. 33 et 34), 4 j. 1/2. — Berlin-Dresde (R. 14) et Dresde (R. 12), 2 j. 1/2. — Dresde, par la Suisse Saxonne, à Prague (R. 13), 1 j. ou 2. — Prague (R. 9), 2 j. — Prague-Carlsbad (R. 8), 1 j. — Carlsbad, par Eger-Bamberg-Würzbourg, à Francfort (R. 1 et 11, C), 2 j. — Francfort-Paris (R. 3), 1 j. — Total 26 ou 27 jours.

B. — Budget de voyage.

Les dépenses d'un voyage en Allemagne varient tellement suivant les goûts, les habitudes, l'âge, le sexe des voyageurs, la nature des pays qu'ils visitent, la longueur du trajet qu'ils veulent parcourir dans un temps donné, et enfin suivant tant d'autres causes, que l'on ne peut déterminer d'une manière approximative qu'une sorte de minimum.

En moyenne, 20 à 25 fr. (18 à 20 marks par jour sont absolument nécessaires; et, pour ne pas dépasser cette somme, on devra : savoir assez bien l'allemand; ne pas se loger dans les hôtels de 1re classe; se nourrir un peu à l'*allemande*, c'est-à-dire déjeuner avec du thé ou du café au lait le matin, dîner vers 1 h. et souper le soir entre 6 et 7 h.; boire de préférence l'excellente bière du pays; ne pas prendre souvent de voitures et, enfin, voyager sur les chemins de fer en 2e, ou même en 3e classe (ce qui, du reste, est d'usage en Allemagne). Il faut aussi avoir le soin de ne pas emporter un bagage trop considérable.

C. — Passeport. — Douane.

Passeport. — La formalité du passeport est supprimée entre la France, l'Allemagne et l'Autriche. Nous conseillerons cependant aux voyageurs de se munir d'une pièce qui puisse, en cas de besoin, prouver leur identité (par exemple, le *livret d'identité inter-*

national, muni de la photographie du titulaire, que délivrent, moyennant 50 c., tous les bureaux de poste de France, Allemagne, Autriche, Italie, Suisse, etc., et qui sert à retirer toute sorte d'envois).

DOUANE. — La douane allemande se contente ordinairement d'une visite fort sommaire des bagages; la douane danoise n'est pas plus rigoureuse. — Au cas où l'on passerait par le territoire autrichien, nous devons faire observer qu'en Autriche la douane est rigoureuse pour le tabac; on peut passer, en les déclarant, 8 à 10 cigares ou 25 à 30 gr. de tabac.

D. — Monnaies. — Poids et mesures. Distances et hauteurs.

1° Monnaies.

ALLEMAGNE. — Le système monétaire allemand, refondu par les lois monétaires de 1871 et de 1873, est basé sur le *mark*, dit mark d'empire ou Reichsmark. Ce mark est divisé en 100 *pfennigs*. On compte en marks et pfennigs.

Or	20 marks	=	25 fr.	»[1]
	10 marks	=	12	50
Argent	5 marks	=	6 fr.	25
	3 marks	=	3	75
	2 marks	=	2	50
	1 mark	=	1	25
	Demi-mark (50 pfennigs)	=	0	62 1/2

Nickel et bronze : pièces de 25, 10, 2 et 1 pfennig.

Les billets de banque en circulation sont de 1000, 500, 250, 100, 50, 20 et 5 marks.

AUTRICHE. — Le système monétaire autrichien, avec étalon d'or, a pour unité la couronne (*krone*, subdivisée en 100 *heller*; la couronne vaut 1 fr. 04).

2° Poids et mesures.

L'Empire d'Allemagne, l'Autriche-Hongrie, ont adopté le système métrique.

3° Distances et hauteurs.

Les distances sont généralement calculées, dans ce volume, en *kilomètres* pour tous les pays.

---

1. Nous donnons le change de 25 fr. comme chiffre rond; le cours de la Banque est d'env. 24 fr. 70; par conséquent celui du mark serait d'env. 1 fr. 24 c.

A moins d'indication contraire, les hauteurs sont indiquées en mètres et sont prises au-dessus de la mer.

E. — Moyens de transport.

1° Chemins de fer.

L'horaire des chemins de fer allemands et autrichiens est établi d'après l'heure de l'Europe centrale (*Mittel-Europæische Zeit*, ou, en abréviation, *M. E. Z*), qui avance de 55 min. sur l'heure de Paris.

Les chemins de fer allemands ont des voitures de 1re, de 2e et de 3e cl. Les voitures sont construites sur deux modèles : le modèle allemand et, mais bien plus rarement, le modèle français. Les voitures construites d'après le premier modèle ont une porte à chaque extrémité et un passage ou galerie, destiné à la circulation, les traverse dans toute leur longueur. On fume partout, excepté dans les compartiments à l'entrée desquels on lit : *für Nichtraucher*.

Les voitures de seconde classe sont confortables et il y en a dans tous les trains; aussi voyage-t-on beaucoup et fort bien en seconde classe; il y a aussi des voit. de 3e cl., qui ne sont pas mauvaises du tout, dans un grand nombre de Schnellzüge ou trains directs.

En Allemagne les trains sont désignés par les noms suivants: *Luxuszug* (L.), train de luxe; *D*, trains rapides avec voit. de 1re et et 2e cl. à intercirculation et à places numérotées; *Courierzug* (C. Z.); *Schnellzug* (S. Z.); *Eilzug* (E. Z.); *Postzug* (Pst. Z.), train express, rapide, poste, etc.; *Personenzug* (P. Z.), train omnibus; *Gemischterzug* (Gm. Z.), train mixte (ces deux derniers avec des voitures de 2e et de 3e cl. seulement). Ils ne vont généralement pas très vite (à l'exception des trains express sur les grandes lignes). — Les prix des places diffèrent, presque toujours, suivant que le train est express ou omnibus.

Les gares sont propres et bien tenues. Beaucoup renferment un buffet (*restauration*) où l'on trouve à boire et à manger (lorsqu'on ne voyage pas avec des dames, ne pas dédaigner les salles de restaurant de la 3e cl., surtout si l'on aime la bière et si l'on admet la cuisine locale; elles sont, il est vrai, très fréquentées et moins élégantes que celles des 1re et 2e cl., mais on y trouve en compensation de la bière débitée en verres et non en bouteilles, du vin du pays et des mets aussi bons que dans les autres salles, et meilleur marché). — Dans les gares où viennent aboutir plusieurs lignes et où plusieurs trains se croisent en même temps, on devra avoir soin de ne pas se tromper et de s'informer exactement de la direction à suivre.

En Allemagne, la plupart des chemins de fer n'accordent pas

de franchise pour les bagages. On peut emporter avec soi dans le wagon une valise et un sac de nuit.

En Autriche, quelques lignes accordent, pour les bagages, une franchise qui ne dépasse pas en tout cas 25 kil.

Nous avons indiqué en tête de chaque route, si elle est une voie ferrée, quel est le prix des places, quelle est la durée du trajet. Mais ces renseignements sont trop variables pour qu'on puisse y ajouter une foi absolue; les voyageurs feront bien de se munir d'un bon indicateur (p. ex.; le *Hendschel's Telegraph*, paraissant à Francfort tous les mois, 2 M.; édition pour l'Allemagne seulement, 1 M.). Il est aussi fort utile de consulter les affiches.

Trains de luxe. — La *Cie internationale des Wagons-Lits et des Grands-Express européens* a organisé, entre Paris et l'Europe orientale, des trains de luxe, — entre autres ceux dits *Nord-Express* et *Orient-Express*, — sur lesquels nous donnons, dans le corps du guide, tous les renseignements nécessaires.

Le Nord-Express part *tous les jours* de Paris pour *Berlin*, par Liège (où il rejoint le Nord-Express Londres-Ostende-Bruxelles), Croix-la-Chapelle, Cologne et Hanovre.

L'Orient-Express part t. l. jours de Paris pour *Vienne*, par Nancy, Strasbourg, Stuttgart et Munich.

Le Paris-Karlsbad-Express part t. l. jours, du 12 juin au 27 sept. de Paris pour *Carlsbad*, en passant par Nancy, Strasbourg, Carlsruhe, Heilbronn et Nuremberg.

D'autres trains de luxe traversent l'Allemagne du N. au S. et peuvent être utilisés par les voyageurs se servant du présent guide.

Le Lloyd-Express circule t. l. jours entre *Altona-Hambourg* et *Gênes*, en passant par Brême, Osnabrück, Münster, Cologne, Mayence et Strasbourg.

L'Ostende-Vienne-Express part t. l. jours d'Ostende pour *Vienne*, en passant par Liège, Aix-la-Chapelle, Cologne, Mayence, Francfort, Würzbourg et Nuremberg.

Le Nord-Sud-Express part t. l. jours de Berlin pour *Vérone* (en hiver pour *Milan*) en passant par Leipzig, Hof et Ratisbonne.

L'Ostende-Karlsbad-Marienbad circule t. l. j., du 15 mai au 15 sept., entre Ostende et Carlsbad, en passant par Liège, Aix-la-Chapelle, Cologne, Coblence, Mayence, Francfort, Aschaffenbourg, Würzbourg et Nuremberg.

Ces trains, formés de wagons-lits ou wagons-salons et wagon-restaurant, sont accessibles aux voyageurs munis de billets de 1re cl. et moyennant une surtaxe.

Des wagons-lits appartenant soit à la Cie Internationale, soit aux différentes exploitations, font partie d'un grand nombre de trains express et nous les indiquons, dans le corps du guide, en tête des différentes routes.

N. B. — En Allemagne et en Autriche les wagons-lits ont aussi des compartiments de 2e cl.

Agences de la Cie des Wagons-Lits : — à *Paris*, 5, bd des Capucines; tickets-offices : Grand-Hôtel, bd des Capucines; hôtel Continental, r. Castiglione; Elysée-Palace-Hôtel, av. des Champs-Elysées; — à *Berlin*, 57, Unter den Linden, et au Grand-Hôtel Adlon; — à *Francfort-sur-Main*, 17, Kaiserstrasse; — à *Hambourg*, à l'hôt. Hamburger-Hof, Jungfernstieg; etc.

— Les voyageurs trouveront dans toutes les agences de la Compagnie : 1° Places de Trains de Luxe et de Wagons-Lits (Sleeping-Car) réservées à l'avance pour tout le réseau; 2° Billets de chemins de fer pour toutes destinations; 3° Omnibus pour voyageurs et bagages; 4° Billets pour les principales lignes de Paquebots; 5° Renseignements gratuits dans les diverses langues. Ils devront également consulter le *Guide Continental officiel de la Cie internationale des Wagons-Lits et des Grands-Express européens.*

Voyages circulaires à itinéraire déterminé et billets pour voyages circulaires avec itinéraire tracé au gré du voyageur (*zusammenstellbare Rundreiseheften* ou *combinirte Rundreisebillets*). — Les administrations des chemins de fer allemands et austro-hongrois (ainsi que, d'ailleurs, celles des ch. de fer français, suisses, italiens, etc.) délivrent des billets pour voyages circulaires à itinéraire fixé, ainsi que des coupons et des billets à prix réduits de 1re, 2e ou 3e classe, pour les voyages circulaires, avec itinéraires tracés d'avance au gré des voyageurs. Le voyageur a la faculté de sortir des réseaux participants par une gare-frontière et de rentrer sur ces réseaux par une autre gare-frontière et inversement. Ces billets, — dont la validité varie de 60 à 120 jours suivant la longueur du parcours (minimum 600 kilomètres), — sont exclusivement valables pour les parcours compris dans l'itinéraire qu'ils indiquent.

Consulter les tarifs publiés dans le *Hendschel's Telegraph* ou, mieux encore, dans le *Reichs-Kursbuch*, horaire officiel paraissant tous les mois à Berlin, qui les donne en détail, même pour les pays limitrophes.

2° Bateaux à vapeur.

Des services de bateaux à vapeur sont établis sur tous les cours d'eau navigables de l'Allemagne septentrionale.

Des services réguliers et presque toujours bien organisés relient les ports principaux de la mer du Nord et de la Baltique avec les ports du Danemark, de la Suède et de la Norvège.

3° Automobiles.

1° Allemagne. — La circulation des voitures automobiles est soumise à des prescriptions dont on trouvera le résumé dans le tome I de l'*Annuaire des Pays Etrangers*, publié par le *Touring-Club de France.*

Nous nous bornerons à donner quelques indications générales parmi les plus importantes.

A son entrée en Allemagne, le conducteur d'une voiture automobile doit être en mesure de présenter aux autorités allemandes le *récépissé de déclaration* (carte grise) de la voiture qu'il conduit, délivré par la Préfecture de son département (à Paris, Préfecture de police) en même temps que son *certificat de capacité*, ou permis de conduire (carte rose).

Ces deux certificats devant porter la légalisation du consul allemand de la région qu'habite le propriétaire de l'automobile (pour la région de Paris, Seine, et départements limitrophes, à Paris, 123, rue de Lille), on devra avoir soin de faire le nécessaire avant de se mettre en route : coût 7 fr. 50, pour chaque légalisation.

D'après la législation douanière allemande, les automobiles de provenance étrangère, utilisées dans un but de tourisme, sont exemptes de droits, mais s'il existe le moindre soupçon de la part d'un préposé aux douanes qu'une de ces voitures est susceptible de rester en Allemagne, la franchise douanière n'est plus accordée qu'à la condition de fournir la preuve de réexportation de cette voiture et, en attendant cette preuve, la garantie du montant des droits de douane est immédiatement exigée.

Ces droits sont les suivants : voitures en ordre de marche, d'après le poids total, châssis, moteur, carrosserie, *a* : de 251 à 500 kil., 40 marks par 100 kil.; *b* : de 501 à 1,000 kil., 25 marks *idem*; *c* : au-dessus de 1,000 kil., 15 marks *idem*.

Pour s'éviter tout désagrément et entrer librement, en franchise, les membres de certaines associations de tourisme (Automobile-Club de France, Touring-Club de France) peuvent se procurer au siège de ces associations, moyennant le versement des droits de douane qui leur sera restitué à leur retour définitif de voyage, un permis d'importation temporaire, dit *triptyque* (en allemand : *passierschein*) valable un an et pour un nombre indéterminé de passages à la frontière.

Depuis 1906, il existe en Allemagne une taxe de séjour sur les automobiles servant au transport des touristes, payable à l'arrivée au bureau de douane frontière.

Cette taxe, remboursable en aucun cas, est de 3 marks pour une durée de 1 jour; de 8 marks pour une durée de 2 j. à 5 j.; de 15 marks pour une durée de 6 à 15 j.; de 25 marks pour une durée de 16 à 30 j.; de 40 marks pour une durée de 31 à 60 j.; de 50 marks pour une durée de 61 à 90 j.

Dépassé le délai de 90 jours, elle est la même que pour les automobiles à demeure en territoire allemand. — En paiement de cette taxe, il est délivré une carte-quittance (en allem. : *Steuerkarte*) qui devra être exhibée à toute demande des autorités de douane ou de police et visée à chaque sortie et à chaque entrée par les préposés de la douane.

Les automobilistes étrangers reçoivent en outre, contre certificat, une plaque numérotée de forme ovale qui doit être placée à l'arrière de la voiture et éclairée la nuit (coût : 2 ou 5 fr., selon les cas). Cette plaque, qui est valable pendant toute la durée du séjour en Allemagne, doit être remise au bureau de douane, à la sortie définitive.

En Allemagne, les automobiles, de même que tous autres véhicules, tiennent la droite et dépassent à gauche, en ayant soin de réduire la vitesse. — Celle-ci ne doit pas excéder 13 à 15 k. à l'heure dans les agglomérations.

2° **Autriche.** — Pour la circulation des voitures automobiles dans la monarchie Austro-Hongroise, il existe aussi un règlement spécial dont les articles les plus importants se trouvent également dans le tome I de l'*Annuaire des Pays Etrangers*, publié par le T. C. F.

En entrant en Autriche, l'automobiliste français est tenu de présenter à la douane le *récépissé de déclaration* de sa voiture (carte grise) et son *certificat de capacité* (carte rose). Une déclaration d'entrée lui sera remise et le plombage d'identité (« Identitætsplombe ») de la voiture et des moteurs sera ensuite effectué par la douane. Si son séjour devait se prolonger au delà de trois mois, il serait dans l'obligation de recourir aux autorités autrichiennes de la localité où il se trouve pour passer un examen de capacité et de faire une demande pour obtenir la mise en circulation de sa voiture.

Les droits de douane pour l'entrée des automobiles (importation temporaire) sont les suivants : *châssis*, inclus le moteur d'après le poids, *a* : jusqu'à 400 kil., 150 Kronen par 100 kil.; — *b* : de 400 à 1,800 kil., 120 Kr. *idem*; — *c* : de 1,800 à 2,300 kil., 100 Kr. *idem*; — au-dessus de 2,300 kil., 60 Kr. *idem*.

Ces droits doivent être versés *en or* et seront remboursés par tous les bureaux de douane (il n'est pas obligatoire, mais utile d'indiquer, en entrant, le bureau par lequel on compte sortir).

Comme pour l'Allemagne (voir ci-dessus), les membres de l'Automobile-Club et du Touring-Club de France sont autorisés par le Ministère des Finances à circuler librement avec leurs voitures automobiles en Autriche-Hongrie sur la simple présentation, au bureau de la douane d'entrée, de cartes d'identité spéciales (*triptyques*) délivrées par ces Associations.

La durée de validité de ces cartes est de deux mois pour un nombre indéterminé de voyages.

Elles ne sont utilisables que par les bureaux de douane autrichiens et non par les bureaux hongrois. Mais le passage d'Autriche en Hongrie et *vice versa* est entièrement libre.

Tous les véhicules qui franchissent la frontière doivent porter une plaque de reconnaissance remise par la douane, sur laquelle figure la lettre Z en rouge et qui devra être restituée en quittant le territoire autrichien, à la dernière douane de sortie.

Dans le Tirol, en Carinthie, en Istrie, en Carniole et en Dalmatie, tous les véhicules doivent tenir la droite et dépasser à gauche; le contraire a lieu dans toutes les autres provinces.

La vitesse permise est de 15 k. à l'heure dans les agglomérations et de 45 kil. au maximum en rase campagne.

F. — Agences de voyages.

Des agences spéciales, dont le nombre s'accroît chaque année, délivrent des billets, soit simples, soit pour voyages circulaires, soit pour voyages combinés au gré des touristes; la plupart d'entre elles donnent aussi des carnets pour les hôtels d'Allemagne, d'Autriche et d'autres pays; on trouvera les détails de ces combinaisons dans les publications spéciales de ces maisons, que l'on distribue dans leurs bureaux respectifs.

A Paris, les principales agences de voyages sont les suivantes : — *Lubin*, bd Haussmann, 36; — *Voyages Modernes*, av. de l'Opéra, 4; — *Voyages Économiques*, r. Auber, 10; — *Duchemin*, r. de Grammont, 30; — *Voyages Pratiques*, r. de Rome, 9; — *Th. Cook et fils*, pl. de l'Opéra, 1 ; — pour la *Scandinavie* spécialement : *C.-F. Berg*, r. des Pyramides, 14.

G. — Hôtels. — Restaurants.

Les prix des hôtels où peuvent descendre les étrangers, en Allemagne et en Autriche, sont assez élevés. On paye : pour la chambre (*Zimmer*), 3 M. 50 (4 à 5 Kronen) et au-dessus; pour la bougie (*Licht* ou *Beleuchtung*), 50 pf. env.; pour le service (*Bedienung*), de 50 pf. à 1 M.; pour le 1er déjeuner (*Frühstück*), de 1 M. à 1 M. 25; le dîner à table d'hôte de 4 M. à 5 M. (5 à 6 Kronen). Dans la plupart des hôtels on n'est pas obligé de prendre ses repas à l'hôtel, sauf (dans certains) le 1er déjeuner, qui est même, parfois, compris dans le prix de la chambre.

Malgré un progrès réel et incessant qui se manifeste depuis quelques années, les lits laissent encore (et, parfois, beaucoup) à désirer, sauf dans les grands hôtels de première classe. Les draps sont ordinairement trop étroits et trop courts; aussi, au premier mouvement que l'on se permet, les deux serviettes entre lesquelles on s'était introduit disparaissent comme par enchantement, et on a la satisfaction de passer sur le matelas le reste de la nuit. Trop souvent, même dans les grandes villes, les fenêtres n'ont pas de persiennes et des stores à peu près transparents, ce qui fait qu'en été le jour entre dès les premières heures du matin.

La cuisine allemande, quoique saine, satisfera peu les estomacs habitués à la cuisine française et les touristes peu au courant des nomenclatures locales seront assez embarrassés dans leur choix. Cependant, dans les principales villes, on trouve dans les bons restaurants (*Weinstuben*: on n'y sert pas de bière) une cuisine fort acceptable et l'expérience acquise permettra au voyageur de faire de très bons repas, sans sortir du menu le plus local.

Les *Restaurations* et les grandes brasseries ont généralement de bons plats du jour et leurs prix sont modérés; nous donnons une courte liste des mets que l'on trouve ordinairement sur la carte.

Suppe, potage ; — *Brathuhn*, poulet rôti ; — *Ei*, *eier*, œuf, œufs ; — *Frankfürter Würstchen*, saucisses de Francfort ; — id. *mit Spinat*, id. aux épinards : — id. *mit Krenn*, au raifort ; — *Gænsebraten*, oie rôtie ; — *Gænseklein*, abatis d'oie en ragoût ; — *Heringskartoffeln*, pommes de terre à la sauce de harengs ; — *Hammelbraten*, rôti de mouton ; — *Huhn*, poulet ; — *Kalbsbraten*, rôti de veau ; — *Pœkelfleisch*, viande fumée et un peu salée ; — *Pute*, dinde ; — *Rebhuhn*, perdreau ; — *Rinderbraten*, rôti de bœuf ; — *Rostwürstchen mit Kartoffeln*, saucisses sur le gril aux pommes de terre ; — *Rühreier*, œufs brouillés ; — *Sauerbraten, mit rohen Kartoffelklœssen*, espèce de rôti avec sauce aigre-douce et boulettes de pommes de terre ; — *Sauerkraut*, choucroute ; — *Sauerkraut mit Schweinsknœcheln*, choucroute avec pieds de cochon ; — *Schinken*, jambon ; — *Schweinebraten*, rôti de porc ; — *Spiegeleier mit Schinken*, œufs sur le plat au jambon ; — *Taube*, pigeon.

Le vin n'est pas trop cher, mais il faut boire du vin du pays (Rhin, Moselle) qui est bon et se méfier de certains vins portant l'étiquette de grandes marques françaises (p. ex. les multiples Châteaux du Bordelais) vendus à un prix relativement dérisoire. Parmi les vins rouges d'Allemagne et d'Autriche nous indiquerons l'Affenthaler, le Walporzheimer, le Vœslauer, l'Ofner, etc. — La bière est excellente, surtout celle de Bavière, que l'on trouve dans presque toutes les brasseries et restaurations (à l'exception des *Wein-restaurants* où il n'y a que du vin en bouteilles).

Dans presque tous les hôtels de l'Allemagne, on déjeune généralement avec du thé ou du café (ce dernier est souvent fort mauvais). On dîne vers 1 h., à la carte et le soir on soupe, aussi à la carte. Cependant, dans les localités de bains et dans les grandes villes, il y a aussi des dîners de table d'hôte à 4 h. ou à 5 h.

Quand on doit partir de bon matin, il faut avoir le soin de demander et de régler sa note (*Rechnung*) la veille au soir.

H. — Langues. — Vocabulaire allemand.

En dehors des grandes villes, des stations balnéaires ou des grands centres d'excursions, une connaissance superficielle de la langue allemande est à peu près indispensable pour l'Allemagne et peut être utile en Danemark, en Suède et en Norvège.

Les étrangers trouveront toujours, dans la plupart des grands hôtels, un sommelier qui leur donnera, en français ou en anglais, toutes les explications désirables. *Nous appelons tout spécialement l'attention du lecteur sur le petit vocabulaire annexé au guide et qui renferme les mots et les phrases indispensables aux voyageurs.*

I. — Postes et télégraphes.

Allemagne. — POSTE. — Il n'y a qu'une seule administration postale dans l'empire d'Allemagne; en *Bavière* seulement l'administration des postes a conservé une certaine indépendance et ses propres timbres-poste.

Tarifs de la poste : pour *toute l'Allemagne* et l'*Autriche-Hongrie* : *lettres pour la ville* (Stadtbriefe), 5 pf.; *lettres ordinaires*, jusqu'à 20 gr., 10 pf.; jusqu'à 250, 20 pf.; recommandation (Einschreibegebühr), 20 pf.; *cartes-lettres* (Kartenbriefe), 10 pf.; *cartes postales* (Postkarten), 5 pf.; avec réponse payée, 10 pf.; *imprimés sous bandes* (Drucksachen), 3 pf. jusqu'à 50 gr., 5 de 50 à 100 gr., 10 de 100 à 250 gr., 20 de 250 à 500 gr., 30 de 500 gr. à 1 kil.; *papiers d'affaires*, 10 pf. jusqu'à 250 gr., 20 pf. 500 gr., etc.; *échantillons* (Warenproben), 10 pf. jusqu'à 250 gr.; *mandats-poste* (Postanweisungen), seulement en Allemagne, 10 pf. jusqu'à 5 M., 20 jusqu'à 100, 30 de 100 à 200, 40 de 200 à 400, 50 de 400 à 600, 60 de 600 à 800 M.; *colis postaux* (Postpakete), 25 à 50 pf. jusqu'à 5 kil.

Pour l'étranger : *lettres simples* (20 gr.) 20 pf., (40 gr.) 30 pf., etc., recommandation 20 pf.; *cartes postales*, 10 pf., 20 avec réponse payée; *imprimés sous bandes*, 5 pf. par 50 gr.; *échantillons*, 5 pf. par 50 gr., avec minimum de 10 pf.; *recommandation*, 20 pf.; *mandats-poste*, d'ordinaire 20 pf. par 20 M.; *colis postaux*, pour la *Belgique*, la *Hollande*, la *France* et la *Suisse*, 80 pf. jusqu'à 5 kil.; pour l'*Italie* et la *Russie*, 1 M. 40.

Télégraphe. — *Tarif des dépêches* : — pour l'*Allemagne*, avec minimum de 50 pf., 5 pf. par mot; pour la *Belgique*, le *Danemark* et la *Suisse*, 10 pf. par mot; pour la *France*, 12 pf.; pour l'*Italie*, la *Norvège*, la *Suède*, 15 pf.; pour la Russie, 20 pf.

Autriche. — Postes et télégraphes. — *Tarifs de la poste* : — pour *toute la Monarchie Austro-Hongroise* et l'*Empire Allemand* : *lettres simples* (20 gr.) 10 heller; *cartes postales* 5 hell., avec réponse, 10 hell.; *imprimés* (50 gr.) 3 hell., (100 gr.) 10 hell., etc.; *échantillons* (jusqu'à 250 gr.) 10 hell., (310 gr.) 20 hell., etc.; *mandats-poste* (Postanweisungen) : jusqu'à 20 Kr. 10 hell., de 20 à 100 Kr. 20 hell., de 100 à 300 Kr. 40 hell., etc. (maximum 1,000 Kr.).

Pour l'étranger : *lettres simples* (20 gr.) 25 hell., recommandation 15 hell.; *cartes postales* 10 hell., avec réponse 20 hell.; *imprimés et papiers d'affaires*, 50 gr. 5 hell. (maximum 2 kil.); *échantillons* (100 gr.) 10 hell., par 50 gr. en sus (jusqu'à 350 gr.), 5 hell.; *mandats-poste* : pour la *France*, la *Suisse*, la *Belgique*, l'*Italie*, etc., maximum 1,000 fr.; taxe 10 hell. pour un mandat de 1 à 20 Kr., 40 hell. pour 20 à 40 Kr., 60 hell. pour 40 à 60 Kr., 80 hell. pour 60 à 80 Kr.; au delà de 80 Kr., 20 hell. pour 40 Kr. en sus.

Télégraphe. — *Tarif des dépêches* : — pour l'*Autriche-Hongrie* et l'*Allemagne*, le mot 6 hell. (tarif minimum, 60 hell.); *pour l'étranger*, taxe initiale fixe 60 hell., plus par mot : pour la *Belgique*, 19 hell.; la *France*, 16 hell.; l'*Italie*, 8 à 16 hell. (suivant la distance); le *Danemark*, 21 hell.; la *Norvège*, 32 hell.; la *Suède*, 24 hell.; la *Suisse*, 9 hell., etc.

II. — *DANEMARK, SUÈDE ET NORVÈGE*

A. — Époque du voyage. — Modèles d'itinéraires.

La saison la plus propice pour un voyage dans la Scandinavie est, sans contredit, l'été. En juin, juillet et août la nature se montre dans toute sa splendeur et c'est de la mi-juin à la mi-août que le soleil reste constamment à l'horizon dans les régions arctiques.

Nous donnons ci-dessous deux modèles d'itinéraire qui nous semble convenir à la grande généralité des touristes et qui correspond, — d'ailleurs, — aux données d'un guide comme le nôtre, qui se limite à décrire *les parties les plus intéressantes, les plus fréquentées et les plus facilement accessibles* des trois royaumes scandinaves. — En **Danemark** c'est Copenhague, avec ses environs, qui forme la principale curiosité; en **Suède**, et surtout dans sa partie méridionale, ce sont les villes : Gœteborg, Malmœ, Stockholm, Upsala que l'on visite et la route des grands lacs et des canaux que l'on suit; quant à la Suède septentrionale, qui ne saurait rivaliser avec la région correspondante de la Norvège pour la beauté imposante du paysage, elle est, relativement, peu fréquentée; en **Norvège**, ce sont les provinces du centre, entre Christiania et Bergen et les côtes de l'Ouest avec leurs célèbres fjords, qui attirent tous les ans une véritable foule de visiteurs.

1° De Paris, par Cologne, à Hambourg (R. 4 et 37), 2 j. — Hambourg par Kiel ou par Fredericia, à Copenhague, et Copenhague (R. 37 et 38), 3 j. — Copenhague, par bateau et ch. de fer, à Malmœ et à Stockholm (R. 40), 1 j. — Stockholm et environs (R. 41), 3 j. — Stockholm à Christiania (R. 45), 1 j. — Christiania et environs (R. 48), 2 j. — Christiania, par le Valdres, à Lærdal (R. 51), 3 j. — Lærdal, par le Sognefjord, Gudvangen, Voss, Eide, le Hardangerfjord, à Bergen (R. 52), 5 j. — Bergen (R. 53), 1 j. — Bergen, par le Nordenfjord, Visnæs, Grotli, Merok, Hellesylt, Sœholt, Molde, à Trondhjem (R. 54), 7 j. — Trondhjem (R. 49), 1 j. — Trondhjem à Christiania (R. 49), 1 j. — Christiania, par Trollhætan, à Gœteborg (R. 47), 2 j. — Gœteborg, par Malmœ, à Trelleborg; en bateau, de Trelleborg à Sassnitz; Sassnitz à Berlin (R. 39 et 41), 1 j. 1/2. — Berlin (R. 33), 2 j. 1/2. — Berlin à Paris (R. 3), 1 j. — Total, 36 jours (ou 43 j. si l'on y ajoute l'excursion de Trondhjem au cap Nord; V. ci-dessous II).

2° De Paris, par Cologne, à Hambourg (R. 4), 2 j. — Hambourg, par Lubeck et Warnemünde, à Copenhague (R. 31 et 37), 2 j. — Copenhague et environs (R. 38), 2 j. — Copenhague, par Helsingborg, à Gœteborg (R. 40), 1 j. — Gœteborg, par Trollhætan, à Christiania (R. 47), 2 j. — Christiania et environs (R. 48), 2 j. — Christiania, par Fagernes, à Lærdal (R. 51), 3 j. — Lærdal, par Gudvangen, Stalheim, Voss, Eide, le Hardangerfjord, à Bergen (R. 51), 5 j. — Bergen (R. 53), 1 j. — Bergen, par Visnæs, Mindre-Sund, Grotli, Merok, Sœholt, Molde, à Trondhjem (R. 54), 7 j. — Trondhjem, par bateau-croisière, au Cap Nord, et retour (R. 55), 8 j. — Trondhjem, par Upsala, à Stockholm (R. 44), 1 ou 2 j. — Stockholm et environs (R. 41), 3 j. — Stockholm, par Malmœ, Trelleborg, Sassnitz, à Berlin (R. 41 et 39) ou, par Malmœ, à Copenhague (R. 40), 1 j. env. — Berlin, ou Copenhague, à Paris (R. 3 et 37), 2 j. env. — Total, 41 ou 42 jours, ou 34 j., si l'on supprime l'excurs. au Cap Nord.

B. — Budget de voyage.

Il faut compter au minimum une dépense de 25 fr. par jour par personne, surtout à cause des frais imposés par les moyens de transport. Tout compte fait, il y aurait avantage pour les touristes n'ayant pas une trop grande aversion pour les voyages en caravane, à s'arranger soit pour participer à l'une ou à l'autre des excursions organisées par les agences de voyages (*Cook, Lubin, Berg*, etc.), soit pour utiliser une des croisières organisées par les compagnies de navigation norvégiennes (la *Nordenfjeldske*, ou la *Bergenske*) ou allemandes (la *Hamburg-Amerika Linie*, ou la *Norddeutsch-Lloyd*) depuis Hambourg ou depuis Bergen, et dont on trouvera les programmes chez les agents de ces compagnies et aux principales agences de voyages (*V.* p. XVII). Il y aura, en ce cas, économie de temps et d'argent.

C. — Passeport. — Douane.

PASSEPORT. — Le passeport n'est pas exigé dans le Danemark, la Suède et la Norvège. Il est cependant prudent de se munir d'une pièce qui puisse, en cas de besoin, prouver son identité (par exemple, le *livret postal d'identité international*, muni de la photographie du titulaire, que délivrent, moyennant 50 c., tous les bureaux de poste de France, et qui sert à retirer toute sorte d'envoi).

DOUANE. — La visite des bagages n'est pas trop rigoureuse; en Suède et en Norvège les cigares sont soumis à un impôt de 6 Kronen par kil.; les spiritueux paient 2 Kr. 40 par litre.

D. — Monnaies. — Poids et mesures.

MONNAIES. — Depuis 1875 les trois États scandinaves ont adopté le même système monétaire avec étalon d'or, ayant comme unité la *couronne* (*Krona*; pluriel : *Kronor*), subdivisée en 100 *œre* ou centimes.

Or	20 Kronor	=	28 fr.
	10 Kronor	=	14
Argent	2 Kronor	=	2 fr. 80
	1 Krona	=	1 40
	50 œre	=	0 70
	25 œre	=	0 35
	10 œre	=	0 15
Billon	5 œre	=	0 fr. 07,5
	2 œre	=	0 02,8
	1 ore	=	0 01,4

Les billets de banque en circulation sont de 1,000, 100, 50, 10 et 5 Kr.

Poids et mesures. — Le système métrique est en vigueur dans les trois royaumes.

E. — Moyens de transport.

1° Chemins de fer.

L'horaire des chemins de fer (*jernban*, plur. *jernbaner* en danois-norvégien; *jernvæg*, plur. *jernvægar* en suédois) danois, suédois et norvégiens est établi d'après l'heure de l'Europe centrale, qui avance de 55 min. sur l'heure de Paris.

Les chemins de fer ont, sur les grandes lignes, des voitures de 1re, de 2e et de 3e cl. ainsi que, pour certains trains, des wagons-lits et des wagons-restaurant.

Suède. — Le *système des zones* est en vigueur dans les chemins de fer suédois, ce qui est d'un grand avantage pour les grandes distances. Les billets circulaires sont délivrés au gré du voyageur et d'après les indications qu'il veut bien donner lui-même. Réduction de prix, 25 p. 100.

La durée de validité du billet est de 3 mois, y compris le jour du visa.

En cas d'interruption du voyage, il faut prévenir le chef de gare.

Pour les trains express on paye un supplément de 2 Kr. 50, 1 Kr. 50 et 1 Kr. par course et par classe, quelle que soit la distance.

Wagons-lits : — 1re cl., 10 Kr. 70; 2e cl., 5 Kr. 35; les nos du wagon et du lit sont annotés sur le billet.

On peut commander des places de wagons-lits dans n'importe quelle gare du chemin de fer, ou par téléphone (Rkst 8364).

Bagages : 25 kil. en franchise.

Norvège. — Avec un billet simple, pour un parcours d'au moins 25 k., on peut interrompre le voyage une fois, mais le voyage doit être repris le lendemain. Il faut que le billet soit montré au chef de gare. Mêmes prescriptions pour les billets d'aller et retour, dont la validité est de 3 mois.

Wagons-lits : 1re, 2e et 3e cl., avec obligation de payer un supplément pour la 3e cl. (la différence entre la 1re et la 2e cl.), de même pour la 3e cl. (la différence entre la 2e et la 3e cl.). — Dans les trains avec voitures de 1re cl. seulement et wagon-lit, on est obligé, même si on ne se sert pas du wagon-lits, de le payer. Une personne et un enfant entre 3 et 12 ans, ou 2 enfants, entre 3 et 12 ans, peuvent se servir d'une seule place de wagon-lits. — Les prix sont en Norvège : 6 Kr., 3 Kr. 50; dans les trains pour Stockholm ou Copenhague : 10 Kr. 70, 5 Kr. 35.

Bagages : 25 kil. en franchise.

En Suède comme en Norvège, il y a dans tous les trains des compartiments pour fumeurs (*rækkupé*; *rygekupé*) et pour dames seules (*damkupé*; *kvindekupé*).

Les trains express (*snælltog*, *kurirtog*, *hurtigtog*) sont les seuls à recommander pour les longs parcours.

Buffets. — Ceux des plus grandes lignes sont généralement bien tenus. Les trains express s'arrêtent pour les repas (déjeuner, dîner, l'après-midi, et souper) à des *gares déterminées*, dont le nom est affiché dans les coupés. Les arrêts ne sont pas bien longs, 30 à 40 min. env. ; on paie en entrant (1 Kr. 25 à 1 Kr. 50 le déj. et le souper ; 1 Kr. 50 à 2 Kr. 50 le dîner ; 1/2 bouteille de bière, 25 œre), et on se sert soi-même. Si l'on ne prend pas un repas complet, on peut toujours trouver des sandwiches (*smœrbrœd*) à 25 et à 50 œre.

2° Bateaux à vapeur.

Le long des côtes et sur les lacs des bateaux à vapeur (en suédois, *angbat*, prononc. ongbot; pluriel *angbatar*, prononc. ongbotar; en norvégien et danois, *damskib*, plur. *damskibe*) entretiennent une communication régulière et incessante entre les différentes localités; leurs services correspondent avec l'horaire des chemins de fer, ce qui facilite les communications.

Ainsi que nous l'avons déjà dit (*V.* p. XIII), pour la Norvège, — qui intéresse plus particulièrement les touristes, — ce sont les deux compagnies norvégiennes de Bergen et de Trondhjem, la *Bergenske* et *Nordenfjeldske-Dampskibsselskab* et la compagnie allemande *Hamburg-Amerika-Linie* qui desservent les lignes plus importantes et qui organisent les croisières d'été. Les agents des premières sont : *C.-F. Berg*, r. des Pyramides, 14, à Paris ; *F.-J. Reimers*, 6, Glockengiesserwald, à Hambourg ; *Berg-Hansen* et Cie, à Christiania; la seconde a une agence à Paris, r. Scribe, 7, et son siège à Hambourg. — Les bateaux, surtout ceux destinés aux croisières, sont en général bien installés; il est préférable de s'y assurer une cabine ou, tout au moins, une place de cabine (des cabines à deux couchettes peuvent être retenues pour une seule personne avec supplément de moitié prix), pour ne pas être obligé de passer la nuit sur un canapé du salon commun. Les prix varient, suivant la place et la durée de la croisière de 320 à 450 fr. depuis Hambourg ; de 314 à 428 fr. depuis Trondhjem, de 750 à 1,250 fr. depuis Anvers. On a droit à 50 kil. de bagages en franchise (ne pas les perdre de vue au départ et à l'arrivée). La nourriture à bord n'est pas mauvaise, quoiqu'elle ne présente pas une grande variété dans les mets; le prix de la nourriture est presque toujours compris dans le prix du billet des croisières (1re cl. seulement) et il ne l'est pas dans celui des bateaux faisant le service ordinaire des côtes, à bord desquels la nourriture est comptée à raison de Kr. 5,50 par jour, vins et liqueurs à part; ou bien, déj. Kr. 1,50, dîner Kr. 2,40, souper, Kr. 1,50, et service, Kr. 0,50 par jour.

Quant aux 7 ou 8 croisières qu'organise tous les étés la *Hamburg-Amerika Linie*, — qui affecte à ce service un matériel naval du choix, — les prix des places varient, suivant les cabines et la durée des croisières, de 370 à 3,200 fr., depuis Hambourg (*V.* les prospectus détaillés).

3° Voitures de la poste.

C'est surtout en Norvège que l'on a besoin de recourir au service de la poste (*skyds*, prononc. chuss), dont les relais (*skyds-stationen*) situés à des distances variant de 10 ou 12 à 25 k., suivant les routes, servent aussi d'auberge: il y a en outre des relais particuliers (*privat-stationen*) à certains hôtels fréquentés par les touristes.

Le tarif est établi par kilomètre et suivant le véhicule; on paie pour :

	1 voyageur en karriol ou en stollkjærre.		2 voyageurs en stollkjærre.	
5 k.	0 Kr.	85 œre.	1 Kr.	28 œre.
15 k.	2	55	3	83
20 k.	3	40	5	10
25 k.	3	75	4	25

Le service des postes avec relais est bien organisé, mais l'affluence des touristes est souvent, au cœur de l'été, telle qu'il faut se hâter et prendre ses précautions pour trouver des chevaux aux relais. — Il y a plusieurs sortes de véhicules : le landau (*landauer*) et la calèche (*kaleschvogen*) à 4 places et à 2 ou 3 chevaux; la charrette (*stollkjærre*) à deux places et la carriole (*karriol*), sorte de fauteuil sur roues, où l'on peut indifféremment allonger ses jambes, ou les laisser pendre à droite et à gauche sur des sortes d'étriers en fer (ces deux dernières voitures n'offrent pas de place pour du gros bagage). Le stollkjærre, ainsi que la karriol, peuvent être conduits soit par le cocher (qui se tient derrière; il est à noter que l'on emploie comme cocher, non seulement des hommes adultes, mais des jeunes garçons et, même, des jeunes filles), soit par le voyageur lui-même, ce qui, d'ailleurs, n'est pas à conseiller, car c'est lui qui serait responsable en cas d'accidents (possibles avec les chevaux du pays plutôt ombrageux).

N. B. — Les bagages destinés à être transportés par les skyds demandent à être assez solides, car il n'est pas rare qu'une malle doive servir de siège au cocher.

Sur les fjords il y a aussi un service de barques (*vand-skyds* ou *baad-skyds*) à 2 ou à 4 rameurs, également tarifé suivant le nombre des rameurs (5 k. à 2 rameurs, 1 Kr. 40, à 4 rameurs, 2 Kr.; 10 k., 2 Kr. 80 et 4 Kr.; etc.).

4° Voitures de louage.

On trouve dans les principales localités de la Norvège (spécialement aux gares ou aux embarcadères des bateaux à vapeur) des voitures (landaus ou calèches) à louer pour un ou plusieurs jours, à des prix fixés d'avance, par les coopératives des cochers de l'endroit et qui varient, pour une voit. à 2 chev., entre les 30 ou 40 Kr. par j., suivant le nombre des voyageurs. Quoique ce moyen de transport soit moins rapide que celui par skyds, il offre néanmoins l'avantage de laisser une liberté absolue au touriste. Les cochers font, habituellement, une halte d'une demi-heure toutes les deux heures et une halte de deux heures vers midi.

F. — Agences de voyages.

En outre de celles que nous indiquons à la page VIII, on peut mentionner pour la Scandinavie, les suivantes : — *F. Beyer*, Rosenkrantzgaden, à Christiania; — *Strandgaden*, à Bergen et succursales à Trondhjem et à Molde; *Bennett's Tourist-bureau* (agent de la Cie des wagons-lits), Carl-Johansgade, 35, à Christiania; — *J. Prahl* (représent. de l'agence Cook), hôtel d'Angleterre, à Copenhague; — *Svenska Turistfœrening* (Touring-Club suédois), Norrlandsgatan, 2-4, à Stockholm; — *Nordisk Resebureau* (représent. de l'agence Cook), dans l'édifice du Théâtre royal, à Stockholm.

G. — Hôtels, restaurants.

Les hôtels de 1er ordre et les hôtels de création récente sont bien organisés; quelques vieilles maisons laissent encore à désirer mais, en somme, l'hôtellerie a fait beaucoup de progrès en Suède et en Norvège.

Les prix des chambres varient de 2 Kr. 50 à 5 Kr. (env. 3 fr. 50 à 7 fr.) par lit; le petit déjeuner est compté env. 1 Kr. (1 fr. 40), le lunch 2 Kr., le dîner à table d'hôte, 3 à 4 Kr. (sans le vin). Si l'on ne prend pas ses repas à l'hôtel, le prix de la chambre n'en est pas augmenté, ainsi que cela arrive dans d'autres pays. D'ordinaire le service n'est pas porté sur la note et en ce cas on donne 40 à 50 œre, par jour, de pourboire à la femme de chambre et au garçon. — Les lits des hôtels de 1er rang sont bons et le linge de première qualité; tous les nouveaux hôtels sont munis d'ascenseurs et on trouve partout l'éclairage électrique. On trouve aussi dans chaque hôtel de 1er rang des domestiques qui parlent français. — Au cœur de la saison (fin juin à mi-août) les bons hôtels sont presque constamment encombrés, il faut donc avoir soin de s'assurer d'avance la chambre, ou les chambres, dont on a besoin.

On boit généralement de la bière; quant au vin, on en trouve d'assez bon et pas trop cher dans les bons hôtels; les liqueurs et en général les spiritueux sont plus rares à trouver (les buffets des gares, par ex., n'en débitent pas); on peut les remplacer par du sherry ou du porto, que l'on débite au verre.

Dans les cafés on trouve généralement de la bière, des œufs et des sandwiches. — Les cafés et les restaurants sont, d'habitude, fermés la matinée des dimanches jusqu'à 1 h. après-midi.

Voici une petite liste des mets que l'on trouve le plus fréquemment inscrits sur les cartes des restaurants :

Suédois.	Danois-Norvégien.	Français.
Buljong.	Kjœdsuppe.	Bouillon.
Soppa.	Suppe.	Soupe.

Suédois.	Danois-Norvégien.	Français.
—	—	—
Kœtt kokt.	Kokt Kjœd.	Viande bouillie.
— steckt.	— stegt.	— rôtie.
Oxkœtt.	Oxekjœd.	Bœuf.
Kalv.	Kalve.	Veau.
— stek.	— steg.	— rôti.
Kottletter.	Cotelletter.	Côtelette.
Flœsk.	Flesk.	Porc.
Rodjurstek.	Raadyrsteg.	Rôti de chevreuil.
Renstek.	Rensdyrsteg.	— de renne.
Fogel.	Fjerkrœ.	Volaille.
Anka.	And.	Canard.
Gas (pron. gos).	Gaas.	Oie.
Fisk.	Fisk.	Poisson.
Laxœring.	Forella (plur. foreller).	Truite.
Sill.	Sild.	Hareng.
Torsk.	Torsk.	Morue.
Grœnsaker.	Grœnsager.	Légumes.
Bœner.	Bœnner.	Haricots.
Ærter.	Ærter.	Petits pois.
Potatis.	Poteter, ou Kartofler.	Pommes de terre.
Ægg.	Ægg.	Œufs.
Ost.	Ost.	Fromage.
Smœr.	Smœr.	Beurre.
Kaker.	Kager.	Gâteaux.
Vin (pron. vinn).	Vin.	Vin.
Rœdvin.	Rœdvin.	— rouge.
Œl.	Œl, bier	Bière.

H. — Langues.

Les Scandinaves parlent deux idiomes : le suédois et le dano-norvégien ; tous les deux ressemblent à l'allemand et à l'anglais, sauf pour la prononciation. — Pour les touristes ne faisant pas de voyages dans l'intérieur, ou dans les cantons les moins fréquentés du pays, la connaissance de ces deux langues n'est pas indispensable, surtout pour les grandes villes où, dans les principaux hôtels, il y a toujours quelqu'un qui parle français. La connaissance de l'allemand peut être fort utile et celle de l'anglais encore davantage, surtout en Norvège.

I. — Postes, télégraphes et téléphones.

Danemark, Suède et Norvège. — Postes. — Si l'on se fait envoyer des lettres « poste-restante » les faire adresser de préférence aux bureaux des villes les plus importantes, pour éviter les retards dus à la lenteur des communications. — *Tarifs postaux* : *pour les trois royaumes Scandinaves*; *lettres simples* (20 gr.), 10 œre; *cartes postales* (Brefkort, brevkort), 5 œre; mandats postaux, 25 œ. par 25 Kroner.

Pour l'étranger : *lettres simples* (20 gr.), 20 œre, recommandation, 15 œ.; *cartes postales*, 10 œ., avec réponse, 20 œ.; *mandats postaux*, jusqu'à 500 fr. (pour l'Allemagne, 720 M.), 20 œ. par 25 fr. (soit env. 18 Kr.).

TÉLÉGRAPHE. — **Danemark** : — *Tarif des dépêches : pour l'intérieur*, 10 mots, 50 œre, chaque mot en plus, 5 œ.; *pour l'extérieur* : la *Suède*, 80 œ. de taxe fixe, valable pour 5 mots, 10 œ. par mot; la *Norvège*, 50 œ. et 10 œ.; la *France*, *l'Italie*, 1 Kr. 10 et 20 œ.; l'*Allemagne*, 80 œ. (4 mots) et 15 œ. — **Suède** : *intérieur* : 10 mots, 50 œre, chaque mot en sus, 5 œ.; *extérieur* : *Norvège* et *Danemark* : 5 mots, 80 œ., chaque mot en sus, 10 œ.; *France*, *Suisse*, *Italie*, 1 Kr. 10 (3 mots), et chaque mot en sus, 20 œ.; etc. — **Norvège** : *intérieur* : 10 mots, 50 œre, chaque mot en sus, 5 œ.; *extérieur* : *Suède*, 30 œ. taxe fixe et 10 œ. par mot; *Dannemark*, 50 œ. et 10 œ.; *Allemagne*, 16 œ. par mot; *France*, *Italie*, 30 œ. par mot, etc.

TÉLÉPHONES. — Réseau très étendu et service bien organisé en Suède et en Norvège; très utile surtout pour commander une voiture, arrêter une place à bord, une chambre à l'hôtel, etc.; on paye ordinairement 10 à 15 œre pour une communication.

J. — **Noms géographiques; orthographe.**

Voici une liste des noms les plus employés soit comme noms propres, soit comme formant des noms composés en Suède et, surtout, en Norvège.

Bakke........ montée, rampe.
Bræ.......... glacier.
Bu, *Bœ*...... hameau, ferme.
By........... ville, bourgade.
Bygd......... endroit habité.
Dal.......... vallée.
Eid, *Eide*.... isthme.
Elv, *elf*...... fleuve, rivière.
Fjeld......... montagne.
Fjord........ baie, bras de mer.
Fos.......... cascade.
Gaard........ ferme.
Haug, *houg*... colline.
Hede......... lande.
Helle......... surface rocheuse.
Hœl, *hyl*..... grotte, anse.
Jœkul........ glacier.
Kile......... baie.
Kirke........ église.
Klev......... pente, récif.
Kvam......... gorge.
Laage......... guichet.
Lund.......... bois.
Mark......... champ.
Nut.......... cime, sommet.
Næse, *nos*..... cap, promontoire.
Œ, *œr*........ île, îles.
Os, *œs*........ embouchure.
Plads......... localité.
Sjœ, *sœ*........ lac.
Sæter......... chalet.
Stœl, *stul*..... chalet.
Stue.......... maison en bois.
Sund.......... détroit.
Tind, *Pig*, *Horn*. pic.
Vaag.......... baie, port.
Vand.......... lac, eau.
Vang.......... prairie, pâturage.
Vik, *vig*....... baie.

L'orthographe des noms de localités aurait grandement besoin d'être fixée. On ne comprend vraiment pas qu'il soit possible de tolérer une confusion telle que celle qui se manifeste en Norvège, où certaines localités voient leur nom écrit couramment de quatre ou cinq façons diverses : on trouve, par exemple, sur des cartes ou dans des livres *Merok* pour *Marok*, *Meraak*, ou *Marœk*; *Grotlid* pour *Grotli*, *Grjotli*, ou *Grjotlien*; etc. Pour d'autres noms, on les écrit parfois avec l'article suffixe, ainsi p. ex. *Balmholmen*, *Krogkleven*, *Elvdalen*, *Kalfarveien*, parfois sans l'article et alors c'est Balmholm, Krogklev, Elvdal, Kalfarvei que l'on écrit.

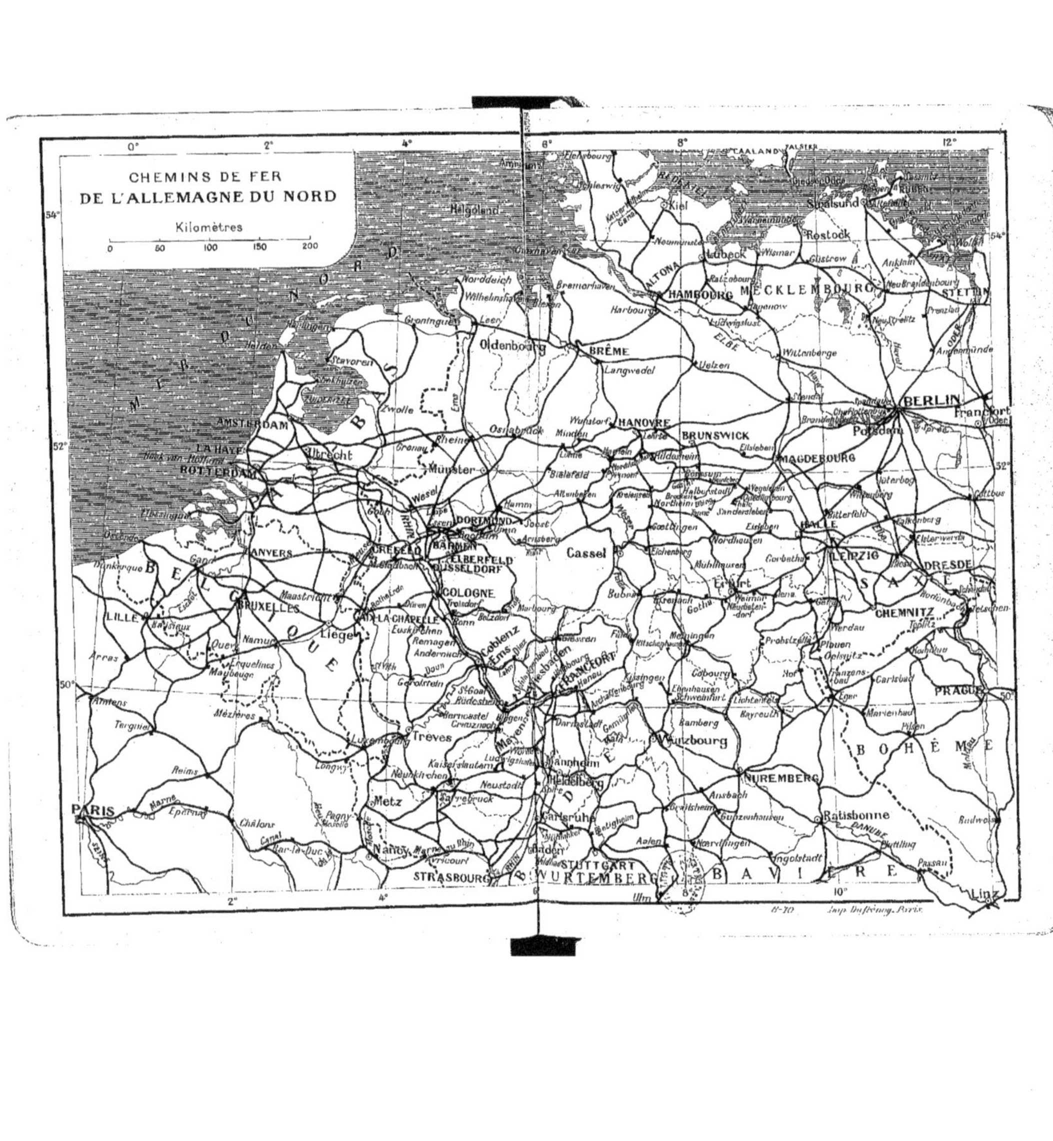

CHEMINS DE FER
DE L'ALLEMAGNE DU NORD
Kilomètres
0 50 100 150 200
BERLIN
HAMBOURG
BRÊME
HANOVRE
BRUNSWICK
MAGDEBOURG
LEIPZIG
DRESDE
CHEMNITZ
PRAGUE
NUREMBERG
FRANCFORT
COLOGNE
AMSTERDAM
ROTTERDAM
BRUXELLES
ANVERS
PARIS
STRASBOURG
STUTTGART
B E L G I Q U E
M E C K L E M B O U R G
B O H Ê M E
B A V I È R E
W U R T E M B E R G
Imp. Dufrénoy, Paris.

ALLEMAGNE DU NORD

BAINS DE BOHÈME

DANEMARK, SUÈDE, NORVÈGE

ROUTES D'ACCÈS

Route 1. — DE PARIS AUX BAINS DE LA BOHÊME — FRANZENSBAD, MARIENBAD, CARLSBAD — ET A PRAGUE

Nous avons réuni dans cette route toutes ces localités, accessibles par les mêmes grandes lignes de chemin de fer, passant par Strasbourg, Stuttgart, Nuremberg et Eger. — Nous avons, en outre, partagé cette route en 6 tronçons (1° de Paris à Nuremberg; 2° de Nuremberg à Eger; 3° d'Eger à Franzensbad; 4° d'Eger à Marienbad; 5° d'Eger à Carlsbad; 6° d'Eger à Prague), que nous décrivons successivement, en les faisant précéder des indications pratiques depuis Paris.

1° DE PARIS A NUREMBERG

PAR STRASBOURG, KARLSRUHE, STUTTGART OU HEILBRONN, ET CRAILSHEIM.

870 k. par Stuttgart; 841 k. par Heilbronn. — 🚂 de l'Est en 12 h. 7 par le train de luxe « Paris-Carlsbad-Express » circulant t. l. j. du 12 juin au 27 sept. et passant par Heilbronn; en 15 h. 10 par l' « Orient-Express », train de luxe quotidien, jusqu'à (10 h. 30) Stuttgart, d'où part un train direct (wagon-restaur.) pour Nuremberg et Carlsbad; en 22 h. env. par l'express du soir (voit. directes Paris-Stuttgart et, en été, Stuttgart-Nuremberg-Carlsbad). — Billets directs, 95 fr. 20, 62 fr. 35, 40 fr. 40; billets mixtes (1re cl. en France, 2e cl. en Allemagne), 77 fr. 35; supplément (pour le Paris-Carlsbad-Express) de Paris à Nuremberg, 25 fr. 15; (pour l'Orient-Express) de Paris à Stuttgart, 19 fr. 70.

Le ch. de fer remonte la vallée de la Marne, qu'il franchit plusieurs fois et dont la partie la plus intéressante se trouve entre

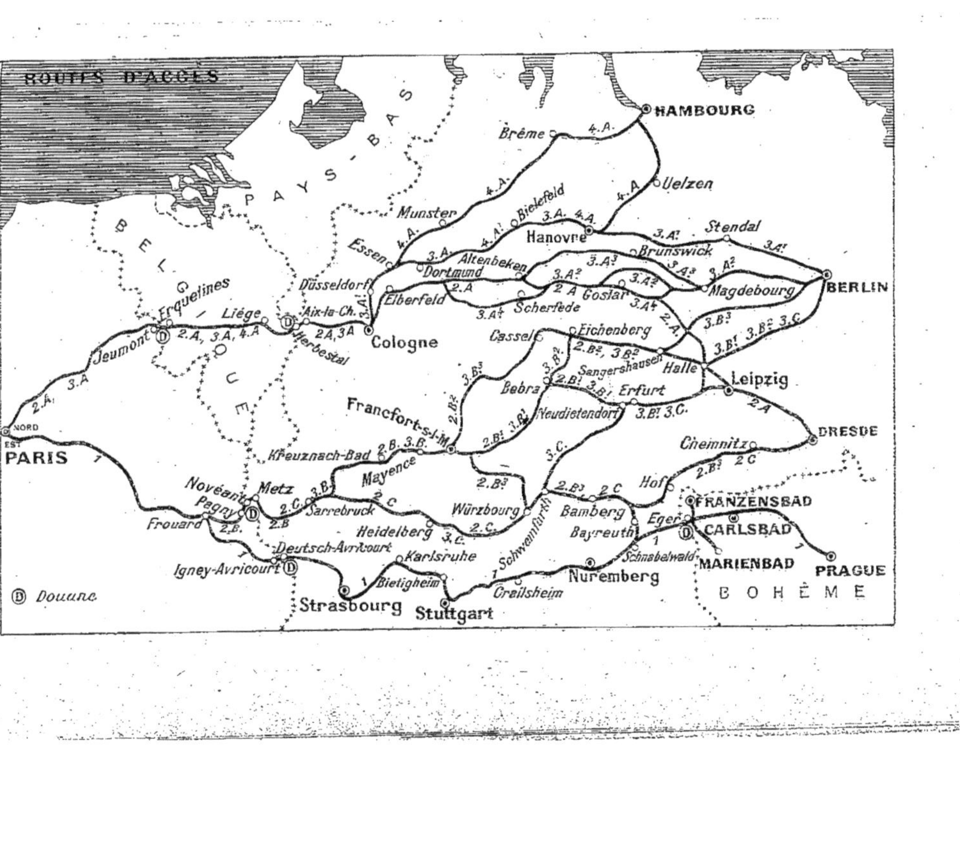

ROUTES D'ACCÈS
PAYS-BAS
BELGIQUE
BOHÊME
HAMBOURG
Brême
Uelzen
Munster
Bielefeld
Hanovre
Stendal
Essen
Altenbeken
Brunswick
Dortmund
Düsseldorf
Goslar
Magdebourg
BERLIN
Elberfeld
Scherfede
Erquelines
Liége
Aix-la-Ch.
Herbestal
Cologne
Jeumont
Cassel
Eichenberg
Sangershausen
Halle
Leipzig
Bebra
Erfurt
Neudietendorf
Francfort-s-l-M.
DRESDE
Chemnitz
NORD
EST
PARIS
Kreuznach-Bad
Mayence
Noveant
Metz
Pagny
Sarrebruck
Würzbourg
Bamberg
Hof
FRANZENSBAD
Eger
CARLSBAD
Frouard
Heidelberg
Bayreuth
Deutsch-Avricourt
Karlsruhe
Schwenfurth
Schnabelwald
MARIENBAD
PRAGUE
Igney-Avricourt
Bietigheim
Crailsheim
Nuremberg
Strasbourg
Stuttgart
Douane

Château-Thierry et Epernay. S'écartant ensuite de la Marne, la voie traverse les terrains crayeux de la Champagne Pouilleuse, prend la direction de l'E., croise l'Ornain, dont elle remonte la vallée et franchit, avant Commercy, la ligne de partage des bassins de la Seine et de la Meuse. Le ch. de fer franchit ensuite la Meuse et entre dans la vallée de la Moselle, après avoir croisé cette dernière rivière. Avant Frouard il la franchit encore trois fois à l'entrée d'une gorge d'un aspect agreste, où la rivière est croisée par le canal de la Marne au Rhin (beau pont-canal).

Au delà de Nancy la voie franchit plusieurs fois la Meurthe pour se rapprocher des Vosges et franchir, par le *tunnel de Hommarting*, ou *de Harzweiler* (2,678 m.), la ligne de partage entre le Rhin et la Moselle; puis elle pénètre dans la charmante vallée de la Zorn, traverse la forêt de Brumath et franchit le canal de la Marne au Rhin.

Les stations les plus importantes et où l'on trouve des buffets sont : 92 k. Château-Thierry; — 142 k. Epernay; — 173 k. Châlons-sur-Marne; — 218 k. Blesme; — 254 k. Bar-le-Duc; — 308 k. Pagny-sur-Meuse; — 345 k. Frouard (⨯ sur Metz, *V.* R. 2, *A*); — 352 k. Nancy.

410 k. *Igney-Avricourt* (Ⓑ; douane française). — On passe sur le territoire allemand.

411 k. **Deutsch-Avricourt** (Ⓑ; douane allemande; heure de l'Europe centrale, en avance de 55 min. sur celle de Paris).

503 k. **Strasbourg** (gare monumentale; Ⓑ; hôt. : *National*, recommandé, en face de la gare; *de la Ville de Paris*, etc.), V. de 175,000 hab., sur l'Ill, capitale de l'Alsace-Lorraine et place forte de premier ordre. — **Cathédrale** (*Münster*), l'une des plus célèbres et des plus belles églises du style ogival, bâtie du xe au xve s. et complètement achevée en 1879 (la *façade*, de la fin du xiiie s., est l'œuvre d'Erwin de Steinbach; la grande *tour* a 142 m.). — Ancien *château* du xviiie s. (auj. *Musée artistique* de la ville). — *Eglise Saint-Thomas*, romano-ogivale, du xiiie s. — *Université*. — *Palais impérial*, etc.

La voie décrit une grande courbe autour de la ville, franchit l'Ill, le canal du Rhône au Rhin et le petit Rhin, puis traverse l'*île des Epis* (à dr., *monument de Desaix*) et franchit le grand Rhin sur le **pont de Kehl**, long de 245 m.

510 k. *Kehl*, petite V. du grand-duché de Bade, au confluent de la Kinzig et de la Schutter avec le Rhin. — La voie traverse la plaine du Hanau, en se dirigeant vers la chaîne de la Forêt-Noire, dont elle va longer les derniers contreforts O., en passant par (528 k.) *Appenweier* et (566 k.) *Rastadt*, V. forte badoise.

589 k. *Karlsruhe* (Ⓑ; ⨯ pour Heidelberg-Francfort), V. de 100,000 hab., capit. du grand-duché de Bade.

La voie, qui s'élève sur un petit plateau, passe dans 2 tunnels, dont le plus long mesure 900 m.

620 k. *Pforzheim*, V. industrielle à 269 m. d'alt. — La voie descend dans la vallée de l'Enz, dont elle suit d'assez près la rive g., en passant par (633 k.) *Mühlacker*, où l'on entre dans le royaume de Wurtemberg. — On traverse un pays accidenté; grand viaduc de 21 arches sur l'Enz.

656 k. **Bietigheim** Ⓑ, à la jonction des lignes de Heilbronn et de Marbach.

[Le train de luxe Paris-Carlsbad, quittant ici la grande ligne de Paris à Munich, va par (29 k.) *Heilbronn* et *Waldenburg*, rejoindre, à (90 k.) Hessenthal, la ligne de Stuttgart à Nuremberg par Crailsheim (*V.* ci-dessous).]

665 k. *Ludwigsburg*, principale place d'armes du Wurtemberg. — On passe entre des petites collines boisées, qui entourent Stuttgart et que traverse un tunnel de 966 m.

679 k. **Stuttgart** (Ⓑ; hôt. : *Marquardt*, 300 ch. depuis 4 M., contigu à la gare; *Victoria*, 100 ch. depuis 2 M. 50, restaur., à côté de la gare; *Royal*, ch. depuis 2 M. 50, grand restaur. et jardin, en face de la gare, etc.), V. de 250,000 hab., capit. du royaume de Wurtemberg, agréablement située à 245 m. d'alt. dans une petite vallée que traverse le Nesenbach et qu'entourent des collines parsemées de maisons de campagne. — *Schlossplatz*, belle place entourée de constructions monumentales : le *Residenzschloss* ou palais Royal, le théâtre Royal, le *Kœnigin-Olga-Bau* et le *Kœnigsbau*. — *Stiftskirche*, église ogivale du XVe s. — *Bibliothèque Nationale* avec intéressantes collections d'antiquités et d'objets d'art. — *Musée des Beaux-Arts* (galerie de tableaux). — *Schlossgarten* (jardin du Château) ou *Anlagen*, avec beaux ombrages, pièces d'eau, monuments, etc. — Pour plus de détails, *V.* le guide *Bavière-Tirol*.

La voie suit, à g., le pied de la petite colline du Kriegsberg et, à dr., le jardin du Château, passe en tunnel sous la colline du Rosenstein et franchit le Neckar en arrivant à (683 k.) *Cannstatt*. — On laisse à dr. la ligne de Munich pour remonter, vers le N.-E., les hauteurs qui séparent la vallée du Neckar de la vallée de la Rems. — Par les vallées de la Murr et de la Kocher on atteint (752 k.) *Hessenthal*, où aboutit l'embranch. venant de Bietigheim par Heilbronn (*V.* ci-dessus).

769 k. **Crailsheim** Ⓑ, petite V. à 400 m. sur le Jagst.

870 k. **Nuremberg** (gare Centrale, ou *Hauptbahnhof*; bon Ⓑ; hôt. : *Württembergerhof*, de 1er rang, 250 ch. depuis 3 M., dîn. 4 M., garage, à côté de la gare; *Victoria*, ch. dep. 3 M. 50, déj. compris, Kœnigstrasse, près de la gare, etc.). V. de 300,000 hab., l'une des plus intéressantes de l'Allemagne : la seule, peut-être, qui ait conservé un caractère aussi original. — Nombreuses et belles églises : *Sankt-Lorenzkirche*, des XIIIe et XIVe s.; *Frauenkirche*, du XIVe s.: *Sankt-Sebalduskirche*, des XIIIe et XIVe s., etc. — *Burg* ou *Kaiserburg*, du XIIe s., résidence des empereurs et des burgraves de Nuremberg. — *Musée National Germanique*, collection des plus riches et importantes. — *Maisons historiques* (d'Albert Dürer, d'Adam Krafft, etc.). — Pour plus de détails, *V. Bavière-Tirol*.

[**De Nuremberg à Bayreuth** (94 k., 🚂 en 2 h. 10 ou 3 h.; 8 M. 40, 5 M. 50, 3 M. 50). — De Nuremberg à (75 k.) Schnabelwald, *V.* ci-dessous : 2° de Nuremberg à Eger.

94 k. **Bayreuth** (Ⓑ; omnibus des hôtels à la gare; *V.* l'*Index*), V. de 30,000 hab., à 342 m. d'alt., sur le Roter-Main, doit la célébrité dont elle jouit dans le monde musical à la mémoire et aux œuvres de Wagner, qui y

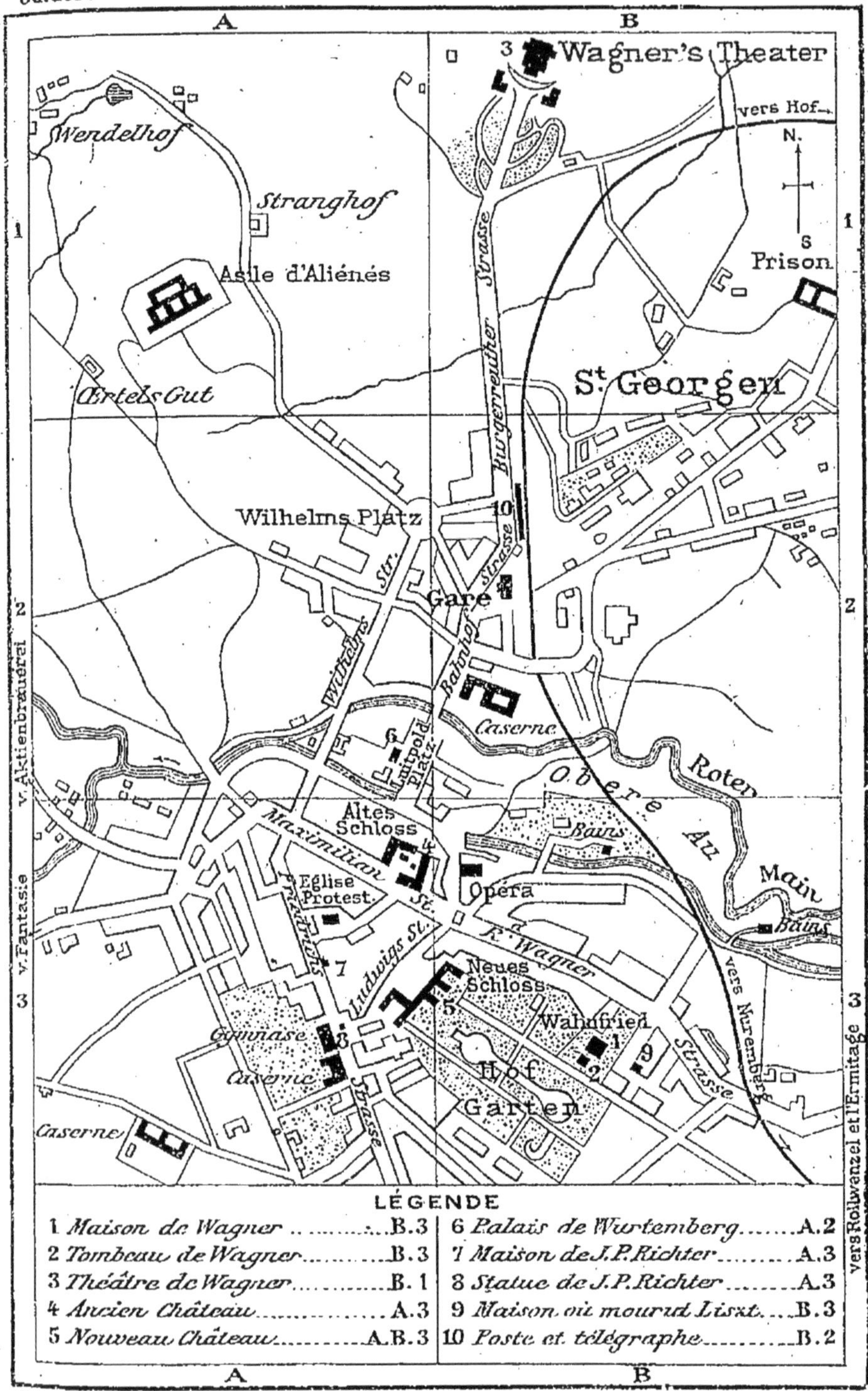
Guides Joanne.
BAYREUTH
HACHETTE & Cie Paris.
Wagner's Theater
vers Hof
N.
S
Prison
Wendelhof
Stranghof
Asile d'Aliénés
Œrtels Gut
St. Georgen
Burgerreuther Strasse
Wilhelms Platz
Wilhelms Str.
Gare
Bahnhof Strasse
Caserne
Lutpold Platz
Obere Au
Roter Main
Altes Schloss
Bains
Maximilian St.
Église Protest.
Opéra
Friedrichs
Ludwigs St.
R. Wagner
Neues Schloss
Wahnfried
Strasse
vers Nuremberg
Gymnase
Caserne
Hof Garten
Caserne
v. Aktienbrauerei
v. Fantasie
vers Rollwenzel et l'Ermitage
LÉGENDE
1 Maison de Wagner B.3
2 Tombeau de Wagner B.3
3 Théâtre de Wagner B.1
4 Ancien Château A.3
5 Nouveau Château A.B.3
6 Palais de Wurtemberg A.2
7 Maison de J.P. Richter A.3
8 Statue de J.P. Richter A.3
9 Maison où mourut Liszt B.3
10 Poste et télégraphe B.2
L. Thuillier, Delt.
Echelle :
0 100 200 300 400 500 M.

passa les dernières années de sa vie et qui y fit bâtir le théâtre destiné à la représentation de ses œuvres et qui y est inhumé.

En sortant de la gare on laisse à dr. la petite éminence sur laquelle est le **théâtre de Wagner** (*Richard Wagner's Bühnenfestspielhaus*), où ont lieu (d'habitude en juillet-août) les « Festivals » ou représentations d'œuvres de Wagner.

On suit, à g., la *Bahnhofstrasse*, qui franchit un bras du Main et où se trouve, à g., l'ancien *palais* du duc de Wurtemberg, au delà duquel on prend à g. la courte *Opernstrasse* (à son commencement, à g., l'*Opernhaus*, vaste théâtre du style rococo, a été construit en 1758 par l'italien Bibbiena) et on atteint un carrefour où aboutissent : à dr., la *Maximilianstrasse*, en face, la *Ludwigstrasse* et, à g., la *Richard Wagner-Strasse*.

En suivant cette dernière, on arrive en quelques min. à la grille (nº 48) qui entoure le jardin au milieu duquel est la **villa Wahnfried**, habitée par Wagner, qui la fit construire en 1873 et qui y plaça l'inscription bien connue : « Hier wo mein Wæhnen Frieden fand, Wahnfried sei dieses Haus genannt » (Ici, où mes soucis ont trouvé la paix, que cette maison soit appelée « sans soucis »). Derrière la villa, sous un bouquet d'arbres et près de la grille donnant sur le Hofgarten (*V.* ci-dessous; c'est par là qu'on entre d'habitude pour visiter le tombeau) est enterré, sous une énorme dalle de granit entourée de lierre, le célèbre compositeur, mort à Venise le 13 février 1883.

Au delà de la villa Wahnfried, on trouve, sur la g., la *Lisztstrasse* avec la maison où mourut Liszt le 31 juillet 1886. A l'extrémité S.-O. de cette rue, la courte *Hofgartenstrasse* conduit au beau jardin dit *Hofgarten*, à l'extrémité N.-O. duquel est le *Neues Schloss* (Nouveau Château), édifice d'assez belle apparence, bâti vers la moitié du XVIIIᵉ s.; il a sa façade sur la Ludwigstr., par laquelle on revient, à dr., au carrefour cité ci-dessus, sur lequel débouche la Maximilianstr. — En remontant cette dernière rue, et en suivant la deuxième rue à g., on peut aller au *Rathaus* et à la *Stadtpfarrkirche*, église ogivale du XVᵉ s., renfermant les sépultures des margraves de Brandenburg-Kulmbach, dont Bayreuth fut la résidence de 1603 à 1769.

De Bayreuth à Neuenmarkt, R. 11, *C*.]

2º DE NUREMBERG A EGER

152 k., 🚂 en 2 h. 30 ou 2 h. 34, par le « Paris-Carlsbad-Express », train de luxe quotidien du 12 juin au 27 sept., ou par l' « Ostende-Carlsbad-Express », train de luxe quotidien du 15 mai au 15 sept., en 3 h. 05 ou 5 h. 15 par les autres trains; 14 M. 30, 9 M. 30, 5 M. 70 (supplém. pour les trains de luxe, 3 M. 50).

De Paris à Eger on compte 16 h. 40 par le train de luxe « Paris-Carlsbad-Express », train de luxe quotidien et 19 h. 10 si l'on prend l' « Orient-Express », train de luxe quotidien, jusqu'à (10 h. 30) Stuttgart et le train express qui part vers 7 h. 20 du mat. pour Nuremberg, Eger et Carlsbad (voit. directes 1ʳᵉ et 2ᵉ cl.; wagon-restaur.). — Billets directs, valables 5 j., 118 fr. 35, 82 fr. 30; billets mixtes (1ʳᵉ cl. en France, 2ᵉ cl. en Allemagne), 97 fr. 30; suppl. pour le Paris-Carlsbad-Express, 29 fr. 50; pour l'Orient-Express (jusqu'à Stuttgart), 19 fr. 70.

De Nuremberg-gare Centrale on passe à Nuremberg-gare de l'Est, puis on longe la rive dr. de la Pegnitz, dont on remonte la belle vallée. — A (45 k.) *Rupprechtstegen* (361 m. d'alt.), on est au cœur de la région connue sous le nom de *Suisse Nurembergeoise*, ou *Suisse de Franconie*. La voie passe sur 17 ponts et traverse 7 tunnels.

75 k. Schnabelwald, station à 447 m. d'alt., d'où se détache, à g., la ligne de Bayreuth-Neuenmarkt (*V.* ci-dessus, 1º).

La voie traverse un tunnel de 450 m. et franchit la Heidenab. — Tunnel et viaduc sur la Fichtenalb. — 125 k. *Markt-Redwitz*, à 538 m., où l'on croise la ligne de Leipzig-Hof-Münich. — La voie se dirige au N.-E. vers le grand plateau de la Bohême.

152 k. (1,022 k. de Paris). **Eger** (gare internationale; Ⓑ; douanes autrichienne et bavaroise, et visite des bagages; hôt. : *Bahnhof-Hôtel Kaiser Wilhelm*, près de la gare), en tchèque *Cheb*, V. de 25,000 hab., située à 448 m., sur la rivière du même nom, et ancienne place forte démantelée par les Français en 1809.

Le **Château**, sur un rocher escarpé, est un des anciens monuments de la Bohême; il a été bâti entre 1150 et 1175 par Frédéric Barberousse; la grosse *tour* carrée qui le domine et qui remonterait au IXe s., est construite avec d'énormes quartiers de lave régulièrement équarris : c'est le seul exemple de constructions en lave dans l'Allemagne orientale et la Bohême.

A l'int. on voit une *chapelle* de style roman, à deux étages. C'est dans la partie auj. en ruine du château que se trouvait la salle à manger où les partisans de Wallenstein furent surpris et égorgés sans défense, quelques instants avant l'assassinat de leur général (*V.* ci-dessous).

Sur le *Ring* se trouve l'*Hôtel de Ville*, où Wallenstein fut assassiné par le capitaine Devereux, le 25 février 1634 (au 1er étage, petite collection d'antiquités, souvenirs historiques, etc.; entrée, 60 heller).

3° D'EGER A FRANZENSBAD

7 k., 🚂 en 10 à 12 min.; 65, 50, 35 heller.

De Paris à Franzensbad on compte 17 h. env. par le train de luxe « Paris-Carlsbad (*V.* ci-dessus, 2°) jusqu'à Eger, où l'on change de train, et 19 h. env. si l'on prend l' « Orient-Express » (*V.* ci-dessus, 2°) jusqu'à Stuttgart et le train direct Stuttgart-Nuremberg-Carlsbad jusqu'à Eger; par train express ordinaire (voit. directes Paris-Stuttgart *via* Avricourt) on compte 10 h. à 11 h. de Paris à Stuttgart et 8 h. 15 de Stuttgart, par Nuremberg, à Franzensbad. — Billets directs, 111 fr. 45, 71 fr. 35.

Entre Eger et Franzensbad la voie ferrée traverse un pays légèrement accidenté; belle vue à g. sur Eger.

7 k. (1,029 k. de Paris). **Franzensbad** (R. 9).

4° D'EGER A MARIENBAD

31 k.; 🚂 en 26 à 43 min.; 3 Kr. 60, 2 Kr. 20, 1 Kr. 20 (trains directs).

De Paris à Marienbad on compte 18 h. 20 par le train de luxe « Paris-Carlsbad-Express » (*V.* ci-dessus, 1°) et 22 h. env. en prenant l' « Orient-Express » jusqu'à Stuttgart (*V.* ci-dessus, 1°) et l'express (wagon-restaur.) quittant Stuttgart vers 7 h. 30 du mat. pour Nuremberg-Eger; par les trains express ordinaires il n'y a pas de coïncidences directes à Stuttgart, où il faut s'arrêter quelques heures. — Billets directs, 133 fr. 45, 87 fr. 75; suppl. pour le Paris-Carlsbad-Express, de Paris à Eger, 29 fr. 50; pour l'Orient-Express, de Paris à Stuttgart, 19 fr. 70.

La région que l'on traverse d'Eger à Marienbad ne manque pas de charme : c'est un vaste plateau bien cultivé, entrecoupé de collines boisées.

22 k. **Kœnigswart** (hôt. : *Hôtel-Kurhaus Villa Metternich*, bien tenu ; *Waldheim*, etc.), station balnéaire assez fréquentée, à 723 m. d'alt., à mi-côte d'une hauteur boisée. — Sources alcalines (excellente eau de table) et ferrugineuses. — *Château* de la famille de Metternich (musée intéressant). — Beaux environs.

31 k. (1,053 k. de Paris). **Marienbad** (la gare est à 20 min. du centre); R. 6.

5° D'EGER A CARLSBAD

52 k., 🚂 en 57 min. par le « Paris-Carlsbad-Express » ou par l' « Ostende-Carlsbad-Express », en 1 h. 2 ou 1 h. 30 env. par les autres trains ; 5 Kr. 90, 3 Kr. 60, 2 Kr. (trains directs).

De Paris à Carlsbad on compte 17 h. 23 par le train de luxe « Paris-Carlsbad-Express » (*V.* ci-dessus, 1°) ou 20 h. 30 env. si l'on prend l' « Orient-Express » jusqu'à Stuttgart (*V.* ci-dessus, 1°) et, à Stuttgart, l'express ordinaire (wagon-restaur.) partant vers 7 h. 30 du mat. pour Carlsbad *via* Nuremberg. — Billets directs, 135 fr. 45, 89 fr. 25 ; billets mixtes (1re cl. en France, 2e cl. en Allemagne), 104 fr. 25 ; suppl. pour le Paris-Carlsbad-Express, 31 fr. ; pour l'Orient-Express, jusqu'à Stuttgart, 19 fr. 70.

La voie traverse un pays bien cultivé et longe d'assez près le cours sinueux de l'Eger. — En arrivant à Carlsbad on a, à dr., un joli coup d'œil sur le petit vallon boisé où s'étale la ville et que la voie domine.

52 k. (1,074 k. de Paris). **Carlsbad** (gare de Buschterad, sur la rive g. de l'Eger ; omnibus des hôtels) ; R. 7.

6° D'EGER A PRAGUE

PAR CARLSBAD

241 k. ; 🚂 (*Buschtcraderbahn*) en 5 h. 2 par le train de luxe « Paris-Carlsbad-Express » (*V.* ci-dessus, 1°) jusqu'à Carlsbad, d'où, par train rapide, *via* Tuschmitz, à Prague, en 5 h. 17 (ou 6 h. 30 par trains directs) ; 27 Kr., 16 Kr. 60, 8 Kr. (suppl. pour le train de luxe entre Eger et Carlsbad, 1 Kr. 50).

De Paris à Prague, on compte 21 h. 30, par le train de luxe « Paris-Carlsbad-Express » (*V.* ci-dessus, 1°) jusqu'à Carlsbad et le rapide de Carlsbad à Prague passant par Tuschmitz ; on compte 27 h. env. si l'on prend le train de luxe « Orient-Express » (*V.* ci-dessus, 1°) jusqu'à Stuttgart et, de là, l'express ordinaire (wagon-restaur.) partant vers 7 h. 30 du mat. pour Carlsbad (*via* Nuremberg), où il coïncide avec un train direct pour Prague. — Billets directs, 154 fr. 15, 100 fr. 45 ; billets mixtes (1re cl. en France, 2e cl. en Allemagne), 115 fr. 45 ; suppl. pour le Paris-Carlsbad-Express, jusqu'à Carlsbad, 31 fr. ; pour l'Orient-Express, jusqu'à Stuttgart, 19 fr. 70.

La voie laisse à g. la ligne de Marienbad (R. 6) et à g. celle de Franzensbad (R. 5), puis elle longe d'assez près l'Eger.

5 k. *Tirschnitz* (⚔ sur Franzensbad). — 15 k. *Kœnigsberg-Maria-kulm* (usines ; à 30 min. N., sur un coteau ; *église*, but de pèlerinage). — On franchit la Zwodan. — 37 k. *Neusattl* ; à dr., embranch.

d'*Elbogen* (grande manufacture de porcelaine). — 41 k. *Chodasc* (usines).

52 k. **Carlsbad** (R. 7). — Au N. on voit la chaîne de l'Erzgebirge, qui sépare la Bohême de la Saxe.

74 k. *Wickwitz*; à dr. embranch. de (9 k. en 34 min.; 56 hell. et 28 hell.) Giesshübl-Sauerbrunn (R. 7 : Carlsbad, Environs). — On franchit l'Eger. — 85 k. *Klœsterle* (grande manufacture de porcelaine).

91 k. **Kaaden-Brunnersdorf** (✕; ici le rapide formant, en été, la continuation de Carlsbad à Prague, du train de luxe Paris-Carlsbad-Express, laissant à g. la ligne de Komotau, prend le raccourci Tuschmitz-Priesen).

104 k. **Komotau,** V. de 18,000 hab.; à g., ligne de Teplitz-Aussig (R. 8). — Le train rebrousse.

127 k. **Saaz,** vieille V., avec une *église* du XIVe s. et un *hôtel de ville* du XVIe s. — Grandes cultures de houblon.

On franchit l'Eger. — 131 k. *Ternowan* (à dr., château de *Dobriçan*). — 168 k. *Luzna-Lischan.* — Montée à travers bois. — Tunnel. — 201 k. *Kladno*, V. industrielle de 19,000 hab. — 214 k. *Hostiwitz*; à dr., embranch. de (20 k.) Prague (R. 9).

222 k. *Libotz*; à dr., le *Bílá Horá* (Montagne Blanche), célèbre par la bataille du 8 nov. 1620, où l'électeur palatin Frédéric V, proclamé roi de Bohême, fut mis en déroute par l'armée catholique. — A dr., colline du Hradčany (*V.* R. 9).

228 k. *Prague* (gare de Bruska). — A g., faubourg de Bubenč et jardin public de Stromovka (R. 9). — 239 k. *Prague* (station de Bubenč). — Pont sur la Vltava (Moldau).

241 k. (393 k. de Nuremberg). **Prague** (gare de l'Etat, ou *Nádraži Státny dráhy*; bon Ⓑ), située au N.-E. et près du centre de la ville; *V.* R. 9.

Route 2. — DE PARIS A DRESDE

A. Par Erquelines, Liége, Herbesthal, Cologne, Goslar, Halle et Leipzig.

1,139 k.; 🚂 du Nord en 22 h. env. par le train direct (wagon-lits jusqu'à Cologne), quittant Paris vers 10 h. du s. et arrivant vers 8 h. du mat. à Cologne d'où part, en coïncidence, un train direct (voit. directes des 3 cl.; wagon-restaur.) pour Dresde, où l'on arrive vers 9 h. du s. — Billets directs Paris-Dresde, valables 5 j. : 122 fr. 10, 77 fr. 55, 49 fr. 80; suppl. pour le wagon-lits Paris-Cologne, 17 fr. 30.

DE PARIS A COLOGNE

490 k.; 🚂 en 9 à 12 h.; 53 fr. 10, 36 fr. 20, 23 fr. 10.

Pour les généralités sur ce parcours, *V.* R. 3, *A.*

490 k. **Cologne** (gare Centrale ou Hauptbahnhof), où l'on change de train.

DE COLOGNE A DRESDE

634 k.; 🚂 en 12 à 13 h. par trains directs; 52 M. 30, 32 M. 10, 20 M. 70 (*via* Elberfeld-Leipzig).

Pour la description de ce trajet, *V*. R. 22, *B*, et 19, *A*. — On passe par : — 46 k. Elberfeld Ⓑ; — 50 k. Barmen; — 72 k. Hagen; — 122 k. Soest; — 294 k. Kreiensen; — 337 k. Goslar Ⓑ; — 386 k. Halberstädt Ⓑ; — 477 k. Halle Ⓑ; — 514 k. Leipzig (Dresdenerbahnhof; Ⓑ).

634 k. (1,139 k. de Paris). **Dresde** (gare Centrale, où *Hauptbahnhof*); R. 12.

B. Par Metz, Francfort, Bebra, Erfurt et Leipzig.

1,185 k.; 🚂 de l'Est (gare à l'extrémité N. du boulevard de Strasbourg) en 20 ou 23 h.; en partant par le train direct (wagon-lits jusqu'à Francfort) vers 9 h. 20 du s. on est à Francfort vers 11 h. 30 du mat.; de Francfort un train direct (1re, 2e, 3e cl.) partant vers 1 h. 10 arrive à Dresde à 9 h. 55 du s.; un rapide (1re et 2e cl.; wagon-restaur.) partant vers 2 h. 30, y arrive vers 11 h. 40 du s. — Prix des billets, de Paris à Francfort, 74 fr. 65, 49 fr. 50, 31 fr. 95; de Francfort à Dresde, 40 M. 90, 25 M. 90, 16 M. 50; suppl. pour le wagon-lits de Paris à Francfort, 18 fr. 75.

DE PARIS A FRANCFORT

PAR METZ, SARREBRUCK ET BINGEN

682 k.; 🚂 de l'Est en 11 à 12 h. par trains directs (wagon-lits à celui de 9 h. 20 s.); 72 fr. 15, 47 fr., 30 fr. 70.

La voie ferrée remonte la vallée de la Meuse, traverse la Champagne Pouilleuse, puis franchit la ligne de partage entre le bassin de la Seine et celui de la Meuse, franchit cette dernière et passe dans la vallée de la Moselle, qu'elle franchit pareillement.

Les stations les plus importantes, entre Paris et Frouard, sont : — 92 k. Château-Thierry Ⓑ; — 142 k. Epernay Ⓑ; — 173 k. Châlons-sur-Marne Ⓑ; — 218 k. Blesme Ⓑ; — 254 k. Bar-le-Duc Ⓑ; — 308 k. Pagny-sur-Meuse.

345 k. **Frouard** (Ⓑ; ⚔), où l'on quitte la ligne de Paris à Strasbourg (R, 1, 1°). — On longe la Moselle, à dr. — 365 k. *Pont-à-Mousson*.

374 k. *Pagny-sur-Moselle* (Ⓑ; douane française). — On entre sur le territoire allemand.

380 k. **Novéant** (Ⓑ; douane allemande; l'heure de l'Europe centrale avance de 55 min. sur l'heure française). — Plus loin, à dr., ruines d'un aqueduc romain.

392 k. **Metz** (Ⓑ; hôt. : *Royal*, en face de la gare; *Grand-Hôtel*, etc.), V. de 69,000 hab., à 170 m. d'alt., ch.-l. de la Lorraine allemande (*Deutsch-Lotringen*) et place forte de tout premier rang avec une garnison de 26,000 hommes. — *Cathédrale* (XIIe-XVIe s.), vaste édifice avec élégante flèche (splendides vitraux, fonts baptismaux en porphyre, chaire en cipolin, chape de Charlemagne, etc.). — *Hôtel de Ville*, bel édifice du XVIIe s.

La voie suit une gorge étroite et boisée. — 461 k. *Forbach*, V. de 7,500 hab. (château fort en ruines). — A dr., dans le lointain, hauteurs de *Spickeren*, où eut lieu l'engagement du 6 août 1870. — 464 k. *Stieringen* (grandes forges). — On traverse une partie du champ de bataille de Spickeren et on franchit la Sarre (Saar).

471 k. **Sarrebruck** (*Saarbrücken*; Ⓑ), sur la Sarre et qu'un pont de 166 m. relie au faubourg de *Sankt-Johann*, formant ainsi une agglomération de 100,000 hab. — *Château* des princes de Nassau-Saarbrücken et *église* renfermant leurs tombeaux.

De Sarrebruck à Ludwgshafen, Heidelberg et Würzbourg, *V.* ci-dessous, *C.*

Tunnel. — La voie passe dans des tranchées ouvertes au cœur de couches de charbon dont on peut observer la formation par couches, ou stratifications, successives.

492 k. **Neunkirchen** Ⓑ (✕ sur Ludwigshafen), V. de 33,000 hab. (grandes forges), à 257 m. d'alt.

Tunnel. — A g., sur la hauteur, belle *école normale d'Ottweiler*.

506 k. *Sankt-Wendel* (belle église ogivale). — 518 k. *Wallhausen*, à 383 m., au point culminant de la ligne, à la limite des bassins de la Nahe et de la Blies. — La voie descend.

545 k. *Oberstein*, petite V. dans une enclave oldenbourgeoise, à 265 m., dans un site pittoresque sur la rive g. de la Nahe. — Ponts sur la Nahe et 9 tunnels. — 559 k. *Kirn* (ancienne église romane, avec chœur ogival, du xve s.) et ruines de *Kyrburg*. — Tunnel. — Sur la hauteur à g., *église de Johannisberg*.

564 k. *Martinstein*, dominé par un rocher élevé. — A g., au fond d'un vallon, ruines du château de *Dhaun* et, plus loin, ruines du couvent de *Disibodenberg*. — Tunnel. — 581 k. *Waldbœckelheim*. — A g., château ruiné de *Bœckelheim*, dominant des rochers escarpés. — 2 tunnels. — 593 k. *Münster-am-Stein*, à 113 m., salines importantes et *bains*, aux pieds du *Rheingrafenstein* (gorge pittoresque) et de la *Ganz*, montagne porphyrique.

596 k. **Kreuznach-Bad** et (597 k.) **Kreuznach-Stadt**, stations desservant : la première les *bains*, la seconde la *ville* de Kreuznach (18,000 hab.), dans une belle situation sur la Nahe. — *Salines* importantes. — *Bains* très fréquentés (*sources* thermales ou froides, chlorurées-sodiques, ferrugineuses, iodo-bromurées). — *Kurhaus* et établissement de bains.

La voie passe entre des collines couvertes de vignobles, au pied du Hunsruck, sur la rive g. de la Nahe.

613 k. **Bingerbruck** (Ⓑ ✕; se renseigner pour les changements éventuels de train), stat. de la ligne de Mayence à Cologne par la rive g. du Rhin. — On franchit la Nahe, près de son embouchure dans le Rhin.

618 k. *Bingen*, petite V. dans une belle situation sur la rive g. du Rhin. — La voie remonte en longeant la rive g. du Rhin (belle vue à g.; sur les hauteurs du Niederwald on aperçoit le *Monument National* germanique) et passe au pied du *Rochusberg* (190 m.).

643 k. **Mayence** (*Mainz*; gare Centrale; Ⓑ; *V.* l'*Index*), V. de

110,000 hab., place forte importante, sur la rive g. du Rhin, près de son confluent avec le Main; un grand pont la met en communication avec la petite V. de *Castel*, sur la rive dr. — *Cathédrale* (*Dom*), intéressante construction des XIIe et XIIIe s., modifiée aux XIVe et XVe s. — *Monument de Gutenberg*, né vers 1400 à Mayence. — Pour plus de détails, *V. Forêt-Noire et Bords du Rhin.*

La voie contourne la ville en passant au-dessous de la citadelle. — 645 k. *Mainz-Neutor*, stat. succursale de Mayence. — On franchit le Rhin et on longe d'assez près la rive g. du Main, dont on laisse à g. le confluent. — Vers le N., vue sur le Taunus. — 678 k. *Niederrad.* — On franchit le Main.

682 k. **Francfort** ou **Francfort-sur-le-Main** (*Frankfurt-am-Main*, pour le distinguer de l'autre ville du même nom sur l'Oder; gare Centrale ou *Hauptbahnhof*, bon Ⓑ, bains; hôt., etc. *V.* l'*Index*), grande et belle ville de 345,000 hab., dont un dixième Israélites, située à 91 m. d'alt., sur la rive dr. du Main, que traversent plusieurs ponts réunissant Francfort et le faubourg de *Sachsenhausen*, sur la rive g.

De la belle gare Centrale, en suivant la *Kaiserstrasse*, que parcourt le tram, on arrive au *Kaiserplatz* et au *Rossmarkt*, place très animée, où s'élève le *monument de Gutenberg.* — Au N. de cette place se trouvent la *place Gœthe*, avec la *statue* de ce poète par *Schwanthaler*, et la *place du Théâtre*; plus au N. est la *Bourse* et au N.-O. l'*Opernplatz*, avec le beau *théâtre de l'Opéra* et le *monument de Guillaume Ier*, par *Buscher*.

A l'extrémité E. du Rossmarkt s'ouvre la *place Schiller*, ornée de la *statue de Schiller* et que longe, vers le S., le **Zeil**, large et belle rue, avec les plus beaux magasins, qui se prolonge vers l'E. jusqu'au cœur de la ville. C'est entre cette rue et le Main que se trouvent le **Rœmer**, — l'édifice le plus intéressant de la ville au point de vue historique, bâti vers 1406, reconstruit à diverses époques et restauré en 1896-98 par *Meckel*, qui en dessina la façade gothique, — et la **Cathédrale** (*Dom*), construction ogivale datant de diverses époques et restaurée vers la fin du XIXe s.

L'Institut Stædel (*Stædelsche-Kunst-Institut*; t. l. j. de 11 à 2 h.), situé sur la rive g. du Main, dans le faubourg de Sachsenhausen, est un établissement d'une grande importance au point de vue artistique, sa *galerie de tableaux* compte parmi les plus importantes collections municipales de l'Allemagne.

Au S. de la cathédrale, le *Musée historique de la Ville* (*Stædtisches-Historisches-Museum*; ouvert t. l. j. de 9 à 1 h. et de 3 à 6 h.; 50 pf.) renferme d'intéressantes collections ethnographiques, archéologiques et artistiques.

Citons enfin le joli parc et les belles serres du *Palmengarten* (salles de réunion et de restaur. très fréquentées) et le grand et beau *Jardin Zoologique* (aquarium; restaurant; concerts de musique militaire, etc.). — Pour plus de détails, *V. Forêt-Noire et Bords du Rhin.*

De Francfort à Dresde, R. 11; — à Leipzig, R. 15; — à Berlin, R. 20; — à Hanovre, R. 21.

DE FRANCFORT A DRESDE

1° PAR BEBRA, ERFURT, WEIMAR ET LEIPZIG

505 k.; 🚂 en 9 ou 11 h.

Pour la description du trajet, *V.* R. 11, *A.* — On passe par : — 167 k. Bebra Ⓑ; — 212 k. Eisenach Ⓑ; — 269 k. Erfurt Ⓑ; — 290 k. Weimar Ⓑ; — 354 k. Corbetha Ⓑ; — 385 k. Leipzig Ⓑ.

505 k. (1,187 k. de Paris). **Dresde** (gare Centrale, ou *Hauptbahnhof*); R. 12.

2° PAR CASSEL, NORDHAUSEN, HALLE ET LEIPZIG

576 k.; 🚂 en 11 h. env.

Pour la description du trajet entre Francfort et Cassel, *V.* R. 21, *A.*

200 k. **Cassel** Ⓑ (R. 21, *A*). — On franchit la Fulda. — 224 k. *Münden* (⤨ sur Hanovre, R. 21, *A*). — On franchit la Werra.

247 k. *Eichenberg* (Ⓑ ⤨ sur Hanovre, R. 21, *B*).

Pour la description du trajet entre Eichenberg et Leipzig, *V.* R. 20, *B* et 19, *B.* — On passe par : — 321 k. *Nordhausen* Ⓑ; — 359 k. *Sangerhausen* (Ⓑ ⤨ sur Berlin, R. 20, *B*); — 418 k. *Halle* Ⓑ.

454 k. **Leipzig** (gare Centrale en construction; en attendant, le train s'arrête à la gare de Berlin, d'où les voitures pour Dresde sont amenées à la gare de Dresde).

456 k. Leipzig (gare de Dresde, ou *Dresdener Bahnhof*).

Pour la description de la route entre Leipzig et Dresde, *V.* R. 17, *A.*

576 k. (1,258 k. de Paris). **Dresde** (gare Centrale, ou *Hauptbahnhof*); R. 12.

3° PAR WÜRZBOURG, BAMBERG ET HOF

591 k.; 🚂 en 12 h. env.

Pour la description du trajet, *V.* R. 15. — Les stations les plus importantes sont : — 45 k. Aschaffenburg Ⓑ; — 98 k. Gemünden (Ⓑ; ⤨ sur Kissingen); — 137 k. Würzbourg (Ⓑ; ⤨ sur Heidelberg, *V.* ci-dessous, *C*); — 238 k. Bamberg Ⓑ; — 313 k. Neuenmarkt (⤨ sur Bayreuth); — 366 k. Hof Ⓑ; — 439 k. Reichenbach (Ⓑ; ⤨ sur Leipzig). — 512 k. Chemnitz Ⓑ.

591 k. (1,273 k. de Paris). **Dresde** (gare Centrale, ou *Hauptbahnhof*); R. 12.

C. Par Metz, Sarrebruck, Ludwigshafen, Heidelberg, Würzbourg, Bamberg et Hof.

1,240 k.; 🚂 (gare de l'Est), en 25 h. env. par le train direct du s. (1re, 2e, 3e cl.; wagon-lits, que l'on peut utiliser jusqu'à Sarrebruck), qui arrive à Sarrebruck vers 7 h. du mat.; de Sarrebruck part, vers 7 h. 12, un train (voit. directes pour Dresde) pour Homburg-Heidelberg-Dresde. — Prix des billets : de Paris à Metz : 41 fr. 25, 29 fr. 90, 19 fr. 50; de Metz à Dresde : 65 M. 60, 39 M. 70, 25 M. 60; suppl. pour le wagon-lits, de Paris à Sarrebruck, 12 fr. 50.

DE PARIS A WÜRZBOURG

PAR METZ, SARREBRUCK, HOMBURG, LUDWIGSHAFEN ET HEIDELBERG.

786 k. ; 🚂 de l'Est, en 15 h. 30 par trains directs (wagon-lits de Paris à Sarrebruck au train partant vers 9 h. 20 du s., coïncidant à Sarrebruck avec un train direct pour Homburg-Heidelberg ; wagon-restaur. au train de Heidelberg à Würzbourg, où l'on arrive vers 1 h. 35 apr.-midi). — Billets directs Paris-Würzbourg, valables 5 j. : 84 fr. 75, 56 fr., 36 fr. 45.

Pour la description de la route entre Paris et Sarrebruck, *V.* p. 10.

472 k. Sarrebruck Ⓑ, où l'on change de train. — 503 k. *Homburg*, V. de 6,000 hab. dans le Palatinat, que l'on traverse de l'O. à l'E.

541 k. **Kaiserslautern**, V. industrielle de 53,000 hab. — 573 k. *Neustadt* (Neustadt an der Haardt), V. de 19,000 hab.

593 k. **Ludwigshafen**, V. industrielle de 73,000 hab. — On franchit le Rhin sur un pont à treillis.

608 k. **Mannheim** Ⓑ, V. industrielle et commerçante de 180,000 hab., au confluent du Neckar et du Rhin.

627 k. **Heidelberg** Ⓑ, V. de 50,000 hab., à 112 m. d'alt., une des plus intéressantes de l'Allemagne, agréablement située au milieu des arbres, à l'entrée de la vallée du Neckar et célèbre par son *Université* et par son *château*, qu'on a surnommé l'Alhambra de l'Allemagne. — Pour plus de détails, *V. Forêt-Noire et Bords du Rhin.*

Au delà de Heidelberg la voie remonte la pittoresque vallée du Neckar, passe dans 11 tunnels, franchit le Neckar et la Tauber.

786 k. **Würzbourg** (gare Centrale ou *Würzburg-Hauptbahnhof*; Ⓑ), V. de 82,000 hab., dans une belle situation sur les deux rives du Main. — *Residenz* (palais des anciens princes-évêques), du XVIIIe s. et, à coup sûr, l'un des plus importants monuments du style Régence. — *Cathédrale* romane du XIIe s. — *Universités.* — Pour plus de détails, *V. Bavière et Tirol.*

De Würzbourg à Francfort, *V.* R. 11, *C*, en sens inverse ; — à Erfurt, par Schweinfurt et Ritschenhausen, R. 15, *C*.

DE WÜRZBOURG A DRESDE

PAR BAMBERG ET HOF

454 k. ; 🚂 en 10 h. par trains directs (voit. directes aux trains partant vers 10 h. du mat. et 1 h. 20 apr.-midi, wagon-restaur. à ce dernier) ; 36 M. 20, 22 M. 50, 14 M.

Pour la description du trajet, *V.* R. 11, *C*. — On passe par : — 44 k. Schweinfurt (Ⓑ ✕ sur Eisenach) ; — 101 k. Bamberg Ⓑ ; — 133 k. Lichtenfels Ⓑ ; — 229 k. Hof Ⓑ ; — 303 k. Reichenbach ; — 375 k. Chemnitz Ⓑ.

454 k. (1,240 k. de Paris). **Dresde** (gare Centrale ou *Hauptbahnhof*) ; R. 12.

Route 3. — DE PARIS A BERLIN

A. Par Liége, Cologne et Hanovre.

1,076 k.; 🚂 du Nord en 17 h. par le train de luxe « Nord-Express » quittant Paris t. l. j. vers 2 h. ap.-midi, ou en 19 h. par le rapide (1re et 2e cl.; wagon-lits Paris-Cologne; voit. directes Paris-Berlin) partant vers 10 h. du s.; en 20 h. env. par d'autres trains directs; wagon-lits Cologne-Berlin, au direct (1re, 2e, 3e cl.) partant de Cologne vers 9 h. 40 du s.; wagon-restaur. Paris-Cologne au train partant vers 10 h. 45 du mat. et Cologne-Berlin à tous les trains directs (1re et 2e cl.) de jour. — Billets directs Paris-Berlin, valables 5 j., 110 fr. 50, 71 fr. 30, 46 fr.; suppl. pour le Nord-Express, de Paris à Berlin, 31 M. 50 (env. 39 fr.); pour le wagon-lits Paris-Cologne, 17 fr. 50; *idem* Cologne-Berlin, 10 M. en 1re cl., 8 M. en 2e cl. — Les bagages des voyageurs du « Nord-Express » sont visités en cours de route, ceux des autres trains sont visités en route pendant la traversée de la Belgique et aux douanes allemandes d'Herbesthal ou d'Aix-la-Chapelle. — *N. B.* L'heure de l'Europe Centrale avance de 55 min. sur celle de Paris.

DE PARIS A COLOGNE

PAR MAUBEUGE, ERQUELINES, LIÉGE, HERBESTHAL ET AIX-LA-CHAPELLE.

490 k.; 🚂 en 8 h. env. par le « Nord-Express », en 9 h. 5 par le rapide partant vers 10 h. du s. (1re et 2e cl., wagon-lits, voit. directes), en 9 h. 5 par le rapide partant vers 8 h. 10 mat. (1re et 2e cl., wagon-restaur., voit. directes). — Billets directs, valables 4 j., 53 fr. 10, 36 fr. 20, 23 fr. 10; suppl. pour le wagon-lits, 17 fr. 50.

N. B. — Conditions d'admission dans le wagon-restaurant. Sur le parcours français et Nord-Belge les voyageurs de 1re classe ont libre accès dans le wagon-restaurant. Les voyageurs de 2e classe n'y sont admis qu'à la condition d'y prendre leur repas et seulement pendant la durée prévue pour ce repas suivant l'ordre des séries affichées dans les wagons-restaurants. Les voyageurs de 2e classe qui feraient un parcours plus étendu dans le wagon-restaurant seront tenus de payer le supplément de la 2e à la 1re classe pour le trajet entier entre les gares où le train s'arrête pour prendre ou laisser des voyageurs. Sur le parcours de l'État-Belge, les voyageurs de 1re classe et les voyageurs de 2e classe en service international ont seuls accès au restaurant. Prix des repas : petit déj. 1 fr. 50, déj. ou lunch 4 fr. (vin non compris), dîn. 6 fr. (*idem*).

Dans les deux sens, les bagages à la main seront visités dans les voitures aux gares frontières; seuls les voyageurs ayant des colis enregistrés devront descendre pour se rendre à la salle des visites.

Les stations les plus importantes entre Paris et la frontière allemande sont : — 153 k. Saint-Quentin Ⓑ; — 229 k. Maubeuge Ⓑ; — 238 k. Jeumont (douane française), où l'on sort de France; — 240 k. Erquelines (douane belge), où l'on entre en Belgique (l'heure belge retarde de 4 min. sur l'heure française); — 269 k. Charleroi Ⓑ; — 305 k. Namur Ⓑ; — 363 k. Liége Ⓑ; — 390 k. Verviers (Ⓑ; douane belge), où l'on sort de Belgique pour entrer en Allemagne.

404 k. **Herbesthal** (douane allemande), sur le territoire prussien et où l'on retrouve l'heure de l'Europe centrale.

420 k. **Aix-la-Chapelle** (*Aachen*; gare Centrale, ou *Hauptbahnhof* Ⓑ), l'*Aquæ Grani* des Romains, V. de 150,000 hab., à 187 m. d'alt., le séjour favori de Charlemagne, qui en fit la capitale de son empire en deçà des Alpes; c'est ici qu'avait lieu, jusqu'au XVIe s., le couronnement des empereurs d'Allemagne. — **Cathédrale** (*Münster* ou *Domkirche*) dont une partie (chapelle octogone) a été bâtie de 709 à 804 sous Charlemagne, dans le style roman; le chœur ogival a été achevé en 1413. — *Rathaus*, commencé au XIVe s., achevé au commenc. du XXe s. — Pour plus de détails, *V. Forêt-Noire et Bords du Rhin*.

Viaduc de 286 m. — Tunnel. — 433 k. *Eschweiler*, V. industrielle de 24,000 hab. — On franchit la Rur. — 451 k. *Düren*, V. industrielle de 30,000 hab. — Tunnel.

490 k. **Cologne** (*Cœln* ou *Kœln*; gare Centrale, ou *Hauptbahnhof*, Ⓑ, hôt., etc., *V.* l'*Index*), grande V. de 470,000, à 36 m. d'alt. sur la rive g. du Rhin et qu'un pont en pierre et un pont de bateaux réunissent au faubourg de *Deutz*. C'est la ville la plus importante de la province Rhénane et l'une des plus commerçantes de toute l'Allemagne. — **Cathédrale** (*Dom*), la plus grandiose des constructions gothiques allemandes, commencée en 1248; le *chœur* a été achevé en 1322; abandonnée depuis, la construction a été parachevée entre 1840 et 1880. — **Hôtel de Ville** (*Rathaus*) des XIVe et XVe s. (intérieur richement décoré au XVIIIe s.). — Intéressantes églises: *St-Maria in Kapitol*, basilique romane des XIIe et XIIIe s. (intérieur décoré en 1870); *St-Martin*, des XIIe et XIIIe s. (intérieur restauré et décoré au commenc. du XXe s.): *Apostelkirche*, pittoresque basilique romane des XIe, XIIe et XIIIe s.; *St-Gereon*, commencée au XIe s. dans le style gothique (nef ogivale du XIIIe s.); etc. — Pour plus de détails sur Cologne, *V. Forêt-Noire et Bords du Rhin*.

De Cologne à Hambourg, R. 4 et 28; — à Berlin, R. 22.

DE COLOGNE A BERLIN

1° PAR DÜSSELDORF, DUISBOURG, ESSEN, DORTMUND, BIELEFELD, HANOVRE ET STENDAL

586 k.; 🚂 en 8 h. par le Nord-Express, en 8 h. 20 à 9 h. env. par trains directs (voit. directes, 1re et 2e cl.); 47 M. 80, 29 M. 20, 18 M. 80.

Pour la description de ce trajet *V.* R. 22, *A.* — Les stations principales sont : — 40 k. Düsseldorf; — 63 k. Duisbourg; — 82 k. Altenessen; — 120 k. Dortmund; — 218 k. Bielefeld; — 327 k. Hanovre; — 343 k. Lehrte; — 477 k. Stendal.

586 k. (1,076 k. de Paris), **Berlin** (gare de la Friedrichstrasse); R. 33.

2° PAR SOEST, ALTENBEKEN, SEESEN, BOERSSUM, JERXHEIM ET MAGDEBOURG

578 k.; 🚂 en 9 h. par le train direct partant vers 8 h. 26 mat. (voit. directes des 3 cl.; wagon-restaur.); 47 M. 80; 29 M. 20, 18 M. 20.

Pour la description du trajet, *V.* R. 22, *B.* — Les stations principales, sur ce parcours, sont : — 39 k. Wohwinkel; — 46 k. Elberfeld Ⓑ; — 52 k. Barmen Ⓑ; — 72 k. Hagen Ⓑ; — 132 k. Soest

Ⓑ; — 203 k. Altenbeken (Ⓑ; ✕ sur Hanovre); — 250 k. Holzminden Ⓑ; — 294 k. Kreiensen (Ⓑ; ✕ sur Cassel et sur Hildesheim); — 314 k. Seesen Ⓑ; — 355 k. Bœrssum (Ⓑ; ✕ sur Brunswick); — 378 k. Jerxheim; — 407 k. Eisleben; — 436 k. Magdebourg Ⓑ.

578 k. (1,068 k. de Paris). **Berlin** (gare de Potsdam, ou *Potsdamerbahnhof*); R. 33.

3° PAR ELBERFELD, SOEST, HAMELN, HILDESHEIM, BRUNSWICK ET MAGDEBOURG

578 k.; 🚂 en 10 h. 34 par le train direct partant vers 8 h. 30 du mat. (wagon restaur.); 47 M. 80, 29 M. 20, 18 M. 80.

Pour la description du trajet, *V.* R. 22, *C.* — Les stations principales sont : — 46 k. Elberfeld; — 50 k. Barmen; — 72 k. Hagen; — 133 k. Soest; — 261 k. Hameln; — 308 k. Hildesheim; — 350 k. Brunswick; — 407 k. Eisleben; — 436 k. Magdebourg.

578 k. (1,068 k. de Paris). **Berlin** (gare de Potsdam ou *Potsdamerbahnhof*); R. 33.

4° PAR ELBERFELD, HAGEN, SCHERFEDE, HOLZMINDEN, GOSLAR, HALBERSTADT ET MAGDEBOURG

598 k.; 🚂 en 10 h. 20 par train direct (celui de 8 h. 30 mat., voit. de 1re, 2e, 3e cl. et wagon-restaur.); 47 M. 90, 29 M. 20, 18 M. 70.

Pour la description du trajet, *V.* R. 22, *D* et *B.* — Les principales stations sont : — 46 k. Elberfeld; — 50 k. Barmen; — 72 k. Hagen; — 213 k. Scherfede; — 262 k. Holzminden; — 306 k. Kreiensen; — 326 k. Seesen; — 349 k. Goslar; — 398 k. Halberstadt; — 456 k. Magdebourg.

598 k. (1,088 k. de Paris). **Berlin** (gare de Potsdam, ou *Potsdamerbahnhof*); R. 33.

B. Par Metz et Francfort.

1,221 k. *via* Erfurt, ou 1,251 k. *via* Cassel; 🚂 de l'Est (gare à Paris, boulevard de Strasbourg) en 21 ou 24 h. (sans compter l'arrêt à Francfort, qui varie de 30 min. à 3 h.) par trains directs; voit. directes (1re et 2e cl.) de Paris à Francfort par le train partant vers 9 h. du mat., arrivant vers 10 h. s. à Francfort d'où part vers 10 h. 25 un train (voit. directes 1re et 2e cl. wagon-lits) pour Berlin, *via* Eisenach-Erfurt, où l'on arrive vers 7 h. 30 mat.; voit. directes (1re et 2e cl.; wagon-lits) Paris-Francfort par le train de 9 h. 20 s. arrivant à Francfort vers 11 h. 30 mat. et voit. directes (1re, 2e, 3e cl.; wagon-restaur.) de Francfort, *via* Cassel-Belzig, à Berlin, où l'on arrive vers 11 h. s. — Prix des billets : Paris-Francfort, 74 fr. 05, 49 fr. 50, 31 fr. 95; Francfort-Berlin. 43 M. 40, 27 M. 50, 17 M. 60; suppl. pour le wagon-lits : de Paris à Francfort, 18 fr. 75; de Francfort à Berlin, 10 M. (1re cl.), 8 M. (2e cl.).

DE PARIS A FRANCFORT

682 k.; 🚂 de l'Est en 11 ou 12 h. par trains directs (wagon-lits à celui partant vers 9 h. 40 du s.).

Pour les généralités sur ce trajet, *V.* R. 2, *B.*

682 k. **Francfort** (gare Centrale, ou *Hauptbahnhof*); *V.* ci-dessus, R. 2, *B.*

DE FRANCFORT A BERLIN

1° PAR BEBRA, EISENACH, ERFURT ET HALLE

539 k.; 🚂 en 8 ou 9 h. par trains directs (voit. directes, 1re, 2e cl. et, à quelques trains, aussi de 3e cl.; wagon-restaur. aux trains de 1 h. 10 et 2 h. 47 de l'après-midi; wagon-lits aux trains partant vers 10 h. 23 et 11 h. 15 du s.); 43 M. 40, 27 M. 50, 17 M. 60; suppl. pour le wagon-lits, 10 M. (1re cl.), 8 M. (2e cl.).

Pour la description du trajet *V.* R. 11, *A*, et 18. — Les stations les plus importantes sont : — 111 k. Fulda; — 167 k. Bebra (Ⓑ; ⨯ sur Cassel); — 212 k. Eisenach; — 241 k. Gotha; — 269 k. Erfurt (Ⓑ; ⨯ sur Würzbourg); — 290 k. Weimar; — 354 k. Corbetha (⨯ sur Leipzig); — 378 k. Halle-sur-Saale Ⓑ.

539 k. (1,221 k. de Paris). **Berlin** (gare d'Anhalt, ou *Anhalterbahnhof*); R. 33.

2° PAR HANAU, BEBRA, EICHENBERG, NORDHAUSEN, SANGERHAUSEN ET HALLE

560 k.; 🚂 en 9 h. env. par trains directs; prix comme pour 1°.

Pour la description de ce trajet, *V.* R. 11, *A*, et 20, *B*. — Les principales stations sont : — 24 k. Hanau; — 82 k. Elm Ⓑ; — 167 k. Bebra (Ⓑ; ⨯); — 227 k. Eichenberg; — 300 k. Nordhausen Ⓑ; — 337 k. Sangerhausen; — 397 k. Halle-sur-Saale Ⓑ; — 464 k. Wittenberg.

560 k. (1,242 k. de Paris). **Berlin** (gare d'Anhalt, ou *Anhalterbahnhof*); R. 33.

3° PAR GIESSEN, CASSEL, NORDHAUSEN, SANGERHAUSEN ET BELZIG

569 k., 🚂 en 11 h. par le train direct partant vers midi (voit. directes des 3 cl.; wagon-restaur.); prix comme pour 1°.

Pour la description de ce trajet, *V.* R. 21, *A*, et 20, *B*. — On passe par : — 66 k. Giessen Ⓑ; — 96 k. Marburg; — 200 k. Cassel (Ⓑ; ⨯ sur Hanovre); — 246 k. Eichenberg; — 320 k. Nordhausen Ⓑ; — 357 k. Sangerhausen; — 410 k. Güsten; — 493 k. Belzig Ⓑ.

569 k. (1,251 k. de Paris). **Berlin** (gare de Silésie, ou *Schlesischerbahnhof*); R. 33.

C. Par Metz, Heidelberg, Würzbourg, Neudietendorf, Erfurt, Halle et Bitterfeld.

1,258 k.; 🚂 de l'Est, en 24 h. env. par trains directs; par le direct partant vers 9 h. 20 s. on peut utiliser le wagon-lit de Paris à Metz ou à Sarrebruck, où l'on change de train; des voit. directes des 1re et 2e cl. circulent entre Heidelberg et Berlin, aux trains partant vers 10 h. 08 mat. (aussi wagon-restaur.) et 9 h. 33 s. (aussi wagon-lits depuis Würzbourg), qui correspondent avec les arrivées des trains venant de Paris-Metz. — Prix des billets de Paris à Sarrebruck : 53 fr. 25, 35 fr. 85, 23 fr. 35; de Sarrebruck à Berlin; 62 M. 30, 37 M. 50, 24 M. 10; suppl. pour le wagon-lits de Paris à Metz ou Sarrebruck, 18 fr. 75; de Würzbourg à Berlin 10 M. (1re cl.), 8 M. (2e cl.).

DE PARIS A WÜRZBOURG

786 k.; 🚂 en 15 h. 30 env. par trains directs; 84 fr. 75, 56 fr., 36 fr. 45.

Pour les généralités sur le parcours entre Paris et Würzbourg, *V.* R. 2, *C* (p. 14).

786 k. Würzbourg (bon Ⓑ); R. 2, *C*.

DE WÜRZBOURG A BERLIN

PAR SCHWEINFURT, RITSCHENHAUSEN, ARNSTADT, NEUDIETENDORF, ERFURT, WEIMAR ET HALLE

472 k.; 🚂 en 8 h. 30 env. par trains directs; voit. directes et wagon-lits au train partant vers 8 h. 38 du s.; 38 M. 70, 24 M. 50, 15 M. 60.

Pour la description de ce trajet, *V.* R. 15, *C*, et 18. — On passe par : — 44 k. Schweinfurt Ⓑ; — 57 k. Ebenhausen (✕ sur Kissingen); — 114 k. Ritschenhausen; — 171 k. Plaue; — 180 k. Arnstadt; — 210 k. Erfurt Ⓑ; — 232 k. Weimar Ⓑ; — 296 k. Corbetha; — 319 k. Halle-sur-Saale Ⓑ; — 349 k. Bitterfeld.

472 k. (1,258 k. de Paris). **Berlin** (gare d'Anhalt, ou *Anhalterbahnhof*); R. 33.

Route 4. — DE PARIS A HAMBOURG

A. — Par Liège, Cologne, Münster et Brême.

938 k., 🚂 du Nord en 16 h. 10 par le « Nord-Express », train de luxe quotidien, quittant Paris vers 2 h. ap.-midi et que l'on peut utiliser jusqu'à Cologne, où l'on arrive vers 11 h. 45 du s. et où l'on trouve la coïncidence pour Hambourg (train direct, 1re, 2e et 3e cl., wagon-lits) où l'on arrive vers 7 h. mat.; en 19 h. env. (sans compter les arrêts à Cologne, variant entre 50 min. et 1 h. 30) par les directs quittant Paris vers 6 h. 20 et vers 10 h. du s. (wagon-lits Paris-Cologne à ce dernier). — Billets directs Paris-Hambourg, valables 5 j. (*via* Herbesthal, ou Bleyberg) : 97 fr. 50 (1re cl.), 64 fr. 40 (2e cl.); suppl. pour le Nord-Express, de Paris à Cologne, 17 fr. 30; pour le wagon-lits Paris-Cologne, 17 fr. 30; pour le wagon-lits Cologne-Hambourg, 10 M. (1re cl.), 8 M. (2e cl.).

DE PARIS A COLOGNE

490 k.; 🚂 en 8 h. 30 à 10 h. 20.

Pour les généralités sur ce trajet, *V.* R. 3, *A*.

490 k. Cologne (gare Centrale; bon Ⓑ), où l'on change de train.

DE COLOGNE A HAMBOURG

PAR DÜSSELDORF, WANNE, MÜNSTER, OSNABRÜCK ET BRÊME

448 k., 🚂 en 5 h. 35 ou 6 h. 30 par trains directs (wagon-restaur. à ceux partant vers 7 h. 4, 10 h. 6 et 1 h. 40 ap.-midi; wagon-lits à celui de 11 h. 34 du s.); suppl. pour le wagon-lits, 10 M. en 1re cl., 8 M. en 2e cl.

Pour la description de ce trajet, *V.* R. 28. — Les stations principales sont : — 40 k. Düsseldorf ; — 64 k. Duisburg ; — 95 k. Wanne ; — 162 k. Münster ; — 212 k. Osnabrück ; — 335 k. Brême.

448 k. (938 k. de Paris). **Hambourg** (gare Centrale, ou *Hauptbahnhof*) ; R. 29.

B. Par Liége, Cologne, Minden et Hanovre.

999 k. ; 🚂 du Nord en 20 h. env par le « Nord-Express », train de luxe quittant Paris t. l. j. vers 2 h. ap.-midi et que l'on peut utiliser jusqu'à Cologne, où l'on arrive vers 3 h. 45 de la nuit et d'où part vers 5 h. 40 du mat. un train pour Hambourg ; on peut aussi utiliser le train direct (1re et 2e cl. ; voit. directes Paris-Hambourg) quittant également Paris à 1 h. 50 ap.-midi et arrivant à Hanovre vers 4 h. 30 du mat. — Billets directs, valables 5 j., Paris-Hambourg (*via* Herbesthal ou Bleyberg) : 97 fr. 50 (1re cl.), 64 fr. 40 (2e cl.) ; suppl. pour le wagon-lits de Paris à Hanovre, 23 M. 50.

DE PARIS A HANOVRE

PAR LIÉGE ET COLOGNE

817 k. ; 🚂 en 13 h. 30 env. (par le Nord-Express) ou en 15 à 16 h. par trains directs ; 84 fr. 90, 56 fr. 70, 36 fr. 60.

Pour les généralités sur le parcours Paris-Cologne-Hanovre, *V.* R. 3, *A*, et, pour la description du trajet entre Cologne et Hanovre, *V.* R. 22, *A*. — Depuis (490 k.) Cologne on passe par : — 530 k. Düsseldorf Ⓑ ; — 610 k. Dortmund Ⓑ ; — 708 k. Bielefeld Ⓑ.

817 k. Hanovre Ⓑ, où l'on change de train ; R. 21.

DE HANOVRE A HAMBOURG

182 k. ; 🚂 en 3 h. 30 à 5 h. ; 16 M. 60, 10 M. 80, 6 M. 80.

Pour la description de ce trajet, *V.* R. 27. — On passe par : — 16 k. Lehrte ; — 96 k. Uelzen Ⓑ ; — 136 k. Lüneburg Ⓑ.

182 k. (999 k. de Paris). **Hambourg** (gare Centrale, ou *Hauptbahnhof*) ; R. 29.

PREMIÈRE SECTION

LES BAINS DE BOHÊME : FRANZENSBAD, MARIENBAD, CARLSBAD. — PRAGUE

Route 5. — FRANZENSBAD

FRANZENSBAD (omnibus et voitures à la gare; hôtels, etc., *V.* l'*Index*) est une petite V. d'env. 2,500 hab., située à 450 m. d'alt., à peu près au centre de l'*Egerland*, plateau ondulé, entouré de hauteurs boisées, qui forme l'extrémité N.-O. de la Bohême.

Station thermale des plus appréciées et des plus fréquentées (spécialement par les femmes), située au milieu de vastes et beaux parcs aménagés avec goût, Franzensbad offre l'aspect d'une cité agréable, traversée par de larges rues et entourée de promenades fort bien entretenues.

Les eaux. — Les 12 *sources* d'eaux minérales (température 10° à 12°) sont employées en boisson et alimentent aussi des bains (plus de 150,000 personnes par an). Très riches en substances actives (sur 10,000 parties il y a de 1,809 à 6,075 parties fixes et de 813 à 1,873 cent. cubes d'acide carbonique), elles peuvent être distinguées : en sources alcalines à base de sel de Glauber (sulfate de soude); en sources ferrugineuses, à base également de sel de Glauber, et en sources martiales. Parmi les premières, c'est la **Salzquelle** qui renferme la quantité la plus considérable de carbonate et de sulfate de soude et presque pas de fer; parmi les dernières, la **Stahlquelle** est celle qui offre, avec une pauvreté relative de sels dissolvants, la plus forte proportion de carbonate de fer; enfin la **Stefaniequelle** mérite une mention spéciale comme eau minérale acidulée.

Ces eaux sont indiquées pour le traitement de certaines maladies de cœur; les maladies des organes sexuels, *surtout chez les femmes*, les altérations du système nutritif, les catarrhes chroniques des muqueuses, certaines maladies des nerfs, etc. Quelle que soit la nature des maladies traitées, l'efficacité des sels de Franzensbad *se fait immédiatement sentir*; l'efficacité des boues minérales, fournies par d'immenses bancs ou dépôts, est souveraine.

On trouve à Franzensbad des grands établissements de bains installés suivant les principes et les exigences de la balnéothérapie moderne et confortablement aménagés.

Le **climat**, très sain, l'air frais et pur, pas trop sec, exercent une influence favorable sur le système nerveux et sur la circulation du sang.

La **saison** dure du 1er mai au 1er octobre.

ITINÉRAIRE. — De la gare, la *Bahnhofstrasse*, avenue traversant du N. au S. le Kurpark, aboutit à un carrefour, sur lequel on trouve, à g., le *Café Park* et, à dr., la *statue de l'empereur François Ier*, fondateur des bains, devant laquelle il y a un *pavillon* pour la musique. — On laisse à g. la *Kulmerstrasse* (par laquelle on va au *Stadt-Theater* ou théâtre de la Ville et à l'*église catholique*), et, à dr., la *Ferdinandstrasse* conduisant à l'*International Badehospital*, à l'*église protestante* et à la *Synagogue*.

Vers le S. s'ouvre la **Kaiserstrasse**, belle et large rue des plus animées, qui aboutit au *Kurplatz*, où se trouvent : à dr., le **Kurhaus**, la *Colonnade*, avec un *pavillon* pour la musique et, vers le S., la *Franzensquelle*, la source plus importante, qui jaillit dans une rotonde, le *Gasbad* et le *Stadt-Badhaus* ou Bain de la Ville. — Derrière le Kurhaus, s'étend le *Westendpark*, où se trouve le *Centralbad* et où jaillissent le *Kalte Sprudel* et la *Luisenquelle*. — A l'extrémité S.-E. du Kurplatz, près du Gasbad et du square orné du *monument du Dr Adler*, commence l'*Isabella Promenade*, avenue tracée entre le *Salzquellepark* (où jaillit la *Salzquelle*) à dr., et le vaste Morgenzeilepark (*V.* ci-dessous), à g. ; elle aboutit au *Kaiserbad* et au *Stephaniepark*, dans lequel se trouve le *Franz-Josefsbad*.

Du Kaiserbad, la *Salzquellstrasse* traverse, vers le N., le *Morgenzeilepark*, dans la partie O. duquel on trouve la *Villa Impériale*, le *Monument de l'impératrice Élisabeth* (par *Wilfert*; 1906) et la *Gœthebrunnen*, fontaine (par *Wilfert*; 1905), consacrée au souvenir de Gœthe qui fut un habitué de Franzensbad. A son extrémité N., la Salzquellstrasse débouche sur la Kulmerstrasse, par laquelle on rejoint à g., puis à dr., la *Stephaniestrasse*, où se trouve l'*église Orthodoxe*, qui ramène à la Bahnhofstrasse (*V.* ci-dessus) et à la gare.

[*Environs*. — Jolies promenades et excursions. — 1° A 45 min. O., le *Stadtwald* (belle vue). — 2° A 15 min. S., *café-restaurant Miramonti*; au-dessus du v. de *Schlada* et à 40 min. (à pied) plus au S., le **Kammerbühl** (ou Kammerberg), volcan éteint, mamelon d'un quarantaine de mètres (belle vue sur l'Egerland); si l'on continue à se diriger vers le S., on atteint en quelques min. l'*Egertal* et les bords de l'Eger avec (40 min. env. en voit.: omnibus de Franzensbad) **l'île de Mühlerl** (bon restaur.), but d'excursion très fréquenté, et le v. de *Stein*. De là on arrive, en franchissant l'Eger et à travers bois, au (1 h. 30 à pied de Franzensbad) *Siechenshaus* (bon restaur.), autre but de promenade favori des baigneurs; 15 min. plus loin, au S.-O., la *chapelle Sankt-Anna* offre un joli point de vue; on peut descendre en 40 min. env. à Eger et revenir par le ch. de fer à Franzensbad. — 3° Vers le N.-O., les châteaux de (1 h. 20) *Seeberg* et de (2 h.) *Liebenstein*; vers le N. (2 h.) *Schœnberg* et (2 h.) *Wildenstein*, ainsi que, vers le N.-E., la (45 min.) *Antonienhœhe* (495 m.; belle vue), sont également des buts d'excursions faciles et agréables.

De Franzensbad à Leipzig, par Plauen (184 k. : 🚂 en 4 h. env.; 16 M. 50, 10 M. 70, 6 M. 80). — 8 k. *Voitersreuth* (douane autrichienne). — On entre dans la jolie vallée saxonne de l'Elster. — 32 k. **Elster** (hôt. *Wettinerhof*, bien tenu), station thermale (source saline) et séjour d'été très fréquenté, dans une belle situation. — 68 k. Plauen (p. 60), où l'on rejoint la grande ligne Bamberg-Hof-Leipzig (R. 15, *E*). — 184 k. Leipzig (R. 16).

De Franzensbad à Hof (53 k.; 🚂 en 2 h.; 7 Kr. 10, 4 Kr. 32, 2 Kr. 34). — 21 k. *Asch*, V. industrielle de 19,000 hab. — On entre en Bavière. — 53 k. Hof (p. 60), stat. de la ligne Bamberg-Hof-Dresde ou Leipzig (R. 11, *C*).]

De Franzensbad à Eger, R. 1; — à Paris, R. 1, en sens inverse.

Route 6. — MARIENBAD

MARIENBAD (tram. électr. et omnibus à la gare, éloignée d'env. 15 min. du centre de la ville; hôtels, etc. *V.* l'*Index*), gracieuse petite V. de 6,000 hab. et **station thermale** des plus célèbres, fréquentée annuellement par plus de 30,000 personnes (sans compter env. 100,000 passants), occupe une jolie petite vallée, située à 628 m. d'alt. et entourée d'une chaîne de collines boisées, ouverte seulement vers le S. et qui l'abritent des vents du N.

Histoire. — L'histoire de Marienbad, comme station thermale, ne remonte pas bien loin; vers la fin du XVIIIe s., l'endroit où s'élève la ville actuelle était encore une sorte de désert, au milieu des vastes forêts appartenant à l'abbaye de Tepl : on savait bien quelque chose des sources minérales qui y jaillissaient, mais personne n'avait pensé à les utiliser sérieusement. Ce fut seulement dans les premières années du XIXe s. que, grâce aux études et aux essais, couronnés de succès, du Dr Nehr, l'on commença la cure médicale avec les eaux de la Kreuzbrunnen. En 1808 la ville naissante prit le nom de Marienbad et, surtout à partir de 1817, date de l'élection de l'abbé Reitenberger, sa prospérité ne fit qu'augmenter.

Les eaux. — Les *sources* (température de 7°,5 à 11,5), auxquelles Marienbad doit sa renommée, sont la propriété de l'abbaye de Tepl (*V.* p. 30) et comptent parmi les plus riches en minéralisation. Parmi celles **sulfatées sodiques** il faut citer la *Ferdinandsbrunnen* et la *Kreuzbrunnen*, qui sont, avec la *Waldquelle*, les plus importantes des sources dont les eaux sont prises en boisson; parmi les sources **ferrugineuses**, l'*Ambrosiusquelle* occupe la première place; la *Marienquelle*, très riche en acide carbonique, n'est employée que pour les bains, ainsi que la *Karolinenbrunnen* (ferrugineuse); la *Rudolfsquelle* abonde en bicarbonate de chaux et en magnésie. — L'eau est limpide, sauf celle de la Marienquelle, et d'une saveur généralement piquante, salée, amère, mais non désagréable (surtout celle de la Kreuzbrunnen).

Les eaux des sources Caroline, Ambrosius et Ferdinand sont employées comme reconstituantes, tandis que celles de la Kreuzbrunnen le sont surtout comme résolutives. Toutes ces eaux sont laxatives, même les plus ferrugineuses; sédatives du système nerveux, elles passent, auprès des médecins de Marienbad, pour spécifiques ou (du moins) fort utiles dans certaines névroses. On les emploie avec succès contre la plupart des dyspepsies, certaines affections du foie et nombre d'accidents qui tiennent du lymphatisme, de la chlorose et de l'anémie; enfin la Kreuzbrunnen a pour effet caractéristique, à peu près constant, de diminuer l'obésité. — On transporte les eaux des Kreuzbrunnen, Ferdinandsbrunnen et Waldquelle et elles se conservent fort bien.

Le *climat* est doux et assez constant pendant la saison des bains; les nuits sont plutôt fraîches.

La *saison* dure du 1er mai à la fin de septembre.

ITINÉRAIRE. — De la gare, deux chemins montent au centre de la ville : — 1° la *Bahnhofstrasse* (suivie par le tram) en pente douce, passe à dr. devant les *Parkanlagen*, où jaillissent, sous un pavillon, l'*Alfredquelle* et l'*Alexandrinenquelle*, puis laisse à g. le tronçon S. de la Kaiserstrasse (*V.* ci-dessous), passe au-dessus du Marienbaderbach et aboutit à un carrefour, devant la *Stadt-Uhr* (horloge de la ville; *V.* ci-dessous); — 2° le *Promenadeweg*, plus à l'O. (à g. de la

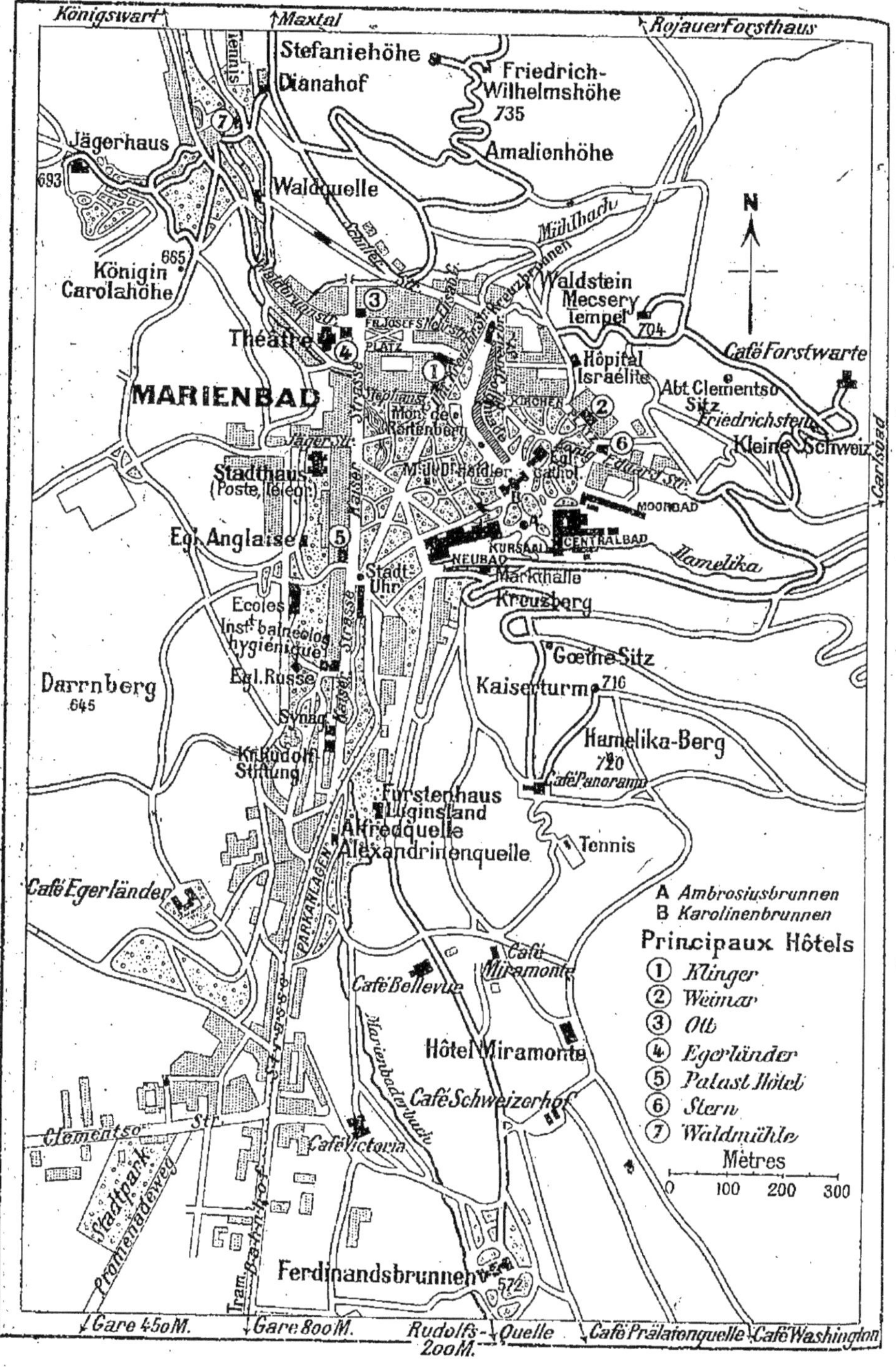

Königswart
Maxtal
Rojauer Forsthaus
Stefaniehöhe
Dianahof
Friedrich-Wilhelmshöhe
735
Amalienhöhe
Jägerhaus
693
Waldquelle
Mühlbach
N
665
Königin Carolahöhe
Waldstein
Mecsery Tempel
704
Théâtre
Café Forstwarte
Hôpital Israélite
Abt Clementso Sitz
Friedrichstein
Kleine Schweiz
MARIENBAD
Carlsbad
Stadthaus (Poste, Télégr.)
MOORBAD
CENTRALBAD
KURSAAL
NEUBAD
Egl. Anglaise
Hamelika
Stadt Uhr
Markthalle
Kreuzberg
Ecoles
Instt. balnéolog. hygiénique
Goethe Sitz
Egl. Russe
Darrnberg
645
Kaiserturm
716
Synag.
Hamelika-Berg
720
Café Panorama
Fürstenhaus
Luginsland
Alfredquelle
Alexandrinenquelle
Tennis
Café Egerländer
PARKANLAGEN
A Ambrosiusbrunnen
B Karolinenbrunnen
Principaux Hôtels
1 Klinger
2 Weimar
3 Ott
4 Egerländer
5 Palast Hôtel
6 Stern
7 Waldmühle
Café Miramonte
Café Bellevue
Hôtel Miramonte
Café Schweizerhof
Clementso Str.
Café Victoria
Stadtpark
Promenadeweg
Metres
0 100 200 300
Ferdinandsbrunnen
572
Tram
Gare 450 M.
Gare 800 M.
Rudolfs-Quelle 200 M.
Café Prälatenquelle
Café Washington

Bahnhofstr.), préférable pour les piétons, passe à g. devant le *Stadtpark* et aboutit à la *Clementsostrasse*, qu'il faut suivre à dr. jusqu'à son débouché sur la Bahnhofstrasse. On remonte celle-ci à g. (vers le N.) pour arriver (à dr. d'un pont sur le Marienbaderbach) au commencement de la **Kaiserstrasse**, que l'on suit en passant, à g., devant la *Kronprinz-Rudolfstiftung* (bains militaires), la *Synagogue* et l'*Institut balnéologico-hygiénique*, derrière lequel, au pied du *Darrnberg*, est l'*église Russe* (*Saint-Wladimir*). Au carrefour, sur lequel vient aboutir le tram de la gare et où se trouve la Stadt-Uhr (*V.* ci-dessus), on a en face le prolongement de la Kaiserstrasse et, sur la dr., deux avenues coupant en diagonale les Neue Parkanlagen.

Les **Neue Parkanlagen**, ou Nouveau Parc, sont un magnifique jardin anglais (petit lac; au centre, *monument du Dr Heidler*), qui occupe le centre de la ville et sépare la Kaiserstrasse (O.) des principaux édifices balnéaires (E. et S.-E.), qui sont, en commençant par le S. : le *Neubad* (achevé en 1896; installation balnéaire très complète) et, à son extrémité E., le **Kursaal**, à dr. duquel jaillit, dans un petit temple gothique, l'*Ambrosiusbrunnen*; plus à l'E. le *Centralbad*, le *Moorbad*, édifice à coupole, du style gothique. — Revenant vers le Parc on voit à dr. l'*église catholique* et, en face de l'Ambrosiusbrunnen, la rotonde de la *Karolinenbrunnen* (à quelques pas à l'E., *pierre commémorative* de la rencontre des trois empereurs d'Autriche, d'Allemagne et de Russie en 1904), au delà duquel, vers le N., la **Colonnade**, beau et grand hall avec magasins, sert de promenoir couvert (devant la Colonnade, *colonne météorologique* et *monument de Reitenberg*, abbé de Tepl et bienfaiteur de Marienbad, † 1860). A l'extrémité N. de la Colonnade, — entre l'*Obere* et l'*Untere Kreuzbrunnstrasse*, — la *Kreuzbrunnen* jaillit au centre d'une rotonde (*buste du Dr Nehr*, † 1820, le créateur de la station thermale de Marienbad, qui commença la cure en 1813).

Revenant à la Kaiserstrasse et prenant en face du petit lac du Stadtpark, la *Jægerstrasse*, on arrive en quelques pas au *Stadthaus* (hôtel de ville), avec les bureaux de la poste et du télégraphe et une salle de lecture (*Lesesaal*) ouverte au public. — Plus au S., au pied du Darnberg, est l'*église Anglaise*.

Vers le N. la Kaiserstrasse aboutit à la *Franz-Josefsplatz*; à g., au commencement de la *Waldbrunnstrasse*, se trouve le *Théâtre*; à dr., la *Nehrstrasse*, puis l'*Elisabethstrasse*, conduisent à la *Schillerstrasse*, par laquelle on se rend à la Waldquelle, au Dianahof, à l'Amalienhœhe (*V.* ci-dessous : Environs).

[*Environs*. — Les environs, surtout à l'E., au N. et à l'O., sont un véritable et délicieux parc naturel, sillonné de sentiers faciles à travers de belles forêts de sapins (nombreux points de vue; bancs ou pavillons).

1° **Hamelika-Berg** (env. 720 m.; 30 min. S.-E.). — On y monte par le chemin qui, commençant derrière le Neubad, passe à côté de la *Markthalle* (marché), puis devant (à dr.) la *Croix* (636 m.; belle vue sur Marienbad), érigée en souvenir de l'immunité dont jouit Marienbad lors de l'épidémie cholérique de 1832, puis laisse à dr. le chemin du (15 min. S.) café Miramonte (*V.* ci-dessous) et du (20 min.) café Schweizerhof (*V.* ci-dessous) et monte à g., par le *Kreuzberg*, au *Gœthe-Sitz*, point de vue affectionné par le poète, et au *café Panorama* (689 m.). De là un chemin, se dirigeant au N., monte *Kaiserturm* ou *Aussichtsturm* (716 m.; beau point de vue).

2° **Kleine Schweiz** (Petite Suisse; 30 à 40 min. E.). — On peut s'y rend directement par la *Kœnig Eduardstrasse* (qui commence à la Kirchenpla derrière l'église catholique; *V.* ci-dessus) et la route de Carlsbad, mais est préférable de suivre d'abord le chemin qui commence derrière Neubad, passe devant le Marché puis, se dirigeant directement à l'E., lon la rive g. du ruisseau d'Hamelika, pendant 300 m. env., et le franchit pou déboucher sur la route de Carlsbad : c'est ici le joli coin appelé « la Peti **Suisse** ». Un sentier en lacets monte, par le *Friedrichstein*, au ca *Forstwarte* (735 m.), d'où l'on peut revenir à Marienbad en suivant, vers l'O le chemin de l'Abt Clementso Sitz, qui passe tout près et un peu au-dessu du *Mecsery Tempel* (704 m.) et aboutit en ville près de la Kreuzbrunnstrass

3° **Friedrich-Wilhelmshœhe** (735 m.; 30 min. N.). — On suit la Sch lerstrasse, puis à dr. le chemin qui franchit le Mühlbach et on prend l'u des chemins qui, à dr. ou à g., montent à l'*Amalienhœhe*. De là un senti en lacets monte au **belvédère de la Friedrich-Wilhelmshœhe** et, quelques pa à g., vers l'O., à la *Stefanienhœhe*, charmant point de vue. — Descente pa l'Amalienhœhe sur la route de Sangerberg, le Dianahof ou le Waldmühl (*V.* ci-dessous).

4° **Waldquelle et Waldmühle** (10 min. N.-O.). — Du Franz-Josefsplat par la Waldbrunnstrasse, puis (près du pont sur le Marienbaderbach) p le chemin à dr., qui longe le parc de la Waldquelle (captée à nouveau e 1905 et amenée au Neubad) et conduit au *café-restaur. de la Waldmühle* c 5 min. plus loin, au *Dianahof* (rafraîchiss.). — De la Waldmühle, ou de l Waldquelle, on peut monter, par la rive g. du Marienbaderbach, en trave sant le parc du *Tiergarten*, à (15 ou 20 min. O.) la *Kœnigin Carolahœh* (665 m.) et de là, vers le N.-O. en 10 à 15 min. (ou en 20 min. directement d la Waldmühle), au *Jægerhaus* (693 m.; restaur.). — Du Dianahof on peu monter, soit par le (25 min. N.-E.) *Maxtal* (restaur.), soit par (20 min. E l'Amalienhœhe (*V.* ci-dessus) à la (35-40 min.) Friedrich-Wilhelmshœh (*V.* ci-dessus).

5° **Ferdinandsbrunnen et Rudolfsquelle** (2 k. env. S.). — La *Ferdi nandsbrunnenstrasse*, qui commence à g., derrière le Neubad, longe le pie de l'Hamelikaberg; à dr., *Fürstenhaus-Luginsland* (jadis villa Halbmayr léguée à la ville par le commerçant de ce nom), destinée à loger les souv rains et les hôtes princiers de Marienbad; plus loin, on passe entre le *caf Miramonte*, à g., et le *Bellevue*, à dr., puis on laisse à g. le café Schweizerho (*V.* ci-dessus) et on arrive au parc, au centre duquel se trouve le *Ferdinands brunnen* (572 m.); 200 m. env. plus au S., jaillit la *Rudolfsquelle*; de là, u chemin qui remonte la rive dr. puis la rive g. du Pottabach, conduit à (30 min E. env.) la *Prælatenquelle* (594 m.).

Parmi les excursions plus lointaines nous recommanderons les suivantes — le *Rojauer Forsthaus* et le *Wolfstein* (880 m.; très belle vue; 2 h. 40 N.-E.; voit. à 2 chev., 12 Kr.), par le vallon du Mühlbach, avec retour par la *Talsperre* (belle écluse), une vallée sauvage et pittoresque et le Maxtal (*V.* ci-dessus); — *Kœnigswart* (*V.* p. 8; 1 h. 45 N.-O.; voit. à 2 chev., 14 Kr.) par le Maxtal et le bois; — le *Podhorn* (843 m.; 1 h. 30 E., voit. 10 à 13 Kr.), colline basaltique offrant un beau point de vue sur l'Erzgebirge (N.), le Fichtelgebirge (O.) et le Bœhmerwald (S.-O.); — l'*Abbaye de Tepl* (*V.* p. 30; 13 K. E.; 🚂 ou 🚗, voit. à 1 chev. 8 Kr., à 2 chev. 14 Kr.); — *Sangerberg* (10 K. N.-E.; serv. postal), petite ville et établissement thermal (source ferrugineuse).

De Marienbad à Vienne, par Pilsen et Gmünd (425 k.; 🚂 en 7 h. 10; wagon-lits au train partant vers 11 h. s.; 49 Kr. 50, 20 Kr. 20, 15 Kr. 80;

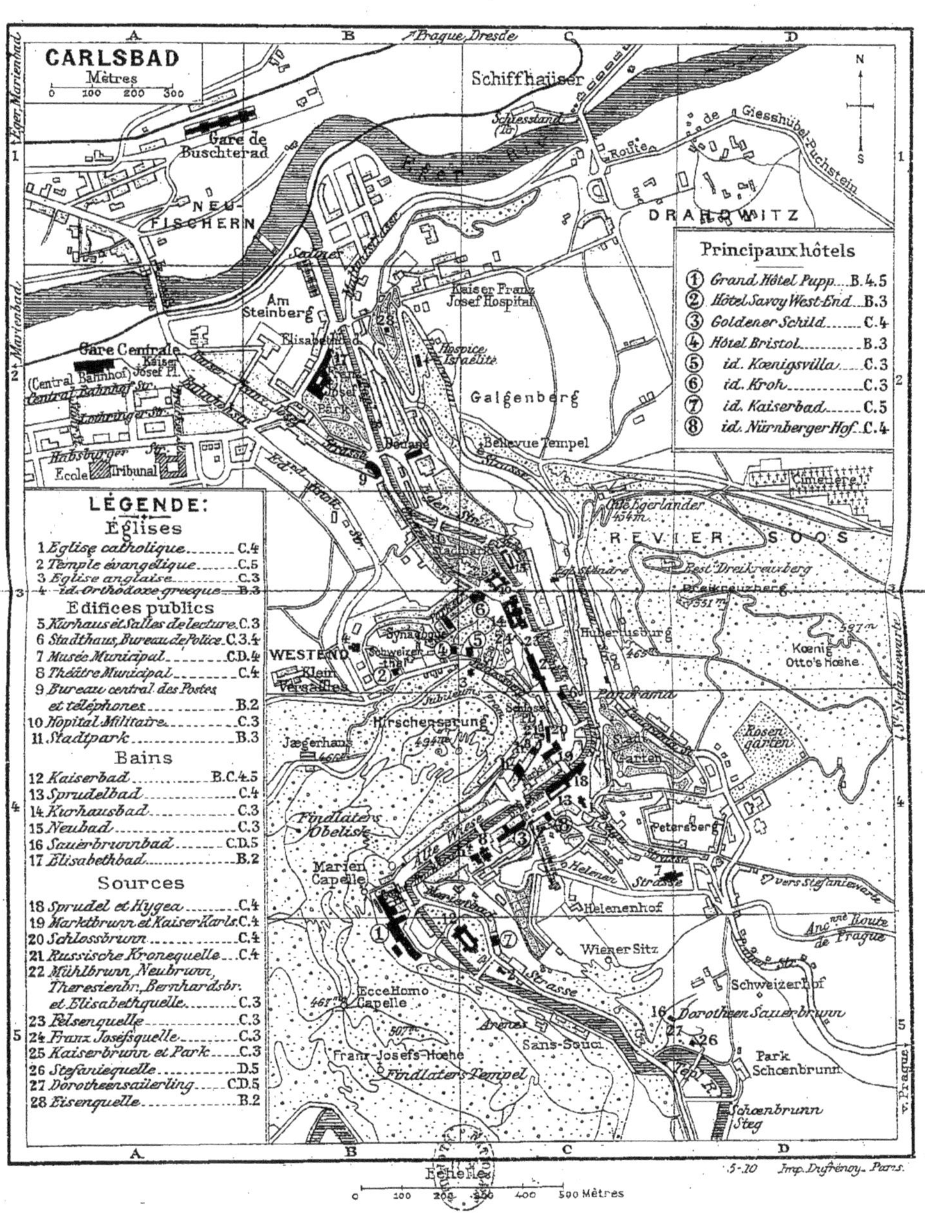
CARLSBAD
Mètres
0 100 200 300
A
B
C
D
Prague Dresde
Eger Marienbad
Schiffhäuser
Schiesstand
Eger Fl.
Route de Giesshübel-Puchstein
Gare de Buschterad
NEU-FISCHERN
DRAHOWITZ
Principaux hôtels
① Grand Hôtel Pupp B.4.5
② Hôtel Savoy West-End B.3
③ Goldener Schild C.4
④ Hôtel Bristol B.3
⑤ id. Kœnigsvilla C.3
⑥ id. Kroh C.3
⑦ id. Kaiserbad C.5
⑧ id. Nürnberger Hof C.4
Am Steinberg
Kaiser Franz Josef Hospital
Hospice Israélite
Gare Centrale
(Central Bahnhof)
Central Bahnhof Str.
Kaiser Josef Pl.
Lothringer Str.
Habsburger Str.
Ecole
Tribunal
Galgenberg
Bellevue Tempel
Cimetière
Alte Egerlander 454m
REVIER SOOS
Rest. Dreikreuzberg
Dreikreuzberg 551m
Hubertusburg
Kœnig Otto's Hœhe
597m
Marienbad
LÉGENDE:
Églises
1 Eglise catholique C.4
2 Temple évangélique C.5
3 Eglise anglaise C.3
4 id. Orthodoxe grecque B.3
Edifices publics
5 Kurhaus et Salles de lecture C.3
6 Stadthaus, Bureau de Police C.3.4
7 Musée Municipal C.D.4
8 Théâtre Municipal C.4
9 Bureau central des Postes et téléphones B.2
10 Hopital Militaire C.3
11 Stadtpark B.3
Bains
12 Kaiserbad B.C.4.5
13 Sprudelbad C.4
14 Kurhausbad C.3
15 Neubad C.3
16 Sauèrbrunnbad C.D.5
17 Elisabethbad B.2
Sources
18 Sprudel et Hygea C.4
19 Marktbrunn et Kaiser Karls C.4
20 Schlossbrunn C.4
21 Russische Kronequelle C.4
22 Mühlbrunn, Neubrunn, Theresienbr., Bernhardsbr. et Elisabethquelle C.3
23 Felsenquelle C.3
24 Franz Josefsquelle C.3
25 Kaiserbrunn et Park C.3
26 Stefaniequelle D.5
27 Dorotheensäuerling C.D.5
28 Eisenquelle B.2
WESTEND
Klein Versailles
Synagogue
Schweizerthal
Hirschensprung 494m
Jægerhaus
Panorama
Stadt Garten
Rosen garten
Petersberg
Findlaters Obelisk
Alte Wiese
Marien Capelle
Helenen Strasse
Helenenhof
vers Stefaniewarte
Ancne Route de Prague
Wiener Sitz
Schweizerhof
Ecce Homo Capelle 461m
507m
Arènes
Sans-Souci
Franz-Josefs-Hoehe
Findlaters Tempel
Dorotheen Sauerbrunn
Park Schœnbrunn
Tepl Fl.
Schœnbrunn Steg
St. Stefaniewarte
v. Prague
Échelles
0 100 200 300 400 500 Mètres
5-10 Imp. Dufrénoy Paris.

suppl. pour le wagon-lits, 10 Kr. 80, 1re cl., et 8 Kr. 40, 2e cl.). — La voie parcourt la vallée de la Mies. — 8 k. *Kuttenplan* (château). — 13 k. *Plan* (château). — 43 k. *Mies*, en tchèque *Sribro* (mines de plomb argentifère).

76 k. **Pilsen**, en tchèque *Plzen* (Ⓑ); hôt. *Kaiser von Œsterreich*; V. industrielle de 80,000 hab., à 320 m. d'alt., au confluent de la Mies et de la Radbusa. — *Bartholomæuskirche*, remarquable église du style ogival (fin du XIVe s.). — *Franziskanerkirche* (fresques intéressantes du XVe s.). — *Rathaus*, de la Renaissance. — *Stædtisches historisches Museum* (intéressante collection d'objets préhistoriques, etc.). — Grandes et célèbres *brasseries*.

[De **Pilsen à Nuremberg, par Furth** (242 k.; 🚂 en 6 h. env.; 22 M. 90, 15 M. 50, 10 M.). — Par les montagnes du Bœhmerwald (tunnel, viaduc) on arrive à (81 k.) *Furth* (Ⓑ; douane). — On passe à (100 k.) *Cham* et à (174 k.) *Amberg*, V. de 20,000 hab., puis on traverse le Jura de Franconie. — 242 k. Nuremberg (*V.* le guide *Bavière-Tirol*).]

La voie se dirige vers le S.-E., dans la vallée de l'Uslawa. — 111 k. *Nepomuk*, patrie de St Jean de Nepomuk (Népomucène, né en 1320); la *Jakobskirche* est bâtie sur l'emplacement de sa maison natale. — On descend la vallée de la Wottawa. — A dr., grand *étang de Bestrew*. — 219 k. *Budweis* Ⓑ, V. de 40,000 hab. sur la Vltava ou Moldau. — 247 k. *Gratzen*. — On passe de Bohême en Autriche.

261 k. Gmünd Ⓑ, où l'on rejoint la ligne de Prague-Tabor-Vienne (R. 10, *C*). — 164 k. de Gmünd à Vienne (*V.* R. 10, *C*).

425 k. Vienne, Franz-Josefsbahnhof (*V.* le guide *Bavière-Tirol*).]

De Marienbad à Carlsbad, R. 7, en sens inverse; — à Eger, R. 1, en sens inverse; — à Paris, R. 1, en sens inverse; — à Prague, par Eger, R. 1.

Route 7. — CARLSBAD

Gares : — Centralbahnhof (gare Centrale), au N. de la ville, sur la rive dr. de l'Eger, pour les voyageurs venant de Vienne, par Marienbad, ou de Prague; omnibus pour la ville 40 hell., voit. de place, à 1 chev. 2 Kr., à 2 chev. 3 Kr.; — Buschteraderbahnhof (gare de Buschterad), dans le faubourg de Fischern, sur la rive g. de l'Eger, pour les voyageurs venant d'Allemagne par Eger; omnibus pour la ville 80 hell., voit. à 1 chev. 2 Kr. 20, à 2 chev. 2 Kr. 60.

CARLSBAD, ou **KARLSBAD** (*V.* l'*Index*), V. de 15,000 hab., à 374 m. d'alt., dans une étroite et pittoresque vallée arrosée par la Tepl qui vient ici se jeter dans l'Eger.

On a dit que Carlsbad était bâti sur le couvercle d'une chaudière d'eau bouillante; en effet, la vallée de la Tepl forme une fissure remplie d'énormes quartiers de granit entre lesquels les eaux s'engouffrent; la fissure est assez profonde pour que ces eaux s'échauffent au contact de la chaleur centrale et se chargent d'acide carbonique et de diverses substances minérales. Bientôt le gaz se dégage et la substance calcaire se dépose en formant des incrustations, qui recouvrent le gouffre en entier. L'épaisseur de cette couche varie de 1 m. à 1 m. 50.

Station thermale parmi les plus célèbres et les plus fréquentées (63,000 personnes en 1908, plus 170,000 passants), elle réunit aux avantages de ses sources minérales et de sa situation au milieu de belles collines boisées, celui d'une salubrité proverbiale.

Histoire. — L'histoire de Carlsbad ne commence qu'avec le XIVe s.; on attribue la fondation des bains à l'empereur Charles IV, qui a laissé son nom à la ville. Déjà au XVe s. les eaux des Sprudel jouissaient d'une grande réputation, mais ce n'est qu'au commenc. du XVIIIe s. (en 1704) que fut ouvert le premier établissement de bains et, plus tard (en 1748), la première buvette.

Les eaux. — L'eau thermale, sulfatée sodique, gazeuse, est la première des eaux alcalines qui, outre l'acide carbonique libre et les carbonates alcalins, contiennent du sulfate de soude. — On compte 16 sources, qui diffèrent entre elles surtout, pour ne pas dire uniquement, à cause de la température variant entre 36 et 73° C. (29-58 R.). La plus importante est le **Sprudel** (de « sprudeln », jaillir), l'une des sources les plus remarquables et les plus célèbres du monde, à cause de son abondance (3,000 litres par min.), sa richesse minérale et sa chaleur (73°,2 C.). — L'eau de toutes les sources, limpide, incolore, a un goût qu'on a comparé à celui du bouillon de poulet très salé. Autrefois, c'était presque uniquement en bains qu'on utilisait l'eau de Carlsbad; maintenant, c'est surtout en boisson; le Sprudel et la Mühlbrunnen sont les sources les plus fréquentées.

Parmi le grand nombre de maladies que l'on traite avec succès à Carlsbad, il faut citer au premier rang les affections du tube digestif et celles du foie et le diabète; puis la constipation à l'état chronique, la goutte, la gravelle, le rhumatisme, l'obésité; les affections des reins, de la vessie, de la rate, à la suite de maladies infectieuses (surtout de la « Malaria »), diverses maladies de la peau, etc.

Il existe aussi à Carlsbad, ou près de cette ville, plusieurs sources d'une nature différente, entre autres celle du *Giesshübl* (*V.* ci-dessous), qui fournit une excellente eau de table; mentionnons aussi l'*Eisenquelle*, source ferrugineuse jaillissant dans le quartier N. de la ville, près du Kaiserin Elisabethquai.

La *saison* dure officiellement du 15 avril au 1er oct., mais la cure peut se faire à n'importe quelle époque.

ITINÉRAIRE. — Les voyageurs arrivant d'Eger et qui descendent à la gare de Buschterad suivront sur la g., une rue qui traverse le faubourg de Fischern, franchit l'Eger sur le Franz-Josefsbrücke et aboutit à la Kaiser-Josefsplatz, à quelques pas O. de laquelle se trouve la *gare Centrale.*

De la gare Centrale on gagne, à g., la *Kaiser-Josefsplatz*, d'où la *Kaiser Franz-Josefstrasse*, passant, à g., devant le *Kaiser Franz-Josefspark* et l'*Elisabethbad* et, à dr., devant le *Haupt-Postamt* (bureau central des Postes; Pl. 9), aboutit au *Franzensbrücke*, pont sur la Tepl, où commence la ville proprement dite.

Sur la rive g. de la Tepl, le quai de la *Gartenzeile* conduit au joli **Stadtpark** (Pl. 11; café-restaur.), au *Militærbadehaus* et au **Kurhaus** (Pl. 5), grand et bel édifice dans le style roman.

Au delà du Franzensbrücke, l'*Egerstrasse* borde la rive dr. de la Tepl, laisse à g. le *Zollamt* (douane), puis passe devant le bâtiment d'expédition de l'eau minérale (à g.) et devant le *Neubad* (à dr.). Là commence la *Kaiserstrasse*, qui longe la rive dr. de la Tepl, sur la rive g. de laquelle la **colonnade de la Mühlbrunn** (Pl. 22), belle galerie, abrite les sources *Mühlbrunn*, *Bernhardsbrunn*, *Theresienbrunn*, *Elisabethquelle* et *Felsenquelle*; à g., vers le S., se trouve le *Stadthaus* (hôtel de ville; Pl. 5). En continuant à suivre, par la *Kreuzstrasse* et la *Sprudelstrasse*, la rive dr. de la Tepl, on atteint bientôt la **colonnade du Sprudel** (Pl. 18), vaste hall, belle construction (par *Hellmer* et *Fellner*), qui abrite le **Sprudel**, — la principale source de Carlsbad, qui y jaillit au milieu des vapeurs, — et qui conduit au *Sprudelbad*. Derrière la colonnade se trouve l'*église catholique*; plus au S., de la place dite *Dr-Beĉkerplatz*, un funiculaire monte à l'*Helenenhof* (*V.* ci-dessous : Environs).

En face de la colonnade du Sprudel, le *Marktbrücke* conduit à la place du Marché (*Marktplatz*), où se trouve la *colonnade de la Marktbrunn* (Pl. 19), dominée par la *tour* de la ville et où jaillissent la *Marktbrunn* et la *Kaiser-Karlquelle*; vers le N.-O. un large escalier, passant devant la *Schlossbrunn*, monte à la belle promenade du *Schlossberg* et à l'*église Anglaise* (Pl. 3). Au S. de la place du Marché, sur la rive g. de la Tepl, est le rendez-vous favori des flâneurs : l'**Alte Wiese**, quai planté d'arbres et bordé de magasins, qui s'étend jusqu'à la *place Gœthe* et au grand *hôtel Pupp* (Pl. B, 5), vaste ensemble de constructions, qui forme à lui tout seul un petit quartier, avec un grand café-restaurant, très fréquenté (musique) et de beaux magasins.

En face des établissements Pupp, au delà de la passerelle dite *Hlavatschehsteg*, sur la rive dr. de la Tepl, s'élève le **Kaiserbad** (Pl. 12), bel édifice bâti par *Hellmer* et *Fellner* (1895), dans le style de la Renaissance française.

A l'int., env. 100 cabinets de bains pour bain d'eau minérale, de boue (*Moosbæder*), de vapeur, etc. ; installation très complète pour l'hydrothérapie et l'aérothérapie ; à l'étage supérieur, bains électriques, grande salle consacrée à la gymnastique hygiénique (système suédois Zander) avec une soixantaine d'appareils ; la partie de l'édifice appelée *Fürstenbad* est réservée aux souverains et aux princes de leurs familles.

Du Kaiserbad on revient vers le centre de la ville en suivant la *Marienbaderstrasse*, puis le quai de la *Neue Wiese*, sur lequel se trouve le *Théâtre* (Pl. 8 ; saison d'avril à septembre).

[*Environs*. — Les environs abondent en promenades. Un réseau d'une quarantaine de kilomètres de routes, chemins et sentiers très bien tracés et entretenus, presque partout ombragés et que l'on peut parcourir à pied sec, même par des temps pluvieux, sillonne en tous sens la vallée de la Tepl et les collines entre lesquelles la ville est nichée. Ces collines couvertes de bois, surtout de résineux, sont couronnées de belvédères, qui offrent de beaux points de vue.

1° Suivre la route qui part de l'hôtel Pupp, longe la rive g. de la Tepl, passe devant le *monument de Gœthe* (par *Donndorf*) et se continue par le *Gœtheweg*. Ce chemin passe à côté du (10 min.) *café Sans-Souci*, laisse à g. le *Karlsbrücke* (qui conduit à la Stefaniequelle, à la Sauerbrunn, Pl. C-D, 5, et au Lawn-Tennis) et un jardin avec le *monument de Mickiewicz*. On passe à côté du *monument de Kœrner* (à dr). Le chemin s'éloigne momentanément de la Tepl, y revient près du (25 min.) *Posthof* (bon restaur.) et passe à (40 min) la *Freundschaftsaal*. — 45 min. **Kaiserpark**, où sont les terrains de *Tennis* et de *Golf*. De là, on peut suivre soit la rive g., soit la rive dr. de la Tepl.

1 h. 20 env. **Pirkenhammer** (vulgairement **Hammer** ; hôt. *Kempf*, avec jardin-restaur.), v. avec une grande manufacture de porcelaine et but favori de promenade des baigneurs.

Au retour on peut suivre la rive dr. de la Tepl, du moins à partir du Kaiserpark, et revenir par le *Gantschyweg*, le *Dumbaweg* et le *café Schœnbrunn*.

2° Le *Hirschensprung* (498 m. : à 15 min. O. de la place du Marché); on y monte de la Alte Wiese par la *Hirschensprungzeile*.

3° La *Franz-Josefshœhe* (510 m.; 30 min. S. de l'hôtel Pupp); on y monte par le sentier en lacets qui conduit, vers l'O., à la *Marienkapelle*, d'où il faut suivre, vers le S., le sentier passant par l'*Ecce-Homokapelle* (460 m.).

4° L'*Aberg* (609 m. 30 min., O.), par le Schlossberg.

5° La magnifique route, dite **Panoramastrasse**, à laquelle monte la *Bellevuestrasse* (derrière la Douane; Pl. *B*, 2), qui contourne la ville à l'E., est aussi un très joli but de promenade; à son extrémité S. on peut suivre à g. l'*Helenenstrasse*, qui passe devant l'Helenenhof et aboutit tout près de la station supérieure du funiculaire descendant à la place Becker (*V.* p. 29).

6° La *Stefaniewarte* (*Ewiges Leben*; 636 m. ; 1 h. env. S.-E. ; très beau point de vue par la Panoramastrasse), puis à g. (E.) le *Dreikreuzberg* (551 m.) et la (30 min.) *Kœnig Ottoshœhe* (591 m.).

On peut descendre et revenir par la route carrossable, passant par *Burghæuser*.

7° Giesshübl (1 h. 45 N.-E. en voit.; serv. d'omnibus; voit. à 1 chev. 16 Kr., à 2 chev. 22 Kr., all. et ret.). Une belle route (*Mattonistrasse*) qui commence au bout du Kaiserin Elisabethquai, près de l'Eisenbad et qui longe d'assez près la rive dr. de l'Eger, conduit à *Giesshübl* (ou *Giesshübl-Sauerbrunn*; 340 m. ; bon *Hôtel-Kurhaus* : ch. dep. 11 Kr. par semaine, repas à la carte ; Kurtaxe 4 Kr. par pers.), bien situé au bord de l'Eger et bien connu pour son excellente *source minérale*, alcaline bicarbonatée sodique (connue aussi sous le nom d'eau Mattoni, du nom du fondateur de l'établissement), qui compte parmi les meilleures eaux de table.

[Un embranch. de ch. de fer relie Giesshübl à (9 k.) Wichwitz, stat. de la ligne Eger-Prague (R. 1.)]

De Carlsbad à Marienbad (61 k. ; 🚂 de la gare Centrale, en 1 h. 30 ou 2 h. ; 7 Kr. 53, 4 Kr. 67, 2 Kr. 54, trains directs ; 5 Kr. 37, 3 Kr. 23, 1 Kr. 79, trains omnibus). — La voie monte en contournant une colline boisée ; à dr. près de l'Eger, champ de courses de Carlsbad. — On quitte la vallée de l'Eger. — 4 k. *Aich*. — Viaducs, tunnel. — 6 k. *Aich-Pirkenhammer*. — On descend dans la vallée de la Tepl, que l'on franchit à plusieurs reprises. — Tunnel. — A g., *château de Petschau*. — 22 k. *Petschau* Ⓑ. — Gorge pittoresque; ponts, tunnels.

38 k. **Tepl**, petite V. à 657 m., au milieu d'un plateau parsemé de petits étangs : *abbaye* (église romane à 2 tours, du XIIIe s., intérieur modernisé; chapelle avec peintures murales par *Fuchs*; bibliothèque, collections), à laquelle appartient en très grande partie Marienbad.

A dr., *étang de Podhorn*. — 46 k. *Habakladrau* (708 m.), au point culminant de la ligne. — Tunnel; grande courbe; belle vue à g., puis à dr., sur Marienbad.

61 k. Marienbad (R. 6).]

De Carlsbad à Eger, R. 1, 5°; — à Paris, par Eger, R. 1; — à Prague, R. 1, 6°; — à Teplitz et Aussig, R. 8.

Route 8. — DE CARLSBAD A TEPLITZ

PAR DUX

99 k.; 🚂 en 2 h. 30 à 3 h. 30; 11 Kr. 76, 7 Kr. 28, 3 Kr. 92.

52 k. de Carlsbad à Komotau (*V.* p. 9 : d'Eger à Prague).

74 k. *Brux*, V. de 16,000 hab., au pied du *Schlossberg* (410 m.; belle vue sur l'Erzgebirge et le Mittelgebirge). — Belle *église Décanale* du style ogival.

89 k. **Dux** Ⓑ, V. industrielle de 14,000 hab., à 271 m., avec un *château* du comte de Waldstein (tableaux; musée avec souvenirs de Wallenstein; bibliothèque; beau parc).

[**Bilin-Sauerbrunn** (4 k.; 🚂 en 10-15 min.), station thermale appréciée, à 210 m. d'alt., dans la vallée du Biela, que domine le *Borschen* (538 m., La source d'eau minérale gazeuse alcaline, très riche en bicarbonate de soude, est à bon droit très appréciée, aussi comme eau de table. — *Kurhaus* (bien organisé; ch. depuis 10 Kr. par j.; pens., pour les repas seulement, 3 Kr. 75 ou 4 Kr. par j.).]

De Dux à Prague, par Laun (134 k.; 🚂 en 3 h. 20; 8 Kr. 40, 5 Kr. 40, 2 Kr. 80). — On passe par (4 k.) *Sauerbrunn* (stat. pour Bilin, *V.* ci-dessus), (18 k.) *Sedlitz* (sources renommées d'eau purgative) et (74 k.) *Laun*, V. industrielle sur l'Eger. — 134 k. Prague (gare François-Joseph), R. 9.]

99 k. **Teplitz** ou **Teplitz-Schœnau** (*V.* l'*Index*), V. de 28,000 hab. et célèbre station thermale, à 219 m. d'alt. dans un bassin borné au N. par l'Erzgebirge et au S. par les pentes des derniers contreforts du Mittelgebirge.

Les eaux. — Les sources, connues depuis onze siècles, d'eau thermale carbonatée sodique, au nombre de treize et dont plusieurs sont multiples, alimentent les établissements de Teplitz et de Schœnau. Leur température varie de 49° (Hauptquelle) à 35° (Neubadquelle). On les emploie surtout en bains pour le rhumatisme chronique, la goutte, sous la forme atonique exclusivement, les suites d'anciennes blessures, les névralgies et la sciatique.

Le centre de Teplitz est le *Kurgarten*, sur lequel se trouvent le *Kaiserbad* et le *théâtre*. — A l'E. s'étendent le *Seumepark*, les *Payer Anlagen* et le *Kaiserpark*, à côté duquel sont le *Stefansbad*, le *Steinbad*, le *Schlangenbad*, le *Militærbad* et le *Neubad*. — Au S. se trouvent le *château* du prince Clary et, derrière, le *Schlossgarten*, beau et grand jardin, qui forme la promenade la plus fréquentée (musique de 11 h. mat. à 1 h.) et qui touche à l'E. à la *Kœnigshœhe* (264 m.; monument de Frédéric-Guillaume III; restaurants; de la tour de la *Franz-Josefswarte*, 20 hell., belle vue). — Vers l'E., le v. de *Schœnau* est devenu un faubourg et la continuation de Teplitz.

[*Environs.* — Le *Donnersberg* ou *Mileschauer* (835 m.; S.-E.; ascens. facile en 3 h. 30 env.), par *Pilkau*, où aboutit la route de voit. et d'où 1 h. suffit (des croix blanches indiquent le chemin) pour atteindre le sommet (aub.; très belle vue). — *Eichwald* (1 h. N. à pied), station d'été dans une situation pittoresque, à 400 m. d'alt., au milieu de belles forêts.

De Teplitz à Aussig (19 k.; 🚂 en 24-30 min.). — 6 k. A g., *Mariaschein*, pèlerinage très fréquenté. — 19 k. Aussig (p. 80).]

Route 9. — PRAGUE

Gares : — DES CHEMINS DE FER DE L'ÉTAT (Ⓑ); lignes de Vienne et de Saxe), Hybernska ulice, près du centre de la ville; — FRANÇOIS-JOSEPH, ou DU NORD (ligne de Vienne par Gmünd), Savoda ulice; — DE BUSCHTÉRAD (ligne de Carlsbad, Eger), dans le faubourg de Smichov (rive g. de la Vltava); — DE BUBNA (ligne de Komotau), dans le faubourg de Buberc (rive g. de la Vltava).

Principales curiosités : — **Tour aux Poudres** (p. 34); — VELKÉ NAMESTI (p. 36); — **Pont Charles** (p. 39); — **Cathédrale** (p. 41); — **Hradčany** (p. 40); — CHATEAU ROYAL (p. 41); — ÉGLISE DE TYN (p. 36); — **Belvédère** (p. 42); — **Musée Tchèque** (p. 35); — PALAIS WALDSTEIN (p. 40); — PALAIS NOSTITZ (p. 39); — RUDOLPHINUM (p. 38); — **Cimetière juif** (p. 37); — VIEILLE SYNAGOGUE (p. 39); — COUVENT DE STRAHOV (p. 42).

PRAGUE (*V.* l'*Index*), en tchèque *Praha*, en allem. *Prag*, capit. du royaume de Bohême, V. de 230,000 hab. (dont env. 14,500 allemands et 20,000 israélites), est située à 160 m. d'alt. sur les deux rives de la Vltava (Moldau des Allemands).

La ville se divise en 8 quartiers, dont 5 sur la rive dr. : I. *Staré Město* (vieille ville); II. *Nové Město* (nouvelle ville); V. *Josefov* (ville de Joseph); VI. *Vyšehrad* (pron. Vichérad; ville supérieure); VIII. *Liben*; et 3 sur la rive g. : III. *Malá Strana* (petit côté); IV. *Hradčany* (pron. Hradchani : citadelle); VII. *Holešovice* (pron. Holechovitche). A ces quartiers il faut ajouter les faubourgs, — parmi lesquels ceux de *Vinohrady*, de *Karlin*, de *Smichov* et de *Žižkov*, sont autant de villes populeuses, — destinés à être réunis à la ville et à former ainsi le *Grand Prague*, qui dépassera le demi-million d'habitants.

Le quartier de la Nouvelle Ville est le plus animé et celui qui a l'aspect le plus moderne; celui de la Vieille Ville, également animé, est plus caractéristique; le Petit Côté est le plus riche en palais de l'aristocratie; le Hradčany, le Capitole de Prague, est la partie la plus ancienne et la moins peuplée.

Au double point de vue du paysage et de l'histoire, Prague est sans contredit l'une des villes les plus intéressantes de l'Europe centrale. Sa situation sur une belle rivière, dominée par de hautes collines, est si pittoresque, elle offre tant d'aspects saisissants et variés et (malgré qu'elle soit très modernisée) elle a tant d'édifices remarquables, enfin elle a été témoin de si grands événements, qu'elle produit sur ses visiteurs une impression ineffaçable.

Les principaux points d'où les touristes ne doivent pas manquer d'aller admirer la métropole tchèque sont : le vieux bastion à l'E. du Hradčany; le jardin et la terrasse du couvent de Strahov; le vieux pont de la Vltava, le Belvédère et la colline de Zižka.

Histoire. — Les habitants primitifs de la Bohême furent les *Boïens* (Boi), un des plus vigoureux rejetons de la grande famille, dont les Gaulois formaient le tronc. Aux Boïens succédèrent les Marcomans, puis les Huns, puis les Tchèques, tribu slave qui vint s'y établir dans la seconde moitié du ve s., qui domina bientôt tout le pays et dont le nom même a fini par se

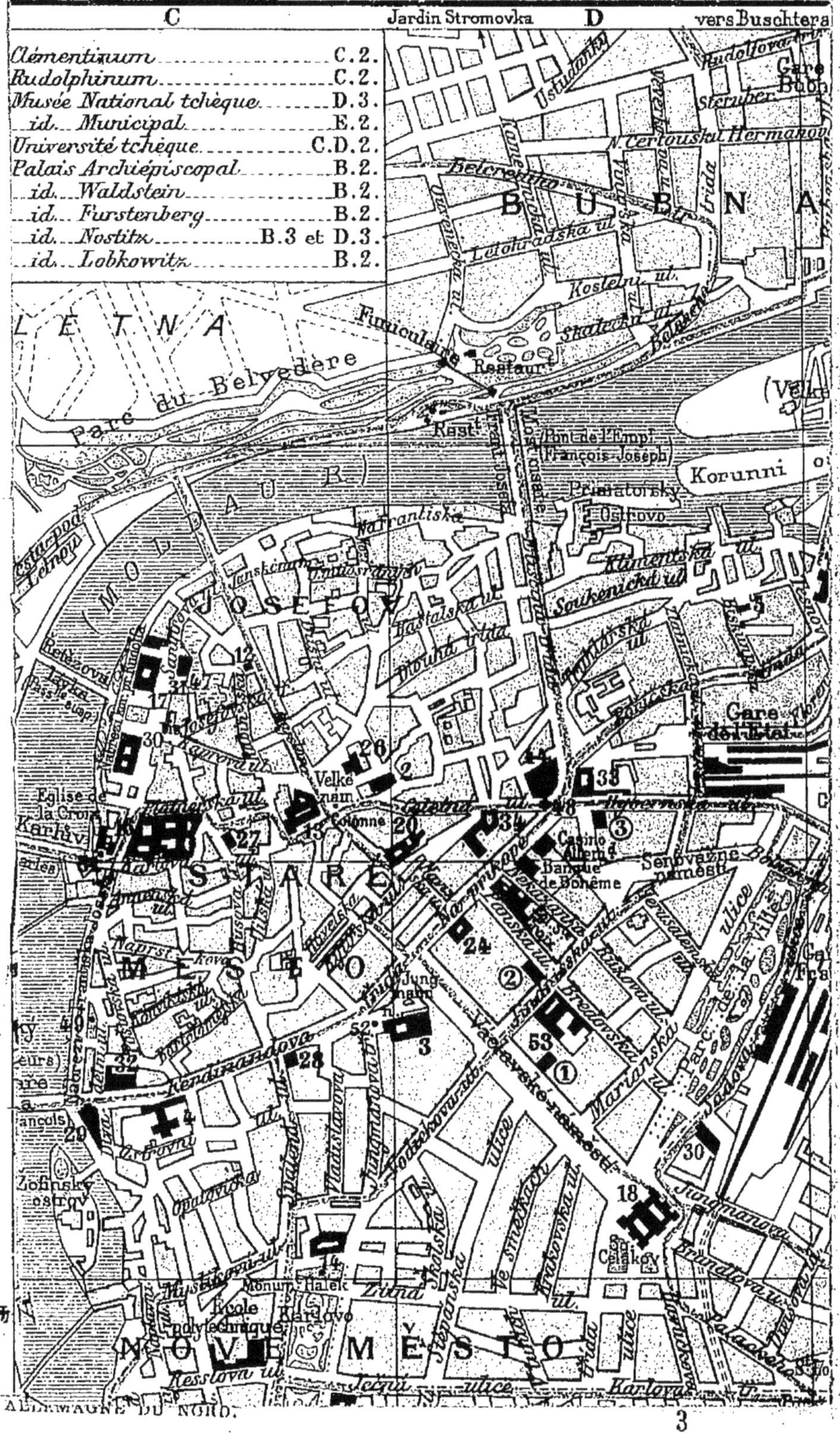
C
Jardin Stromovka
D
vers Buschtera
Clémentinum C. 2.
Rudolphinum C. 2.
Musée National tchèque D. 3.
id. Municipal E. 2.
Université tchèque C.D. 2.
Palais Archiépiscopal B. 2.
id. Waldstein B. 2.
id. Furstenberg B. 2.
id. Nostitz B. 3 et D. 3.
id. Lobkowitz B. 2.
LETNA
Parc du Belvedère
Funiculaire
Restaur.t
Rest.t
BUBNA
Letohradska ul.
Kostelni ul.
Skalecka ul.
Belcrediho
Pont de l'Emp.r (François Joseph)
Korunni
Primatorsky Ostrovo
VLTAVA (MOLDAU R.)
JOSEFOV
Dlouhá trida
Hastalska ul.
Klimentska ul.
Soukenicka ul.
Gare de l'État
Eglise de la Croix
Velké nam.
Colonne
Casino Allem.d
Banque de Bohême
Senovazne namesti
STARÉ MĚSTO
Jung nam.
Ferdinandova
Václavské namesti
Parc de la Ville
Marianska
Bredovska
Jungmanova
Žofinsky ostrov
Opatovicka
Zitna
Monum. Halek
Ecole polytechnique
Karlovo
NOVÉ MĚSTO
Resslova ul.
Jecna
ulice
Karlova
Celakov.
ALLEMAGNE DU NORD.
3

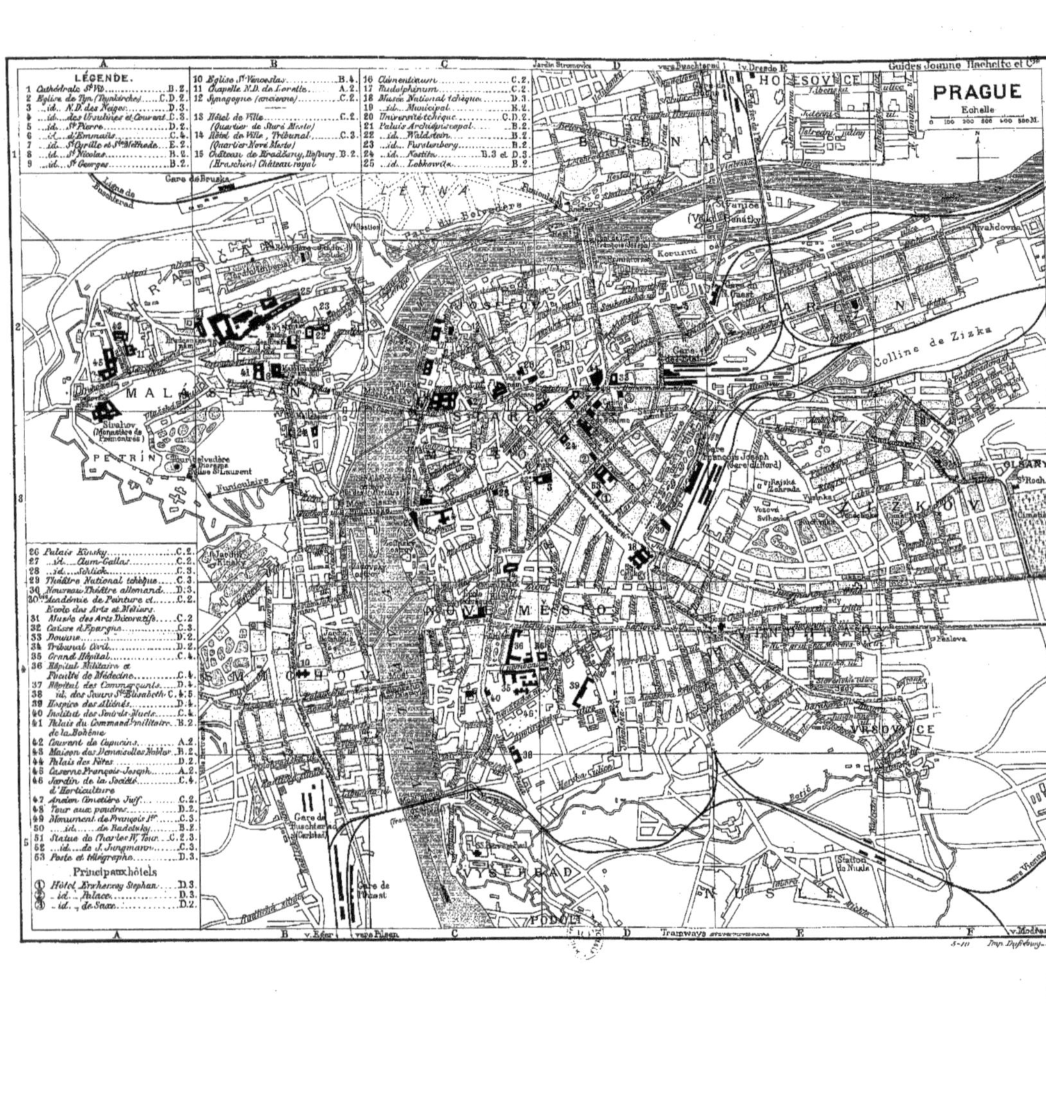

PRAGUE
Echelle
Guides Joanne Hachette et Cie
LÉGENDE.
1 Cathédrale St Vit ... B.2.
2 Eglise de Tyn (Teynkirche) ... C.D.2.
3 ...id... N.D. des Neiges ... D.3.
4 ...id... des Ursulines et Couvent ... C.3.
5 ...id... St Pierre ... D.2.
6 ...id... d'Emmaüs ... C.4.
7 ...id... St Cyrille et St Méthode ... E.2.
8 ...id... St Nicolas ... B.2.
9 ...id... St Georges ... B.2.
10 Eglise St Venceslas ... B.4.
11 Chapelle N.D. de Lorette ... A.2.
12 Synagogue (ancienne) ... C.2.
13 Hôtel de Ville ... C.2.
(Quartier de Staré Mesto)
14 Hôtel de Ville, Tribunal ... C.3.
(Quartier Nové Mesto)
15 Château de Hradčany, Hofburg ... B.2.
(Hraschin) Château royal
16 Clementinum ... C.2.
17 Rudolphinum ... C.2.
18 Musée National tchèque ... D.3.
19 ...id... Municipal ... B.2.
20 Université tchèque ... C.D.2.
21 Palais Archiépiscopal ... B.2.
22 ...id... Waldstein ... B.2.
23 ...id... Furstenberg ... B.2.
24 ...id... Nostitz ... B.3 et D.3.
25 ...id... Lobkowitz ... B.2.
26 Palais Kinsky ... C.2.
27 ...id... Clam-Gallas ... C.2.
28 ...id... Schlick ... C.3.
29 Théâtre National tchèque ... C.3.
30 Nouveau Théâtre allemand ... D.3.
30bis Académie de Peinture et ... C.2.
Ecole des Arts et Métiers.
31 Musée des Arts Décoratifs ... C.2
32 Caisse d'Epargne ... C.3.
33 Douane ... D.2.
34 Tribunal Civil ... D.2.
35 Grand Hôpital ... C.4.
36 Hôpital Militaire et
Faculté de Médecine ... C.4.
37 Hôpital des Commerçants ... D.4.
38 id. des Sœurs Ste Elisabeth ... C.4.5.
39 Hospice des Aliénés ... D.4.
40 Institut des Sourds-Muets ... C.4.
41 Palais du Commandt militaire ... B.2.
de la Bohême
42 Couvent des Capucins ... A.2.
43 Maison des Demoiselles Nobles ... B.2.
44 Palais des Fêtes ... D.2.
45 Caserne François-Joseph ... A.2.
46 Jardin de la Société ... C.4.
d'Horticulture
47 Ancien Cimetière Juif ... C.2.
48 Tour aux poudres ... D.2.
49 Monument de François Ier ... C.3.
50 ...id... de Radetzky ... B.2.
51 Statue de Charles IV, Tour ... C.2.3.
52 ...id... de J. Jungmann ... C.3.
53 Poste et télégraphe ... D.3.
Principaux hôtels
① Hôtel Erzherzog Stephan ... D.3.
② ...id... Palace ... D.3.
③ ...id... de Saxe ... D.2.
Gare de Bruska
Ligne de Buschterad
LETNA
Parc du Belvédère
HOLESOVICE
BUBNA
HRADČANY
MALÁ STRANA
Strahov
(Monastère de Prémontrés)
PETRIN
Funiculaire
JOSEFOV
STARÉ MĚSTO
NOVÉ MĚSTO
KARLÍN
Colline de Zizka
ŽIŽKOV
OLŠANY
St Roch
VINOHRADY
VRŠOVICE
SMÍCHOV
VYŠEHRAD
NUSLE
Station de Nusle
PODOLÍ
Gare de Buschterad
Gare de l'Ouest
Gare François Joseph (Gare du Nord)
Gare de l'Etat
Jardin Stromovka
vers Buschterad
v. Dresde
v. Eger
vers Pilsen
vers Vienne
v. Modřan
Tramways
Imp. Dufrénoy, P.

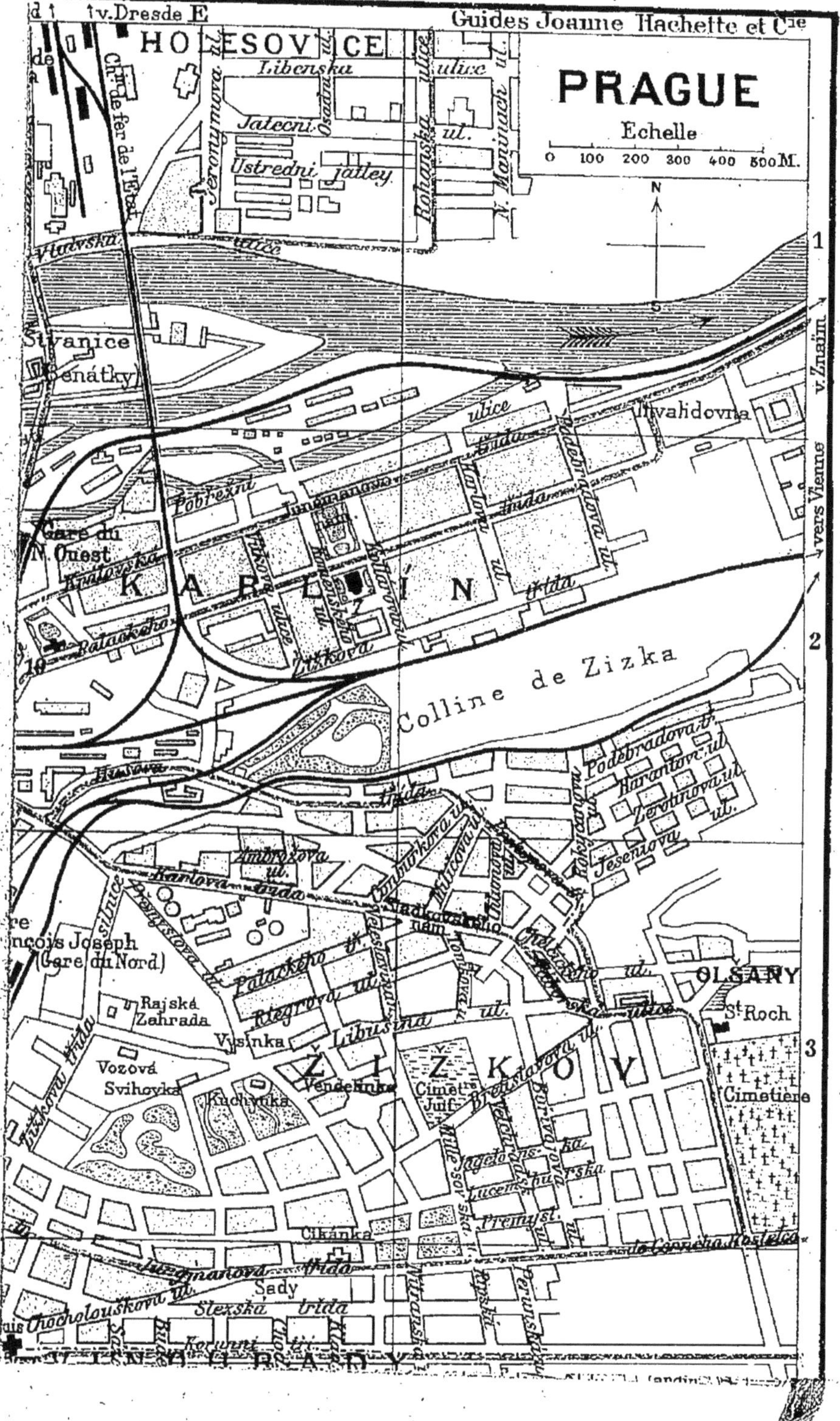
Guides Joanne Hachette et Cie
PRAGUE
Echelle
0 100 200 300 400 500 M.
v. Dresde E
HOLESOVICE
Ch. de fer de l'État
Libenska
Jatecni
Ustredni jatky
Rohanska ulice
Vladyska ulice
Stvanice
(Senátky)
Invalidovna
v. Znaim
vers Vienne
Gare du N. Ouest
KARLIN
Pobrezni
Palackého
Zizkova
Colline de Zizka
Husova
Podebradova tr.
Harantova ul.
Zerotinova ul.
Jeseniova
Ambrozova ul.
Karlova trida
Palackého tr.
Riegrova ul.
Libusina ul.
Francois Joseph (Gare du Nord)
Rajská Zahrada
Vysinka
Vozová
Svihovka
Kuchynka
Vendelinka
Cimet. Juif
ZIZKOV
OLSANY
St Roch
Cimetière
Cikánka
Sady
Stezská trida
Chocholouskova ul.
Korunni tr.
Lucemburska
Premysl
1
2
3
10

confondre avec celui de Bohême. Vaincue et asservie pendant quelque temps par les Avares, elle fut délivrée par Samo. De la mort de Samo (638) au couronnement de Charlemagne, la légende remplace l'histoire.

Un des descendants de Samo, nommé Krok, laissa trois filles, Kazi, Teta et Libusse (Lioubouche). Ce fut à cette dernière que le peuple assemblé remit le gouvernement de la Bohême. Elle habitait le château paternel du Višerad. Un jour, insultée par un seigneur tchèque, auquel elle avait donné tort dans un procès et qui refusa de se soumettre aux décisions d'une femme, elle abdiqua son autorité et remit à la nation le soin de se choisir un chef. La nation la pria de prendre un époux, qui serait son souverain. Elle choisit Pnémysl, seigneur de Stadie, qui fonda la plus vieille famille royale de l'Europe et dont la descendance masculine s'éteignit seulement en 1306, à la mort de Venceslas III.

C'est à Pnémysl, ou à la période qui porte son nom, qu'il faut rapporter la fondation de Prague (VIIIe s.). Les successeurs de Pnémysl, convertis au christianisme par St Cyrille et St Méthode, se bâtirent des forteresses sur le Hradčany et sur le Višehrad. Dès l'an 1000, la ville, groupée au pied de ses forteresses, avait déjà une certaine importance. Mais ce fut surtout sous l'empereur Charles IV (1346-1378) que Prague s'agrandit et s'enrichit en s'embellissant; ce souverain, non content d'avoir fondé la nouvelle ville et l'Université, y appela des savants et des artistes qui l'illustrèrent. Malheureusement, sous le règne de Venceslas (1378-1419) éclatèrent ces troubles religieux qui devaient avoir pour la Bohême de si funestes résultats. Les Hussites incendièrent en 1419 la plus grande partie de Prague, qui fut assiégée vainement par l'empereur Sigismond en 1420 et 1421. Žižka, qui l'assiégea aussi, se préparait à la prendre d'assaut, lorsque le prédicateur Rockyzana le détermina à se retirer.

En 1541, Prague fut presque entièrement détruite par un incendie. Elle se releva encore une fois sous Ferdinand Ier, sous Maximilien II et, surtout, sous Rodolphe II, qui y appela Tycho Brahé, Képler et d'autres savants.

En 1618, l'empereur Mathias ayant violé les « lettres de Majesté » ou privilèges de la Bohême, les mécontents, guidés par le comte de Thurn, précipitèrent par les fenêtres du château du Hradčany les gouverneurs impériaux. Cet événement, connu sous le nom de *défenestration de Prague* (p. 41), fut le premier signal de l'insurrection tchèque, par laquelle débuta la guerre de Trente Ans. Deux ans plus tard, le 8 nov. 1620, les protestants tchèques, conduits par l'électeur palatin Frédéric V qu'ils avaient choisi pour roi, étaient défaits à la Montagne Blanche (Bila Hora; V. p. 9) par les troupes catholiques de Ferdinand V. D'affreuses exécutions suivirent cette victoire. Pendant la guerre de Trente Ans, Prague fut prise, en 1631, par les Saxons, en 1632, par Wallenstein, et en 1648, par les Suédois, qui, maîtres de la rive g. de la Moldau, ne purent s'emparer de la rive dr., vaillamment défendue par ses habitants.

La guerre de la succession d'Autriche ne fut pas moins fatale à Prague que la guerre de Trente Ans. En 1741, les Bavarois et les Français, commandés par le maréchal de Belle-Isle, occupèrent la capitale de la Bohême. En 1742, l'empereur Charles de Lorraine vint l'assiéger avec 70,000 Autrichiens; mais le colonel français Chevert la défendit si bien, malgré l'infériorité de ses forces, qu'il dicta lui-même les conditions de sa reddition et que, par une retraite restée fameuse, il revint en France avec toute sa garnison. C'est de cette année que date l'inscription en français de la porte du bâtiment des subsistances (p. 34). En 1744, Frédéric II de Prusse s'empara de la ville, mais il ne tarda pas à l'abandonner.

La seconde année de la guerre de Sept Ans (1757), l'armée prussienne, qui occupait la Saxe, descendit en Bohême. Elle marchait d'abord sur Prague, que défendait le maréchal Brown avec une nombreuse armée. Daun, le plus sage et le plus heureux des généraux autrichiens, s'avançait à la tête de forces imposantes. Frédéric II résolut de détruire l'armée de

Brown avant l'arrivée de Daun. Le 6 mai se livra sous les murs de Prague l'une des plus sanglantes batailles du XVIIIe s. La victoire resta à Frédéric; mais elle avait été chèrement achetée. Une partie de l'armée vaincue s'étant enfermée dans Prague, Frédéric marcha à la rencontre de Daun, qui le battit à Kolin (V. p. 44).

En 1813, il se tint à Prague un congrès pendant lequel l'empereur François prit la résolution de faire la guerre à Napoléon, son gendre.

En 1833, la branche aînée des Bourbons, que la Révolution de 1830 avait bannie de France, quitta l'Ecosse où elle s'était retirée et vint s'établir à Prague, dans le Hradčany.

En 1848, la révolution éclata aussi en Bohême; un gouvernement provisoire fut établi à Prague, où se réunit un congrès slave. Une insurrection éclata qui dura cinq jours; le prince de Windischgrætz, dont la femme et le fils étaient tombés sous les balles des insurgés, en triompha malgré la résistance de ses adversaires.

Enfin, en juillet 1866, Prague fut occupée par les Prussiens vainqueurs à Sadová et le 23 août fut conclu à Prague le traité de paix entre l'Autriche et la Prusse.

Prague est le siège de la haute administration du royaume de Bohême, d'une haute cour de justice et d'un archevêché catholique; elle possède aussi deux universités, des académies et de célèbres instituts de sciences et d'art. C'est une ville de théâtre et de musique.

I. — Nouvelle ville (Nové Mesto).

La *gare du Nord-Ouest* (*Nadraži Severozápadni Dráhy*; Pl. E, 2) se trouve à l'extrémité N.-E. de ce quartier, là où il touche au faubourg de Karlin et près d'un petit bras de la Vltava; un peu plus au S. est la *gare de l'Etat* (*Nádraži Státni Dráhy*), dont le côté S. donne sur l'*Hybernská ulice*, en face du bâtiment des *Subsistances militaires*, sur la porte duquel on lit, en français, l'inscription suivante : « L'art de vaincre est perdu sans l'art de subsister; l'an 1742 », sage aphorisme que l'on peut attribuer au maréchal de Belle-Isle ou à Chevert, qui défendirent Prague en 1742 (V. p. 33).

L'Hybernská ulice aboutit vers l'E. à un carrefour dominé par la belle **Tour aux poudres** (*Prašná brána*; Pl. 48, C-D) du XVe s., et peut-être la plus intéressante des anciennes portes de la ville; à côté, vers le N., on voit le nouveau *palais des Fêtes*, bâti en 1908 par la ville et destiné aux réceptions et aux fêtes données par la municipalité.

A g. de ce carrefour commence la large rue **Na Prikopé**, ouverte sur l'emplacement des bastions qui séparaient la nouvelle ville de l'ancienne et qui est à Prague ce que le Graben est à Vienne : le centre du mouvement et le rendez-vous des flâneurs. On y voit à g. le *Casino allemand* (*Deutscheshaus*), appartenant à une société allemande (au rez-de-chaussée, restaurant) et à côté le nouveau palais de la *Banque de Bohême*; plus loin, l'*église Sainte-Croix* est à l'angle de la *Panská ulice*, qui conduit à la *Jindrisská ulice*, dans laquelle est le *bureau central de la Poste et du Télégraphe* (Pl. 53, D, 3). Toujours sur le côté g., en face de la petite *Havižská ulice*, est le *palais* du comte Albert Nostitz (Pl. 24), du XVIIe s., restauré en 1878-79.

A l'extrémité S.-O. du Prikopé s'ouvre, à dr., le vaste **Václavské námésti** (place Venceslas; Pl. D, 4), qui aboutit vers le S.-E. au

Musée National Tchèque (**České Museum**; Pl. 18, D, 3; public en été les mercr. et sam. de 2 h. à 6 h. et le dim. de 9 h. à midi; les mardi, jeudi et vendr. de 9 h. à 1 h., moyennant 60 hell., et de 3 h. à 5 h. moyennant 1 Kr.), construction monumentale élevée de 1889 à 1891, sur les plans de *Schulz*; elle est précédée d'une *fontaine* et d'une rampe décorée des *statues* de la *Tchèquie* (Bohême), de la *Moravie* et de la *Silésie*.

1er étage. — **Grande salle** ou **Panthéon**, ornée de statues et de bustes en bronze de personnages historiques célèbres et, dans le haut, de fresques par *Brozik* (côté de l'entrée et côté des fenêtres) et *Linisek*; les pendentifs sont de *Hîneis*. — **Salle 1** : manuscrits, autographes (25, Hüss; 27 Ziska; 53, Wallenstein et Gustave-Adolphe). — **2** : sceaux, médailles, monnaies. — **4, 5, 6** : collections préhistoriques (salle 4 : vitr. 18, colliers et bracelets en or; vitr. 41, vase de bronze sur un support à 4 roues; salle 6, vitr. 2 : deux flacons en or d'un joli travail; vitr. 35, bijoux provenant des tombeaux des comtes de Kolin). — On passe dans la salle 8 et à g. dans la salle 7. — **7** : anciennes pharmacies, globes céleste de 1724, etc. — **8** : armes (dans la 1re vitrine droite du milieu : 24, épée de Gustave-Adolphe), ornements ecclésiastiques, bijoux, bois sculptés, étains, verres, instruments de musique, faïences, grès, ivoires, costumes, meubles, etc. — **9** : intérieurs de paysans bohémiens avec types et costumes; broderies. — **10** : intérieurs de paysans moraves, slovaques, silésiens; belles broderies; petite collection ethnographique. — **11** : herbarium (fermé). — **12, 13, 14** : collections botaniques et minéralogiques. — **15** : pierres précieuses, marbres. — **16** : pétrifications, météorites. — **17** : collection minéralogique.

2e étage. — Collections géologique, paléontologique et zoologique.

A dr. (S.) du musée, *Čelakovského sady* (square de Celakov) et à g., le joli *Městky sad* (parc de la ville; Pl. D, 3) et le *Neues deutsche Theater* (Nouveau Théâtre allemand; Pl. 30, D, 3), bâti par *Fellner* et *Helmer* (1888), dans le style de la Renaissance italienne; à côté du théâtre est un jardin avec un restaurant.

A l'E. et dominant le parc, se trouve la gare François-Joseph, ou gare du Nord (Pl. D, 3).

Au S.-O. du Musée on peut aller, par la *Zitná ulice*, au *Karlovo náměsti* (place Charles), occupée par un vaste square; son côté N. est formé en partie par l'ancien *hôtel de ville* (Pl. 14, C, 3) de la nouvelle ville, qui sert auj. de tribunal; de l'ancien édifice, transformé en 1806, il ne reste plus que la tour (XIVe s.). C'est ici que commença, en 1419, et aussi par une défenestration pareille à celle du Hradčany (p. 41), la guerre des Hussites : le peuple, conduit par Zizka, ayant délivré les hussites prisonniers, jeta les conseillers par les fenêtres. — Devant ce bâtiment, *monument de Hálek*, poète national († 1874). Sur le côté O., *Ecole polytechnique* (*Ceská polytechnika*), belle construction (collections).

Du Musée, revenant par le Václavské náměsti vers le centre, on trouve à son extrémité, sur la g., une petite rue qui débouche sur la petite place dite *Jungmann náměsti* (Pl. 52, C, 3), avec le *monument de Jungmann*, savant tchèque († 1847); sur le côté S.-E., *église de Notre-Dame-des-Neiges* (*Maria Sněžná*; Pl. 3, C-D, 3), fondée au XIVe s. et reconstruite au XVIIe s.

En sortant du Jungmann náměsti vers le S.-O. on se trouve sur la spacieuse *Ferdinandova třída*, belle rue bordée d'édifices modernes (à dr., un peu avant le quai, beau palais de la *Caisse d'épargne*, Pl. 32, C, 3, à colonnade et avec sculptures) qui descend au quai de la Vltava, où elle aboutit à la *Divadelní ulice*, près du *Théâtre National tchèque* (*Národni divadlo*; Pl. 29, C, 3), reconstruit, en 1883, après un incendie, sur les plans de *Zitek* et *Schulz*.

A quelques pas et au S. du théâtre une passerelle conduit au *Zofinsky ostrov* (île Sophie; Pl. C, 3), promenade fréquentée (restaurant; concerts; école de natation; bains).

Le **quai François-Joseph** (*Nabřeži Frantiska Josefa*), sur lequel débouche le pont François (*V.* p. 39), se dirige au N. du théâtre, vers le pont Charles.

II. — Vieille ville (Staré Mèsto).

A l'extrémité O. de l'Hybernská ulice, la Tour aux poudres (*V.* p. 34) précède la *Celetná ulice*, qui traverse de l'E. à l'O. la vieille ville jusqu'au **Velké namèsti** (*Grande-Place*; Pl. C, 2), au milieu duquel se dresse la *colonne* consacrée en 1650 à la Vierge en mémoire de la délivrance de la ville, assiégée par les Suédois. Sur le côté N. est le *palais Kinsky* (Pl. 26), du style rococo (XVIIIe s.), le plus vaste de la ville.

Sur le côté O., l'**Hôtel de Ville** (*Staroměstská radnice*; Pl. 13) de la vieille ville date de 1338, mais il a été en grande partie rebâti de 1838 à 1848. La partie la plus ancienne et la plus intéressante est celle à l'angle S.; la grosse *tour* carrée est de 1474; dans sa partie inférieure se trouve la célèbre **horloge** (*Staročeský orloj*) exécutée en 1490 par maître *Hanuš*; l'élégant *portail* du côté S. (par où l'on entre) est de la même époque.

A l'int. (t. l. j. de 9 à 4 h., le dim. de 9 à 1 h.; 50 hell.; le guide parle français) on remarque l'ancienne *salle de Conseil* du XVe s. (belles boiseries), la *chapelle* et la nouvelle *salle des Séances*, ornées de peintures par *W. Brozik* (1880).

A l'E. de la Grande-Place, l'**église de Tyn (Tynsky Kostel**, Pl. 2; entrée par une porte cochère, au n° 5 de la Celetná ulice) est malheureusement à demi cachée par deux maisons à arcades que dominent ses deux tours hautes de 84 m. L'église actuelle date du XVe s. — Portails sculptés, surtout celui du N.

A l'int., contre le dernier pilier de la nef, à dr., *tombeau*, en marbre rouge, *de Tycho Brahé*, le célèbre astronome (✝ 1601), avec sa devise : « Esse potius quam haberi »; à côté (extrémité du bas-côté dr.), *chapelle de la Vierge*, avec des fonts baptismaux en étain (1414) et les statues des deux saints slaves Cyrille et Méthode, par *Max* (1845); en face de la chaire ogivale (XVe s.), monument de l'évêque Augustin avec riche baldaquin gothique (1493).

Au S.-E. de la Grande-Place est l'*Université tchèque* (*Universita*; Pl. 20) ou *Carolinum*, la plus ancienne de l'Autriche et de l'Allemagne, fondée en 1348 par Charles IV, sur le modèle de celle de Paris.

Au N.-O. de la Grande-Place est le quartier de *Josefov*, ancien quartier des juifs. Dans la *Rabinská ulice* se trouvent l'ancien *hôtel de ville israélite* (*Zidovská radnice*) et la *Staronovou školu* (Pl. 12, C, 2), la plus vieille des synagogues de Prague (XIIIe s.).

A l'int., sombre, on remarque, pendu au plafond, un drapeau dont Ferdinand III fit hommage aux juifs à la fin de la guerre de Trente Ans, pour les récompenser du patriotisme et du courage qu'ils avaient montrés pendant le siège de Prague par les Suédois.

Dans la partie O. du quartier juif, non loin du quai de la Vetava, est l'**ancien cimetière juif** (*Starý hřbitov židovzký*, Pl. 47, C. 2; visible t. l. j., sauf le samedi; 40 hell. par pers.; l'entrée se trouve derrière le Musée des Arts décoratifs, à l'extrémité de l'Hampejská ulice qui se détache à g. dans la Rabinská ulice); il remonte au VIIe s.

Ce curieux cimetière, dont l'entourage s'est malheureusement modernisé, renferme 12,000 tombes superposées sur cinq autres couches de tombes. La plus ancienne date de 606. Les inscriptions sont presque toutes en hébreu; on n'en trouve aucune en tchèque, mais on en voit plusieurs en allemand; la date est toujours à l'extrémité supérieure. Les tombes des descendants d'Aaron se distinguent des autres par deux mains gravées sur la pierre; celles des Lévites par une cruche (les Lévites étaient chargés de verser l'eau sur les mains des Aaronites, lorsqu'ils faisaient leurs ablutions dans le temple). Des raisins indiquent les descendants d'Israël, etc. — Les cailloux posés sur les tombes, sont des marques de souvenir de la part des parents ou des amis des morts. — Çà et là s'élèvent des sureaux et des viornes, les seuls arbres des cimetières de la Bohême.

A l'O. de la Grande-Place, la *Karlova ulice* conduit à la Vltava; à dr., au commencement de la *Husova třida*, est le beau *palais Clam-Gallas* (Pl. 27, C, 2), du style rococo (1701-1712); plus loin, à dr., la lourde masse du *Clementinum* (Pl. 16, C, 2), l'ancien collège des Jésuites, comprend deux églises, deux chapelles, trois tours, le collège, le séminaire diocésain, des collections, l'observatoire et une *bibliothèque* de 180,000 vol. Enfin le *Krizovnické náměsti*, petite place qui communique au S. par une voûte avec le quai François-Joseph (*V.* ci-dessous), est contiguë à l'O. au pont Charles (*V.* p. 39), que précède la belle *tour de la Vieille Ville* (*Staroměstská mostecká věž*), à côté de laquelle se dresse le beau **monument de Charles IV** (Pl. 51, C, 2), érigé en 1848 (sur le modèle d'*Hæhnel*) en souvenir du 500e anniversaire de la fondation de l'Université de Prague par cet empereur.

Aux quatre angles du piédestal, portraits de ses principaux amis et conseillers : *Ernest de Pardubič*, premier archevêque de Prague et chancelier de l'Université; *Očko de Vlasim* (pron. Otchko de Vlachim), deuxième archevêque de Prague; *Benes de Kolowrat*, qui sauva la vie à son maître sur le pont de Pise; *Mathias d'Arras*, constructeur de la cathédrale; au-dessous, dans des niches, quatre figures représentant, la *Théologie*, la *Philologie*, la *Jurisprudence* et la *Médecine*.

Sur le côté N.-E. de la petite place, l'*église de la Croix* (*Kostel u Křižovníků*) est une des belles églises de Prague.

Le **quai François** (*Františkovo nábřeži*) qui va, vers le S., du pont Charles au pont François, offre une jolie promenade ombragée; on y voit le *monument de l'empereur François Ier* (Pl. 49, C, 3), fontaine gothique, haute de 23 m., avec la statue équestre de l'empereur François Ier par *Kramer* et *Max*. Plus loin est le pont François (*V.* p. 39).

Sur le **quai Rodolphe** (*nábřeži Rudolfa*), au N. du pont Charles, se trouve l'ancien édifice de l'*Académie de peinture* (*Malířska Akademia*; Pl. 31, C, 3) et, plus loin, le **Rudolphinum** (*Rudolfinum*; Pl. 17, C, 2), bel édifice bâti dans le style de la Renaissance sur les plans de *Zitek* et *Schulz* (1875-1885) et orné à l'extérieur des statues de musiciens, de peintres, de sculpteurs et d'architectes célèbres. Il renferme une *salle de concerts*, des salles pour les classes du *Conservatoire de musique* et une galerie de tableaux appartenant à la « Société patriotique des Amis des arts ».

Galerie de tableaux (au 1er étage; de 11 à 3 h.; gratuitement les dim., mercr. et vendr.; 60 hell. d'entrée les mardi, jeudi, sam.). — **Vestibule** : à dr. : *And. della Robbia*. Madone. — **Salle II** : primitifs; œuvres des *Théodoric de Prague* (687. Tableau votif) et de maîtres allemands et néerlandais; 222-224. *J. Geertgen*. Retable à volets; 230. *Mabuse*. St Luc; 462. *Maître de la mort de la Vierge*. Triptyque; 379. *Holbein le Jeune*. Lady de Vaux; 27. *H. Baldung Grien*. Martyre de Ste Dorothée; 486. *P. Cavazzola*. Ⓟ. — **III** : maîtres bohémiens des XIVe, XVe et XVIe s. — **IV** : de dr. à g. : 468. *Millet*. Paysage; 21. *J. d'Arthois*. Paysage; 713. *Victors*. La Halte; 682. *Teniers*. Paysage avec figures; *G. Cuyp*. Ⓟ de femme; *Rubens*. Martyre de St Thomas; 388. *Ecole hollandaise*. Vieille femme; 590. *J. Ruysdael*. Cascade; 196. *Van Dyck*. Petite princesse; *Rubens*. St Augustin; sans n°. *Frans Hals*. Ⓟ; *Ter Borch*. Portraits d'homme et de femme; *G. Dou*. Jeune fille au balcon. — **V**. CABINET A (à l'extrémité à g.) : 118 à 123. *J. Brueghel*. Petites toiles; 585. *Rubens*. Annonciation, 586. Adam et Eve chassés du paradis (esquisse); 608. *Savery*. Paysage; CABINET B : 30. *C. Bega*. Intérieur rustique; 495. *Van der Neer*. Clair de lune; 594. *Ryckaert*. Cabaret; CABINET C : 528. *Ossenbeeck*. Foire; 710. *Verelst*. Joueurs de cartes; CABINET D : 467. *Millet*. Paysage; 721. *Watteau*. Retour aux flambeaux (esquisse); CABINET E : 203. *Van Everdingen*. Paysage norvégien; 194. *Dusart*. Joueur de cornemuse; *Sal. Ruysdael*. Paysage; 680 et 681. *D. Teniers*. Fumeurs; CABINET F : 530 à 533. *Van Ostade*. Petites toiles; 493. *Van der Neer*. Jeu de boules; 225. *Aart van Gelder*. Vertumne et Pomone; CABINET G. : 666. *Jan Steen*. Concert de chats; 169. *A. Cuyp*. Vaches; CABINET H : toiles de *K. du Jardin*, *Elsheimer* (200. Temple au bord d'un lac), *Klengel*, *Wuest*. — **VI** : tableaux de *N. Grund* (peintures sur bois, très fines) et de *J. Brand*. — **VII** : peintres bohémiens des XVIIe et XVIIIe s. (*Brande*, *Skreta* et *Reiner*). — **VIII** : peintres des XVIIIe et XIXe s.; *Keyser*. Bataille des Eperons; 216. *Führich*. Madone; 236. *Greuze*. Jeune fille; 527. *Van Os*. Marine. — **IX et X** : peintres modernes; *Defregger*, *Courtens*, *Brozik* (sa dernière œuvre, inachevée : Ferdinand Ier parmi des artistes); *Dawis*, *Charlemont*, *Troyon*, *Schleich*, *Kosack*, *Van Swieszeski*, *Rottmann*, *Meyerheim*, *Milner*, *Gude*, *Wergeland*, *Webb*, *Spitzweg*, *Friedlænder*, *Normann*, *Cermák*, etc. — **XI** : aquarelles et dessins. — **XII** : dessins et cartons. — **XIII à XVI** : peintres modernes; *Calvert*, *Courbet*, *Lenbach Benlliure*, *Brozik*, *Vesin*, *Lebiedzki*, *Slaby*, *Roll*, *Achenbach*, *Frische*, *Saint-Pierre*, *Russ*, *Marák*, etc.

Du premier cabinet (salle V) on monte à la *collection de gravures* (intéressant recueil d'œuvres du graveur *Hollar*, † 1677).

III. — La Vltava (Moldau).

La **Vltava** traverse Prague du S. au N.; parvenue au Rudolphinum, elle tourne brusquement à l'E. et forme plusieurs îles qui appartiennent au faubourg de Karlin.

A partir du Vysehrad (au S.) elle est franchie par six ponts : celui du chemin de fer (*most spojov, dráhy Františka Josefa*), le *pont Palacký* (*most Palackého*), le *pont de l'Empereur-François* (*most císaře Františka*), pont à chaînes qui traverse la charmante *île des Tireurs* (*Střelecky ostrov*), occupée par un jardin (bains), le célèbre pont Charles (*V.* ci-après), la *passerelle* suspendue (*řetězová lávka*) et enfin le *pont de l'empereur François-Joseph* (*most císaře Františka Josefa*), qui conduit à la promenade du Belvédère.

Le **pont Charles** (*most Karluv*) est une des principales curiosités de Prague; bâti sous Charles IV par *Peter Arler* (1357), il n'a été complètement terminé que sous Vladislas II (1507). Il a beaucoup souffert en 1890, année où la Vltava faillit l'emporter, mais il a été réparé depuis. On y accède, de la rive dr., par la tour de la Vieille Ville (*V.* p. 37). Il repose sur 17 piles de 9 m. d'épaisseur. Autrefois il n'était orné que d'un crucifix en face duquel s'élevait une statue de la Justice et c'était devant cette statue que l'on exécutait les condamnés à mort, dont le bourreau jetait le cadavre dans la Vltava. Au XVIIIe et au XIXe s. on l'a décoré de groupes et de *statues* (28 en pierre; 2 en bronze) de Saints et de Saintes. Entre le 6e et le 7e pilastre à dr., une plaque de marbre rappelle l'endroit où St Jean Népomucène fut jeté dans la Vltava par ordre de l'empereur Venceslas, parce qu'il refusait de révéler la confession de la reine. — Plus loin, à dr., la *statue* en bronze *de St Jean Népomucène* est visitée chaque année par de nombreux pèlerins, le 16 mai, jour de la fête de ce saint. De ce pont, la vue est fort belle, principalement sur le Hradčany. — A l'extrémité du pont, sur la rive g., est la tour de la Malá Strana (*V.* ci-dessous).

IV. — Le Petit-Côté (Malá Strana).

Ce quartier, situé sur la rive g. de la Vltava, au-dessous du Hradčany et du Petrin, est la ville de l'administration et de la noblesse.

Au delà de la voûte et de la *Malá strana*, ou *tour du Pont* (reconstruite en 1878), commence la *Mostecká ulice*, à l'extrémité supérieure de laquelle se dressent les coupoles et les tours de l'église Saint-Nicolas.

Entre cette rue et le faubourg de Smichov, c'est-à-dire à g., sur le *Maltézské náměsti* (place des Maltais : chevaliers de l'ordre de Malte), se trouve le **palais du comte Nostitz-Rinek** (Pl. 24, B, 3), bâtie en 1660.

A l'int. (pourboire), **galerie de tableaux** (env. 400), parmi lesquels on remarque des œuvres de *Rembrandt* (un Rabbin), *Rubens* (le général Spinola), *Lampy* (un roi de Pologne), *Teniers* (Cabaret), *Mieris* (Intérieur), *Brožick* (la Comtesse Nostitz et ses enfants), *Holbein*, *Van Dyck*, etc.; — *collection de statues* en marbre et en plâtre; — *collection de médailles et de monnaies*; — *bibliothèque* riche en manuscrits.

La Mostecká ulice aboutit au *Malostranské náměsti* (Pl. B, 2), place décorée du *monument du maréchal Radetzky* (1858; Pl. 50); à l'O. s'élève l'*église de St-Nicolas* (*Kostel sveti Nikuláše*; Pl. 8, B, 2), bâtie par les jésuites de 1673 à 1752; sa tour a 77 m. Autour et près de la même place s'élèvent les édifices du Gouvernement central, du Tribunal d'appel, du Commandant militaire de la Bohême, les *palais* du comte Ledebour et du baron Parish de Senftenberg et le palais des Etats.

Au N. de la place, la *Tomášská ulice* conduit sur le *Váldštýnské náměsti* (place de Waldstein; Pl. B, 2), où s'élèvent les *hôtels* des princes d'Auersberg, du comte Hanuš-Kolowrat-Krakowský et du prince Egon de Furstenberg et enfin le **palais Waldstein** (à dr. sur la place; Pl. 22), que construisit, en 1623, le célèbre Albert de Wallenstein, duc de Friedland, à l'époque où il se démit pour la première fois du commandement des armées impériales.

L'intérieur est visible t. l. j. de 8 h. à midi et de 2 h. au soir (pourboire, 1 Kr.). On entre par la porte cochère à g. sur la place; s'adresser dans la cour à dr. — Rez-de-chaussée : *grotte* à stalactites, ancienne salle de bain; belle *loggia* à trois grandes arcades s'ouvrant sur le jardin; cabinet orné de peintures et renfermant le cheval (empaillé) que Wallenstein montait à Leitzen. — 1er étage : *cabinet de travail* de Wallenstein (voûte ornée de stucs et de peintures; quelques meubles); deux *salons*, jadis habités par Wallenstein (dans le premier, tapisseries; dans le second, poêles, cabinets et secrétaire); grande *salle d'audience* restaurée en 1854; *tribune* de la *chapelle*, où se trouvent encore deux fauteuils, prie-Dieu contemporains de Wallenstein, et quelques tableaux.

Du Váldštynské námesti, par la *Váldštýnská ulice*, à dr. puis à g., le *Pod Bruskou* monte au Jardin du Peuple et au Hradčany (*V.* ci-dessous).

V. — Le Hradčany (Hradchine).

On y monte soit par le Váldštýnské namětsi (*V.* ci-dessus) et la Váldštýnska ulice (*V.* ci-dessus), soit (plus communément) par la *Ostruhová ulice*, qui commence à l'O. du Malostranské náměsti, puis à dr. par les *Schody zámecké*, parallèle à l'Ostruhová ulice, on monte aussi au Hradčany, où on aboutit par un escalier de 203 marches.

Le **Hradčany**, l'Acropole, le Capitole de Prague, est, selon la tradition, la colline où la reine Libusse jeta les fondements de la future capitale de la Bohême, Rodolphe II l'éleva au rang de ville royale, Marie-Thérèse en fit le quatrième quart de Prague et Joseph II le réunit en 1784 aux trois autres quarts sous une administration commune.

Le *Hradčanské náměsti* ou place du Hradčany (Pl. B, 2), orné à son centre d'acacias et d'une *colonne* de la Vierge, est formé par le Château Royal, le *palais archiépiscopal* (Pl. 21) au N., l'ancien *palais du grand-duc de Toscane* à l'O., et le *palais du prince Schwarzenberg* au S.; du côté E., on a une belle vue sur la ville et ses environs.

Le **Château Royal** (*Královský hrad*; Pl. 15: intérieur visible de 11 h. à 1 h. et de 4 h. à 6 h.; on prend son billet, 40 hell. par pers., à g. dans la 2e cour; ce billet donne droit à la visite du Belvédère, *V.* ci-dessous; on entre dans le palais, pour la visite, par la 3e cour, à dr. de la cathédrale) est un vaste ensemble de constructions qui renferme, outre le château proprement dit, quarante-cinq bâtiments publics ou privés, quatre églises, trois rues et trois cours. La première de ces cours, ou cour extérieure, est séparée de la place du Hradčany par une grille de fer dans laquelle s'ouvrent trois portes; la seconde est décorée d'une fontaine; sur la troisième s'élève la façade de la cathédrale, avec, sur le côté S., à dr., la *statue* équestre *de St Georges*, fondue en 1373.

Au IXe ou au Xe s., les ducs tchèques avaient probablement construit un château fort sur la partie E. du Hradčany. Ce château, entouré de murs et de fossés en 1252 et 1278, incendié en 1316, fut rebâti par Charles IV sur la partie O. de la colline et achevé sous Vladislas II, qui vint l'habiter. Incendié en 1541, reconstruit sous Ferdinand Ier, pillé par les Bavarois (1620), les Saxons (1631) et les Suédois (1648), qui emportèrent une grande partie des richesses et des œuvres d'art que Rodolphe II y avait amassées, agrandi et restauré sous Mathias Corvin, il fut terminé de 1758 à 1775, par l'architecte Lurago, habité de 1831 à 1832 par l'ex-roi Charles X, en 1848, par l'empereur Ferdinand, et, enfin, en partie incendié le 20 février 1855.

A l'int. (peu intéressant), renfermant 440 chambres, trois salles et plusieurs galeries, on visite : — dans l'aile E., au 1er étage : la SALLE VLADISLAS, où les nobles bohêmes prêtaient serment d'obéissance à leur souverain après son couronnement; la SALLE DES ÉTATS ou DE LA DIÈTE (plafond remarquable; portraits) et l'ancienne CHAMBRE DE LA CHANCELLERIE, où se passa la fameuse **défenestration** de Prague (23 mai 1618), qui donna le signal de la guerre de Trente Ans. C'est des fenêtres de cette salle que le comte de Thurn fit précipiter par ses partisans, dans les fossés du château, deux des gouverneurs impériaux (Martinitz et Slavata), catholiques fervents et ennemis de toute liberté religieuse et leur secrétaire Platter; aucun ne se tua, Platter ne fut même pas blessé; — dans l'aile N., la SALLE ALLEMANDE (salle à manger) et la vaste SALLE ESPAGNOLE (salle de bal), renouvelées et richement décorées de 1865 à 1868.

La **Cathédrale** ou **Katedrálni chrám sv. Vita** (Pl. 1; fermée de midi à 2 h.), église métropolitaine, fondée en 930 par St Venceslas, reconstruite de 1344 à 1386 par *Mathieu* d'Arras et par *Pierre Arler* de Gmünd et entièrement restaurée de nos jours, remarquable par sa légèreté hardie et son élégance, est un véritable modèle de l'art gothique. L'édifice a beaucoup souffert pendant les nombreuses guerres qui ont désolé la Bohême; il fut surtout impitoyablement bombardé par les Prussiens en 1757.

Nef centrale : grand **mausolée** royal, en marbre et en albâtre, par *Al. Collins* de Malines (1589) et servant de tombeau à plusieurs rois de Bohême; il est entouré d'une **grille** d'un remarquable travail. — A dr., 1re **chapelle**, dite **de St Venceslas** (fermée; 40 hell., au sacristain), très remarquable par l'ornementation en pierres fines de ses parois et ses restes de fresques par *Théodoric de Prague* et *Thomas de Mutina; tombeau* du saint; grand et beau *candélabre* avec la statue du saint, par *P. Vischer*, de Nuremberg (1532); *tableau* de l'école de Cranach (Assassinat de St Venceslas par son frère Boleslas, en 936); derrière l'autel, *casque* de St Venceslas. — 2e : bel autel moderne et tombeaux de la famille de Martinitz. — 3e : Sainte-Face, par *Th. de Mutina* (1368). — A la place de la 4e chapelle, *oratoire royal*, supporté par une voûte avec un beau pendentif (1493). — En face de la 5e chap., **monument de St Jean Népomucène**, en argent massif. — 6e chap. ou chap. Sternberg : *tombeaux* d'Ottocar Ier et d'Ottocar II; à g., boulet du temps de la guerre de Sept Ans. — Derrière le maître-autel, *tombeau et autel de St Vit*. — 8e chap. : beau candélabre en bronze. — Contre le pourtour du chœur, bas-reliefs sur bois (Prague en 1620).

Derrière la cathédrale, sur une petite place, *église de Saint-Georges* (Pl. 9, B, 2), romane (XIe et XIIe s., restaur.); à dr., *Institution des demoiselles nobles* (Pl. 43, B, 2).

Entre ces deux édifices s'ouvre la *Jirska ulice*, où se trouve à g. (n° 4) l'entrée de la *tour Daliborka* (40 hell.), dans laquelle, ainsi que dans la *tour Noire* sa voisine, des prisonniers auraient péri de faim. A l'extrémité de cette rue, près du *palais Lobkowitz* (Pl. 25, B, 2), est un ancien bastion d'où l'on a une **très belle vue** et d'où l'on peut descendre vers la Vltava par l'escalier dit *Schody zámecké staré*.

Au N. du Château (sortir par la 1re cour et contourner tous les murs du jardin impérial) se trouve le **Belvédère** (Pl. B, 2), grande villa que Ferdinand Ier fit construire en 1636 pour l'impératrice Anne (au 1er étage, grande *salle* décorée de 14 *fresques modernes*, représentant des épisodes historiques). A côté, à l'E., est le *Chotkovy sady* (jardin Chotek). — Du Chotkovy sady on peut revenir en ville en descendant, vers le S., le *Pod Bruskou*.

Si, de la place du Hradčany, on se dirige vers l'O. en passant à côté du palais de Toscane, on arrive, par la *Loretanská ulice*, au *Loretanské náměsti* (place de Lorette), assez vaste place où s'élève l'ancien palais Czernin (auj. caserne), à côté d'un *couvent de Capucins* (Pl. 42, A, 2) et en face de la *chapelle de N.-D. de Lorette* (Pl. 11, A, 2), reproduction de la « Santa Casa » de Lorette.

Tout à fait à l'extrémité S.-O. du Hradčany, au delà du *Pohořelec*, est le *Strahoswké nádvoří*, place au S. de laquelle s'élève le **monastère de Strahov** (Pl. 41, A, 2-3), avec l'*église de l'Assomption*.

Ce riche et célèbre monastère (Prémontrés : accessible en semaine de 9 h. à 11 h. 30) fut fondé en 1140, par le duc Vladislas II, pillé et détruit par les Hussites en 1419 et rétabli en 1586. — L'*église* renferme les tombeaux de St Norbert (Tilly apporta à Prague sa dépouille mortelle après le sac de Magdebourg, où il l'avait trouvée), de Vladislas Ier; etc. — La *galerie de tableaux*, fondée en 1837, compte 500 tableaux. — La *bibliothèque* possède 60,000 vol. et de précieux manuscrits (entre autres de Tycho Brahé), les portraits de Zižka et de Georges Rakoczy (demander le père bibliothécaire et laisser une aumône; très belle vue des fenêtres).

Au S.-E. de Strahov s'étend le **Petrin**, dernier escarpement de la Montagne Blanche (Bila hora; *V.* p. 9). On peut s'y rendre du Hradčany par la *Vlašská ulice*, mais il est bien préférable d'y monter par le *funiculaire* (montée 20 hell.; 24 hell. all. et ret.), dont la station inférieure se trouve dans la *Ujezd*, non loin du palais Nostitz (Pl. B, 2). — On atteint en quelques min. la station supérieure (300 m.), et, en quittant le funiculaire, on prend à dr., en passant entre le *Diorama* (Défense du pont de Prague contre les Suédois, par les étudiants tchèques, en 1648; entrée 40 hell.) et l'*église Saint-Laurent*. Plus loin s'élève la **Tour du Petrin** (*Rozhlednana Petřině*), haute de 60 m. (ascens. 1 Kr. all. et ret., en semaine; 60 hell. les dim. et fêtes; on peut aussi y monter par un escalier; dans le bas, est un café) et du haut de laquelle on a un panorama très étendu. La vue est aussi très belle de la terrasse du *café-restaurant* (fréquenté) situé un peu au-dessous et à g. de la gare supérieure du funiculaire.

[*Environs.* — RIVE DROITE DE LA VLTAVA. — Entre le quartier de la Nouvelle Ville et celui de Karlin s'étend un petit parc au centre duquel s'élève le *Musée Municipal* (*Mestské Museum* ; Pl. 19, E. 2), qui renferme des souvenirs historiques, des insignes de corporations, etc.

La *Husova trida*, continuation de l'Hybernská ulice, conduit vers l'E. au Zižkov, colline sur laquelle Jean Zižka se retrancha pour résister aux attaques de l'empereur Sigismond, qu'il défit en 1420. C'est entre le Zižkov et *Wolschan* que se livra, en 1757, la bataille de Prague. Deux monuments ont été élevés à la mémoire du général prussien de Schwerin.

Rive gauche de la Vltava. — Au delà du pont François-Joseph (Pl. D, 2) et à l'E. de la colline du Hradčany, s'étend la *promenade du Belvédère* ou *du prince Rodolphe* (Sady Korunního prince Rudolfa); près du pont un petit funiculaire (all. et ret. 8 hell.) monte au *Belvédère* (belle vue; restaurant).

Au N. de cette promenade, dans le faubourg de Bubenč, est le *jardin public de Stromovka* (bon restaurant; un tram venant du centre de la ville, par le pont François-Joseph, y aboutit), joli parc anglais.

A l'extrémité S.-O. de la ville, le faubourg de *Smichov* renferme : le *jardin Kinsky*), le *jardin botanique* et un certain nombre d'établissements industriels. A 30 min, est le petit v. juif de *Kosir*, près duquel, dans la villa dite *Bertramka*, Mozart a composé *Don Juan*, en 1787.

De Prague à Paris par Eger, R. 1, en sens inverse ; — à Nuremberg, par Carlsbad et Eger, R. 1, en sens inverse ; — à Vienne : *A*, par Tabor et Gmünd, *B*, par Iglau et Lissa, *C*, par Brünn et Pardubitz, R. 10 ; — à Dresde : *A*, par ch. de fer, *B*, par l'Elbe, R. 13, en sens inverse.

Route 10. — DE PRAGUE A VIENNE

A. Par Tabor et Gmünd.

350 k. ; 🚂 (gare François-Joseph, ou *Nádrázi Františka-Josefa Dráhy*), en 6 h. env. (trains directs : 40 Kr. 50, 24 Kr. 80, 13 Kr. 10.

Visiter : — *Tabor*.

La voie passe dans un tunnel et franchit la Sazava.

104 k. Tabor Ⓑ, V. de 12,000 hab., l'ancienne forteresse des Hussites, située sur une hauteur escarpée au pied de laquelle coule la Luschnitz.

Histoire. — Tabor, fondée en 1420, s'appela d'abord Hradisstie ; on la nomma ensuite *Tabor* (c'est-à-dire, en vieux slave, ville fortifiée). — Ce fut Jean Zižka qui y établit la principale forteresse des Hussites, qu'on appela ensuite *Taborites*. Les troupes impériales s'en emparèrent en 1514.

La ville a conservé sa physionomie de jadis, avec ses portes étroites et les tours flanquant de distance en distance sa double enceinte de murailles. — Les rues (comme dans la plupart des vieilles villes de la Bohême) partent d'une place (*Naměsti*) servant de marché. Un grand nombre de maisons ont encore des créneaux.

ITINÉRAIRE. — A l'angle de la *place du Marché* on remarque un vieux balcon, appelé encore auj. la *chaire de Zižka*, d'où il aurait harangué souvent ses troupes; devant une des maisons de la place il y a encore une des *tables* en pierre, qui servaient aux Taborites pour la célébration de la Cène en plein air. — L'*hôtel de ville* ogival (xvie s,) avec sculptures (statuettes de Zižka, Procope, Huss et Jérôme de Prague; groupe d'Adamites de 1515) possède la cotte d'armes de Zižka, avec des armes et des livres qui lui ont appartenu. — Enfin on peut aller voir, devant la façade de l'*église Décanale* (du xvie s.; fonts baptismaux, en étain, du xve s.), un *buste* en pierre du terrible chef des Taborites. — L'étang situé au N. de Tabor s'appelle le *Jourdain* et la colline voisine a reçu le nom de *Horeb*. — A l'E., ruines du château de *Kolnov*.

131 k. *Wessely* (⚔ sur Budweis et Iglau). — On traverse un canton parsemé d'étangs.

186 k. **Gmünd** Ⓑ, où l'on rejoint la ligne venant d'Eger et Marienbad, par Pilsen et Budweis (R. 6).

De Gmünd à Marienbad, R. 6, en sens inverse.

261 k. *Sigmundsherberge* Ⓑ. — 271 k. *Eggenburg* (ancienne enceinte; belle *église* gothique). — On traverse le *Mannhartsberg*, puis on descend la petite vallée du Schmidabach.

281 k. *Abtsdorf-Hippersdorf*. — On franchit le Danube. — 315 k. *Klosterneuburg*. — La voie ferrée longe la rive dr. du Danube et le pied du Kahlenberg, puis franchit le canal du Danube.

350 k. **Vienne** (gare de la Franz-Josefsbahn, ou *Franz-Josefsbahnhof*); *V*. le guide *Bavière-Tirol*.

B. Par Iglau et Lissa.

373 k.; 🚂 (gare du Nord-Ouest, ou *Nadrázi Severozapadni Dráhy*), en 7 h. env. (trains directs); 40 Kr. 50, 24 Kr. 80, 13 Kr. 10.

La voie passe entre la colline de Zižka, à dr., et le faubourg de Karlin, à g. — On franchit l'Elbe avant d'arriver à (35 k.) *Lissa*, petite V. avec un château du prince de Rohan. — 50 k. *Nimburg* Ⓑ, vieille V. de 9,000 hab., sur la rive dr. de l'Elbe (belle *église* gothique du xiiie s.). — 74 k. *Kolin* Ⓑ, où l'on croise la ligne de Prague à Vienne par Brünn (*V*. ci-dessous, *C*). — 85 k. *Sedletz-Kuttenberg* stat. pour *Sedleč* (Sedletz) à l'E., qui a une grande *église* du xiiie s., et pour (3 k.; 🚂) *Kuttenberg*, V. de 16,000 hab., avec la très belle *église Sainte-Barbara* (ogivale, à 5 nefs) commencée en 1380 et restée inachevée.

148 k. *Deutsch-Brod* Ⓑ. — On sort de Bohême. — 174 k. *Iglau* Ⓑ, V. industrielle de 26,000 hab., sur l'Iglava (*Johanneskirche* de 1520; *Jakobskirche*, avec curieux tableau d'autel). — On suit la rive g. de l'Iglava, puis on franchit la Kokitna et la Jaispitz.

272 k. **Znaim** Ⓑ, V. de 18,000 hab., où l'archiduc Charles conclut un armistice avec Napoléon, après la bataille de Wagram (1809). — Près de son ancien *château* (auj. hôpital militaire), *chapelle* en forme de rotonde, de la fin du xiie s.

Grand viaduc. — 301 k. *Zellerndorf* Ⓑ. — On descend la vallée du Gœllersbach et on atteint la rive g. du Danube près de (347 k.) *Stockerau*. — En face, sur la rive dr., *abbaye* de Klosterneuburg. — On franchit le Danube; à dr., beau coup d'œil sur le Kahlenberg.

373 k. **Vienne** (gare du Nord-Ouest, ou *Nord-Westbahnhof*); *V*. le guide *Bavière-Tirol*.

C. Par Brünn et Pardubitz.

398 ou 410 k.; 🚂 (gare de l'État ou *Nádrai Státnži Dráhy*) en 7 à 8 h. (trains directs); 40 Kr. 50, 24 Kr. 8, 17 Kr. 10; suppl. pour le wagon-lits, 8 Kr. (1re cl.) et 6 Kr. (2e cl.).

DE PRAGUE A BRUNN

254 k.; 🚂 en 5 h. env.

A dr., colline de Ziška et, à g., grande caserne. — Long viaduc. — 33 k. *Brod* (Bœhmisch-Brod), sur la Zembera; ce fut près d'ici, entre Brod et Podiebrad, que l'insurrection hussite essuya, en 1434, la défaite qui devait l'étouffer. — 38 k.; *Poričan* à g., embranch. de Nimburg (*V.* ci-dessus, *B*). — Au delà de (47 k.) *Pečck*, à dr., sur le *Friedrichsberg* (278 m.), *pyramide* commémorative de la bataille de Kolin (18 juin 1757) et de la victoire du feld-maréchal Daun sur Frédéric le Grand (cette victoire, l'une des plus décisives de la guerre de Sept Ans, sauva l'Autriche).

62 k. **Kolin** Ⓑ, V. industrielle de 17,000 hab., sur l'Elbe. — Belle *église Saint-Barthélemi*, ogivale, du XIIIe s. (chœur par *Pierre Arler* de Gmünd, 1360-1378; clocher du XVIe s.).

De Kolin à Vienne par Iglau, *V.* ci-dessus, *B*.

La voie longe la rive g. de l'Elbe. — 105 k. *Pardubitz* Ⓑ; à g., sur la hauteur, château de *Kunetitz*. — 139 k. *Chotzen* Ⓑ, avec un château du prince Kinsky. — Tunnel. — 154 k. *Wildenschwert* Ⓑ, V. manufacturière. — 180 k. *Zwittau*, V. manufacturière, dans la vallée de la Zwitawa. — Tunnel. — 206 k. *Lettowitz*, dont l'église, l'abbaye et le château forment un ensemble pittoresque. — 231 k. *Blansko* (forges). — 238 k. *Adamstal* (fabrique de machines). — Tunnels; à g. belle vue.

254 k. **Brünn**, en slave *Brno* (Ⓑ; hôt. : *Grand-Hôtel*; *Padowetz*), V. industrielle et manufacturière de 120,000 hab., ch.-l. de la Moravie, à 227 m. d'alt., au confluent de la Schwarzawa et de la Zwittawa, au pied d'une colline dont le sommet est couronné par l'ancienne forteresse du **Spielberg** (288 m.).

C'est dans cette prison d'Etat que mourut, en 1740, le fameux chef de Pandours, François baron de Trenk ; démantelée par les Français en 1809, elle a été rendue célèbre par Silvio Pellico, qui y fut enfermé de 1822 à 1830, ainsi que d'autres patriotes italiens.

Depuis 1860 de jolies promenades ont remplacé les anciens remparts.

ITINÉRAIRE. — En sortant de la gare, on suit à g. le *Franzensberg* (*obélisque* commémoratif de la bataille de Leipzig, 1813) et, par le *Stadthofplatz*, on atteint l'*Elisabethstrasse*, qui longe le pied du Spielberg et conduit à l'*Elisabethenplatz*, place entourée d'édifices modernes. — Vers la dr., le *Landhaus* (palais des Etats de la Moravie) a sa façade du côté de la *Jodokstrasse*, qui aboutit à la *place Lažansky*; à l'extrémité de cette place, à dr., la *Rennerstrasse* conduit à la *Jakobskirche*, élégante construction du XIIIe s. — On peut revenir à la gare par la *Kirchgasse*, la *Grande-Place*, la *Rathausgasse* (à dr., *Rathaus* de 1511, modernisé, sauf pour le beau portail gothique) et le *Krautmarkt*. — Près et à l'E. de la gare on remarquera la grande et belle *Synagogue*.

[A 21 k. E. de Brünn, le bourg d'**Austerlitz** a donné son nom à la grande victoire remportée dans ses environs par Napoléon, le 2 déc. 1805, sur les armées autrichienne et russe.]

DE BRUNN A VIENNE

1° PAR LUNDENBURG

144 k. ; 🚂 en 2 h. 30 env.

10 k. *Raigern*, avec un couvent de Bénédictins, qui joua un rôle dans la campagne de 1805. — On franchit la Schwarzawa; à dr., montagnes de Polau et château en ruines. — 41 k. *Saitz*; à dr., tour, de style oriental, du parc d'Eisgrub (*V.* ci-dessous).

50 k. **Lundenburg** Ⓑ.

[Voit. publique, 2 fois par j. pour (1 h. 15; 1 kr. 20), *Eisgrub*, domaine du prince de Liechtenstein (château et parc magnifique).]

On franchit la Thaya; à g., au loin, chaîne des Petites-Carpathes.

125 k. *Wagram*, dans la plaine qui fut le théâtre des batailles des 21 et 22 mai et du 5 juillet 1809. — Pont sur le Danube. — La voie contourne Vienne au N.; à dr., vue sur les collines du Wienerwald et le Kahlenberg.

144 k. (398 k. de Prague). **Vienne** (gare de la Nordbahn, ou *Nordbahnhof*); *V. Bavière-Tirol.*

2° PAR STADLAU

156 k. : 🚂 en 3 h. env.

Pont sur la Schwarzawa. — 2 tunnels et viaduc sur la vallée de l'Iglawa.

63 k. *Grüssbach-Schœnau* Ⓑ; à dr., embranch. de Znaim (*V.* ci-dessus, *B*). — On franchit le Mühlbach et la Thaya. — 73 k. *Laa*, petite V. murée sur la Thaya. — 91 k. *Enzensdorf*. — A g., plaine de la March (*Marchfeld*); puis, au delà de la ligne de la Nordbahn, que l'on croise, plaine d'*Essling* et de *Wagram*, théâtre des batailles des 21 et 22 mai et du 5 juillet 1809.

145 k. *Stadlau*, grande gare de triage. — La voie franchit le Danube (pont en fer de 760 m.), traverse le Prater à son extrémité S.-E., puis franchit le canal du Danube et le canal venant de Wiener-Neustad et longe, à dr., le grand Arsenal.

156 k. (410 k. de Prague). **Vienne** (gare de l'État, ou *Staatsbahnhof*); *V. Bavière-Tirol.*

DEUXIÈME SECTION

LA THURINGE, DRESDE, LA SUISSE SAXONNE, LEIPZIG

Route 11. — DE FRANCFORT A DRESDE

A. Par Bebra, Eisenach, Erfurt et Leipzig.

505 k.; 🚂 (Gare centrale ou *Hauptbahnhof*) en 9 h. par trains directs (voit. directes des 3 classes); wagon-restaur. aux directs de jour; wagon-lits, jusqu'à Lepzig, au train partant vers 10 h. 30 du s.); 40 M. 90, 25 M. 90, 16 M. 50 (suppl. pour le wagon-lits 8 M., 1re cl.; 6 M. 50, 2e cl.).

Visiter : — Eisenach, Gotha, Erfurt, **Weimar.**

La voie franchit le Main (à g., vue sur la ville) et traverse le faubourg de Sachsenhausen. — 4 k. 5. *Francfort-Sud*, gare succursale. — La voie longe la rive g. du Main, puis s'en éloigne.

10 k. **Offenbach**, V. industrielle de 65,000 hab., doit son importance aux réfugiés français qui s'y établirent au XVIIe et XVIIIe s.; on y fabrique une grande quantité d' « articles de Paris », à l'allemande. — La voie franchit le Main.

23 k. **Hanau** (gare de l'Est ou *Ostbahnhof*; Ⓑ), V. manufacturière de 35,000 hab. — En 1813, les 30 et 31 oct., Napoléon y défit les Bavarois et les Autrichiens, qui avaient tenté de s'opposer à sa rentrée en France, après le désastre de Leipzig.

De Hanau à Würzbourg, *V.* ci-dessous, *C*, p. 56.

La voie traverse la vallée de la Kinzig et le champ de bataille de 1813.

44 k. **Gelnhausen** Ⓑ, vieille petite V. dans une situation pittoresque. — Restes d'un *édifice* construit par Frédéric Barberousse. — Ancien *hôtel de ville*, du style roman, du XIIIe s. — *Pfarrkirche* du commenc. du XIIIe s., bien restaurée. — Petit *monument de Ph. Reis*, inventeur du téléphone électrique († 1860).

62 k. *Salmünster*, puis à g., ruines de *Stolzenburg*. — 83 k. *Elm*, ✕ sur Gemünden (*V.* ci-dessous, *C*).

111 k. **Fulda** (Ⓑ; hôt. *Kurfürst*), vieille V. de 21,000 hab. sur la Fulda, entourée de collines aux pentes douces. Elle doit son origine à un couvent fondé en 744 par un disciple de St Boniface, l'apôtre de cette contrée.

ITINÉRAIRE. — Par la *Bahnhofstrasse* on arrive à la *Marktplatz* où s'élève la *Pfarrkirche*, église paroissiale, du XVIIIe s.; plus au

N., sur la *Schlossplatz* (*statue de St Boniface*), le *Château* des anciens princes-évêques de Fulda, est entouré de beaux jardins. — A quelques min. à g., le *Dom*, ou cathédrale, ancienne église abbatiale, a été reconstruit en 1704 (dans la chapelle sous le chœur, reliques de St Boniface, martyrisé en 755); vers le N., à côté de la *Bibliothèque*, la petite *église Saint-Michel*, en forme de rotonde, remonte au xe s.

154 k. *Hersfeld* (ruines grandioses de la *Stiftskirche*, église collégiale, du XIIe s., incendiée par les Français).

167 k. **Bebra** (Ⓑ; ✕ sur Cassel et sur Eichenberg), importante gare de raccordement.

De Bebra à Leipzig, R. 15, *A* et *B*; — à Berlin R. 20, *A* et *B*.

On se dirige vers l'E. — Tunnel. — On aperçoit, sur la dr., la Wartbourg.

212 k. **Eisenach** (Ⓑ; hôt., etc., *V.* l'*Index*), V. de 38,000 hab., dans le grand-duché de Saxe-Weimar, agréablement située à 223 m., à la jonction de la Hœrsel et de la Nesse, dans une vallée qu'entourent des collines boisées. Elle n'a, par elle-même, rien de bien intéressant pour le touriste, mais les environs sont pittoresques.

ITINÉRAIRE. — De la gare on prend la *Bahnhofstrasse*, que suit le tram. Au delà d'une vieille porte, sur la *Karlplatz*, grande *statue de Luther*, par *Donndorf* (1895), et *Nicolaikirche*, église du style roman (restaurée à la fin du XIXe s.), avec une tour octogone.

A l'angle S. de la Karlplatz s'ouvrent : à g. (S.) la *Johannistrasse*, suivie par le tram et qui se prolonge par le *Frauenberg* et la *Marienstrasse*, jusqu'à la chaussée de la Wartbourg (*V.* ci-dessous) et à dr. (O.), la *Karlstrasse*, qui aboutit au **Markt**, au milieu duquel s'élève la *Georgskirche*, église gothique, avec : au S., un *monument commémoratif* de 1870-1871; à l'O., une belle *statue de J.-Sébastien Bach*, le compositeur, né à Eisenach, en 1685, et, au N., une *fontaine* avec la statue de St Georges.

Le côté N. du Markt est formé par le *Château* et le côté O., par la *Poste*; à g. la petite *Obere-Predigergasse* et, à dr., l'*Untere-Predigergasse*, conduisent à la *Predigerplatz*, où le *Gymnase* renferme le *Musée* (entrée 50 pf. ; antiquités provenant de la Thuringe). A g., vers le S., au delà d'un cimetière, commence la route du *Schlossberg* qui, passant entre les collines du *Hainstein* (à g.) et du *Mædelstein* (à dr.), traverse deux carrefours et monte par un grand lacet à la Wartbourg.

[La **Wartbourg** (15 min. env. de la gare; à dr. de l'entrée, assez bon hôtel-restaurant où l'on délivre les cartes d'entrée au château, 50 pf. par pers.; visite, par groupes, toutes les demi-h., de 9 à 12 et de 2 à 6 h.; le matin est à préférer), ancienne résidence des landgraves de Thuringe (XIIe et XIIIe s.) s'élève à 396 m. d'alt. (173 m. au-dessus d'Eisenach), au sommet d'une colline boisée. — Plusieurs chemins y montent, en 40 min. env., notamment : — la route du Schlossberg, mentionnée ci-dessus ; — le joli sentier, dit *Reuterstrasse*, qui commence à l'extrémité S. de la Marienstrasse (suivie par le tram venant de la gare), à dr. un peu au delà de l'hôtel Goldener Lœwe ; — la *Wartburg-Chaussée*, qui commence également à 200 m. env. au delà de l'hôtel, à côté du *Karthausgarten* (beau jardin grand-ducal; *monument du grand-duc Charles-Alexandre*, par *Mosæus* ; 1909).

Ce château est l'une des plus intéressantes constructions du style roman de cette partie de l'Allemagne; il a été restauré de 1847 à 1867 par *Ritgen* et sert, depuis, de résidence d'été au grand-duc.

Ce fut à la Wartbourg que se réunirent, en 1207, les Minnesænger pour y lutter de talent, dans un tournois poétique célèbre; ce fut dans ce château que Frédéric le Sage fit enfermer Luther, qu'il avait fait arrêter à son retour de la diète de Worms en 1521. La Wartbourg rappelle aussi les souvenirs de Ste Elisabeth : les principaux épisodes de sa légende sont reproduits par les fresques de Schwind dans la salle des Landgraves (*V.* ci-dessous).

On passe sous une voûte au delà d'un pont-levis et on pénètre dans la très pittoresque cour de la *Vorburg*, sorte de petit château, qui précède le château proprement dit (ou Hauptburg) et qui renferme le *Ritterhaus*, ou appartement des chevaliers, et la *Vogtei* (maison du bailli, du XVIe s.; dans la chambre qu'habita Luther on voit sa table, sa chaise, son écritoire et, même, la tache d'encre qu'il fit sur le mur en jetant son encrier au diable, qui le tourmentait sous la forme d'une mouche).

La *Hauptburg* est formée : par la *Dirnitz*, ou habitation des domestiques, où l'on a disposé la *Rüstkammer*, salle d'armes et armures des XIIe et XIIIe s.; par le *Bergfried* (beffroi; le donjon principal) et par le **Palas** ou **Landgrafenhaus**, le palais proprement dit, où l'on visite : la *Landgrafenzimmer* (fresques de *Schwind* : la vie des premiers Landgraves); la *Sængersaal*, ou salle des Chanteurs, où aurait eu lieu le tournois poétique de 1207 (fresque de *Schwind*); l'*Elisabethgalerie* (fresques de *Schwind* : vie de Ste Elisabeth de Hongrie, femme du landgrave Louis IV) et la *chapelle* (vieilles fresques et vitraux). Au 3e étage, la grande salle des Fêtes (*Festsaal*), richement décorée (beau plafond), est ornée de peintures d'un style hiératique, par *Welter*. Au rez-de-chaussée on peut aussi visiter (demander au Burgvogt; 25 pf.) l'*Elisabeth-Kemenate*, ornée de mosaïques modernes.

D'Eisenach à Lichtenfels (152 k.; [train] en 3 h. 30 à 4 h. 15; 12 M. 30, 7 M. 30, 4 M. 70). — La voie contourne à l'O. la ville et passe, à g., aux pieds du Mædelstein et de la Wartbourg. — Tunnel. — On va parcourir la partie N.-O. du *Thüringer Wald* (forêt de Thuringe), région montagneuse, couverte de belles forêts de pins et de sapins. — Pont sur la Werra. — 27 k. *Salzungen* (B), petite V. avec salines et bains salins (*Kurhaus*), au pied du *Seeberg* (304 m.), dont elle est séparée par un petit lac.

32 k. *Immelborn*, d'où un embranch. de 6 k. conduit à *Liebenstein*, station thermale (source ferrugineuse bicarbonatée) et séjour d'été, très bien situé à 342 m. d'alt. (*Kurhaus*; beau *jardin*; palais Ducal; beaux environs).

42 k. *Wernshausen* (✕ pour *Schmalkalden*, petite V. minière, connue par la ligue des princes protestants, qui y fut conclue en 1531). — Avant Meiningen on franchit la Werra; à dr., sur la hauteur, *château de Landsberg*, au duc de Saxe-Meiningen.

64 k. **Meiningen** (B), V. de 16,000 hab., capit. du duché de Saxe-Meiningen, est située à 298 m. d'alt. dans l'étroite vallée de la Werra, entourée de hauteurs boisées. — En face de la gare l'*Englischer Garten*, beau jardin, renferme le *monument commémoratif* de 1870-71, la *chapelle sépulcrale* des ducs, etc. — *Château ducal* des XVIe et XVIIe s.

La voie longe le pied E. des contreforts du Hohe-Rhœn; elle suit l'ancien lit de la rivière, à laquelle on a frayé, à dr., un nouveau lit dans une tranchée taillée dans la roche. — 68 k. *Grimmental*; (✕; à dr., ligne de Neudietendorf-Schweinfurt, *V.* R. 15, *C*; p. 82). — On franchit la Hasel. — 81 k. *Themar*; à dr., ruines de l'*Osterburg*, et les deux *Gleichberge*, collines basaltiques hautes de 678 et 640 m. — La voie franchit la Schleuse et la Werra. — 94 k. *Hildburghausen*, petite V. agréablement située sur la Werra (*château* du XVIIe s. transformé en caserne). — On franchit la Werra.

130 k. **Cobourg** (B); hôt. *Bahnhof*), V. de 23,000 hab., dans un site agréable, à 303 m. au bord de l'Itz. Elle est, alternativement, avec Gotha, la résidence du duc de Saxe-Cobourg-Gotha.

Itinéraire. — Le centre de la ville est formé par le *Markt*, avec la *statue du prince Albert* (le Prince-Consort d'Angleterre ; † 1861) et, sur les côtés, le *Rathaus* et le *Gouvernement*. — Près et au S.-E. du Marché, la *Moritzkirche*, église gothique du xve s., modifiée dans le style de la Renaissance, renferme le monument du prince Frédéric II († 1598) et des tombeaux intéressants. — A l'E. du Marché, dans la *Herrngasse*, est le *Zeughaus* (arsenal), où a été transportée la bibliothèque. — Par la Herrngasse on arrive au *Residenz Schloss*, dit aussi l'*Ehrenburg*, château ducal, bâti sous Ernest Ier par *Heideloff*, dans le style gothique anglais. — En face et au N. du château on voit au milieu d'un parterre la *statue* équestre *d'Ernest I*[er] († 1844), par *Schwanthaler*, et le *palais d'Edimbourg* ; à côté, vers l'O., est le *Théâtre* ; vers l'E., les Arcades, le *Manège* et la *statue* équestre *du duc Ernest II* († 1893) ; de ce côté aussi le *Hofgarten*, tracé sur les pentes de la hauteur que couronne la *Feste Coburg*, ou le Vieux Château, qui domine les environs ; résidence des ducs jusqu'en 1550, il a été transformé vers le milieu du xixe s., en *Musée artistique et archéologique* (entrée dans la 1re cour, sous l'escalier en bois ; les cartes se vendent 50 pf. au restaurant dans la cour), renfermant des voitures historiques, une belle collection d'armes, etc.

152 k. Lichtenfels Ⓑ, gare de la ligne de Bamberg-Hof-Leipzig (*V.* ci-dessous, *C*).]

217 k. *Wutha* ; à dr., embranch. pour (8 k.) *Ruhla*, localité industrielle (grande fabrique de pipes et fumes-cigares) et séjour d'été fréquenté, à 350-450 m. d'alt., sur l'Erbstrasse.

A g. de la voie, le *Hœrselberg* (486 m.), où, suivant la légende, Vénus tenait sa cour et où elle séduisit Tannhæuser ; à dr., les hauteurs du Thüringerwald.

230 k. **Frœttstedt.**

[**De Frœttstedt à Friedrichroda** (10 k. ; 🚂 en 35 min. ; 90 pf., 45 pf., 30 pf.). — 4 k. *Waltershausen*, petite V. industrielle. — 9 k. *Reinhardsbrunn* ; à 10 min. N.-O. de la station, *château de Reinhardsbrunn*, ancienne abbaye bénédictine, transformée en château vers 1840 ; la chapelle renferme les sépultures de plusieurs landgraves de Thuringe (xiv s.) ; beau parc (magnifiques tilleuls). — Petit tunnel.

10 k. **Friedrichroda** (hôt. : *Kurhaus*, *Waldhaus*, etc.), V. de 4,500 hab., à 410 m., au milieu de collines boisées ; station d'été la plus fréquentée de la Thuringe.

Nombreuses et belles promenades et excursions : — (1 h. N.-O. ; 🚂) *Tabarz*, dans un joli vallon ; — (2 h. 30 à 3 h. 30 ; 🚂 et bons sentiers), le *Gross Inselberg* (916 m. ; belle vue), par le *Heubergshaus* et le *Jagdberg*, ou par le *Lauchagrund* et le *Torstein*, porte naturelle ouverte dans un rocher de porphyre ; — (9 k. E., 🚂) *Georgental*, station d'été, à 383 m. ; ruines d'un couvent de Cisterciens, détruit en 1525 ; etc.]

241 k. **Gotha** (Ⓑ ; hôt. : *Wünscher* ; *Herzog Ernst* ; etc.), V. de 38,000 hab., la seconde résidence du duc de Saxe-Cobourg-Gotha, agréablement située à 293 m., à la base du Thüringerwald, sur le canal de la Leina. C'est à Gotha, à l'établissement géographique de Justus Perthes (fondé en 1786), que paraît, depuis 1763, l'*Almanach de Gotha*.

ITINÉRAIRE. — En sortant de la gare on suit, en face, la *Bahnhofstrasse* jusqu'au carrefour où l'on voit, à dr., le *palais Ducal* et, à g., les *Ecuries* de la Cour, devant lesquelles passe la *Schloss-Allée*, qui conduit au Musée (*V.* ci-dessous) et au beau *Parc* (*Herzoglicher Park*) disposé en terrasses. — Vers le N. s'élève, à 328 m.

d'alt., le *château de Friedenstein*, édifice plus vaste que beau et dont les terrasses offrent des points de vue étendus. On peut le visiter en s'adressant au gardien, à dr., dans la cour.

Le **Museum** (*Musée ducal*; entrée du côté S.; d'avril à octobre les lundi, mar., vend., de 10 à 1 h., 50 pf.; le sam. et dim., 1er étage de 8 à 1 h., 2e étage de 10 à 1 h., entrée gratuite; le merc., 1er étage de 10 à 1 h. gratuit, 2e étage 1 M.; en hiver : le merc. et sam. de 10 à 1 h., 50 pf.; les autres j. et h., 1 à 5 pers., 5 M.), est une construction moderne achevée en 1879.

1er étage. — Collection de moulages de sculptures anciennes et modernes. — Collections minéralogique, géologique, d'histoire naturelle.

2e étage. — Ire SALLE (école des Pays-Bas) : 108, 109. *Fr. Hals.* Portraits. — IIe SALLE (écoles des Pays-Bas) : 183. *N. Maes.* Vieille femme; 181. *Rembrandt.* Son Ⓟ; 240. *G. Dou.* Fileuse; 227 et 228. *A. van Venne.* Misère et Opulence; 199. *Van der Neer.* Effet du soir; 295. *Ter Borch.* La Lettre. — IIIe SALLE (écoles allemandes) : 453. *Denner.* Ⓟ; 467. *Graff.* Le comédien Eckhof; 333. *L. Cranach.* Péché originel et Rédemption; 341. *L. Cranach le jeune.* Luther; 342. Melanchton; au milieu, 313 et 314, grand paravent à 74 tableaux, par un peintre de l'école allemande du XIVe s. — IVe SALLE (écoles française et italienne) : 582. *Liotard.* Le prince Frédéric de Gotha; 584. *Mme Vigée Le Brun.* Le prince Constantin de Russie.

Les autres salles renferment les collections historiques et d'art industriel, ainsi que les gravures et estampes (env. 100,000 feuilles) et la *Kunst- und Antikensammlung*, riche collection de curiosités artistiques et historiques et d'antiquités (dans la salle IV, belle collection de porcelaines, de majoliques et de verres; dans la salle VII, Evangéliaire avec miniatures, donné par Othon III et par Théophanie, sa mère, au monastère d'Echternach, vers 990).

256 k. **Neudietendorf** (Ⓑ; ⤫, à dr., ligne de Plaue-Ritschenhausen).

De Neudietendorf à Schweinfurt et Würzbourg, R. 15, *C*, en sens inverse.

269 k. **Erfurt** (Ⓑ; hôt. : *Erfurter Hof*, ch. de 2 à 5 M., restaur., près de la gare; *Central*; *Europæischer Hof*, etc.; fiacres 1 M. 50 l'heure pour 1 pers.; 1 M. 80, 2 pers.; 2 M. 10, 3 pers. — *Rathaus*, *Cathédrale*), vieille V. de 90,000 hab.

Histoire. — Cette ville existait déjà du temps de St Boniface. Au XIIIe s., elle fit partie de la ligue hanséatique et du XIIIe au XVe s. elle fut le principal entrepôt du commerce entre la haute et la basse Allemagne. Elle possédait alors une Université, fondée en 1392 et supprimée en 1816. Elle eut beaucoup à souffrir dans les guerres des Paysans et de Trente Ans. En 1648 elle fut cédée à l'archevêque-électeur de Mayence. Prise en 1759 par les Prussiens, elle échut à la Prusse en 1803. De 1806 à 1814 elle appartint à la France. En 1808 Napoléon y tint le célèbre congrès, auquel assistèrent l'empereur Alexandre, les rois de Bavière, de Wurtemberg, de Westphalie et de Saxe; il habita l'ancien palais des électeurs de Mayence. Depuis 1814 elle fait partie de la Prusse.

Spécialités. — Erfurt est entouré de jardins maraîchers admirablement arrosés par les canaux de la Gera et très productifs; ses cressonnières célèbres, que Christian Reichard établit au XVIIIe s., ont servi de modèle et ses jardiniers expédient des semences de légumes, de plantes d'ornement et médicinales dans le monde entier.

ITINÉRAIRE. — De la gare, située au S.-E. de la ville, on arrive au centre par la *Bahnhofstrasse*, que suit le tram et qui aboutit à l'**Anger**, la rue principale d'Erfurt, où se trouvent le *monument de Luther* (1890), la *Poste* et la *Kommandantur* (Etat-Major de la place).

A côté de la Poste, la *Schlœsserstrasse* conduit au pont dit *Schlœsserbrücke* — à g., la *Barfüsserkirche*, ou église des Franciscains minorites, possède, au maître-autel, une curieuse sculpture sur bois (Couronnement de la V. avec les statues des douze apôtres) du XIVe s. et quelques pierres tombales de la même époque, — et au *Fischmarkt*, sur lequel s'élève le nouveau *Rathaus*, bâti, de 1869 à 1875, par *Sommer* et *Tiede*.

La SALLE DES FÊTES (de 11 h. à 1 h. 30, ou bien moyennant 50 pf.) est décorée de belles peintures murales, par *Janssen*, de Düsseldorf.

On voit aussi sur le Fischmarkt une colonne (*Rolandsæule*) du XVIe s. et deux belles maisons (*zum breiten Herd* et *zum roten Ochsen*, ou du *café Roland*) de la Renaissance.

Derrière et à l'E. du Rathaus, le *Kræmerbrücke*, vieux pont encore bordé de maisons, conduit par le *Wenige-Markt* et la *Futterstrasse*, à la *Johannisstrasse* (n° 169, maison *zum Stockfisch*, avec un joli balcon Renaissance), par laquelle on revient vers le S., à l'Anger.

Au S.-O. de l'Anger, la *Regierungsstrasse* (parcourue, ainsi que la suivante, par le tram) passe par le square du *Hirschgarten* (*monument commémoratif* de 1866 et de 1870-1871), en face du *Regierungsgebæude* (Gouvernement), jadis palais des lieutenants de l'électeur de Mayence et résidence de Napoléon en 1808. On prend à dr. la rue du *Langebrücke*, qui aboutit (ainsi que le tram), au pied de la citadelle du Petersberg, à la grande *place Friedrich-Wilhelm*, ornée de plantations et d'un obélisque; sur la petite hauteur à l'O. sont groupés le Dom et l'église St-Sevère.

Le **Dom** (*Cathédrale* catholique), commencé à l'époque de transition, très endommagé par les guerres, a été restauré à grands frais de 1545 à 1870. Le chœur date de 1353, la nef de 1472 et les tours (260 marches, belle vue) du XIIe s. A l'extérieur, on admire surtout son double portail N., de 1358; le portail O. est orné d'une belle mosaïque (1870).

Au 1er pilier du côté N., **Couronnement de la Vierge**, bas-relief en bronze, par *Pierre Vischer*, de Nuremberg; au pilier en face, la *Transsubstantiation*, curieuse peinture à l'huile de 1534; sur le mur S., *St Christophe*, peint à l'huile en 1499 et, au-dessous, monument d'un comte de Gleichen avec ses deux femmes (XVIe s.). — A l'autel, à dr. du chœur, bas-relief en bois peint (*Mise au tombeau*) du XIIe s. — Dans le chœur, stalles sculptées du XVe s. et beau candélabre du XIIe s. (le pied représente une personne en prière). — Beau *cloître*, romano-gothique (première moitié du XIIIe s.).

A côté du Dom, la *Severikirche*, aux trois clochers, bâtie au XIVe s., possède de beaux fonts baptismaux de 1476.

[La promenade la plus fréquentée est le *Steiger* (20 min. S.-O., par le tram, jusqu'à la *Flora*), restaurant et beau point de vue.]

290 k. **WEIMAR** (hôt. : *Erbprinz*, ch. dep. 3 M., sur le Marché; *Russischer Hof*, Karlsplatz, etc.; rest. *Werther*, près du Théâtre; voit. de la gare en ville, 50 pf. par pers. — *Musée*; *maisons de Gœthe et de Schiller*: *Stadtkirche*), V. de 33,000 hab., à 204 m. d'alt., sur la rive g. de l'Ilm; résidence du grand-duc de Saxe-Weimar-Eisenach. Du chemin de fer, qui la laisse à dr., on la domine entièrement avec les coteaux en pentes douces qui l'entourent.

Histoire. — Après avoir appartenu aux landgraves de Thuringe, Weimar échut en 1440 à la Saxe; en 1483, la branche Ernestine y fixa sa résidence. Elle doit la célébrité dont elle jouit au règne de Charles-Auguste († 1828) et de la duchesse Amélie, qui y attirèrent et surent y retenir les plus grands écrivains de l'Allemagne : Wieland, Herder, Gœthe, Schiller, Musæus, Bœttiger, etc. « On l'appelait l'Athènes de l'Allemagne, dit Mme de Staël, et c'était, en effet, le seul lieu dans lequel l'intérêt des beaux-arts fut pour ainsi dire national et servit de lien fraternel entre les rangs divers : ce n'était point une petite ville, mais un grand château. »

ITINÉRAIRE.— On entre dans la ville par la *Sophienstrasse*, large boulevard qui s'ouvre en face de la gare et qui, après avoir traversé la *Watzdorfplatz* (*monument commémoratif* de 1870-1871), aboutit à la *Museumplatz*, entourée de belles plantations et où s'élève le *Museum* (visible pour les étrangers t. l. j., du mat. au soir: 50 pf.), bâti de 1863 à 1868 dans le style italien de la Renaissance, et qui est en réorganisation; ses collections n'offrent pas un grand intérêt.

Au 1er étage, galerie du N., décorée de belles fresques par *Preller* (sujets tirés de l'Odyssée). — Dans la grande salle de l'E., dessins de *Carstens*, *Cornelius*, *Genelli*, etc.; aquarelles (la légende des Sept Corbeaux) par *M. von Schwindt* ; etc.

Devant le Musée, vers le S., s'étend la *Carls-Augustplatz*, ornée d'une belle fontaine (la *Vimariabrunnen*) par *Hærtel*; un peu plus loin, dans la prome-

WEIMAR.

nade, est le *buste du grand-duc héritier Charles-Auguste* (1844-1894).

La *Jakobstrasse* conduit vers le centre de la ville; à dr. de cette rue, dans le *Jakobskirchhof* (cimetière de la Jakobskirche), est enterré Lucas Cranach (✝ 1553).

Au delà du *Graben*, boulevard qu'elle traverse, la Jakobstr. aboutit à la *Herderplatz* (*statue de Herder*; *V.* ci-dessous); au milieu s'élève la **Stadtkirche** du XVe s. (le « Kirchner » ou sacristain, habite Hinter der Stadtkirche, 6).

Au maître-autel, **Crucifiement** (avec volets : à l'int., portrait de l'électeur Jean-Frédéric et de sa famille; à l'ext., Baptême du Christ et Ascension), œuvre magistrale de *Lucas Cranach*, dont la statue se voit à g. de l'autel.

A l'E. de la place, de courtes rues conduisent au *Residenz Schloss*, rebâti au XIXe s.

Quelques salles ont été consacrées à Gœthe, à Schiller, à Wieland, à Herder et ornées par *Preller*, *Neher* et *Jæger*, de fresques représentant les principaux héros des chefs-d'œuvre de ces grands écrivains.

Au N.-E. du château, la *Kegelbrücke* conduit, au milieu des plantations de la rive dr. de l'Ilm, au *Gœthe-Schiller-Archiv*, achevé en 1896.

Il renferme les manuscrits de Gœthe et de Schiller, ainsi qu'une assez riche collection de manuscrits de Herder, Wieland, Immermann, Hebbel, Fritz Reuter, etc., et la bibliothèque de la société Gœthienne.

Au S. du château, sur la *Fürstenplatz*, place ornée de la *statue équestre de Charles-Auguste*, par *Donndorf* (1875), se trouvent, vers le S., le *Fürstenhaus*, jadis résidence des grands-ducs et, à l'E., la *Bibliothèque grand-ducale*.

La bibliothèque (t. l. j. en semaine de 9 à 11 h. et de 3 à 5 h.) possède plus de 270,000 vol. et 8,000 cartes géographiques. Dans la tour, on voit un curieux escalier tournant, taillé dans un tronc de chêne par un prisonnier.

Revenant vers le centre de la ville on arrive au **Markt**; sur le côté O., le *Rathaus*, gothique, est de 1841; en face, au no 11, est la maison qu'habita Lucas Cranach; on y voit ses armoiries (un serpent ailé et couronné). — A quelques pas vers le S.-O., dans la *Schillerstrasse*, la *maison de Schiller* (au no 12; de 8 h. à midi et de 2 h. à 4 h.; 30 pf.), où le poète habita de 1789 à 1802, renferme au 2e étage quelques reliques du maître. En remontant la Schillerstr. vers l'O., on arrive au *Wittumpalais*, qui renferme des souvenirs historiques du temps de Charles-Auguste, et on atteint la **Theaterplatz**, avec le **monument de Gœthe et Schiller**, par *Rietschel* (1857), qui s'élève en face du *Théâtre*.

Dans le quartier S. de la ville on visite la **maison de Gœthe**, (t. l. j., à l'exception du dim. en été, de 11 h. à 4 h.; en hiver, les merc. et dim.; 1 M. en sem., 50 pf. le dim.), où habita le poète de 1776 à 1832, année de sa mort. En 1885 elle a été léguée à l'Etat par le dernier descendant du grand homme et transformée en musée en 1886.

L'intérieur de la maison (**Gœthe-National-Museum**) a été rétabli, autant que possible, dans l'état où il devait se trouver du vivant de Gœthe. On remarque : le salon (ou chambre de Junon), reconstitué absolument dans son état primitif, avec meubles authentiques; les trois chambres à dr. de l'entrée, où sont disposés les objets d'art et de curiosité ayant appartenu à Gœthe (quelques belles majoliques : bronzes anciens, etc.), et, enfin, la chambre dans laquelle il rendit le dernier soupir (22 mars 1832).

Plus au S., sur la *place Wieland*, est le *monument de Wieland*, par *Gosser* (1857). — En suivant la *Marienstrasse*, on arrive à la maison n° 17; cette dépendance des jardins de la cour servit d'habitation à Liszt et a été transformée en un petit musée (*Liszt Museum*; ouvert en été de 11 à 1 h. et de 3 à 6 h.; 50 pf.), collection de souvenirs du célèbre musicien. — Au delà de cette maison, la belle *Belvedere Allée* conduit au (20 min.) château du *Belvédère* (serres, parc, restaurant), du XVIIe s., sur une hauteur d'où l'on a une belle vue.

A l'O. de la Belvédère-Allée, le **Cimetière** (*Friedhof*) renferme le *Fürsten-Gruft*, caveau grand-ducal (visible en été de 11 h. à midi et de 3 à 5 h.), où reposent les membres de la famille souveraine; Schiller et Gœthe y sont aussi ensevelis, près de leur protecteur et ami, le grand-duc Charles-Auguste († 1828).

A l'E. de la ville, sur les deux rives de l'Ilm, le vaste et beau **Parc** (*Schlosspark*) est une création de Gœthe, qui s'y était fait construire une petite villa (la *Klause*), près de la rive dr. de la rivière, presque en face de la construction gothique dite *Tempelherren Haus* (maison des Templiers), sur la rive g.; tout au S., la *Rœmisches Haus* (maison romaine) sert parfois de résidence au grand-duc pendant la belle saison.

De Weimar à Iéna et à Gera, V. R. 15, *D*, en sens inverse.

306 k. *Apolda*, V. industrielle de 22,000 hab. — 317 k. *Bad-Sulza* (bains salins); non loin, vers le S., s'étend le champ de bataille d'*Auerstædt*, où Davoust battit le duc de Brunswick le 14 octobre 1806.

319 k. *Gross-Heringen*. — Plus loin, à dr., ruines des châteaux de *Saaleck* et de *Rudelsburg*.

325 k. *Kœsen*, petite V. bien située à dr. en contrebas de la voie; c'est une station balnéaire (eaux salines) et d'été très fréquentée, surtout par les Berlinois.

332 k. **Naumburg**, V. industrielle de 25,000 hab., sur la Saale, entre de petites collines.

Le *Dom*, achevé en 1249, restauré entre 1875 et 1885, à 3 tours et à 2 chœurs, offre un mélange remarquable des styles roman et gothique.

A l'int., le chœur de l'O., du style gothique primitif, est orné de 12 intéressantes *statues* des fondateurs de l'église, chefs-d'œuvre de l'art roman (XIIe s.); le chœur de l'E., du style gothique de la fin du XIVe s., a une crypte à 3 nefs; tous deux ont une clôture (*Lettner*) remarquable par son ornementation.

La *Stadtkirche*, avec deux tableaux de *Lucas Cranach*, le *Rathaus*, du XVIe s., et le vieux *Marienthor*, porte bien conservée du moyen âge, méritent une mention.

345 k. *Weissenfels*, V. industrielle de 31,000 hab., sur la Saale (ancien *château*, transformé en école de sous-officiers).

354 k. **Corbetha** Ⓑ, importante gare de bifurc. : un embranch. se dirige à dr. (E.) vers Leipzig (*V.* ci-dessous) et un autre se dirige à g. (N.) vers Halle et Berlin (R. 20, *B*).

Corbetha est situé à peu près à égale distance (7 k. env.) entre Rossbach et Lützen. — A **Rossbach**, Frédéric II remporta, le 5 nov. 1757, une victoire éclatante avec 22,000 Prussiens sur 60,000 Français et Autrichiens commandés par le maréchal Soubise. — A **Lützen** périt, le 5 nov. 1632, dès les premières charges, le roi de Suède, Gustave-Adolphe, dans cette bataille que Bernard de Saxe, son successeur dans le commandement des troupes, gagna sur Wallenstein. Le 2 mai 1813, Napoléon battit à Lützen les Russes et les Autrichiens. Un bloc de granit, recouvert d'une toiture gothique (1838), indique la place où Gustave-Adolphe fut blessé mortellement.

La voie franchit la Saale (20 arches). — 360 k. *Dürrenberg*, grande saline. — On franchit la Luppe et l'Elster.

385 k. **Leipzig** (gare de Thuringe, ou *Thüringerbahnhof*, en attendant l'achèvement de la gare Centrale) ; R. 16.

385 k. 5. Leipzig (gare de Dresde, ou *Dresdenerbahnhof*) ; *V.* R. 17. — De Leipzig à Dresde, *V.* R. 17.

501 k. Dresde (gare de Neustadt, ou *Neustædterbahnhof*, rive dr. de l'Elbe) ; R. 12.

505 k. **Dresde** (gare Centrale, ou *Hauptbahnhof* Ⓑ) ; R. 12.

B. Par Cassel, Halle et Leipzig.

576 k. ; 🚂 (gare Centrale ou *Hauptbahnhof*) en 11 h. env. (voit. directes au train direct partant vers 11 h. 15 du s. et wagon-lits jusqu'à Leipzig) ; 40 M. 90, 25 M. 90, 16 M. 50 (suppl. pour le wagon-lits : 8 M., 1re cl., 6 M. 50, 2e cl.).

200 k. de Francfort à Cassel Ⓑ (*V.* R. 21). — Pour la description du trajet entre Cassel, Nordhausen, Halle et Leipzig, *V.* R. 15, *B*.

455 k. Leipzig (gare de Dresde, ou *Dresdenerbahnhof*) ; R. 15, *B*, et R. 17. — De Leipzig à Dresde, *V.* R. 17, *A*.

576 k. **Dresde** (gare Centrale, ou *Hauptbahnhof*) ; R. 12.

C. Par Würzbourg, Bamberg, Hof et Reichenbach.

591 k. ; 🚂 (gare Centrale ou *Hauptbahnhof*) en 13 h. 30 par le train partant vers 6 h. 15 du s. ; en 14 h. par celui de 9 h. du mat. ; 40 M. 90, 52 M. 90, 16 M. 50.

Visiter : — Bamberg.

23 k. de Francfort à Hanau (*V.* ci-dessus, *A*).

47 k. **Aschaffenburg** Ⓑ, V. de 27,000 hab., sur le Main. — *Stiftskirche* (église collégiale), basilique romane du xe s. (cloître du xiie s.). — Grand *château* du xviie s. (galerie de tableaux, bibliothèque). — *Pompéianum* (bâti de 1825 à 1850), reproduction d'une maison de Pompéi.

64 k. *Heigenbrücken*. La voie atteint la crête de la chaîne boisée du *Spessart*. — Nombreux travaux d'art. — Pont sur la Saale de Franconie.

99 k. *Gemünden*, petite V. dominée par les ruines du château de *Schörenberg*. — A g., embranch. d'Elm (*V.* ci-dessus, *A*).

137 k. **Wurzbourg** Ⓑ; *V.* R. 2, *C*.

141 k. *Rottendorf*, ⋈ sur Nuremberg.

177 k. **Schweinfurt** Ⓑ, le *Trajectus Suevorum* des Romains, V. de 18,500 hab. — *Rathaus* du xve s., renfermant un petit *musée*. — A g., ligne pour Eisenach-Erfurt, par Ritschenhausen, et pour Kissingen (R. 15, *C*).

200 k. *Hassfurt*, vieille petite V. avec une ancienne enceinte et une intéressante chapelle (*Ritterkapelle*) du xve s. — Pont sur le Main.

237 k. **BAMBERG** (Ⓑ; hôt. : *Bellevue*; *National*, etc.; voit. de place à 1 chev., la course 75 pf., la 1/2 h. 1 M., à 2 chev., la course 80 pf. ou 1 M. 20, la 1/2 h. 1 M. 60. — *Dom*, *Rathaus*, *Résidences*), V. de 46,000 hab., agréablement située à 240 m. d'alt. sur la Regnitz, qui la partage en trois parties, dans une plaine fertile, au pied et le long d'une chaîne de collines et dominée par les ruines de l'Altenburg. C'est une ville animée, intéressante par ses beaux monuments et possédant de jolis environs.

Histoire. — La fondation de Bamberg date du xie s. Ce furent des Saxons qui se fixèrent en ce lieu pour la première fois. Elle dut ensuite sa première église à Charlemagne et son nom aux comtes de Babenberg, qui devinrent margraves d'Autriche et dont la famille s'éteignit en 1246. En 1007 l'empereur Henri II y créa un évêché souverain, supprimé à la paix de Lunéville et réuni, en 1802, à la Bavière.

ITINÉRAIRE. — De la gare, située au N.-E. de la ville, on traverse par la *Luitpoldstrasse* un faubourg tout moderne; sur une petite place à g. de cette rue est l'*église St-Gangolf*, fondée en 1063, mais dont le style roman a été altéré par des remaniements successifs. — En suivant à dr. l'*Obere-Kœnigstrasse* on arrive, à g., au *Ludwigsbrücke*, qui traverse un bras de la Regnitz et aboutit à la *Hauptwachstrasse* par laquelle on atteint la **place Maximilien** (*Maximiliansplatz*), ornée d'une belle *fontaine* (*Maximilians-Brunnen*; statues du roi Max-Joseph, de l'empereur Henri II, de sa femme Cunégonde, de l'évêque St Otto et du roi Conrad III), par *F. de Miller* (1880).

A l'angle S.-E. de la place commence le *Grüner Markt* avec l'*église St-Martin* du xviiie s.; il est prolongé vers le S. (au delà d'une *fontaine* avec la statue de Neptune) par l'*Obst-Markt*, qui aboutit à l'*Oberen Brücke*, pont construit en 1455 et d'où l'on a un beau coup d'œil sur les vieilles maisons bordant la rivière.

Entre ce pont et l'autre (plus au N.-O.), appelé *Untere Brücke*, s'élève le **Rathaus**, bâti de 1744 à 1755 sur une île artificielle; il a un extraordinaire *balcon* en pierre ajourée, de style rococo et des restes de fresques, représentant en camaïeu des héros et des colonnes aux formes prétentieuses; le site est pittoresque et le coup d'œil dont on jouit du pont est captivant.

Après avoir passé sous la voûte du Rathaus, on laisse à g. la *Theresienplatz* (par où l'on irait à l'*Obere Pfarrkirche*, du xvie s., défigurée au xviiie s., avec une belle porte sur le côté N.) et, en suivant la *Karolinenstrasse*, on atteint bientôt la *Karolinenplatz*, dans la ville haute, où s'élèvent le Dom (au S.), précédé de la *statue équestre du prince régent Luitpold* (1899), et les deux Résidences (au N. et à l'O.).

Le **Dom**, fondé en 1005 par Henri II, dernier empereur de la

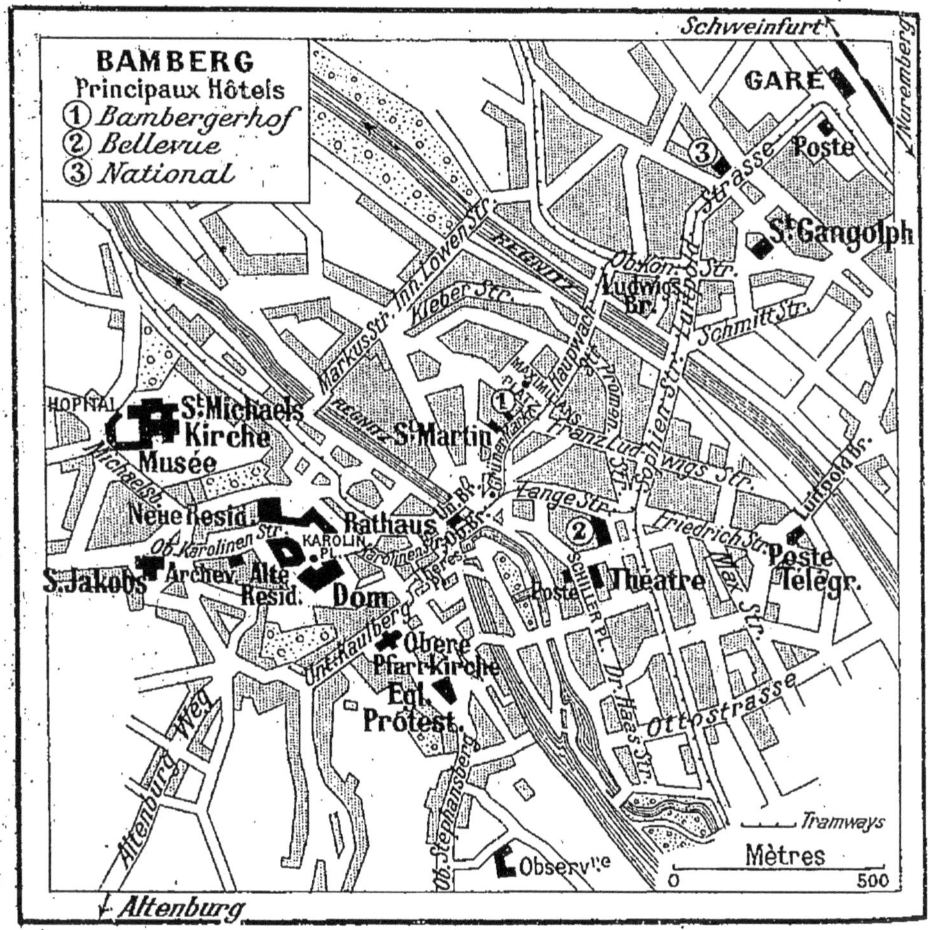

BAMBERG.

maison de Saxe, consacré en 1012 par le patriarche d'Aquilée; incendié en 1081, reconstruit après 1110 et réparé en 1274, il a été restauré de 1828 à 1838 par *Heideloff*. Cette cathédrale, dans son ensemble aussi bien que dans ses détails, est le produit d'une école qui peut rivaliser avec les bonnes écoles françaises; « elle a, de plus, le mérite d'être originale, qualité que nous ne pouvons pas toujours reconnaître à l'école allemande des XIIe et XIIIe s. ». Quatre *tours*, de 81 m. (les deux vers l'E., du pur style roman; les deux vers l'O., du style de transition), se dressent aux extrémités des collatéraux et flanquent les deux chœurs. On remarquera les trois **portes** ornées de sculptures, l'une au N. et les deux autres des deux côtés de l'abside E.

L'int. (de 5 h. 30 mat. à 11 h. et de 2 à 4 h.; le « kirchner » ou sacristain, qui montre le chœur et le trésor, habite derrière le chœur de l'O., pourb. 50 pf. à 1 M.) a la forme d'une basilique à trois nefs avec un transept à l'O. — Nef centrale : *tombeau* de l'empereur Henri II († 1024) et de sa femme Cunégonde († 1038), orné de sculptures par *Tilman Riemenscheider* (de 1499 à 1513); au pilier à g., près de l'entrée du chœur de l'E., statue de l'Empereur Conrad III († 1152). — Chœur de l'E. : belle *clôture* en pierre du XIIe s., couverte de figures de prophètes et d'apôtres d'un grand caractère, disposées sous une arcature fort riche; au milieu du chœur, *tombeau* roman de l'évêque Otto III († 1196) et, à côté, *tombeau* du prince-évêque George II († 1506), œuvre d'un élève de Pierre Vischer. — Au-dessous du chœur, *crypte* romane, avec *tombeau* de l'empereur Conrad III. — Chœur de l'O. : quelques autres tombeaux, parmi lesquels ceux des évêques Henri de Gross-Trockau († 1501) et Vit de Pommersfelden († 1503) sont sortis de l'atelier de P. Vischer. — Dans les chapelles, quelques peintures, retables en bois sculpté, etc. — Le **Trésor** renferme, entre autres reliques : un clou de la vraie croix, dans une monture du XVe s.; la couronne de Henri II, sa corne à boire; le fleuron terminal d'une crosse de St Othon, etc.

Sur le côté O. de la Karolinenplatz, où a été érigée la *statue du prince-évêque von Erthal* (bronze par *Widnmann*; 1865), s'élève l'**Alte Residenz** (*Ancienne Résidence*), remarquable pour son *pignon* à volutes et son élégante *bretesche*, daté de 1571.

La *Neue Residenz* (Nouvelle Résidence; palais de l'Archevêque), située vers le N. en face du Dom, a été bâtie de 1698 à 1704, par *Dinzenhofer*.

C'est de ce palais que, le 6 oct. 1809, Napoléon adressa à son armée une proclamation, qui ne précéda que de huit jours la bataille d'Iéna. En 1814, le maréchal Berthier, prince de Neuchâtel, qui avait épousé une princesse bavaroise, tomba (ou se jeta) de l'une des fenêtres supérieures. Une croix rouge peinte contre le mur, indique la place où il se tua sur le pavé.

L'*Obere Karolinenstrasse*, qui s'ouvre entre les deux palais, conduit à la *St-Jakobskirche* du XIe s. (chœur ogival du XIVe s.; façade du XVIIIe s.), au **Michaelsberg** et à la *St-Michaelskirche*, construite en 1121, modernisée de 1700. Elle renferme (à l'extrémité de la grande nef) le monument de St Othon († 1139) et est contiguë à l'ancienne abbaye du Michaelsberg, fondée en 1009 par l'empereur Henri II et dont les beaux bâtiments ont été transformés partie en hospice, partie (le côté S.-E.) en musée.

La *Stædtische Kunst- und Gemældesammlung* (Musée de la Ville; t. l. j. de 10 h. à midi et de 2 h. à 5 h.; 50 pf.) occupe 50 salles et possède plus de 500 tableaux d'une importance secondaire et quelques collections sans grand intérêt.

A g. de l'abbaye, le *Klostergarten* (jardin du couvent; brasserie-restaur.) est très fréquenté surtout les soirs d'été; belle vue.

[**L'Altenburg** (40 min. env. S.; jolie promenade). — On s'y rend par la *Kaulbergstrasse* et l'*Altenburgerweg*. — La *chapelle* de l'ancien château d'Altenburg (386 m. d'alt.) renferme des monuments des comtes de Babenberg et des vitraux; le point de vue est l'un des plus beaux de la Franconie.]

La voie ferrée continue à remonter la vallée du Main, qui offre d'agréables aspects. On aperçoit au S. le *Veitsberg* (462 m.), que couronnent une chapelle et les ruines d'un château; plus près de la voie se dresse à pic le *Staffelberg* (540 m.), qui domine *Staffelstein*.

Sur les hauteurs à g. (rive dr. du Main), l'ancienne *abbaye de Banz*, jadis aux Bénédictins et supprimée en 1803, appartient au duc Maximilien de Bavière; c'est actuellement un des plus beaux châteaux de la Franconie. Le maréchal Berthier (*V.* ci-dessus) est enterré dans l'église. — A dr., presque en face de Banz, sur une éminence de la rive g. du Main, l'église à deux tours des *Vierzehnheiligen* (les quatorze saints), du XVIIIe s., est un but de pèlerinage très fréquenté.

269 k. **Lichtenfels** Ⓑ; à g., ligne d'Eisenach, par Cobourg (*V.* ci-dessus, *A*).

278 k. **Hochstadt** (Ⓑ; ⨯ sur Probstzella).

De Hochstadt à Leipzig, par Probstzella, R. 15, *D*.

La voie franchit le Main. — 285 k. *Kulmbach*, dominé par le château de *Plassenburg*; la bière de Kulmbach jouit d'une réputation méritée.

Le pays est assez pittoresque; on est dans la vallée de la Steinach.

314 k. **Neuenmarkt** (*Neuenmarkt-Wirsberg*; Ⓑ; ⨯ sur Bayreuth), gare à 347 m. d'alt.

[**De Neuenmarkt à Bayreuth** (21 k.; 🚂 en 30 à 40 min., 1 M. 70, 1 M. 05, 70 pf.). — 21 k. Bayreuth (*V.* R. 1).]

La voie s'élève par de fortes rampes; nombreux travaux d'art. Après avoir traversé un bois et décrit une forte courbe, on découvre à dr. une jolie vue sur la vallée du Weisser Main, *Trebgast*, le *Himmelskron*, ancien cloître, *Lanzendorf* et, dans le lointain, *Goldkronach*.

321 k. *Marktschorgast*, stat. à 506 m.; à g., au fond de la vallée, on aperçoit ce triste village. — La voie décrit une courbe énorme, en continuant à monter; à dr., belle vue sur la chaîne du *Fichtelgebirge*, où l'on distingue l'*Ochsenkopf* (1,023 m.), le *Schneeberg* (1,051 m.), le *Rudolfstein* (866 m.) et le *Waldstein* (878 m.). — On atteint le point culminant de la ligne, à la limite des bassins du Rhin (par le Main) et de l'Elbe (par la Saale). — Descente dans la vallée de la Pulschnitz, que l'on franchit.

359 k. **Oberkotzau** Ⓑ; à dr., ligne de Franzensbad-Eger (*V.* ci-dessous : Hof). — On passe dans la vallée de la Saale, que l'on franchit plus loin.

365 k. **Hof** (gare à 505 m.; bon Ⓑ), V. industrielle et commerçante de 39,000 hab., sur la Saale. — *Rathaus* de 1563. — *Michaeliskirche*, gothique du XIIIe s., restaurée en 1885.

[**De Hof à Franzensbad et à Eger** (61 k.; 🚂 en 2 h. et 3 h. env.; 4 M. 70, 3 M., 2 M.). — 6 k. Oberkotzau (*V.* ci-dessus). — 33 k. *Asch*, V. industrielle de la Bohême (Autriche). — 53 k. Franzensbad (*V.* R. 5). — 61 k. Eger (Ⓑ; gare et douane internationale); *V.* R. 1.]

La voie franchit la Saale et sort de Bavière pour entrer en Saxe.

414 k. Plauen (gare supérieure, ou *Obererbahnhof*), V. industrielle (spécialité de broderies et dentelles) de 110,000 hab., à 330-441 m., sur les hauteurs bordant la Weisse Elster. — *Rathaus* de 1470. — Vieux château fort (*Hradchin*, c'est-à-dire fort de la montagne), jadis résidence du bailli (« Vogt ») impérial, d'où le nom de *Voigtland*, donné à la région dont Plauen est le chef-lieu.

[**De Plauen à Eger, par Elster et Franzensbad** (74 k.; 🚂 en 2 h.; 6 M., 3 M. 60, 2 M. 40). — 60 k. de Plauen à Voitersreuth (*V.* p. 22). — 68 k. Franzensbad et (74 k.) Eger Ⓑ, gare internationale sur la ligne de Paris-Nuremberg à Carlsbad-Prague. *V.* R. 1, 2°.]

La voie franchit la vallée de la Weisse Elster sur un viaduc (2 rangées d'arches) long de 297 m. et haut de 75 m.; puis la vallée de la Gœltsch sur un viaduc (4 rangées d'arches), long de 682 m., haut de 93 m., à l'endroit où la vallée est la plus profonde.

439 k. **Reichenbach** (Ⓑ; ✕ sur Gœssnitz-Leipzig), V. manufacturière de 30,000 hab.; c'est là que se forment les trains pour la direction Zwickau-Chemnitz-Dresde.

De Reichenbach à Leipzig, R. 15, *E*.

447 k. *Neumarkt*. — On quitte la ligne de Leipzig et Berlin (R. 5, *D*) pour prendre la direction de l'E.

462 k. **Zwickau** (Ⓑ; hôt. : *Kastner*; *Wagner*, près de la gare), V. industrielle et manufacturière de 70,000 hab., à 243 m., dans une situation agréable sur la Mulde. — *Marienkirche*, belle église gothique, des XVe et XVIe s. (quelques peintures : autel à volets par *Wohlgemuth*, etc.). — *Château d'Osterstein*, du XVIe s., servant de prison. — Nombreuses et riches mines de houille.

478 k. **Glauchau**, V. manufacturière de 25,000 hab., sur la Mulde, avec deux *châteaux* au comte de Schœnburg. — On laisse de côté plusieurs lignes d'intérêt local.

511 k. **Chemnitz** (*Kemnitz*; Ⓑ; hôt. : *Carola*, *Burg Wettin*, près de la gare; *Stadt Gotha*, etc.), grande V. manufacturière de 270,000 hab., à 305 m., dans une vallée aux pieds de l'Erzgebirge et connue par sa fabrication de toiles, de bonneterie, d'étoffes pour meubles, etc. — *Schlosskirche* du XVIe s. dans le château (*Schloss*), ancienne abbaye de Bénédictins, et auj. endroit d'agrément. — *Jakobikirche* du XVe s., altérée par des réparations au XVIIIe s. — Vieux *Rathaus* gothique (fin du XVe s.).

La voie passe dans la jolie vallée de la Flœha. — Viaduc.

551 k. **Freiberg** Ⓑ, V. de 36,000 hab., à 413 m., centre de l'exploitation minière de la Saxe. — **Dom**, église du style ogival tertiaire (1484), rebâtie à la place de celle incendiée au XIIIe s., dont il reste le beau **portail** roman (*Goldene Pforte*), sur le côté S. — *Rathaus* de 1410 et, à côté, *Kaufhaus* (portail de 1545). — Ecole des mines (*Berg Akademie*), fondée en 1765.

579 k. *Tharandt*, à 209 m. d'alt., au débouché de trois vallées. — Tunnel et ponts dans la gorge dite *Plauenscher Grund*.

591 k. **Dresde** (gare centrale, ou *Hauptbahnhof*, dans l'Altstadt); R. 12.

Route 12. — DRESDE ET SES ENVIRONS

Gares : — GARE CENTRALE OU HAUPTBAHNHOF, dans l'Altstadt, au S. du centre de la ville; — NEUSTÆDTER BAHNHOF, dans la Neustadt (rive dr. de l'Elbe), surtout pour la direction Leipzig-Berlin; — WETTINER BAHNHOF et FRIEDRICHSTÆDTER BAHNHOF, à l'O. de l'Altstadt.

Principales curiosités : — **Galerie de tableaux** (p. 66). — **Grünes Gewœlbe** (p. 64). — **Terrasse de Brühl** (p. 63). — ALBERTINUM (p. 63). — **Museum Johanneum** (p. 72). — Environs : LE WALDSCHLŒSSCHEN (p. 74); LOSCHWITZ (p. 74).

DRESDE (*Dresden*; *V.* l'*Index*), V. de 520,000 hab., capit. du royaume de Saxe, est située à 113 m. d'alt., sur l'Elbe, qui la divise en deux parties inégales : l'*Altstadt*, sur la rive g., et la *Neustadt* sur la rive dr., réunies par quatre ponts.

C'est une des villes les plus agréables de l'Allemagne par son aspect, ses musées, ses richesses artistiques, les mœurs de ses habitants. Aussi les étrangers viennent-ils s'y établir en beaucoup plus grand nombre que dans d'autres capitales allemandes.

De la *Brühl*, — haute terrasse qui domine l'Elbe, et les places du Château et du Théâtre, — la ville, avec ses ponts et ses quais, son fleuve, se montre sous un aspect vraiment grandiose.

Histoire. — Quelques misérables cabanes de pêcheurs construites par des Slaves qui étaient venus s'établir sur la rive dr. de l'Elbe, furent l'origine de la ville de Dresde, dont l'existence est attestée, en 1206, par le défi qu'adressa le margrave Didier au burgrave Donha. Le margrave Henri, dit l'Illustre, en fit sa résidence, l'embellit et l'agrandit. Lors du partage de la Saxe entre les princes Ernest et Albert, en 1485, Dresde échut à la ligne Albertine, qui y résida depuis presque sans interruption. Après un grand incendie, en 1491, la ville fut relevée de ses cendres et considérablement embellie. Au XVIe s., George le Barbu et ses successeurs fortifièrent Dresde. Le magnifique Jean-George II s'efforça de donner à sa résidence un grand éclat; mais la période la plus brillante de Dresde est celle du règne des deux Augustes, qui furent élus successivement rois de Pologne. Pendant la guerre de Sept Ans elle fut cruellement maltraitée par le bombardement des Prussiens, du 14 au 30 juillet 1760. En 1813, devenue le pivot des opérations de l'armée française, cette ville fut le théâtre d'une bataille gagnée le 26 et le 27 août par Napoléon sur les Autrichiens, les Russes et les Prussiens réunis.

ITINÉRAIRE. — **1° Terrasse de Brühl; Château Royal et Grünes Gevœlbe; Galerie de tableaux.** — On est ici sur la rive g. de l'Elbe dans la vieille ville (**Altstadt**) et précisément dans le noyau qui représente le Dresde primitif; c'est aussi le centre de la ville, au point de vue des étrangers, formé par la **Schlossplatz** (*place du Château*) et la **Theaterplatz** (*place du Théâtre*; Pl. C, 2), deux places séparées par l'église catholique et autour desquelles sont groupés les principaux monuments : au S., le Château Royal; au S.-O., le Zwinger, renfermant la Galerie de tableaux; à l'O., le Théâtre; à l'E., la terrasse de Brühl et, plus loin, l'Albertinum et le Belvédère.

De la place du Château, un escalier décoré de groupes en bronze (à g. : le *Soir*, le *Matin*; à dr. : la *Nuit*, le *Jour*), par Schilling,

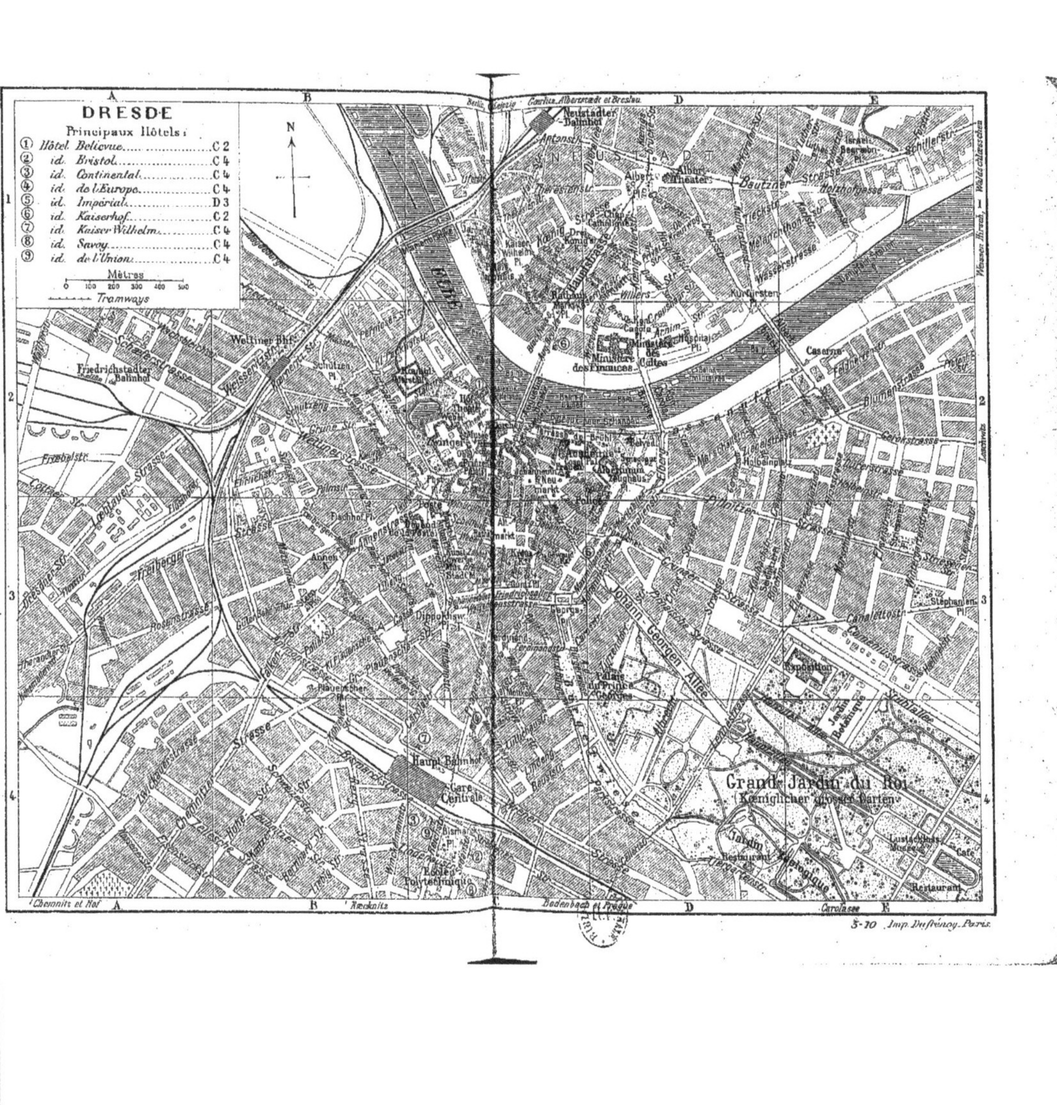
DRESDE
Principaux Hôtels :
① Hôtel Bellevue C 2
② id. Bristol C 4
③ id. Continental C 4
④ id. de l'Europe C 4
⑤ id. Impérial D 3
⑥ id. Kaiserhof C 2
⑦ id. Kaiser Wilhelm C 4
⑧ id. Savoy C 4
⑨ id. de l'Union C 4
Mètres
0 100 200 300 400 500
Tramways
N
Neustadter Bahnhof
Wettiner Bhf.
Friedrichstadter Bahnhof
Haupt Bahnhof
Gare Centrale
Grand Jardin du Roi
Kœniglicher grosser Garten
Exposition
Ministère des Finances
Ministère des Cultes
Caserne
Palais du Prince Georges
Ecole Polytechnique
Chemnitz et Hof
Bodenbach et Prague
Carolasee
3-10 Imp. Dufrénoy. Paris.

monte à la **Brühl'sche Terrasse** (*Terrasse de Brühl*), longue d'env. 400 m. et plantée d'arbres; elle doit son nom aux jardins qu'elle a remplacés pendant la guerre de Sept Ans et qui appartenaient au comte de Brühl, ministre du roi Auguste III (1738). On y jouit d'une vue des plus agréables sur Dresde.

Du côté de la ville (S.), la terrasse est bornée par le *Stændehaus* (palais des Etats), ancien palais de Brühl et par l'ancienne Académie; en face est le *monument de Rietschel* (sculpteur; † 1861), belle œuvre de *Schilling*; plus loin, la nouvelle *Académie des Beaux-Arts*, achevée en 1894, sur les plans de *Lipsius*, est une belle construction dans le style de la Renaissance française, richement décorée de sculptures (au-dessus du porche, statues des Quatre Arts; au-dessus des pavillons d'angle, statues dorées de Phœbus Apollon et de Phantasus, etc.). Cet édifice est réuni, par un petit édifice à coupole surmontée de la statue de la Renommée, à l'*Ausstellungspalast* (palais de l'Exposition) de la Société saxonne des Beaux-Arts (exposition permanente). — A l'extrémité supérieure (E.) de la terrasse, dans le jardin du Belvédère, on voit le *monument de G. Semper* (architecte; † 1879), par *Schilling* et, un peu plus loin à dr., devant l'Albertinum (*V.* ci-dessous), la *statue de L. Richter* (peintre; † 1884), par *Kircheisen*; à g., près du fleuve, est le pavillon du **Belvédère** (café-restaurant très fréquenté; musique le soir, entrée payante); en contre-bas, à l'angle de la terrasse vers l'Elbe, se trouve le *monument de l'électeur Maurice de Saxe* (tué à Sievershausen, 1553). Enfin, tout à fait à l'E., entre la terrasse et la *Zeughausplatz*, est la *Synagogue*, bâtie par *Semper* (1840; l'intérieur, du style oriental, mérite une visite).

A côté et au S. de la Terrasse, l'ancien Arsenal (*Zeughaus*), du XVIe s., rebâti de 1884 à 1889, est devenu **l'Albertinum** (Pl. D, 2; t. l. j. sauf le sam. de 9 à 3 h.; les dim. et fêtes de 11 à 2 h.; gratuit), belle collection de sculptures antiques et de moulages.

Rez-de-chaussée. — Dans la cour, moulages de sculptures modernes.

1er étage. — **Collection de sculptures originales.** — Pour visiter dans l'ordre chronologique, il faut entrer, à g. du vestibule, dans la salle X (des mosaïques) et la traverser ainsi que les suivantes jusqu'à la salle I (égyptienne). — **Salle I** : sculptures égyptiennes ; — **II** : sculptures égyptiennes et assyriennes (34-37 : bas-reliefs en albâtre de Ninive); — **III** : sculptures grecques et vases étrusques; — **IV** : salle de Phidias (copies d'après Phidias; terres cuites grecques); — **V** : salle de Polyclète; — **VI** : salle de Praxitèle (209. Tête de jeune fille; dans les vitrines *N.* et *O.* figurines en terre cuite des IVe et IIIe s. av. J.-C., provenant de Tanagra, de Corinthe, de Myrina, etc.); — **VII** : salle Hellénique; — **VIII** : marbres, terres cuites et bronzes; — **IX** : mosaïques; — **X** : salle des Quatre Lutteurs (450 à 453; 454. Vénus, dite de Dresde); — **XI** : vestibule (*V.* ci-dessus), qu'il faut traverser; — **XII** : salle des femmes d'Herculanum, dont les trois statues (500 à 502) ont été découvertes en 1706 et 1713; — **XIII** : bronzes de la Renaissance et postérieurs (plusieurs modernes, parmi lesquels des œuvres de maîtres français : *Frémiet*, *Barye*, *Dubois*, etc.); — **XIV** : sculptures modernes (marbre, bronzes, bois, etc.).

2e étage. — Riche et belle **collection de moulages**, d'après des originaux égyptiens, assyriens, grecs, romains, italiens de la Renaissance, allemands du Moyen Age et de la Renaissance.

Revenant à la place du Château, on voit, juste en face du pont Auguste, une aile du Château Royal; elle est traversée par une voûte donnant accès à la Schloss-Strasse (*V.* ci-dessous) et dont la décoration, en graffite, représente un cortège princier.

La **Hofkirche** (*église de la Cour*; catholique; Pl. C, 2), réunie par une arcade couverte au Château Royal, a été bâtie, de 1737 à 1751, dans le style rococo par l'Italien *Chiaveri*. La tour, haute de 90 m., ne fut terminée qu'en 1756.

A l'int., au maître-autel, Ascension, par *Raphaël Mengs*; fresques de *Torelli*, *Hütin* et *Palko*; chaire et bel orgue. — Sous la sacristie, caveau de la maison royale. — La *musique* de cette église (messe et vêpres, les dim. et fêtes, de 11 h. à midi et de 4 à 5 h.) est justement renommée.

Le **Château Royal** (*Kœnigliches Schloss*; Pl. C, 2) a été bâti à diverses époques et considérablement restauré et modifié depuis 1890 sous la direction de l'architecte de la cour *Dunger*. La façade du côté du théâtre a été rebâtie dans le style du XVIIe s. — Au centre de la façade N., vers la Hofkirche, une *tour* haute de 101 m., domine la porte dite *Grünertor* (Porte Verte), la grande **cour** (remarquable par ses *tourelles*, renfermant des escaliers, et par sa *loggia* du XVIe s.), où se trouve (dans l'angle S.-O.) l'entrée du Grüne Gewœlbe (*V.* ci-dessous).

L'intérieur (t. l. j. à partir de 9 h., en s'adressant chez le concierge ou « Schlossverwalter »; 1 à 3 pers., 1 M. 50) renferme quelques belles salles, ornées de fresques par *Bendemann*; la chapelle est ornée de peintures du *Guide*, d'*Annibal Carrache*, etc.; dans une chambre de la tour, on a réuni de fort belles *porcelaines de Saxe* du genre rococo.

Au rez-de-chaussée, **Grüne Gewœlbe** (la *Voûte Verte*); on y accède par le grand portail de la Schloss-Strasse (Pl. C, 2), d'où l'on pénètre, à dr., dans la Grande Cour, où se trouve dans l'angle à g. (S.-O.) l'entrée des collections, ouvertes : du 1er mai au 31 oct., t. l. j. en sem. de 9 h., — en mai et oct., de 10 h., — à 2 h. et les dim. et fêtes de 11 à 2 h.; 1 M.; en hiver on visite t. l. j. de 10 h. à 1 h., par société, en payant 9 M. pour 1 à 6 pers. C'est une suite de 8 salles, renfermant une riche et curieuse collection d'env. 3,000 objets, plus ou moins précieux, appartenant à la couronne de Saxe.

Dans le petit vestibule se trouvent : à g., le vestiaire et la caisse; à dr., l'entrée des collections auxquelles on arrive en traversant une pièce servant de bureau; la porte en face de celle par où l'on est entré, s'ouvre sur la

Ire salle : Bronzes. — A dr., 1. Crucifix, par *Jean Bologne*. — 4. Le Taureau Farnèse (copie de l'antique), par *Ad. de Vries*. — 86 et 68. Bellérophon et la Renommée, par *A. Coysevox*. — 87. Statuette équestre du roi Auguste II (Auguste le Fort, roi de Pologne, † 1733), provenant de Paris (par *Le Plat*; 1716). — 67. Statuette équestre de Louis XIV, roi de France. — Les socles supportant les plus grands groupes sont de beaux échantillons de *Boule*.

On laisse à dr. la porte de la salle VIII, pour passer dans la salle II qui s'ouvre en face de la fenêtre.

IIe salle : Ivoires. — Très intéressante collection d'env. 500 pièces de choix. — A dr., collection de pots, cannettes, etc., entre autres : 104. Pot de chasse (Diane et ses suivantes), par *Kœhler*; 395. Vase (Bacchus ivre); 399. Grand pot, le plus grand de la collection (les Vierges sages et les Vierges folles). — 131 (au-dessus d'une vitrine). Chute de Lucifer et des mauvais anges (beau groupe de figures, sculptées dans un seul morceau d'ivoire de 30 cm. de haut). — 40. Berger et joueur d'orgue. — 51, 52 (dans une vitrine près de la fenêtre). Tablettes de triptyque byzantin. — 107. Grand surtout de table (une frégate toutes voiles dehors), par *J. Zeller* (1620).

IIIe **Salle, dite de la Cheminée.** — Au milieu, 249. Cheminée en porcelaine de Saxe, avec chambranle enrichi de pierreries (1782). — Autour de la salle, belles tables florentines (dessus en « pietra dura »). — A g., **émaux,** en très grande partie limousins; à remarquer les beaux vases, coupes et assiettes 6, 7, 8, 10, 11, 12, 13, 14, par *Pierre Courtois* et *Pierre Reymond* (seconde moitié du XVIe s.). — Dans une vitrine : 1. Salière par *Jean Limousin*; 4, 5. Coupes en bronze avec émaux champlevés, du style roman; 250. Coffret (les Travaux d'Hercule) et assiettes à fruits (combat de cavalerie) par *Noël Naudin* de Limoges; au-dessus : peintures en émail. Mosaïques florentines et romaines. — Ouvrages en ambre (devant la colonne au milieu de la salle : 105. Gracieux coffret, du commenc. du XVIIe s.). — 114, 115, 158. Œufs d'autruche, montés en argent. — Coffrets italiens, ornés de figurines et sculptures en cornil, ivoire, etc. — Gobelets formés par des œufs d'autruche (223, 226 et surtout 224), ouvrages allemandes des XVIe, XVIIe et XVIIIe s.

IVe **salle : Argenterie** (cette salle, dite aussi salle du Buffet, est le « Grüne Gewœlbe » proprement dit, qui doit son nom à la couleur de la décoration des parois, ornées de glaces et datant du commenc. du XVIIe s. — Riche collection d'argenterie (fin du XVIe et commenc. du XVIIe s.) appartenant à la couronne de Saxe : vaisselle d'or, de vermeil et d'argent qui servait (et sert encore, en partie) aux festins donnés par les princes saxons; coffrets, horloges, etc. — A g., 145. Riche boîte à ouvrages de dame (1590). — 5. Gobelet, par *J.-A. Thelott* (1714); 10. Surtout de table, par *U. Wolff* (1611); 9. Cruche (sur le couvercle, le roi Midas), de 1629; 11. Aiguière (le Baptême de J.-C.), de 1617. — 185, 18, 27. Grandes coupes (« Pokale ») par *P. Wiber* (XVIIe s.). — Sur les tables près des fenêtres : calice, ampoules, corne à boire; 33. Reliquaire (commenc. du XVIe s.). — Sur la paroi : 34. Bassin baptismal de la maison royale de Saxe, par *D. Kellerthaler* (1615). — Plus loin, sur une table, cornes à boire et (57) grande aiguière (le défi entre Apollon et Pan), par *D. Kellerthaler* (1629). — 110. Miroir (fin du XVIe s.). — 115. Coffret à bijoux, d'un très beau travail, par *W. Jamnitzer* (XVIe s.). — 183. Grande coupe en vermeil (les Quatre Saisons; XVIIe s.). — 181. Grande aiguière. — 256. Cruche, et 252, 254. Pots à couvercle (XVIe s.). — 268. Flacon en verre opalin (1574). — Au milieu, contre le pilier, grande horloge de Boule.

V[e] **salle : Pierres précieuses.** — Vases et coupes en lapis-lazuli, calcédoine, agathe, cristal de roche, etc. — A g., 1. Grand **camée** antique en onyx (buste d'Octavien-Auguste) richement monté au temps d'Auguste II; 381. Coupe à bijoux de la princesse Magda-Sibylle de Danemark (1651). — 153. Vase en fer sculpté, par *J.-M. Dinglinger*. — 146. Belle corniche de cheminée, avec figures en pierres de couleur, par *J.-B. Schwarzburger* (1680); au-dessus, 152. Madone (le plus grand émail connu sur cuivre), par *G.-F. Dinglinger* (1712).

Dans l'angle à g. se trouve le petit cabinet formant la salle VI; à cause de sa petitesse il ne peut être visité que par un nombre restreint de personnes à la fois; c'est pourquoi — aux moments d'une très grande fréquence de visiteurs, — l'accès en est momentanément défendu.

VIe **salle.** — Cabinet d'angle : objets de fantaisie, bibelots en or, pierres précieuses, etc. — **Collection** très curieuse de personnages formés de matières précieuses et, principalement, de perles; figurines en ivoire. — 25. Horloges.

On rentre dans la Ve **salle** pour en continuer le tour sur la g. — Coupes et cruches; 12. Célèbre **coupe** en onyx montée en filigrane d'or (travail italien du XVIe s.). — 140. Horloge dite la Tour de Babel (1602). — 163. Coffret (ou encrier) par *W. Jamnitzer* (1562). — 171. Double miroir (cadeau du duc Emmanuel-Philibert de Savoie à l'Electeur Auguste; XVIe s.). — 436. Petit autel, richement orné (XVIIe s.).

VIIe salle : Armoiries. — Couronnes et insignes d'Auguste III (1731). — Bas-reliefs en albâtre, cire, bois, etc.; objets divers en bois, cire, mie de pain; noyaux de cerise sculptés, etc.

VIIIe salle : Joyaux. — La plus remarquable par la valeur et la splendeur des objets qu'elle renferme. Parmi ces merveilles se trouvent de nombreux ouvrages de J.-M. Dinglinger, qui travaillait en 1702-1728 et qu'on peut à juste titre appeler le Benvenuto Cellini de la Saxe. — Dans la vitrine à 6 compartiments à g., sont réunis les bijoux, les gemmes et les insignes du **trésor royal.** — Près de la 1re fenêtre, sur une table : 203. Service à thé, en or émaillé et ivoire, par *Dinglinger.* — Entre les deux fenêtres : 204. La **Cour du Grand-Mogol** (l'empereur Aureng-Zeb entouré de ses courtisans et de ses gardes; en tout 138 figurines en or pur émaillé; cet ouvrage a coûté à l'artiste 8 années de travail). — Sur une table près de la 2e fenêtre : 199. Célèbre **Onyx**, avec monture en diamants, émeraudes et perles, par *Dinglinger.* — Vitrine à 5 compartiments : garnitures en écaille, en cornaline, en topazes avec brillants; insignes d'ordres; médaillons, etc. — Superbes **armes de luxe**, chefs-d'œuvre de l'orfèvrerie du XVIe s. (entre autres la grande épée électorale de Saxe, dans une gaine dorée et ajourée; 1566).

On sort par la porte donnant sur la pièce servant de bureau, par laquelle on est entré.

Au N.-O. du Château Royal s'étend la **Theaterplatz,** avec le *monument du roi Jean* (le traducteur de Dante; † 1881) par *Schilling* (1889). A l'O. de la place, le **Hoftheater** (*Théâtre de la Cour*; Pl. C, 2) est un bel édifice du style Renaissance, bâti par *G. Semper*, reconstruit et agrandi après l'incendie de 1869, sous la direction de son fils Manfred. Le quadrige en bronze du couronnement est l'œuvre de *Schilling.* — A côté du théâtre et le séparant du Musée, *statue de Weber* († 1826), modelée par *Rietschel* (1860).

Le **Museum** (Pl. C, 2), qui forme l'aile N.-E. de l'édifice du Zwinger (*V.* ci-dessous), a été bâti par *Semper* de 1847 à 1855. Cette belle construction, du style Renaissance et ornée de statues par *Rietschel* et *Hæhnel*, renferme la célèbre galerie de tableaux et la collection de dessins et de gravures. Son directeur est le Dr *C. Wœrmann.*

La **galerie de tableaux** (dim. et fêtes de 11 à 2 h., entrée libre; lundi, du 1er mai au 31 oct., de 9 à 1 h., du 1er nov. au 30 nov., de 10 à 2 h., entrée, 1 M. 50; mardi, jeudi, vend., en été de 9 à 5 h., en hiver de 10 à 3 h., entrée libre; merc. et sam., entrée, 50 pf.) occupe une partie du rez-de-chaussée, le 1er et le 2e étage. On y accède par la grande porte, qui s'ouvre dans la façade sur la place du Théâtre.

Cette galerie est, sans contredit, une des plus riches et des plus intéressantes du monde. Auguste III, électeur de Saxe et roi de Pologne, commença à la former vers le milieu du XVIIIe s., et ses successeurs ont pris à cœur de continuer son ouvrage. Elle n'est pas riche en œuvres de l'époque antérieure à la Renaissance, mais elle brille par le nombre et la valeur des chefs-d'œuvre, surtout des maîtres italiens (notamment Raphaël, Titien, Paul Véronèse et Corrège) et des maîtres des Pays-Bas (Rembrandt, Wouwerman et Ruysdael y sont particulièrement bien représentés) du XVIe et du XVIIe s. Viennent ensuite les Allemands, les Espagnols et les Français.

Du vestibule, — où se trouvent la caisse (on y vend, les lundi, merc. et sam., les cartes d'entrée) et le vestiaire, — on passe à dr. (N.-O.) dans les cabinets 39-43 et à g. (S.-E.) dans les cabinets 52 à 69 du rez-de-chaussée.

Rez-de-chaussée, côté N.-O. — **Cabinets 39 à 43.** — Maîtres allemands du XIXe s.

Cabinet 40 (de Friedrich). — 2194. *Friedrich.* Clair de lune; 2260. *Dreber.* Diane au bain.

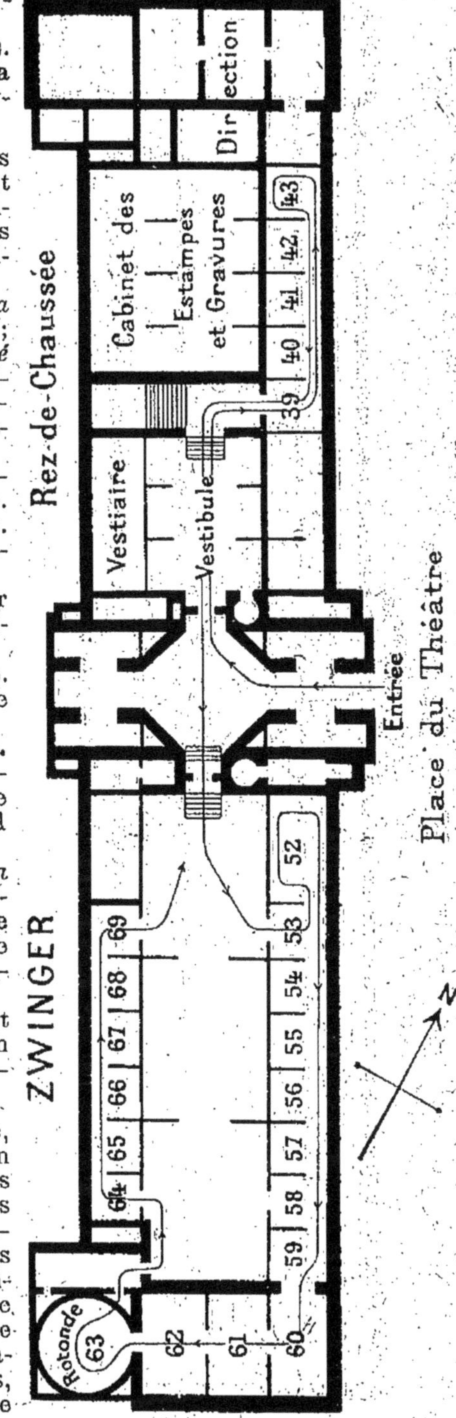

Cabinet 41. — 2483. *Riefstahl*. Enterrement au Panthéon (Rome).

Cabinet 48. (Acquisitions récentes). — Sans n° : *Claude Monet*. Bords de la Seine près Lavancourt [très beau paysage].

Rez-de-chaussée, côté S.-E. — Les grandes salles centrales, faiblement éclairées, contiennent des grandes peintures décoratives de maîtres vénitiens du XVIIIe s.; à g. on entre dans le cabinet 53, d'où l'on passe dans le 52.

Cabinet 52. — Pastels, par *Rosalba Carriera, R. Mengs, Félicité Robert*, etc.; miniatures par *B. Carriera, Félicité Hoffmann, J. et R. Mengs, J.-B. Augustin* (135. Napoléon; 143. Jérôme Bonaparte), *J.-B. Isabey* (135. Jérôme Bonaparte); etc.

53 (Français). — 760. *Rigaud*. Auguste III.—783. *Nattier*. Maurice de Saxe.

54 (Français). — 781, 782. *Watteau*. Réunions champêtres. — 784-786. *Lancret*. Fêtes champêtres.

55 et 56 (Allemands). — Portraits par *Denner, Graff* (2167, son portrait), *Angelica Kauffmann*, etc.

57 (Italiens). — 454. *Battoni*. Madeleine. — 582. *Canaletto* (Ant. Canale). Eglise San Giovanni e Paolo à Venise.

60, 61, 62 (du Canaletto). — 603-605. *Canaletto* (Bern. Belotto). Vues de Padoue et de Vérone; 616-617. Vues de Dresde; 618-627. Vues de Pirna; 629-631 et 637. Vues de Dresde.

63 (Rotonde). — Pastels par *Rosalba Carriera, M.-Q. de Latour* (163, 164. Portraits), **J.-E. Liotard** (161. **Chocolatière Viennoise**; 162. **La belle Liseuse**; c'est le portrait de Mlle Lavigne, nièce du peintre).

Les autres cabinets ne renferment rien d'absolument intéressant. — On revient au vestibule pour monter à l'étage supérieur.

1er étage. — D'une rotonde centrale, qui est comme le point d'intersection des écoles, partent deux suites de trois salles à g. et trois à dr. Ces deux suites se terminent, aux extrémités du bâtiment, chacune par trois vastes pièces et sur leurs flancs, dans toute la longueur de l'édifice, s'étend une autre suite de 21 cabinets d'un côté et 10 de l'autre. D'un côté sont les maîtres espagnols, français, allemands et flamands, dont la série se termine par l'excellente

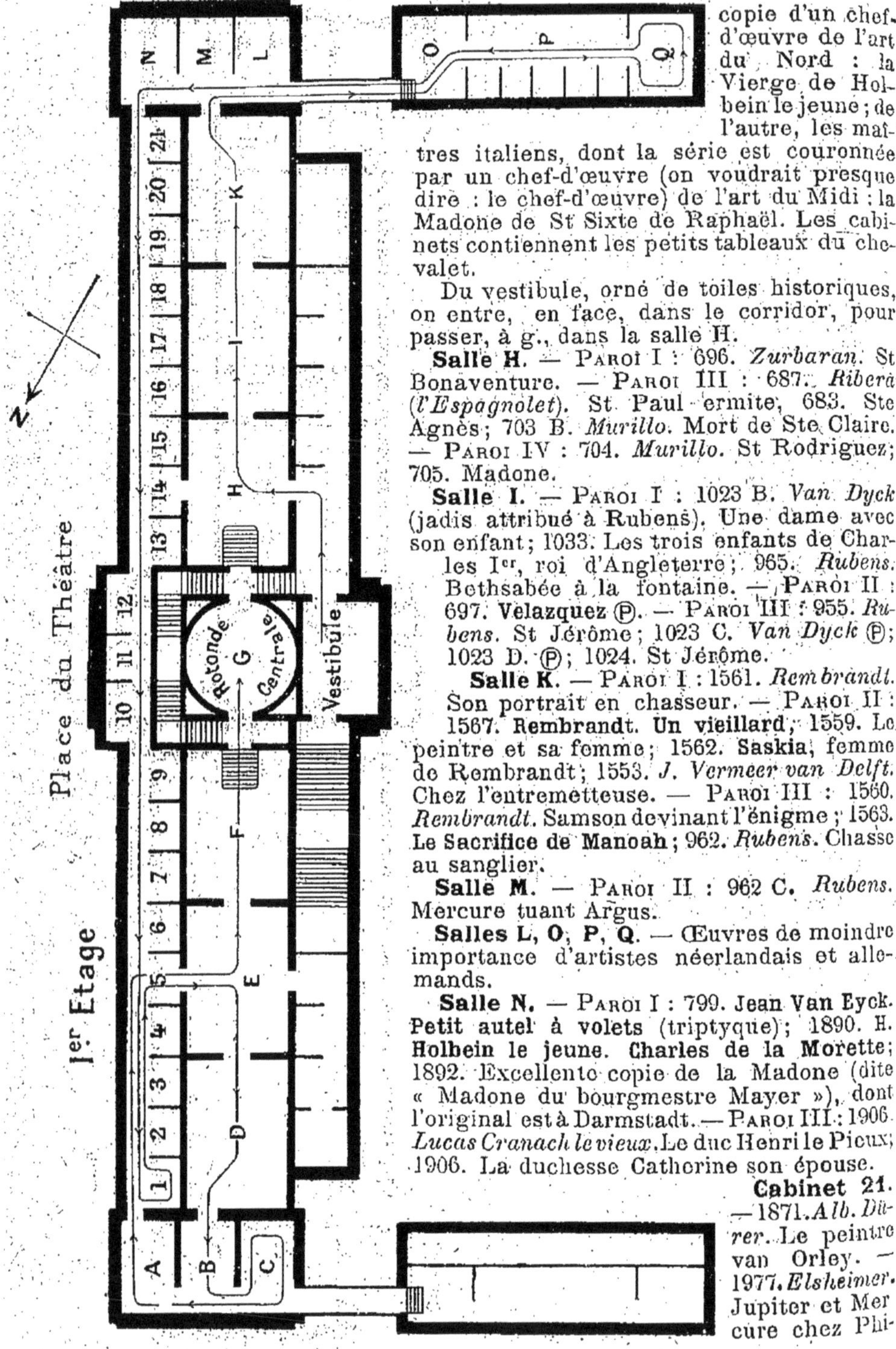

copie d'un chef-d'œuvre de l'art du Nord : la Vierge de Holbein le jeune ; de l'autre, les maîtres italiens, dont la série est couronnée par un chef-d'œuvre (on voudrait presque dire : le chef-d'œuvre) de l'art du Midi : la Madone de St Sixte de Raphaël. Les cabinets contiennent les petits tableaux du chevalet.

Du vestibule, orné de toiles historiques, on entre, en face, dans le corridor, pour passer, à g., dans la salle H.

Salle H. — Paroi I : 696. *Zurbaran.* St Bonaventure. — Paroi III : 687. *Ribera (l'Espagnolet).* St Paul ermite, 683. Ste Agnès ; 703 B. *Murillo.* Mort de Ste Claire. — Paroi IV : 704. *Murillo.* St Rodriguez ; 705. Madone.

Salle I. — Paroi I : 1023 B. *Van Dyck* (jadis attribué à Rubens). Une dame avec son enfant ; 1033. Les trois enfants de Charles Ier, roi d'Angleterre ; 965. *Rubens.* Bethsabée à la fontaine. — Paroi II : 697. **Velazquez** Ⓟ. — Paroi III : 955. *Rubens.* St Jérôme ; 1023 C. *Van Dyck* Ⓟ ; 1023 D. Ⓟ ; 1024. St Jérôme.

Salle K. — Paroi I : 1561. *Rembrandt.* Son portrait en chasseur. — Paroi II : 1567. **Rembrandt. Un vieillard** ; 1559. Le peintre et sa femme ; 1562. **Saskia**, femme de Rembrandt ; 1553. *J. Vermeer van Delft.* Chez l'entremetteuse. — Paroi III : 1560. *Rembrandt.* Samson devinant l'énigme ; 1563. **Le Sacrifice de Manoah** ; 962. *Rubens.* Chasse au sanglier.

Salle M. — Paroi II : 962 C. *Rubens.* Mercure tuant Argus.

Salles L, O, P, Q. — Œuvres de moindre importance d'artistes néerlandais et allemands.

Salle N. — Paroi I : 799. **Jean Van Eyck. Petit autel à volets** (triptyque) ; 1890. **H. Holbein le jeune. Charles de la Morette** ; 1892. Excellente copie de la Madone (dite « Madone du bourgmestre Mayer »), dont l'original est à Darmstadt. — Paroi III : 1906. *Lucas Cranach le vieux.* Le duc Henri le Pieux ; 1906. La duchesse Catherine son épouse.

Cabinet 21. — 1871. *Alb. Dürer.* Le peintre van Orley. — 1977. *Elsheimer.* Jupiter et Mercure chez Philémon et Baucis; 1978. Fuite en Egypte. — 1889. *H. Holbein le jeune*. Sir Th. Godsalve et son fils.

20. — 1032. *A. van Dyck*. Vieil Ecossais. — 1081. *D. Teniers*. Kermesse; 1075. Le peintre au cabaret.

19. — 1097. *Gonzales Coques*. Réunion de famille. — 1059. *Adr. Brouwer*. Querelle de paysans.

18. — 1078. *D. Teniers*. Kermesse.

17. — 1261. *J.-D. de Heem*. Nature morte. — 1350. *Netscher*. Mme de Montespan; 1347. Amateurs de musique.

16. —1830 à 1833. *G. Terborch*. Scènes d'intérieur. — 1396. *A. van Ostade*. Cabaret; 1397. Son atelier. — 1732. *Metsu*. Au déjeuner.

15. — 1338 B et C. *Van Goyen*. Hiver et Eté. — 1424. *Wouwerman*. Ecurie; 1463. Combat de cavalerie. — 1366. *Héda*. Déjeuner. — 1704. *G. Dou*. Le peintre dans son atelier; 1707. Joueur de violon.

14. — 1659. *A. van de Velde*. Patineurs. — 1556. *Rembrandt*. Saskia, sa fiancée; 1558. W. Burgaeff.

13. — 1629, 1630. *P. Potter*. Pâturages.

12. — 1664. *M. Hobbema*. Paysage. — 1492. *Jac. van Ruysdael*. La Chasse.

11. — 1494. *J. van Ruysdael*. Le Cloître; 1500. Chemin sous bois. — 1358, 1359. *Frans Hals* Ⓟ. — 1750, 1751. *Fr. Mieris*. Le peintre dans son atelier. — 1496. *J. van Ruysdael*. Château de Bentheim; 1502. Cimetière juif. — 1733, 1734. *G. Metsu*. Marchands de volaille.

10. — 1497, 1498. *J. van Ruysdael*. Paysages. — 1336. *J. Vermeer van Delft*. Jeune fille lisant une lettre.

9, 8, 7. — Hollandais des XVIIe et XVIIIe s.

6. — 731. *Claude Lorrain*. Paysage avec Acis et Galatée; 750. Paysage avec la Fuite en Egypte.

5. — 508. *Carlo Dolci*. Hérodiade; 509. Ste Cécile.

4. — 323. *Guido Reni*. Le Christ couronné d'épines; — 309, *Annibale Carracci*. Tête du Christ.

3. 291. *Paolo Morando (il Cavazzola)*. Ⓟ. — 75. *Franciabigio*. Urias et Bethsabée.

2. — 188. *Palma le Vieux*. Madone et Saints; 191. Ste Famille; 189, Trois sœurs. — 169. **Titien. Le Denier de César** [chef-d'œuvre d'expression, de fini, de couleur].

1. — 49. *Franc. Francia*. Adoration des Rois. — 51. *Andrea Mantegna*. St Joseph, Ste Elisabeth et le petit St Jean.

On revient au cabinet 5 pour passer dans la salle E.

Salle E. — PAROI I : 225. **Paul Véronèse** (*Paolo Caliari*). Adoration des Rois; 226. **Noces de Cana**; 170. *Titien* (*Tiziano Vecelli*). Sa fille Lavinia, en nouvelle mariée. — PAROI II : 171. *Titien*. Sa fille Lavinia, en femme d'âge mûr; 190. *Palma le vieux*. Vénus au repos; 185. *Giorgione* (achevé par Titien). Vénus sommeillant; *P. Véronèse*. Daniel Barbaro. — PAROI III : *P. Véronèse*. 224. La Foi, l'Espérance et la Charité présentant les membres de la famille Concina à la Vierge, assise entre St Jean-Baptiste et St Jérôme; 227. Crucifiement. — PAROI IV : 172. *Titien* Ⓟ.

Salle D. — PAROI I : 153. **Corrège** (*Ant. Allegri*). Madone et Saints; 152. **Nativité** (tableau connu sous le nom de « la Nuit ») 168. *Titien*. Madone et Saints; 151. *Corrège*. La Vierge apparaissant à trois Saints; 150. Madone et Saints. — PAROI III : 177. *Andrea del Sarto*. Sacrifice d'Abraham.

Salle C. — Italiens des XVIe et XVIIe s.; copies. — Un corridor et quelques marches conduisent aux **salles R** et **S**, renfermant des œuvres de moindre importance de maîtres italiens de toute époque.

Salle B. — PAROI II : 103. *Jules Romain* (*Giulio Pippi*). Madone à la bassine (« della Catinella »). — PAROI III : 52. *Antonello da Messina*. St Sébastien.

Salle A. — 93. **Raphaël** (*R. Santi*). **La Madone de San Sisto** [la V. portant l'Enf. J.; à sa dr. St Sixte, à sa g., Ste Barbe; retable peint entre 1515 et 1517 pour l'église du couvent de San Sisto à Plaisance; il fut acheté pour 20,000 ducats en 1753), [un des chefs-d'œuvre de la peinture].

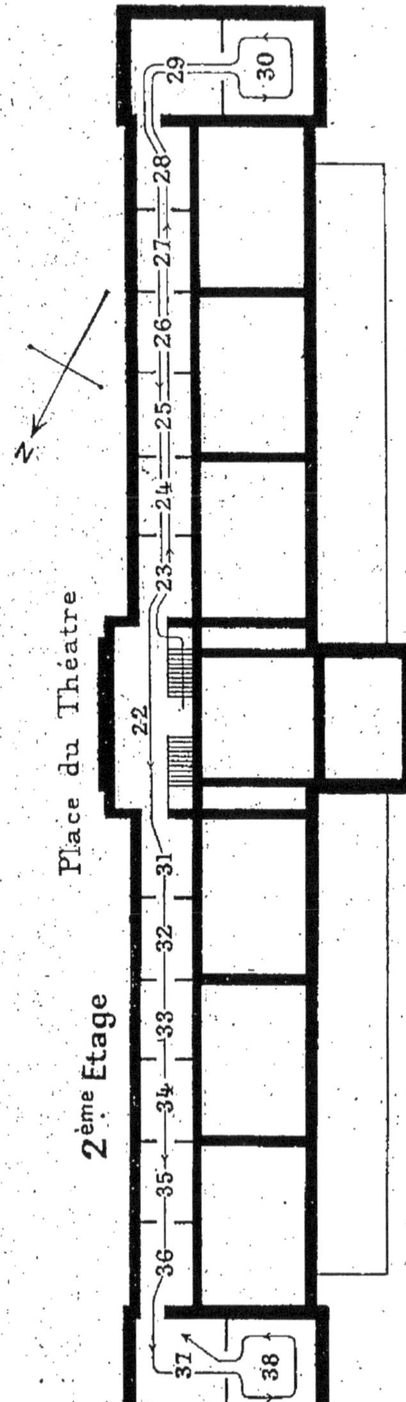

On revient, par les cabinets 1 à 5, dans la salle E, d'où l'on passe, à g., dans la salle F.

Salle F. — Paroi I : 408. *Michelangelo da Caravaggio (Amerighi).* Le Tricheur. — 230. *Paul Véronèse.* Paysage avec le bon Samaritain. — Paroi II : 324. *Guido Reni.* Vénus et l'Amour.

Salle G ; Rotonde. — *Tapisseries* flamandes et anglaises ; les six inférieures (Crucifiement, Ascension, etc.) probablement d'après Quentin Matsys ; les six supérieures, d'après celles de Raphaël, dont les cartons se trouvent au musée de South-Kensington, à Londres.

Escalier (Pl. 22). — 2518. *Gérard.* Napoléon dans le costume du sacre.

2e *étage.* — **Peintures modernes** ; la visite commence par le cabinet 23 (à dr. du vestibule).

Cabinet 23. — 2503. *F. Preller.* Centaures. — 2230. *Richter.* Paysage. — 2217. *L. Schnorr.* Ste Famille. — 2470. *Feuerbach.* Madone.

24. — 2449. *Dœrr.* L'Atelier du peintre Bonnat. — 2207. *Dahl.* Paysage norvégien.

25. — 2407. *Leibl.* Tête de femme. — 2345. *And. Achenbach.* Plage hollandaise. — 2362. *Benj. Vautier.* Bal. — 2360. *Osw. Achenbach.* Golfe de Naples.

26. — 2401. *Brandt.* Pillards polonais. — 2455. *Meyerheim.* Ménagerie. — 2448. *Knaus.* Derrière le rideau.

27. — 2408. *Leibl.* Jeunes filles cousant. — 2287. *Pauwels.* Un prince visitant un asile. — 2400. *Gabriel Max.* Un Pater. — 2411. *Ed. Grützner.* Dans la bibliothèque du couvent. — 2387. *Defregger.* Les Adieux au chalet.

28. — 2374. *Normann.* Rafssund (Norvège). — 2477. *Munkacsy.* Jésus en croix.

29. — 2265. *H. Hoffmann.* La Femme adultère. — 2480. *Lessing.* Incendie d'un monastère.

30. — 2531. *Calame.* Paysage. — 2388. *Defregger.* Insurgés tiroliens (1809).

Il faut revenir sur ses pas jusqu'à l'escalier (Pl. 22) pour entrer dans le cabinet 31 (côté g. du Musée).

Cabinet 31. — 2540. *Const. Meunier.* Le Puddleur ; — 2487. *Thoma.* Son Ⓟ ; 2460. Mise au tombeau. — 2523. *Puvis de Chavannes.* La Famille du pêcheur.

32. — 2443. *A. v. Menzel.* Motif de Kissingen.

33. — 2442. *A. v. Menzel.* La Place delle Erbe à Vérone. — 2324. *Kuehl.* Le pont Auguste à Dresde, en hiver.

34. — 2456. *Skarbina.* Cabaret belge. — 2441. *A. v. Menzel.* Sermon dans la Klosterkirche (Berlin); — 2534. *A. Bœcklin.* Eté. — 2366. *Gebhardt.* Jacob luttant avec l'Ange. — 2457. *Liebermann.* Femme cousant. — 2391. *Lenbach.* Paul Heyse. — 2416. *Dill.* Paysage (effet de soir). — 2532. *Bœcklin.* Pan et Syrinx; 2535. La Guerre; — 2486. *Thoma.* Le Gardien de la vallée; — 2528. *Harrisson.* Soir sur l'eau.

35. — 2516. *Dettmann.* Abordage difficile. — 2496. *Kalckreuth.* L'Age.

36. — 3417. *F. von Uhde.* Nuit de Noël. — 2533. *Bœcklin.* Fête du Printemps.

37. — 3522. *Courbet.* Le Casseur de pierres. — 2519. *P. Delaroche.* La cantatrice Henriette Sontag. — 2389. *Lenbach.* Minghetti (homme d'Etat italien).

38. — 2427 a. *Slevogt.* Un chevalier chrétien s'arrache aux étreintes des femmes d'un harem qui s'efforcent de le retenir [sujet baroque et exécution saugrenue]. — 3472. *Hans Mackart.* L'Eté.

Collection d'estampes et gravures (au rez-de-chaussée de l'aile dr. du Museum; dim. et fêtes de 11 à 2 h., mardi et sam. de 9 à 2 h. en été et de 10 à 3 h. en hiver). Elle renferme plus de 500,000 feuilles et non seulement des estampes et gravures, mais aussi des dessins, des aquarelles, et un grand nombre de photographies. Un choix des plus belles et des plus intéressantes parmi ces œuvres est exposé dans les salles A (dessins et gravures) et D (aquarelles et pastels).

Le **Zwinger** (Pl. C, 2), dont la galerie de peinture forme l'aile N.-E., est un élégant édifice du style rococo, commencé par Auguste II en 1711 et qui ne devait être que la cour d'entrée d'un grand palais, dont la construction n'a jamais été entreprise. Il se compose d'une galerie oblongue, couverte en terrasse, avec quatre grands pavillons aux quatre angles et deux pavillons, plus petits, au milieu des deux petits côtés. Quatre jets d'eau jaillissent dans la cour, transformée en jardin et où s'élève la *statue du roi Frédéric-Auguste* († 1827), par *Rietschel.*

Dans l'aile N.-O. sont installées les riches collections du *Musée minéralogique, géologique et paléontologique*, avec la *collection préhistorique* (entrée par l'aile S.-O., qui donne sur l'Ostra Allée; lundi, mardi, jeudi, vend. de 10 à 12 h., merc. et sam. de 1 à 3 h., dim. et fêtes de 11 à 1 h.; gratuit), remarquable surtout par sa collection de pétrifications. — Dans l'aile opposée se trouve le *Musée zoologique, anthropologique et ethnographique* (dim. et fêtes, lundi, mardi, jeudi et vendr. de 11 à 1 h.; mercr. et sam. de 1 à 3 h.; gratuit), qui renferme d'intéressantes collections (oiseaux avec nids et œufs, surtout oiseaux de paradis; objets des îles de la Sonde, de la Polynésie, etc.).

2° Centre de la ville; Johanneum; Grand-Jardin Royal. — A l'E. du Zwinger s'étend une place, sur laquelle a été élevé, en 1895, un *obélisque*, haut de 19 m., en commémoration du 800e anniversaire de la maison de Wettin, souche de la maison royale de Saxe actuelle. Sur le côté S., on voit le *Prinzen-Palais* (Pl. C, 2), du XVIIIe s., et, au delà, la *Sophienkirche*, église gothique des XIIIe et XIVe s., restaurée vers 1870. Plus au S., la fontaine, dite *Georgsbrunnen*, a été érigée en 1887, d'après *Mœckel* et *Hæhnel.* — De ce côté, la *Sophienstrasse* conduit vers le S. à la **Postplatz** (Pl. C, 2), sur laquelle se trouve la **Poste**; la *fontaine*, ornée de statuettes a été renouvelée en 1891. — Derrière et au S. de la Poste sont les *Halles* (*Markthalle*) et, au delà, le *Stadt-Museum* (Johannesstr., 18; dim., lundi, 11 à 2 h.; gratuit), collection d'intérêt local.

De la Postplatz la *Wilsdruferstrasse*, l'une des rues les plus fréquentées de la ville, conduit à l'**Altmarkt** (Pl. C, 3), place très animée, au cœur de la vieille ville et ornée d'un *monument commémoratif de 1870-1871*, exécuté par *Cellai*, d'après *Henze*. Sur le côté O., le *Rathaus* date de 1745. — Près et au S.-E. de la place, la *Kreuzkirche*, du XVIIIe s., restaurée de nos jours, a une tour haute de 95 m.

Au N.-E. et non loin de l'Altmarkt, est le **Neumarkt** (Pl. C, 2) avec, au N., la *Frauenkirche*, église à coupole de la première moitié du XVIIIe s., devant laquelle s'élève un *monument de Luther*, reproduction partielle de celui de Worms. Sur la place au S.-E. on voit la *statue du roi Frédéric-Auguste II* (✝ 1854) entourée de la *Piété*, de la *Sagesse*, de la *Justice* et de la *Force*, par *Hæhnel*. — Derrière l'église, vers l'E. (au n° 12, an der Frauenkirche) est le **Cosel-Palais** (dim. et fêtes, de 11 à 2 h.; en sem. de 9 à 3 h.; gratuit).

A l'int. : reproductions d'œuvres plastiques de maîtres français modernes : *Bartholomé*, *Frémiet*, *Barye*, *Dubois*, *Carlès*, *Rodin*, etc.

A l'extrémité N.-O. du Neumarkt est le **Museum Johanneum** (ou le *Johanneum*, tout court; Pl. C, 2; entrée par l'Augustusstr.; dim. et fêtes de 11 à 2 h., entrée, 25 pf.; les autres j., en été, de 9 à 2 h., en hiver de 10 à 2 h.; entrée, 50 pf., lundi 1 M. 50), comprenant : le Musée Historique, la Galerie d'Armes, la Collection de Porcelaines. On remarquera la *cour* pittoresque, dont le côté N.-E. est formé par les anciennes écuries royales.

1er *étage*. — **Musée Historique** (*Historisches Museum*), l'un des plus importants de l'Europe. — Entrée : meubles d'art des XVIe et XVIIe s.; à la paroi d'entrée, deux armoires ornées de marqueterie, par *H. Schifferstein*, (1615); près de la fenêtre, tables de jeu en cyprès sculpté ; objets de toilette ; etc. — On entre, en face, dans la salle A.

Salle A (*Kunst-Kammer* ou salle d'art). — Petits meubles, coffrets (dont un, pour bijoux, en ébène et argent, par *Kellerdaler*, 1585), verres, coupes, etc.

Salle B. — Armes du moyen âge, du IXe au XVIe s.

Salle C. — Armures et armes de tournois à cheval, du XVIe s.

Salle D. — Armes de tournois à pied et autres joutes, ayant eu lieu à la cour de Saxe, de la fin du XVIe au commencement du XVIIIe s. — A g., 1. Armure de gala du duc Charles-Emmanuel I de Savoie (1580-1630), par l'armurier *Negroli* de Milan ; 2 et 3. Armures en argent massif avec gravures, du prince-électeur Christian I et du prince Christian d'Anhalt, exécutées à Dresde (1591).

Salle E. — Armures d'apparat et armes de princes de la maison de Saxe. — Au milieu : 7. **Armure de gala** complète (pour l'homme et le cheval), du prince-électeur Christian, par l'orfèvre nurembergeois *H. Knopf* (1606; sur l'armure du cavalier sont gravées des scènes de l'histoire de Troie et des Argonautes; sur celle du cheval, les Travaux d'Hercule). — Dans les vitrines, armes, boucliers, morions, casques, etc.

Salle F. — Pistolets (XVIe au XVIIe s.) et mousquetons.

Salle G. — Armes de guerre et armes historiques. — Dans la 1re vitrine : n° 137. Dague de Luther.

Salle H. — Armes de parade, armes historiques et armes de guerre des temps modernes; à la porte d'entrée de la salle suivante, bannière et fanions pris aux Turcs pendant les campagnes du XVIIe s. — Vitr. I : 9 et 11. Epée et pistolet d'arçon de Charles XII, roi de Suède; 13 et 14. Epées de Pierre le Grand.

Salle I. — Tente turque, prise par Sobieski au siège de Vienne en 1683 (elle appartenait au vizir Kara-Mustapha). — Vitr. I à III : armes turques et orientales. — Vitr. IV, n° 175, armure polonaise (1680); n° 176, bouclier de gala du roi Stanislas Sobieski.

Salle K. — Selles et harnachements : 10. Harnachement turc de l'électeur Jean-George IV, provenant d'Italie et orné plus tard de rosettes en rubis (550 en tout) et diamants (40); 11. Harnachement du même prince, orné de 700 diamants et de plus de 500 perles; 13. Harnachement du roi Auguste le Fort. — Vitr. XI : Selle en velours rouge, dont se servit Napoléon pendant son séjour à Dresde en 1813 et autres souvenirs de l'empereur.

Salle L. — Costumes, habits de cour et de cérémonie des XVIIe et XVIIIe s. En sortant de cette salle, on traverse la salle B pour entrer, dans l'angle en face, à dr., dans la salle M.

Salle M. — Armes et instruments de chasse. — I. Table de voyage et de chasse, avec ornements en argent, du prince-électeur Jean-George I; 2. Objets servant à la chasse au faucon. — Vitr. V : Armes de luxe (248. Cor de chasse du XIIe s.; 263-265. Garniture de chasse de Christian II; etc.).

Galerie d'Armes (*Gewehrgalerie*). — Riche collection d'armes, surtout à feu; de beaux bois de cerf; de peintures représentant des tournois; etc.

2e étage. — **Collection de Porcelaines et de Vases** (*Porzellan- und Gefæss-Sammlung*; entrée par la cour et la porte en face de celle donnant accès au Musée historique; dim. et fêtes, 11 à 2 h., 25 pf.; en semaine, 9 ou 10 à 2 h., 50 pf.; samedi; 1 M. 50) très intéressante; elle compte env. 20,000 pièces, classées chronologiquement et provenant de la Chine, du Japon, des Indes, de France, de Saxe. — VESTIBULE : majoliques italiennes. — Ire SALLE : porcelaines de Chine des meilleures époques et de toutes les familles : vitrine 11, A et C; vitrine 13 C; sur l'estrade 19, grands vases de la « famille verte »; sur l'estrade du milieu, vases monumentaux; etc.). L'extrémité S. de cette salle, ainsi que le passage conduisant à la salle II, sont affectés aux porcelaines du Japon (à noter les vases, avec figures de grues, sur l'estrade 55, C, et les porcelaines rouges de l'estrade 55, D). — SALLE II : porcelaines de Saxe, ou, plus précisément, de Meissen (XVIIIe s. : vitrines et pupitres 63 à 102; on remarquera la collection de figurines du genre rococo, de la vitrine 82; XIXe et XXe s. : vitrines et pupitres 102 à 105); porcelaines d'autres pays allemands, de Copenhague et de St-Pétersbourg. La France (Sèvres) est représentée par un superbe bouquet de fleurs, avec figures, sur socle de bronze (dans le kiosque isolé 110), par le magnifique service à thé (pupitre 115, près de la fenêtre), orné des portraits d'hommes célèbres, par *De Marne*, *Drolling*, etc., et par les six grands vases bleus « a campana » et les deux vases à fond écaille, sur lesquels *Georget* a peint Napoléon visitant un hôpital de campagne et Napoléon saluant les blessés et les prisonniers autrichiens (1808).

Dans le quartier au S. du Neumarkt, au delà de la *Georgs-platz*, — où l'on voit la *statue de Kœrner* (poète national, † 1813), le *buste de Gutzkow* (dramaturge, † 1878) et le *buste d'Otto* (compositeur, † 1877), — s'étend la **Bürgerwiese**, promenade entourée de belles habitations modernes. Sur son côté N.-E. le *palais* et le *jardin* du *prince Georges* touchent au **Grosser Garten** (Grand-Jardin royal), beau parc créé vers la fin du XVIIe s. Au milieu, le *Lustschloss*, maison de plaisance bâtie à la fin du XVIIe s., renferme un assez curieux petit *musée* d'antiquités saxonnes. Au N. se trouvent le *Jardin botanique* et l'*Ausstellungshalle* (palais de l'Exposition); au S., le *Zoologischergarten* (75 pf. en sem., 50 pf. les dim. et fêtes; musique militaire en été, 2 à 3 fois par sem., vers le soir) et, plus loin, le *Carolasee*, joli petit lac.

3° La Neustadt; les ponts Auguste, Carola et Albert. — L'*Augustusbrücke*, l'ancien pont reconstruit de 1908 à 1910, aboutit sur la rive dr. de l'Elbe, dans la Neustadt, à l'entrée de la place *Am Markt*, dont le centre est occupé par la *statue* équestre d'*Auguste II*, en cuivre repoussé et doré (1736). — En se dirigeant à g. par la *Meissnerstrasse* on arrive bientôt à la *Kaiser Wilhelmplatz*; sur le côté O. de cette place, le **Japanischer Palais** (*Palais Japonais*; Pl. C, 1), bâti en 1715 par *Pœppelmann*, renferme la *Bibliothèque royale* (de 9 h. à 2 h. et de 4 h. à 6 h., excepté les dim. et fêtes), qui possède plus de 400,000 vol., 20,000 incunables, 6,000 manuscrits (les plus intéressants sont exposés dans des vitrines), etc. Du jardin du palais, ouvert au public, on a une belle vue sur Dresde.

Au N., l'*Albertplatz*, qui forme le centre de la Neustadt, est orné de deux *fontaines* par *Diez* (1894); à dr., au commencement de la *Bautzenerstrasse*, l'**Albert-Theater** (Pl. D, 1) est orné de sculptures par *Menzel* et *Henze* et de graffites par *Dietrich*.

Au S. de l'Albertplatz se détache la *Kœnigstrasse*, qui aboutit à la *Kœnigin Carolaplatz* et au beau *pont Carola*, devant l'édifice grandiose du *Ministère des Finances*, bâti par *Wanckel* en 1896. — A l'E. de la place Carola, l'*Arnimstrasse* conduit à la *Kurfürstenplatz*, où vient déboucher l'*Albertbrücke*, qui offre un joli coup d'œil sur la ville.

[*Environs*. — Ils offrent plusieurs jolis buts de promenade. — Sur la rive dr. de l'Elbe, bordée de collines boisées, on va surtout au (30 min. env. par le tram partant de la Postplatz et passant par l'Augustusbrücke) **Waldschlœsschen** (brasseries-restaurants) et, 15 min. plus loin, à l'*Albrechts-Schloss*, beau point de vue, château à deux tours modernes et à la hauteur boisée du *Wolfshügel*. — Plus loin (3 k. env. S.-E.) le tram aboutit au **Weissen Hirsch** (hôt. : *Kurhaus*; *Parkhôtel*; bon restaur. *Luisenhof*, près du funiculaire), séjour d'été (Sanatorium) à 220 m., d'où une belle route (*Schillerstrasse*) et un funiculaire (10 pf. à la descente, 20 à la montée) descendent au gros bourg de *Loschwitz* (hôt. *Demnitz*; restaur. *Viktoriahœhe*), d'où un ch. de fer aérien monte (20 pf.) au beau point de vue de la *Rochwitzer-Hœhe* (hôt.-restaur.). De Loschwitz, on peut revenir à Dresde par le tram qui passe par l'Albertbrücke et traverse le faubourg de *Blasewitz*.

Sur la rive g. de l'Elbe, par la *Bergstrasse*, qui commence à l'O. de la gare centrale, on peut aller en tram (30 min.) au v. de *Rœcknitz*, près et au S.-O. duquel, en face du jardin dit *Volkspark*, se trouve le *monument de Moreau*, à l'endroit où ce général fut tué aux côtés de l'empereur de Russie; plus au S., la *colonne Bismarck* et la *Franzenshœhe* offrent une belle vue sur Dresde et les alentours.]

De Dresde à Paris, R. 2, en sens inverse; — à Francfort, R. 11, en sens inverse; — à Prague (la Suisse Saxonne), R. 13; — à Berlin, R. 14; — à Leipzig, R. 17 en sens inverse.

Route 13. — DE DRESDE A PRAGUE

LA SUISSE SAXONNE

A. Par l'Elbe et le chemin de fer.

La **Suisse saxonne** (*Sæchsische Schweiz*) est cette contrée montagneuse qui s'étend sur la rive dr. et sur la rive g. de l'Elbe et de Pirna à Tetschen, un peu au delà des frontières de la Saxe et de l'Autriche (Bohême). Ce charmant pays, aux gorges étroites, aux rochers bizarres, aux panoramas étendus, est devenu le parc de Dresde; on peut y faire une excursion d'une journée, mais il mérite une visite plus longue, d'au moins 2 jours : — Le 1er j. on irait, en bateau à vap., de Dresde à (3 h. env.) Wehlen, on monterait à (45 min.) la Bastei, puis, par l'Amsel-Grund, on irait au (1 h. 45) Hockstein et de là, par le Brand, à (2 h. env.) Schandau, où l'on trouve d'excellents hôtels. — *N. B.* Les touristes qui se bornent à la course de la Bastei peuvent descendre directement à (40 min.) Rathen, pour y prendre le bateau pour Schandau. — Le 2e j., on monterait, par les cascades de Lichtenhain, au (1 h. 20 env.) Kuhstall, puis au (2 h. env.) Gross-Winterberg et au (1 h.) Prebischtor; on descendrait à la (1 h. 30) Rainwiese et de là, par la Wildeklamn et l'Edmundsklamn, à (2 h. 30) Herrnskretschen, d'où l'on pourrait, soit revenir à Dresde par le bateau de 6 h. du s., ou par le ch. de fer (que l'on prend à la halte de Schœna, sur la rive g.), soit se diriger sur Prague.

On trouve partout des voitures à louer (à 1 chev., 12 M. par j.; à 2 chev., 18 M. plus le pourb.), ainsi que des chevaux de selle (à Schandau particulièrement; *V.* à l'*Index* pour les tarifs); il y a aussi des guides (4 à 5 M. par j., 3 M. pour la demi-journée, mais on peut fort bien s'en passer.

DE DRESDE A BODENBACH.

6 à 7 h. : [bateau] (*Sæchsisch-Bœmisch Dampfschiffahrt*), 6 à 7 fois par j. en été jusqu'à Schandau; 4 à 5 fois jusqu'à Bodenbach; 3 M., 1re cl., et 2 M., 2e cl. (les grands bateaux-salon express n'ont que des 1re cl. : bon restaur. à bord); départ au bas de la terrasse de Brühl. Pour les coïncidences de l'arrivée des bateaux à Bodenbach et du départ des trains pour Prague, il sera bon de consulter les horaires; il faudra aussi se renseigner d'avance sur les conditions de la navigation, surtout au cœur de l'été, où l'étiage apporte des retards assez considérables, principalement à la remonte.

Le bateau quitte Dresde (rive g.) et passe sous les ponts Carola et Albert (p. 74). Les bords de l'Elbe sont assez riants; à g. (rive dr.), le Waldschlœsschen (p. 74), le v. appelé *Saloppe*, avec le réservoir d'eaux de Dresde et, un peu plus loin, l'Albrechts-Schloss (p. 74).

Rive dr. — 1 h. 5 env. *Pillnitz*, avec un château, résidence d'été de la cour de Saxe.

Rive g. — 1 h. 50. *Pirna*, V. de 20,500 hab., l'une des plus anciennes de l'Allemagne, dominée par l'ancienne forteresse de *Sonnenstein*, auj. asile d'aliénés. — Le paysage devient plus intéressant.

Rive dr. — 2 h. 30. **Wehlen** (hôt. : *Weber*, *Dampfschiffshôtel*, au débarcadère, etc.), où descendent les touristes à destination de la Bastei.

[**De Wehlen à Schandau; la Bastei** (7 h. env.; on trouve des chevaux à louer, env. 2 M. l'h., pourboire en sus; bon chemin facile à suivre; on combine d'habitude la course de la Bastei avec la visite d'Uttewalder-Grund). — On quitte Wehlen, soit en prenant immédiatement à dr. le chemin du *Schlossberg*, qui monte aux ruines d'un ancien château fort, transformées en belvédère; soit par le chemin qui commence à la place du village et conduit à la gorge de Wehlen (on y arrive du Schlossberg, en descendant par le côté opposé à celui de la montée). — 30 min. *Wehlener-Grund* (Gorge de Wehlen) et bifurcation : on prend à g. pour s'engager dans le pittoresque **Uttewalder-Grund**, jusqu'au (15 min. de la bifurc.) *Felsentor*, espèce de porte formée par des blocs de rocher, sous lesquels passent le chemin et le ruisseau. On revient quelque peu sur ses pas pour remonter à g. (ou à dr., si l'on vient de Wehlen), l'étroit et sauvage ravin du *Zscherre-Grund* qui monte, après avoir creusé une route, à la (3 k. de Wehlen) *Steinernen Tisch* (buvette; indicateurs), table de pierre dressée au XVIIIe s. pour une grande partie de chasse, et de là en 30 min. à la Bastei.

2 h. de Wehlen. La **Bastei** (*bastion*; bon hôt.-restaur., très fréquenté en été) est une masse de rochers boisés, aux silhouettes bizarres, qui s'avance à pic sur l'Elbe, dont elle domine la rive dr. de 197 m. et d'où l'on jouit d'une **belle vue** sur le fleuve, sur Rathen et les curieux massifs rocheux qui caractérisent la contrée.

De la Bastei, pour descendre directement à Rathen, on franchit (5 min.) la *Basteibrücke*, beau pont de 7 arches, qui réunit deux groupes de rochers (à g., chemin montant en 2 ou 3 min. au **Ferdinandstein**, beau point de vue); env. 15 min. au delà, le chemin bifurque : à g., il se dirige vers l'Amsel-Grund (*V.* ci-dessous) et, à dr., il conduit en 10 min. à (30 min. de la Bastei) Rathen (*V.* ci-dessous).

De la Bastei, les touristes moins pressés pourront se rendre à Schandau par l'Amsel-Grund et le Brand (5 h. 40 env., à pied; intéressant). — A 30 m. env. N. de la Bastei, un indicateur signale un chemin qui conduit, par le ravin des *Schwedenlœcher*, dans le vallon de (1 h. 20 env.) l'*Amsel-Grund*. — 1 h. 10. *Rathewalde* (bon hôt. *Ritter*, près de l'église); tout près et à dr. en deçà de l'hôtel, on franchit le pont pour suivre la route de Hohnstein. — 1 h. 30 env. Rond-point (indicateurs) d'où se détache à dr. la route pour Waltersdorf, tout au commencement de laquelle on prend à g. un sentier qui monte. — 1 h. 45. **Le Hockstein** (291 m.), groupe de rochers très visité (belle vue), en face de la petite V. de *Hohnstein*. — Un sentier en escalier descend du Hockstein, par l'étroit ravin de la *Wolfs-Schlucht*. — 2 h. 10. Restaurant *zum Polenztal* (174 m.). On suit le sentier qui longe la rive dr. du Polenzbach. — 2 h. 45. Auberge de *Waltersdorfer Mühle*; on franchit, près du moulin, la Polenz et on remonte le ravin du *Schulzer-Grund*. — 3 h. 20 env. Sommet du **Brand** (323 m.; bon hôt.-restaur.), groupe de rochers abrupts, formant un belvédère naturel, d'où l'on a une très belle vue sur la Suisse Saxonne et, vers l'O., sur une grande partie de l'Erzgebirge. — Du Brand on descend, d'abord sous bois, vers le S.-E. par le sentier dit *Frintzsteig* (écriteau : Frintzberg-Schandau), puis par une gorge rocheuse. — 3 h. 40. On rejoint la route de Hohnstein à Schandau. — 4 h. 30. *Wendischfæhre*, ham. — 5 h. env. Schandau (*V.* ci-dessous).]

Entre Wehlen et Rathen, le bateau à vapeur longe à g. (rive dr.) le pied du pittoresque groupe de rochers de la Bastei.

Rive dr. — 3 h. 10 (les bateaux rapides ne s'y arrêtent pas). **Rathen** (hôt. *Erbgericht*; aub. *Rosengarten*, tous deux au bord de l'Elbe), avec les restes d'un vieux château. — Sur la rive g., stat. du ch. de fer Dresde-Prague (*V.* ci-dessous, *B*).

L'Elbe, décrivant une grande boucle, contourne, sur la rive dr., le haut promontoire du *Lilienstein*, dominé par un obélisque et, sur la rive g., coule aux pieds du rocher qui porte la **forteresse de Kœnigstein**, à 247 m. au-dessus du fleuve.

Rive g. — 3 h. 50 **Kœnigstein** (gare du ch. de fer Dresde-Prague; Ⓑ; hôt. *Kœnig Albert*).

[Le *Lilienstein* (411 m., 1 h. env., sur la rive dr.; on traverse l'Elbe à la gare et on aborde à *Halbestadt*; au sommet, hôtel et tour, belvédère. — Le *Biela-Grund*, gorge de la Biela, en amont et au S.-O. de Kœnigstein, est intéressante par les formes étranges de ses rochers. — Une route passant par les établissements hydrothérapiques de (30 min.) *Kœnigsbrunn* et (2 h. 30) *Schweizermühle*, puis au (3 h. 30) v. de *Schneeberg* (prendre à g.), conduit au (4 h. 30) Schneeberg (*V.* ci-dessous : Bodenbach).]

Le bateau passe devant le Lilienstein (à g.), puis sous le pont en

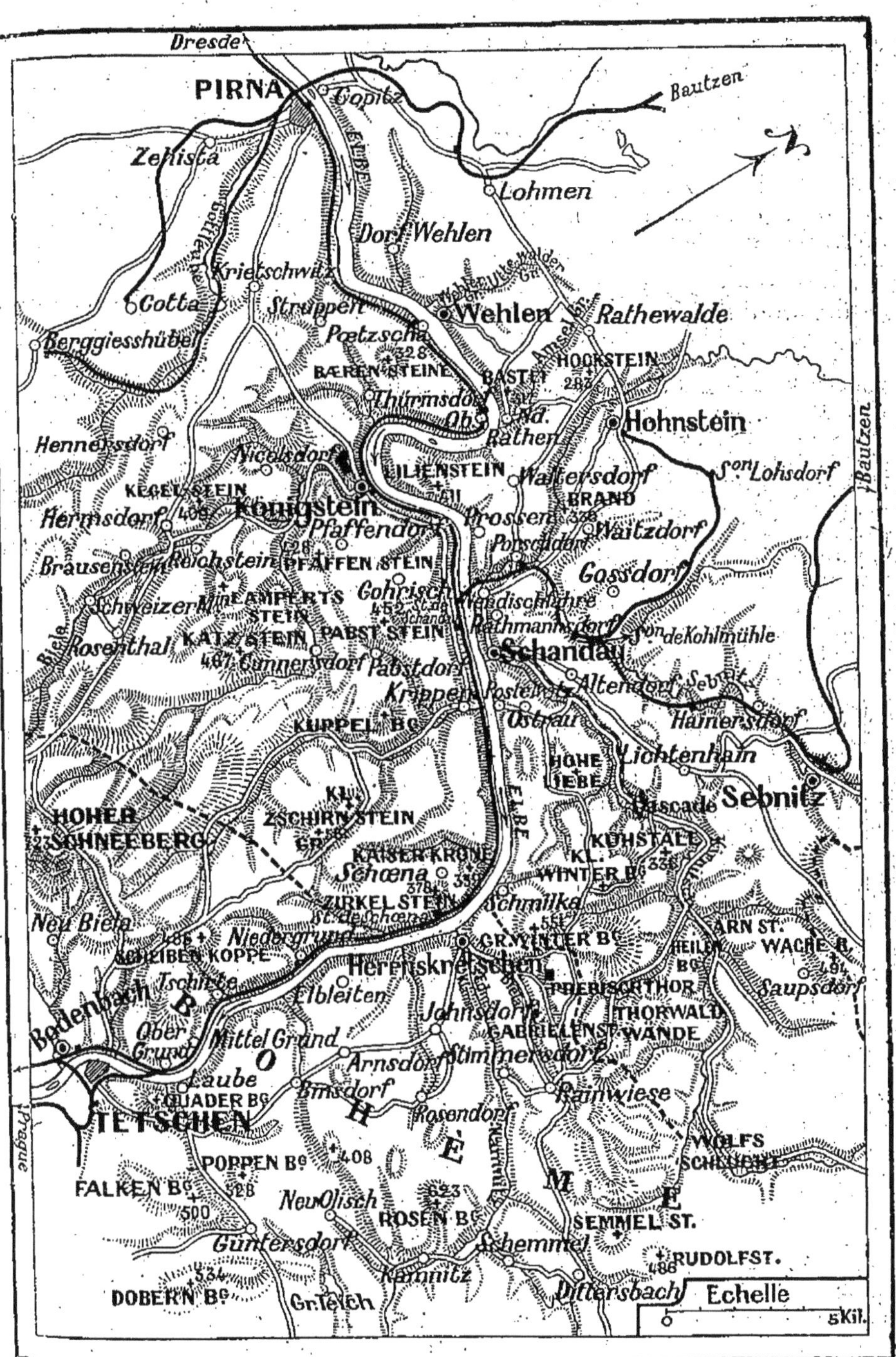

SUISSE SAXONNE.

fer de la ligne de Schandau à Bautzen, que l'on voit sur la rive dr. s'engager dans la vallée de la Sebnitz. — Sur la rive g. on voit la stat. de Schandau (du ch. de fer Dresde-Prague), qu'un bac à vapeur relie à la ville.

Rive dr. — 4 h. 35. **Schandau** (*V.* l'*Index*), jolie petite V. de 3,600 hab., agréablement située sur l'Elbe, à l'embouchure de la Kirnitzsch; c'est le centre de la Suisse saxonne et un séjour d'été des plus fréquentés. Les environs offrent de nombreux buts de promenades et d'excursions.

[**De Schandau à Herrnskretschen, par le Kuhstall, le Winterberg et l'Edmundsklamm** (7 h. 30 env.; excurs. intéressante). — Un tram électr. (stat. près de l'hôtel Lindenhof au Stadtpark; dép. toutes les 20 min., 60 pf.), remontant la jolie vallée de la Kirnitzsch, conduit en 40 min. au **Lichtenhainer Wasserfall** (ou **Grosser Wasserfall**), cascade de pauvre apparence, près de laquelle il y a un hôtel où l'on trouve des guides, des porteurs et des montures (pour les tarifs, *V.* l'*Index*). — De la cascade on prend à dr. un chemin de montagne très battu, qui franchit la Kirnitzch (la route de voit. se détache de celle de Hinter-Hermsdorf, à 1 k. env. de la cascade).

1 h. 20. **Le Kuhstall** (336 m.; hôtel), grande grotte, ou plutôt gigantesque porte de rochers naturelle, haute de 6 m. et profonde d'env. 33 m. Pendant la guerre de Trente Ans, cette caverne, ouverte de deux côtés, a servi de retraite aux paysans des environs et à leurs troupeaux, d'où lui vient son nom (*étable à vaches*). On peut monter au sommet par un étroit escalier de 96 marches, taillé dans la pierre entre deux parois.

Du Kuhstall un escalier fort raide, creusé ou établi dans un couloir très étroit, descend dans le *Habichts-Grund* (indicateur), d'où l'on se dirige d'abord à travers bois, puis par un chemin escarpé et en zigzag.

2 h. 10 env. **Plateau** (belle vue), au pied de la colline basaltique du *Kleiner-Winterberg* ou *Petit-Winterberg* (500 m.). Un petit pavillon y a été construit au sommet d'un rocher d'où, en 1558 (comme le constate une inscription allemande et latine), l'électeur Auguste de Saxe, poursuivi par un cerf blessé, dut la vie à son adresse : l'animal furieux allait le précipiter dans l'abîme ouvert derrière lui, quand il le tua raide d'un dernier coup de fusil.

Laissant à dr. le Kleiner-Winterberg, on suit un chemin presque horizontal (beau coup d'œil sur tout un labyrinthe de rochers et à dr. sur la gorge profonde du *Wurzel-Grund*, aux formes et aux fissures singulières).

2 h. 50 env. **Gross-Winterberg** (553 m.; hôtel; magnique panorama), ou *Grand-Winterberg*. — On prend un chemin en pente douce qui passe par la forêt puis traverse un plateau, dont le sol élastique résonne singulièrement sous les pas. On sort de Saxe pour entrer en Bohême (Autriche); des rochers, des fissures et des enfoncements singuliers, frappent de tous côtés les regards.

3 h. 50. **Prebischtor** (438 m.; hôtel-rest., téléphone pour Herrnskretschen), magnifique porte ou arche en pierre, longue de 30 m. et de 4 m. env. d'épaisseur, soutenue par deux piliers hauts de 22 m. Du sommet, on découvre une vue plus intéressante que celle du Kuhstall.

Un chemin en zigzag, créé par le prince Clary, à qui appartient tout ce canton, descend au *Biela-Grund*, où il aboutit à la grande route qui va, par la partie inférieure de l'Edmundsklamm, à (1 h. 20 du Prebischtor) Herrnskretschen (*V.* ci-dessous).

Les touristes qui peuvent disposer de leur temps suivent de préférence l'itinéraire suivant. Du Prebischtor on descend sur la g., par le sentier dit *Gabrielensteig*, jusqu'à la grande route venant de Dittersbach; on la croise à (1 h. 30 du Prebischtor) l'hôt.-pens. de la *Rainwiese* (omnibus 3 fois par j. pour Herrnskretschen, en 1 h.; 1 Kr. 20 ou 1 M.). De cet hôtel un sentier (indicateur blanc) conduit en 30 min. à travers bois, à l'entrée supérieure de la **Wilde-Klamm** (entrée et descente en barque, 85 heller ou 80 pf.), gorge sauvage, rendue accessible en 1890, que l'on peut descendre par un sentier, qui longe ou surplombe la Kamnitz et qui aboutit, en 40 min. env., à l'hôtel *Zur Edmundsklamm*, près duquel on trouve des barques pour la descente (20 min. env.) de l'**Edmundsklamm** jusqu'à (3 h. du Prebischtor; 7 h. de Schandau) Herrnskretschen (*V.* ci-dessous).]

Le trajet en bateau est intéressant depuis Schandau jusqu'à Herrnskretschen; on passe devont *Postelwitz* (rive dr.) et *Krippen* (rive g.), deux v. dont les carrières fournissent chaque année une grande quantité de pierres; vient ensuite *Schmilka* (rive dr.), à l'embouchure de la Dürre Kamnitz et, plus en amont, en face de Herrnskretschen, *Schœna*, stat. du ch. de fer Dresde-Prague, desservant par un bac à vapeur Herrnskretschen.

Rive dr. — 4 h. 45 (par bateau rapide; 5 h. 30 par bateau ordinaire). **Herrnskretschen** (hôt. : *Herrenhaus*, ch. dep. 1 M. 50; *Hetschel*; etc.), petit bourg, station de douaniers autrichiens (visite sommaire des bagages), au débouché de la Kamnitz (Edmundsklamm) dans l'Elbe.

De Herrnskretschen à Schandau, par l'Edmundsklamm et le Prebischtor, *V.* ci-dessus, en sens inverse.

Rive g. — 5 h. 45 (par bateau ordinaire; les rapides n'y touchent pas). *Niedergrund*, au débouché du Lehmischbach. — Les deux rives de l'Elbe appartiennent à l'Autriche; derrière Niedergrund, un rocher de granit, le *Kutschken*, est orné de la statue de St Adolar. — On passe sous le pont du ch. de fer Dresde-Prague.

Rive dr. — 6 h. 5 (par rapide). **Tetschen**, jolie petite V. dominée par un château du comte Thun et qu'un pont suspendu relie à Bodenbach, sur la rive g.

Rive g. — 6 h. 10. **Bodenbach** (Ⓑ; hôt. : *Post*; *Tœpfer*; douane autrichienne, visite des bagages; le tabac est frappé d'un fort droit d'entrée), V. industrielle de 10,000 hab., où les voyageurs pour Prague quittent ordinairement le bateau, la navigation sur l'Elbe n'ayant plus assez d'intérêt.

[**De Bodenbach au Schneeberg** (2 h. 30 env. N.-E.; 🚗 jusqu'au v. de Schneeberg, puis bon chemin jusqu'au sommet). — 15 min. La route de voit. se détache à dr. de celle allant à Toplitz. — 1 h. 30. *Schneeberg* (hôt. *Schweizerhof*), d'où il faut env. 50 min. pour monter au *Hohen Schneeberg* (721 m.; bon hôtel), propriété du comte Thun, qui y a fait élever une haute tour massive; la vue est belle, surtout du côté S., vers la Bohême. — On peut visiter, en revenant, les (1 h. O. de Schneeberg; guide nécess., 1 fl.) *Tyssaer Wænde*, singulières parois de rochers formant un labyrinthe bizarre. — De Schneeberg à Kœnigstein, *V.* ci-dessus.]

De Bodenbach à Prague, par le ch. de fer, *V.* ci-dessous, *B.*

B. Par le chemin de fer.

196 k.; 🚂 (gare centrale ou *Hauptbahnhof*) en 4 à 6 h. suivant les trains. — 19 M. 60; 12 M. 90; 6 M. 90. — Se placer à g.

Au sortir de Dresde, on aperçoit, à g., après avoir dépassé le

Grossen Garten, la chaîne bleuâtre de la Suisse saxonne; à dr. et à g., nombreux villages.

8 k. *Niedersedlitz*; à g., entre les arbres, au delà de Zschawitz, on aperçoit les toits du chât. de Pillnitz (*V.* ci-dessus, *A*). — 11 k. *Mügeln*; on se rapproche de l'Elbe, dont on suit la rive g. — 14 k. *Heidenau*; à dr., *Gross-Sedlitz*, avec un château royal.

16 k. Pirna (*V.* ci-dessus, *A*, ainsi que pour toutes les localités mentionnées ci-dessous). — 25 k. *Pœtscha*, stat. desservant Wehlen (rive dr.). — A g., sur la rive dr. de l'Elbe, rochers de la Bastei. La voie contourne la grande boucle que décrit le fleuve.

34 k. *Kœnigstein* et, plus loin à g., le Lilienstein. — On laisse à g. la ligne de Bautzen, qui franchit l'Elbe sur le pont Carola.

39 k. *Schandau* Ⓑ, stat. pour la ville de ce nom, située sur la rive g. du fleuve que traverse un bac à vapeur. — 45 k. *Schœna*, halte desservant Herrnskretschen. — 49 k. *Niedergrund*. — On sort de Saxe pour entrer en Autriche (Bohême). — 57 k. Obergrund. — A g., pont de la ligne de raccordement sur Tetschen (*V.* ci-dessus, *A*).

62 k. **Bodenbach** (Ⓑ; douane autrichienne, visite des bagages); *V.* ci-dessus, *A*). — En face, Tetschen.

85 k. **Aussig**. — A dr., ligne de Teplitz-Carlsbad (R. 8).

108 k. *Lobositz*. — La voie s'éloigne de l'Elbe. — 115 k. *Theresienstadt* Ⓑ, place forte au confluent de l'Eger et de l'Elbe; on franchit l'Eger.

123 k. *Raudnitz* (beau *château* du prince de Lobkowitz, bâti sur les ruines d'un vieux château détruit au XVIIe s.). Cola di Rienzo, le fameux tribun romain, y fut pendant un an prisonnier de l'empereur Charles IV, en 1350.

A dr., isolé au milieu de la plaine, le *Georgensberg* (423 m.; petite chapelle consacrée à St George). — 145 k. *Berkovitz-Melnik*. — La voie se rapproche de la rive g. de la Vltava ou Moldau. — Tunnels et galeries. — 166 k. *Kralup* Ⓑ (grands ateliers du chemin de fer). — La vallée prend un aspect plus agréable; sur la rive dr., ruines du chât. de *Chwatierub*. — 191 k. *Bubenč*. — La voie franchit la Vltava, ou Moldau, et traverse ses îles et ses abords sur un viaduc de 87 arches (1,327 m. de long).

196 k. **Prague** (tchèque *Praha*; all. *Prag*; Ⓑ); R. 9.

Route 14. — DE DRESDE A BERLIN

A. Par Elsterwerda.

180 k.; 🚂 de la gare Centrale (*Hauptbahnhof*), ou bien de celle de la Neustadt; en 2 h. 50 par trains directs (ou trains D); 16 M. 20, 10 M. 50, 6 M. 20.

De Dresde, gare Centrale, la voie contourne à dr. la ville, passe par la gare succursale de la Wettinerstrasse (les directs ne s'y arrêtent pas) et franchit l'Elbe.

4 k. Dresde-Neustadt, ou gare de Leipzig. — On parcourt un pays insignifiant. — 38 k. *Grossenhain*, 12,000 hab. — 57 k. *Elsterwerda*, sur l'Elster Noire. — 77 k. *Dobrilugk-Kirchain*. — 145 k. *Zossen*.

180 k. **Berlin** (gare d'Anhalt, ou *Anhalter Bahnhof*, au S. du centre de la ville); R. 33.

B. Par Rœderau.

193 k.; 🚂 de la gare Centrale (*Hauptbahnhof*) ou de celle de la Neustadt; en 2 h. 30 à 2 h. 45 par trains directs (trains D); 16 M. 20, 10 M. 50, 6 M. 20.

On contourne la ville, à dr. — 3 k. Gare de la Wettinerstrasse. — La voie franchit l'Elbe.

4 k. Dresde-Neustadt, ou gare de Leipzig. — 51 k. *Rœderau*; ✕ sur Riesa-Leipzig. — 79 k. *Falkenberg* Ⓑ, au croisement de plusieurs lignes.

129 k. **Jüterbog**, V. de 7,100 hab. — *Rathaus* du commencement du XVIe s. — *Nikolaikirche*, du XVe s. — Quelques vieilles maisons et vieilles portes de la ville.

193 k. **Berlin** (gare d'Anhalt, ou *Anhalter Bahnhof*, au S. du centre de la ville); R. 33.

Route 15. — DE FRANCFORT A LEIPZIG

A. Par Fulda, Bebra, Erfurt et Corbetha.

385 k.; 🚂 (gare Centrale, ou *Hauptbahnhof*) en 6 h. par le train de luxe « Riviera-Express » (ne circule pas en été), en 7 h. env. par trains directs (1re et 2e cl.; ceux partant vers 8 h. mat. et vers 3 h. s., avec wagon-restaur.; ceux partant vers 10 h. 30 et 11 h. 45 s., avec wagon-lits); 31 M. 40, 20 M. 20, 13 M.; supplém. pour le wagon-lits, 8 M. (1re cl.) et 6 M. 50 (2e cl.).

Pour la description détaillée de cette route, *V*. R. 11, *A*. — On passe par : — 167 k. Bebra Ⓑ; — 212 k. Eisenach Ⓑ; — 241 k. Gotha Ⓑ; — 269 k. Erfurt Ⓑ; — 290 k. Weimar Ⓑ; — 332 k. Naumburg Ⓑ; — 354 k. Corbetha (Ⓑ; ✕ sur Merseburg-Halle).

385 k. **Leipzig** (gare de Thuringe, ou *Thüringer Bahnhof*; la gare Centrale est en construction); R. 16.

B. Par Cassel, Eichenberg, Nordhausen et Halle.

467 k.; 🚂 (gare centrale, ou *Hauptbahnhof*) en 8 h. 30 env. par trains directs (celui partant vers 8 h. mat. avec 1re, 2e et 3e cl. et wagon-restaur.; celui partant vers 11 h. 15 s. avec wagon-lits); 31 M. 40, 20 M. 20, 13 M.; suppl. pour le wagon-lits, 8 M. (1re cl.) et 6 M. 50 (2e cl.).

225 k. de Francfort à Münden (*V*. R. 21, *A*). A Münden, on quitte la ligne de Gœttingen-Hanovre. — La voie remonte, vers l'E., la vallée de la Werra.

247 k. **Eichenberg**, où l'on croise la ligne de Francfort à Hanovre par Bebra-Gœttingen (R. 21, *B*). — D'Eichenberg, par (321 k.) Nordhausen, à Sangerhausen, *V*. R. 20, *B*.

359 k. *Sangerhausen* (Ⓑ; ⨯ à dr. pour Erfurt).

370 k. *Blankenheim*; à g., ligne de Sandersleben-Berlin (R. 20, *B*).

393 k. **Eisleben**, V. de 25,000 hab., patrie de Luther qui y est né en 1483 et à qui on a érigé un *monument* en 1883.

430 k. **Halle** (*V.* p. 104), grande gare au croisement de plusieurs lignes.

466 k. Leipzig (gare de Berlin, ou *Berliner Bahnhof*).

467 k. **Leipzig** (gare de Dresde, ou *Dresdener Bahnhof*, qui sera prochainement remplacée par la nouvelle gare Centrale); R. 16.

C. Par Würzbourg, Schweinfurt, Ritschenhausen, Neudietendorf et Erfurt.

451 k.; 🚂 (gare Centrale ou *Hauptbahnhof*) en 13 h. 30 par le train partant vers 6 h. 15 mat., en 12 h. par celui partant vers 9 h. (wagon-restaur. depuis Würzbourg, où l'on change de train); pas de billets directs : Francfort-Würzbourg, 11 M. 40, 7 M. 60, 4 M. 80; Würzbourg-Leipzig, 26 M. 80, 17 M. 20, 10 M. 80.

177 k. de Francfort à Schweinfurt Ⓑ, ⨯ sur Bamberg (*V.* R. 11, *C*). — La voie se dirige vers le N.

204 k. **Ebenhausen**.

[**D'Ebenhausen à Kissingen** (10 k.; 🚂 en 20 min.; 80 pf., 55 pf., 35 pf.). — Avant d'arriver à Kissingen on passe, à dr., au pied des ruines du *château de Bodenlaube*. — 10 k. **Kissingen** (*V.* l'*Index*), petite V. de 4,500 hab., à 201 m. d'alt. sur la Frænkische Saale, dans une vallée entourée de collines dont l'alt. au-dessus de la rivière ne dépasse guère 200 m. Elle doit sa prospérité à ses sources minérales chlorurées-sodiques, très efficaces et fréquentées annuellement par env. 15,000 baigneurs, Allemands, Anglais et Russes pour la plupart. Le **Kurgarten** (*statue du roi Louis Ier*, par *Knoll*, 1891) s'étend entre le **Kurhaus** et le **Kursaal**, ou *maison de Conversation* (restaurant; salle de lecture; etc.). Sur la rive dr. de la Saale, en face du Kursaal, s'élève le vaste *Aktien-Badhaus*, établissement de bains bien organisé; à côté est le *Casino* (restaurant). — Les environs offrent de jolies promenades; on va surtout (45 min. env. S.) à la *Bodenlaube* (bon rest.; belle vue) et (30 min. env. N.; soit en omnibus, soit en bat. à vapeur) aux *Salines*, sur la Saale (*Soolsprudel*, puits artésien profond de 100 m.). Près de là s'élève une *statue de Bismarck* (1877), hôte assidu de Kissingen.]

La voie continue à descendre la vallée de la Saale, que l'on franchit à (229 k.) *Neustadt*.

236 k. **Ritschenhausen** Ⓑ, ⨯ sur Eisenach et Lichtenfels (*V.* R. 11, *A*).

240 k. *Grimmental*, dans un bassin entouré de petites collines boisées. — On monte vers la vallée de la Hasel.

260 k. *Suhl* Ⓑ, V. de 14,000 hab., dans une belle situation, à 426 m. d'alt., en contrebas de la voie, dans la petite vallée de la Lauter. — Fabriques d'armes à feu.

Petit tunnel. — 276 k. *Zella Sankt-Blasii* Ⓑ, stat. pour cette localité (nombreuses fabriques) et pour *Mehlis*.

282 k. **Oberhof** (Ⓑ; voit. pour le bourg; *V.* l'*Index*), gare à 639 m. d'alt., desservant la localité de ce nom située à 45 min. N. — *Oberhof* (810 m.) est une station climatique d'été et d'hiver (sports) très fréquentée, avec de nombreux buts de promenades et d'excursions.

[Le *Gebrannte Stein* (898 m.; 1 h. 20 S.-O.; belle vue). — Par la pittoresque vallée de Dietharz (*Dietharzer Grund*, ou *Schmal Wasser Grund*) à (4 h. 30 N.-O.) *Dietharz* et à *Tambach*, deux localités contiguës, d'où l'on peut se rendre, en ch. de fer, à (20 min.) Georgental et (45 min.) Friedrichroda (R. 11, *A*).]

Tunnel de 3,030 m. — La voie s'engage dans la gorge rocheuse du *Gehlberger Grund*. — Descente en lacets. — Tunnel. — 298 k. *Græfenroda*, dans la vallée de la Wilde Gera.

304 k. **Plaue** Ⓑ, petite V. dominée par les ruines du château d'Ehrenburg.

[**De Plaue à Ilmenau** (19 k. S.-E.; 🚂 en 40 min.; 1 M. 60, 1 M., 65 pf.). — La voie remonte la vallée de la Zahme Gera, qu'elle franchit sur un viaduc. — 12 k. *Elgersburg* (vieux château; établissement hydrothérapique).

19 k. **Ilmenau** (hôt.: *Tanne*, ch. depuis 2 M.; *Sæchsischerhof*; *Lœwe*; etc.; voit. publiques tarifées), V. manufacturière de 11,500 hab., bien située à 477 m. d'alt. sur l'Ilm, entre des collines boisées. — Station climatique d'été très fréquentée. — Etablissements hydrothérapiques.

1° Le **Kickelhahn** (1 h. 30 S.-O.; indicat.; *recommandé*). Un excellent chemin, à travers de superbes bois, conduit à (1 h.) la maison forestière de *Gabelbach* (757 m.; buvette) et à (1 h. 30 env.) *Kickelhahn* (862 m.; tour-belvédère, 10 pf.), l'un des sommets les plus élevés du Thüringerwald. A 5 min. de là, une maisonnette portant le nom de Gœthe (*Gœtheshæuschen*) rappelle le séjour du poète en ces lieux.

2° La **Schmücke** (911 m., Ⓥ ou bon chemin; 2 h. 30 en voit.; 3 h. 30 à pied), est un plateau verdoyant près d'une belle forêt, où se trouve un bon hôtel; de là on monte en 30 min. au sommet du *Schneekopf* (978 m.; belle vue sur le Thüringerwald et les montagnes de Franconie. vers le S., et sur le Harz vers le N.).]

312 k. **Arnstadt**, V. de 16,500 hab., à 280 m. d'alt. — *Liebfrauenkirche* du XIIIe s. restaurée à la fin du XIXe s. (tombeaux remarquables; autel à volets de 1498). — *Rathaus*, du XVIe s.

A g., sur la hauteur, *château de Wachsenburg*.

322 k. **Neudietendorf**, Ⓑ ✕ sur Gotha et Eisenach (R. 11, *A*). — De Neudietendorf à Leipzig, *V.* R. 11, *A*.

451 k. **Leipzig** (R. 16).

D. Par Würzbourg, Bamberg, Probstzella et Iena.

500 k.; 🚂 (gare Centrale, ou *Hauptbahnhof*) en 10 h. 30 env. par le direct partant vers 6 h. 15 mat. (wagon-restaur.); pas de billets directs : Francfort-Bamberg (*via* Würzbourg), 18 M. 10, 11 M. 80, 7 M. 50; Bamberg-Leipzig, 21 M. 80, 14 M. 50, 9 M.

278 k. de Francfort à Hochstadt Ⓑ (*V.* R. 11, *C*). A Hochstadt on quitte la ligne de Hof (R. 11, *C*) pour se diriger au N., dans la vallée de la Rodach. — 294 k. *Kronach*, petite V. industrielle, à 305 m., au confluent de la Rodach et de la Hasslach, dominée par l'ancien château de *Rosenberg*; patrie du peintre *Lucas Müller*, dit *Cranach* (1472-1553). — La voie remonte la vallée de la Hasslach. — 320 k. *Steinbach*, à 594 m., au point de partage du bassin du Rhin et de celui de l'Elbe.

333 k. **Probstzella** Ⓑ; on sort de Bavière pour passer dans le duché de Saxe-Meiningen. — La voie remonte la vallée de la Saale.

358 k. **Saalfeld** (Ⓑ; ⚔ sur Gera), vieille V. de 13,500 hab., dans une situation pittoresque sur la Saale, près de l'extrémité N.-E. de la chaîne du Thüringerwald. — *Rathaus* gothique du XVIe s. — *Johanniskirche*, du XIVe s., rebâtie au XIXe s. (beau portail; vitraux du XVIe s.). — Restes du château fort de *Hoher-Schwarm*, qui remonterait au VIIIe s.

[**De Saalfeld à Leipzig, par Gera** (140 k.; en 2 h. 30 ou 3 h. 20; 10 M. 60, 6 M. 70, 4 M. 30). — 18 k. *Pœssneek*, V. de 13,000 hab. On traverse une partie du grand-duché de Saxe-Weimar, — 49 k. *Neustadt*, V. de 7,000 hab. — On traverse la principauté de Reuss-Greiz.

67 k. **Gera** Ⓑ, capit. de la principauté de Reuss-Greiz, V. industrielle, animée et prospère, de 47,090 hab., à 189 m. d'alt. sur la rive dr. de la Weisse Elster; le château d'*Ortenstein* (sur le Hainberg, à l'O. de la ville), résidence du prince, et les bois qui l'entourent, lui donnent un aspect pittoresque.

95 k. **Zeitz** Ⓑ, V. de 31,000 hab., sur la Weisse-Elster. — Château de *Moritzburg*, du XVIIIe s., auj. maison de correction; son église (*Trinitatiskirche*), des XIVe et XVe s., a une crypte romane. — *Michaeliskirche* avec peintures murales des XIIIe, XVe et XVIe s.

140 k. Leipzig (gare de Thuringe ou *Thüringerbahnhof*); R. 16.]

Au delà de Saalfeld on traverse le champ de bataille du 10 octobre 1806, où Lannes et Augereau mirent en déroute l'avant-garde de l'armée prusienne. — 364 k. *Schwarza*.

369 k. *Rudolstadt* Ⓑ, V. de 13,000 hab., capit. de la principauté de Schwarzburg-Rudolstadt, à 197 m., dans une belle situation sur la rive g. de la Saale; sur la hauteur, château du *Heideckburg*, résidence du prince régnant.

393 k. *Kahla*, V. de 6,500 hab.; en face, sur l'autre rive de la Saale, vieux château de *Leuchtenburg*. — 403 k. *Gœschwitz* (⚔ sur Gera). — On contourne, à g., la ville d'Iena.

409 k. **Iena** (gare de la Saale, ou *Saalbahnhof*, à l'E. de la ville; Ⓑ, tram pour la ville; hôt. *Schwarzer Bær*, ch. depuis 2 M. 50, dîn. 3 M. 50), V. de 31,000 hab., dans une assez belle situation à 144 m. d'alt., au confluent de la Saale et de la Leutra, est célèbre par son université fondée en 1548 et par l'éclatante victoire que Napoléon y remporta, le 14 octobre 1806, sur la Prusse. — Sur le *Markt*, au centre de la ville, on voit le *Rathaus* du XIVe s., la *statue* de l'*électeur Jean-Frédéric* (le Magnanime; † 1554), fondateur de l'Université, et une *fontaine*, consacrée à Bismarck. — Vers le N. se trouvent la *Stiftskirche*, du XVe s. et l'*Université*, dont la construction a été achevée par *Th. Fischer* en 1908.

[Au N.-O. de la ville, sur la colline du *Landgrafenberg*, la **Napoleonstein** (*pierre de Napoléon*; 361 m.) marque l'endroit d'où, le soir du 13 oct., l'Empereur prépara la bataille et d'où il la suivit le lendemain.]

A g., embranch. de Weimar. — 420 k. *Dornburg*, sur un rocher escarpé, avec trois châteaux. — 427 k. *Camburg*. — On rejoint la grande ligne de Bebra à Leipzig (R. 11, *A*, et ci-dessus, *A*). — 439 k. *Bad Kœsen* Ⓑ, séjour d'été et bains salins.

446 k. Naumburg (*V.* ci-dessus, *A*, et R. 11, *A*). — Pour la description du trajet entre Naumburg et Leipzig, *V.* R. 11, *A*.

500 k. **Leipzig** (gare de Thuringe, ou *Thüringer Bahnhof*, en attendant l'achèvement de la gare centrale); R. 16.

E. Par Würzbourg, Bamberg, Hof, Plauen et Altenburg.

529 k.; 🚂 (gare Centrale ou *Hauptbahnhof*) en 11 à 12 h. par trains directs; on change de voit. à Bamberg; pas de billets directs; Francfort-Bamberg, 20 M. 20, 13 M. 50, 8 M. 40; Bamberg-Leipzig, 21 M. 80, 14 M. 50, 9 M. (ou Francfort-Würzbourg, 11 M. 40, 7 M. 60, 4 M. 80; Würzbourg-Leipzig, 29 M. 60, 19 M., 12 M. 20).

439 k. de Francfort à Reichenbach (Ⓑ, ✕ sur Dresde, *V.* R. 11, *C*).

447 k. *Neumarkt.* — A dr., chât. de *Schœnfels.* — 455 k. *Werdau,* V. industrielle et manufacturière de 20,000 hab. sur la Pleisse. — 466 k. *Crimitzschau,* V. de 28,000 hab. — On franchit la Pleisse.

491 k. **Altenburg** (Ⓑ; hôt. *Europæischer Hof,* à la gare), V. de 39,000 hab., capit. du duché de Saxe-Altenburg, à 181 m. d'alt., sur le Stadtbach, près de sa jonction avec la Pleisse. Les habitants de la campagne aux alentours d'Altenburg descendent en grande partie des Wendes (peuplade slave); ils ont gardé leur ancien costume; les femmes ont des jupes empesées et très courtes. — Sur une roche de porphyre dominant la ville, *château ducal,* en partie des XIIIe et XIVe s., en partie des XVIIe et XIXe s.; la chapelle, à l'aile g., est du XVe (beau chœur; ancien caveau ducal). — *Rathaus,* du milieu du XVIe s. — *Musée* (de 11 h. à 1 h.; 50 pf.) renfermant une petite galerie de tableaux (quelques œuvres remarquables des écoles pré-raphaélistes de Toscane et d'Ombrie), des vases grecs et étrusques, etc.

508 k. *Kieritzsch.* — La voie franchit la Pleisse.

529 k. **Leipzig** (gare de Bavière, ou *Bayerischer Bahnhof,* au S. du centre de la ville); R. 16.

Route 16. — LEIPZIG

Gares : — GARE CENTRALE en construction, près de l'endroit où se trouvent les gares de Thuringe et de Dresde; — DE THURINGE, OU THÜRINGER BAHNHOF; DE DRESDE, OU DRESDENER BAHNHOF, sur le Georgs Ring, au N. du centre de la ville; — DE BERLIN, OU BERLINER BAHNHOF, sur la Berlinerstrasse, au N. de la ville; — DE BAVIÈRE, OU BAYRISCHER BAHNHOF, sur la Bayrischerplatz, au S. du centre de la ville; — d'EILENBURG, OU EILENBURGER BAHNHOF, à l'E. de la ville.

Principales curiosités : — **Museum** (p. 86); — MUSÉE GRASSI (p. 89); — MARKTPLATZ (p. 88); — BUCHHÆNDLERHAUS (p. 90); — BUCHGEWERBEHAUS (p. 90); — REICHSGERICHT (p. 89); — PARC DE ROSENTAL (p. 90); — LE NAPOLEONSTEIN (p. 90).

LEIPZIG (*V.* l'*Index*), V. de 520,000 hab., située à 118 m. d'alt., dans une plaine au confluent de l'Elster, de la Pleisse et de la Parthe, se compose de la vieille ville, au centre, entourée de larges boulevards formant une promenade circulaire, et de vastes faubourgs tout modernes. — C'est la ville la plus commerçante de l'Allemagne du centre; ses foires de Pâques et de la Saint-Michel sont célèbres. Pour les pelleteries, elle est le marché du monde entier, alimenté surtout par les produits russes et américains. Quant au commerce du livre, il faut noter que Leipzig est le centre de la commission de la librairie d'Allemagne, aussi la foire de Pâques présente-t-elle un intérêt tout spécial, car c'est à cette époque que les comptes de librairie se règlent. On compte actuellement à Leipzig env. 160 commissionnaires en librairie, représentant env. 9,500 librairies; il y a, en outre, env. 900 librairies et 170 imprimeries.

Histoire. — Ancien v. de pêcheurs slaves, nommé alors *Lipsk*, ou le lieu des tilleuls, Leipsick fut convertie au christianisme, en 724, par St Boniface, qui y bâtit l'église de Saint-Jacques. Henri II y construisit, en 922, un château et en 1015 elle fut élevée au rang de ville; en 1022, donnée par Henri II à l'évêque de Mersebourg; en 1134, entourée de murs par le margrave de Meissen, Othon le Riche, qui y institua un marché, — la première origine de ses foires, — et lui accorda divers privilèges. Le fils de ce margrave fit détruire ses fortifications et élever à leur place trois châteaux, dont l'un, la Pleissenburg, existe encore en partie. Déjà, à cette époque, un certain nombre de Lombards étaient venus s'y établir et son commerce avait pris une grande extension. En 1409 une université y fut fondée. En 1507, l'empereur Maximilien y établit trois foires au lieu d'une. En 1519 y eut lieu, dans l'ancienne Pleissenburg, le fameux colloque entre Eck, Carlstadt et Luther. En 1539, Henri le Pieux y introduisit la Réforme. En 1545, Steiger et Boskopf, ses premiers libraires, s'y établirent. Le 7 sept. 1632, les Suédois et les Saxons battirent les Impériaux commandés par Tilly. Le 5 nov. les Impériaux y furent encore défaits par les Suédois. Enfin, le 15 oct. 1642, Torstenson y mit en déroute les Autrichiens et les Saxons qui, depuis 1633, avaient abandonné les Suédois. La révocation de l'édit de Nantes augmenta sa population croissante d'un grand nombre de familles industrieuses. Après la guerre de Sept Ans, ses anciennes fortifications furent transformées en promenades et en jardins. En 1813, elle eut beaucoup à souffrir, à l'époque de la bataille ou, pour mieux dire, des trois batailles acharnées des 16, 18 et 19 octobre, qui décidèrent du sort de l'Europe et qui sont connues sous le nom de **bataille de Leipzig** : la plus terrible mêlée des temps modernes, que les Allemands appellent la **bataille des Peuples** (*Vœlkerschlacht*). Les Français y perdirent 50,000 hommes dont 20,000 tués; les alliés n'eurent pas moins de 60,000 tués ou blessés. Une partie du champ de bataille est maintenant couverte de maisons; l'endroit où périt Poniatowski est devenu un quai (*V.* p. 88) et la rivière presque un égout; c'est à 4 k. env., au S.-E. de Leipzig, près du village de Probstheida, qu'était le centre de la bataille.

ITINÉRAIRE. — L'**Altstadt** (*Ancienne Ville*), devenue le centre de l'agglomération moderne, est séparée de ses faubourgs par une ceinture de larges boulevards mesurant 3,500 m. de long, créée sur l'emplacement des remparts et formée par une succession d'allées et de places. C'est la plus belle partie de la ville. Sur l'**Augustusplatz** (Pl. D, 3) sont groupés le Musée, devant lequel on voit le *Mendebrunnen*, fontaine monumentale par *Gnauth* et *Ungerer* (1886), l'Augusteum, le Nouveau Théâtre et la Poste.

Le **Museum der bildenden Künste** (Musée des Beaux-Arts; le dim. de 10 h. 30 à 3 h.; le mercr. et vend. de 10 à 4 h. en été, de 10 à 3 h. en hiver, entrée gratuite; le mar., jeudi et sam. de 10 à 4 ou à 3 h., 50 pf.; le lundi, de midi à 4 ou à 3 h., 1 M.), bel édifice construit en 1858 par *L. Lange*, agrandi en 1886; renferme les collections artistiques de la ville.

Rez-de-chaussée. — A g., caisse et vestiaire; à dr., exposition permanente du *Leipziger Kunstverein* (50 pf.). — Au delà de la caisse et du ves-

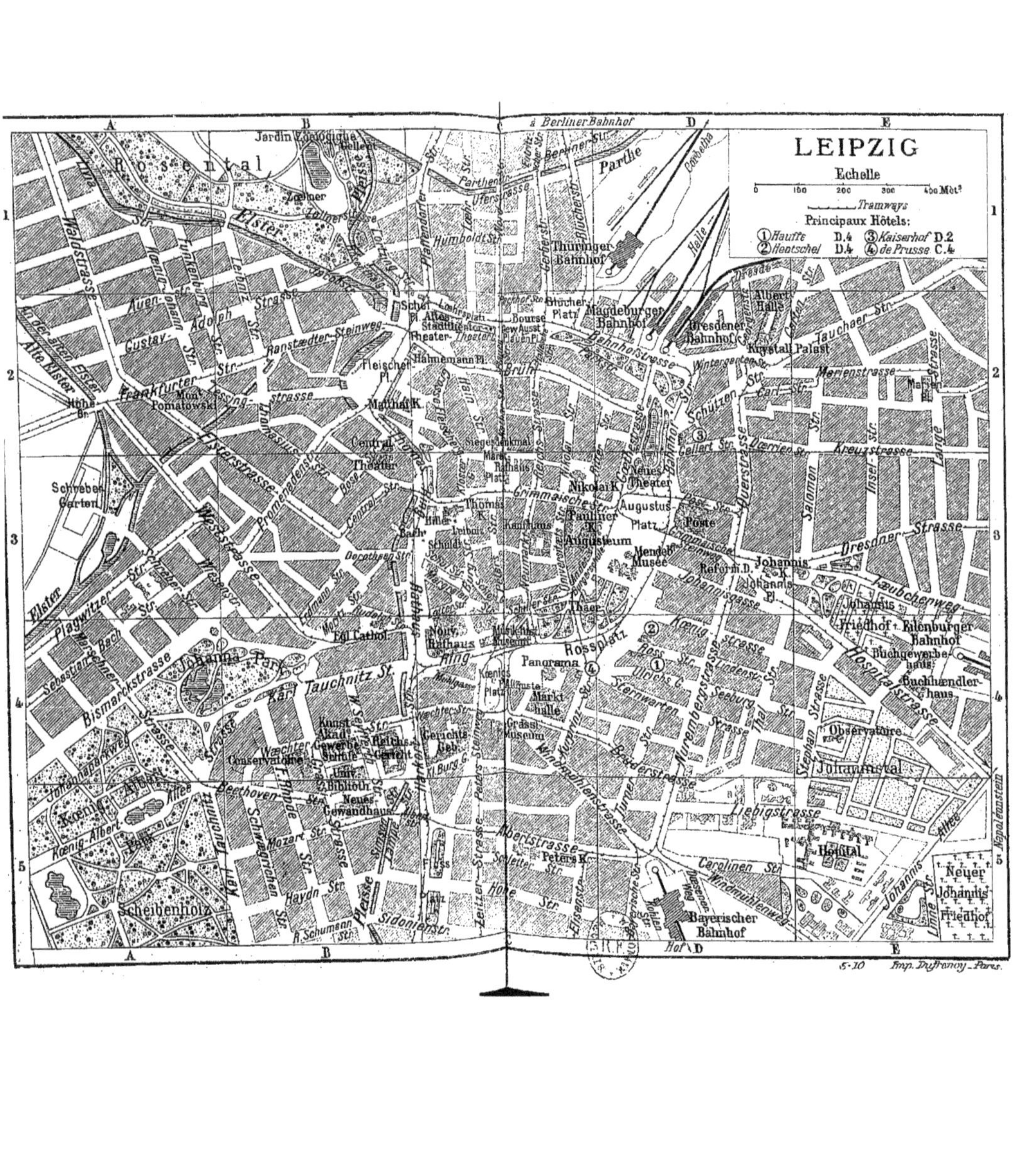
LEIPZIG
Echelle
0 100 200 300 400 Mèt.s
Tramways
Principaux Hôtels:
① Hauffe D.4 ③ Kaiserhof D.2
② Hentschel D.4 ④ de Prusse C.4
à Berliner Bahnhof
Rosental
Jardin Zoologique
Elster
Pleisse
Parthe
Waldstrasse
Gustav-Adolph Str.
Ranstædter Steinweg
Frankfurter Str.
Thüringer Bahnhof
Magdeburger Bahnhof
Dresdener Bahnhof
Bahnhofstrasse
Humboldt Str.
Blücher Platz
Bourse
Altes Stadttheater
Fleischer Pl.
Hahnemann Pl.
Brühl
Albert Halle
Krystall Palast
Tauchaer Str.
Marien Pl.
Kreuzstrasse
Dresdner Strasse
Central Theater
Siegesdenkmal
Markt
Rathaus
Nikolai K.
Neues Theater
Augustus Platz
Poste
Thomas K.
Kaufhaus
Pauliner K.
Augusteum
Musée
Johannis K.
Johannis Pl.
Johannis Friedhof
Eilenburger Bahnhof
Buchgewerbe haus
Buchhændler haus
Hospitalstrasse
Schreber Garten
Westerstrasse
Promenadenstr.
Plagwitzer Str.
Johanna Park
Bismarckstrasse
Karl Tauchnitz Str.
Egl. Cathol.
Nouv. Rathaus
Ring
Rossplatz
Panorama
Markt halle
Grassi Museum
Kunst Akad.
Gewerbe Schule
Reichs Gericht
Conservatoire
Univ. Bibliotek
Neues Gewandhaus
König Albert Park
Beethoven Str.
Scheibenholz
Mozart Str.
Haydn Str.
Sidonien Str.
Zeitzer Strasse
Peters K.
Albertstrasse
Windmühlenstrasse
Nürnbergstrasse
Liebigstrasse
Johannisthal
Observatoire
Hôpital
Bayerischer Bahnhof
Carolinen Str.
Neuer Johannis Friedhof
Napoleonstein
Imp. Dufrénoy _ Paris.

face de l'entrée, les **Salles I** à **VI** renferment des esquisses, aqua-
:artons; les **salles VII** et **IX**, des plâtres et moulages d'après Michel-
les maîtres italiens et allemands du XIVe au XVIe s. — **Salle VIII** :
s en marbres polychromes divers, par *Klinger* : 272. Salomé (ou
a Puissance fascinatrice de la femme) et deux de ses victimes;
andre. — **X** : marbres et plâtres modernes; 45. Copie par Barre de
d'Arc sculptée par la princesse Marie d'Orléans; à dr., dans une
chée par un rideau (1 M. pour visiter), 292. *Klinger*. Beethoven,
polychrome en marbre, ivoire et bronze, qui a demandé quinze ans
(1887-1902). — **XI** : à g., 840. *Menzel*. Gustave-Adolphe, roi de Suède,
femme au château de Hanau; 278. *Meunier*. Portefaix (bronze);
Homo; 850. *Graff*. Son Ⓟ; 857. *Raeburn* Ⓟ; 848. *Meunier*. Her-
peinture).

ge. — **Salle I** (à coupole) : cartons des paysages, avec scènes de
, peints par *Preller* à Weimar. — **II** : 287, 288. *Fr. Stuck*. Athlète
ne (statuettes); 550. *Uhde*. « Laissez venir à moi les petits enfants »;
mann. Paysage. — On passe dans la Loggia (ou **salle III**) pour
ns la **salle IV** : à g., 199. *Richter*. Le Schreckenstein, dans la Suisse
528. *Schwind*. La Chevauchée de Kuno von Falkenstein; 474. *Rethel*.
t St Pierre. — **V** : 674. *Lessing*. Paysage; 220. *Schirmer*. Paysage;
ader. Frédéric II après la bataille de Kolin. — **VI** : à dr., 856.
La « Fabrique bleue » (Flandre); 709. *Thoma*. Paysage; 833.
L'Heure bleue; 862. *Leistikow*. Parc de Friedrichsruhe; 723.
nn. Dunes; 769. *Leibl*. L'Attente; 864. *Erler*. Fête du Solstice
). — **VII** : à g., 268. *Vautier*. Joueurs de cartes; 488. *Defregger*.
é; 845. *Zügel*. Troupeau de moutons rentrant à l'étable; 738.
nn. En préparant les conserves; 779. *Greiner*. Ulysse et les
484. *A. Achenbach*. Moulin. — **VIII**; 563. *Bœcklin*. L'Ile des morts;
ane au Printemps. — **XI** : 713. *Herkomer*. Emigrants. — **XII** :
ach. Guillaume I; 530. *Feuerbach*. Sérénade enfantine. — **XIII** à
vres de peintres allemands contemporains. — **XX** : 37. *Chodowiecki*.
Tiergarten de Berlin. — **XXI** et **XXII** : maîtres hollandais; 347.
lt. Son Ⓟ (esquisse en couleurs). — **XXIII** et **XXIV** : maîtres alle-
ciens. — **XXV** à **XXVII** : maîtres hollandais du XVIIe s. — **XXVIII** :
s maîtres hollandais; 804. *Rembrandt*. Tête d'étude. — Une galerie
la **salle XXIX** : 55. *P. Delaroche*. Napoléon à Fontainebleau; 98.
arine. — **XXX** : 241. *Troyon*. Vaches au pâturage; 25-28. *Calame*.
.

gusteum, à côté du Musée, bâti sur les plans de *Schinkel*
st occupé par l'**Université**, fondée en 1409 et qui compte
esseurs et agrégés et plus de 5,000 étudiants. — Près de
eum, la *Paulinerkirche*, du XIIIe s., restaurée en 1897, ren-
monument (moderne) d'un margrave de Meissen († 1307)
schel.

ue Theater (*Nouveau Théâtre*), bel édifice élevé de 1864
sur les plans de *Langhaus*, est décoré, à la façade, d'un
allégorique par *Hagen* et des statues de Thalie et Melpo-
ar *Hænel*, aux deux côtés de l'entrée. Derrière le théâtre
un joli square.

du Théâtre, la **Haupt-Post** (*Poste Centrale*) date de 1883
allégoriques par *Kauffsack*).

re et au S.-O. du Musée, sur l'emplacement d'un ancien
se trouvent la *statue de Thœr* (agronome célèbre), par
(1850), un *médaillon de Schumann* (le compositeur, † 1856),
onument à la mémoire du bourgmestre *Koch*, par *Seffner*.

Sur le côté O. de l'Augustusplatz, s'ouvre la très animée **Grimmaischestrasse**, conduisant à la place du Marché; on remarque dans cette rue, au n° 30, la maison du *Fürstenhaus*, de 1558; à son extrémité O., en face du Rathaus, se trouve l'entrée de la célèbre **Auerbachs-Keller**, taverne où (d'après la légende) le docteur Faust se livra à des exercices de magie, qui sont représentés sur les murs. Gœthe y a placé une des scènes de *Faust* (celle où Méphistophélès enivre les étudiants). — Au S. de la Grimmaischestr., dans l'*Universitætstrasse*, l'édifice du *Kaufhaus*, bâti en 1896, sert aux expositions d'échantillons à l'époque des foires.

Le **Markt** (Pl. C, 2-3), qui occupe le centre de l'Altstadt et où les souverains alliés se réunirent après la bataille de Leipzig, ne manque pas de pittoresque; au milieu, le *Siegesdenkmal* (monument commémoratif de 1870-71) est l'œuvre de *Siemering*; sur le côté E., le vieux **Rathaus**, datant de 1556, a été reconstruit en 1907 et doit être transformé en musée de la ville.

Au N. du Markt, la rue de la *Brühl* (au n° 3, *maison* où est né Wagner en 1813) traverse de l'E. à l'O. l'Altstadt; au delà de cette rue (rendez-vous favori des Juifs polonais aux époques des foires), de nombreux passages conduisent à la *Plauenplatz* (Pl. C, 2), où s'élèvent la *Gewerbe-Ausstellung* (Exposition industrielle permanente; t. l. j. de 9 h. à 4 h.; 50 pf.) et, en face, la *Bourse*, édifiée de 1884 à 1886 par *Weichardt* et *Enger*; cette place se continue à l'E. par la *Lœhrsplatz*, entre laquelle et la *Theaterplatz*, au S., se trouvent l'*Alte Stadttheater* (Vieux Théâtre; Pl. C, 2) et, plus loin, la *statue de Hahnemann* (l'inventeur de l'homéopathie, † 1843).

[Dans la rue dite *Ranstædster Steinweg*, — qui commence au delà du pont, à l'O., en face de cette statue, — un petit *monument* rappelle la destruction du pont sur l'Elster (qui coulait en pleine campagne), par l'armée française en retraite, le 19 oct. 1813. En suivant le quai vers le S., on arrive en quelques pas au *monument* (sarcophage avec l'aigle de Pologne) marquant l'endroit où Poniatowski se noya.]

En continuant à descendre vers le S. par le boulevard qui longe la *Fleischerplatz*, on arrive au *Thomasring*. A dr. est le *Central-Theater*; à g., autour de la **Thomaskirche** (Pl. C, 3; pour la musique, *V.* les Renseignements pratiques à l'*Index*), église de 1496 rebâtie par Lipsius vers 1890, sont groupés les *monuments* : de *Leibnitz* (né à Leipzig en 1646), par *Hæhnel* (1883), de *Seb. Bach* († 1750) et d'*Ad. Hiller* († 1804), les deux célèbres maîtres de chapelle de Saint-Thomas, et le *Schuldenkmal*, érigé en souvenir d'une école libre créée à Leipzig à la fin du XIXe s.

Le *Rathausring* passe devant l'emplacement occupé naguère par la Pleissenburg, l'ancienne citadelle du XVIe s., dont il ne reste plus que la base de la tour, englobée dans les constructions du **Nouveau Rathaus** (*Neues Rathaus*; on visite les dim. et fêtes de 9 h. 30 à 1 h.; en sem. de 1 h. à 3 h. 30; 1 M. 50; s'adresser à la chambre n° 96, à l'entrée du côté O.), édifice monumental, construit de 1899 à 1906, par *Licht*, dans le style de la Renaissance allemande (façade S.-O. d'un bel aspect décoratif; de la tour, belle vue). — De l'autre côté (O.) du Ring, l'*église catholique* date de 1846.

Le Rathausring aboutit à la **Kœnigsplatz** (Pl. C, 4), sur laquelle est l'insignifiant *monument de Frédéric-Auguste*; son côté S. est formé par le **Grassi-Museum** (de 10 à 3 h.; 50 pf. les mardi, jeudi et sam.), bâti de 1893 à 1896 par *Licht*.

Il renferme les collections léguées à la ville par M. F.-D. Grassi († 1880), et qui forment deux sections : le *musée d'art industriel* (on y remarque, entre autres, au 1er étage, une belle collection de meubles) et le **musée ethnographique** (le plus riche de l'Allemagne, après celui de Berlin).

Au S.-O. de la Kœnigsplatz, un quartier tout récent, — qui vient se rattacher au Rathausring par la belle *Karl-Tauchnitzstrasse* — renferme quelques constructions monumentales : le Tribunal de l'Empire, la Bibliothèque de l'Université, le Gewandhaus, l'Ecole d'Art industriel.

Le **Reichs-Gericht** (*Tribunal suprême de l'Empire*; Pl. B, 4) est un édifice de belle apparence, bâti de 1888 à 1895 par *L. Hofmann*; la coupole, haute de 69 m., qui domine la grande salle des séances, est surmontée de la statue en bronze de la Vérité (haute de 5 m.), par *Lessing*.

L'int. (visible plus commodément après 3 h.; s'adresser au concierge, à la grande porte; 1 M. pourb.) mérite d'être visité (vaste et belle salle des Pas-Perdus; grande salle des séances; etc.).

A l'O. du Reichs-Gericht, la *Bibliothèque de l'Université* (ouverte t. l. j. en semaine, de 9 à 1 h. et de 3 à 5 h.), bâtie en 1891 par *Rossbach* (très bel escalier dans le style de ceux des palais de Gênes), renferme plus de 500,000 vol. et de 5,000 manuscrits. — En face et au S. de la Bibliothèque est le **Neue-Gewandhaus** (salle de concert, ainsi nommée en souvenir de l'ancien Gewandhaus, jadis célèbre par les concerts qu'on y donna pendant plus d'un siècle), bâti par *Gropius* et *Schmiede* (fronton par *Schilling*); devant la façade a été érigée, en 1892, la *statue de Mendelssohn* (Félix Mendelssohn-Bartholdy; il dirigea pendant huit ans les concerts du Gewandhaus), par *W. Stein*. — Au N. de la Bibliothèque, la **Kunst-Akademie** (*Académie des Beaux-Arts*) renferme aussi la *Kunstgewerbeschule* (Ecole d'Art industriel). — A l'O., le *Conservatoire* royal a été bâti sur les plans de *Licht*.

Revenant vers le centre de la ville, on trouve, à côté et à l'E. du Reichs-Gericht, le *Polizei- und Gerichts-Gebæude* (Direction de Police et tribunal), construit par *Licht*, à qui on doit également la *Markthalle* (Marché; Pl. C, 4), située plus à l'E., vers le Rossmarkt.

La grande place du **Rossmarkt** (Pl. C, 3-4) nous ramène à notre point de départ, sur l'Augustusplatz.

Au S.-E. de cette place, le *Grimmaische Steinweg*, suivi par le tram, aboutit à la **Johannisplatz** (Pl. D, 3), au centre de laquelle la *Johanniskirche*, du XVIIe s., restaurée en 1897, renferme le monument de Séb. Bach. — Devant l'église a été érigé, en 1883, le *Reformationsdenkmal* (Monument de la Réforme), avec les statues de Luther et de Melanchton, d'après Schilling; derrière l'église, en face du chœur, repose *Gellert* (moraliste, † 1769); un peu plus loin, sous les arbres de l'ancien *Johannis-Friedhof*, cimetière de l'église, une croix en fer marque l'endroit où tomba mort le capitaine anglais *Motherby* (19 oct. 1813), et un *monument* a été érigé en souvenir des soldats de la Landwehr de Kœnigsberg.

Dans l'*Hospitalstrasse*, un peu au delà du cimetière, le somptueux **Deutsches Buchhændlerhaus** (*Hôtel des Libraires allemands*), bâti de 1886 à 1888, dans le style de la Renaissance, sur les plans de *Kayser* et *Groszheim*, renferme les salles destinées aux réunions, les archives et la Bibliothèque de l'Association des libraires, les bureaux et le musée. Il est contigu au **Buchgewerbehaus** (*Hôtel de l'Industrie du Livre*), bâti en 1900 par *Hagsberg*.

Buchgewerbemuseum (*Musée de l'Industrie du Livre*; dim., mar., jeudi, sam. de 10 h. 30 à 1 h.; entrée par le portail E.; 30 pf.), remarquable collection d'imprimés, provenant des 18 villes qui possédèrent une imprimerie avant 1471 (entre autres, la Bible de Gutenberg de 1450-1455, les livres imprimés par Fust et par Schœffer, etc.); on remarquera aussi la *salle Gutenberg* (peintures par *S. Schneider*), la salle des machines et l'exposition typographique permanente.

[*Environs.* — Le **Rosental** (Pl. A-B, 1), vaste et beau parc au N.-O. de la ville, est la promenade favorite des habitants de Leipzig pendant la belle saison; il renferme une *statue de Gellert*, un *buste de Zœllner* (compositeur, † 1860), un *buste de Fechner* (philosophe, † 1887) et deux *cafés* (musique l'après-midi et le soir, pendant la belle saison) près desquels se trouve le beau **Jardin zoologique**.

Le **Palmengarten** est un autre très beau parc à l'O. de la ville, sur la rive g. de l'Elster, dans la Plagwitzerstrasse (grandes et belles serres).

Le **Napoleonstein** (*Pierre de Napoléon*; 3 k. 5 env. S. de l'Augustusplatz, par la Johannisplatz, la Hospitalstrasse et la Reitzenhainerstrasse, que suit le tram), à dr. de la Reitzenhainerstr., dans un square au pied du *Thonberg*, est un *bloc de granit* qui marque la place d'où, suivant l'inscription, « Napoléon, le 18 octobre 1813, observa les combats de la Bataille des Peuples (Vœlkerschlacht) ». Plus au S., un **monument** (*Vœlkerschlacht-Denkmal*) sera achevé vers 1911 sur les plans de *B. Schmitz*. — Près de là, au n° 179 de la Reitzenhainerstr., on peut visiter (t. l. j., du mat. au soir, 50 pf.) le *Musée historique de la Bataille des Peuples et du temps de Napoléon* (Historisches Museum der Vœlkerschlacht und der Zeit Napoleons I), renfermant une collection de documents (env. 4,000 autographes), uniformes, armes, etc.]

De Leipzig à Paris, R. 2, *B*, en sens inverse; — à Dresde, *A*, par Riesa, *B*, par Dœbeln et Meissen, R. 17; — à Berlin, R. 18; — à Hanovre, *A*, par Halle, Halberstadt, Goslar et Hildesheim, *B*, par Halle Magdebourg, Eisleben et Brunswick, R. 19.

Route 17. — DE LEIPZIG A DRESDE

A. Par Riesa.

120 k.; 🚂 (gare de Dresde, ou *Dresdener Bahnhof*), en 1 h. 45 ou 2 h. 15; 10 M. 10, 6 M. 80, 4 M. 20.

18 k. *Machern*; on franchit la Mulde. — 26 k. *Wurzen*, V. industrielle de 17,500 hab. (*Domkirche*; vieux château). — 53 k. *Oschatz*, V. de 11,000 hab.

66 k. **Riesa** (Ⓑ; ⚔ sur Berlin et Chemnitz), V. industrielle de 14,000 hab. sur l'Elbe, que la voie franchit en face de *Rœderau*. — Tunnel. — 102 k. *Coswig*. — A g., l'Elbe; à dr., chaîne de petites collines parsemées de maisons de campagne.

115 k. **Dresde-Neustadt** (gare de Leipzig, ou *Leipziger Bahnhof*, desservant particulièrement le quartier sur la rive dr. de l'Elbe). — On franchit l'Elbe et on contourne, à g., la ville.

120 k. **Dresde-Altstadt** (gare Centrale, ou *Hauptbahnhof*, au S. du centre de la ville); R. 12.

B. Par Dœbeln et Meissen.

133 k. ; 🚂 (gare de Dresde, ou *Dresdener Bahnhof*), en 2 h. 35 ou 3 h. 30; 10 M. 10, 6 M. 80, 4 M. 20.

31 k. *Grimma*, V. de 11,500 hab., sur la Mulde (ancien château des Electeurs de Saxe). — 53 k. *Leisnig*, V. industrielle de 8,200 hab., dominée par un vieux château fort.

66 k. *Dœbeln*, V. de 19,000 hab.

105 k. *Triebischtal*, localité où se trouve la fabrique de porcelaine de Meissen (*V.* ci-dessous). — A g., Meissen (quartier de la rive g.); on franchit l'Elbe.

107 k. **Meissen** (hôt. *Blauer Stern*, sur la rive g.; fiacres ou « droschke » de la gare à la ville, au château, ou à la manufacture de porcelaine, 1 M. 25; tram pour la ville et la fabrique), V. de 33,000 hab., agréablement située à 110 m., entre deux collines au milieu desquelles coulent l'Elbe et ses deux petits tributaires : la Triebitsch et la Meisa; sur la rive dr. de cette dernière, à son débouché dans l'Elbe (rive g.), la butte du *Schlossberg* est couronnée par le Dôme et le château.

Le **Dom** (*cathédrale*), belle église gothique du XIIIe s. (côté E.) et du XVe (côté O.), est dominé par une charmante *flèche* à jour haute de 20 m.; les deux tours vers l'O., hautes de 90 m., ont été bâties en 1908.

A l'int. (le sacristain, ou « Kirchner », habite au nº 7, Domplatz; pourb. 50 pf. pour 1 pers., 1 M. pour 2 à 4 pers.), d'une belle architecture : — *tombeaux* de plusieurs princes saxons, notamment des XVe et XVIe s.; les plus remarquables sont dans la chapelle des Princes, au grand portail (*monument*, en bronze, de Frédéric le Guerrier, † 1148; *pierres tombales* des duchesses Sidonie, † 1510, et Amélie, † 1502); dans la chapelle à côté, retable par *Lucas Cranach le Vieux*; — curieuses sculptures sur pierre du tabernacle (près du maître-autel).

Le **Château**, ou **Albrechtsburg** (2 M. au « Kastellan »), bâti vers la fin du XVe s., restauré vers la fin du XIXe, est un des plus importants de son époque.

A l'int., on remarque l'escalier, les galeries et les plafonds voûtés de quelques salles. — **1er** *étage* : KIRCHENSAAL (salle de l'église) : fresques par *Dietrich*; SALLES DES BANQUETS (grande et petite) : fresques par *Œhme*, *Hoffmann* et *Preller*; CHAMBRE DE L'ÉLECTEUR : fresques par *Schols*. — **2e** *étage* : SALLES décorées de fresques par *Kiessling*, *Spiess* et *Marschall*; SALLE DES ARMOIRIES : très belle voûte et superbe cheminée.

Sur la butte près et au S.-O. du Schlossberg et qui lui est réunie par un pont, l'*église Sainte-Afra* date des XIIIe et XIVe s.; à côté est la *Fürstenschule*, la célèbre école de Meissen, fondée vers le milieu du XVIe s., rebâtie en 1878-1879.

La **Manufacture royale de porcelaine** (*Kœnigliche Porzellan-Manufaktur*, visible en sem. de 8 h. à midi et de 1 h. 30 à 4 ou 6 h.; 1 pers., 1 M.; plusieurs pers., 1 M. chacune) se trouve dans le faubourg de *Triebischtal*, où conduit le tram ; elle occupe env. 700 ouvriers.

C'est un chimiste saxon, *J.-Fréd. Bœttger* (+ 1719), qui, en 1709, trouva la porcelaine, tout en cherchant la pierre philosophale. L'électeur de Saxe Auguste II, après avoir anobli Bœttger, fonda, en 1710, à Meissen, au château même, la première fabrique de véritable porcelaine qui ait existé en Europe et qui donna en peu de temps de magnifiques produits, connus actuellement sous le nom de « vieux Saxe ». Après plusieurs vicissitudes, la fabrique a été définitivement installée à Triebischtal en 1894.

115 k. *Coswig*, où l'on rejoint la ligne de Leipzig à Dresde par Riesa (*V.* ci-dessus, *A*).

133 k. **Dresde** (*V.* ci-dessus, *A*, et R. 12).

Route 18. — DE LEIPZIG A BERLIN

PAR BITTERFELD ET WITTENBERG.

174 k.; 🚂 (gare de Bavière, ou *Bayrischer Bahnhof*, d'où partent les trains directs, en attendant l'achèvement de la nouvelle gare Centrale), en 3 h. env. par trains directs; 15 M. 80, 10 M. 30, 6 M. 50.

La voie contourne la ville, à g. — 10 k. *Leipzig-Berliner Bahnhof*, où ne s'arrêtent que les trains-omnibus. — 30 k. *Delitzsch*, V. industrielle de 11,000 hab. sur la Lœber.

42 k. **Bitterfeld** (Ⓑ; ✕ sur Dessau, R. 19, *C*, et sur Halle, R. 19, *B*), V. de 13,000 hab. — On franchit l'Elbe.

78 k. **Wittenberg** (Ⓑ; hôt. *Kaiserhof*; tram de la gare à la place du Marché), V. de 20,500 hab. et ancienne place forte sur l'Elbe. — Elle doit à Luther la célébrité dont elle jouit, car elle fut en quelque sorte le berceau de la Réforme; aussi l'a-t-on appelée la Mecque protestante.

Histoire. — C'est le 15 juin 1520 que Luther y brûla solennellement, sur la place publique, la bulle du pape et le volume du droit canonique. C'est aussi à Wittenberg que Luther, mort le 17 février 1546 à Eisleben, fut enterré dans l'église du Château. L'année suivante, Wittenberg fut prise par Charles-Quint, qui venait de triompher à Mühlberg du protestantisme. Il voulut voir le tombeau du réformateur ; un de ses officiers lui demanda la permission d'ouvrir la tombe et de jeter au vent les cendres de l'hérésiarque. « Je ne suis pas venu pour faire la guerre aux morts, lui répondit l'Empereur indigné; j'ai bien assez des vivants. » Et il quitta l'église. — Les portes de bois de cette église, sur lesquelles Luther afficha, le 31 octobre 1517, les célèbres thèses contre les indulgences papales, ont été brûlées par les Autrichiens, lors du bombardement de 1760 ; elles ont été remplacées depuis par des portes en bronze (*V.* ci-dessous).

ITINÉRAIRE. — De la gare, en suivant la ligne du tram, on arrive à l'*Elstertor* (ancienne porte de l'Elster), que précède un chêne, remplaçant celui sous lequel Luther brûla la bulle du pape en 1520. — On suit la *Collegienstrasse*, où se trouve à g., n° 54, l'*Augusteum* (XVIe s.), ancien couvent d'Augustins, auj. séminaire protestant.

Dans la cour, le *Lutherhaus* (maison de Luther) est la partie du couvent où Luther habita comme professeur de philosophie à l'université de Wittenberg.

Au 1er étage la *Lutherhalle* (50 pf.) est un petit musée luthérien (chambre de Luther; portraits du réformateur, de sa femme, etc.; autographes; tableaux, etc.).

Plus loin, dans la même rue, au n° 60, est la *maison de Mélanchton* et, tout près, l'ancienne *Université*, devenue une caserne.

La Collegienstr. aboutit au *Markt* (place du Marché); devant le *Rathaus*, du XVIe s., on y voit les *statues de Luther*, par *Schadow*, et de *Melanchton*, par *Drake*.

Sur une place à l'E. et près du Marché, la *Stadtkirche*, église du XIVe s., où prêcha Luther, renferme des fonts baptismaux en bronze, par *H. Vischer* et des peintures par *Lucas Cranach*.

De la place du Marché, la *Schlosstrasse* conduit au *Château*, servant de caserne et à la Schlosskirche.

La *Schlosskirche* (église du Château), du XVe s., endommagée par les bombardements de 1760 et de 1813, a été restaurée à la fin du XIXe s. — Les portes auxquelles Luther afficha ses thèses (*V.* ci-dessus) ont été remplacées, en 1855, par des portes en bronze sur lesquelles sont gravées les quatre-vingt-quinze thèses.

A l'int. (le sacristain ou « Kirchendiener » habite Schlossstr., 12; pourb. 50 pf. à 1 M.), nombreux tombeaux et sépultures : devant la chaire, tombe de Luther, indiquée par une plaque de bronze, ainsi que celle, en face, de Melanchton; à dr. et à g. du maître-autel, *tombeaux* en bronze des électeurs Jean le Constant (✝ 1532), par *H. Vischer*, et Frédéric le Sage (✝ 1525), par *P. Vischer*; médaillons en bronze; armoiries; vitraux.

111 k. Jüterbog, où l'on rejoint la ligne de Dresde à Berlin (R. 14, *B*).
174 k. Berlin (gare d'Anhalt, ou *Anhalter Bahnhof*); R. 33.

Route 19. — DE LEIPZIG A HANOVRE

A. Par Halle, Halberstadt, Goslar et Hildesheim.

268 k.; 🚂 (gare de Berlin, ou *Berliner Bahnhof*, en attendant l'achèvement de la gare Centrale), en 4 h. 33 ou 4 h. 51 par trains directs (wagon-restaur. à celui de 12 h. 59); 22 M. 20, 14 M. 80, 9 M. 20.

Visiter : — *Thale et ses environs*; — *Halberstadt*; — **Goslar**; — **Hildesheim.**

36 k. de Leipzig à Halle (*V.* ci-dessous, *B*).

82 k. *Sandersleben*, sur la Wipper. — **94** k. *Aschersleben*, vieille V. de 28,000 hab., dominée par le *Wolfsberg* surmonté des ruines du château d'*Askanierburg*, berceau des familles ducales d'Anhalt.

101 k. **Frose** Ⓑ, avec une belle *église* romane du XIIIe s.

[**De Frose à Quedlinburg** (30 k.; 🚂 en 1 h. 30 env. : 2 M. 30, 1 M. 80, 1 M. 20). — 14 k. *Ballenstedt*. — 14 k. 5. *Ballenstedt-Schloss*; *château* du duc d'Anhalt-Bernburg, qui y réside en été.

22 k. **Gernrode** (hôt. : *du Stubenberg*; *Belvedere*, etc.), station d'été fréquentée, à 224 m., au pied du *Stubenberg* (281 m.; très belle vue). — *Stiftskirche* ou *Cyriakikirche*, grande et intéressante basilique romane du xe s., restaurée en 1865. — Bon *établissement hydrothérapique*.

La voie décrit une grande courbe au pied des contreforts N.-E. de l'*Unter-Harz*. — 23 k. *Suderode*, colonie de maisons de campagne; séjour d'été; bains salins (*Kurhaus*). — 30 k. Quedlinburg (*V.* ci-dessous).]

La voie franchit la Bode, venant du Brocken.

118 k. Wegeleben Ⓑ.

[**De Wegeleben à Thale, par Quedlinburg; l'Unter-Harz** (22 k.; 🚂 en 35 à 40 min.; 1 M. 55; 1 M.). — La voie entre dans la vallée de la Bode.

11 k. **Quedlinburg** (hôt. *Quedlinburger Hof* à la gare), V. de 26,000 hab., à 125 m. d'alt., sur la Bode. Ancienne ville libre impériale, plusieurs empereurs de la ligne saxonne y résidèrent; dix diètes ou conciles y furent tenus. Le *château*, qui la domine du haut du *Schlossberg*, servit longtemps de résidence aux abbesses de Quedlinburg, princesses de l'Empire, qui ne dépendaient que du pape et avaient un vote à la Diète. Le couvent fut supprimé en 1802. La belle Aurore-Marie, comtesse de Kœnigsmark, maîtresse d'Auguste le Fort, roi de Pologne et électeur de Saxe, mère du célèbre maréchal de Saxe, avait été abbesse de Quedlinburg. Sa dépouille mortelle, réduite à l'état de momie noirâtre, est visible dans la Stiftskirche (*V.* ci-dessous). — Quedlinburg est, après Erfurt, la ville la plus renommée pour l'horticulture, qui occupe plus de 2,000 ouvriers dans divers établissements.

Devant la gare, deux *monuments* (Cuirassier chargeant, par *Anders*; la Paix protégée par les Armes, par *Manzel*) ont été élevés en 1895 et 1898. — Sur le *Markt*, le *Rathaus* (de 1310, remanié vers 1615) renferme la cage en bois dans laquelle fut emprisonné pendant neuf mois, au xiiie s., un comte de Regenstein, qui avait commis de nombreux actes d'oppression; dans la *Bürgerschule* (ancienne maison de Klopstock), en face du Rathaus, est installé un petit *musée* (50 pf.).

Le *Château* (Schloss), jadis résidence des abbesses de Quedlinburg, renferme quelques restes de l'ancienne décoration (plafonds avec ornements en stuc, du xviiie s.).

La **Stiftskirche**, ou *église abbatiale*, à côté du château, est un intéressant monument du xie s., dont le chœur a été remanié au xive s. et les deux tours principales reconstruites à la fin du xixe s. Le roi de Germanie, Henri l'Oiseleur, fondateur de la ville († 936), l'impératrice Mathilde, fondatrice du couvent, et des abbesses sont aussi ensevelis dans la crypte (devant le maître-autel); la sacristie contient deux beaux *reliquaires* d'ivoire sculpté du ixe ou du xe s., le peigne à barbe de Henri l'Oiseleur, etc.

Au S.-E., promenade de *Brühl*, avec un monument au poète *Klopstock* († 1803), un café-restaurant et un établissement de bains.

Au delà de Quedlinburg, à dr., le *Teufelsmauer* (mur du Diable), curieux chaînon isolé de rochers de grès, aux contours déchiquetés, se dresse au milieu de la plaine.

22 k. **Thale** (Ⓑ à la gare de l'Etat, ou *Staatsbahnhof*; hôt. : *Zehnpfund*, ch. dep. 2 M.; *Ritter Bodo*; *Hubertusbad*, avec établiss. d'eaux salines; etc.), localité industrielle de 7,500 hab., à 175 m. d'alt., sur les deux rives de la Bode, est formée de *Dorf-Thale* (sur la rive g. de la rivière) et *Bahnhof-Thale* (sur la rive dr.), avec la gare de l'Etat, les principaux hôtels et de nombreuses villas. C'est un bon centre d'excursions dans l'Unter-Harz et particulièrement dans la vallée de la Bode qui est, en amont de Thale, la plus pittoresque région de tout le Harz.

[[**Vallée de la Bode.** — Les touristes pressés pourront se borner à aller, par la Wolfsburg et la forêt, à (1 h. env. à pied) la Rosstrappe; ils descendront par la Schurre à la Teufelsbrücke et reviendront par le Jungfernbrücke et la rive dr. de la Bode (1 h. env.) à Thale.

Une route sur la rive dr. et un bon sentier sur la rive g., préférables pour les piétons, conduisent en un peu plus de 3 h. à Treseburg; nous conseillons à ces derniers de suivre l'itinéraire suivant. — De la gare, on passe devant l'hôtel *Zehnpfund*, puis on suit la route à dr., qui conduit à la Brasserie (à dr., pont pour l'île et l'hôtel du *Hubertusbad*) et à (15 min.) l'hôtel *Waldkater*.

Du Waldkater un bon chemin monte à g. (E.) à la *Walpurgishalle* (entrée 50 pf.), — maison bâtie en 1901 dans le vieux style allemand et ornée de fresques relatives à la légende de Ste Walbourg, — et au (20 min. env.) *Bergtheater* (théâtre de la Nature; entrée 20 pf.), d'où l'on a un beau coup d'œil sur le Steinbachtal. — De là on peut revenir à Thale par le chemin dit *Sachsenwallweg*, qui descend au N.-E. et aboutit en 40 min. au Kurpark.]

La vallée se resserre de plus en plus; les rochers, déchiquetés, prennent les formes les plus fantastiques. Chacun a sa légende, car, dans ce pays, tout est de légende et une vie mystérieuse plane sur la contrée tout entière. — On franchit la Bode sur la *Jungfernbrücke*.

30 min. *Hôtel Kœnigsruhe*, sur la rive g., au pied de la Rosstrappe. — On suit la rive g. de la rivière resserrée dans une gorge étroite et, après avoir traversé (40 min.) la *Teufelsbrücke*, on se trouve dans le **Bodekessel**, étroite coupe de granit au fond de laquelle la Bode, qui vient de former une cascade, se brise en écume. — Du Bodekessel à Treseburg par la rive dr., *V.* ci-dessous.

On revient à l'hôtel Kœnigsruhe pour gravir un chemin en lacets; au bout des lacets, prendre à dr. (en continuant tout droit on aboutirait à l'hôtel zur Rosstrappe, *V.* ci-dessous, dit la *Schurre*).

1 h. 30 env. **La Rosstrappe**, la principale curiosité de cette partie du Harz: c'est une langue de rochers entourée de trois côtés par la Bode, au-dessus de laquelle elle se dresse presque entièrement à pic à une hauteur de 175 à 180 m. (375 m. d'alt.). On l'appelle l'*Empreinte* ou le *Pied de cheval*, parce que l'un des rochers qui la couronnent porte l'empreinte du pied d'un cheval colossal. D'après la tradition, la fille d'un géant, poursuivie par un bandit, s'élança intrépidement de cette plate-forme sur la montagne qui s'élève en face et son cheval fut obligé de prendre un tel élan qu'il creusa dans la pierre la place où il pesa de tout son poids.

[De la Rosstrappe on peut descendre à (45 min. env.) Thale par la forêt et (30 min.) l'*hôtel de la Wolfsburg*, puis, par le pont sur la Bode, à la gare.]

De la Rosstrappe on revient jusqu'à la bifurcation et, laissant à g. le sentier de la Schurre, on se dirige à dr. vers l'*hôtel de la Rosstrappe* (400 m. d'alt.), pour suivre ensuite à g. le chemin sous bois (marqué « 41 B »), qui aboutit à (1 h. 45 env.) un carrefour; la route à dr. descend à Thale, celle d'en face se dirige vers Blankenburg; celle à g., qu'il faut suivre (ne jamais s'écarter à dr.), passe par (2 h. 15) la *Herzogshœhe* (395 m.; belle vue sur la vallée de la Bode) et (3 h. env.) le *Wilhelmsblick*, autre point de vue. Ici, un tunnel de 22 m. percé dans la roche conduit au *Krügerslust* (365 m.), d'où l'on découvre les sinuosités du cours de la Bode. Revenant au Wilhelmsblick, on descend sur Treseburg.

3 h. 15. **Treseburg** (hôt.: *Weisser Hirsch*; *Forelle*, etc.), petit bourg à 266 m., dans une boucle et sur la rive g. de la Bode; au cœur de l'été il est envahi par la foule des touristes. — En face de Treseburg, sur la rive dr., le *Weisser Hirsch* (375 m.; 25 min. E.) est un bon point de vue.

Pour revenir de Treseburg à Thale, on a le choix entre trois chemins.

1° Le sentier (bien tracé, presque toujours sous bois, avec bornes de repos; marqué « 38 A »; ouvert en été seulement), qui suit, en la dominant par endroits, la rive dr. de la Bode; il permet de jouir de la vue des parties les plus intéressantes de cette gorge. — 2 h. env. Le Bodekessel (V. ci-dessus). — On monte par le sentier à dr. en face de la Jungfernbrücke (V. ci-dessus) et en passant par la La Vières-Hœhe (455 m.; il ne faut pas s'écarter à dr.). — 3 h. env. Le **Hexentanzplatz** (la place de danse des sorcières), hauteur (454 m.) qui fait face à la Rosstrappe sur la rive dr., à 250 m. au-dessus de la Bode. — Un sentier en escalier descend vers l'E. à la chaussée (V. ci-dessous, 3°) qui ramène à (45 min. env.) la gare de (3 h. 40 m. de Treburg) Thale.

2° On franchit le pont sur la Bode et, à g., le petit pont sur la Luppebode, puis on prend à g. un sentier nouveau. — 15 min. *Weisser Hirsch* (373 m.), rocher en saillie et beau point de vue. — On descend vers le S.-E., et, se tenant sur la g., à peu de distance de la route de voit., on monte pour passer au pied du *Dambachskopf* (471 m.). — 1 h. env. *Dambachs-Hæuschen*. — Au delà, au milieu d'une clairière, *monument de Pfiel* (forestier, † 1859), gros bloc de granit avec médaillon et inscription commémorative. — On rejoint la chaussée que l'on peut suivre jusqu'au Hexentanzplatz (se tenir toujours à g.), au cas où l'on ne voudrait pas passer par la La Vièreshœhe (V. ci-dessus). — 2 h. env. Le Hexentanzplatz et, de là, à (3 h.) la gare de Thale, V. ci-dessus, 1°.

3° La route carrossable (voit. à 1 cheval, 6 M. et pourboire), passant sur la rive dr. de la Bode, décrit une grande inflexion vers le S. en longeant la rive g. de la Luppebode, puis, laissant à l'E. la route vers Friedrichbrunn, elle tourne au N. et, passant au pied du Dambachskopf (V. ci-dessous), elle conduit (par un embranch. à g.) au Hexentanzplatz. De là on vient rejoindre la chaussée et la suivre, à g., jusqu'à (2 h. 45 env. de Treseburg) Thale.]

126 k. **Halberstadt** (Ⓑ; hôt. : *Prinz Eugen; Halberstædter Hof*; etc.; tram de la gare au Fischmarkt, etc.), vieille V. de 48,000 hab., située sur la Holzemme, existait déjà du temps des Carlovingiens. Parmi ses maisons, des XVe et XVIe s., quelques-unes sont réellement intéressantes.

ITINÉRAIRE. — De la gare on se rend par la *Magdeburgerstrasse* et le *Breiterweg*, suivis par le tram, au **Fischmarkt.** En y arrivant on remarque à dr. (angle de la *Schulstrasse* et du Breiterweg) les deux maisons *Schuhhof*, du style Renaissance (1579), et *Tetzelhaus* (maison de Tetzel, le fameux trafiquant d'indulgences; 1519). Le côté N. de la place est formé par la *Martinikirche*, gothique, du XIVe s. (les tours, réunies par une arcade, sont de 1882). — Au milieu de la place, entre le Fischmarkt et le *Holzmarkt*, s'élève le **Rathaus**, du XIVe s., avec modifications postérieures. La plus grande partie de l'édifice est gothique; le perron, en avant-corps à double escalier latéral, est de 1663. Sur le côté S. un *balcon* Renaissance, formant l'angle de la place, est de toute beauté. De ce côté le **Ratskeller**, de 1461, est la plus intéressante et la mieux conservée des vieilles constructions en bois de la ville. A l'angle S.-O., une colonne est surmontée de la *statue de Roland*, érigée en 1433, comme symbole de la juridiction municipale.

La petite *Domgasse*, qui s'ouvre en face et à l'O. de la Martinikirche, débouche sur la *Domplatz*, dont le côté E. est occupé par le **Dom** (le sacristain ou « Küster » habite près du chœur de l'E.; pourb. 1 M.), très-belle église offrant un mélange curieux du style gothique allemand, depuis le XIIIe jusqu'au XVe s. Les parties inférieures des tours, les fenêtres, l'entre-colonnement et le portail, d'un beau style, datent de 1180 à 1220; les grandes fenêtres et les contreforts sont de 1300 à 1380. Les deux tours ont été achevées en 1896.

Intérieur d'un aspect imposant. — Entre le chœur et la nef, **jubé** (*Lettner*) de 1610, formant un ensemble de clochetons, d'archivoltes, entrelacés de feuillages, travaillés comme une dentelle et surmonté d'un groupe en bois (le *Crucifiement*) du XIIe s. — *Chaire* de 1592. — *Trône épiscopal* de 1510. — *Fonts baptismaux* du XIIe s.

Dans la SALLE DU CHAPITRE (côté S. de l'église) on voit quelques peintures (Crucifiement par *J. Rapphon*, de 1509), des parements, etc.

En face du Dom, la *Liebfrauenkirche* est un édifice roman des mieux conservés (à l'int., peintures, de la fin du XIIe s., incomplètement restaurées).

140 k. *Heudeber-Dannstedt* (✕ sur Wernigerode; *V.* ci-dessous).

163 k. Vienenburg Ⓑ.

De Vienenburg à Brunswick et à Nordhausen, R. 25.

La voie franchit l'Oker. — 169 k. *Oker* (usines et fabriques de pâte de bois), à l'entrée de la pittoresque vallée de l'Oker, qui s'ouvre vers le S.

176 k. GOSLAR Ⓑ ; hôt. : *Hannover*, ch. dep. 2 M. 50, dîn. 2 M. 50, à la gare; *zum Achtermann*, ch. dep. 1 M. 50, en ville près de la Paulsturm; etc.; voit. à 2 chev. pour l'hôt. Romkerhalle et la vallée de l'Oker, 8 M. et pourb. — *Kaiserhaus*; *Rathaus*; *Domkapelle*; *Klosterkirche*), antique et intéressante V. impériale de 18,000 hab., à 260 m., sur la Gose, au pied du Rammelsberg. Au commenc. du moyen âge, elle servit souvent de résidence aux empereurs d'Allemagne et plusieurs diètes de l'empire y furent tenues. Elle est bien déchue de son ancienne splendeur; toutefois le château impérial, quelques-uns de ses édifices et de ses maisons du XIIIe au XVIe s., ses vieilles murailles, bien qu'en partie démolies, et les belles tours du XVIe s., offrent un véritable intérêt historique et lui donnent un aspect pittoresque, qui ne manque pas de grandeur.

ITINÉRAIRE. — En entrant dans la ville, à dr., la **Klosterkirche** (ou *Neuwerkkirche*) de l'ancien monastère de nonnes de Neuwerk est une basilique de style roman, de la fin du XIIe s. (élégante décoration de l'abside).

A l'int. (de 11 à 12 h. et de 5 à 6 h., à l'exception du dim.), peintures du commenc. du XIIIe s., malheureusement trop retouchées; chaire en pierre, de la même époque, ornée de figures, qui ont également subi des réparations mal entendues.

En face de l'église, à g., la *Paulsturm*, tour de l'ancienne enceinte, est occupée par un restaurant. — On suit la *Bahnhofstrasse* (à dr., *Jacobikirche*, basilique romane transformée au XVe s. en église gothique); plus loin, la *Fischemækerstrasse* conduit à la vieille **place du Marché** (*Marktplatz*), ornée d'une *fontaine*, que l'on croit du XIIe s., avec grand bassin en bronze.

Sur le côté O. de la place est le **Rathaus**, construction gothique du XVe s. (l'angle N. est exceptionnellement décoré; sur son côté S. on remarque l'escalier extérieur).

A l'int. (de 9 à 1 h. et de 3 à 4 ou 6 h., suiv. la saison; les cartes, 50 pf., se délivrent au bureau, à g., au fond de la salle d'entrée) : *Rathausdiele* vaste salle avec 4 curieux lustres, dont 2 du XIIIe et du XVe s. A g., *Huldigungszimmer* ornée de peintures attribuées à *Michel Wohlgemuth* (fin du XVe s.) et de boiseries par *Hans Schmidt* et *Henning Marburg*. On y a réuni plusieurs documents précieux des Xe, XIe et XIIe s., un très bel *Evangéliaire* avec miniatures du XIIIe s.; la *Bergkanne*, élégante cruche de 1477, en vermeil, avec sujets empruntés aux travaux des mineurs et à la chasse.

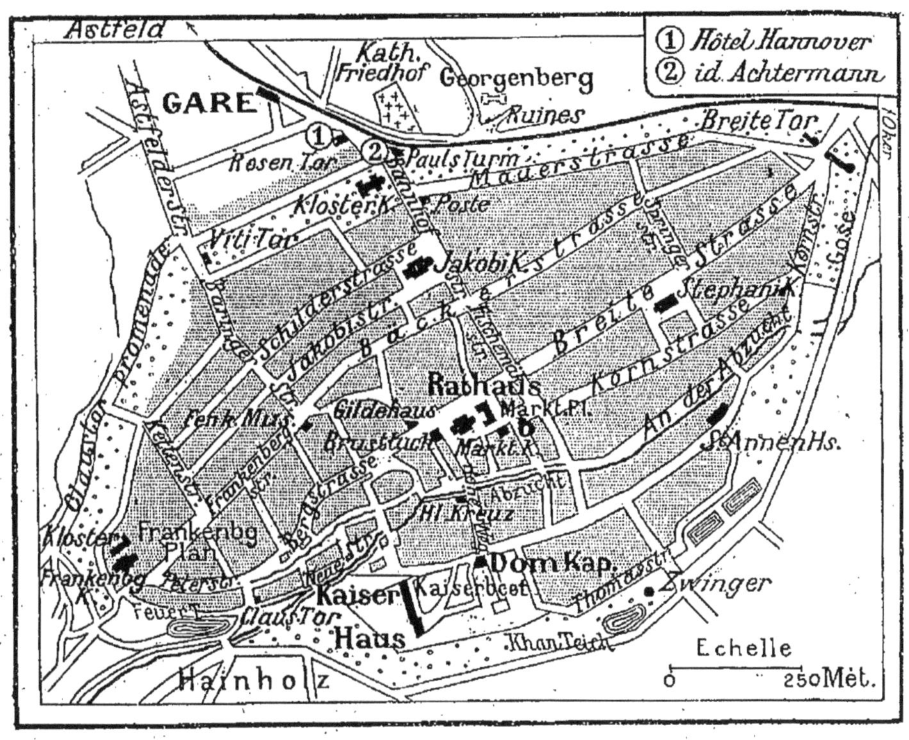

GOSLAR.

Sur le côté S. du Markt, le *Kaiserworth* (Pl. **b**), maison du XVe s. (jadis à la corporation des tailleurs, auj. hôtel), a une façade, avec balcon, formant tourelle et ornée de 8 statues d'empereurs auxquels Henri Heine trouvait l'air « d'huissiers d'université rôtis »; à l'angle et sur le côté E., d'autres sculptures sont assez remarquables, notamment les consoles.

Près et à l'O. du Rathaus, la vieille *Marktkirche* est une belle église romane restaurée en 1844 (une partie de l'édifice renferme les riches *Archives* de la ville).

En face du portail O. de cette église, à l'entrée de la *Bergstrasse*, le *Brusttuch* est une curieuse maison au toit pointu, du commenc. du XVIe s., ornée de sculptures satiriques sur bois, restaurée en 1870 et servant auj. de restaurant. De l'autre côté de la Bergstr., à l'angle de la *Marktstrasse*, l'aub. du *Bæckergildenhaus* est installé dans la maison de la corporation des boulangers, de 1557.

Au S. du Markt, on suit le *Hoheweg*, qui passe, à dr., devant l'asile (nº 7) du *Grosses Heiliges Kreuz*, du XIIIe s.; au nº 20 se trouve le petit *Musée* de la Société scientifique. On arrive à l'esplanade du *Kaiserbeet* et à la **Dom-Kapelle**, reste de l'ancienne et célèbre cathédrale de 1050, démolie en 1820; c'est le porche du portail N. de l'église.

A l'int. (50 pf. au gardien) on conserve quelques objets d'art provenant de l'ancien édifice et une espèce de coffre, ou de caisse en cuivre jaune, supporté par 4 statuettes, dont on ignore l'origine et qu'on appelle l'*autel de Krodo*.

A 3 min. à l'E. du Kaiserbeet, près du petit bassin dit *Kahnteich*, la grosse vieille *tour du Zwinger* (50 pf.) offre un beau coup d'œil sur la ville.

A l'O. du Kaiserbeet, sur une petite hauteur aménagée en jardin et où ont été érigées en 1900 les statues équestres de *Frédéric-Barberousse* (par *Toberenz*) et de *Guillaume Ier* (par *W. Schott*), le **Kaiserhaus**, ou palais des empereurs, date de neuf siècles et a été complètement restauré de 1867 à 1880. Onze empereurs l'ont habité de 1050 à 1258, et vingt-trois diètes d'empire y ont été réunies.

A l'int. (de 9 à 1 h. et de 2 h. au soir; entrée par la petite porte de l'aile dr. de la façade; le gardien conduit par groupes; pourb.) : **Reichs-Saal** ou *Kaisersaal*, grande salle, longue de 47 m., large de 16, haute de 11, décorée de *fresques historiques* par *E. Wislicenus* (✝ 1899) : celle du milieu, précédée d'un escalier qui monte au *trône impérial* (bronze roman du XIIe s.), est une allégorie de la reconstitution de l'empire par Guillaume Ier; les autres représentent des épisodes de la vie de Frédéric Barberousse (XIIe s.) et la cour de Frédéric II à Palerme (XIIIe s.). Réunie par une loggia à la grande salle, la chapelle, construction très intéressante du XIe s., a deux étages; l'inférieur en forme de croix grecque, le supérieur octogone; c'est en quelque sorte une imitation du dôme d'Aix-la-Chapelle (*V.* p. 16); elle renferme le tombeau de Henri III (1056), jadis dans la cathédrale.

En descendant du Kaiserhaus on peut se diriger à g. et se rendre, en passant devant le *Claustor*, au couvent et à l'église de *Frankenberg* (*Peter-Paulskirche*; le sacristain ou « Kirchendiener » habite à g. sous la voûte; pourb.), basilique romane de 1108, restaurée en 1880 (le chœur et le bras S. sont gothiques), avec une belle frise.

A l'int., vieilles fresques retouchées; maître-autel et chaire avec sculptures en bois de 1676.

On revient vers le centre de la ville par la *Bergstrasse* (maisons intéressantes, aux nos 5, 6, 7).

[*Environs*. — Le **Steinberg** (479 m.; 1 h. O. du Vititor; ⊛), colline au sommet de laquelle il y a un bon hôtel-rest. et une tour-belvédère, est très fréquenté à cause de la vue. — Le **Rammelsberg** (30 min. S. de la Claustor; route de voit.) est une mine, en exploitation depuis 800 ans, qui donne de l'or, de l'argent, du cuivre, etc.

Oker et la vallée de l'Oker (9 k. E.; 🚂 et ⊛). — 3 k. 🚂 *Oker* (hôt. *Lüer*), v. à 213 m. d'alt., au débouché N. de la sauvage et pittoresque vallée que l'Oker parcourt et à qui elle donne le nom; d'Oker la route, remontant le cours de l'Oker qu'elle franchit, conduit à (9 k.) l'*hôtel Romkerhalle*, bien situé près d'une belle cascade artificielle.]

En quittant Goslar la voie se dirige vers le N.-O.

194 k. *Ringelheim* (✕ sur Seesen-Kreiensen, à g., et sur Bœrssum-Magdebourg, à dr., R. 20, *C*). — 209 k. *Derneburg*; à g., *château* du prince de Münster, bien situé au bord d'un étang.

226 k. *Hildesheim* (gare succursale ou *Ost-Bahnhof*), à l'E. de la ville, que l'on va contourner (à g.).

228 k. **HILDESHEIM** (gare Centrale ou *Hauptbahnhof*; Ⓑ; hôt.: *Kaiserhof*, ch. dep. 3 M., petit déj. compris, avec restaur., à la gare; *Englischerhof*, ch. dep. 2 M. 25, dîn. 2 M. 75, sur le Hoherweg; tram de la gare au Markt et au Domhof), V. de 48,000 hab., à 88 m. d'alt., sur l'Innerste, est, avec Goslar, une des plus intéressantes villes de l'Allemagne pour ses monuments romans du moyen âge et de la seconde période de la Renaissance; aussi l'appelle-t-on la Nuremberg du Nord. Ses anciennes fortifications ont été rasées et remplacées par de belles promenades; ses rues, assez étroites et irrégulières, bordées, soit de curieuses maisons à boiseries sculptées, soit de jardins aux murs de briques, ont conservé leur ancienne physionomie. Des places plantées de tilleuls ou d'acacias, dont le feuillage s'harmonise avec les toitures d'un rouge vif, achèvent de donner à la ville un cachet très pittoresque.

Principales curiosités : — **Michaeliskirche** (p. 102); — **Dom** (p. 102); — **Godehardikirche** (p. 103); — VIEILLES MAISONS (p. 100, 101 et 102).

Histoire. — Hildesheim, l'ancienne *Hiltinesheim*, remonte pour le moins au temps de Charlemagne. Son évêque, St Bernward (993-1022), l'enrichit des monuments qui font encore son importance artistique. En 1241 elle entra dans la ligue hanséatique. La principauté dont elle était la capitale fut longtemps un évêché princier, l'un des plus puissants de l'Allemagne; en 1519, les ducs de Brunswick et de Hanovre s'emparèrent d'une grande partie de son territoire et ils ne s'en dessaisirent qu'en 1643. La principauté sécularisée fut donnée à la Prusse en 1803; en 1807, elle fit partie du royaume de Westphalie; en 1815, elle fut rendue au Hanovre, érigé en royaume. Les événements de 1866 l'ont faite prussienne avec le reste du Hanovre.

ITINÉRAIRE. — Le tram, partant de la gare Centrale, suit la *Bernwardstrasse*, croise la *Kaiserstrasse* et, par l'*Almsstrasse*, arrive au centre de la ville, où est la place de l'**Altstædter Markt** (ou du **Markt**), avec, au milieu, une *fontaine* de 1540, surmontée d'une statue de Roland (*V.* p. 134). — Sur le côté E., le **Rathaus**, de la fin du XIVe s., a été entièrement restauré de 1883 à 1892 (au 1er étage, salle ornée de fresques historiques par *Prell*). — Sur le côté S., la maison gothique à pignons et à tourelles, la *Templerhaus* (joli balcon de 1591), est séparée, par l'étroite *Judenstrasse*, du *Wedekindschehaus* (boiseries richement sculptées de la fin du XVIe s.). — Sur le côté O., le **Knochenhauer-Amtshaus** (*Maison des Bouchers*, auj. *Caisse d'Epargne*), de 1529 et restaurée en 1853, passe à bon droit pour la plus grande et la plus belle construction en bois de l'Allemagne.

A quelque pas S.-O. du Markt, dans le *Hoherweg*, on voit quelques maisons très intéressantes : au n° 4, la **Rats-Apotheke** est une curieux édifice formé de parties diverses, avec une belle décoration de boiseries sculptées; la pharmacie mérite aussi une visite (à l'int., porte richement sculptée); au n° 5, l'ancienne *Syndikus-Haus*, belle

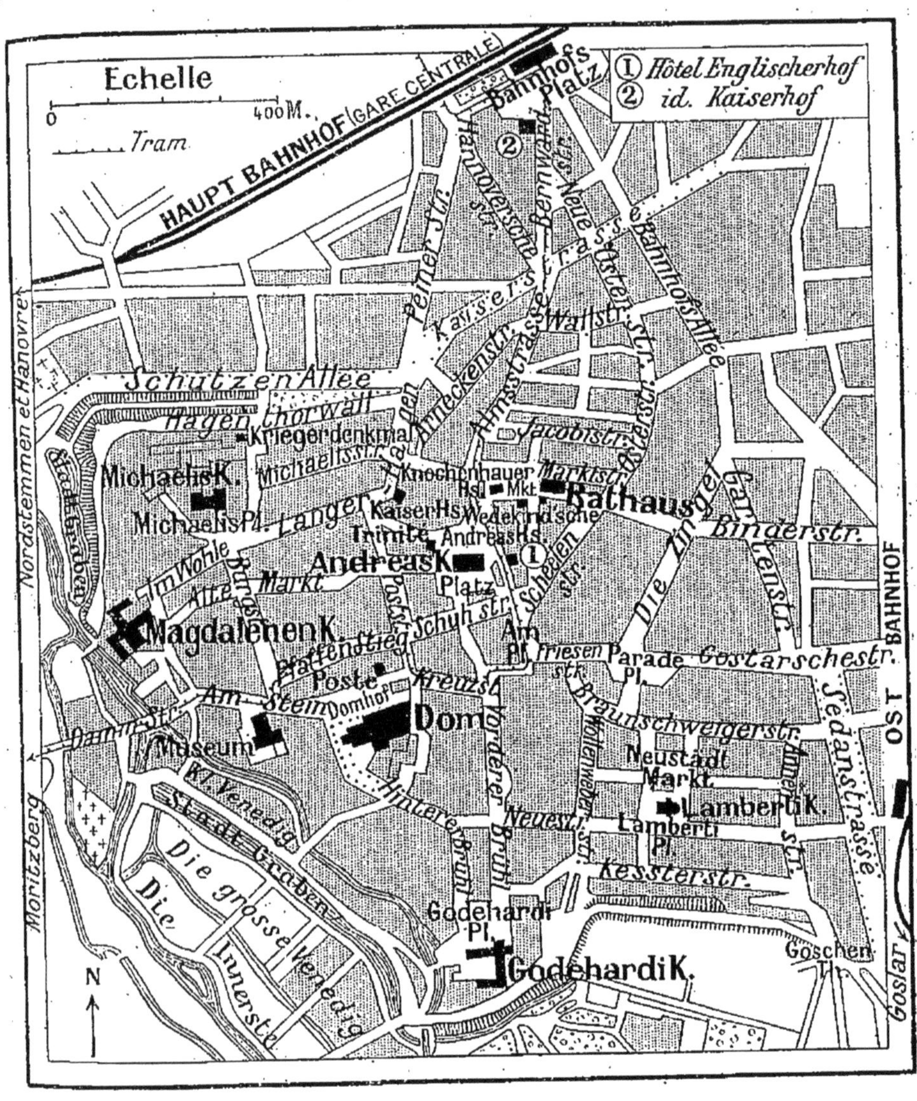

HILDESHEIM.

maison dont les boiseries sculptées représentent les Vertus et les Planètes; une décoration semblable est celle du *Syndikushaus* (n° 5).

A quelques pas, vers le S. du Markt, se trouvent l'*Andreasplatz* et l'*Andreaskirche*, du XIVe s., restaurée en 1894 (à l'int., chaire d'une riche décoration). Sur la place, à l'O., devant l'église, l'ancien *hospice de la Trinité*, dont l'étage inférieur est du XIVe s., a été restauré et transformé en fabrique; en face, la *Kramergildenhaus*, de 1482, a été également restaurée, ainsi que la pittoresque *Pfeilerhaus* (au n° 28).

On suit vers l'O., en face de l'église, l'*Eckemeckerstrasse* (remarquer la maison au n° 4); à dr., à l'angle de la *Rolandstrasse*, le *Roland-hospital*, de 1611, est orné de sculptures représentant des scènes de la Bible. — La courte Rolandstr. aboutit à la rue dite *Langer Hagen*, où se trouve, à dr., le **Kaiserhaus** (*Maison des Empereurs*; n° 11), de 1587, ainsi nommée à cause de ses médaillons d'empereurs romains, est d'une extraordinaire richesse d'ornementation; les maisons aux n°s 52 et 53 sont également à noter.

Par le Langen Hagen, on se rend à la *Michaelisplatz*. — Là, sur un monticule, au milieu de noyers et de trembles et flanquée d'un presbytère en briques, couvert de vignes vierges et de rosiers grimpants, — s'élève la **Michaeliskirche** (le Küster habite dans le presbytère, Michaelisplatz, 3), commencée en 1001 par St Bernward, singulièrement modifiée et altérée depuis. Elle forme une basilique romane à trois nefs, sans transept, mais avec un arc triomphal peu développé et un faîtage plat, orné de moulures.

A l'int. : colonnes, couvertes d'un badigeon, surmontées de tailloirs ou de chapiteaux historiés; piliers carrés, alternant avec les colonnes; au plafond (XIIe s.), peintures exécutées à l'encaustique (elles sont célèbres et méritent leur réputation). — A l'entrée du chœur, à dr., sous l'arc triomphal, élégante *chaire*; à g., beau lutrin. Derrière la chaire, et séparant le chœur du bas-côté, une élégante série d'arcades supportées par des colonnettes au fût historié et séparées les unes des autres par des anges en stuc, debout sur les chapiteaux, forme une disposition à la fois pittoresque et monumentale. — Dans la *crypte* (catholique) : sarcophage primitif de St Bernward (✝ 1022) et son monument, du XIVe s.

A 5 min. S.-O. de la Michaeliskirche, près de la rive dr. de l'Innerste, est la **Magdalenenkirche** (le Küster habite en face, au n° 25; pourb.).

Cette église possède quelques pièces d'un haut intérêt artistique, du temps de St Bernward : croix de St Bernward, couverte de filigranes, de pierres précieuses, de gemmes antiques gravées (elle passe pour avoir été exécutée en 994 par le saint lui-même); *candélabres*, connus de tous les archéologues, formés d'un alliage d'or, d'argent et de fer, composés de figures d'hommes et de monstres bizarrement enchevêtrés, découverts en 1194 dans le sarcophage de St Bernward.

Au S. de la Michaelisplatz, la *Burgstrasse* conduit au Musée et à la cathédrale.

Le *Rœmer Museum* (le gardien habite derrière le musée; pourboire), ainsi nommé de son créateur, le sénateur Rœmer (✝ 1894), occupe l'ancienne église de Saint-Martin (XVe s.), le couvent y attenant et quelques pièces modernes.

Il renferme des collections d'histoire naturelle, d'anthropologie, de fossiles, des moulages et copies d'objet d'art, des peintures anciennes, etc.

Sur le **Domhof**, vaste place plantée de tilleuls, a été érigée en 1893 la *statue de St Bernward*, par *Hartzer*.

Le **Dom** (le Küster habite Domhof, n° 10), sur le côté S. de la place, existait (paraît-il) déjà au IXe s. Il a été rebâti vers le milieu du XIe s., puis agrandi au XVe s., dans le style ogival et, enfin, défiguré à l'intérieur au XVIIIe s. La grande porte de bronze, fondue en 1015 sous la direction de St Bernward et ornée de scènes tirées de la Bible (histoire d'Adam et Eve) et de l'Evangile (vie de Jésus), est intéressante pour l'histoire de l'art.

L'int., à 5 nefs, a perdu son caractère sous le badigeon et les moulures. — Grande nef : en occupant toute la largeur, gigantesque *lustre* du XIe s. en forme de couronne. — A g., 1re chap., *fonts baptismaux* en métal, de la fin du XIIIe s. — A l'entrée du chœur, petite colonne en pierre (ce n'est pas, ainsi qu'on le prétend, l'*Irminsul*, l'idole des anciens Saxons). — *Lettner* (jubé) richement sculpté dans le style de la Renaissance (1346). — A dr. et à g. du maître-autel, *châsses de St Godehard* et de *St Epiphane*, en métal doré (XIe et XIIIe s.). — A dr. du chœur, *colonne triomphale* en bronze, haute de 4 m. 70, fondue au temps de St Bernward et sur laquelle se déroule en spirale l'histoire du Sauveur; elle était jadis à Saint-Michel, où elle servait de candélabre pour le cierge pascal. — *Crypte*, restaurée dans le style primitif en 1895; on y voit le tombeau de St Godehard.

A l'E. de l'église, le beau **cloître** roman, à deux étages, renferme la *bibliothèque* et la *Rittersaal* (entrée 50 pf.; quelques antiquités). Au centre de la cour servant depuis dix siècles de cimetière, la petite *chapelle* gothique de Sainte-Anne, de 1321, a été renouvelée en 1888. — Sur la paroi extérieure de l'abside du Dom, le célèbre *rosier de mille ans*, planté (affirme-t-on) par Louis le Débonnaire en 814, continue à se garnir chaque année de centaines de fleurs. — Au S. du cloître, la *Laurentius-Kapelle*, romane, renferme les sculptures de l'évêque Udo (✝ 1114) et de l'historien Adami (✝ 1663).

Le **trésor** (on y monte de la sacristie; visible en sem. de 10 h. 30 à 12 h. 30 le mat. et après 3 h.; les jours de fêtes, de 12 h. à 1 h. et après 4 h. : 1 M. 50 pour une pers.; 2 pers. et plus, 1 M. chacune; s'adresser au sacristain) est aussi riche qu'intéressant. On remarquera : le *reliquaire* du IXe s.; la *croix* byzantine avec les figures de Constantin et de sa mère, l'impératrice Hélène; la prétendue *corne à boire* de Charlemagne; la *tête de St Bernward*, en vermeil, du XIIIe s.; la belle *crosse épiscopale*, dite de St Bernward et qui date de 1492; le *calice* dit de St Bernward, du XVe s.; plusieurs manuscrits avec miniatures du XIe s.; un autel à volets avec peintures de *Fra Angelico* (Florence; 1387-1450); etc.

Autour du Domhof sont groupés quelques édifices publics, parmi lesquels il faut signaler la *Poste*, belle construction moderne en briques et du plus pur style gothique (le balcon du côté de la cour est de 1518); à l'angle S.-E. de la place, la *Domschenke* (cantine du Dôme) a des belles caves avec tonneaux en bois sculpté.

Du Domhof une rue tortueuse, la *Neuestrasse* (quelques vieilles maisons : l'*Unionhaus*, cercle installé dans une ancienne église), puis, à dr., l'*Hinterer Brühl*, descendent à la Godehardikirche.

La **Godehardikirche** (*église Saint-Gothard*), construite de 1133 à 1172, pendant l'âge d'or du style roman et restaurée de 1848 à 1863, a la forme d'une basilique à trois nefs et à faîte plat, avec un chœur à chapelles rayonnantes (ce qui est très rare en Allemagne), deux tours et une coupole octogonale sur le transept. Le portail N.-O. a un tympan avec figures en stuc, du XIIIe s.

L'int., vaste et clair, a été restauré et orné de peintures modernes; le lustre est également moderne. — La sacristie possède quelques pièces intéressantes (ciboire du XIe s., calice du XIIe s., ostensoir du XVe s., etc.).

Une promenade sur les remparts, surtout à l'O. de la ville, ne manque pas de charme; si l'on a du temps, on peut aller par la *Dammstrasse*, à l'O. du Musée, voir l'*église* du faubourg de *Moritzberg*: c'est aussi une basilique romane de 1040.

De Hildesheim à Cologne, R. 22 *C*, en sens inverse; — à Brunswick et à Berlin, R. 22, *C*.

La voie, se dirigeant vers le N., traverse un pays plat, bien cultivé, avec des fabriques de distance en distance et des îlots de petites maisons aux toits rouges. — 252 k. Lehrte ✕ (p. 125).

268 k. **Hanovre** (Ⓑ; voit. de place; la course 75 pf., chaque malle 25 pf.); R. 21.

B. Par Halle, Magdebourg, Eisleben et Brunswick.

123 ou 129 k.; 🚂 (gare de Dresde ou *Dresdener-Bahnhof*), en 5 à 6 h. par trains directs (1re, 2e et 3e cl. et dont plusieurs avec wagon-restaur.); 22 M. 20, 14 M. 80, 9 M. 20.

DE LEIPZIG A MAGDEBOURG

1° PAR HALLE ET CŒTHEN.

123 k.; 🚂 en 2 h. par trains directs; 10 M. 10, 6 M. 80, 4 M. 20.

La voie traverse un pays insignifiant.

36 k. **Halle** (gare Centrale, ou *Hauptbahnhof*, Ⓑ; hôt. : *Goldene Kugel*, près de la gare; *Stadt Hamburg*, ch. dep. 2 M. 50, dîn 3 M., en ville, Steinstrasse; tram pour le centre de la ville), ou *Halle an der Saale*, V. de 173,000 hab., est connue par ses importantes salines et par son Université, fondée en 1694 et fréquentée par env. 2,300 étudiants.

Histoire. — Le nom de Halle figure en 806 pour la première fois dans l'histoire. En 965, l'empereur Othon Ier fit donation du bourg à l'évêché de Magdebourg et, en 981, Othon II l'éleva au rang de ville. Depuis le XIIIe s., elle fut si puissante qu'elle soutint de longues guerres contre les évêques de Magdebourg et qu'elle se défendit, en 1435, contre l'armée de l'électeur de Saxe. Pendant la guerre de Trente Ans, sa prospérité se trouva détruite pour longtemps. En 1806, elle fut prise d'assaut par les Français et incorporée au nouveau royaume de Westphalie.

ITINÉRAIRE. — En sortant de la gare on se trouve sur la *Riebeckplatz*, que traverse le tram conduisant, par la longue *Leipzigerstrasse*, à la **Marktplatz**, au cœur de la vieille ville. On y voit la *statue de Hændel* (compositeur, né à Halle en 1685) et une *fontaine commémorative* de 1870-71. La tour, dite *Roter Turm*, haute de 84 m., surmontée d'une statue de Roland, date du XVe s. Le *Rathaus* est du XIIIe s., avec modifications postérieures.

Sur le côté O. de la place, la *Marienkirche*, à quatre tours, du XVIe s., renferme quelques peintures. — L'escalier à côté de l'église descend dans le vieux quartier, où se trouve la *Moritzkirche*, la plus intéressante des églises de Halle; elle remonterait au XIIe s. et le chœur est du XVIe s.

A l'int., on remarque les sculptures en bois du maître-autel, quelques peintures et la chaire du XVIe s.

Au N.-O. de la Marktplatz, sur la *Domplatz*, l'ancienne résidence des archevêques de Magdebourg renferme le *Provinzial-Museum* (intéressantes collections préhistoriques et musée minéralogique). Un peu plus loin, sur la rive dr. du Mühlegraben, est le *Dom*, du XVIe s. — Plus au N., entre la *Paradeplatz* et le Mühlegraben, on voit les restes de la *Moritzburg*, château fort du commenc. du XVe s., qui servit souvent de résidence aux archevêques.

A l'E. de la Paradeplatz commence l'*Alte Promenade*, qui contourne les quartiers N. et E. de la vieille ville. Elle passe devant l'*Université*, bâtie en 1834. A côté, le *Musée archéologique* est riche en moulages; en face, le *Théâtre*, du style de la Renaissance, a été achevé en 1886.

De Halle à Berlin, par Bitterfeld, R. 20, *A*, et R. 18.

73 k. **Cœthen** (Ⓑ; hôt. *Rumpf*), V. de 23,000 hab., jadis capit. du duché d'Anhalt-Cœthen. — *Château* ducal, du XVIe s. (belle collection ornithologique). — *Stadtkirche* du XVe s.

95 k. *Grizehne* (⨯ sur Cassel et Berlin, R. 20, *C*).

108 k. *Schœnebeck*, V. industrielle de 18,000 hab. (salines).

123 k. **MAGDEBOURG** (gare Centrale, ou *Hauptbahnhof*; hôt. *Central*, ch. dep. 2 M. 50, à la gare; *Magdeburger Hof*, ch. dep. 3 M., dîn. 3 M. 50, Alte Ulrichstrasse; *Weisser-Schwan*, Breiter Weg, etc.; tram électr. pour la ville. — *Dom*; *Alter Markt*; *Marienkirche*; *musée de l'empereur Frédéric*), ch.-l. de la prov. prussienne de Saxe, est une place forte de première classe et une grande V. industrielle et commerçante de 245,000 hab. Elle s'étend sur la rive g. de l'Elbe et occupe, avec son faubourg du Grosser Werder et l'ancienne citadelle, une assez grande île qui sépare Magdebourg du faubourg de *Friedrichstadt*, bâti sur la rive dr. de l'Alte Elbe.

Histoire. — En 805 Magdebourg était déjà un grand centre de commerce. Othon le Grand y créa un archevêché en 967. Elle passa à la Réforme en 1523 et devint pendant les XVIe et XVIIe s. un des boulevards des Réformés. En 1631, Tilly la prit d'assaut et la brûla presque entièrement; 30,000 personnes périrent dans l'incendie et il ne resta debout que 137 maisons, la cathédrale et une autre église. De 1806 au 23 mai 1814, elle appartint au royaume de Westphalie. L'illustre Lazare Carnot y est mort en 1823.

ITINÉRAIRE. — Les rues s'ouvrant, de g. à dr., en face de la gare : — *Wilhelmstrasse*, suivie par le tram qui descend à l'Alter Markt; *Kronprinzenstrasse*, où il y a les principaux hôtels; *Victoriastrasse* (qui passe à côté du *Stadttheater*, belle construction moderne, devant laquelle a été érigé, en 1899, le *monument d'Immermann*, par *Echtermeyer*), — aboutissent toutes à la longue et large **Kaiserstrasse**, qu'il faut traverser pour arriver à l'autre grande artère qui lui est parallèle, appelée **Breiter Weg**, la rue la plus animée de la ville. A l'extrémité N. de cette rue, sur la *Kaiser Wilhelmsplatz*, s'élève la *statue* équestre *de Guillaume I*^er, par *Siemering* (1897); à côté (E.) est le *Cirque*; vers l'O., par la *Kœnigstrasse*, on va au *Luisen Garten*, jardin orné d'une *statue de la reine Louise*, par *Gœtz* (1901).

Vers le milieu et à l'E. du Breiter Weg, sur la place de l'**Alter**

Markt, en face du *Rathaus*, moderne, s'élève le **monument de l'empereur Othon**, le plus ancien de la ville, érigé à l'empereur, après sa mort (973), par les habitants de la ville, comme un témoignage de reconnaissance. De chaque côté de l'empereur sont ses deux femmes; les quatre statues de chevaliers adossées aux colonnes d'angle sont les électeurs laïques de cette époque.

Vers l'extrémité S. du Breite Weg et à l'E. de cette rue, presque en face de la *Poste*, la *Kreuzgangstrasse*, ou bien la *Domstrasse*, conduisent à la **Domplatz**, plantée d'arbres.

Le **Dom** (*St-Mauritius und Katharina*; le Küster habite dans le cloître; *V.* ci-dessous; 1 M. pourb.), une des plus belles églises gothiques de l'Allemagne du Nord, a été bâti de 1208 à 1363; les deux tours ont été terminées en 1520; le tout a été restauré de 1826 à 1834. Le grand portail O. est très riche; le portail N. (vers la place) a des sculptures remarquables (Mort de la Vierge; les Vierges sages et les Vierges folles, etc.) du commenc. du XIVe s.

A l'int. : MARIENKAPELLE (chapelle sous les tours, fermée par une grille) avec le **monument de l'archevêque Ernest**, une des premières et des plus belles œuvres de *Pierre Vischer*, de Nuremberg (1495; belles statuettes des Apôtres). — Dans les bas-côtés, *monuments* du XVIe et du XVIIe s. — Transept S. : *monument* de l'archevêque Otto († 1361) et Madone avec l'Enf. J. (gothique). — *Chaire* avec belle ornementation par *Chr. Kaputz* (fin du XVIe s.). — Entre la nef et le chœur, jubé (*Lettner*) gothique de 1445. — Chœur : belles *stalles* sculptées; sous une dalle de marbre repose le fondateur de l'église, l'empereur Othon le Grand († 973); au-dessus, des figures d'empereurs de la famille de Saxe et de saints; vieilles colonnes en granit ou en porphyre, provenant de l'église primitive, fondée par Othon et détruite par un incendie. — Pourtour du chœur : *chapelle* du XIIIe s. (statues assises d'Othon et de sa femme Edith); plaques tumulaires en bronze des archevêques Giselher († 1004) et Frédéric († 1152); tombeau gothique (du XVe s.) de l'impératrice Edith († 947). — Beau cloître (entrée par le côté E.) mi-roman, mi-gothique, et *salle capitulaire* (XIVe s.) renfermant les archives de l'Etat.

A l'angle N.-E. de la Domplatz, le *Museum für Natur- und Heimat-Kunde* (Musée d'histoire naturelle et d'histoire locale), installé dans l'ancien palais royal, possède une petite collection de peintures, de gravures et des collections scientifiques. — A quelques pas au N., dans la *Regierungstrasse*, la **Marienkirche** est une intéressante basilique romane (1070-1220), restaurée en 1890-1891.

A l'E. de la place du Dôme, l'*Oranienstrasse* conduit au *Kaiser-Friedrich-Museum* (de 11 à 2 h. et de 3 à 5 h.; en hiver de 11 à 3 h.; 50 pf., gratuit dim. et fêtes de 11 à 2 h.), belle construction par *Othmann*.

Au rez-de-chaussée, collection historique et d'art industriel. — Au 1er étage, collection de peintures et sculptures, en grande partie modernes.

Au S. de la ville, le *Friedrich-Wilhelms-Garten*, beau jardin au bord de la rive g. de l'Elbe, touche au faubourg industriel de *Buckau*, où sont, entre autres, les grands ateliers du *Grusonwerk* (usine Gruson, du nom de son fondateur Hermann Gruson), créés en 1868 et achetés en 1893 par M. Krupp.

De Magdebourg à Berlin, R. 20, *B*; — à Francfort-sur-le-Mein, R. 20, *B*, en sens inverse; — à Hanovre, par Brunswick, R. 23, *B*, en sens inverse.

2° PAR BITTERFELD ET ZERBST.

128 k.; 🚂 (gare de Bavière ou *Bayrischer Bahnhof*), en 3 h. env. par trains directs; 10 M. 10, 6 M. 80, 4 M. 20.

10 k. *Leipzig-Berliner Bahnhof* (gare succursale). — 30 k. *Delitzsch* (✕ sur Halle).

42 k. Bitterfeld (✕, à dr., sur Berlin, R. 18; à g. sur Halle, R. 20, *A* et *C*).

67 k. **Dessau** (Ⓑ; hôt. : *Bahnhof*, à la gare; *Goldene Beutel*, près du château; tram de la gare à la ville), capit. du duché d'Anhalt, V. de 56,000 hab., à 62 m. d'alt. sur la Mulde.

ITINÉRAIRE. — Par la *Kaiserstrasse* et la *Friedrichstrasse* on arrive à la *Kavalierstrasse*, la principale rue de la ville, où se trouvent le *palais Ducal* et l'*Anhaltische Kunsthalle* (Salon d'Art), avec une tour renfermant une belle collection géologique. — Près de là est le *Grosser Markt* (Grand-Marché); au N., la *Schlosskirche* (église du Château), du commenc. du XVIe s., renferme des peintures par *L. Cranach*. Toujours au N., sur le *Kleiner Markt* (Petit-Marché), on voit le nouveau *Rathaus* et un *monument* commémoratif de l'union des trois duchés d'Anhalt. — Dans la *Zerbsterstrasse*, au N. du Petit-Marché, l'*Amalienstiftung*, institution pour les femmes pauvres, renferme, au 1er étage, une belle collection de peintures (t. l. j. de 10 h. à midi), surtout de maîtres des Pays-Bas.

On franchit la Mulde et, plus loin, l'Elbe. — 85 k. *Zerbst*, V. de 18,000 hab., avec un grand château du XVIIe s., un *Rathaus* du XVe s. et de belles maisons à pignons.

128 k. Magdebourg (*V.* ci-dessus, 1°).

DE MAGDEBOURG A HANOVRE

147 k.; 🚂 en 2 h. 30 env. par trains directs (1re, 2e et 3e cl.); 11 M. 90, 7 M. 10, 4 M. 60.

86 k. de Magdebourg à Brunswick (*V.* R. 23, *B*, en sens inverse). Pour Brunswick Ⓑ, *V.* R. 24. — De Brunswick à Hanovre, par Lehrte, *V.* R. 23, *B*, en sens inverse.

147 k. (270 ou 275 k. de Leipzig). Hanovre (R. 21, *B*).

TROISIÈME SECTION

HANOVRE, BRÊME, HAMBOURG, BERLIN

Route 20. — DE FRANCFORT-SUR-LE-MEIN A BERLIN

A. Par Bebra, Erfurt, Merseburg et Halle.

539 k.; 🚂 (gare Centrale, ou *Hauptbahnhof*) en 9 à 11 h. par trains directs (voit. directes; wagon-rest. à ceux de jour; wagon-lits à ceux partant vers 10 h. 25 et 11 h. 15 du soir); 43 M. 40, 27 M. 50, 17 M. 60 (suppl. pour le wagon-lits : 10 M. en 1re, 8 M. en 2e cl.).

354 k. de Francfort à Corbetha (Ⓑ; ✕ sur Leipzig, *V.* R. 11, *A*). — La voie se dirige vers le N.

364 k. *Merseburg*, vieille V. de 20,000 hab., sur la rive g. de la Saale. — *Domkirche* (cathédrale) des XIe, XIIIe et XVe s., restaurée à la fin du XIXe s. — *Château*, de la fin du XVe s.

377 k. **Halle** (Ⓑ; ✕ sur Magdebourg, R. 19, *B*, et sur Leipzig, R. 19, *B*, en sens inverse); R. 19, *B*.

407 k. Bitterfeld (R. 18), où l'on croise la ligne de Leipzig à Dessau et Magdebourg. — Pour la description du trajet entre Bitterfeld et Berlin, *V.* R. 18.

539 k. **Berlin** (gare d'Anhalt, ou *Anhalter Bahnhof*, au S. du centre de la ville); R. 33.

B. Par Cassel, — ou Bebra, — Eichenberg, Nordhausen, Sangerhausen et Magdebourg.

551 k. *via* Bebra-Güsten-Belzig, 598 k. *via* Cassel-Magdebourg; 🚂 (gare Centrale, ou *Hauptbahnhof*) en 9 à 10 h. par trains directs (wagon-restaur. à ceux de jour, wagon-lits à celui du s.); 43 M. 40, 27 M. 50, 17 M. 60 (suppl. pour le wagon-lits : 10 M. en 1re et 8 M. en 2e cl.).

DE FRANCFORT A EICHENBERG

1° PAR CASSEL

247 k.; 🚂 en 4 h. à 4 h. 30 par trains directs.

224 k. de Francfort à Münden (*V.* R. 21), où l'on quitte la ligne de Cassel-Hanovre, pour se diriger vers l'E.

247 k. **Eichenberg** (Ⓑ; ⨯ sur Gœttingen, R. 21; sur Bebra, *V.* ci-dessous, 2°).

2° PAR BEBRA

227 k.; 🚂 en 4 h. env. par trains directs.

167 k. de Francfort à Bebra (Ⓑ; ⨯ sur Eisenach, *V.* R. 11, *A*).
202 k. *Niederhone.* — On franchit la Werra, dont la voie suit la vallée.
213 k. *Allendorf* (sources salines; bains). — Pont sur la Werra; à g., château de *Ludwigstein.* — Au delà de deux tunnels on est dans la vallée de la Leine. — A g., château d'*Arnstein.*
227 k. **Eichenberg** (Ⓑ; ⨯ sur Gœttingen, R. 21).

D'EICHENBERG A SANGERHAUSEN

112 k.; 🚂 en 2 h. 10 env. par trains directs.

La voie se dirige vers l'E., en suivant les bords de la Leine. — 15 k. *Heiligenstadt*, petite V. avec deux belles églises gothiques. — 31 k. *Leinefelde*, où l'on croise la ligne de Gotha-Erfurt à Wulften.
74 k. **Nordhausen** (Ⓑ; ⨯ sur Northeim et sur Vienenburg); R. 25.

De Nordhausen à Brunswick, R. 25.

La voie traverse la vallée de la Holme. — Au delà de (82 k.) *Berga-Kelbra*, on aperçoit à dr. le *Kyffhæuser* et son monument.
95 k. **Rossla** (hôt. *Kyffhæuser*; omnibus pour le *Kyffhæuser*, 2 M. all. et ret.; voit. partic., 10 M., all. et ret. depuis la gare), petite localité avec un *château* du prince de Stolberg.

[Le **Kyffhæuser** (457 m.; 2 h. env. S.; Ⓡ) est une colline boisée couronnée d'une tour, dernier débris du château bâti par l'empereur Henri IV au XIe s.; en 1896 on y a érigé un *monument de l'empereur Guillaume Ier*, haut de 65 m. et formé par un ensemble de constructions diverses (un perron et une cour, avec la statue de Barberousse, puis une terrasse, la statue équestre de Guillaume Ier et une tour), sur les plans de *Bruno Schmitz.* C'est dans une cavité du Kyffhæuser que, selon la tradition poétisée par Rückert, l'empereur Frédéric Barberousse sommeille, attendant que l'Allemagne ait recouvré son antique splendeur.]

112 k. **Sangerhausen** (Ⓑ; ⨯ à dr. sur Erfurt), vieille V. de 12,500 hab. — *Ulrichskirche*, du XIII° s., renfermant le tombeau de Louis le Sauteur. — *Jakobikirche* du XV° s. (bel autel gothique, en bois sculpté). — *Rathaus*, de la première moitié du XV° s.

De Sangerhausen à Halle et à Berlin, R. 22, *D*.

DE SANGERHAUSEN A BERLIN

1° PAR MAGDEBOURG

239 k.; 🚂 en 4 h. 30 env. par trains directs.

11 k. *Blankenheim.* — La voie se dirige vers le N.
22 k. *Mansfeld*, petite V. avec un château rebâti en partie en 1860 et des mines de cuivre.

37 k. Sandersleben, où l'on croise la ligne de Leipzig-Halle-Hildesheim (R. 19, *A*).

53 k. **Güsten** (✕ sur Calbe-Berlin, *V.* ci-dessous, 2°).

60 k. *Stassfurt* (grandes salines).

97 k. **Magdebourg**, gare Centrale (*Hauptbahnhof*; Ⓑ); R. 19, *B.* Pont sur l'Elbe. — 99 k. *Magdeburg-Neustadt.*

121 k. *Burg*, V. de 24,000 hab., avec de grandes manufactures de draps, fondées par des Français réfugiés après la révocation de l'édit de Nantes.

177 k. **Brandebourg** (*Brandenburg*; Ⓑ; hôt. *Schwarzer Bær*; tram pour la ville). — *Cathédrale*; *Katharinenkirche*), V. de 52,000 hab. sur la Havel, qui y forme plusieurs îles et, 30 min. en aval, le lac de Beetz.

Histoire. — Fondée avant le xᵉ s. par les Wendes, elle devint, au xiiᵉ s., le ch.-l. d'un margraviat, qui se transforma plus tard en électorat et en 1700 l'électeur de Brandebourg, Frédéric II, se déclara roi de Prusse sous le nom de Frédéric I.

ITINÉRAIRE. — Brandebourg se divise en trois quartiers : la ville neuve (*Neustadt*), du côté de la gare; l'île du Dôme (*Dom-Insel*), entre l'Obere- et l'Untere-Havel; la vieille ville (*Altstadt*), au pied du Marienberg, sur la rive dr. de l'Havel.

Dans la Neustadt se trouve le *Rathaus*, ogival, des xiiiᵉ et xviiiᵉ s., précédé d'une colonne avec la *statue de Roland* (*V.* p. 134). A côté la *Katharinenkirche*, du commenc. du xvᵉ s., a une belle décoration polychrome à l'extérieur et, à l'intérieur, un magnifique autel en bois sculpté et doré de 1447 et des fonts baptismaux en bronze, de 1440.

Dans la Dom-Insel se trouvent la *Peterskirche*, du style gothique primitif, et le *Dom* (cathédrale), intéressante construction du style roman (commenc. du xiiiᵉ s.), modifiée dans le style ogival au xvᵉ s. (à l'extér., curieux bas-reliefs grotesques; à l'int., retable d'un maître inconnu de 1518).

Dans l'*Altstadt* se trouvent l'*église Sankt-Gotthard*, mélange du style roman et du style gothique, l'*église Sankt-Nikolai*, du style roman et l'ancien *Rathaus* du xvᵉ s.

[Le *Marienberg*, colline d'env. 70 m., d'où l'on a une belle vue, est couronné par une *tour* haute de 30 m., élevée en souvenir des soldats brandebourgeois morts pendant les campagnes de 1864, 1868, 1870 et 1871.]

208 k. Wildpark (R. 34). — 212 k. Potsdam (R. 34).

239 k. (598 k. de Francfort). **Berlin** (gare de Potsdam, ou *Potsdamer Bahnhof*, à l'O. du centre de la ville); R. 33.

2° PAR GÜSTEN ET BELZIG

212 k.; 🚂 en 4 h. env. par trains directs.

53 k. Güsten (✕; *V.* ci-dessus, 1°). — La voie se dirige à l'E. et croise successivement les lignes de Halle-Magdebourg et de Leipzig-Magdebourg.

70 k. *Calbe*, vieille V. de 12,500 hab., sur la Saale, avec une ancienne abbaye de Prémontrés. — On franchit l'Elbe.

136 k. *Belzig.* — 188 k. Wannsee (R. 34).
212 k. (551 k. de Francfort). **Berlin** (gare de Potsdam ou *Potsdamer Bahnhof*, à l'O. du centre de la ville); R. 33.

C. Par Cassel, Kreiensen, Ringelheim et Magdebourg.

570 k.; 🚂 (gare Centrale, ou *Hauptbahnhof*) en 4 h. env. par trains directs; 50 M. 20, 30 M. 70, 19 M. 80.

286 k. de Francfort à Kreiensen (Ⓑ; ⚔ sur Hanovre, *V.* R. 21). — Pour la description du trajet entre Kreiensen et Magdebourg, *V.* R. 22.
428 k. Magdebourg (R. 19, *B*). — Pour la description du trajet entre Magdebourg et Berlin, *V.* ci-dessus, *B*.
570 k. **Berlin** (gare de Potsdam, ou *Potsdamer Bahnhof*, à l'O. du centre de la ville); R. 33.

Route 21. — DE FRANCFORT A HANOVRE

A. Par Cassel.

366 k.; 🚂 (gare Centrale, ou *Hauptbahnhof*), en 6 h. 30 à 7 h. par trains directs (voit. directes; wagon-restaur. aux trains de jour, wagon-lits à ceux de 8 h. 45 et 10 h. 15 du s.); 29 M. 30, 18 M. 80, 12 M. 10 (suppl. pour le wagon-lits : 8 M. 1re cl. et 6 M. 50, 2e cl.).

La voie contourne, à dr., Francfort et le faubourg de Bockenheim. — 4 k. *Bockenheim.* — A g., le Taunus. — 34 k. *Friedberg* (ancien château fort; église gothique du XIVe s.).
38 k. **Nauheim** (*V.* l'*Index*), jolie petite V. très fréquentée pour ses sources **thermales chlorurées sodiques.** En face de la gare on voit le *Kurhaus*, au pied des hauteurs boisées du *Johannisberg.*
66 k. **Giessen** Ⓑ, V. hessoise de 20,000 hab., sur la Lahn (*Université*, fondée en 1607, avec env. 1,200 étudiants).

[**De Giessen à Cologne par Wetzlar** (167 k.; 🚂 en 4 h. 48; 13 M. 40, 10 M. 10, 6 M. 70). — 13 k. *Wetzlar*, V. de 12,500 hab. pittoresquement située sur la Lahn (cathédrale du XIIe s., remaniée et restaurée aux XIVe et XVIe s.). — 54 k. *Dillenburg*, V. de 5,000 hab., agréablement située (mine de fer). — On entre dans la vallée de la Sieg (sur la rive g., chât. de *Schœnstein*). — Tunnels. — 136 k. *Eitorf*; à g., couvent de *Merten* et, au delà d'un tunnel, chât. de *Blankenberg* (à g.), puis couvent de *Bœdingen* et, à dr., chât. d'*Allner*; à g., les Sept-Montagnes. — 154 k. *Siegburg*, V. de 12,500 hab. avec une ancienne abbaye de Bénédictins, auj. asile d'aliénés. — 160 k. *Troisdorf*, où l'on rejoint la ligne de la rive dr. du Rhin venant de Francfort. — On franchit le grand pont sur le Rhin entre Deutz et Cologne. — 167 k. Cologne (gare Centrale, ou *Hauptbahnhof*); *V.* p. 16.

De Giessen à Coblenz par Ems (117 k.; 🚂 en 2 h. 38 et 3 h. 34; 10 M. 44, 7 M. 75, 5 M.). — 13 k. Wetzlar (*V.* ci-dessus). — La vallée de la Lahn, que l'on descend, est intéressante. — 36 k. *Weilburg* (pittoresque château du XVIe s.). — Tunnels. — 66 k. **Limburg**, V. de 10,000 hab., à 122 m. sur la Lahn (belle *cathédrale* du XIIIe s., bâtie sur un rocher qui domine la Lahn, que franchit un vieux pont du XIVe s.). — La voie s'éloigne momentanémen de la Lahn. — 69 k. *Diez* (vieux château). — A g., chât. de *Schaumburg* — 75 k. *Balduinstein* (ruines du château du même nom). — Tunnel et quelques autres châteaux en ruines. — 93 k. *Nassau*, petite V. dominée par l ruines du château qui fut le berceau de la famille princière de Nassau: u peu plus bas, chât. de *Stein*, où naquit le célèbre ministre baron de Stei (1757-1831), le réorganisateur de la Prusse après 1815. — 100 k. Ems, e d'Ems à (117 k.) Coblenz (*V. Bords du Rhin et Forêt-Noire*).]

La voie remonte la jolie vallée de la Lahn; à dr., quelque château.

96 k. **Marburg** (Ⓑ; hôt. : *Pfeiffer*; tram de la gare en ville V. de 20,500 hab., agréablement située sur la Lahn, en face de l colline de l'*Ordenberg*, au pied de la colline que couronne le vieu *Château* du XIIIe s., restauré vers la fin du XIXe s.

ITINÉRAIRE. — A quelques min. de la gare, au delà des deu bras de la Lahn, la *Bahnhofstrasse* conduit à l'**Elisabethkirche** belle église du style gothique le plus pur (1235-1283) et remarquablement conservée.

Transept N. : riche *chapelle* gothique, consacrée à Ste Elisabeth, fil d'André II, roi de Hongrie, épouse de Louis, landgrave de Thuringe, mort à vingt-quatre ans, en 1231, canonisée en 1235. — Dans la sacristie on con serve la *châsse* qui renfermait le corps de la sainte; elle est en chêne, cou verte de lamelles dorées et de bas-reliefs en argent doré; jadis, elle ét richement incrustée de perles, de camées antiques et de pierres précieuses dont la plus grande partie a été volée quand les Français transportèrent l châsse à Cassel, en 1810. — Transept S. : tombeaux des landgraves d Hesse, jusqu'au XVIe s., tous en pierre avec bas-reliefs en bronze.

Au centre de la ville, au pied du château, sur la place d *Markt*, le *Rathaus* date du commencement du XVIe s.; quelque autres vieilles maisons se voient sur la place et aux alentours quelques pas plus loin, vers le S.-E., est l'*Université*, créée en 152 (env. 1,700 étudiants), — L'*église Luthérienne*, au bas du château est aussi une construction intéressante des XIIIe et XIVe s. (à l'int. tombeau du landgrave Louis et de sa femme, du XVIIe s.).

La voie quitte la vallée de la Lahn, pour remonter vers l'E. l vallée de l'Ohm. — A dr., sur un mamelon de basalte, *Amœneburg* dont l'église aurait été édifiée par St Boniface. — 110 k. *Kirchhain* à la jonction de l'Ohm et de la Wohra. — 129 k. *Neustadt* (vieille tours; église gothique). — 132 k. *Treysa* (château de 1704). — g., châteaux d'*Altenburg* et de *Feldsberg*.

166 k. **Wabern** (château du XVIIIe s.; grande sucrerie).

[**De Wabern à Wildungen** (17 k. : 🚂 en 40 min.; 1 M. 40, 90 pf.; 55 pf. — On remonte, vers l'O., la vallée de l'Eder. — 6 k. *Fritzlar*, V. de 3,500 hab (*Stiftskirche*, romane, de 1171 à 1230, avec beau cloître; *Minoritenkirche* du XIVe s.; maisons intéressantes; vieilles tours médiévales).

17 k. **Wildungen** (hôt. : *Fürstenhof*, ch. dep. 3 M. 50; *Fürstliches Bad hôtel*; *Kaiserhof*, etc.; Kurtaxe, 1 pers. 20 M., 2 pers. 30 M., etc.), petite V dans une belle situation, au centre d'un canton boisé, très fréquentée pou ses sources d'eaux bicarbonatées calciques ferrugineuses.]

La voie descend la vallée de l'Eder, que l'on franchit ensuite su un beau viaduc, à peu de distance de son confluent avec la Fulda — 185 k. *Guntershausen* (✕, à dr., sur Bebra-Leipzig, R. 11, *A*).

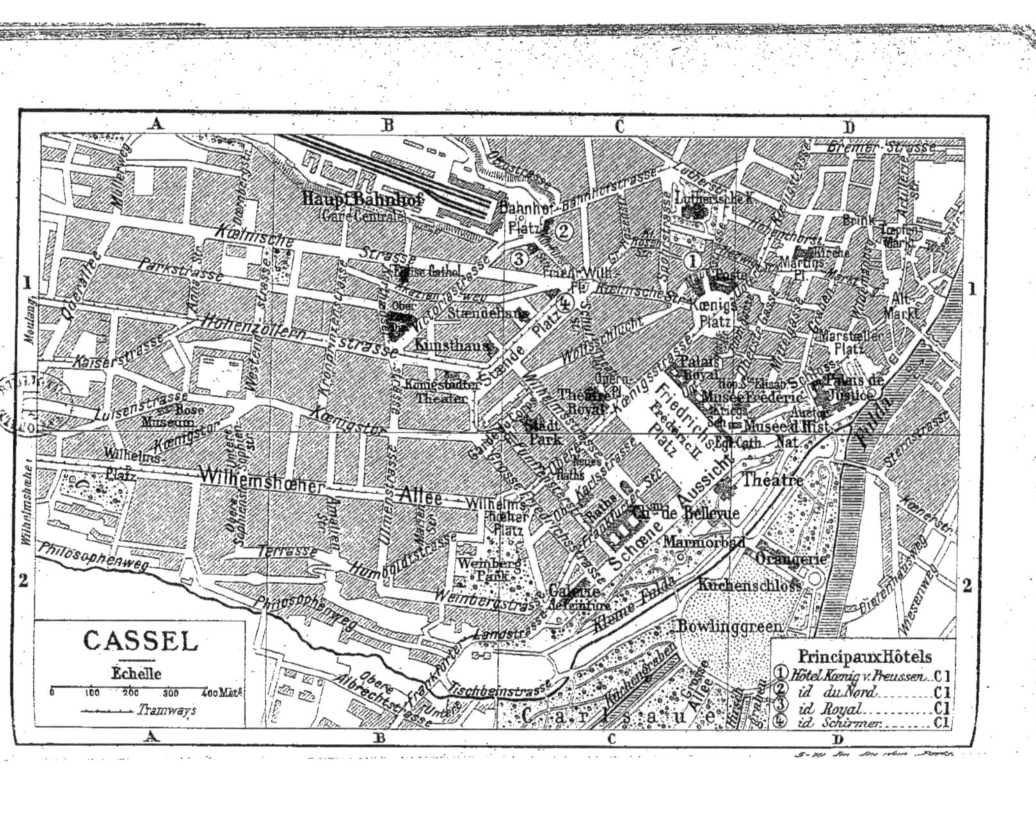
A
B
C
D
1
2
Haupt Bahnhof
(Gare Centrale)
Bahnhof Platz
Kœlnische Strasse
Parkstrasse
Hohenzollern strasse
Kaiserstrasse
Luisenstrasse
Kœnigstr.
Wilhelmshœher Allee
Philosophenweg
Terrasse
Humboldtstrasse
Weinbergstrasse
Weinberg Park
Landstrasse
Frankfurter
Tischbeinstrasse
Kunsthaus
Stændehaus
Stænde Platz
Theatre Royal
Stadt Park
Kœnigs Platz
Poste
Lutherische K.
Bremer Strasse
Brink
Alt Markt
Marstæller Platz
Palais de Justice
Palais Royal
Musée Frédéric
Musée d'Hist. Nat.
Friedrichs Platz
Schœne Aussicht
Ch. de Bellevue
Marmorbad
Theatre
Orangerie
Küchenschloss
Bowlinggreen
Kleine Fulda
Fulda
Carlsaue
Allee
Wilhelms Platz
Bose Museum
Wilhelmshœher Platz
Galerie de Peinture
CASSEL
Échelle
0 100 200 300 400 Mèt.
Tramways
Principaux Hôtels
1 Hôtel Kœnig v. Preussen C1
2 id du Nord C1
3 id Royal C1
4 id Schirmer C1

197 k. *Wilhelmshœhe* (*V.* ci-dessous : Cassel, Environs).

200 k. **CASSEL** (gare centrale, ou *Hauptbahnhof*; Ⓑ; tram pour la ville; *V.* l'*Index.* — *Galerie de peinture, Karlsaue*; *Wilhelmshœhe*), V. de 150,000 hab., à 135-211 m. sur la Fulda. Capit. (jusqu'en 1866) de la Hesse électorale, Cassel n'est plus que le ch.-l. de la province de Hesse-Nassau, mais elle est devenue, par contre, une ville importante par son industrie et son commerce.

Histoire. — Cassel figure dans un document du commenc. du xe s. sous le nom de *Chassala*. Le landgrave de Thuringe, Hermann le Jeune, lui conféra en 1239 les droits et franchises de la bourgeoisie. Henri l'Enfant y transporta sa résidence, et Philippe le Magnanime y fit élever des ouvrages de défense. Dans la guerre de Sept Ans, la place fut occupée par les Français depuis 1759 jusqu'au mois de nov. 1762, et ses fortifications furent rasées en 1767. De 1807 à 1813 Cassel fut élevée au rang de capit. du royaume de Westphalie. En 1814, elle fut rendue à l'Electeur.

ITINÉRAIRE. — De la *Bahnhofplatz*, en face de la gare Centrale (Pl. B, 1), la *Kurfürstenstrasse* conduit à la *Friedrich-Wilhelmplatz* (fontaine monumentale) que prolonge à dr., vers le S.-O., la *Stændeplatz*, longue place ou, pour mieux dire, large avenue sur laquelle s'élèvent, à dr., le *Stændehaus* (palais des Etats de la province) et le *Kunsthaus* (exposition permanente de Beaux-Arts; t. l. j. de 10 à 2 h.; 50 pf.; fermé en juil.-août).

La *Kœlnischestrasse*, qui traverse la place Friedrich-Wilhelm de l'O. à l'E., aboutit de ce côté à la **Kœnigsplatz** (Pl. C, 1), place circulaire dont le côté N. est formé par la *Poste*.

[A 5 min. au N.-E. de cette place, la *Martinskirche*, église gothique, bâtie au commenc. du xve s. (les tours datent de 1890). A l'int., l'emplacement du maître-autel est occupé par le tombeau de Philippe le Magnanime († 1567) et de sa femme. — Devant l'église, *statue de Philippe le Magnanime*, par *Everding* (1899).]

Au S.-O. de la *Kœnigsplatz*, la *Kœnigsstrasse* conduit à la vaste **Friedrichsplatz** (Pl. C, 1-2), dont le centre est occupé par le *monument de l'électeur Frédéric II* († 1785). Au N.-O., le *théâtre de la Cour* (Pl. C, 1) est précédé de la *statue de Spohr*, le célèbre violoniste compositeur († 1859); sur le côté N.-E. se voient successivement le *Palais Royal* (ancien palais électoral), le Musée Frédéric (*V.* ci-dessous), la *Kriegs-Schule* (école de guerre) et l'*église catholique* (du xviiie s.).

Le *Museum Fridericianum* (Pl. C, 1; en été les merc. et mardi, jeudi, de 10 h. à 1 h. et de 3 à 5 h.; les autres j. et heures, s'adresser au gardien qui habite dans la maison derrière le musée; pourb.).

A l'int. collections assez riches de sculptures antiques (salles II, III et IV), d'histoire naturelle, etc.

Derrière la Kriegs-Schule, au commencement du *Steinweg*, l'*hôpital Sainte-Elisabeth*, du xvie s., est précédé de la *statue de Denis Papin*, par *Everding* (1906). — A quelque pas de là est le **Naturalien Museum** (*Musée d'histoire naturelle*; lundi, mardi, jeudi, sam. de 10 à 1 h.; les autres j. et heures, s'adresser au gardien; pourb.).

Ce musée possède une riche collection botanique avec un herbier, le plus ancien de l'Allemagne, et une collection ethnographique. Une inscription rappelle que ce fut à Cassel, en 1706, que Denis Papin fit sa première grande expérience sur l'emploi de la vapeur.

A l'angle E. de la place Frédéric, — là où commence l'allée-promenade de la Schœne Aussicht (*V.* ci-dessous) — l'**Auetor**, porte en forme d'arc triomphal, bâtie au XVIIe s., agrandie depuis et ornée de bas-reliefs commémoratifs de la guerre de 1870-1871, domine la petite plaine verdoyante de la rive g. de la Fulda. A une petite distance à g. (N.-E.) de l'Auetor, s'élève la construction grandiose du *Regierungs-und-Justizgebæude* (palais du Gouvernement et de Justice; Pl. D, 1), élevée de 1876 à 1880.

En suivant vers le S.-O. la promenade de la *Schœne Aussicht* (Bellevue), on passe devant le *château de Bellevue* (à g.), où résida, de 1811 à 1813, Jérôme Bonaparte, roi de Westphalie, puis on arrive à la Galerie de tableaux.

La **Bilder-Galerie** (*Galerie de Tableaux*; Pl. D, 1; les mardi, mercr., vend. et sam. de 10 h. à 1 h.; en été, aussi les lundi et jeudi de 3 à 5 h.; le dim. de 11 h. à 1 h.; les autres j. et heures, s'adresser au gardien, Frankfurterstrasse, 41; pourb. 1 M.), fondée au XVIIIe s. par le landgrave Guillaume VIII, est surtout riche en œuvres de maîtres flamands et hollandais. L'édifice actuel, par *Dehn-Rotfelser*, date de 1871-1877; les sculptures décoratives sont de *Hassenpflug*, *Echtermeyer* et *Brandt*.

Rez-de-chaussée. — Moulages; objets d'art industriel (bijoux; montres; armes, etc.); ouvrages en ambre; ivoires; pierres gravées; ouvrages en cire, en bois, en bronze; verres, majoliques, porcelaines, faïences, etc.

Escalier. — 8 statues en marbre, par *Echtermeyer* : la Grèce, Rome, l'Italie, l'Allemagne, la France, la Hollande (Pays-Bas), l'Espagne et l'Angleterre.

1er étage. — **Salle I.** A dr. : 115. *Snyders*. Nature morte; 139. *D. Teniers le jeune*. Paysans jouant aux cartes; 213, 214. *F. Hals*. Ⓟ; 242. *Rembrandt*. Paysage; 101. *Jordaens*. La Fable du satyre et du paysan; 237. *Rembrandt*. Son Ⓟ (il est coiffé d'un casque); 123. *Van Dyck*. Une famille. — **II** : 235. *Rembrandt*. Le poète Krul (1633); 108. *Jordaens*. La Fête des Rois; 215. *F. Hals*. Enfants chantant; 92. *Rubens*. Un Oriental; 239. *Rembrandt*. Ⓟ; 398. *Ruysdael*. Paysage; 370. *Camphuysen*. Pâtres; 103. *Jordaens*. Education de Bacchus; 128, 129. *Van Dyck*. Portraits; 152. *Gonzales Coques*. Une famille. — **III** : 236. **Rembrandt. Sa femme Saskia** (1634?); 245. La Garde (1655); 88. *Rubens*. Méléagre et Atalante [grande fraîcheur de coloris]. — **IV** : 497. *Le Tintoret*. Ⓟ; 488. *Titien*. Ⓟ; 590. *Ribera* (*l'Espagnolet*). La Vierge des Douleurs.

Cabinet I : 459. *N. Poussin*. Bacchanale; 462. *G. Lairesse*. Fête de Bacchus. — **VI**. 181. *Honthorst*. Satyre et nymphe. — **VII** : sans n°. *Rubens*. Les Stigmates de St François d'Assise; 125. *Van Dyck*. Le peintre Snyders et sa femme; 97. *C. de Vos*. Ⓟ; 212. *Van Ravestyn*. Ⓟ; 41, 42. *Ant. Mor*. Ⓟ; 107. *Jordaens*. Une famille; 234. **Rembrandt. Le calligraphe Coppenol** (vers 1632); 218. *F. Hals*. Ⓟ; 294. *G. Netscher*. La Dame au perroquet; 293. Ⓟ; 151, *G. Coques*. Jeune savant et sa sœur; 127. *Van Dyck*. Isabelle van Asche. — **VIII** : 223. *T. de Keyser*. Le Landgrave Guillaume VI; 257, 258. *G. Dou*. Le père et la mère de Rembrandt; 393. *Van der Neer*. Paysage; 229. *Rembrandt*. Son Ⓟ (1627); 275. *Van Ostade*. Paysans au cabaret; 238. *Rembrandt*. Jeune fille; 247, 248. Têtes d'étude; 241. Paysage d'hiver; 244. Son Ⓟ (vers 1656); 249. Jacob bénissant les fils de Joseph (1656). — **IX** :

369. *P. Potter.* Pâturage; 289. *Ter Borch.* La Joueuse de luth; 374. *Van de Velde.* Plage de Scheveningen. — **X** : 147. *D. Teniers le jeune.* Le Bain; 90. *Rubens.* Jeune fille au miroir; 104. Jupiter enfant; 122. *Van Dyck.* Les frères de Waël; 87. *Rubens.* Fuite en Égypte. — **XI** : 231. *Rembrandt.* Vieillard; 301. *G. Metsu.* La Joueuse de luth; 296. *Jan Steen.* Le Roi de la fève; 377. *Weenix.* Nature morte; 355. *Wouwerman.* La Moisson; 210. *Knupfer.* Les Œuvres de Miséricorde; 216. *F. Hals.* Le Hareng saur; 288. *Ter Borch.* Musique de chambre. — **XII** : 368. *P. Potter.* Au pâturage; 219. *Fr. Hals.* Jeune hommme. — **XIV** : 230. **Rembrandt.** Son père; 240. **Ste Famille** (dite la Famille du bûcheron; 1646); 118. *Van Dyck.* Le peintre Wildens; 243. *Rembrandt.* Nicolas Bruyningh (1658). — **XV** : maîtres des anciennes écoles allemande et hollandaise; 5. *A. Dürer.* Elisabeth Tucher (1499); 11. *L. Cranach.* Lucrèce se tuant; 9. Ste Catherine [curieux costume]; 30. *Jacob d'Amsterdam.* Autel à volets (la Trinité) : 33. *J. van Scorel.* Une famille; 37. *A. Moor* (?). Guillaume le Taciturne. — **XVI** : 314. *A. van der Werff.* Berger et bergère. — **XX** : 431 à 434. *De Witt.* Les Quatre Saisons; 743. *Gainsborough.* Paysage.

La *loggia* qui communique avec ce cabinet, et d'où l'on a une belle vue sur la Karlsaue (*V.* ci-dessous), est ornée de bustes de peintres par *Hassenflug* et de peintures murales par *Merkel.*

De la Schœne Aussicht, on peut descendre, par des sentiers tracés dans les bosquets, à la promenade de la **Karlsaue**, petite plaine sur la rive g. de la Fulda, où se trouvent le *jardin* dessiné par *Le Nôtre,* en 1709, le palais de l'Orangerie et le Bain de marbre.

L'**Orangerie** (Pl. D, 2) a été bâtie au commenc. du XVIIIe s., dans un style rococo très riche, par *Paul Dury*; une partie de l'édifice (le pavillon à l'E.) renferme une petite collection de plâtres et modèles d'après le sculpteur *Kaupert* († 1897). — Le pavillon isolé à l'O. de l'Orangerie est le **Marmorbad** (*Bain de marbre,* lundi, mercr. et sam. de 10 h. à midi; le dim. de 11 h. 30 à 1 h., le gardien habite dans l'aile D. de l'Orangerie, à g. du Bain en venant de la ville; sonner; pourb. 50 pf.), riche salle de bain ou, pour mieux dire, piscine décorée de sculptures (statues et bas-reliefs en marbre), par le sculpteur français *Monnot* († 1730).

[**Wilhelmshœhe** (30 min. O. par le tram partant de la Kœnigsplatz, 3 à 4 fois par h., 30 pf.; all. et ret. 50 pf.; fiacre à 2 chev. jusqu'à l'hôtel, 9 M. all. et ret., jusqu'aux cascades [Octogone], 15 M. all. et ret.; à 1 chev., jusqu'à l'hôtel, env. 5 M. all. et ret.; arrêter les prix d'avance; on peut aller en ch. de fer jusqu'à la station de Wilhelmshœhe, en 8-10 min.; 30, 25 et 15 pf.; de la station il y a env. 20 min. pour se rendre à l'entrée du parc; les *eaux* jouent le dim. à 3 h., le mercr. à 3 h. 30, de mai à sept. et pendant 1 h. seulement; la nouvelle cascade et les anciennes, seulement le dim.; la visite demande env. 3 h. 30). — La *Wilhelmshœher Allée,* qui commence à l'extrémité S.-O. de l'Obere Kœnigsstr. (Pl. C, 2), est suivie par le tram, qui aboutit un peu à dr. de la principale allée conduisant au château de Wilhelmshœhe et à l'hôtel.

En quittant le tram., on suit le chemin à dr., derrière la gare, et on arrive à la terrasse du *Grand-Hôtel Wilhelmshœhe* (dîn. à 1 h., 3 M. 50); à g., le château de Wilhelmshœhe a été bâti à la fin du XVIIIe s., par *Dury* et *Jussow.* Du 3 sept. 1870 au 19 mars 1871, il a servi de prison à Napoléon III; actuellement, la famille impériale d'Allemagne y passe quelques semaines pendant la belle saison. — De l'hôtel, on se dirige à g. en passant entre la *caserne* (à dr.) et la *serre* (à g.), on contourne à g. la *fontaine,* puis on se dirige à dr. pour arriver à la *nouvelle cascade,* haute de 40 m., large de 15 m.; plus haut, on monte au *temple de Mercure,* au *bassin de*

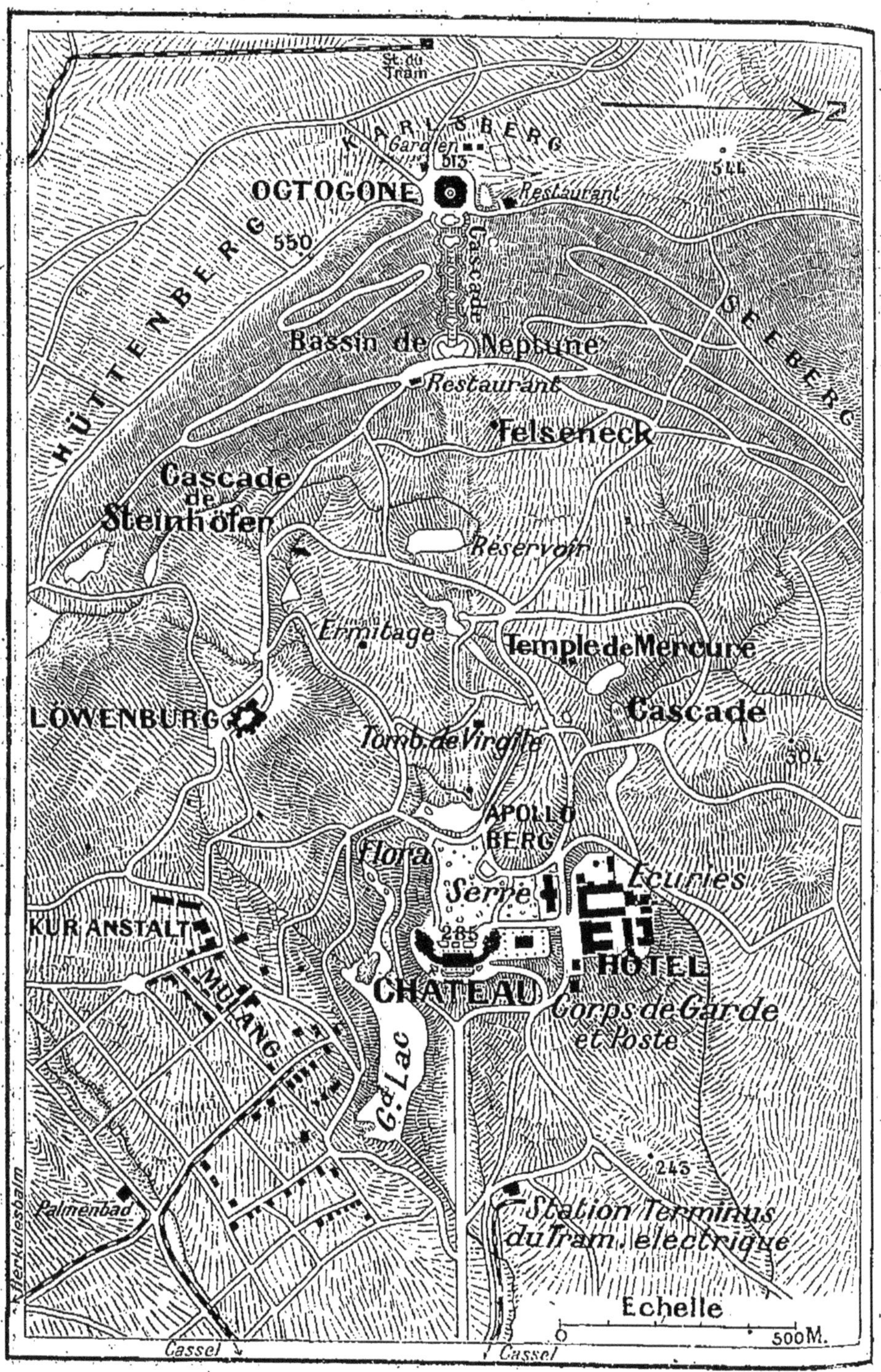

WILHELMSHOEHE

Neptune, au pied des cascades, échelonnées sur une longueur de 300 m., sur la pente du *Carlsberg*, dominé par le *Riesenschloss* (château des Géants) ou *Octogone* (restaurant). C'est un grand réservoir à trois voûtes superposées, dont la supérieure est supportée par 192 colonnes géminées. Un *obélisque* à 6 étages, haut de 30 m., s'élève (à 415 m. d'alt. au-dessus de la Fulda) sur la plate-forme terminale; il est surmonté d'une *statue d'Hercule*, haute de 10 m., en cuivre forgé (on peut monter dans la cuisse du colosse). On descend à dr. (S.) du bassin de Neptune, par un sentier sous bois, à la *cascade de Steinhœfer* et, de là, par une avenue, à la *Lœwenburg*, château moyen-âge, bâti à la fin du XVIIIe s. (belle vue de la tour; 30 pf.). Continuant à descendre vers l'E., on atteint le *village chinois* (Mu-Lang), puis on longe à g. le *grand lac*, dont les alentours sont charmants et on arrive à la grande avenue, là où se détache à dr. la route d'accès à la station du tram pour Cassel.]

De Cassel à Berlin, R. 20, *B*, *C*.

En quittant Cassel on franchit la Fulda.

225 k. **Münden**, vieille V. dans une très belle situation sur la Werra (qui forme ici, par sa réunion avec la Fulda, le Weser). — Belle *Blasikirche*, des XVe et XVIe s. (à l'int., tombeau d'Eric Ier de Brunswick, † 1540). — *Rathaus* du XVIIIe s. — *Château* du XVIe s., rebâti en 1898, et renfermant le *musée* de la ville.

[**De Münden à Hameln, par le Weser** (10 h. 30 env.; bateau, serv. t. l. j. en été; 8 M. 50, 4 M. 50), navigation assez intéressante, en passant par *Karlshafen* et *Hœxter*. — 10 h. 30. Hameln (R. 22, *C*).]

La voie passe en tunnel sous la ligne de partage des bassins de la Fulda et du Weser.

258 k. **Gœttingen** (*Gœttingue*; hôt. *Krone*), V. de 34,500 hab., sans grand intérêt. — *Université*, fondée en 1737 et fréquentée par env. 2,000 étudiants. — *Rathaus* de la fin du XIVe (à l'int., fresques de la grande salle, par *Schaper*). — Les remparts ont été transformés en promenade (beaux tilleuls).

277 k. *Northeim* (⋈ sur Nordhausen, R. 25), vieille petite V. sur la Rhume, avec une église de 1519.

298 k. **Kreiensen** (Ⓑ; ⋈ sur Cologne, R. 22, *A*, en sens inverse; sur Magdebourg-Berlin, R. 22 *A*). — 334 k. *Elze*; à g., ligne de Hameln-Soest. — 340 k. *Nordstemmen* (⋈, à dr. sur Hildesheim, R. 23). — A g., vaste et beau château moderne de *Marienburg*.

366 k. Hanovre (Ⓑ), *V.* ci-dessous, *B*.

B. Par Bebra et Eichenberg.

355 k.; chemin de fer (gare Centrale, ou *Hauptbahnhof*) en 7 à 8 h. par trains directs (wagon-restaur. à ceux de jour); 29 M. 30, 18 M. 80, 12 M. 10.

228 k. de Francfort à Eichenberg Ⓑ (*V.* R. 11, *A*, jusqu'à Bebra et, au delà, *V.* R. 20, *B*). — La voie se dirige vers le N.

247 k. Gœttingen (*V.* ci-dessus, *A*). — Pour la description du trajet entre Gœttingen et Hanovre, *V.* ci-dessus, *A*.

355 k. **HANOVRE** (*Hannover*; *V.* l'*Index*), V. de 280,000 hab. (238,000 avec *Linden*), jadis capit. du royaume de son nom, est situé à 58 m. sur la Leine, à son confluent avec l'Ihme.

Principales curiosités. — Musée provincial (p. 119); — Musée Kestner (p. 118). — Marktplatz (p. 119), — Herrenhausen (p. 120).

Histoire. — Hanovre était déjà une ville importante au XIIe s. En 1533 elle adopta la Réforme. En 1637, le duc Georges de Brunswick-Lünebourg y fixa sa résidence. En 1714, le duc Georges-Louis la quitta pour aller occuper le trône d'Angleterre, sous le nom de Georges Ier, mais rien ne fut changé à son ancienne cour malgré son absence. En 1763, Georges III fit démolir les fortifications de la ville. De 1801 à 1810, elle appartint tour à tour à la Prusse et à la France; française en 1810, elle fut occupée par les alliés en 1813. Depuis 1817, elle fut la capitale d'un royaume qui portait son nom. A la suite des événements de 1866, royaume et ville ont été annexés à la monarchie prussienne. — C'est depuis le milieu du XIXe s. que Hanovre a pris un grand développement, comme population, industrie et commerce.

ITINÉRAIRE. — Sur la place, en face de la vaste et belle gare, se dresse la *statue* équestre *du roi Ernest-Auguste* († 1851), en bronze, par *Wolff*. Au delà de cette place, vers le S., est la **Theaterplatz**, de forme triangulaire, où s'élève, au milieu d'un beau square (*monuments* de quelques Hanovriens célèbres; musique de la garde montante t. l. j. vers midi), le beau *théâtre Royal* (*Kœnigliches Schauspielhaus*; Pl. D, 2-3). C'est ici, surtout pendant la belle saison, le rendez-vous des promeneurs et (particulièrement du côté de la *Georgstrasse*, vers la Georgsplatz), un des endroits les plus animés de la ville. Tout près et à l'E. de cette place, dans la *Sophienstrasse*, le *Künstlerhaus* (Pl. D, 3), servant aux expositions du Kunstverein, ou Société des Arts, renferme le *Vaterlændische Museum* (t. l. j. de 10 à 2 h., le dim. de 11 à 2 h.), collection d'antiquités nationales.

Contiguë à la place du Théâtre, vers le S., la *Georgsplatz* est ornée d'une *statue de Schiller*, par *Engelhard* : sur le côté N., à côté de la *Banque de Hanovre*, est la *Gewerbehalle* (salle des Arts décoratifs) avec une exposition permanente; sur le côté E. le *Lycée* et, en face (côté O.), la *Reichsbank* (Banque de l'Empire), belle construction du style de la Renaissance italienne par *Hasak* (1896).

Plus loin, vers le S.-O., l'*Ægidienkirche* (Saint-Egide), église gothique du XVIe s., a été restaurée à la fin du XIXe; à côté (vers l'E.), l'*Alte Justizkanzlei* est un intéressant spécimen des constructions gothiques à pignon du XVe s.

De l'Ægidienkirche l'*Ebhardtstrasse* conduit vers le S. à la *Friedrichstrasse*, où s'élève, entre la *fontaine de Gutenberg* (1890) et le musée Kestner, le nouveau **Rathaus** (Pl. C, 3) dont la construction a été commencée en 1901, sur les plans d'*Eggerts*.

Le **Kestner-Museum** (Pl. C, 3; t. l. de 10 à 2 h.; dim. de 11 à 2 h.), bâti en 1888 pour y réunir les collections Kestner et Culemann.

Rez-de-chaussée. — Salle à g. : objets japonais (armes, habillements laques et bronzes, etc.).

1er étage. — Vestibule (à dr.); beau bahut sculpté du XVIIe s. — Chambre gothique d'Ebelingen. — Corridor du N. : autel portugais du XVIIIe s. — A g., salles des antiquités romaines, grecques et étrusques.

Escalier orné d'une tapisserie flamande du XVIe s.

2e étage. — Galerie de peinture. — Quelques bons italiens et flamands — Salle Culemann : sculptures en bois (Annonciation, par *Veit Stoss*). — Collections de dessins, de sculptures sur bois.

La *bibliothèque de la ville* est réunie au musée.

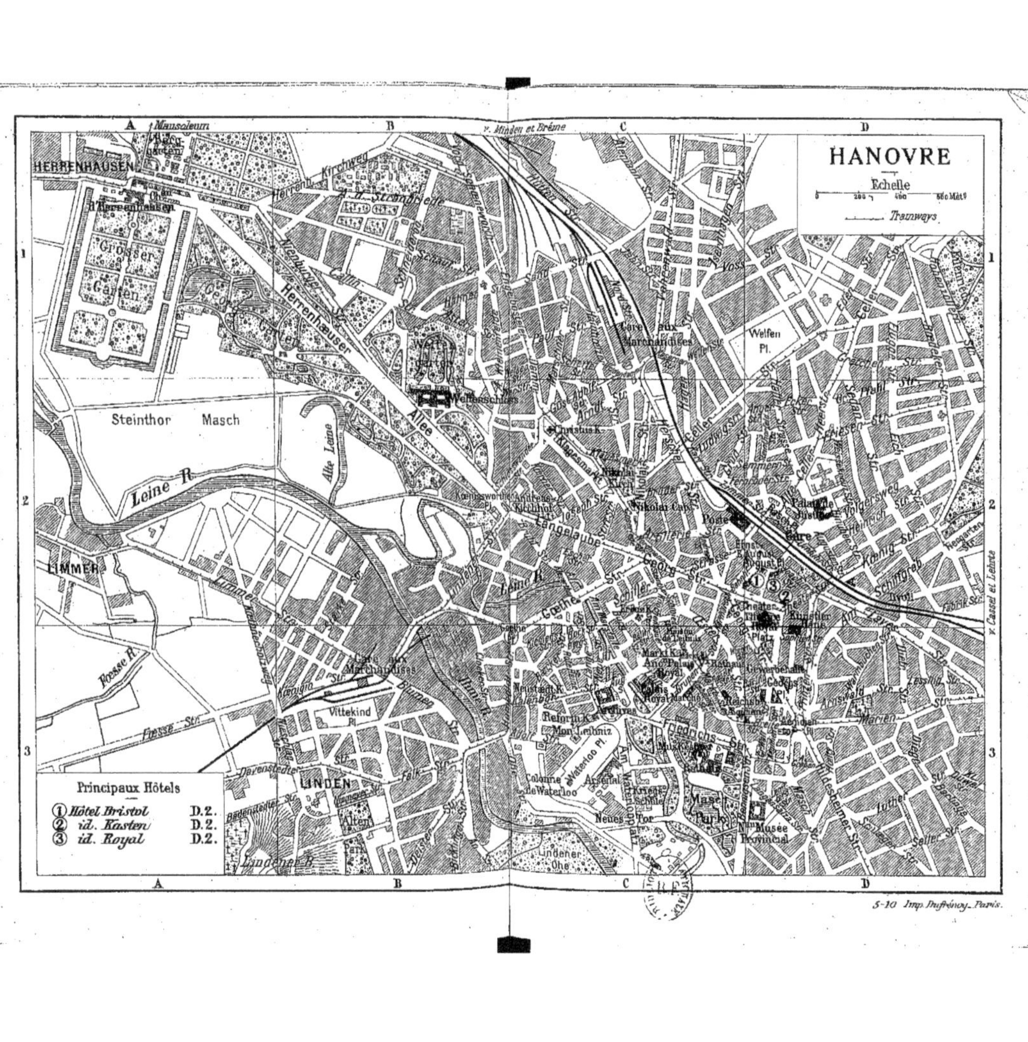

5-10 Imp. Dufrénoy, Paris.

A quelques pas (au S.-E.) du Rathaus s'étend le beau *Masch-Park*. A l'E., entre la *Bennigsenstrasse* et la *Langensalzastrasse*, s'élève le musée Provincial.

Le **Provinzial-Museum** (*Neues Provinzial-Museum*; en sem. de 10 à 2 h., dim. et fêtes, 11 à 2 h.) a été bâti de 1897 à 1902, dans le style de la Renaissance, sur les plans de *Stier*. Il s'est enrichi des collections provenant de la galerie de la maison de Brunswick-Lunebourg et du musée des Guelfes.

Rez-de-chaussée. — A dr. 1re et 2e SALLES : collection préhistorique; — 3e SALLE : urnes funéraires, vases en bronze; — 4e et 5e SALLES : collection ethnographique.

1er étage. — Moulages en plâtre, antiquités historiques; collection botanique et collection minéralogique. — 25e et 26e SALLES : objets servant au culte, provenant du musée des Guelfes, grand autel à volets du XVe s.; beau reliquaire; statues en bois de la Vierge, St Jean-Baptiste, St Jean l'Evangéliste, par *Tilman Riemenschneider*. — 30e SALLE : armes, armures. — 33e SALLE : autels, grand tapis persan du XVIIe s.

2e étage. — **Peintures** : CABINETS I à XX, tableaux anciens; SALLES 40 à 48 et cabinets XXI à XXV, tableaux modernes. — SALLES 49 à 57 : **collection d'histoire naturelle.**

Du vestibule on passe à dr. dans la salle 41 et par le cabinet II on arrive au cabinet I. — CABINET I : 320. *Raphon*. Autel de la Vierge. — II : 65. *Lucas Cranach le Vieux*. Jésus et St Jean enfants; 150. *Holbein*. (P). 151. Edouard VII d'Angleterre enfant (1538). — IV : 91. *G. Dou*. Vieil écrivain; 236. *Mierevelt*. Vieille femme; 348. *Rubens*. Déjanire et Nessus. — VI : 263. *Netscher*. (P). — VII : 129. *Dirck Hals*. Un couple. — VIII : 578. *S. de Vlieger*. Paysage hollandais. — IX : 247. *Molenaer*. Auberge; 185. *Karel Dujardin*. Son (P). — XIII : 11. *Sodoma*. La V. et deux saints; 13. *Scarsellino*. Enfants vénitiens. — On revient à la salle 41.

SALLE 41 : 113. *Lessing*. Henri IV devant le monastère de Prüfening; 110. *Lawrence*. Pitt, le jeune. 158. *Schirmer*. Orage. — SALLE 43 : 1. *Achenbach*. Marine. — SALLE 44 : 3. *Adam*. Napoléon au siège de Ratisbonne. — SALLE 45 : œuvres de *F. Kaulbach*. — SALLE 46 : 503. *Bracht*. Le Tombeau d'Annibal; 213. *Spitzweg*. La Place favorite; au milieu : *Meunier*. L'Abreuvoir (bronze) — SALLE 47 : 312. *Piloty*. Assassinat de César. — SALLE 48 : 502. *Kallmorgen*. Le Bac; sans n° *Lenbach*. Bismarck.

CABINET XXIV : *F.-A. de Kaulbach*. Enfants; la Musique. — XXV : 449. *Liebermann*. Village hollandais.

La grande salle (FESTSAAL), ainsi que les salles du RATSKELLER (restaurant), sont décorées de fresques par *Schaper*.

Du Provinzial Museum on se rendra, au centre de la ville, à la **Marktplatz**, au milieu de laquelle est la *Marktkirche* (église du Marché; Pl. C, 3), bâtie en 1350 dans le style gothique.

L'int., restauré en 1856 et en 1893, a des peintures de *H. Schaper*, de beaux vitraux et un autel avec bas-reliefs en chêne sculpté, par *Hurzig*.

A l'angle N.-O. de la place s'élève la *statue du pasteur Bœdeker*, à l'entrée de la *Schmiedestrasse*, dans laquelle, au n° 10, la très originale **maison de Leibniz** (Pl. C, 2) fut habitée par ce savant de 1676 à 1716.

L'int. renferme les collections du *Kunstgewerbe-Museum* (musée d'art industriel; ouvert t. l. j. de 10 h. à 2 h.; 20 pf.; intéressantes collections); une chambre à balcon du 1er étage passe pour avoir été celle que Leibniz habita jusqu'à sa mort.

De la Marktplatz, en suivant la *Knochenhauerstrasse*, l'une des plus anciennes de la vieille ville (au n° 28, très intéressante vieille *maison* gothique à pignon), on arrive à la *Kreuzkirche*, gothique, du XVe s.

A l'O. de la place du Théâtre, la prolongation de la Georgstr. et, ensuite, la *Langelaube* (à dr., au n° 3, le *Haus der Væter*, belle maison du style Renaissance de 1619, est le siège du Mænnergesangverein ou Société des chanteurs) conduisent à la *Kœnigswortertor* et à la belle **Herrenhauser Allée** (à dr., le **Welfenschloss**, grandiose construction du style gothique anglais, sert actuellement à l'*Ecole Polytechnique*), qui aboutit au château d'Herrenhausen.

[**Herrenhausen** (le Mausolée; t. l. j. en sem., d'avril à fin sept., de 9 h. à 6 h., d'oct. à mars de 10 h. à 4 h., pourboire; les eaux jouent le mercr. et le dim., de mai à sept., l'après-midi vers 5 h.) est un château de plaisance que Georges Ier († 1727) fit construire pour sa maîtresse, la comtesse de Platen; il se plut à y habiter, ainsi que Georges II († 1766). Ses beaux jardins français sont ornés de jets d'eau; les serres méritent une visite. Le *Mausoleum* contient les monuments du roi Ernest-Auguste († 1851) et de la reine Frédérike († 1841), par *Kaves* (statues par *Rauch*).

L'Eilenriede (tram électrique; 20 min. env. N.-E. de la place du Théâtre) est une forêt qui sert de but de promenade pendant la belle saison. On y arrive par la *Kœnigstrasse*, ou par le *Schiffgraben* (belles villas), qui aboutissent à un carrefour devant le Neues Haus. A g. s'élève le *Monument commémoratif de 1870-71*; à dr., la *Tiergartenstrasse* aboutit au *Jardin zoologique* (le tram y conduit; bon restaurant; concerts; entrée 50 pf.).]

De Hanovre à Paris, R. 3, *D* : — à Berlin, *A*, par Lehrte et Stendal; *B*, par Brunswick et Magdebourg, R. 23; — à Brême, R. 26; — à Hambourg, R. 27; — à Leipzig, *A*, par Hildesheim, Goslar, Halberstadt et Halle; *B*, par Magdebourg, R. 19.

Route 22. — DE COLOGNE A BERLIN

A. Par Düsseldorf, Duisburg, Dortmund, Bielefeld, Hanovre et Stendal.

591 ou 594 k.; 🚂 (gare Centrale, ou *Hauptbahnhof*); en 8 h. 28 (jusqu'à Berlin-Friedrichstrasse), par le « Nord Express », train de luxe quotidien, venant de Paris; en 8 h. 40 par le train direct (1re et 2e cl.; wagon-restaur.) partant vers 1 h. ap.-midi, ou 9 h. par les autres directs (wagons-lits à celui de 9 h. 40 du s.); 47 M. 80, 29 M. 20, 18 M. 70 (suppl. pour le wagon-lits, 10 M. en 1re et 8 M. en 2e cl.; pour une place dans le Nord-Express, 18 M.).

En sortant de la grande gare de Cologne on laisse à dr. le Dôme et on franchit le grand pont sur le Rhin, puis les anciennes fortifications de Deutz.

5 k. *Mülheim-am-Rhein*, V. industrielle de 51,000 hab. — Laissant à dr. la ligne d'Opladen-Elberfeld (*V.* ci-dessous, *B*), la voie descend la vallée du Rhin, par la rive dr. — 30 k. *Benrath* (beau château royal, de 1768).

40 k. Düsseldorf (✕ à dr. sur Elberfeld); *V.* R. 28.

64 k. Duisburg (✕ à g. sur Oberhausen, Münster, Brême et Hambourg), *V.* R. 28.

De Duisburg à Dortmund il y a deux lignes, l'une passant par Essen et Bochum, que suit le Nord-Express et que nous décrivons ci-dessous; l'autre, plus au N., passe par Oberhausen (R. 28), Altenessen et Wanne.

La voie franchit la Ruhr en arrivant à Mülheim.

72 k. *Mülheim-an-der-Ruhr,* V. industrielle de 95,000 hab. (forges, vaste et riche bassin houiller). — La voie traverse le bassin houiller de la Ruhr, région d'une activité industrielle toujours croissante, couverte de villes populeuses et sillonnée en tous sens par un réseau de voies ferrées.

83 k. **Essen** (hôt. *Rheinischer Hof*, à la gare; *Essener Hof*, etc.), V. industrielle et manufacturière de 240,000 hab., centre commercial du bassin houiller de Westphalie. — Jadis simple bourg groupé autour d'une église abbatiale, Essen a pris rang, depuis un demi-siècle, parmi les grands centres industriels de l'Allemagne et s'accroît d'année en année. — *Münsterkirche*, église de l'abbaye bénédictine fondée au IXe s., intéressant édifice du style roman dont une partie (le chœur à l'O.) rappelle l'ordonnance de la cathédrale d'Aix-la-Chapelle; crypte de 1051; riche trésor. — *Rathaus* moderne. — *Monuments de Guillaume Ier* et d'*Alfred Krupp* (1810-1887). — Célèbre *fonderie Krupp*, dont les fameux canons ne sont qu'une faible partie des produits. Fondée en 1810, elle occupe actuellement plus de 400 hect. et emploie plus de 30,000 ouvriers, soit dans les ateliers, soit dans les mines de houille et de fer appartenant à l'usine.

88 k. *Steele*, vieille V. de 13,000 hab.

99 k. **Bochum**, V. industrielle de 125,000 hab. (grandes forges).

118 k. (ou 120 k. par Oberhausen et Wanne). **Dortmund** (gare centrale ou *Hauptbahnhof*; bon Ⓑ; hôt. : *Rœmischer Kaiser*; *Lindenhof*; etc.; 🚋 pour la ville), V. de 186,000 hab., la plus populeuse de la Westphalie et d'ancienne origine, centre de la surveillance administrative du bassin houiller. Dortmund appartint de bonne heure (fin du XIIIe s.) à la ligue de la Hanse et devint l'un des marchés principaux du bassin rhénan. Sur les terrains mêmes de la gare centrale, à dr., au commenc. du boulevard du *Kœnigswall*, se trouve encore un monument vénérable de ces anciens temps : le dernier rejeton de la *Vehmlinde* (ou *Femlinde*), le tilleul à l'ombre duquel siégeaient les justiciers de la Sainte-Vehme, ayant devant eux, sur la table de pierre marquée de l'aigle impérial, l'épée nue et la corde d'osier.

Au centre de la ville, près du Markt, la *Reinoldikirche*, fondée au XIe s., rebâtie au XIIIe s., est une basilique dans le style de transition (intérieur restauré avec goût en 1868; fonts baptismaux du XVe s.; etc.). — A quelques pas au S., la *Marienkirche* est une basilique du style roman mélangé de gothique, des XIIe et XIVe s. — Plus loin, vers l'O., sur le côté S. du Markt, le *Rathaus*, du XIIIe s., a été rebâti en 1899 sur les plans de *Kullrich*. — La *Probsteikirche* et la *Petrikirche* sont deux autres églises du XIVe s., également restaurées.

128 k. *Kamen* (sources salines).

149 k. *Hamm*, V. de 39,000 hab. (usines importantes; deux églises du XIIIe et du XIVe s.; bains salins). — La voie franchit la Lippe. — 191 k. *Rheda*; on franchit l'Ems. — 200 k. *Gütersloh*, V. de 7,500 hab. (jambons et saucissons renommés).

218 k. **Bielefeld** (hôt. *Geist*, à la gare), V. industrielle de 75,000 hab., le centre du commerce des toiles de Westphalie; elle est dominée par le *Sparenberg*, colline que couronne un *château* du XIIe s., restauré en 1877.

A dr., vers le S.-E., sur les hauteurs du *Teutoburger-Wald*, on aperçoit le monument d'Arminius (*Hermanns-Denkmal*); il s'élève à 388 m. d'alt., au sommet de la *Grotenburg*, colline près de Detmold, où il a été érigé en commémoration de la déroute infligée, l'an 9 ap. J.-C., aux Romains par le Chérusque Arminius; il est l'œuvre du sculpteur *Bandel* (✝ 1876).

231 k. **Herford** (hôt. : *Stadt Berlin*; *Rœrig*), V. manufacturière de 30,000 hab. — *Stiftskirche*, ou *Marienkirche*, belle église de 1325. — *Münsterkirche*, ancienne cathédrale, du style roman, avec abside gothique et trésor intéressant. — Sur la Wilhelmplatz, belle fontaine monumentale (*Wittekind-Brunnen*) en bronze, par *Wefing* (1899).

242 k. *Lœhne* (⨯ sur Hameln-Hildesheim).

248 k. **Œynhausen** (prononc. Ennhaousen; hôt. : *Kurhôtel*, ch. dep. 4 M., dîn. 3 à 4 M.; *Vogeler*, etc.; kurtaxe, 1 pers. 15 M., 2 pers. 21 M., etc.), petite V. de 3,500 hab., bien située sur la Werra. — Bains salins très fréquentés, alimentés par 4 sources thermales. — Beau et vaste *Kursaal*.

La voie traverse le petit défilé de la **Porta Vestphalica**, bordé par des collines ne dépassant pas 280 m. de haut. — Près de la station de (258 k.) *Porta* et au delà du Weser, que franchit un pont à chaînes, sur la rive g., au sommet du *Wittekindsberg*, s'élève le *monument de Guillaume Ier* (salle couronnée par un dôme, abritant la statue en bronze de l'empereur, par *Zumbusch*), érigé en 1896 sur les plans de *B. Schmitz*.

263 k. **Minden** Ⓑ, V. et ancienne place forte de 26,000 hab., sur le Weser (belle *cathédrale* gothique des XIIIe et XIVe s., avec une tour du XIe s. et un riche trésor; *Martinikirche* du XIe s.; *Rathaus* du XVe s.).

272 k. *Bückeburg*, petite V. campagnarde de 5,800 hab., capitale de la petite principauté de Lippe-Schaumbourg. — 284 k. *Stadthagen* (vieux château).

305 k. Wünstorf (⨯ sur Brême; R. 26).

327 k. Hanovre Ⓑ; *V.* R. 21, *B.* — De Hanovre à Berlin, *V.* R. 23, *A.*

590 k. **Berlin** (gare de la Friedrichstrasse, la plus centrale, à quelques min. de l'Unter den Linden); R. 33.

B. Par Elberfeld, Soest, Altenbeken, Kreiensen, Bœrssum et Magdebourg.

578 k.; 🚂 (gare Centrale, ou *Hauptbahnhof*), en 11 h. env. par trains directs; 47 M. 90, 29 M. 20, 18 M. 70.

La voie traverse le Rhin et, au delà de Deutz, laisse à g. la ligne du Düsseldorf (*V.* ci-dessus, *A*).

5 k. Mülheim (*V.* ci-dessus, *A*). — 17 k. *Opladen*. — 28 k. *Ohligs* (à dr., embranch. pour *Solingen*, V. de 46,000 hab., connue par ses fabriques d'armes blanches et de coutellerie). — 39 k. *Wohwinkel*. Suivent 7 stations desservant les deux villes contiguës d'Elberfeld et Barmen, qui s'étendent à g. sur une longueur d'env. 9 k. La plus importante est la 4ᵉ station, dite d'**Elberfeld-Dœppersberg**, pour Elberfeld.

46 k. **Elberfeld** (hôt. : *Weidenhof*, *Kaiserhof*, etc.), V. de 168,000 hab., forme avec **Barmen** (158,000 hab.) un grand centre industriel dont les maisons, les fabriques et les usines s'étendent dans la vallée de la Wupper et jusqu'aux sommets des deux versants, sur une longueur de plus de 8 k. — Toute cette partie de l'ancien duché de Berg semble avoir été transformée en une vaste manufacture. — En dehors de leurs établissements industriels, Elberfeld et Barmen offrent peu de curiosités pour les touristes. Le plus beau quartier d'Elberfeld est celui de l'O., traversé par la longue *Kœnigsstrasse*, qui aboutit non loin du *Neumarkt*, sur lequel se trouve le *Rathaus*, achevé au commenc. du xxᵉ s.

49 k. *Barmen*. — On franchit la Wupper et on sort de Westphalie. — 54 k. *Schwelm*, 19,000 hab. — 72 k. *Hagen*, V. industrielle de 80,000 hab. — On franchit la Ruhr.

86 k. **Schwerte** (✕ sur Cassel; *V.* ci-dessous, *D*), V. de 13,500 hab. — 102 k. *Unna*, V. de 16,500 hab. (grandes salines).

132 k. **Soest** (pron. *Sôst*; Ⓑ), V. de 18,000 hab. (*Domkirche*, église romane du xiiᵉ s. avec fresques du xiiᵉ s.; *Wiesenkirche*, gothique du xivᵉ s.; peintures et vitraux du xvᵉ s.). — 152 k. *Lippstadt*, V. de 16,000 hab., sur la Lippe (église des xiiᵉ et xiiiᵉ s.).

184 k. **Paderborn** (hôt. *Weisser Schwan*), vieille V. de 28,000 hab., siège d'un évêché depuis la fin du viiiᵉ s. — *Dom*, fondé par Charlemagne, bâti de 1133 à 1143 (curieuses sculptures du portail S.; riche trésor). — *Chapelle St-Bartholomæus* (sculptures de 1009, restaurées en 1852).

[A 11 k. N. (🚂 en 25 min.), *Lippspringe* (hôt. *Kurhaus*) est une station thermale fréquentée pour ses sources d'eaux calcaires, très riches en azote.]

194 k. *Neuenbeken*. — Deux grands viaducs; collines boisées.

202 k. **Altenbeken** Ⓑ, à la jonction des lignes de Kreiensen et de Hameln. — 211 k. *Driburg* (sources ferrugineuses).

245 k. **Hœxter** (*St-Kilian*, église romane; *Minoritenkirche*, gothique du xvᵉ s.; à 20 min. de la gare, célèbre *abbaye de Corvey*, fondée en 822 par Louis le Débonnaire). — On franchit le Weser. — 250 k. *Holzminden*.

295 k. **Kreiensen** Ⓑ, où l'on croise la ligne de Hanovre-Cassel (R. 21). — 301 k. *Gandersheim*. — 315 k. *Seesen*.

356 k. **Bœrssum**, où l'on croise la ligne de Brunswick à Vienenburg et Nordhausen (R. 25). — 378 k. *Jerxheim*. — 407 k. Eilsleben (R. 23, *B*), où l'on rejoint la ligne de Brunswick-Magdebourg-Berlin (R. 23, *B*).

436 k. Magdebourg Ⓑ; R. 19, *B*. — De Magdebourg à (142 k.) Berlin, *V*. R. 20, *B*.

578 k. **Berlin** (gare de Potsdam, ou *Potsdamer Bahnhof*, au S.-O. du centre de la ville); R. 33.

C. Par Elberfeld, Soest, Altenbeken, Hameln, Hildesheim, Brunswick et Magdebourg.

576 k.; 🚂 (gare Centrale, ou *Hauptbahnhof*), en 9 h. env. par trains directs (voit. directes des 3 cl.); 47 M. 80, 29 M. 20, 18 M. 70.

202 k. de Cologne à Altenbeken Ⓑ; *V*. ci-dessus, *B*. — La voie se dirigeant au N.-E. passe en tunnel (2,144 m.) sous l'*Eggegebirge*. — 230 k. *Schieder* (château et parc du prince de Lippe). — 238 k. *Lugde* (église romane).

241 k. **Pyrmont** (gare à 2 k. S. de la ville; tram 20 pf., voit. à 1 chev. 1 M.; *V*. l'*Index*), jolie petite V. de 4,000 hab., bien située à 120 m. d'alt. sur l'Emmer, au pied d'une chaîne de collines boisées. Elle doit la célébrité à ses *sources d'eaux ferrugineuses*, connues déjà au temps de Charlemagne et fréquentées annuellement par env. 25,000 malades. L'eau ferrugineuse (0 gr. 97 de carbonate de fer par litre) est très gazeuse, ce qui la rend plus facile à digérer; la source la plus utilisée est celle de la *Trinkquelle*, dans le Brunnenhaus. Il existe aussi une source saline, mais elle est moins employée. — La rue principale, la *Haupt-Allée*, où se trouvent le *Kurhaus*, le *Théâtre* et les principaux magasins, va de la Trinkquelle au *château* du prince de Waldeck, souverain de cette petite principauté. — Jolis environs.

La voie parcourt la vallée de l'Emmer; à g., château de *Hæmelschenburg* du XIIe s., renouvelé au XVIe s. — Pont sur le Weser. — A dr., *Hastenbeck*, où le maréchal d'Estrées défit en 1757 les Anglais, commandés par le duc de Cumberland.

260 k. **Hameln**, V. de 19,000 hab., sur la rive g. du Weser. — *Münster* (église Saint-Boniface), des XIe et XIVe s. — Sur la rive g., le *Klüt* (261 m.; belvédère), mamelon jadis fortifié.

A g., embranch. de Lœhne (*V*. ci-dessus, *B*). — La voie se dirige vers l'E. — 288 k. *Elze*, où l'on rejoint la ligne de Hanovre, que l'on suit jusqu'à Nordstemmen.

294 k. Nordstemmen Ⓑ, R. 25; à g., grand château de *Marienburg*, moderne. — 305 k. Hildesheim Ⓑ, R. 19, *A*.

348 k. Brunswick Ⓑ; R. 24. — De Brunswick à Berlin, par (435 k.) Magdebourg, *V*. R. 23, *B*.

576 k. **Berlin** (gare de Potsdam, ou *Potsdamer Bahnhof*, à l'O. du centre de la ville); R. 33.

D. Par Elberfeld, Schwerte, Scherfede, Cassel, Nordhausen et Halle.

692 k.; 🚂 (gare Centrale, ou *Hauptbahnhof*), en 10 h. env. (voit. directes des 3 cl.); 47 M. 80, 27 M. 20, 18 M. 70.

85 k. de Cologne à Schwerte Ⓑ; *V.* ci-dessus, *B.* — On laisse à g. la ligne de Hamm-Bielefeld (*V.* ci-dessus, *B*).

90 k. *Frœndenberg.* — Tunnel. — 98 k. *Arnsberg*, V. de 9,300 hab., bien située sur une colline que contourne la Ruhr (vieux château, entouré de jardins; jolie vue). — On franchit la Ruhr. — 148 k. *Meschede.* — Tunnel dans la petite chaîne qui sépare le bassin du Rhin de celui du Weser.

196 k. *Brilon-Wald*, stat. pour (7 k.) *Brilon*, petite V. avec une église romane, bâtie (dit-on) par Charlemagne en 876. — Tunnel.

197 k. *Nieder-Marsberg*; sur la hauteur, *Ober-Marsberg*, ancienne forteresse détruite par les Suédois pendant la guerre de Trente Ans. On dit que c'est dans ses environs que s'élevait la *colonne d'Irmin*, l'idole des anciens Germains, que Charlemagne renversa en 772 avec la forteresse d'Ehresburg, qui la défendait.

213 k. **Scherfede** (Ⓑ; ⤫ sur Holzminden, à g.). — 223 k. *Warburg*, vieille petite V. sur la Diemel. — 244 k. *Hümme*, petite V. à la jonction de la Diemel et du Weser. — 250 k. *Hofgeismar* (sources minérales). — 255 k. *Grebenstein* (vieilles tours et château en ruines sur le Burgberg). — Au S. on aperçoit les sommets boisés des *Dœrnberge.* — 264 k. *Mœnchehof* (à 45 min. O., gracieux château de *Wilhelmstal*, de 1767, très bien décoré dans le style rococo).

313 k. Cassel Ⓑ; R. 21, *A.* — De Cassel à Nordhausen et Halle, *V.* R. 21 et 20, *B.*

530 k. Halle Ⓑ, R. 19, *B.* — De Halle à Berlin, *V.* R. 20, *A*, et 18.

692 k. **Berlin** (gare d'Anhalt, ou *Anhalter Bahnhof*, au S.-O. du centre de la ville); R. 33.

Route 23. — DE HANOVRE A BERLIN

A. Par Lehrte et Stendal.

256 ou 264 k.; 🚂 en 4 h. 20 env. par trains directs (wagon-restaur. à presque tous ceux de jour; wagons-lits à ceux du soir); 21 M. 78, 14 M. 50, 9 M. 05.

16 k. *Lehrte* (⤫ à g. sur Uelzen-Hambourg, R. 29). — 57 k. *Isenbüttel.* — 79 k. *Vorsfelde.* — A g., château de *Wolfsburg.* — 88 k. *Œbisfelde.* — 118 k. *Gardelegen*, vieille petite V. avec une église romane et les ruines de l'enceinte médiévale.

151 k. **Stendal** (Ⓑ; hôt. *Bahnhof*, à la gare; tram pour la ville), vieille V. de 23,500 hab. sur l'Uchte. — *Cathédrale*, du style de transition et du style ogival du XVe s. (vitraux; beau cloître). — *Marienkirche*, achevée vers le milieu du XVe s.; sur la place, près de l'église, *statue* de *Winckelmann* (archéologue, né à Stendal en

1717, † à Trieste 1768). — Sur la place du Marché (*Markt*), *Rathaus* ogival et colonne de Roland (*V.* p. 134). — Portes des anciennes fortifications du xve s.

De Stendal à Hambourg, R. 32, *B*.

La voie franchit l'Elbe. — 164 k. *Schœnhausen*, où naquit Bismarck (1815); un *musée* (t. l. j., sauf le dim.) y a été installé pour réunir les différents objets offerts en présent au chancelier. — 186 k. *Rathenow*, V. de 23,000 hab.

244 k. **Spandau** (R. 32, *A*), où l'on rejoint la ligne venant de Hambourg-Wittenberg (R. 32, *A*).

De Spandau les train directs aboutissent à Berlin à la gare de Silésie, les trains omnibus à (256 k.) la gare de Lehrte. Comme la plus grande partie des touristes se servira des premiers, c'est leur route que nous indiquons.

253 k. Charlottenburg (R. 33).

254 k. Berlin, gare du Jardin Zoologique, à l'O. de la ville.

260 k. **Berlin**, gare de la Friesdrichstrasse, la véritable gare centrale de Berlin; R. 33.

264 k. Berlin (gare de Silésie, ou *Schlesischer Bahnhof*, à l'E. du centre de la ville); R. 33.

B. Par Brunswick et Magdebourg.

289 k.; 🚂 en 5 h. 30 env. par trains directs (wagons-restaur. à la plupart de ceux de jour); 24 M. 70, 14 M. 50, 9 M.

17 k. Lehrte (*V.* ci-dessus, *A*). — 36 k. *Peine*, V. de 16,500 hab.

60 k. Brunswick (R. 24).

84 k. *Kœnigslutter* (ancienne *église abbatiale*, intéressant édifice du style roman, avec un beau cloître).

100 k. **Helmstedt**, V. de 15,500 hab. — *Ludgerikirche*, du xiie s., reconstruite en partie au xvie et au xixe s. — *Stephanskirche*, église des xiiie et xve s. — *Juleum*, siège de l'université d'Helmstadt, de 1576 à 1810, belle construction de la Renaissance. — A l'ancien couvent de *Marienberg*, deux chapelles, dans la tour de l'église, renferment des fresques remarquables du viiie s.

118 k. Eilsleben (⨯ à dr. sur Kreiensen).

147 k. Magdebourg (R. 19, *B*). — De Magdebourg à Berlin, *V.* R. 20, *B*.

289 k. **Berlin** (gare de Potsdam, ou *Potsdamer Bahnhof*, à l'O. du centre de la ville); R. 33.

Route 24. — BRUNSWICK

Principales curiosités : — **Cathédrale** (p. 127); — **Musée** (p. 128); — Burgplatz (p. 127); — Altstadtmarkt (p. 129); — Hagenmarkt (p. 130); — Dankwarderode (p. 127).

BRUNSWICK (allem. *Braunschweig*; *V.* l'*Index*), capit. du duché du même nom, est une ville industrielle de 138,000 hab. située à 73 m.

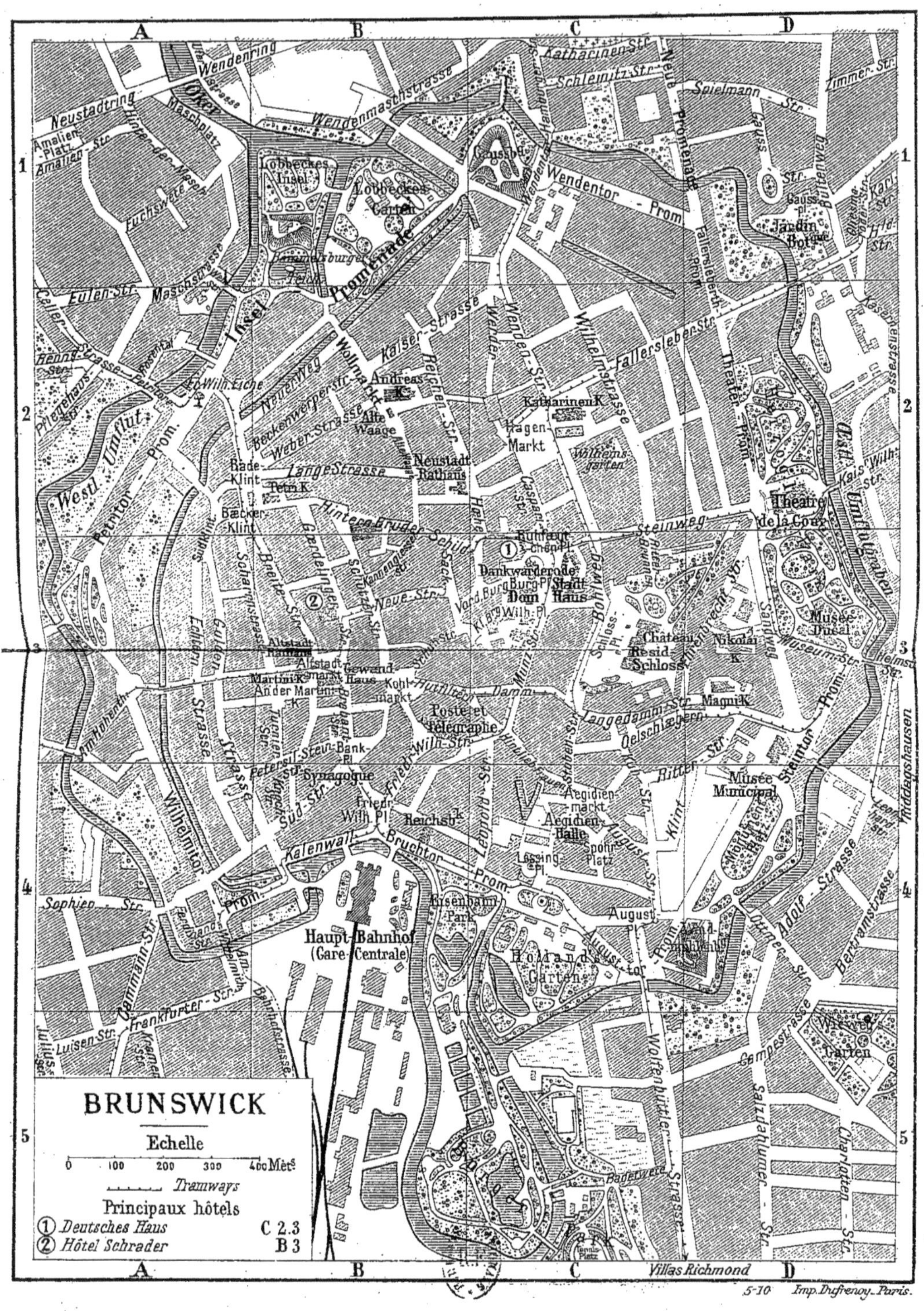
BRUNSWICK
Echelle
0 100 200 300 400 Mèts
Tramways
Principaux hôtels
① Deutsches Haus C 2.3
② Hôtel Schrader B 3
Haupt-Bahnhof
(Gare-Centrale)
Theatre de la Cour
Musée Ducal
Musée Municipal
Château Resid-Schloss
Dom
Stadt Haus
Dankwarderode
Poste et télégraphie
Synagogue
Reichsb.
Aegidien-Halle
Holland Garten
Eisenbahn-Park
Löbbeckes Insel
Löbbeckes Garten
Jardin Bot.
Neustadt Rathaus
Altstadt Rathaus
Andreas K.
Katharinen K.
Martini K.
Petri K.
Magni K.
Nikolai K.
Alte Waage
Hagen-Markt
Altstadt-markt
Gewand-Haus
Kohl-markt
Wilhelmsgarten
Westl. Umflut
Östl. Umflutgraben
Oker
Wendenring
Neustadtring
Wendenmaschstrasse
Wendentor-Prom.
Fallersleber Str.
Wilhelmstrasse
Steinweg
Lange Strasse
Kaiser-Strasse
Wollmarkt
Petritor-Prom.
Wilhelmitor
Bruchtor-Prom.
Kalenwall
Augusttor
Steintor-Prom.
Adolf-Strasse
Bertramstrasse
Wolfenbüttler-Strasse
Salzdahlumer-Str.
Campestrasse
Frankfurter-Str.
Luisen-Str.
Sophien-Str.
Villas Richmond
A B C D
1 2 3 4 5
5-10 Imp. Dufrenoy. Paris.

d'alt. sur l'Oker, au milieu d'une plaine fertile. Elle garde encore, dans les quartiers du centre, l'empreinte du moyen âge, comme en témoignent ses curieuses maisons en bois, du style gothique ou de la Renaissance, portant pour la plupart les dates de 1488, 1491, 1492 : époque qui fut l'âge d'or de Brunswick, alors un des entrepôts les plus importants de la ligne hanséatique.

Histoire. — Fondée, dit-on, en 860 par Bruno et Dankward, les deux fils de Ludolf de Saxe, habitée au XIIe s. par Henri l'Oiseleur, Brunswick fut élevée au rang de ville par Henri le Lion. En 1247, elle entra dans la ligue hanséatique dont elle devint un des entrepôts les plus importants vers la fin du XIVe et le commenc. du XVe s. Cette époque a été, ainsi que nous venons de le dire, son âge d'or. La Réforme y fut accueillie avec enthousiasme. En 1671, elle perdit son indépendance, pour laquelle elle avait soutenu des luttes énergiques, et retomba au pouvoir des ducs. En 1754, le duc Charles y fixa sa résidence. Réunie en 1807 au royaume de Westphalie, elle revint en 1813 à ses anciens possesseurs; mais, depuis 1881, date de la mort du dernier prince de la branche aînée de Brunswick-Lunebourg, le duché vacant est administré par un prince de la maison de Prusse.

ITINÉRAIRE. — En face de la gare centrale (*Hauptbahnhof*, ou *Staatsbahnhof*), deux ponts, franchissant l'Oker, conduisent au *Bruchtorwall* et à la *Friedrich-Wilhelmsplatz*, d'où — par la *Friedrich-Wilhelmstrasse* et la *Münzstrasse*, suivies par le tram — on arrive à la *Wilhelmsplatz* et à la *Burgplatz*.

Au centre de la ville, entre ces deux places, s'élève le **Dom** (Pl. C. 3; s'adresser au « Kantor », Wilhelmsplatz, 5; 50 pf.), consacré à St Blaise, fondé en 1173 par Henri le Lion à son retour de la Terre Sainte et bâti de 1176 à 1250 dans le style roman (l'aile S. est de 1340, l'aile N. est de 1469). Il a été restauré à trois reprises au XIXe s.; en 1892 une chapelle a été ajoutée au transept S.

Nef : tombeau de Henri le Lion († 1195) et de la duchesse Mathilde, sa femme († 1189), belle œuvre du style roman, achevée en 1250; lustre copié d'après celui de Hildesheim. — Chœur : à l'entrée, autel en marbre (supporté par quatre cariatides de bronze), don de la duchesse Mathilde (1188); derrière, grand et curieux *candélabre* à sept branches (style byzantin) qui aurait été fait pour Henri le Lion (le pied est moderne) : peintures murales, en grande partie du XIIIe s. (fortement restaurées). — Transept S. : dans une armoire, reliques rapportées de Palestine par Henri le Lion; sa corne à boire; une crosse d'évêque, etc. — Crypte (inutile d'y descendre) renfermant les sépultures des princes de la maison de Brunswick.

Sur la **Burgplatz**, à côté du Dom, un haut piédestal en bronze supporte le *Lion* en bronze érigé par Henri le Lion en 1166 (restauré vers 1860) en signe de souveraineté. En face, l'antique **Burg Dankwarderode** (Pl. C, 3; t. l. j. en sem., de 9 à 1 h. et de 3 à 5 ou 6 h., le dim. de 11 h. à midi; cartes chez le portier, entrée par la porte de la tour; 1 à 2 pers., 1 M.; 3 à 4 pers., 1 M. 50), fondé, d'après la légende, au IXe s. par Dankward, rebâti par Henri le Lion en 1170, incendié en 1873, a été reconstruit en 1884 sur les plans de *Winter*.

A l'int., le rez-de-chaussée, décoré par *Peters*, garde encore ses arcades et ses piliers du XIIe s. — Au 1er étage, la SALLE DES FÊTES et la SALLE DES CHEVALIERS sont ornées de peintures murales par *Quensen*.

Sur le côté E. de la Burgplatz, le nouveau **Stadthaus** (*hôtel de ville*) a été bâti de 1896 à 1899 dans le style gothique, par *Winter*.

Vers le S.-E., au milieu de la *Schlossplatz*, où se dressent les *monuments équestres* des ducs *Charles-Guillaume-Ferdinand* († 1806) et *Frédéric-Guillaume* († 1815), le **Residenzschloss** (*Château*; Pl. C, 3), ancienne résidence des ducs, presque entièrement rebâti en 1865, est habité auj. par le prince-régent. Le corps central de la façade est couronné d'un quadrige en bronze et des statues des empereurs Othon IV et Othon l'Enfant.

A l'angle S.-E. de la Schlossplatz, une petite rue conduit à la *Magnikirche*, petite église des XIIIe et XIVe s., restaurée en 1877. — Un peu plus loin est le *Stædtische Museum* (Musée Municipal, Pl. D, 3; t. l. j. de 10 à 2 h.; 50 pf.).

A l'int., assez riche collection d'objets du moyen âge, d'antiquités nationales, etc. La galerie de peintures du Kunstverein y est aussi momentanément installée.

A l'E. du Château, au milieu des belles plantations de l'*Herzoglicher Park*, ou parc ducal, se trouvent le *Théâtre de la Cour* (*Hof-Theater*; à côté, vers le N., le *monument* du compositeur *Alt*, † 1885) et, plus au S., le Musée, dont la façade donne sur la *Museumstrasse*.

Le **Herzogliche Museum** (*Musée Ducal*; Pl. D, 3; t. l. j. de 9 à 2 ou 3 h., suiv. la saison; le dim. de 11 à 2 h.; catalogue illustré, 1 M. 50), bâti de 1883 à 1887 sur les plans de Sommer, renferme les collections formées depuis le XVIIe s. par le duc Antoine-Louis et augmentées depuis par ses successeurs. Nous signalons spécialement, parmi les peintures, celles de l'école néerlandaise et, parmi les autres collections, celles de céramiques et d'émaux.

Rez-de-chaussée. — **Salle I** : antiquités romaines, étrusques, etc.; verres, bronzes (n° 300, Silène); une momie. — **II** : antiquités médiévales et objets analogues; dans les vitrines : 1. Manteau impérial d'Othon III, travail sarrasin-sicilien du XIIIe s.; 33-38. Broderies du XVe s.; 59. Petit reliquaire du Xe s. (sujets empruntés à la vie de Jésus); 69. Prédication de St Jean-Baptiste (bas-relief sur pierre), attribuée à *A. Dürer* ou à *G. Schweigert*; 111. Selle de gala du duc Magnus II († 1373); 122-127. Plats nuptiaux en bois peint, provenant de familles patriciennes de Brunswick (XVIIe s.); 213. Autel à volets du XVIe s. — **III** : objets d'art décoratif (meubles, tapisseries, des XVIIe et XVIIIe s., horloges); 86. Crucifix attribué à *Jean Bologne*. — **IV** : curiosités historiques (uniformes, costumes, portraits); armes. — **V à XI** : plâtres (moulages).

1er étage. — **Galerie de peinture** (on commence à g. par la salle XII). — **Salle XII** : écoles allemande et flamande du XIVe au XVIe s. 18. *H. Holbein le jeune*. Le marchand Kale (1533); 29. *L. Cranach*. Prédication de St Jean-Baptiste (1549; plusieurs figures sont des portraits d'amis du peintre). — **Cabinets XIII à XVII** : Néerlandais du XVIe s. et du XVIIe s. — **XVIII** : 234. *Rembrandt*. Le Philosophe; 340. *Van Goyen*. Paysage. — **XIX** : 236. **Rembrandt. L'Orage** (1640); 232, 233, 235. Portraits (1631-1633); 253. Jésus apparaissant à la Madeleine. — **XX** : 304. *G. Dou*. L'Astronome; 325. *Molenaer*. Corps de garde; 300. *Van Ostade*. Annonciation. — **XXI** : 316. **Vermeer van Delft. Jeune fille avec un verre de vin.** — **XXII** : 303. *G. Dou*. Son Ⓟ; 315. *G. Metsu*. Marchande de bière; 377. *J. Ruysdaël*. Cascades. — **XXIV** : 649. *Moreelse*. Le duc Christian de Brunswick. — **XXV** : 549, 550. *Elsheimer*. Paysages. — **Salle XXVIII** (ou grande salle des maîtres Néerlandais) : 228.

Moyaert. Vocation de St Mathieu; 238. **Rembrandt. Tombeau de famille** (1668); 206. *Ravesteyn.* Portraits; 376, 377, 378. *Ruysdael.* Paysages; 313. **Jan Steen. Le Contrat nuptial**; 342. *Lievens.* Sacrifice d'Abraham. — **XXIX** : (maîtres Flamands) : 86. *Rubens.* Ⓟ; 55. *Porbus le vieux.* Buveur (1576); 116. *Jordaens.* Adoration des Bergers; 38. *Ant. Mor.* Ⓟ; 87. *Rubens.* Judith; 125. *Van Dyck.* Gentilhomme génois; 39. *Floris.* Chasseur au faucon; 109. *Corn. de Vos.* Allégorie. — **XXX** (Italiens, Français, quelques Allemands) : 453. *Palma Vecchio.* Adam et Eve; 480. *Guido Reni.* Céphale et Procris; 524. *Rigaud.* Elisabeth-Charlotte du Palatinat (mère du Régent); 523. Louis XIV.

2e *étage* : collections d'antiquités, etc. — A dr., **salle XXXV** : antiquités préhistoriques. — **XXXVI** : céramiques; sections 1 à 4 : vases grecs, italiques, romano-germaniques; sections 5 à 8 : vases allemands du moyen âge, carreaux persans, rhodiens, etc.; sections 9 et 10 : vases en argile péruviens; section 11 : tasses hispano-mauresques, etc.; section 12 : **majoliques italiennes**, en grande partie du XVIe s., de Castel Durante, Urbino, Caffaggiolo, Pesaro, etc. — **XXXVII** : suite des **majoliques italiennes** d'Urbino, Faenza, Venise. — **XXXVIII** : faïences d'autres pays; porcelaines (Palissy, Delft, Brunswick, Meissen, Wedgwood, Japon, etc.). — **XXXIX** : **émaux et objets précieux** (quelques très beaux émaux de Limoges : 27. par *Léonard Pénicaud*; 77. par *Pierre Reymond*; 80. par *Jean Pénicaud*; 82. par *François Limosin*); gemmes; bas-reliefs et statuettes en argent, etc. — **XL** : serrureries; objets en nacre, en écaille, etc. — **XLI** : objets en cire. — **XLII** : sculptures sur bois. — **XLIII** : ivoires sculptés des XVIIe et XVIIIe s. — **XLIV** : **collection de bronzes**, italiens, allemands, français, hollandais du XVe au XVIIIe s. — **XLV** : petites sculptures sur pierre. — **XLVI** : broderies; dentelles; reliures. — **XLVII** : objets divers de l'Extrême-Orient. — **XLVIII** : monnaies (dans les vitrines sont exposés des spécimens choisis parmi les 24,000 monnaies); médailles italiennes, françaises et allemandes; pierres taillées (le no 300 est le célèbre **vase de Mantoue**, d'origine inconnue, taillé dans une sardoine, à cinq couches de nuances différentes; en 1545, il faisait partie des collections d'Isabelle d'Este, duchesse de Mantoue; tombé entre les mains d'un soldat à la prise de Mantoue en 1630, il devint ensuite la propriété des ducs de Brunswick).

Au S. du Parc ducal, la *Steintor Promenade* conduit à la vaste *Monumentplatz* (Pl. D, 4), où a été érigé, en 1822, un *obélisque* en fonte, à la mémoire des princes de la maison ducale morts pour la patrie; au S. de la place, le *Windmühlenberg* offre un joli point de vue sur la ville et les faubourgs.

De là on peut revenir à la gare, ou dans le centre, par la *Siegesplatz* (place de la Victoire; Pl. C, 4), avec le *monument commémoratif de 1870-71*, et la *Lessingplatz*, avec la *statue de Lessing.*

Dans le voisinage de cette place, vers l'O., l'*Egydienkirche*, ou *Ægidienhalle* (Pl. C, 4), est une ancienne église de Bénédictins, bâtie au commenc. du XIIe s., reconstruite au XIIIe s., dans le style gothique et transformée de nos jours en salle de concerts et d'expositions (bel intérieur).

Le quartier à l'O. de la Burgplatz et du Dom représente l'ancienne ville, où ne manquent pas les constructions intéressantes.

Au centre de la place de l'**Altstadtmarkt** (Pl. B, 3), ornée d'une *fontaine* du XVe s. (restaurée en 1847), la *Martinikirche*, de style mixte roman et gothique, date du XIIIe et en partie du XVe s.; on remarquera le portail S., dit *Priestertor*, et le portail N., dit *Brautportal* (commenc. du XIVe s.).

A l'int. (le « Kantor » ou sacristain habite au no 9; pourb.), remanié au

XVIIIe s., beaux fonts baptismaux en bronze, du XVe s.; chaire avec bas-reliefs en marbre, du XVIIe s.

Sur le côté N. de l'Altstadtmarkt, l'**Altstadt-Rathaus** (Pl B, 3), bel édifice gothique des XIIIe et XIVe s., restauré en 1852, attire les regards par la richesse de son ornementation; il est décoré des statues des princes guelfes, depuis Henri l'Oiseleur jusqu'à Othon l'Enfant, exécutées par *Hans Hesse* vers 1460.

La grande salle, avec riche plafond gothique, sert pour des fêtes, réunions, etc.; deux petites salles renferment la collection de peintures modernes (visible le dim. de 11 à 1 h.) du Kunstverein.

A l'E. de la Martinikirche, le *Gewandhaus* (halle aux draps) est une construction pittoresque à pignon élevé, où se mêlent les styles gothique et de la Renaissance. Au n° 8 de l'Altstadtmarkt, le *Huthaus*, maison particulière, date du XVIIe s.

Au S. de l'Altstadtmarkt, dans la *Steinstrasse*, la *Synagogue*, du style mauresque-byzantin, a été bâtie en 1875 sur les plans de *Uhde*; on remarquera la maison au n° 3, ainsi que, dans la *Knochenhauerstrasse*, les maisons aux n°s 11 et 13, du XVe s.

A l'E. de l'Altstadtmarkt s'étend la place du *Kohlmarkt* (Pl. B, 3) avec une fontaine moderne. De cette place se détache vers le N.-E. la *Schuhstrasse*, prolongée par la rue dite le *Sack*, avec plusieurs maisons intéressantes (notamment le *Demmer'sches Haus*, au n° 5 « im Sack »).

Dans le quartier N. de la ville, la *Brüdernkirche* (église des Frères; Pl. B, 2-3) date des XIVe et XVe s. (à l'int., fonts baptismaux de 1450, en cuivre, à bas-reliefs; stalles du chœur et autel en bois sculpté de la fin du XIVe s.). — Plus au N., l'*Andreaskirche* (Pl. B, 2) date du XIIIe s. (les tours ont été rebâties au XVIe s. : les pignons sont ornés de sculptures du XVe s.). A côté, l'*Alte Waage* (ancien poids public; Pl. B, 2) est une belle construction gothique en bois, du XVIe s. (restaurée en 1856). — Dans les environs se trouvent quelques maisons remarquables (le n° 9 de la Langestrasse, de 1536; le n° 3 de la Reichenstr. du style Renaissance; les n°s 15 et 22 de la Südklint; etc.). — Enfin, sur la vaste place du **Hagenmarkt** (Pl. C, 2), ornée d'une fontaine moderne avec la statue de Henri le Lion, s'élève la *Katharinenkirche* (le « Kantor » ou sacristain habite au n° 3, au S.), belle église à trois nefs, commencée au XIIIe s. et achevée à la fin du XIVe s. (à l'int., plusieurs tombeaux des XVIe et XVIIe s.). Aux alentours, vieilles maisons curieuses (Wendenstrasse, n° 2; Fallerslebenstr., n° 8; Wilhelmstr., n° 95, maison du XVIIe s., servant d'école).

Les anciens bastions ont été transformés en belles *promenades*; celles de la partie S.-E. sont les plus agréables.

[A 20 min. S. de l'*Augusttor* (Pl. C, 4) les deux villas d'*Alt-Richmond* et de *Neu-Richmond*, appartenant au duc de Cumberland (fils du dernier roi de Hanovre), ont des beaux parcs; celui de la première est accessible.

Riddagshausen (3 k. E.; tramway, voit. 2 M. à 2 M. 50), où conduisent depuis la Steintor, la Helmstedterstrasse et le Riddagshauser-Weg, est une ancienne *abbaye de l'ordre de Cîteaux*, fondée au XIIe s. L'église, consacrée en 1278, est un monument remarquable de l'architecture de la période de transition (l'intérieur a été remanié au XVIIe s.).]

De Brunswick à Hildesheim et à Cologne, R. 22, *B*; — à Berlin, R. 23; — à Wernigerode (le Brocken) et Nordhausen, R. 25.

Route 25. — DE BRUNSWICK A NORDHAUSEN

PAR WERNIGERODE (LE BROCKEN)

128 k.; 🚂 en 4 h. 30 env., par trains omnibus (2e et 3e cl. entre Wernigerode et Nordhausen; se renseigner pour les changements de voiture); 9 M. 80, 6 M. 20, 4 M.

En quittant Brunswick, la voie passe devant la villa Richmond.

12 k. *Wolfenbüttel*, vieille V. de 19,300 hab., sur l'Oker (*château*; *Marienkirche*; riche et célèbre *bibliothèque* possédant quelques-uns des plus beaux missels de l'Europe, des manuscrits mœsogothiques, islandais, latins des XIIe et XIIIe s., la bible de Luther, avec ses annotations, etc.).

24 k. Bœrssum, où l'on croise la ligne de Cologne-Berlin, par Kreiensen (R. 22, *C*).

37 k. Vienenburg, où l'on croise la ligne de Hildesheim à Halle par Sandersleben (R. 19, *A*).

45 k. **Harzburg** (Ⓑ; hôt. : *Harzburger Hof*, ch. dep. 3 M., din. 4 M.; *Ludwigslust*, ch. dep. 2 M.; etc.; voit. et montures tarifées), à 246 m., à l'entrée de la vallée de la Radau; séjour d'été très fréquenté, le plus élégant et le mieux organisé du Harz). — Bains salins (*Juliushall*, établissement bien installé); *Kurhaus*.

[Très jolis environs (colline du *Burgberg* et ruines du château; cascade de la Radau; etc.).]

La voie contourne le pied des contreforts N. du Brocken.

59 k. *Ilsenburg*, à 238 m., avec une fonderie et un *château* du prince de Stolberg-Wernigerode.

[Une route carrossable (omnibus t. l. j. de la gare; 3 M. aller et 2 M. ret.) conduit en 4 h. env., par la pittoresque *vallée de l'Ilse* (jolies cascades), au (15 k. S.) Brocken (*V.* ci-dessous).]

67 k. **Wernigerode** (Ⓑ; hôt. *Monopol*, ch. dep. 1 M. 50, etc.; voit. pour le Brocken, 21 à 22 M., all. et ret.), V. de 18,000 hab., à 232 m., dans une situation pittoresque, sur la Holzemme et le Zilligerbach et dominée par le *château*, berceau de la famille comtale, auj. princière, de Stolberg-Wernigerode (beau jardin; dans l'ancienne orangerie, bibliothèque, ouv. le mercr. et le sam. de 2 à 4 h. et riche d'env. 110,000 vol.). — *Rathaus*, intéressante construction gothique en bois du XVe s., flanquée de tourelles à pointes aiguës et décorée de sculptures.

[**Rübeland** (14 k. S.-E.; 🚌, voit. à 1 chev., 10 M. all. et ret. et pourb.). — La route remonte le *Mühlental*. — 3 k. 5. Maison forestière de *Voigtstiegmühle*, à 310 m. Ici se détache à g. la route pour (3 k. env.) la maison forestière de *Hartenberg*, à 522 m., d'où un bon sentier avec indicateurs conduit à Rübeland. — On remonte à g. un petit affluent du Zilligerbach. — 6 k. env. Maison cantonnière de *Bolmke*, où on laisse à g. la route de Büchenberg, avant de descendre.

10 k. *Elbingerode*, à 442 m. (mines de fer). — La route pour Rübeland commence à l'extrémité E. de la ville, à côté de la gare, et descend dans la vallée de la Bode.

14 k. **Rübeland** Ⓑ, v. et forges à 393 m., sur la rive g. de la Bode, connu par ses belles *grottes*, riches en stalactites et en stalagmites : la plus grande est la *Hermannshœhle*, sur la rive dr. de la Bode (un drapeau indique l'entrée; les cartes d'entrée sont délivrées au « Hœhlenmuseum », près des grottes; 1 M. pour une carte, 1 M. 50 pour deux; il y a des guides patentés); la plus intéressante est la *Baumannshœhle*.

Le Brocken (33 k. S.-O.; chemin de fer en 2 h.; 4 M. 20, 3 M. à la montée, se placer à g.; 2 M. 70, 1 M. 80 à la descente). — La voie (ligne de la *Harzquerbahn*) remonte la vallée de la Holzemme. — 6 k. Halte de *Steinerne Renne*. — La voie monte en lacets dans le *Drengetal* (petit tunnel). — 14 k. **Drei Annenhone** Ⓑ, stat. à 543 m., où l'on quitte la ligne de Nordhausen pour prendre à dr. la ligne du Brocken proprement dite, qui monte par de grands lacets sur le versant S.-E. — 20 k. **Schierke** (hôt. : *Fürst zu Stolberg*; *Kurhaus*, ch. dep. 4 M., dîn. 4 M.; etc.), séjour d'été très fréquenté, à 689 m. dans la forêt. — Un dernier tronçon en spirale aboutit à la gare-terminus, établie à 1,130 m. d'alt. au pied du sommet terminal du **Brocken**, en contrebas du *Brockenhaus* (hôtel-rest.; ch. dep. 3 M.; dîn. à table d'hôte 3 M., souper 2 M. 50; il est presque toujours bondé au cœur de l'été), près de la *station météorologique*. — La galerie de la *tour* dominant la cime de la montagne est à 1,160 m. : la vue panoramique, plus étendue que belle, s'étend sur d'immenses plaines jusqu'aux extrémités de l'horizon; le massif du Harz lui-même disparaît en quelque sorte dans cet aplatissement général. Les légendes célèbres du Brocken, la nuit de Walpurgis (du 30 avril au 1er mai), où toutes les sorcières se rendent sur un manche à balai pour faire hommage à Satan, scène qui a été immortalisée par Gœthe, sont pour beaucoup dans la renommée qu'on a faite à cette montagne.]

De Wernigerode la voie suit pendant 14 k. la ligne du Brocken (*V.* ci-dessus). — 82 k. Drei Annenhone (*V.* ci-dessus : le Brocken). — 87 k. *Elend*, à 500 m. — On franchit la Kalte Bode et, plus loin, la Warme Bode.

97 k. *Benneckenstein* Ⓑ, séjour d'été et mine de fer à 569 m. — La voie descend dans le joli Bæhrental et longe le cours de la Bæhre. — 117 k. *Ilfeld* Ⓑ, à 260 m. (ancien couvent de Prémontrés).

128 k. **Nordhausen** (Ⓑ; hôt. : *Rœmischer Kaiser*; *Friedrichskron*, à la gare), V. de 31,000 hab., jadis ville libre, sur la Sorge, à la base méridionale du Harz, à l'entrée de la *Goldene Aue*, dont les champs fertiles, baignés par la Helme s'étendent jusqu'à Sangerhausen.

ITINÉRAIRE. — La *Bahnhofstrasse* conduit au *Rathaus*, sur une place ornée d'une *fontaine* (*Luthersbrunnen*) avec la statue en bronze de Luther par *Schuler* (1888) et d'une *colonne de Roland* (*Rolandsæule*; *V.* p. 134). — Au N. du Rathaus, l'*église St-Blaise* renferme deux tableaux de *L. Cranach le jeune*; à l'O., le *Dôme*, du style gothique, a une crypte romane et, dans le chœur, des stalles remarquables.

De Nordhausen à Berlin, R. 20, *B*; — à Cassel et Francfort, R. 20, *B*, en sens inverse.

Route 26. — DE HANOVRE A BRÊME

PAR WÜNSTORF ET LANGWEDEL

123 k.; 🚂 en 2 h. env. par trains directs (1re, 2e et 3e cl.; 10 M. 50, 7 M., 4 M. 30).

22 k. **Wünstorf**, petite V. de 4,500 hab. (ancien monastère transformé en couvent de Dames nobles).

[**De Wünstorf à Uchte** (52 k.; 🚂 à voie étroite, en 3 h. env.; 5 M., 3 M. 50). — 8 k. *Steinhude* (hôt. *Strand*), sur la rive E. du *lac de Steinhude* ou *Steinhudermeer*, vaste nappe d'eau mesurant env. 51 k. carrés, avec une île artificielle, où un comte de Lippe fit construire en 1777 une forteresse modèle, renfermant auj. une collection d'artillerie. — 21 k. *Rehburg* (hôt. *Herzog von Cambridge*), établiss. de bains, au pied du *Loccumerberg* (161 m.). — 30 k. *Loccum*, localité avec une ancienne abbaye de cisterciens fondée au XIIe s. (auj. séminaire protestant; belles fresques par *Gebhardt*, 1891). — 52 k. *Uchte*, petite V. qu'un ch. de fer relie aussi à Minden (R. 22, *A*).]

La voie, quittant la ligne de Cologne à Hanovre (R. 22, *A*), se dirige au N. — A l'O., dans le lointain, le grand étang de Steinhude (*V.* ci-dessus). — 55 k. *Nienburg*, V. de 10,500 hab., sur le Weser. — 87 k. *Verden*, V. de 9,800 hab., sur l'Aller, que l'on franchit.

94 k. Langwedel, où l'on rejoint la ligne de Berlin à Brême (R. 27).

123 k. **BRÊME** (*Bremen*; gare Centrale, ou *Hauptbahnhof*, sur la rive dr. du Weser; bon Ⓑ; tram pour la ville; *V.* l'*Index*), V. de 220,000 hab., capit. de la république de son nom, la deuxième en importance des trois villes hanséatiques, est située sur le Weser, à 40 k. env. de son embouchure. Trois ponts, dont le plus important est celui appelé *Kaiserbrücke*, réunissent la vieille ville sur la rive dr. et la ville neuve sur la rive g. Brême se distingue par sa propreté toute hollandaise et son air de prospérité.

Principales curiosités. — **Rathaus** et **Markt** (p. 134); — **Dom** (p. 134); — **Kunsthalle** (p. 135); — **Musée** (p. 136); — **Bürgerpark** (p. 136); — **Ratskeller** (p. 134).

Histoire. — Charlemagne fonda à Brême, en 788, un évêché qui fut ensuite réuni à celui de Hambourg et sécularisé à la paix de Westphalie. Dès 1284 la ville fit partie de la ligue hanséatique (*V.* Hambourg); en 1525 elle adopta la Réforme. Elevée au rang de ville libre impériale par le traité de Westphalie, elle fut assiégée en 1654 et en 1666 par les Suédois. Lorsque les Français s'en emparèrent en 1810, elle devint le ch.-l. du département des Bouches-du-Weser. Le congrès de Vienne rétablit en 1815 la petite république qui existe encore.

Commerce. — Le commerce de Brême est très important; il se monte pour l'importation à env. 1,700 millions de fr. et pour l'exportation, à env. 1,600 millions. Le mouvement de la navigation dans le port de Brême, proprement dit, et dans celui de Bremerhafen (à 62 k.), seul accessible aux grands navires, est d'env. 4,700 navires à l'entrée et de 4,800 à la sortie. La marine marchande brêmoise compte env. 730 navires, jaugeant 840,000 tonnes (dont 465 vapeurs, parmi lesquels se trouvent les grands bateaux transatlantiques de la puissante compagnie du *Norddeutscher Lloyd*). — Brême est le plus grand port d'émigrants (env. 250,000 par an) de l'Europe continentale dont les deux tiers env. vont aux Etats-Unis.

ITINÉRAIRE. — Au sortir de la gare Centrale (Pl. D, 1), à côté de laquelle se trouvent le Musée et la Bibliothèque (*V.* ci-dessous), on suit la *Bahnhofstrasse*, où sont les principaux hôtels et, après avoir traversé les anciennes fortifications, transformées en belle promenade (*am Wall*), on atteint bientôt le centre de la ville où sont réunis, — entre les places du *Domhof* (bizarre *fontaine monumentale*, par *R. Maison*; 1899), de la *Domsheide* et le pittoresque **Markt** (Marché), — les principaux édifices publics : Dom, Bourse-Schütting et Rathaus.

Le **Dom** (Pl. C, 2-3), bâti au XIIe s., remanié au XIIIe et au XVIe s., a été reconstruit en partie dans les dernières années du XIXe s.

A l'int., restauré à la fin du XIXe s., *fonts baptismaux* en bronze, ornés de bas-reliefs; belle chaire, en chêne sculpté (1638); remarquables boiseries du maître-autel et de la tribune des orgues. — Au-dessous de l'église, le *Bleikeller* est un caveau ayant la propriété de momifier les cadavres, ainsi que le prouvent les volailles momifiées que l'on y montre.

La **Bourse** (Pl. C, 3), à l'O. du Dom, est un bel édifice de style gothique (façade ornée de statues), construit par *Müller* (1861-1864).

A l'int., magnifique salle divisée en 3 nefs par deux rangées de 6 colonnes; fresques par *Janssen* et *Kropp*; statue de la ville de Brême, par *Fitger*.

Le *Schütting* (sur le Markt, à l'O. de la Bourse), siège de la Chambre de Commerce, a été bâti de 1538 à 1594 et restauré à la fin du XIXe s.

Sur le Markt, en face du Dom et précédé d'une haute *statue de Roland*, érigée en 1404 comme symbole des droits et des privilèges de la cité, s'élève l'hôtel de ville.

Le **Rathaus** (*Hôtel de Ville*; Pl. C, 2) a été construit en 1410. La façade E., du style Renaissance, avec ses colonnes doriques et son balcon, date du XVIIe s.; la façade S. (vers le Markt) est ornée des statues des sept électeurs et de celle de l'empereur. De belles arcades courent autour de l'édifice, dont la frise est ornée de charmantes sculptures symboliques. On entre par la façade O., sur la *Kaiser-Wilhelmplatz*, au milieu de laquelle s'élève le *monument de Guillaume Ier*, par *Bærwald* (1893).

De la salle du rez-de-chaussée l'escalier tournant, à jour, monte à la GROSSE HALLE, ou grande salle du 1er étage (entrée libre), restaurée récemment. On y voit des modèles de vieux navires brêmois, un grand tableau par *Hünten* (*Bataille de Loigny*, 2 déc. 1870); une peinture murale de 1352 (*Charlemagne et St Willehad portant le modèle du Dom*); etc. Un élégant *escalier* tournant, en bois, orné de sculptures (1616), monte à une chambre supérieure (belles boiseries).

C'est également de la Kaiser-Wilhelmplatz que l'on accède au *Ratskeller* (cave du Conseil Municipal; ouverte t. l. j. jusqu'à 11 h. du s.; le dim. seulement à partir de 3 h.), cave-restaurant (fort bons vins; on n'y sert pas de bière), ornée de fresques, de bronzes et de tonneaux richement décorés.

En face et au N. du Rathaus, la *Liebfrauenkirche* (église de la Vierge), du XIIe s., partiellement restaurée en 1893; la façade O. est en grande partie romane.

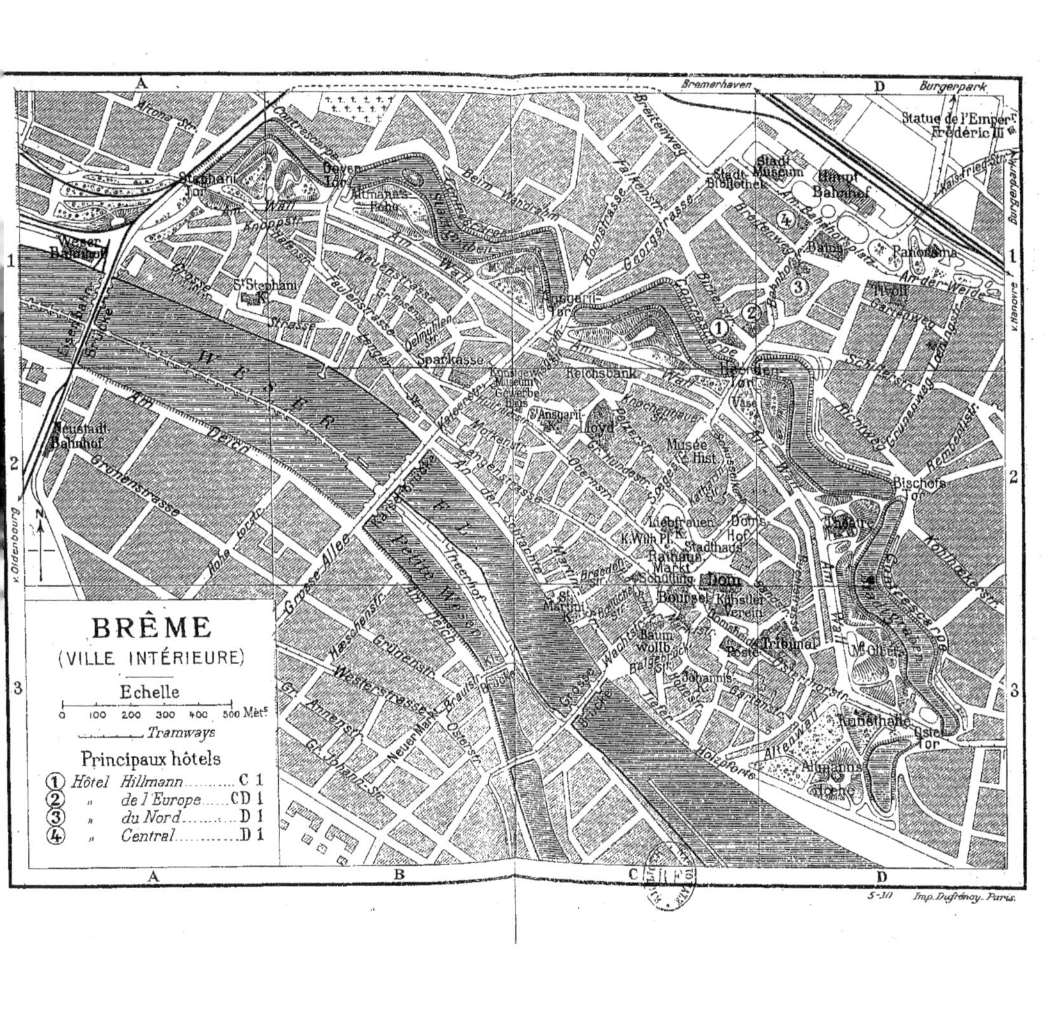
BRÊME
(VILLE INTÉRIEURE)
Echelle
0 100 200 300 400 500 Mèt^s
Tramways
Principaux hôtels
① Hôtel Hillmann.......... C 1
② " de l'Europe...... CD 1
③ " du Nord........ D 1
④ " Central.......... D 1
A
B
C
D
1
2
3
Bremerhaven
Burgerpark
Statue de l'Emper^r Frédéric III
Haupt Bahnhof
Stadt Museum
Stadt Bibliothek
Panorama
Tivoli
Weser Bahnhof
Stephani Tor
St Stephani K.
Doven Tor
Altmanns Höhe
Ansgarii Tor
Sparkasse
Reichsbank
Herdentor
Lloyd
Musée d'Hist
Liebfrauen K.
Rathaus
Markt
Stadthaus
Dom
Börse
Künstler Verein
Tribunal
Kunsthalle
Oster Tor
Bischofs Tor
Neustadt Bahnhof
W E S E R
Petite Weser
Grosse Allee
Am Deich
Grünenstrasse
Westerstrasse
Am Wall
Contrescarpe
v. Oldenbourg
v. Hanovre
Imp. Dufrénoy. Paris.

[Non loin de là, dans la *Sægestrasse*, est le *Historisches Museum* (Pl. C, 2; ouvert d'avril à nov. le sam. de 10 h. à 2 h. et le dim. de 10 h. à 5 h. : s'adresser au concierge; une section se trouve au n° 3 de la place du Dom.]

De la Kaiser-Wilhelmplatz, l'**Obernstrasse**, la plus animée des rues de la ville, conduit au N.-O., après avoir passé, à dr., devant la *Sparkasse* (Caisse d'épargne), à l'*Ansgariikirche* (Pl. C, 2), église du XIIe s., consacrée à St Ansgare, apôtre du Nord et évêque de Brême († 865) et qui, restaurée, possède un tableau de maître-autel par *Tischbein*; la tour, haute de 97 m. (belle vue), a été bâtie en 1243.

Devant l'église, du côté O., *St Ansgar délivrant un païen du joug*, groupe en pierre par *Steinhæuser*. — A côté, le **Gewerbehaus**, ancienne maison des marchands drapiers et résidence actuelle de la Chambre de Commerce, est une belle construction Renaissance du commenc. du XVIIe s. (on peut visiter la grande salle et la Kaisersaal; s'adresser dans le vestibule à dr. : 50 pf., pourboire).

De là on revient à la place du Markt et on s'engage entre la Bourse et le Dom; sur une petite place, qui sépare la Bourse du Dom, se voient deux *fontaines*, l'une avec la *statue de St Willehad*, premier évêque de Brême († 789), l'autre (*Turmblæserbrunnen*) avec trois musiciens en bronze, par *Dennert* (1899). Cette place est contiguë à la *Domsheide*, place où se trouvent la *Poste* (Pl. C, 3), l'édifice gothique du *Künstlerverein*, le *Tribunal* et une *statue de Gustave-Adolphe*, roi de Suède, par *Fogelberg*.

[Non loin de cette place se trouvent, au S., la nouvelle *Baumwollbœrse* (Bourse des Colons), construite par *Poppe* (1899-1902), et la *Johanniskirche* (église Saint-Jean catholique), avec une nef du XIVe s., haute de 20 m. et reposant sur 8 colonnes.]

De la Domsheide se détache vers le S.-E. l'*Ostertorstrasse*, qui aboutit à la partie des **Wall-Anlagen**, — belle promenade, créée en 1815 par *Altmann* sur l'emplacement des bastions du XVIIe s., — où se trouve, entre l'*Ostertor* à g. et la butte de l'*Altmannhœhe* à dr., la **Kunsthalle** (*Salon des Beaux-Arts*, Pl. D, 3; visible t. l. j., sauf le sam., de 11 à 2 h., 50 pf.; le dim. de 2 à 4 h., 20 pf.) renfermant une belle collection d'œuvres d'art.

Rez-de-chaussée. — Cabinet d'estampes (env. 100,000 feuilles), de dessins (env. 2,500, en grande partie de vieux maîtres) et de miniatures.

1er étage. — Peintures et sculptures. — **Salle A** : 279. *Uhde*. Paysage; 295, 296. *Courbet*. Marines; 298. *Monet*. La Dame à la robe verte; bronzes par *Gaul*. — **B** (à g. de la salle *A*) : 287. *Stuck*. Bacchanale; 240. *Zuloaga*. Une actrice; 263. *Dill*. Paysage; 231. *Kuehl*. Le Vieux Pont Auguste à Dresde; 426. *Grethe*. Paysage d'hiver; 266. *Jan Toorop*. Garçonnet avec un pigeon; bronzes et petites sculptures par *Rodin*, *Maillol*, *van Gosen*, etc. — On revient à la salle *A*. — **C** (en face) : 233. *Mackensen*. Un deuil; 180. Un nourrisson; 182. *Modersohn*. Soir d'automne; 273. *Lenbach*. Bismarck; 233. *Zügel*. Moutons; bronzes par *Tuaillon*, *Minne*, *Kraus*, etc. — **D** : 241. *Thoma*. Chute du Rhin; 229. *Olde*. Ⓟ; 218. *Vinnen*. Paysage; 15. *Bœcklin*. L'Aventurier; 274. *Feuerbach*. Joueur de mandoline. — On revient dans la salle C. — **E** (à g.) : 280. *Richter*. Pèlerins; 102. *Overbeck*. Moïse sauvé des eaux. — **F** : 76. *Leutze*. Washington traversant le Delaware. — Par la salle E on passe dans les cabinets G à M. — **G** : 48. *Van Goyen.* Paysage; 252. *Hondekoeter.* Basse-cour; bronzes par *Stuck.* — **H** : bronzes par *Meunier* et *Mackensen.* — **I** : 258. *Ter Borch.* Un bourgmestre; 259. *Ruysdael.* Paysage. — **K** : 6. *Altdorfer.* Nativité; 32. *A. Dürer.* Tête du Christ. — **M** : 38. *Van Eeckhout.* Samson et Dalila.

A côté de la gare Centrale est le **Musée** (*Stædtisches Museum für Natur-Vœlker- und Handelskunde*; Pl. D, 1; ouv. en été, les dim., mardi, vend., de 10 à 2 h., les merc. et sam. de 2 à 6 h.; en hiver t. l. j., sauf lundi et jeudi, de 10 à 2 h.; 50 pf. les mardi et vend., gratuit les autres j.)

Riches collections ethnographiques (intéressantes reproductions plastiques des types de différents peuples), préhistoriques, minéralogiques, paléontologiques; riche exposition d'échantillons de produits industriels et commerciaux.

A côté, au S.-O., la *Stadtbibliothek*, bâtie dans le style hollandais de la Renaissance, possède env. 135,000 vol.

Au N.-E. de la gare (un tram y conduit), le vaste **Bürgerpark** (bon restaurant), avec une belle pièce d'eau, est très fréquenté, surtout pendant les soirées d'été à l'heure des concerts.

Entre le parc et la gare, au croisement de la *Kaiser-Friedrichstrasse* et de la *Caprivistrasse*, a été érigée en 1905 une belle *statue équestre de l'empereur Frédéric III* (bronze par *Tuaillon*).

De Brême à Berlin et à Hambourg, R. 27.

Route 27. — DE BRÊME A BERLIN ET A HAMBOURG

A. Par Uelzen et Stendal.

339 k.; 🚂 en 6 h. 30 par trains directs; 28 M. 30, 18 M. 20, 11 M. 70.

La voie traverse une région insignifiante. — 29 k. *Langwedel*; à dr., le Weser et embranch. pour Hanovre. — On traverse les landes du Lünebourg (*Lüneburger Heide*). — 126 k. *Uelzen*, où l'on croise la ligne de Lehrte-Hambourg (R. 20). — 177 k. *Salzwedel*, vieille petite V. sur la Jeetze (*églises* du XIIIe et du XVIe s.).

234 k. Stendal (Ⓑ; R. 22, *A*), gare à la jonction des lignes de Hambourg, de Brême et de Cologne à Berlin, et de Magdebourg à Wittenberge. — De Stendal à Berlin, *V.* R. 23, *A*.

339 k. Berlin (gare de Lehrte, ou *Lehrter Bahnhof*, à l'O. du centre de la ville); R. 33.

B. Par Harburg et Hambourg.

403 k.; 🚂 en 6 h. env. par trains directs (on change de train à Hambourg); 10 M. 20, 6 M. 80, 4 M. 20 de Brême à Hambourg; 24 M. 70, 15 M. 90, 9 M. 20 de Hambourg à Berlin.

La voie traverse une région sans intérêt. — 43 k. *Rotenburg*, au confluent de la Wümme et de la Rodau, avec un château des évêques de Werden.

104 k. **Harburg**, V. industrielle de 56,000 hab., à la jonction des lignes de Berlin et de Hanovre par Uelzen, de Brême et de Cuxhafen.

La voie franchit un bras de l'Elbe (*Süder Elbe*), traverse l'île de Wilhelmsburg, puis encore l'Elbe (*Norder Elbe*); à g., vue sur le port et la ville de Hambourg).

115 k. **Hambourg** (gare Centrale, ou *Hauptbahnhof*; Ⓑ). — De Hambourg à Berlin, par Ludwigslust, *V.* R. 32, *A.*

403 k. **Berlin** (gare de Lehrte, ou *Lehrterbahnhof*, au N.-O. du centre de la ville); R. 33.

Route 28. — DE COLOGNE A HAMBOURG

A. Par Düsseldorf, Münster et Brême.

449 k.; 🚂 en 7 h. 20 env. par trains directs (wagon-rest. à ceux de jour; wagon-lits à celui partant vers 11 h. 30 du s.); 37 M. 40, 23 M. 60, 15 M. (suppl. pour le wagon-lits, 10 M. en 1re cl., 8 M. en 2e cl.).

Visiter : — **Düsseldorf**; — **Münster.**

La voie franchit le grand pont sur le Rhin, puis les fortifications de Deutz.

5 k. *Mülheim-am-Rhein* (pour le distinguer de Mülheim-an-die-Ruhr), V. industrielle de 51,000 hab. — A g., sur la rive dr. du Rhin, chât. de *Stammheim* et, plus loin, à dr., chât. de *Reuschenberg*. — 30 k. *Benrath* (beau château royal de 1768). — A dr., chât. d'*Eiler*.

39 k. **Düsseldorf** (gare Centrale, ou *Hauptbahnhof*, à l'E. de la ville; tram pour la Burgplatz, 15 pf.; *V.* l'*Index*), grande et belle V. industrielle et manufacturière de 260,000 hab., à l'embouchure de la Dussel, sur la rive dr. du Rhin, dont la largeur y atteint 400 m. et que traverse un pont de 539 m. Les parties E. et S. de la ville se sont embellies et agrandies considérablement dans les dernières années.

Principales curiosités : — **Hofgarten** (p. 138); — Kunsthalle (p. 138).

Histoire. — Après avoir été la résidence des ducs de Berg et, ensuite, des princes Palatins, Düsseldorf fut, de 1806 à 1815, la capitale du grand-duché de Berg, créé par Napoléon. Depuis 1815 elle fait partie de la Prusse. Les Français, qui s'en étaient emparés, en 1795, après l'avoir bombardée, ont rasé ses fortifications, transformées depuis en jardins et en promenades. Quoiqu'elle soit devenue une ville industrielle et manufacturière, Düsseldorf n'en reste pas moins la première pour les arts dans cette partie de l'Allemagne. Elle possède une école de peinture qui a un caractère particulier et une Société des Beaux-Arts (*Kunstverein*) qui jouit d'une certaine célébrité.

Düsseldorf est la patrie de *Henri Heine* (1799-1856), du philosophe *Jacobi* et des peintres *Cornelius* et *Achenbach*.

ITINÉRAIRE. — De la gare Centrale, la *Bismarckstrasse*, suivie par un tram, conduit en croisant l'Alleestrasse (*V.* ci-dessous) au centre de la vieille ville, aux rues étroites et où, non loin de la rive dr. du Rhin, est la **Marktplatz** (Pl. A, 2), où s'élèvent la *statue équestre*, en bronze, *de l'électeur Jean-Guillaume*, par *Gropello* (1711), et, au N.-O., le *Rathaus*, du XIVe s. (l'aile O. a été reconstruite en 1885, dans le style de la Renaissance française).

De la Marktplatz, la courte *Marktstrasse* aboutit au N. à la *Burgplatz*, où une tour restaurée est le seul reste du *vieux château*, bâti par l'électeur Jean-Guillaume, détruit en grande partie par les bombes françaises en 1794, reconstruit depuis et incendié en mars 1872. A l'O. est la *Kunstgewerbeschule* (École d'Art industriel), bâtie en 1883.

A g. de la Burgplatz, une grille donne accès à l'*Historisches Museum* et au *Lœbbeke Museum* (merc. et sam. de 2 à 4 h.; t. l. j., sauf le lundi, moyennant 50 pf.).

Le premier de ces musées renferme une collection de médailles, silex, poteries, terres cuites, bronzes, squelettes et quelques peintures; le second, une assez belle collection d'histoire naturelle.

De la Burgplatz, on suit à g. le quai du Rhin. — A dr., la *Lambertikirche* (Pl. A, 1) est une église ogivale de la fin du XIVe s. (monuments funéraires des derniers ducs de Berg; à dr., fresque ancienne; devant d'autel, sur fond d'or, par *A. Achenbach*). En dehors, à g. de la porte, *Calvaire* du XVIe s., restauré au XIXe.

A l'extrémité du quai, tournant à dr., on arrive à l'Académie.

La **Kunst-Akademie** (*Académie des Beaux-Arts*; Pl. A, 1), bel édifice construit en 1879 par *Riffart*, renferme l'*Akademische Kunstsammlung* (Collection de l'Académie; de 11 h. à 1 h.; 50 pf.).

Rez-de-chaussée : collection de moulages; dans une salle : Assomption, par *Rubens*; Madone, par *Jean Bellin*. — **1**[er] **étage** : CABINET DE GRAVURES (lundi et mercr. de 10 h. à midi) : très belle collection de dessins d'anciens maîtres; gravures d'*Albert Dürer*; collection d'env. 250 aquarelles par *Ramboux* (copies des maîtres italiens du XIVe au XVIe s.).

Au delà de l'Académie s'étend le **Hofgarten** (*Jardin de la Cour*), vaste parc (beaux arbres, pièces d'eau), qui se divise en trois parties, le *jardin de la Cour* proprement dit, le *jardin botanique* (dans l'île, *V.* ci-dessous) et, près de la rive dr. du Rhin, le *Kaiser-Wilhelm Park*, avec le *palais de l'Exposition des Beaux-Arts* (*Kunst-Ausstellungs Gebæude*), achevé en 1903. D'un rond-point en face de l'Académie, au delà du tram, belle vue sur le Rhin.

De la partie du Hofgarten qui s'étend devant l'Académie, on arrive, en contournant l'*Eiskellerberg* (café-glacier sur un monticule) et en tournant à dr. dans la belle **Alleestrasse**, à la *Friedrichsplatz* (*monument de Bismarck*; 1899) et à la Kunsthalle.

La **Kunsthalle** (Pl. A, 1), élevée en 1881 sur les plans de *Giese*, dans le style de la Renaissance française (grandes mosaïques de la façade exécutées à Venise, sur les cartons de *Rœber*), renferme une exposition permanente des Beaux-Arts et la *Stædtische Gemælde-Sammlung* (collection de peintures de la ville; t. l. j. de 9 h. à 5 h.; 50 pf.), qui comprend un assez grand nombre de tableaux modernes, surtout de peintres de l'école de Düsseldorf.

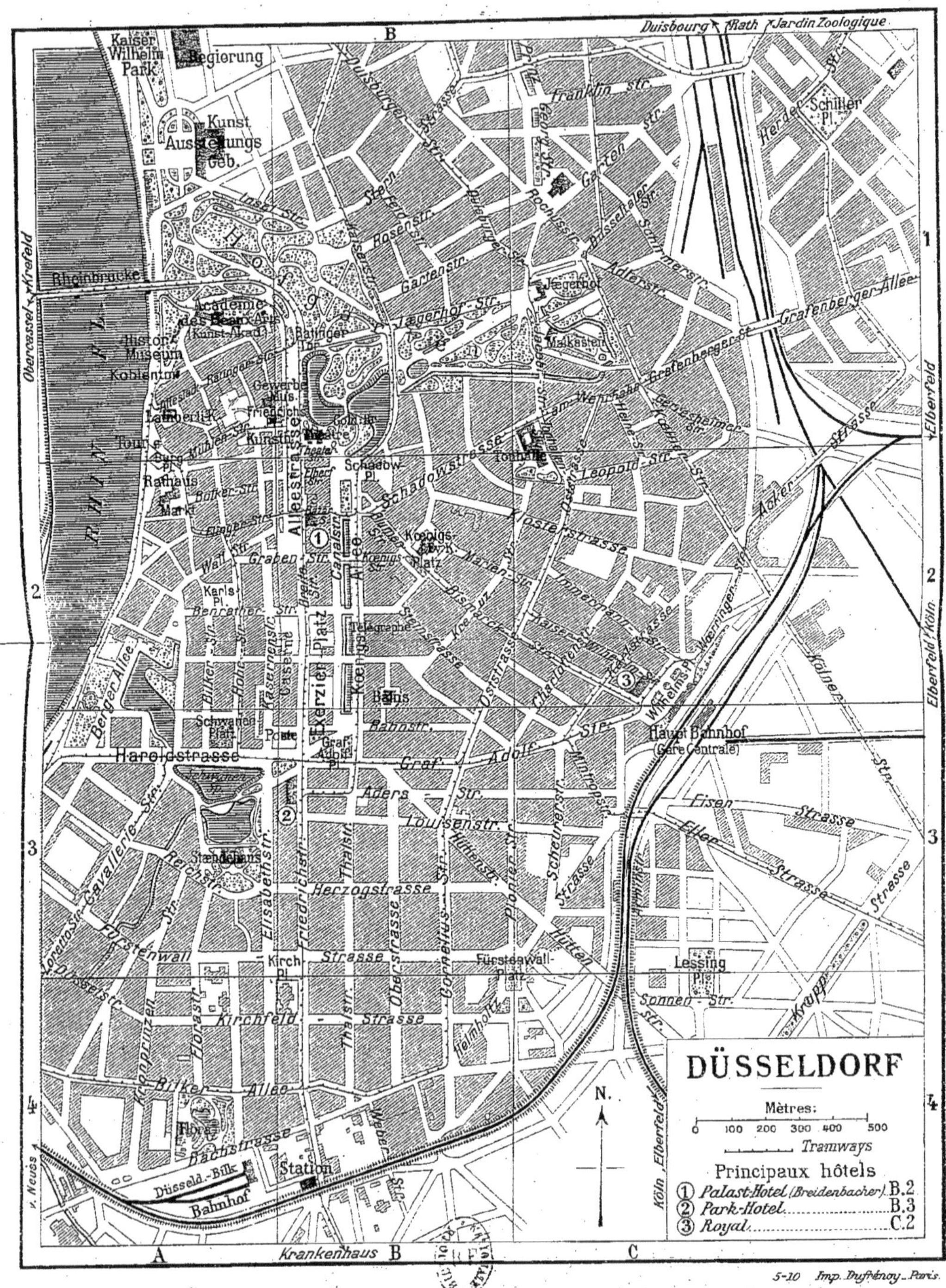
DÜSSELDORF
Mètres:
0 100 200 300 400 500
Tramways
Principaux hôtels
① Palast-Hotel (Breidenbacher) B.2
② Park-Hotel B.3
③ Royal C.2
Duisbourg Rath Jardin Zoologique
Elberfeld
Elberfeld Köln
Köln Elberfeld
Oberkassel Krefeld
v. Neuss
Krankenhaus
Haupt Bahnhof
(Gare Centrale)
Düsseld.-Bilk
Bahnhof
Station
Rheinbrücke
Regierung
Kaiser Wilhelm Park
Kunst Ausstellungs Geb.
Jægerhof
Malkasten
Tonhalle
Telegraphe
Poste
Graf Adolf Pl.
Königs Allee
Haroldstrasse
Graf Adolf Str.
Schadowstrasse
Klosterstrasse
Herzogstrasse
Bilker Allee
Fürstenwall
Königs Platz
Ständehaus
Lessing Pl.
Fürstenwall-Platz
Kirch Pl.
Schwanen Platz
Karls Pl.
Rathaus
Markt
Histor. Museum
Academie des Beaux-Arts (Kunst-Akad.)
Flora
5-10 Imp. Dufrénoy, Paris.

A. Achenbach. Paysage norvégien. — *O. Achenbach.* Enterrement à Palestrina. — *C. Begas.* Exposition de Moïse. — *A. Chavannes.* Paysage alpestre. — *P. von Cornelius.* Les Vierges folles et les Vierges sages. — *Hasenclever.* Dégustation du vin. — *Camphausen.* Frédéric le Grand. — *Knaus.* Joueurs de cartes. — *Kœhler.* Agar et Ismaël. — *Müller.* La Conception. — *H. Salentin.* Eglise de village. — *Schrœdter.* Don Quichotte et Dulcinée. — *Seel.* Intérieur de Saint-Marc à Venise. — *Vautier.* L'Obstiné.

Près de la Kunsthalle, aux n°s 3-5 de la Friedrichsplatz, le **Kunstgewerbe Museum** (t. l. j., lundi excepté, de 10 h. à 4 h.; 50 pf.), installé en 1896 dans un édifice du style de la Renaissance hollandaise, renferme les belles collections de l'Union centrale des Arts décoratifs des provinces rhénanes et de la Westphalie.

Au 1er et au 2e étages, quelques chambres reproduisant des styles différents, à des époques diverses; collections de céramiques, d'étoffes et de tapis de l'Orient.

En face de la Kunsthalle et au delà de la belle Alleestrasse, où se dresse à dr. le *monument équestre de Guillaume Ier* (1896), est le *Théâtre* (Pl. B, 1), belle construction Renaissance sur les plans de *Giese* (1875). — Derrière le théâtre, dans les plantations du Jardin botanique et un peu plus au S., on voit le *monument commémoratif de 1870-1871*, belle œuvre de *Hilgers*, le *monument de la reine Stéphanie de Portugal* (née princesse de Hohenzollern, † 1858, à moins de 20 ans) et le *monument de Cornelius*, par *Donndorf* (1879).

Le pont dit *Goldene-Brücke* (belle vue) conduit au chemin qui passe entre l'*Ananasberg* (restaurant) à g. et le bassin de *Landskrone* à dr. pour aboutir, au delà du *Runden-Teich* (autre bassin avec jet d'eau), au *Jægerhof*, ancien rendez-vous de chasse, et au *Malkasten*, bâtiment du style de la Renaissance, siège de la société d'artistes du Malkasten (boîte à couleurs). — La *Jacobistrasse*, qui commence à cet endroit, conduit, après avoir franchi la Düssel, à la *Tonhalle* (Pl. C, 1, 2), vaste salle de concert et de bal (bon restaurant; concert, presque tous les soirs, dans la salle ou dans le jardin; le samedi, concerts symphoniques).

De là, on peut se rendre en tram au *Jardin zoologique* (entrée, 50 pf.), belle promenade au N.-E. de la ville.

Dans le quartier S., sur le bord du *Schwanen-Spiegel*, pièce d'eau entourée des plantations des *Neue Anlagen*, le *Stændehaus* (palais du Conseil provincial; Pl. A, 3) est un bel édifice bâti en 1879 dans le style de la Renaissance italienne, par *Raschdorff*. — Plus au S., dans la *Bilker-Allée*, le jardin de la *Flora*, avec une salle de concert, est très fréquenté surtout pendant la belle saison.

63 k. **Duisburg** (hôt. : *Europæischerhof*; *Prinz Regent*, etc.), V. manufacturière de 212,000 hab., le *Drusiburgum* des Romains. — *Salvatorskirche*, bâtie en 1415 et restaurée en 1850 (belle tour).

La voie franchit la Ruhr. — 72 k. *Oberhausen* Ⓑ, V. toute moderne de 53,000 hab., au raccordement de plusieurs lignes. — 80 k. *Berge-Borbeck*; on franchit l'Emscher. — 82 k. *Altenessen*.

94 k. **Wanne**; ⤧ à dr. sur Dortmund, Hanovre et Berlin. — 132 k. *Dülmen* (chât. du duc de Croy-Dülmen).

162 k. **MUNSTER** (Ⓑ; *V.* l'*Index*), V. de 82,000 hab., à 62 m. d'alt., sur l'Aa et le canal de Münster, ch.-l. de la prov. de Westphalie et siège d'un évêché depuis le IXe s., est l'une des villes de l'Allemagne qui ont le mieux conservé leur caractère moyen âge. Ses maisons à arcades lui donnent un aspect tout particulier, on y remarque aussi quelques hôtels de la noblesse, bâtis au XVIIIe s. dans le style rococo, tels que le Merveldter-Hof ou le Romberger-Hof. Du reste, ce n'est pas une ville morte : il s'y fait un commerce considérable et ses manufactures sont prospères et nombreuses.

Principales curiosités : — **Dom** (p. 141); — **Lambertikirche** (p. 140); — **Rathaus** (p. 140); — MUSÉE (p. 141).

Histoire. — Charlemagne y avait fondé un évêché, qui fut sécularisé en 1802 et réuni à la Prusse. Münster doit surtout sa célébrité aux anabaptistes, qui en firent le théâtre de leur fanatisme en 1534-35, et à la paix dite de Westphalie. L'histoire des anabaptistes est connue ; ils furent vaincus et exterminés en 1535. Le *traité de Westphalie* fut signé à Münster le 17 sept. 1648, entre l'empereur et la France (celui d'Osnabrück, du 6 août, est compris sous le même titre), puis le 24 oct. par toutes les puissances intéressées et mit fin à la guerre de Trente Ans. Réuni à la France, de 1806 à 1813, Münster devint en 1810 ch.-l. du département de la Lippe.

ITINÉRAIRE. — En entrant dans la ville par le *Servatiitor* on passe devant la *Servatiikirche* (Pl. C, 3), petite église du style roman, édifiée au XIIe s. et restaurée au XVIIe et au XIXe s. — Les deux rues à dr. (*Steinweg*, suivie par le tram) et à g. de l'église (*Clemensstrasse*; à g., *Clemenskirche*, la plus belle église du style rococo, de la Westphalie) conduisent également au *Prinzipal Markt* (Pl. B-C, 2-3), longue place, — ou, plutôt, large rue bordée de constructions caractéristiques à pignons et à arcades, — à l'extrémité N. de laquelle se trouve l'église Saint-Lambert.

La **Lambertikirche** (Pl. C, 2) est une magnifique église ogivale, bâtie au XVIe s. A la tour de l'O., reconstruite de 1887 à 1898 par *Hertel*, sont suspendues les trois cages de fer dans lesquelles les corps des trois chefs anabaptistes : Jean de Leyde, Knipperdolling et Krechling, furent exposés, après avoir subi la torture sur la grande place. Le portail principal est du XVe s.; au-dessus de celui du S. est sculpté l'arbre généalogique du Christ.

L'int., d'un aspect élégant et léger (fines colonnes), a été restauré en 1868; les autels et les vitraux sont modernes; dans la chapelle à dr. du chœur, joli escalier en bois.

A l'angle S.-E. du Markt, le **Rathaus** (ancien *Fürstenhof*; Pl. C, 2) est un édifice du XIVe s., d'un beau style gothique très caractéristique.

A l'int. (pour visiter, s'adresser au « Kastellan » qui habite dans le Schulhof derrière le Rathaus; pourb., 50 pf.), la *Friedensaal*, au rez-de-chaussée, a servi aux réunions du congrès de Münster : c'est là que, le 24 oct. 1648, fut signé définitivement le traité de Westphalie. On y a réuni des armes, les instruments de torture, ayant servi au supplice des trois chefs anabaptistes, les pantoufles de la femme de Jean de Leyde, des portraits, etc.; la cheminée est de 1577.

Contiguë au Rathaus, à g. (N.), la maison dite **Stadtweinhaus**

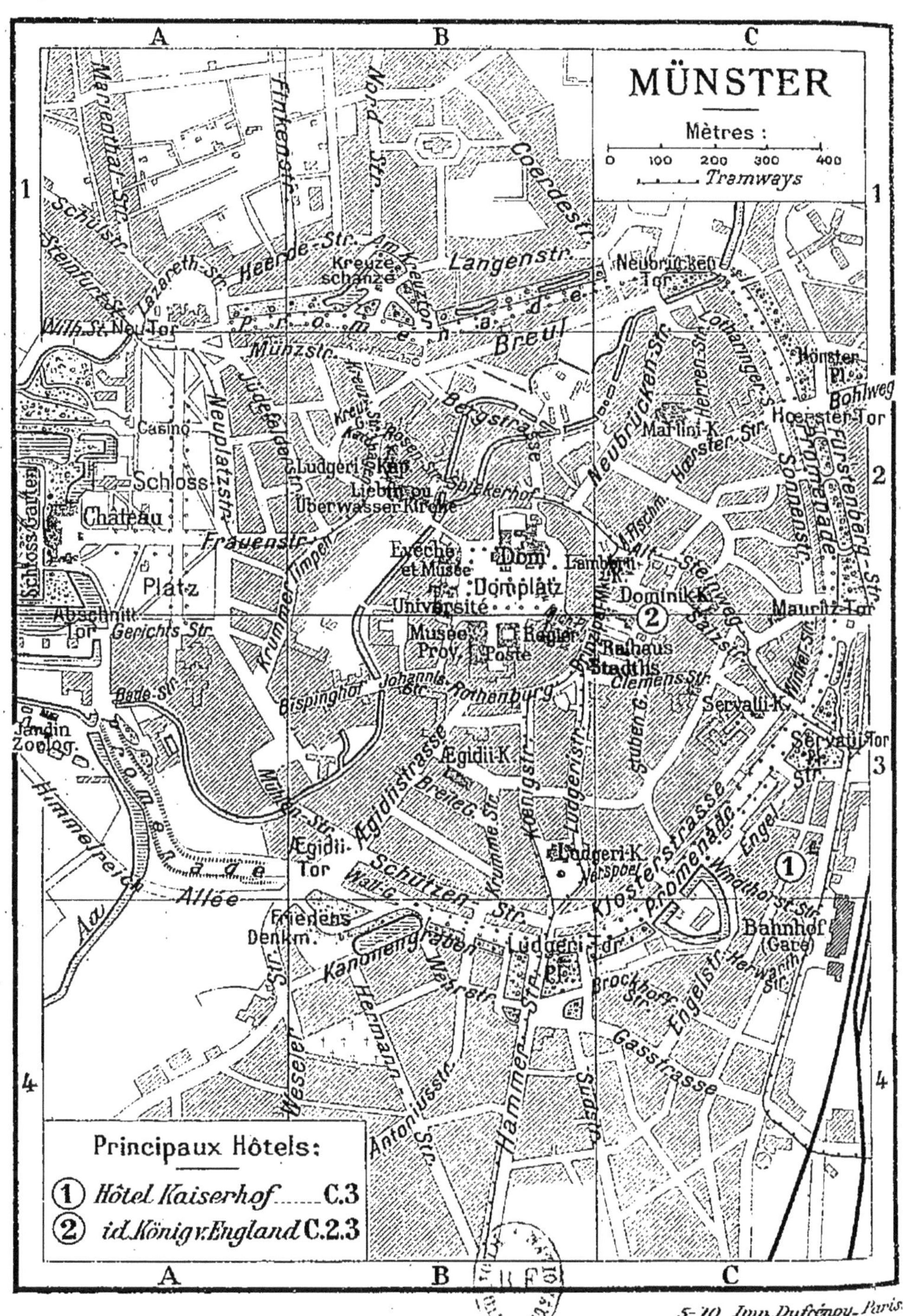

5-10 Imp. Dufrénoy-Paris.

jadis *Stadtwage*, est un édifice caractéristique de la fin de la Renaissance (1615), avec pignon et clochetons.

De l'autre côté (S.), à l'angle de la Clemensstrasse, le nouveau **Stadthaus** a été bâti en 1905 dans le style du XVIe s. (à l'int., bel escalier et quelques salles bien décorées).

En face du Rathaus, une courte rue, dite *Michaelisplatz*, conduit à la **Domplatz**, avec le *monument* du ministre *Fr. de Fürstenberg* († 1810), et sur laquelle s'élèvent : à dr. (N.), le Dom (*V.* ci-dessous), en face (S.), à g., le *Regierungsgebæude* (Gouvernement), la *Poste* et le Musée (*V.* ci-dessous); à g. (O.), l'*Université* (facultés de philosophie et de théologie), bâtie dans le style gothique par *Hartel* (1880), et l'*Evêché*, du XVIIIe s. A côté, au n° 25, le *Musée épiscopal*, dans le style roman, renferme une collection d'antiquités religieuses peu intéressante.

Le **Dom** (Cathédrale; Pl. B, 2), consacré à St Paul, est une basilique des styles roman et gothique, bâtie de 1174 à 1265, sur l'emplacement d'une autre église. Elle a double abside, deux croisillons, avec ailes latérales très basses et deux clochers pyramidaux. Le portail S., dit *le Paradis*, a 13 statues du XIIIe s.; le grand portail O. est du commenc. du XVIe s.

L'int. (t. l. j., sauf de midi à 2 h.; le sacristain fait visiter le chœur et la salle capitulaire; 50 pf.) a été saccagé et mutilé par les anabaptistes. — Au-dessus du portail S., *Jugement dernier*, groupe en pierre de 1692. — Au portail N., restes de peintures du XVIe s. (les Frisons offrant leur tribut à St Paul). — Dans le pourtour du chœur, tombeaux du XVIIe et du XIXe s., horloge astronomique de 1400. — SALLE DU CHAPITRE, avec très belles boiseries du XVe s. — Dans le cloître N. (du XIVe s.), débris de sculptures anciennes.

Devant le côté S. du Dom a été érigée, en 1889, une *fontaine* avec les statues de *St Ludger*, le premier évêque de Münster († 809) et des évêques *Suitger* († 1011) et *Erpho* († 1097), par *Fleige*.

Sur le côté S. de la place, le nouveau **Musée** (*Provinzial Museum*; Pl. B, 3; t. l. j. de 10 à 1 h. et de 2 à 4 h.; 1 M. le lundi, 50 pf. les mercr. et sam.; gratuit les autres j.) a été achevé en 1908 sur les plans de *Schædler*.

A l'int., intéressante collection de sculptures (au rez-de-chaussée) et de peintures, surtout de maîtres westphaliens des XVe et XVIe s. (au 2e étage).

Au N.-O. de la Domplatz, la **Liebfrauenkirche** (église de la Vierge, dite aussi *Uberwasserkirche*) est une belle église à 3 nefs, du style gothique (XVIe s.), avec une grande tour (restaurée) dont les anabaptistes avaient abattu le sommet, sous prétexte qu'il fallait abaisser ce qui était grand.

A côté de l'église, vers le N., la petite *Ludgerikapelle*, du XIe s., est le plus ancien édifice religieux de Münster; elle touche au *Séminaire*, bâti à la fin du XIXe s., devant lequel se dresse une *statue d'Overberg* (professeur à l'école normale, † 1826).

De la Liebfrauenkirche la *Frauenstrasse* conduit à la vaste *Schlossplatz*, où s'élève, devant le château, le *monument de Guillaume Ier* (1897). Le *Château* (Pl. A, 2), bâti au XVIIIe s., servait de résidence aux princes-évêques de Münster. Derrière, dans l'île formée par le canal du Schlossgraben, le **Schloss-Garten**, beau jardin avec café-restaurant, a été aménagé en partie en *Jardin botanique*. — Au delà du canal, au S. du château, se trouve un petit *Jardin zoologique* (entrée, 50 pf.) avec le *Musée* (*Provinzial Museum für Naturkunde*) de la Société pour l'histoire et les antiquités de Westphalie (grande salle centrale consacrée à l'histoire naturelle; autour, aux 1er et 2e étages, salles avec antiquités : bois sculptés, ferronneries, faïences, verres, etc.).

En suivant (au delà du Jardin zoologique) la **Promenade** des remparts (beaux grands arbres; à dr., près du bassin du *Kanonengraben*, *monument commémoratif* de la paix de Westphalie en 1648, par *Bolte*, 1905), on peut se rendre à la *Ludgerikirche* (église de St-Ludger; Pl. 3), du XIIe s., restaurée et agrandie au XIVe, mélange des styles roman et ogival; le chœur aux fenêtres élancées et la tour (restaurée en 1900) sont du XVe s.

Non loin et au N. de cette église, dans la *Ludgeristrasse*, se trouve, au n° 36, le *Merveldter-Hof*, intéressant spécimen de l'architecture rococo au commenc. du XVIIIe s. Dans la *Kœnigsstrasse*, parallèle à la précédente, le *Beverfœrder-Hof* est une autre construction du même style et de la même époque.

On peut revenir par la Promenade, soit à la gare, soit, en contournant à l'E. la ville, à la place du Dôme et voir, en passant, les belles plantations de la *Kreuzschanze*, d'où la *Bergstrasse* ramène au centre de la ville.

La voie franchit l'Ems. — 168 k. *Südmühle*. — Tunnel de 753 m.

212 k. **Osnabrück** (Ⓑ hôt. : *Schaumburg*, ch. dep. 2 M. 50, dîn. 8 M.; *Central*, avec restaur.; etc.; tram de la gare en ville. — *Dom*; *Rathaus*; *Musée*), vieille V. de 60,000 hab., siège épiscopal depuis l'an 785 et qui fut, sous l'Empire français, le ch.-l. du département de l'Ems supérieur. — *Dom* des XIIe et XIIIe s., avec trois tours d'architecture diverse. — *Marienkirche*, église gothique du XIVe s. — *Johanniskirche*, église du style de transition (1260-1290). — *Rathaus*, de la fin du XVe s. (les préliminaires de la paix de Westphalie s'y tinrent de 1643 à 1648; nombreux souvenirs de cette époque). — *Musée* (50 pf.) avec collections archéologiques.

[Au N.-E., sur la hauteur du *Gertrudenberg*, couvent (église du XIIIe s.) transformé en asile d'aliénés. — Vers l'O. les collines boisées de la forêt de Teutoburg furent le théâtre de la sanglante défaite infligée aux légions romaines de Varrus, par Arminius, l'an 9 de notre ère.]

248 k. *Lemfœrde*; vers l'O., lac appelé *Dümmersee*. — 265 k. *Diepholz*, sur l'Hunte (vieux château). — 302 k. *Bassum* (église collégiale du XIVe s., restaurée). — On franchit la Weser.

334 k. Brême (gare Centrale ou *Hauptbahnhof*; bon Ⓑ); R. 26. — 115 k. de Brême à Hambourg, par Harburg (*V.* R. 27, *B*).

450 k. Hambourg (gare Centrale, ou *Hauptbahnhof*); R. 30.

B. Par Dortmund, Bielefeld et Hanovre.

510 k.; 🚂 en 8 h. env. par trains directs (wagon-rest. à ceux de jour;

wagon-lits jusqu'à Hanovre, à celui partant vers 11 h. 30 du s.); 41 M. 30, 26 M. 20, 16 M. 70 (suppl. pour le wagon-lits, 8 M. en 1re cl., 6 M. en 2e cl.).

De Cologne à Hanovre, *V.* R. 22, *A.* — 328 k. Hanovre Ⓑ; R. 21. — 182 k. de Hanovre à Hambourg (*V.* R. 29).

510 k. Hambourg (gare Centrale, ou *Hauptbahnhof*); R. 30.

Route 29. — DE HANOVRE A HAMBOURG

182 k.; en 2 h. 30 par trains directs; 16 M. 60, 10 M. 80, 6 M. 80.

16 k. Lehrte (R. 23, *A*). — On quitte la ligne de Stendal-Berlin (R. 23, *A*) pour se diriger vers le N.

44 k. **Celle**, 21,500 hab., sur l'Aller. — *Château*, en partie gothique, en partie Renaissance (chapelle du xve s., richement décorée; tableau d'autel par *M. de Vos*). — *Stadtkirche* (tombeaux des princes de la maison de Brunswick-Lunebourg). — *Musée* d'antiquités nationales. — Haras.

96 k. *Uelzen*; on croise la ligne de Brême à Berlin (R. 27, *A*). — La voie traverse la lande de Lünebourg (*Lüneburger Heide*).

132 k. **Lüneburg** (hôt. *Deutsches Haus*), V. de 27,000 hab., sur l'Ilmenau, a conservé un assez grand nombre de constructions du xive et du xve s., du temps où elle faisait partie de la ligue hanséatique : entre autres le *Rathaus*, restauré en 1888, la *Johanniskirche*, belle construction gothique du xive s., et la *Nicolaikirche*, gothique, de 1409 (la tour est de 1895). — Saline importante.

De Lüneburg à Berlin, R. 32, *B*.

172 k. Harburg (R. 27). — De Harburg à Hambourg, *V.* R. 16.

182 k. Hambourg (gare Centrale ou *Hauptbahnhof*, au centre de la ville); R. 30.

Route 30. — HAMBOURG

Gares. — Gare Centrale, ou Hauptbahnhof, tout près du centre de la ville; pour tous les trains; — gare d'Altona (au N. O. et assez loin du centre de la ville), pour tous les trains, à l'exception de ceux de Lübeck; — gares secondaires du Dammtor, de la Sternschanze et de la Holstenstrasse. — A l'arrivée des trains un agent de police distribue les numéros pour les voitures de place (fiacres et auto-fiacres à taximètres).

Principales curiosités. — **Tour de la ville et du port** (p. 145). — Rathaus (p. 146). — Bourse (p. 146). — Bassin de l'Alster (p. 146). — **Promenade sur l'Alster** (p. 146). — Kunsthalle (p. 146). — **Jardin zoologique** (p. 148). — Excursion au **parc Hagenbeck** (p. 148) et à Blankenese (p. 148).

HAMBOURG (*Hamburg*; *V.* l'*Index*), V. de 900,000 hab., capit. de la république de son nom, la deuxième ville de l'Allemagne et la plus importante des trois villes hanséatiques, est, après Londres et New-York, la place de commerce la plus considérable du monde. C'est, en outre, le premier port de l'Europe continentale. Elle est située sur la rive dr. de l'Elbe à son confluent avec l'Alster, qui forme les deux bassins du *Binnen-Alster* et de l'*Aussen-Alster* et qui sépare la *vieille ville* (*Altstadt*), vers l'E., de la *nouvelle ville* (*Neustadt*) vers l'O. Autour de ces deux quartiers formant le centre de la ville, — et dont la partie bordant le Binnen-Alster est la plus brillante, — s'étendent les faubourgs de Saint-Georges, du côté de l'E., et de Saint-Paul, du côté de l'O.; ce dernier sépare (ou, pour mieux dire, réunit) Hambourg et Altona; seize autres faubourgs entourent la vieille ville du côté N.

Quoique Hambourg soit séparé politiquement et administrativement de la ville prussienne d'Altona, il n'en est pas moins vrai que les deux cités se touchent et forment ensemble une agglomération d'env. 1,100,000 hab.

Hambourg n'est pas seulement l'une des villes les plus riches du monde entier, elle est aussi, d'un avis unanime, l'une des plus belles du Nord de l'Europe. Bâtie sur un terrain élevé, elle semble, en certains endroits, être construite en amphithéâtre. La vieille ville, avec ses canaux et ses hauts pignons, rappelle le moyen âge et la Hollande; la nouvelle, au contraire, avec ses rues tirées au cordeau et ses grandes maisons carrées en briques et en pierres, est d'une modernité complète.

Histoire. — Charlemagne jeta les fondements de la ville de Hambourg en faisant construire une église et un fort, qui devait servir à mettre ce côté de l'empire des Francs à l'abri des incursions des hordes païennes. Au XIIe s. Hambourg devint une place de commerce si importante, que les Arabes déjà la connurent (1150). Au XIIIe s., en société avec d'autres places de commerce, elle fonda la célèbre ligue hanséatique. A la dissolution de cette association (fin du XVIIe s.) elle conserva son indépendance et son grand commerce, et elle a maintenu jusqu'à une époque récente la ligue qu'elle avait conclue séparément avec Lübeck et Brême. En 1618, l'Empire reconnut formellement Hambourg (jusque-là soumise aux ducs de Holstein) pour une ville libre et impériale; mais ce ne fut qu'en 1770 que le représentant de Hambourg alla siéger au banc des villes rhénanes et donna sa voix à la diète de l'Empire. Au commenc. du XIXe s., Hambourg était devenu une des républiques les plus florissantes de l'Europe. Mais, lorsque en 1803 l'armée française occupa l'électorat de Hanovre, la France s'empara du port de Cuxhaven et ferma l'entrée de l'Elbe aux navires anglais; la Grande-Bretagne, par représailles, bloqua l'embouchure du fleuve et empêcha les vaisseaux d'en sortir. Après la bataille de Lübeck (19 nov. 1806), Mortier occupa militairement Hambourg; toutefois les troupes françaises évacuèrent la ville à la paix de Tilsitt, conclue le 7 juillet 1807, et elle recouvra momentanément son indépendance, au moins nominalement. Le 13 déc. 1810, la petite république fut réunie à l'empire français et devint le chef-lieu du département des Bouches-de-l'Elbe. Le 31 mars 1813, le maréchal Davoust y établissait son quartier général; des travaux de défense rendirent la place imprenable aux armées alliées; même après l'abdication de Napoléon, Davoust ne consentit à rendre la ville que sur l'ordre écrit de Louis XVIII. Hambourg reprit, le 26 mai 1814, son ancienne forme de gouvernement, et accéda, le 8 juin 1815, à la Confédération germanique, comme ville libre et souveraine.

Mouvement du port. — Le mouvement annuel des navires, entrées et sorties ensemble, est de 29,000, jaugeant plus de 22 millions de tonnes; la valeur des importations atteint 5,300 millions de marks et celle des expor-

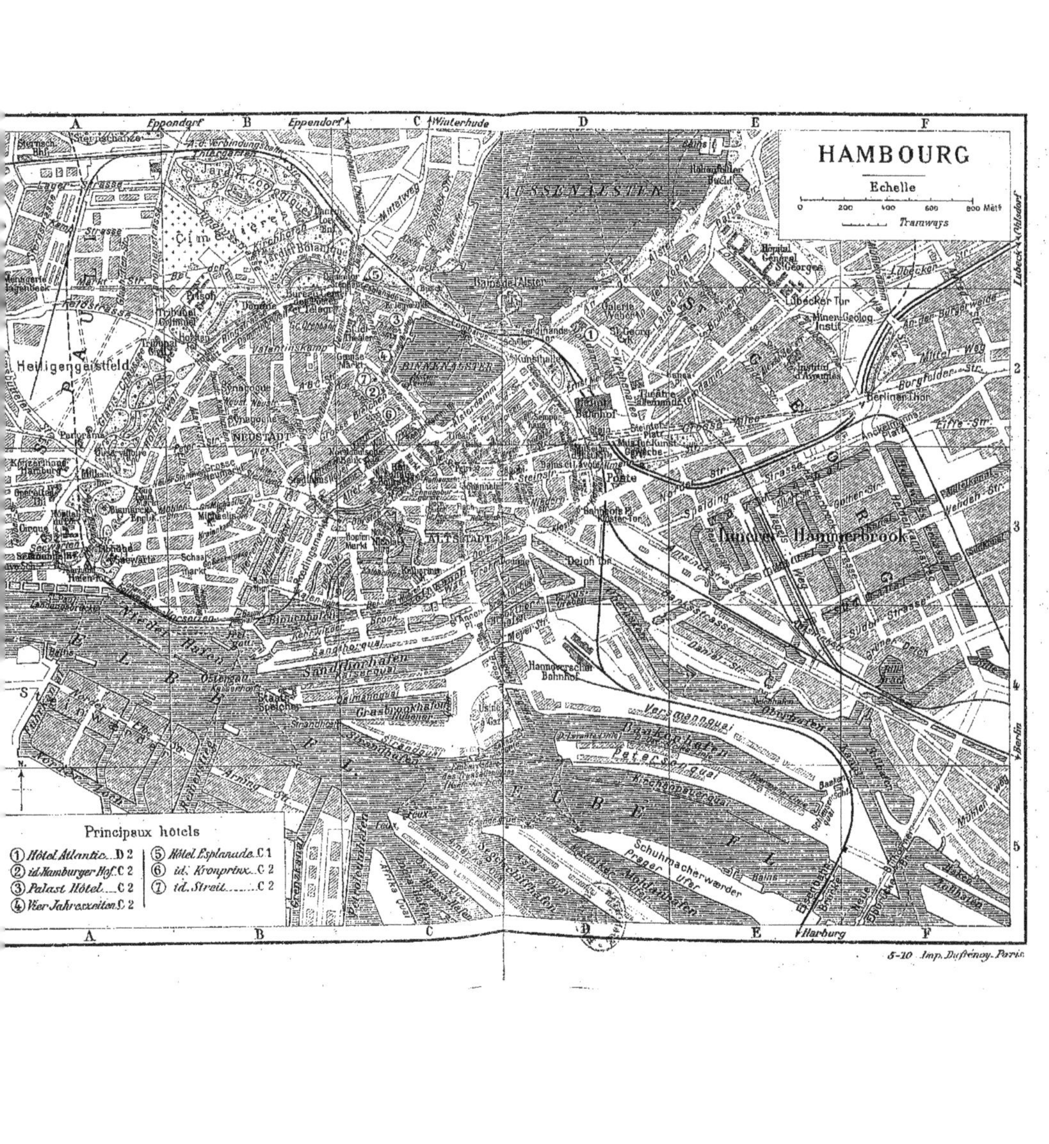

5-10 Imp. Dufrénoy, Paris

tations, 5,200 millions, dont env. 2,600 millions en chargement. La flotte marchande de Hambourg compte plus de 1,300 navires de mer jaugeant env. 1,600,000 tonnes (dont 707 vapeurs, jaugeant 1,288,000 tonnes). Hambourg est, après Brême, le plus grand port d'émigration de l'empire allemand.

Le port. — Le port est la grande curiosité de Hambourg; pour le visiter (*promenade très intéressante* et recommandée), diverses entreprises ont organisé des services de bateaux, réunis à des serv. de voitures qui permettent de faire le tour du port et, ensuite, une promenade autour de l'Alster (*V.* les renseignements à l'*Index*); en outre, des petits bateaux à vapeur, qui partent de Sankt-Pauli, — du ponton portant la pancarte « Hafen Rundfahrten » (10 pf.), — font aussi le tour du port en 1 h. env.

Le Sandtorhafen et le Grasbrookhafen forment une des parties les plus animées du port. — Le **Sandtorhafen**, long de 1,030 m., large de 130 m. env., est borné au N. par le *Sandtorquai* et au S., par le *Kaiserquai*, dont l'extrémité est formée par le vaste entrepôt dit (*Staatsspeicher*); c'est ici que sont ancrés les vapeurs anglais, hollandais et des lignes de la Méditerranée. — Le **Grasbrookhafen**, limité par le *Dallmannquai* au N. et par le *Hübenerquai* au S., reçoit les vapeurs français, suédois et transatlantiques. — Du côté de l'Elbe, le long du *Strandquai*, dans le **Strandhafen**, sont ancrés les bateaux d'émigrants pour l'Amérique du Sud et (pendant la saison) les bateaux pour touristes à destination de la Norvège; plus loin, on voit les halls de voyageurs de la Hamburg-Amerika-Linie. — Au delà de l'usine à gaz s'ouvre à g. le petit **Magdeburgerhafen** précédant le grand **Baakenhofenhafen**, qui reçoit les bateaux transatlantiques : au *Petersquai* sont alignés ceux de la Deutsch-Ostafrika-Linie, de la Wœrmann-Linie et de la Deutsch-Levante-Linie. — Près de là, en amont, l'Elbe est franchie par le grand *pont* du ch. de fer et par le *Neue Elbbrücke*, à grandes tours gothiques. — Sur la rive g. de l'Elbe, vers laquelle on se dirige, s'étend le terrain du *port-franc* proprement dit, avec un chapelet de bassins : entre ceux dits **Moldauhafen** (pour bateaux de la navigation fluviale) et **Segelschiffhafen** (pour les voiliers et les vapeurs de l'Union-Linie), se dresse la gigantesque **grue** (*Grosser Krahn*), haute de 52 m. et d'une force de 150,000 kilogr. — Viennent ensuite le **Hansahafen**, pour les vapeurs de la Hamburg-Südamerika Gesellschaft, le **Indiahafen** (bateaux de la Kosmos-Linie et de la Deutsch-Australische Gesellschaft), le **Petroleumhafen**; puis, une suite de bassins à flot, de bassins de carénages et, enfin, le **Kuhwærderhafen**, le **Kaiser-Wilhelmhafen** et le **Hellerholzhafen**, les deux derniers affermés à la Hamburg-Amerika-Linie (visite d'un transatlantique, t. l. j. de 9 à 4 h., 50 pf.).

En face du débarcadère (*Landungsbrücken Sankt-Pauli*), où l'on quitte le bateau (à côté, bon restaurant *Fæhrhaus Sankt Pauli*, où l'on peut déjeuner), s'élève, en deçà du *Hafentor*, la butte de l'*Elbhœhe*, que couronne la *Deutsche Seewarte* (observatoire maritime; la tour est accessible t. l. j. de 9 h. à 3 h.), d'où l'on a un beau coup d'œil sur la ville et sur le port. Un beau **pont** (*Kersten-Miles-brücke*) d'une seule arche de 37 m. et orné de *statues* de marins hambourgeois célèbres (Kersten Miles, † 1420; Simon d'Utrecht, † 1437; Ditmar Koel, † 1563; le capit. Karpfanger, † 1683), enjambe ici l'*Helgolænderallee* et conduit, en face de la Seewarte, au *Seemannshaus* (hospice maritime).

On est ici dans le faubourg de Saint-Paul (*Sankt-Pauli*); le quartier préféré des marins, que de belles plantations séparent de la ville proprement dite et où se trouvent groupés, aux alentours du Seemannshaus et de la *Sylter Allee*, le *Hafenkrankenhaus* (hôpital du Port), la *Navigation-Schule* et nombre d'établissements publics et de spectacles de tout genre : le *Cirque Busch*, l'*Operetten-Theater*, le *Konzerthaus Hamburg*, etc. — C'est aussi tout près, à dr. de la *Helgolander Allee*, que se dresse le lourd *monument de Bismarck*, érigé en 1906.

La ville. — Au centre de la ville, autour du grand bassin du **Binnen-Alster** (*Alster intérieur*; Pl. C, 2), sorte de lac de 1,750 m. de tour, sillonné par une foule de petites embarcations à vapeur ou à rames, bordé sur trois côtés de quais plantés d'arbres et de constructions somptueuses, se groupe la partie la plus brillante de Hambourg : le nouveau quartier créé à la suite du terrible incendie de 1842. Le **Jungfernstieg**, où se trouvent les principaux hôtels, l'*Alsterpavillon* (café; restaur.; musique), et sur lequel s'ouvrent les *Alsterarcaden*, portiques abritant de riches magasins, est, avec le *Neuer Jungfernstieg* et l'*Alsterdamm*, la promenade préférée. — Sur la rive opposée (N.), de belles plantations ornent la langue de terre qui sépare le Binnen-Alster de l'**Aussen-Alster** (*Alster extérieur*), où il y a un grand établissement de bains. Du pont **Lombardsbrücke**, sous lequel l'Alster extérieur se déverse dans l'intérieur, on a une très belle vue sur la ville et les deux bassins. — A l'O. de ce pont, sur l'*Esplanade* (Pl. C, 1-2), plantée d'une quadruple rangée d'arbres, le *monument commémoratif* (*Krieger Denkmal*) *de 1870-71*, en bronze, par *Schilling*, a été érigé en 1877; un peu plus loin, au commenc. de la *Ringstrasse*, se trouve l'hôtel central des *Postes et Télégraphes* (Pl. B-C, 1-2). Du côté opposé, à l'E. du Lombardsbrücke, près du Ferdinandstr., s'élève la *statue de Schiller*, par *Lippell*, et plus à dr., sur le *Glockengiesserwall*, se trouve la Kunsthalle.

La **Kunsthalle** (*Palais des Arts*; Pl. D, 2; ouv. t. l. j. de 10 à 4 h. en hiver; le lundi, de 1 à 4 h.), bâtie en 1868 dans le style de la première période de la Renaissance italienne, a été considérablement agrandie et transformée en 1886.

Rez-de-chaussée. — 5 salles (à g.) renferment une collection d'œuvres de maîtres hambourgeois du XIVe au XVIIIe s., entre autres de *maître Bertram* (qui travaillait de 1367 à 1415; peintures et sculptures provenant de l'église Saint-Pierre). — D'autres salles et cabinets renferment des œuvres de vieux maîtres, en grande partie néerlandais (*Rembrandt*, *Ruysdael*, *Steen*, etc.).

Escalier orné de peintures murales.

1er étage. — Les premières salles sont consacrées à une exposition périodique d'œuvres de maîtres modernes. — *A.* et *O. Achenbach*. Paysages. — *Bœcklin*. Adorateurs du Feu; son Ⓟ; le Madelène. — *Calame*. La Handeck. — *Defregger*. Braconniers. — *Feuerbach*. Jugement de Pâris. — *Gebhardt*.

Crucifiement. — *Klinger*. Paysage. — *Knaus*. Buveurs. — *Lenbach*. Ⓟ. — *Liebermann*. Intérieur hollandais. — *Makart*. Entrée de Charles-Quint à Anvers. — *Max*. Une nonne. — *Meissonier*. Halte. — *Mentzel*. Frédéric II et les Autrichiens à la bataille de Lissa. — *Segantini*. La Foi consolant la Douleur. — *Thoma*. Le Calme du dimanche. — *Vautier*. Le Toast à la nouvelle mariée. — *Werner*. Moltke à Versailles; etc.

Dans les salles du côté S. est réunie la collection léguée à la ville par B. C. Schwabe, en 1886, et formée d'œuvres de maîtres anglais : *Bonington*, *Calderon*, *Hodgson*, *Landseer*, *Leighton*, *Orchardson*, *Turner*, etc.

Les autres salles renferment des œuvres de peintres hambourgeois du XIXe s. et d'autres peintres modernes : *Herkomer*, *Liebermann*, *Trübner*, *Uhde*, *Zorn*, etc.

Au N. de la Kunsthalle, sur le quai *An der Alster*, au n° 59, la **Galerie Weber** (Pl. D, 2, visible les lundis, mercr., vend. de 10 à 4 h.; s'annoncer) a été fondée par le consul *Ed. Weber* († 1907) et compte plus de 300 tableaux de maîtres anciens.

Rez-de-chaussée : — 1re SALLE : 48. *H. Baldung-Grien*. Madone ; 57. *Beham* Ⓟ; 84. *Maître de la Mort de la Vierge*. Le Christ en croix; 89. *Van Scorel*. Triptyque.

1er étage. — 2e SALLE; 111. *Tilien*. Paysage; 115. *Palma le Vieux*. Annonciation; 128. *Moretto*. Pietà; 123. *Tintoret* Ⓟ; 176. *Velazquez*. L'infante Marguerite; 179. *Murillo*. Madone. — 3e SALLE : 188. *Rubens*. Sa femme; 189. Charité romaine; 223, 224. *Frans Hals le Vieux*. Ⓟ; 239. *S. Ruysdael*. Paysage; 249. *Rembrandt*. Enfant ; 250. La Femme adultère. — L'appartement annexé à la galerie est orné d'un grand nombre de tableaux modernes.

Au S. de la Kunsthalle, la grande **gare Centrale** (*Hauptbahnhof*) a été achevée en 1907, sur les plans de *Mœller*, *Reinhart* et *Süssenguth*.

A proximité et au S.-O. de la gare, dans la *Spitalerstrasse*, à dr., près du *Semperhaus*, grande maison bâtie par *G. Semper*, a été érigé, en 1909, le *monument* de cet architecte (né à Hambourg, 1803), par *Bach* et *E. Semper*.

Au S. du Binnen-Alster, sur la vaste place du **Rathausmarkt** (Pl. C, 3), ornée du *monument équestre de Guillaume Ier* (1890), s'élève le nouveau Rathaus.

Le **Rathaus**, bâti de 1886 à 1897, avec le concours de plusieurs architectes, dans le style de la Renaissance allemande, a sa façade richement décorée (statues des patrons des églises de la ville : St Nicolas, St Pierre, St Michel, Ste Catherine; 20 bustes d'empereurs, 28 types populaires; etc.). — Sur la façade de la cour, les patrons de la ville : St Paul et St Georges, etc.

L'int. (t. l. j., pour les étrangers de 10 h. à 3 h. : 50 pf.), dont la décoration est sobre et de très bon goût, renferme quelques salles ornées de peintures, entre autres, au 1er étage, le grand *Festsaal*, orné de belles peintures murales par *H. Vogel* (1908), le *Kaisersaal*, le *Phœnixsaal*, etc. — Dans le sous-sol du corps central est le **Ratsweinkeller** (entrée par la Grosse Johannistr. ; bon restaurant; déj. 2 M. 50, dîn., de 2 h. à 7 h., 3 M. ; on n'y sert pas de bière), décoré de peintures par *Allers*, *Fitger*, etc.

Adossée au Rathaus, la **Bourse** (entrée libre jusqu'à 2 h., après, 30 pf. par pers.; la Bourse finit vers 2 h. 15), dont la façade donne sur l'*Adolphsplatz*, a été bâtie en 1840 et agrandie en 1880 et en 1894.

Elle renferme la *Bœrsenhalle* (nombreux journaux; de 9 h. mat. à 10 h. s.

les étrangers peuvent y avoir accès sur présentation) et la *Commerzbibliothek* (bibliothèque commerciale), avec plus de 100,000 vol.; dans une annexe (vers l'*Alter Wall*) est installée l'*Exposition permanente*.

A quelques min. S. de ces édifices, sur la place du *Hopfenmarkt* (Pl. C, 3), la **Nicolaikirche**, église rebâtie après l'incendie de 1842, par l'architecte anglais *G. Scott*, dans le plus pur style anglo-gothique, est un des plus beaux édifices de la ville; la tour de l'O. compte parmi les plus hautes de l'Europe (147 m.).

A l'E. du Rathausmarkt, on peut aller voir : la *Petrikirche* (Pl. C, 3), incendiée en 1842, rebâtie ensuite dans le style gothique du XIVe s. (à la porte de la tour, anneau de 1342; à l'int., baldaquin de la chaire, du XIVe s.) et le *Johanneum* (Pl. C, 3), qui comprend un gymnase, la *bibliothèque de la ville* (300,000 vol.; 5,000 manuscrits) et la *collection d'antiquités hambourgeoises* (entrée par le Fischmarkt; s'adresser au surveillant, de 10 h. à 4 h.). — Plus à l'E., la *Jacobikirche* (Pl. D, 3), du XIIIe s., est l'un des rares édifices échappés au désastre de 1842.

En suivant la *Steinstrasse* on arrive à l'emplacement des anciens bastions; sur le *Schweinemarkt* s'élève le beau *Naturhistorisches Museum* (Pl. D, 3; t. l. j., lundi excepté, de 10 h. à 4 h.), bâti en 1891, sur les plans de *Semper* et *Krutich*. Il renferme de riches collections d'histoire naturelle. — Vers l'E., au delà du ch. de fer se trouve le *Museum für Kunst und Gewerbe* (Musée Artistique et Industriel; Pl. D, 3; t. l. j., sauf le lundi, de 10 h. à 4 h.; on entre par la façade E.).

Au rez-de-chaussée, riches collections qui comptent parmi les plus intéressantes de l'Allemagne. Des exemplaires du catalogue illustré sont déposés dans les salles. Les objets ont des étiquettes explicatives.

Au N.-O. du Binnen-Alster, et à côté l'un de l'autre, se trouvent le *Botanischer Garten* (Pl. B, 1-2), riche surtout en plantes aquatiques, et le **Zoologischer Garten** (Pl. B, 1; entrée de 50 pf. à 1 M. suivant la saison; pour l'Aquarium, très intéressant, 40 pf. en sus; bon restaurant), qui possède une grande variété de beaux animaux.

[*Environs.* — On peut faire une agréable promenade aux environs, par exemple par le tram entre deux rangées de belles villas, à (30 min. env.) *Eppendorf-Winterhude* (près du pont où l'on s'arrête, brasserie avec salle de concert), sur l'Alster; on reviendra par le bateau (35 min. env.) qui descend la rivière, puis traverse du N. au S. l'Aussen-Alster (belles villas; à la stat. de *Uhlenhorst*, grand café-restaur. du *Fæhraus*, bien situé) et ensuite le Binnen-Alster, pour venir toucher au quai du Jungfernstieg.

Altona et Blankenese. — *Altona* (7 k. de Hambourg), la ville voisine de Hambourg, qui compte 170,000 hab. et appartient à la Prusse, n'offre rien d'intéressant.

Au N. d'Altona, près de *Stellingen* (tram électr., ligne n° 10, depuis Hambourg-Pferdemarkt, en 45 min., 15 pf.), le grand **Parc aux Bêtes** (*Tierpark*) de *Hagenbeck* renferme une *très intéressante collection d'animaux*, installé sur un terrain spécialement aménagé. On remarque surtout l'enclos des lions, celui des ruminants, les rochers des bouquetins; dans la partie S.-O. il y a un bon restaurant où l'on peut déjeuner (2 M. 50) ou dîner (4 M. 50).

D'Altona on peut aller, par *Flottbeck* et *Nienstedten*, à (48-50 min. de Hambourg, par ch. de fer ou bateau) **Blankenese** (bon restaur. au Fæhrhaus), but d'excursion favori des Hambourgeois. — Très belle vue du *Süllberg* (bon hôt.-restaur.), mamelon de 76 m. de haut, à 20 min. de la station de Blankenese; on peut rentrer à Hambourg en bateau à vapeur.

Cuxhaven-Helgoland (116 k.; 🚂 en 2 ou 3 h. de Hambourg à Cuxhaven, 9 M. 20, 6 M., 3 M. 70; ⛴ de Cuxhaven à Helgoland, t. l. j. en été, en coïncidence avec le rapide venant de Hambourg, en 2 h. 20, 9 M. 80, all. et ret. 15 M. 60; on peut aussi se rendre directement de Hambourg à Helgoland par le bat. à vap. qui part t. l. j., en été, de Sankt-Pauli-Landungsbrücke et emploie env. 7 h. au trajet, 9 M. 40, all. et ret. 18 M. 20). — La voie ferrée franchit les bras de l'Elbe, passe par (10 k.) Harburg (p. 137), où l'on quitte la grande ligne Hanovre-Paris pour se diriger vers le N.-O. — 35 k. *Buxtehude*, petite V. industrielle. — 72 k. *Stade*, 10,000 hab. — On se rapproche de l'Elbe.

116 k. **Cuxhaven** (ville; hôt. : *Continental*; *Bellevue*; restaur. *du Pavillon*, sur la plage), port maritime de Hambourg. — Près de la gare, *château de Ritzebüttel*, du XIVe s. — Bains de mer fréquentés.

117 k. *Cuxhaven* (jetée), où l'on prend le bateau pour Helgoland.

186 k. **Helgoland** (*V.* l'*Index*; des barques conduisent à terre, 1 M. par pers.) est une petite île rocheuse ayant la forme d'un triangle vers le N.-O. et qui s'élève à 63 m. au-dessus de la mer. Elle a appartenu autrefois au Danemark, qui l'avait prise au Schleswig en 1684, puis perdue et reprise en 1714. Les Anglais s'en emparèrent en 1807; à cette époque, elle avait pour eux une grande importance statégique et elle servit de lieu d'entrepôt pour le blocus continental. Depuis, l'île a été cédée par l'Angleterre à l'Allemagne et la loi du 14 février 1891 l'a incorporée au royaume de Prusse. Elle a 59 hect. et sa population s'élève à env. 2,100 hab. Helgoland est devenue une importante station de bains de mer, fréquentée annuellement par env. 12,000 pers. On y a créé, en 1892, un laboratoire de biologie pour l'étude de la faune marine de la mer du Nord. Les anciennes batteries anglaises, qui se trouvaient dans la partie N.-O. de l'île appelée *Oberland*, sont remplacées par de puissantes tours blindées, et par de nouvelles batteries. Un tunnel mène de la rive S.-E. dans l'intérieur de l'île.

C'est l'îlot de la *Düne* (ou *Sandinsel*), situé à l'O., en face des maisons de l'*Unterland*, qui possède la véritable plage des bains. Il est séparé de l'île par un bras de mer d'env. 1,200 m. Des barques y transportent des baigneurs en 15 min. (60 pf. aller et ret.).]

De Hambourg à Cologne, *A*, par Brême, Münster et Düsseldorf; *B*, par Hanovre, Bielefeld et Dortmund, R. 28, en sens inverse; — à Hanovre, R. 29, en sens inverse; — à Kiel : *A*, par Neumünster; *B*, par Lübeck, R. 31; — à Berlin, R. 32.

Route 31. — DE HAMBOURG A KIEL

A. Par Neumünster.

112 k.; 🚂 en 2 h. par trains directs; 9 M. 50, 6 M. 20, 3 M. 90.

La voie traverse le quartier E. de Hambourg et passe entre le Binnen-Alster et l'Aussen-Alster, en franchissant l'émissaire de ce dernier sur le Lombardsbrücke (p. 146). — 2 k. Gare succursale du *Dammtor*; la voie longe à g. le jardin zoologique (p. 148). — 3 k. Gare de la *Sternschanze*; à g., marché au bétail (*Viehhof*). — On sort de Hambourg pour entrer dans Altona (territoire prussien).

7 k. Altona (*Altonaer Bahnhof*; *V.* p. 148), où commence à proprement parler la ligne du Schleswig et de Kiel. — 37 k. *Elmshorn*, V. de 14,000 hab.

82 k. **Neumünster**, V. manufacturière de 32,000 hab.; à g., ligne du Schleswig (*V.* ci-dessous, *B*).

112 k. **Kiel** (*V.* l'*Index*; la gare est près de l'embarcadère des bateaux pour Korsœr), V. de 185,000 hab., siège de plusieurs établissements de la marine de guerre allemande et d'une Université, fondée en 1665.

Près et au N. de la gare, le *Thaulow Museum* (dim. de midi à 5 h.; mardi, jeudi, vend. de 11 h. à 2 h., gratuit; les autres j. et h., 50 pf.), fondé en 1875 par Thaulow et reconstruit de 1908 à 1910, est intéressant par ses remarquables sculptures sur bois, spécialité de l'art décoratif du Holstein et du Schleswig, aux XVIe et XVIIe s.

Plus au N., dans le centre de l'ancienne ville, sur la place du *Markt*, sont le *Rathaus* et la *Nicolaïkirche*, du XIIIe s. restaurée de 1877 à 1884. — Du Markt, la *Schloss-Strasse* conduit, vers le N., à l'ancienne *Université* (entrée, 3, Kattenstrasse), renfermant un *Musée d'antiquités nationales* (ouvert dim., merc., sam. de 11 à 1 h.), et au *Château*, rebâti en 1838, au delà duquel le beau jardin (*Schlossgarten*), orné d'une *statue équestre de Guillaume Ier*, conduit à la nouvelle *Université* et au *Musée des Beaux-Arts* (en voie d'organisation) qui renferme les collections de l'Université et de la Société Artistique (*Kunstverein*) du Schleswig-Holstein.

[**Environs.** — Les environs sont pittoresques. — La ville se prolonge vers le N. par le faubourg de *Wik*, à l'extrémité duquel vient déboucher, dans le *Kieler Hafen*, le **Kaiser-Wilhelm Canal**, qui réunit, depuis 1895, la mer du Nord à la mer Baltique. Son embouchure vers l'O. se trouve à Brunsbüttel, sur la rive dr. de l'Elbe, entre Hambourg et Cuxhaven. Il mesure 99 k. de longueur et une largeur de 22 m. au fond et de 67 m. à la surface; les frais de construction se montèrent à env. 156 millions de marcs.

Pendant l'été, un bateau vapeur va deux fois par semaine (mercr. et sam.) de Kiel à Hambourg (en 10 h. env.; 7 M.) par le canal. Les personnes qui se borneraient à visiter ce qu'il y a de plus intéressant, pourraient aller par le ch. de fer (il y a un train vers 8 h. 30 mat.) de Kiel à (10 k.; 60 pf., 40 pf.) *Levensau*, pour y voir le grand pont tournant, puis, par le bateau qui vient entre 10 et 11 h. de Rendsbourg, revenir à (1 h.; 40 pf.) Kiel, en passant par le bassin et la grande **écluse d'Holtenau.**]

De Kiel à Korsœr et à Copenhague, R. 37, *A*.

B. Par Lübeck.

143 k.; 🚂 en 2 h. 45 env. par trains directs, en 3 h. 40 par trains omnibus (on change de train à Lübeck); 12 M. 20, 7 M. 70, 5 M. 50.

La voie traverse le quartier de Saint-Georges et les faubourgs N.-E. de Hambourg. — 1 k. Gare succursale de *Berlinertor*. — A g., grand hôpital de Saint-Georges. — 5 k. *Wandsbeck*, V. de 32,000 hab. — 39 k. *Oldesloe*, petite V. avec bains salins et sulfureux (*Kurhaus*), dans une assez belle situation.

64 k. **LÜBECK** (*V.* l'*Index*), V. libre de 93,000 hab., sur la Trave; jadis la plus riche et la plus puissante de la ligue hanséatique, auj. la troisième en importance après Hambourg et Brême. C'est une des cités allemandes qui ont le mieux gardé leur physionomie du

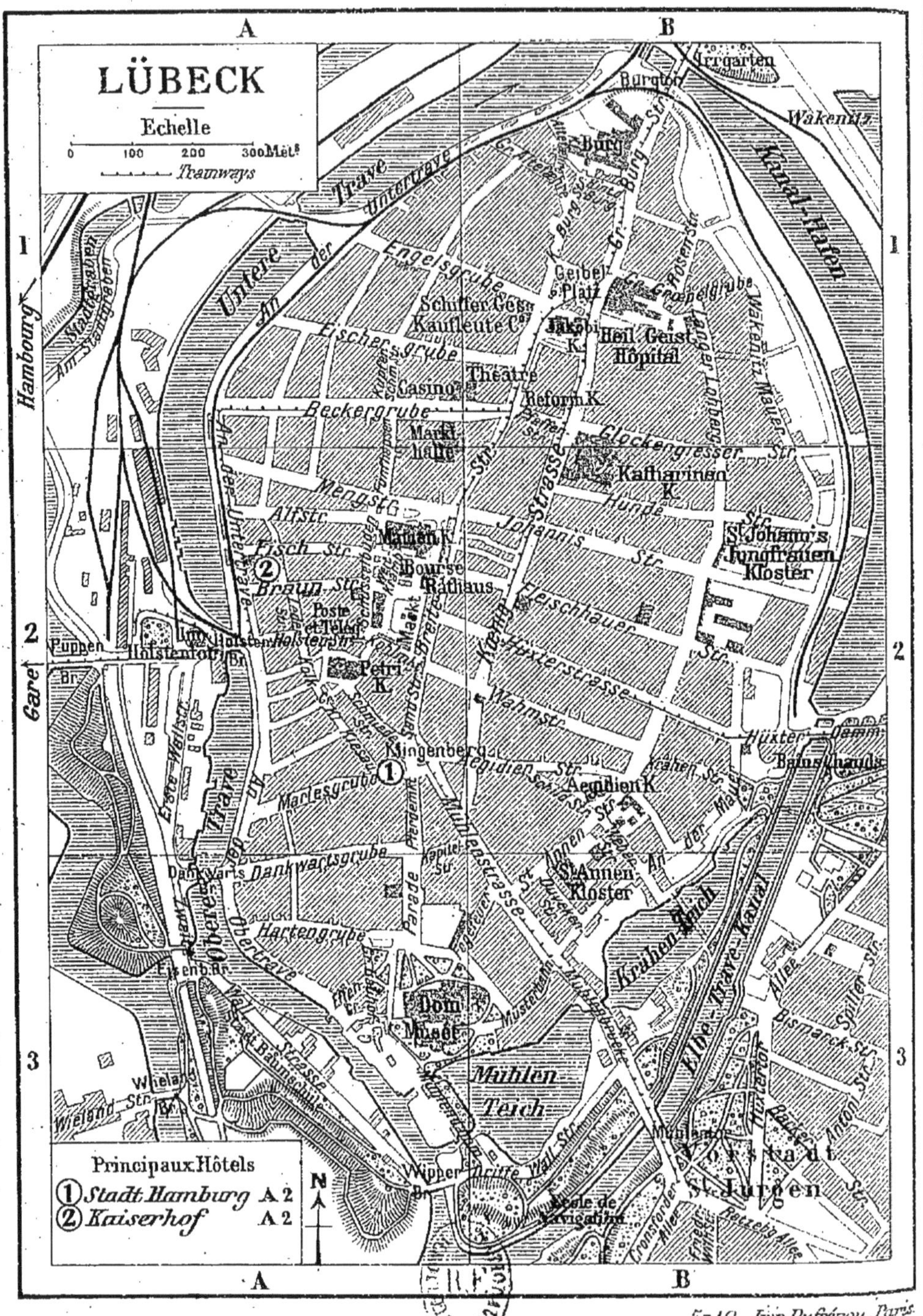

5-10 Imp. Dufrénoy-Paris.

moyen âge; on y trouve, réunie sur un petit espace, une intéressante collection de maisons des XIVe et XVe s., de portes féodales, d'édifices gothiques, etc.

Principales curiosités : — **Rathaus** (p. 151); — **Marienkirche** (p. 151); — SANKT-PETRIKIRCHE (p. 152); — **Dôme** (p. 152); — KATHARINENKIRCHE (p. 152); — MAISONS DE LA COMPAGNIE DES MARCHANDS et DES ARMATEURS (p. 153); — HOLSTENTOR (p. 151).

Histoire. — Fondée au XIe s., déclarée ville libre impériale en 1226, elle forma quelques années plus tard avec Hambourg et Brême la ligue hanséatique, dont elle devint une des villes les plus importantes. La ligue dissoute, l'importance de Lübeck diminua avec son commerce. Après la bataille d'Iéna, le 6 nov. 1806, Blücher occupa la ville, mais dès le lendemain il en fut expulsé par Murat, Bernadotte et Soult; réunie à l'empire, Lübeck devint en 1810 un ch.-l. d'arrond. du département des Bouches-de-l'Elbe. Le traité de 1815 lui rendit son indépendance avec son territoire.

Commerce. — Lübeck est une place d'expédition considérable, qui entretient des relations suivies, surtout avec la Russie, la Norvège et l'Angleterre; le mouvement annuel de son port est d'env. 3,500 navires à l'entrée et autant à la sortie, jaugeant env. 730,000 tonnes.

ITINÉRAIRE. — De la gare située à l'O. de la ville, entre les Stadtgraben et la Untere Trave, on passe par le **Holstentor**, beau spécimen de porte fortifiée du XVe s. (à g., au bord de la Trave, vieilles constructions de l'*Alter Speicher*) et, par l'*Holstenbrücke* et la *Holstenstrasse* (suivie par le tram) on arrive à la place du **Markt** (Pl. A, 2), sur laquelle se trouvent : à l'O., la *Poste* et, au N., le **Rathaus** gothique, en briques, du XVe s. et restauré en 1893. Sa façade sur le Markt supporte 5 clochetons surmontés de girouettes dorées; les arcades de ce côté, ainsi que l'*escalier* du côté de la Breitestrasse, dans le style de la Renaissance, datent de 1570.

A l'int. (de 9 à 6 h.; cartes chez le gardien ou « Kastellan », à g. de l'entrée; 30 pf.), on remarque : au rez-de-chaussée, les deux *salles de la Bourse* et la *salle d'audience*; au 1er étage, où monte un escalier orné de peintures par *Koch*, la *salle de la Bourgeoisie* et la *Kriegsstube* (fin du XVIe s.) ornées de belles boiseries et d'une cheminée en pierre avec bas-relief. — Dans le sous-sol, le *Ratskeller* (restaurant) a des caveaux du XVe s.

A côté et au N. du Rathaus, la **Marienkirche**, achevée dans les premières années du XIVe s., est un beau spécimen des constructions en briques de cette époque; c'est un édifice dans le style gothique, sur le modèle des cathédrales de France, modifié d'ailleurs par l'emploi de la brique. Elle est surmontée de deux tours massives, hautes de 125 m.

Int. (l'église est ouverte toute la journée, mais non les chapelles; pour les visiter, on trouve des cartes à l'église, à midi, ou chez le Küster ou sacristain, Mengstrasse, 8, à g.; 30 pf.). — On entre par le portail S. (presque en face du Rathaus); à g., belle grande plaque (en bronze), en l'honneur de la famille Wigerinck, par *P. Vischer* (1518). — A g. en entrant (bas-côté dr.), BRIEFKAPELLE (chapelle des indulgences) de 1310, dont la voûte est supportée par deux colonnes monolithes hautes de 8 m. 50; retable (scènes de la V.), attribué à *van Orley* (1518). — A l'extrémité de la nef, *fonts baptismaux*, en bronze, de 1337 (curieux personnages sculptés). — Dans la nef, haute de 45 m., *orgues* avec buffet gothique du commenc. du XVIe s.; au-dessous, chapelle, dite « BERGENFAHRERKAPELLE », avec grille en bronze et belles stalles du commenc. du XVIe s. — Jubé, orné de peintures et de sculptures, de 1517. — Maître-autel du XVIe s. et, à côté, beau *tabernacle* gothique de 1479. — Pourtour du chœur : à dr. de la chapelle absidale, à g., Adoration de la Trinité, par *Van Orley*; chapelle absidale : beaux vitraux du XVe s.; en face, derrière le maître-autel, grande *horloge astronomique* du XVIe s., avec figures se mettant en mouvement au coup de midi; des deux côtés, bas-reliefs en pierre de la fin du XVe s.; à g. de la chap. absidale : à dr., Mort de la Vierge et Passion (1494), à g., près de la sacristie, Nativité, Adoration des Rois et Fuite en Egypte, triptyque attribué à *Mostaert* (1518). — Bas-côté g., chapelle en face de la porte S. : Danse macabre de 1493 (restaurée).

A quelques pas au S.-E. du Markt, la *Petrikirche*, église romane du XIIe s., transformée vers 1300, a gardé sa belle tour primitive, à laquelle ont été ajoutés quatre clochetons et une flèche.

Int. (sacristain, Grosse Petersgrube, 2) à 5 nefs; buffet d'orgues de 1590, richement sculpté; horloge de 1605; chaire avec figures en relief, du XVIIe s.; sur le mur de g., plaque tumulaire, en laiton, du bourgmestre Klingenberg (XIVe s.).

Dans le quartier S. se trouvent le Dôme et le Musée. On y arrive en prenant, à l'angle S.-O. et à g., le *Kohlmarkt*, par où passe le tram, puis à dr. la *Sandstrasse* jusqu'à la *place de Klingenberg* (fontaine moderne), le *Pferdemarkt* et la *Parade* (à dr., *église catholique*), qui aboutit en face du Dôme.

Le **Dom** (Pl. A, 3), ou cathédrale, dont une inscription ferait remonter la fondation au temps de Henri le Lion, a été bâti vers la fin du XIIe s., puis remanié aux XIIIe et XIVe s. et, finalement, restauré en 1889. — Ses deux grosses et lourdes tours mesurent 120 m. de haut. — Le *porche* latéral N., du style de transition, a été restauré en 1890.

Int. (on visite d'habitude entre 10 h. et 11 h. 30 ou de 2 à 4 h., sinon s'adresser au sacristain, Hartengrube, 3; carte d'entrée 30 pf.). — Bas-côté dr. : dans le bas, plaque tumulaire de l'évêque Tiedemann († 1561). — Devant l'orgue : fonts baptismaux de 1455. — Chaire avec bas-reliefs en marbre, de 1568; curieuse grille. — Jubé du XVe s. — Dans le chœur, *statue* en bronze de l'évêque Henri Bockholt († 1341) et trône épiscopal du temps de ce prélat. — Pourtour du chœur : 1re chap., tombeaux des derniers des princes-évêques; 2e chap. : pierres tombales des évêques Burkhard, de Serken et Jean de Mul (XIVe s.); Madone, en stuc colorié, de 1509. — Bas-côté g., 4e travée, chap. Greveraden : **triptyque** par **Memling** (sur les volets extérieurs, Annonciation; sur les volets intérieurs, St Blaise, St Jean-Baptiste, St Jérôme, St Egide; à l'intérieur, au centre, Crucifiement; à g., scènes de la Passion; à dr., Mise au tombeau, Résurrection), daté 1491.

Le **Museum** (gratuit le dim. de 11 h. à 3 h.; autres j. de 10 à 3 h., 50 pf.) est contigu à la cathédrale, sur son côté S.

L'intérieur, bien installé, renferme : — au sous-sol, les collections d'intérêt local (vues de Lübeck; armes; meubles et ustensiles; costumes; fragments d'architecture, etc.); — au rez-de-chaussée, les objets provenant des églises (beaux autels des XVe et XVIe s.), la collection d'art industriel (verres, poteries) et la collection ethnographique; — au 1er étage, la collection d'histoire naturelle et le musée commercial; — au 2e étage, les peintures et les sculptures.

Au N.-E. du Markt, dans la *Kœnigstrasse*, la *Katharinenkirche*, église désaffectée, est une belle construction gothique du milieu du

XIVe s., avec chœur surélevé, supporté par des colonnes. — A côté, vers le S., le *Katharineum*, bâtiment de l'ancien monastère attenant à l'église, renferme le *Gymnase*, la *Bibliothèque municipale* (env. 125,000 vol.) et le *Cabinet numismatique*. — Plus au N., dans la même rue, à g., la *Jakobikirche* (sacristain, Kœnigstrasse), autre église gothique du XIVe s., renferme un très bel escalier en bois, près du chœur, et dans la chapelle Brœmse, un beau retable de la fin du XVe s. — En face, et à l'O. de cette église, au n° 2 de la *Breitestrasse*, la *maison de la Schiffergesellschaft* (corporation des Armateurs) a conservé sa physionomie primitive de 1535; elle est occupée à présent par une brasserie, mais on y voit encore quelques peintures et des modèles d'anciens navires. — Tout près, au n° 6, la **maison de la Kaufleute-Compagnie** (*Compagnie des Marchands*; Pl. B, 1), renferme de remarquables sculptures en bois du XVIe s., surtout dans la chambre dite « Fredenhagen » (pourb.).

Sur le côté N. de la Jakobikirche, la *place Geibel* est ornée de la *statue de Geibel* (poète † 1884); sur son côté E., l'*hôpital zum Heiligen Geist*, dont la façade O. a trois pignons avec cinq tourelles, a pour vestibule une *chapelle* ogivale du XIIIe s., rénovée en 1898 (retables en bois sculpté du XVe s.; chancel avec peintures de 1420, renouvelé en 1894).

En suivant vers le N. la *Grosse Burgstrasse* (à g., *Gerichtsgebæude*, ou palais de justice; sous la porte cochère, curieuses sculptures humoristiques en bois), on arrive au *Burgtor*, haute porte caractéristique, datant de 1444. — Au delà de la porte on franchit la Trave, qui forme le *Kanal-Hafen* et on arrive au jardin dit *Irrgarten*, d'où l'on a une belle vue sur la ville et le port.

[A 21 k. N.-E (ch. de fer en 48 min.; en été, bateau plusieurs fois par j.), **Travemünde** (hôt. : *Kurhaus*, *Strand*, etc.), petite V. au débouché de la Trave dans le *Lübsches Fahrwasser*, était naguère le port maritime de Lübeck.]

De Lübeck à Copenhague, R. 37.

La ligne de Lübeck à Kiel se dirigeant vers le N. longe, à dr., la rive g. de la Trave, de plus en plus large et dont l'estuaire forme le port de Lübeck. — 69 k. *Waldhalle*; à dr., embranch. de Travemünde. — 97 k. *Eutin*, petite V. agréablement située entre deux lacs, avec un château au grand-duc d'Oldenbourg; beaux environs (l'*Ukelsee*, etc.).

102 k. *Malente-Gremsmühlen* (hôt. : *Parkhôtel*; *Bellevue*; etc.), séjour d'été fréquenté dans une belle situation, sur la langue de terre séparant le *Dicksee* du *Kellersee*. — 111 k. *Plœn*, petite localité également située entre deux lacs; son ancien château est devenu une école militaire. — 127 k. *Preetz*, petite V. de 5,000 hab.

143 k. Kiel (*V.* ci-dessus, *A*).

Route 32. — DE HAMBOURG A BERLIN

A. Par Ludwigslust.

286 k.; [train] en 3 h. 38 et 3 h. 56 par train D (rapide; 1re et 2e cl.; places numérotées; wagon-restaur.); en 3 h. 35 par Schnellzug (1re, 2e, 3e cl.). — 26 M. 10, 19 M. 40, 13 M. 60 (par train D et Schnellzug; une place dans le train D, 2 M. en sus); 22 M. 90, 17 M. 20, 10 M. par train omnibus).

La voie traverse le faubourg de Saint-Georges. — 16 k. *Bergedorf*, dans la *Vierlande* (grande production maraîchère).

27 k. *Friedrichsruh*; à g., *château* où mourut, le 30 juillet 1898, le prince de Bismarck, qui est enterré dans la chapelle romane, surmontée d'une tour octogone, que l'on aperçoit de la voie. — On traverse la belle forêt de *Sachsenwald*, au prince de Bismarck.

47 k. *Büchen*; à g., ligne de Lübeck. — 61 k. *Boizenburg*, sur l'Elbe (nombreux châteaux de plaisance). — 94 k. *Hagenow*.

115 k. **Ludwigslust**, petite V. du grand-duché de Mecklenbourg-Schwerin. — Château et parc du grand-duc.

[**De Ludwigslust à Schwerin** (37 k.; [train] en 48-50 min.; 3 M. 35, 2 M. 35, 1 M. 90). — **Schwerin** (hôt.: *de Russie*; *Luisenhof*), V. de 40,000 hab., capit. du grand-duché de Mecklenbourg-Schwerin, est situé dans une contrée riante, entre le Schwerinersee, l'Ostorfersee et autres petits lacs, que bordent de petites collines — Le *Dom* est un bel édifice du XIVe et du XVe s., restauré en 1869. — Dans une île, entre le Schwerinersee et le Burgsee, le *Residenzschloss*, résidence du grand-duc, a été bâti par *Demmler* et *Stüler*, entre 1845 et 1858, dans le style de la Renaissance française, d'après le château de Chambord. — Sur la place de l'*Alter-Garten*, décorée de la *statue du grand-duc Paul-Frédéric* et du *monument commémoratif de 1870-71*, se trouvent le *Regierungsgebæude* (Gouvernement), le *Hoftheater* (théâtre de la Cour) et le **Museum** (ouvert de 11 h. à 2 h., et en été aussi de 3 h. à 6 h.; 50 pf., le lundi, 1 M.), bâti en 1882 et qui renferme une intéressante collection de peintures, surtout des écoles flamande et hollandaise.]

159 k. *Wittenberg* Ⓑ, V. industrielle et manufacturière de 16,000 hab., sur l'Elbe, à la jonction de plusieurs lignes. — La voie s'éloigne de l'Elbe. — 173 k. *Wilsnack* (église gothique de 1450).

275 k. **Spandau**, V. forte de 70,000 hab. — *Nikolaikirche*, du XIVe s. — *Citadelle* (dans le *Juliusturm* est renfermé le trésor de l'Empire : 120 millions de marks, en or).

286 k. **Berlin** (gare de Lehrte ou *Lehrter Bahnhof*, à l'O. du centre de la ville); R. 33.

B. Par Uelzen et Stendal.

297 k.; [train] en 5 h. 30 par le Schnellzug (1re, 2e, 3e cl.), partant vers midi 20 (wagon-restaur.); en 7 h. 30 par les trains omnibus. — 26 M. 10, 19 M. 40, 13 M. 60 (Schnellzug); 22 M. 90, 17 M. 20, 11 M. 60 (omnibus).

De Hambourg à Harburg, V. R. 27, en sens inverse.

11 k. Harburg (R. 27), où l'on quitte la ligne de Brême-Münster-Cologne. — De Harburg à Lüneburg, V. R. 29, en sens inverse.

49 k. Lüneburg (R. 29); à g., ligne de Wittenberg. — De Lüneburg à Uelzen, *V.* R. 27, *A.*

84 k. Uelzen (R. 27, *A*). — D'Uelzen à Stendal, *V.* R. 27, *A.*

192 k. Stendal (Ⓑ; R. 23). — De Stendal à Berlin, *V.* R. 23, *A.*

297 k. Berlin (gare de Lehrte, ou *Lehrter Bahnhof*, où s'arrêtent les trains omnibus; le Schnellzug de midi 20 va jusqu'à la gare plus centrale de la Friedrichstrasse); R. 33.

Route 33. — BERLIN

Gares. — Cinq gares, desservies et reliées entre elles par le chemin de fer Métropolitain (*Stadtbahn*, à découvert et à quatre voies) desservent les grandes lignes; les express de Brême, Cologne, Hanovre y touchent, ainsi que tous les trains directs de Nordhausen-Francfort-sur-le-Mein, Kœnigsberg, etc.; ce sont les suivantes : — GARE DE LA FRIEDRICHSTRASSE (Pl. B-C, 1), la plus animée et la véritable gare centrale de Berlin; — GARE DE CHARLOTTENBURG et GARE DU ZOOLOGISCHER GARTEN, toutes les deux à l'O. du centre de la ville; — GARE DE L'ALEXANDERPLATZ (Pl. C, 1); — GARE DE SILÉSIE (Pl. F, 3).

En outre cinq autres gares forment le terminus d'autant de grandes lignes : — GARE D'ANHALT (Pl. B, 4), pour Dresde, Leipzig, Prague, la Bavière, Francfort-sur-le-Mein; — GARE DE POTSDAM (Pl. B, 3), pour Magdebourg, Cologne; — GARE DE LEHRTE (Pl. A, 1), pour Hanovre, Lübeck, Hambourg et Brême; — GARE DE STETTIN (au N. du centre de la ville), pour Rostock, Swinemünde ; — GARE DE GŒRLITZ (Pl. F, 4), pour le Riesengebirge et Gœrlitz.

Arrivée. — La visite de la douane pour les bagages qui auraient été enregistrés pour l'une des gares du Métropolitain, ou pour celle de Stettin, a lieu à la gare de la Friedrichstrasse, t. les matins de 10 à 11 h.

Des voitures de place (*droschke*) stationnent près des gares : du côté S., pour les gares de la Friedrichstrasse et du Zoologischer Garten; du côté N. pour les gares de l'Alexanderplatz et de Charlottenburg; du côté de l'arrivée (à dr.) aux gares terminus. Un agent de police (*Schutzmann*) distribue, sur demande, les numéros pour avoir les voitures (« Droschke », si c'est un fiacre simple; « Gepæckdroschke » si l'on désire un fiacre à galerie, obligatoire d'ailleurs si le bagage dépasse les 100 kilogr.); supplément à payer pour ce n°, 25 pf.; les facteurs (*Træger*) reçoivent 20 pf. pour 20 kilogr. de bagages et 10 pf. par 25 kilogr. en sus; ils se chargent aussi de trouver la voiture.

Principales curiosités. — LES MUSÉES DE L'ILE : **Vieux Musée** (Altes Museum ; p. 162); **Nouveau Musée** (Neues Museum; p. 167); **Sculptures de Pergame** (p. 168); **Galerie Nationale** (p. 169); **Musée de l'Empereur Frédéric** (Kaiser-Friedrich-Museum; p. 171); — MUSÉE HOHENZOLLERN (p. 179); — MUSÉE ETHNOGRAPHIQUE (p. 181); — MUSÉE DES ARTS ET MÉTIERS (Kunstgewerbe Museum; p. 181); — CHATEAU ROYAL (p. 159); — ARSENAL (Zeughaus; p. 158); — PALAIS DU REICHSTAG (p. 183); — EGLISE COMMÉMORATIVE ET MAUSOLÉE ROYAL. à Charlottenburg (p. 185); — **Tiergarten et Jardin zoologique** (p. 184).

BERLIN (*V.* l'*Index*), V. de 2,150,000 hab. (env. 23,000 hommes de garnison), capitale de l'Empire allemand et du royaume de Prusse, est situé à 40 m. d'alt. sur les deux rives de la Sprée, au milieu d'une plaine sablonneuse, que bordent de petites collines. — D'origine, pour ainsi dire, récente (il comptait à peine 150,000 hab. au commenc. du XIXe s.), Berlin est à présent la troisième grande ville de l'Europe et, sans contredit, l'une des plus belles cités modernes; il doit en outre à sa situation d'être devenu la première place de commerce et l'une des villes les plus industrielles de l'Allemagne.

L'aspect général est bien celui d'une grande métropole moderne. Les rues sont généralement larges, presque toutes tirées au cordeau et bordées d'édifices leur donnant un aspect assez décoratif. La majeure partie des plus belles constructions et des principales curiosités se trouvent groupées dans l'espace compris entre la rive g. de la Sprée, le château royal et la porte de Brandebourg. On embrasse, pour ainsi dire, d'un seul coup d'œil le palais, la cathédrale, les musées, l'Arsenal, l'Université, l'Opéra, le monument de Frédéric II, le palais de Guillaume Ier et le commencement de la célèbre avenue « Unter den Linden ». Cette dernière, qui commence à la place de l'Opéra et aboutit à celle de Paris, a un caractère très particulier, qui ne manque pas de grandeur, surtout à son extrémité E., où se dresse le monument de Frédéric II.

D'autres rues, toutes modernes, plus longues, plus développées, telles que la Friedrichstrasse, sont d'aspect uniforme quand on n'en retient que la ligne générale; mais les constructions y sont variées à l'infini. Le moellon et la pierre de taille étant inconnus à Berlin, on a recours au ciment qui se prête à tout et dont on a fini par abuser, pour obtenir des placages de toute sorte et de tout style.

L'animation est certainement grande dans les larges voies des quartiers modernes, dans les rues aristocratiques voisines du Tiergarten, aux environs des gares; le chemin de fer de Ceinture, le Métropolitain, les tramways et les omnibus transportent de grandes masses de voyageurs. Malgré cela Berlin n'offre pas l'inconvénient de cet enchevêtrement de gens et de voitures, qui encombre et rend dangereuses, surtout à certaines heures et à certains points, les rues de Paris.

Histoire. — Berlin aurait été fondé vers 1142 par Albert l'Ours, margrave de Brandebourg, ou seulement en 1200 par Albert II. Ce n'est qu'en 1307 que Berlin, réuni à la bourgade de *Kœlln*, qui lui faisait face, commence à prendre quelque importance. En 1457, Frédéric II, Dent de Fer, en fit la capitale de son électorat. Elle n'avait alors que 4,500 hab. env. Son développement date de l'arrivée des protestants français, après la révocation de l'édit de Nantes (1685). « Ces proscrits (dit M. Ant. Proust) ont tellement transformé la ville, qu'il est permis de dire que, si la domination prussienne a installé Berlin sur un sable mouvant, c'est la monarchie française qui l'y a consolidé. Les calvinistes de l'Ouest de la France cherchèrent, dès 1637, un asile dans le Brandebourg. Ils y étaient venus en petit nombre; mais, à leur arrivée dans Berlin (qui comptait à peine 20,000 habitants, presque tous rattachés à la personne du Grand-Électeur par des emplois civils ou militaires), ils se firent une place prépondérante dans l'industrie, le commerce et les arts. Frédéric II n'hésite pas à le reconnaître. » Depuis cette époque la ville n'a pas cessé de prospérer. Elle fut occupée par les Russes en 1760 et par les Français en 1806, après Iéna. C'est à Berlin que Napoléon promulgua le décret qui organisait le *Blocus continental*. Après 1870, l'unification de l'Allemagne sous le sceptre des rois de Prusse, devenus Empereurs de la Confédération, a imprimé à la double capitale un mouvement ascensionnel sans précédent dans les annales de l'Allemagne. Dans le *Congrès de Berlin* tenu en 1878 fut traitée la question d'Orient; la *Conférence de Berlin*, de 1880, fixa les frontières gréco-turques. Enfin la *Conférence inter-*

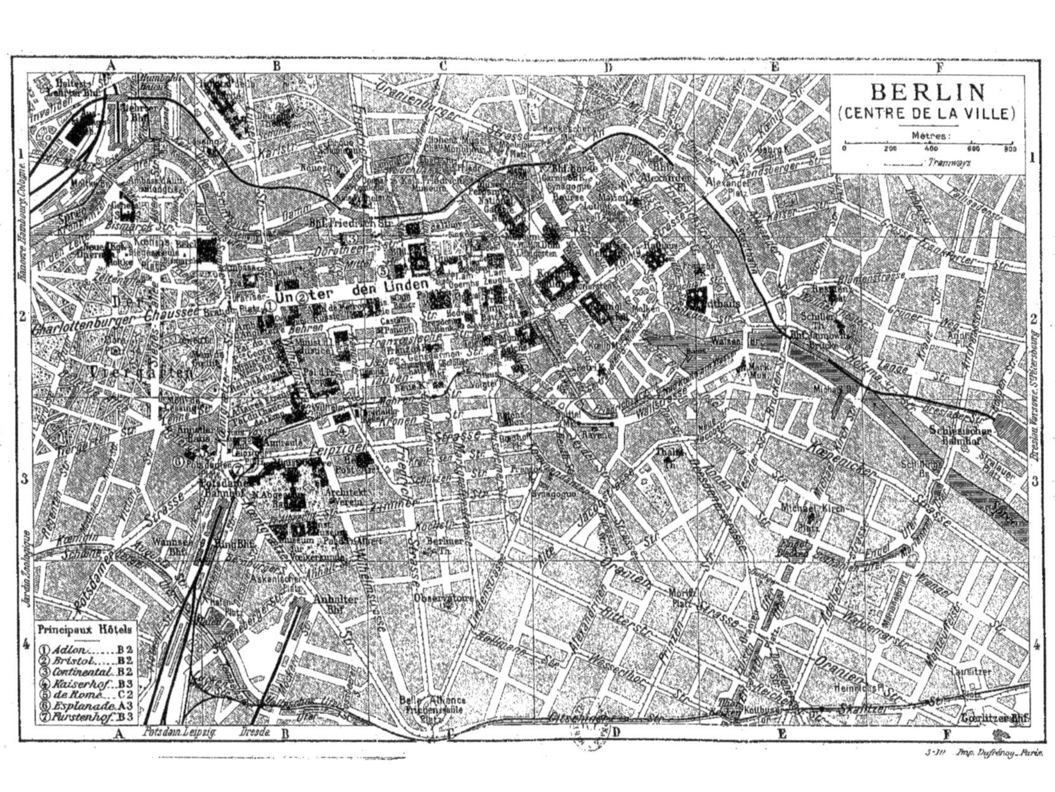

BERLIN
(CENTRE DE LA VILLE)
Mètres :
0 200 400 600 800
Tramways
Principaux Hôtels
① Adlon .... B 2
② Bristol .... B 2
③ Continental .. B 2
④ Kaiserhof ..... B 3
⑤ de Rome .... C 2
⑥ Esplanade ..... A 3
⑦ Furstenhof ..... B 3
Unter den Linden
Charlottenburger Chaussee
Thiergarten
Leipziger Strasse
Oranienburger Strasse
Bhf. Friedrich Str.
Alexander Pl.
Potsdamer Bahnhof
Anhalter Bhf.
Schlesischer Bahnhof
Görlitzer Bhf.
Observatoire
Belle Alliance Platz
Köpenicker Strasse
Oranien Str.
Jardin Zoologique
Hanovre, Hambourg, Cologne
Breslau, Varsovie, St Pétersbourg
Potsdam, Leipzig
Dresde
Imp. Dufrénoy, Paris

nationale de Berlin, de 1885, régla pour la première fois les questions relatives au partage de l'Afrique.

Berlin est, ainsi que nous l'avons dit, un des centres industriels les plus importants de l'Empire et une des premières villes manufacturières de l'Europe. Son commerce également est très important.

I. — Le centre. — L'Unter den Linden.

Le centre de la vie urbaine est à l'**Unter den Linden** (*Sous les Tilleuls*), grand et magnifique boulevard large de 60 m., long d'env. 1,300 m. (depuis l'Arsenal jusqu'à la porte de Brandebourg), bordé de belles constructions et ombragé d'une quadruple rangée de tilleuls et de marronniers. Il a, du côté des maisons, deux voies pour les voitures, que deux allées, réservées aux cavaliers, séparent d'un large promenoir central réservé aux piétons.

A l'O., à l'entrée de la ville, devant le Tiergarten (p. 184), le **Brandenburgertor** (*porte de Brandebourg*; Pl. B, 2), bâtie à la fin du XVIIIe s. par *Langhans* et surmontée, au commenc. du XIXe s., d'un *quadrige de la Victoire*, en cuivre repoussé, par *Schadow*, donne accès à la **Pariserplatz** (*place de Paris*, ainsi appelée depuis 1814), avec, au nº 5 (N.), le *palais de l'Ambassade de France* et, au S., nº 4, l'ancien palais d'Arnim, occupé, depuis 1907, par l'*Académie des Beaux-Arts*, où ont lieu assez fréquemment des expositions.

En parcourant vers l'E. l'Unter den Linden, on rencontre successivement : — à dr. (S.) le grand *hôtel Adlon* (nº 1), qui occupe, depuis 1908, l'emplacement de l'ancien palais de Redern; le palais du *Ministère des Cultes et de l'Instruction publique* (nº 4) et celui de l'*Ambassade de Russie* (nº 7), près de l'hôtel Bristol; — à g., (N.), la *Galerie Schulte* (nº 75; expositions artistiques) et le palais du *Ministère de l'Intérieur* (nº 75); — plus loin, à dr., avant l'hôtel Westminster, la *Linden-Galerie*, passage avec boutiques, conduisant au *Metropol-Theater* et à la *Behrenstrasse*; ensuite, à l'angle de la *Friedrichstrasse* (très animée), la **Kaiser-Galerie** (*galerie de l'Empereur*) ou **Passage**, qui va déboucher vers le S., à l'angle de la Friedrichstrasse et de la Behrenstrasse; — au delà de la Friedrichstrasse, toujours à dr. (S.), le vaste local du *café Bauer*, orné de peintures par *Ant. von Werner*.

Un peu plus loin, la *Charlottenstrasse* vient à son tour couper l'Unter den Linden. A g. (N.), elle sépare l'*hôtel de Rome* des nouvelles constructions (par *Ihne*, 1900) de l'*Académie des Sciences* et de la *Bibliothèque Royale* (Pl. C, 2).

Cette bibliothèque (on visite t. l. j., sauf les sam. et dim., de 1 à 2 h.), fondée à la fin du XVIIe s. et une des plus riches du monde, possède env. 1,250,000 vol. et 30,000 manuscrits (entre autres, le *Codex Vittekindi*, manuscrit des quatre évangélistes du IXe ou Xe s., avec reliure ornée de sculptures en ivoire); un *diptyque* en ivoire sculpté du Ve s.; des portraits par *L. Cranach*, etc. — La *bibliothèque de l'Université* y a été rattachée en 1910.

L'*Universitætstrasse* sépare la Bibliothèque de l'*Université* (503 professeurs; env. 7,800 étudiants), grande construction du XVIIIe s., avec deux ailes en retour, bordant une cour-jardin où l'on voit les statues d'*Alexandre* et de *Guillaume von Humboldt*, par *Begas* et *Otto* (1883), de *Helmholtz*, par *Herter* (1899), de *Mommsen*, par *Brütt*, et de *H. von Treitschke*, par *Siemering* (1910).

A dr. (S.), en face de l'Université, le *palais de l'empereur Guillaume I*er (*Palais Kaiser Wilhelms I*; Pl. C, 2; t. l. j. de 10 à 2 h., sauf le dim. de 10 à 1 h.), appartenant auj. au prince Henri, frère de l'empereur Guillaume II, renferme des souvenirs du souverain, quelques œuvres d'art, etc.

Devant ce palais se dresse le **monument de Frédéric II**, qui compte parmi les créations les plus remarquables de *Rauch*. Il fut achevé en 1851.

Au bas du piédestal, noms d'hommes de guerre, d'Etat, artistes et savants; sur le devant : « A Frédéric le Grand, Frédéric-Guillaume III, 1840 ; achevé par Frédéric-Guillaume IV, 1851 ». Dans la partie centrale, reliefs en bronze représentant les principales célébrités militaires et scientifiques et les hommes d'Etat du temps de Frédéric II. Aux quatre angles, statues équestres des quatre meilleurs généraux de Frédéric (le *duc de Brunswick*, le *prince Henri de Prusse*, le *général Seydlitz* et le *général Ziethen*). Dans la partie supérieure, aux quatre angles, statues de la *Tempérance*, la *Justice*, la *Force* et la *Prudence*; entre ces statues, huit bas-reliefs représentant divers épisodes de l'histoire de Frédéric II.

Sur le côté E. du palais de l'empereur Guillaume s'ouvre la belle **place de l'Opéra** (*Opernplatz*; Pl. C, 2), aménagée en square; sur le côté O., contigu au palais de l'empereur Guillaume, l'édifice de style baroque (fin du XVIIIe s.) avec l'inscription « Nutrimentum spiritus » renfermait jusqu'en 1910 la Bibliothèque royale (*V.* ci-dessus). Au centre de la place s'élève le théâtre de l'**Opéra** (*Opernhaus*), rebâti après l'incendie de 1843 par *Langhans* (l'intérieur a été renouvelé en 1895). Les statues d'Apollon et des Muses, ainsi que les bas-reliefs des frontons, sont de *Rietschel*.

Autour de l'Opéra se dressent cinq statues de généraux célèbres, par *Rauch*, en face, au N. : *Bülow* († 1816) et *Scharnhorst* († 1813) en marbre; du côté E. : *Blücher* († 1819), sur un piédestal haut de 4 m.; à sa dr., *Gneisenau* († 1831) et, à sa g., *York* († 1836). — A l'O., entre l'Opéra et la Bibliothèque, *monument de l'impératrice Augusta*, par *Schaper* (1895).

Derrière l'Opéra, l'*Hedwigskirche*, église catholique, du XVIIIe s., a un dôme en cuivre surmonté d'une lanterne et d'une croix, datant de 1887.

Revenant à l'Unter den Linden, on trouve à g. (N.), à côté de l'Université, vers l'E., la *Kœnigswache* (Corps de garde), devant laquelle sont trois gros canons, dont celui du milieu provient du fort du Mont-Valérien. La musique de la garde montante y joue t. l. j. pendant la belle saison à 11 h. (sam. et dim. à midi).

Derrière (au N.) la Kœnigswache se trouvent le *Ministère des Finances* et la *Singakademie* (Académie de chant), avec salle de concerts.

A côté et à g. de la Kœnigswache, le **Zeughaus** (*Arsenal*, Pl. C, 2) a été bâti entre 1695 et 1706. La façade est flanquée des *statues de Bülow* et *de Scharner*, par *Rauch* (1822). Le buste de Frédéric II, au-dessus du portail et les deux figures allégoriques de femmes qui le flanquent sont l'œuvre du sculpteur français *Hulot.*

L'intérieur (t. l. j. de 10 à 3 h. en été et de 10 à 2 h. en hiver; dim. et fêtes de 12 à 3 h.; fermé les jours de grandes fêtes), entièrement remanié, d'après *Hitzig*, vers la fin du XIXe s., est devenu le *Waffenmuseum* (musée d'armes) et la *Ruhmeshalle* (musée d'armes et galerie de la gloire).

Rez-de-chaussée. — Salles à dr. de l'entrée : très intéressante *collection d'armes à feu*; salles à g., collection de modèles de forteresses, de plans de batailles, d'instruments du génie et, enfin, une belle *tente* turque, prise au siège de Vienne (1683). — La cour, transformée en hall vitré, est ornée d'une *Borussia* (Prusse) colossale, par *R. Begas*; les **têtes de guerriers mourants**, qui décorent les clefs de voûte des fenêtres, sont des œuvres remarquables de *Schluter.*

Etage supérieur. — Un perron orné de sculptures par *Begas* donne accès à l'aile N., où se trouvent les trois salles de la **Ruhmeshalle**, dont celle du centre, consacrée aux Souverains (*Herrscherhalle*) est ornée de peintures allégoriques ou commémoratives, par *Geselschap, Camphausen, Bleibtreu* et *Werner*; les deux latérales, consacrées aux généraux (*Feldherrnhallen*), sont décorées de grands bustes de généraux et de peintures historiques par *Simmler, Knackfuss, Janssen, Bleibtreu, Hünten, Steffeck*, etc.

Les autres salles de cet étage et qu'une grille sépare de celles de la Ruhmeshalle, renferment la belle **collection d'armes.** — Dans l'aile E. : à dr., armes Orientales; à g., armes Européennes (à remarquer les armures du XVe s. et les armes de luxe du XVIe s). — Dans l'aile S. et l'aile O. : armes, uniformes, étendards, etc., des troupes brandebourgeoises et prussiennes; souvenirs des guerres du temps de Napoléon 1er, etc.

En face et au S. du Zeughaus est le *palais du Prince impérial* (Kronprinzen-Palais), qui communique vers l'O., par une galerie enjambant l'Oberwallstrasse, avec le prétendu *palais des Princesses.*

Au delà et à l'E. de ces édifices, le **Schlossbrücke**, ou pont du Château, construit en 1842 par *Schinkel*, sur un bras de la Sprée et orné de 8 groupes en marbre symbolisant la vie militaire, donne accès au **Lustgarten** (Pl. C-D, 2), vaste place plantée d'arbres, bornée à dr. (S.) par le Château Royal (*V.* ci-dessous); à l'E., par le **Dom**, la nouvelle cathédrale, édifice imposant quoiqu'un peu lourd dans sa partie inférieure, achevé en 1900 sur les plans de *Raschdorff* (à l'int., quelques monuments; mosaïques d'après *A. von Werner*); au N., par le petit square ou jardin (au centre, *monument équestre de Frédéric-Guillaume III*, par *Wolff*), qui précède les constructions des Musées (*V.* ci-dessous).

Le **Kœnigliches Schloss** (*Château Royal*; Pl. D, 2) forme un immense carré de 479 m. de pourtour. L'électeur Frédéric II le commença en 1699; les façades N. et S. ont été dessinées par *Schlüter.* Le palais a été à peu près terminé vers 1715, par *Eosander*, qui en dessina la façade; plus tard *Schinkel* remania des appartements et, vers 1850, *Schadow* érigea le dôme colossal, qui domine la chapelle. Guillaume II a fait reprendre les travaux de transformation, qui ne sont pas encore achevés, d'après les indications d'*Ihne.* — La famille impériale occupe les appartements du 1er étage vers la place du Château; lorsque l'empereur habite le palais, un étendard rouge indique sa présence.

Le grand portail O., dessiné par *Eosander*, en imitation de l'arc de

Septime-Sévère à Rome, est d'un bel effet; les bas-reliefs en bronze, par *Lessing* (1897), ont trait à l'électeur Frédéric II et au roi Frédéric Ier, les premiers constructeurs du château. La façade vers le Lustgarten est la plus ornée; sur la balustrade qui la couronne se dressent les *statues*, en costume mythologique, de l'empereur Guillaume Ier (en *Jupiter*), de l'empereur Frédéric III (en *Mars*), de l'impératrice Augusta (en *Junon*) et de l'impératrice Victoria (en *Minerve*). C'est aussi de ce côté que l'empereur Guillaume II a fait ériger, de 1905 à 1908, 6 *statues*, en souvenir des relations du Grand-Electeur avec les Pays-Bas (à g., devant la pharmacie de la Cour, l'*amiral de Coligny*, † 1572 à la Saint-Barthélemy, bisaïeul de la première femme du Grand-Electeur; cinq *princes de la maison d'Orange*).

Visite du château : — t. l. j. de 10 h. à 1 h., dim. et fêtes de 11 h. 30 à 1 h. 30; fermé les jours de grandes fêtes; on entre par la porte IV, du côté N., vers le Lustgarten; un militaire ouvre; entrée 50 pf., les cartes sont délivrées dans la 1re cour, à g., au rez-de-chaussée, où un passage conduit dans la 2e cour; l'entrée des visiteurs est dans l'aile E.; vestiaire obligatoire et gratuit; on conduit par groupes toutes les demi-heures.

1re COUR (*Æusserer Schlosshof*, ou cour extérieure) : groupe en bronze (St Georges et le dragon), par *Kiss* (1865). — 2e COUR (*Innerer Schlosshof*, ou cour intérieure), entourée d'arcades, d'une disposition simple et imposante : c'est une des plus belles œuvres de *Schlüter*.

Les appartements du 1er étage, qui n'avaient servi depuis longtemps qu'aux réceptions et aux fêtes de la cour, sont à présent la résidence de la famille impériale. — D'ordinaire, on ne visite que les appartements du 2e étage. Ils sont remplis de portraits pour la plupart médiocres, de dressoirs garnis d'orfèvrerie ancienne et curieuse par son antiquité plus que par ses formes. — Les appartements des ailes E. et N., richement décorés par *Schlüter*, sont les plus intéressants.

On traverse le SCHWEIZERSAAL (Salle des Suisses), ancienne salle des gardes, et par trois antichambres on passe dans l'aile N. — KŒNIGSZIMMER (Chambre du Roi) : portraits (dont les trois premiers par *Pesne*) des souverains prussiens. — ROTE DRAP D'OR-KAMMER (Chambre du Drap-d'Or) : portrait de Guillaume Ier à Gravelotte, par *Camphausen* et bas-relief par *Schlüter*, au-dessus de la cheminée. — ROTE ADLER-KAMMER (Chambre de l'Aigle-Rouge) : meubles en bois argenté. — RITTERSAAL (Salle des Chevaliers, jadis Salle du Trône), d'un très riche style rococo (à remarquer les dessus-de-portes par *Schlüter*; le riche *buffet* avec pièces d'argenterie) et où ont lieu les réceptions de la cour. — SCHWARZE ADLER-KAMMER (Chambre de l'Aigle-Noir); tableau : Frédéric II à la bataille de Leuthen, par *Camphausen*. — ROTE SAMMT-KAMMER (Chambre de Velours rouge) : portraits de Frédéric Ier et de sa femme, dans de riches cadres et meubles en bois doré. — Ancienne CHAPELLE (auj. Salle du Chapitre de l'Ordre de l'Aigle-Noir); tableau : première distribution des décorations de cet ordre par Frédéric I, en 1701, par *A. von Werner*.

BILDER-GALERIE (Galerie de tableaux), longue de 60 m. et large de 7 m. 60, servant de salle à manger les jours de grande réception : elle offre une belle vue vers l'Unter den Linden; parmi les peintures on remarque le Couronnement de Guillaume Ier à Kœnigsberg, en 1861, par *A. Menzel*, la Proclamation de l'Empire germanique à Versailles, en 1871, par *A. von Werner* et, à dr. entre les fenêtres, la reine Louise et sa sœur, statues par *Schadow*.

On passe dans l'aile O. — GALERIE AM WEISSEM SAAL (Galerie de la Salle-Blanche) : tapisseries des Gobelins, de 1774 (les Aventures de don Quichotte). — WEISSER SAAL (Salle Blanche), du XVIIe s., transformée à deux reprises, en 1844 et en 1895 et décorée de bas-reliefs par *O. Lessing* et de statues de souverains prussiens par *Schaper*, *Calandrelli*, etc.; c'est dans cette salle qu'ont lieu ordinairement les cérémonies d'ouverture du Reichstag et du Parlement de Prusse. — Un escalier, orné des figures en relief du Grand-Electeur et de Frédéric le Grand, par *Lessing*, sépare cette salle de la SCHLOSSKAPELLE (chapelle du Château), octogone, couronnée par le grand dôme.

Sur la **Schlossfreiheit**, devant la façade O. du Château, a été érigé, en 1897, le **National Denkmal** (*Monument National*), en l'honneur de l'empereur Guillaume Ier.

La *statue* équestre de l'empereur, par *R. Begas*, flanquée de quatre *Victoires* et des statues de la *Paix* et de la *Guerre*, s'élève au centre d'un portique en hémicycle à colonnes ioniques géminées, d'un bel effet et richement décoré; on doit y placer les statues des plus célèbres contemporains de l'empereur : les quadriges du sommet, représentant, celui du N., la *Prusse* et celui du S., la *Bavière*, sont l'œuvre de *Bernewitz*.

Au S. du château, la **Schlossplatz** (Pl. D, 2), — dont le côté S. est bordé par l'édifice grandiose du **Kœniglicher Marstall** (*Ecuries royales*), achevé en 1900 sur les plans d'*Ihne*, — est ornée d'une fontaine monumentale, la **Schlossbrunnen**, par *R. Begas*, offerte en 1891 à Guillaume II par la municipalité de Berlin.

A l'E. de la Schlossplatz, la *Kurfürstenbrücke*, franchissant le bras E. de la Sprée, supporte la *statue* équestre *du Grand-Electeur Frédéric II* († 1688), œuvre de *Schlüter*.

Au delà de ce pont, la *Kœnigstrasse* conduit à la **Poste centrale** (*Hauptpostamt*; Pl. D, 2; les bureaux de la poste restante se trouvent au rez-de-chaussée, dans la cour) et au *Rathaus* (Pl. D. 2), grand bâtiment en briques rouges, bâti de 1861 à 1870; le sous-sol est affecté au *Ratskeller* (restaurant; vins et bières), décoré de peintures par *A. von Heyden*.

A quelques pas au N.-E. de la Poste, sur le *Neuer Markt*, on voit la *Marienkirche* (Pl. D, 1), du XIVe s., renouvelée en 1894 et le *monument de Luther*, par *Otto* et *Thoberentz* (1893).

Revenant vers la Sprée, on peut aller, par le quai de la *Burgstrasse*, voir, à l'angle du quai et de la *Neue Friedrichstrasse*, la *Bourse* (Pl. D, 1), bâtie de 1859 à 1864, par *Hitzig* (à la façade vers le Sprée : *la Prusse protégeant le Commerce et l'Agriculture*, par *R. Begas*).

La grande salle, longue de 101 m. et large de 27 m., est fréquentée journellement par plus de 4,000 boursiers. Le public a accès (de 12 à 2 h.; 30 pf.) aux galeries d'où l'on domine la salle.

De la Bourse, la *Friedrichsbrücke* conduit à la *Museumstrasse*, qui passe devant la Galerie Nationale, à dr., et aboutit entre le Vieux et le Nouveau Musée (*V.* ci-dessous).

II. — Les Musées de l'Ile.

Au delà et au N. du Lustgarten et du Dôme, à l'extrémité N.-O. de l'île formée par la Sprée, sont groupés les Musées royaux de Berlin, dont l'importance n'a fait que grandir depuis une vingtaine d'années et auxquels viendront bientôt s'ajouter de nouvelles constructions. — En venant du Lustgarten on trouve d'abord l'*Altes Museum* (Vieux Musée; *V.* ci-dessous), qu'un passage relie au *Neues*

Museum (Nouveau Musée; p. 166), contigu à la *National Galerie* (p. 169) et derrière lequel un bâtiment est affecté, provisoirement, aux *Antiquités de l'Asie occidentale* (p. 168); plus loin, au delà du ch. de fer Métropolitain, qui en dépare l'aspect, s'élève le *Kaiser-Friedrich-Museum* (Musée de l'empereur Frédéric; p. 171).

Un nouveau Musée pour les Antiquités de l'Asie occidentale, un autre pour les Antiquités de Pergame, un Musée Germanique et, enfin, une aile nouvelle du Neues-Museum, destinée aux antiquités égyptiennes, sont en construction ou en projet d'après les plans de *Meissel*.

Le directeur général des Musées royaux (ainsi que du Kunstgewerbe-Museum et de l'Ethnographisches-Museum) est le Dr *W. Bode*.

Altes Museum (*Vieux Musée*, Pl. C, 1; t. l. j., sauf le lundi, de 10 à 3 h. en hiver, de 10 à 4 h. en été et de 12 à 3 ou 6 h. les dim. et fêtes; fermé les grandes fêtes; guide allem. « Führer durch die Königlichen Museen », 50 pf.), exclusivement consacré à la sculpture et aux productions d'art industriel de l'antiquité grecque et romaine.

Bâti en 1827, sur les plans de *Schinkel*, il est, ce qu'il devait être à cette époque, une construction inspirée du grec. Le bâtiment central est surmonté vers le Lustgarten (S.) de la reproduction, par *Tieck*, des *Dompteurs de chevaux* de la place du Quirinal à Rome et, vers le N., de *Pégase caressé et abreuvé par les Heures*, par *Hagen* et *Schiwelbein*; sur les côtés du perron on voit, à dr., une *Amazone combattant un tigre*, par *Kiss* et, à g., un *Cavalier terrassant un lion*, par *Wolff*. Le portique inférieur est décoré de fresques allégoriques (à g., la *Création du monde*; à dr., l'*Histoire de la civilisation suivant la mythologie*) d'après *Schinkel*, et de 10 *statues* en marbre d'artistes et de savants allemands. Un escalier à double rampe, orné également de fresques (*Lutte de la civilisation contre les Barbares*) d'après *Schinkel*, monte au portique supérieur, où se trouve une reproduction du célèbre *vase* de Warwick et d'où l'on a une belle vue sur le Lustgarten, le Dôme et le Château royal.

1er étage. — **Galerie de sculpture antique** (*Antike Bildwerke*). — ROTONDE : sculptures décoratives, romaines et d'après des originaux grecs (ve et ive s. av. J.-C.); à g. 178. Déesse (Junon?); 215. Méléagre (d'après Skopas); à dr., 496. Femme priant; 287. Déesse (la Fortune?).

SALLE I. — Inscriptions grecques et latines. — Fragments architectoniques.

SALLE II. — Sculptures grecques archaïques (vie s. av. J.-C.). — A g., 1555. Torse d'Apollon de Naxos; 1574-75. Femmes assises; 1577. Grand torse de femme (Asie Mineure). — A dr., 308. **Tête barbue** [d'un très beau travail]; 734, 1531. Fragments de stèles peintes; dans une vitrine, contre le mur : 731. Bas-relief (personnages offrant un sacrifice); 1474. Petite tête de femme (Sélinonte).

SALLE III (ETRUSQUE). — Sarcophages, urnes, bas-reliefs. — Au milieu, sarcophage en pepérin, avec peintures (de Civita Castellana). — 1221. Autel avec bas-reliefs, d'après des motifs ioniques.

SALLE IV ou GRANDE SALLE OUEST (Westsaal). — Sculptures grecques de la grande époque (ve et ive s. av. J.-C.). — En commençant à g., travée du fond : 1494. Statue de femme drapée (la tête est d'une époque postérieure); 83. Déesse (école de Phidias). — Près de la fenêtre : 1459. Jeune déesse

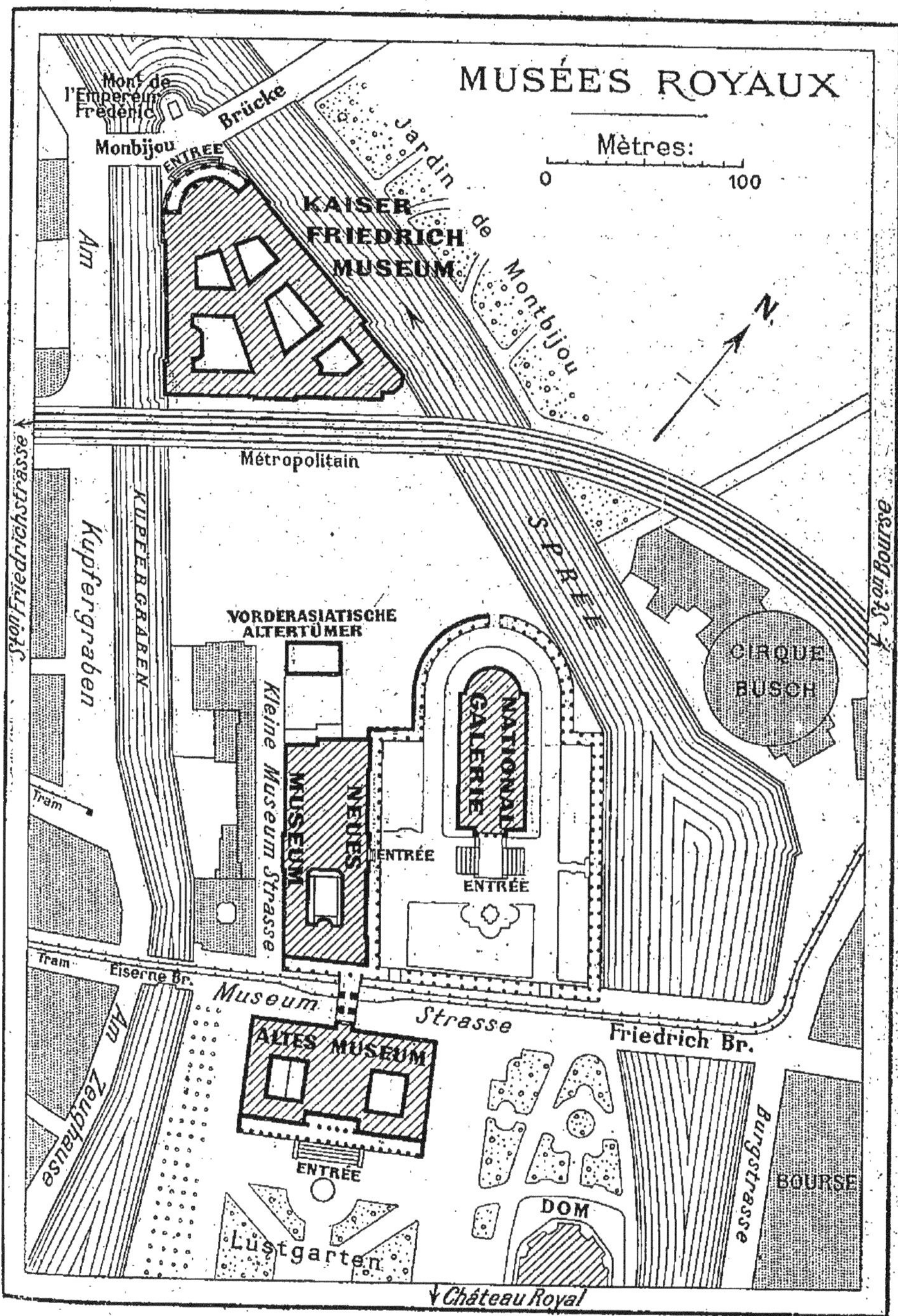

(probablement Vénus; la tête manque). — 229. Torse de jeune fille. — 1545. Bas-relief (un dieu enlevant une déesse); — 1456-57. Bas-reliefs (Jeunes filles dansant). — 1530. Tête de Périclès. — 735. Fragment de stèle funéraire. — 738-39. Bas-reliefs funéraires. — 498-99. Pleureuses gardant les tombeaux.

Salle V ou Grande Salle Nord (Nordsaal). — Copies d'œuvres du ve s. av. J.-C. : En commençant à g. : 7. Amazone (d'après Polyclète); 193. Hermaphrodite; 610, 1558. Têtes de femmes; 482. Hercule adolescent (d'après Skopas); 28. Vénus (la pose rappelle la Vénus de Médicis; école

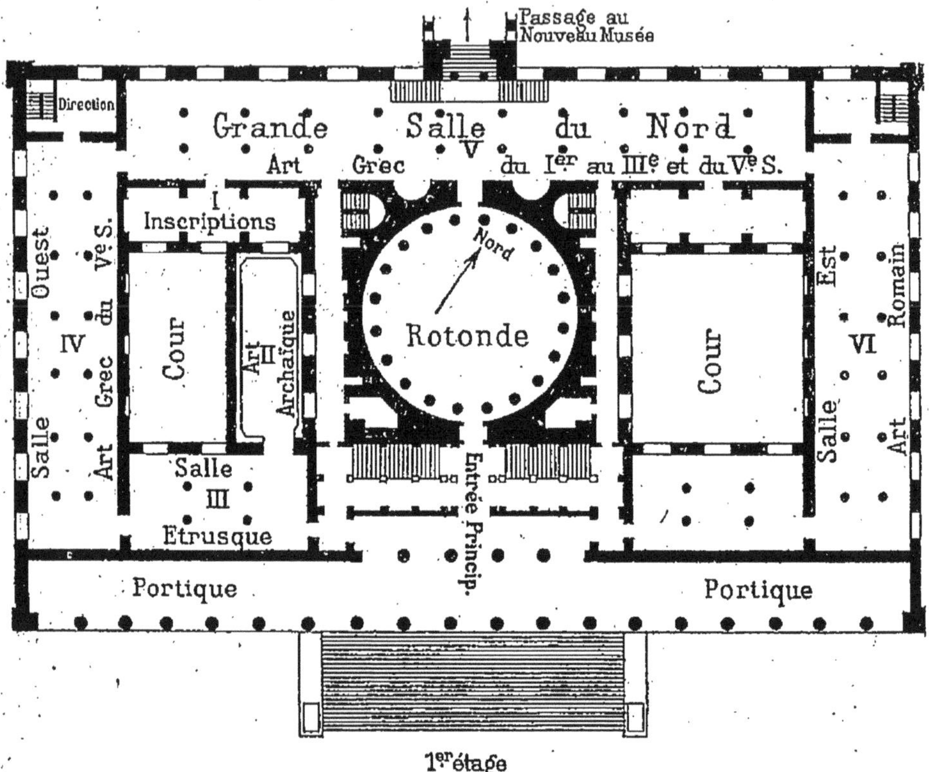

1er étage

de Praxitèle); au mur du fond, 296, 297. Bustes de Sophocle et d'Euripide; 469. Pugiliste (éc. de Lysippe). — Art hellénistique (iiie au i^er s. av. J.-C.); 495. Jeune fille et petits Amours; 208. Ménade (la tête manque); 262. Satyre; 218, 221-22. Muses; 584-85. Figures de femmes [remarquables pour l'expression].

Salle VI (Romaine) ou Grande Salle de l'Est (Ostsaal). — En commençant au fond : — 354. Statue assise d'un empereur. — 391. Socrate et Sénèque (hermès à deux faces). — 399 *b*. Ⓑ de jeune homme. — 1447, 1467. Bustes d'adolescents; 342. Ⓑ de César (basalte). — Nombreux bustes d'empereurs (384. Caracalla) et de barbares (462, 461, 463). — 992. Couronnement d'un grand tombeau de Falères (i^er s., av. J.-C). — 494. Joueuse d'osselets. — 1503. Tête de nègre. — 447. Tête de vieille femme.

2e étage. — De la salle V (du Nord) un escalier à double rampe monte au passage communiquant avec le Nouveau Musée (*V.* ci-dessous) et aboutit au 2e étage du Vieux Musée, où se trouve l'Antiquarium.

Antiquarium, destiné à recueillir la collection très riche, des petites œuvres d'art et des productions de l'art industriel de l'antiquité; toutes les salles ne sont pas encore définivement aménagées, la classification d'un grand nombre d'objets devant être modifiée.

Salle 1. — Elle est destinée à recevoir les pièces de dimensions exceptionnelles; en attendant on y voit la Victoire sur un globe, bronze doré du vi^e s. av. J.-C., et quelques souvenirs de Pompéi, donnés par Guillaume II au Musée.

Salle 2. — Collection de casques antiques; à g., casques grecs, dont un orné du buste de Minerve (iiie ou iie s.); au fond, casques italiens et romains (parmi ces derniers, quelques-uns ornés de bas-reliefs repoussés); à dr. casque hongrois, en forme de cloche, de l'âge du bronze et casque celtique, en fer bardé de bronze; au milieu, casque de gladiateur, avec incrustations en argent.

Salle 3. — Statues en bronze : Adolescent en prière (fin du ive s. av.

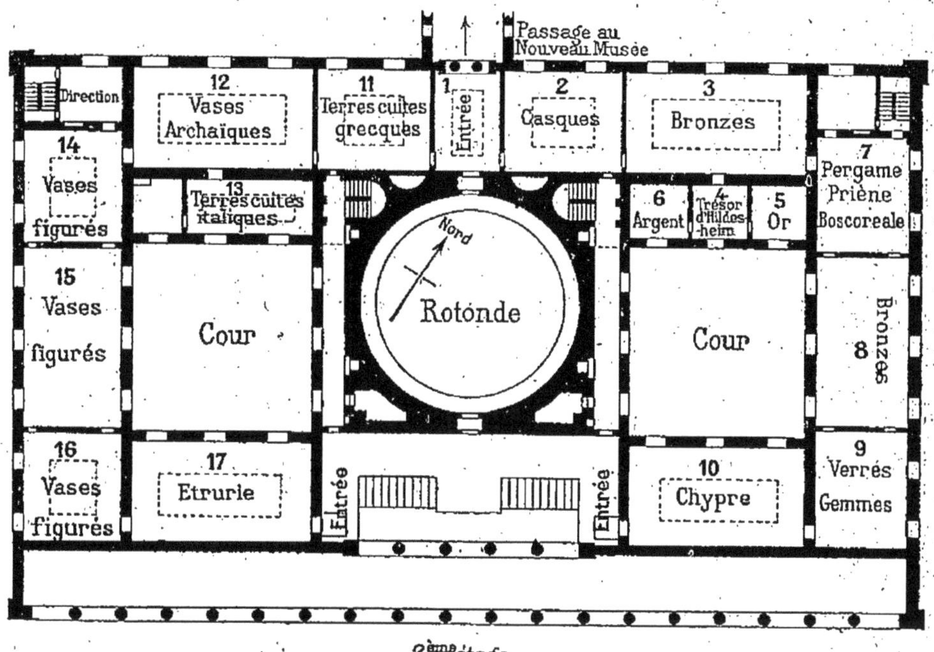

2ème étage

J.-C.); Apollon (fin du ve s.); Jeune coureur (du temps des Empereurs); dans la 1re vitr. isolée, objets provenant des fouilles du sanctuaire de Jupiter à Dodone (statuettes de guerriers, de Jupiter lançant la foudre, etc.); dans les vitr. latérales, suite chronologique de petits bronzes, commençant par (vitrine 1) les œuvres grecques-archaïques (Vénus avec une fleur; Jeune homme avec un bouc), puis celles grecques (Adolescent avec une pomme, statuettes de jeunes filles, servant de supports à miroir), hellénistiques (Thésée et le Minotaure); caricatures alexandrines et romaines (Mercure; Bacchus argenté, etc.).

Salle 4. — Célèbre **trésor d'Hildesheim**, vaisselle romaine : vases, coupes, assiettes, etc., en argent repoussé, en grande partie du temps d'Auguste, qui comptent parmi les plus belles pièces de ce genre parvenues de l'antiquité jusqu'à nous (trouvées en 1868 au Galgenberg, près Hildesheim).

Salle 5. — Ornements et parures en or, de provenance grecque, étrusque et romaine; trésor de Vettersfelde (objets gréco-ioniques, vi^e s. av. J.-C.), trésor de Pedescia (des premiers temps de l'époque impériale), etc.

Salle 6. — Ornements et parures en argent; trésor de Louqsor (iie s. av. J.-C.), décoration d'un officier romain; etc.

Salle 7. — Objets en bronze; ustensiles de ménage, lampes, vases grecs, étrusques et romains; figurines en terre cuite; trouvailles de Pergame, de Priène et de Boscoreale; etc.

SALLE 8. — Bronzes : vases, candélabres, armes, ustensiles divers, grecs, étrusques et romains; cistes et miroirs étrusques (célèbre **miroir** avec les figures de Sémélé, d'Apollon et du jeune Bacchus); ornements féminins; trouvailles d'Olympia; etc.

SALLE 9. — Verres antiques, intailles, camées; grands vases en verre polychrome (Ier s. av. et ap. J.-C.); chaînes et colliers de perles en verre, en pierre, en faïence.

SALLE 10. — Objets provenant de Chypre, de Crète, de Mycène et de Gordion en Phrygie; vases, statuettes de l'époque archaïque; statue funéraire de femme assise (IVe s. av. J.-C.); antiquités préhistoriques.

On revient à la salle d'entrée (salle 1) pour passer dans les salles suivantes.

SALLE 11. — Terres cuites grecques; au mur d'entrée et entre les fenêtres, statuettes de Tanagra (archaïques et du IVe s.); etc.

SALLE 12. — Vases archaïques (entre le Xe et le VIIIe s.); vases étrusques, béotiens, corinthiens, ioniques, etc.; lampes grecques et romaines; sarcophage, trouvé à Clazomène.

SALLE 13. — Terres cuites italiques; bustes, bas-reliefs.

SALLE 14. — Vases attiques à figures noires et (VIe s. av. J.-C.); belles amphores.

SALLE 15. — Vases attiques, très anciens, à figures rouges; coupes (remarquer les nos 2294, 2531); vases polychromes; etc.

SALLE 16. — Vases italiques à figures rouges, apuliens, lucaniens, campaniens, étrusco-latins, des Ve et IVe s. av. J.-C.

SALLE 17. — Céramiques italo-étrusques : « buccheri » (vases en terre noire; VIIe au Ve s.); ustensiles, etc.; objets trouvés dans les sépultures étrusques de Chiusi, de Corneto-Tarquinia et de Volterra; antiques vases romains trouvés dans la province rhénane.

Neues Museum (*Nouveau Musée*; Pl. C, 1; t. l. j.; en semaine de 10 h. à 3 h. en hiver et à 4 h. en été, de 12 h. à 3 ou 6 h. les dim. et fêtes; fermé les grandes fêtes; catalogue-guide, en allem., 50 pf.), construit de 1843 à 1855 par *Stüler*; on y accède soit par l'entrée principale, sur la façade E. vis-à-vis de la Galerie Nationale, soit par le passage communiquant avec le Vieux-Musée (*V.* ci-dessus).

Au centre de l'édifice, grand **escalier** décoré de *fresques* colossales par W. *Kaulbach* (1866; elles représentent la tour de Babel; Homère et les Grecs; la Destruction de Jérusalem, la Défaite des Huns, les Croisés à Jérusalem, la Réforme) et par lequel on descend au rez-de-chaussée, pour monter ensuite aux étages supérieurs.

Rez-de-chaussée. — **Musée Egyptien**, une des plus riches collections de genre qu'il y ait actuellement en Europe.

VESTIBULE. — A dr. 12800. Obélisque de Ramsès II (1300 ans av. J.-C.); 1479. Ⓑ du roi Harem-hab; 10834. Chapiteau avec la tête de la reine Hathor.

SALLE II (DE L'ÉPOQUE PRIMITIVE). — 1er et 2e compart. : vases en pierre, en faïence, etc.; — 3e compart. : antiquités des premiers temps de l'histoire de l'Egypte (vers 3500 av. J.-C.), sépultures, momies, armes, ornements, etc.; — 4e compart. : antiquités de l'Ancien Empire (2800 à 2500 av. J.-C.), soit de la plus belle époque de l'art égyptien; 1105. Chambre sépulcrale de Meten, précédée de sa statue; du côté des fenêtres, 15420-21. Bas-reliefs (Navigation entre les papyrus; Récolte du chanvre). — Dans les vitrines, objets provenant de sépultures. — Plus loin, à g., 1186. Entrée d'un tombeau; 15756. Bas-reliefs d'un tombeau de la Ve dyn. — A dr. (côté des fenêtres), bas-reliefs (14642. Volailles à l'engrais; 14100. Chasse avec les filets; 15004. Danseuses).

SALLE III (DE L'ANCIEN EMPIRE). — 1108. Chambre des Sacrifices du tombeau de Ma-nofer (vers 2600 av. J.-C.). — 1107. Chambre sépulcrale du prince Mer-eb, fils de Chéops (le constructeur de la grande pyramide : 2700 av. J.-C.). — 10123. Un homme avec sa femme et son enfant. — 10858. Statue en bois de Per-her-nofret. — 1185. Porte de la pyramide à degrés de Saqqârah, ornée de faïences. — 15701. Statue en granit d'un scribe.

Cour et Salle des Colonnes, dont l'architecture reproduit l'ordonnance d'un temple égyptien. — 7262. Bouc sacré. — 7264-65. Figures colossales de Ramsès II (?) et de Senwoorets I. — Entre la cour et la salle des Colonnes, à g., 9-11. Cercueils (trois enchâssés) et momie de l'intendant Mentu-hotep,

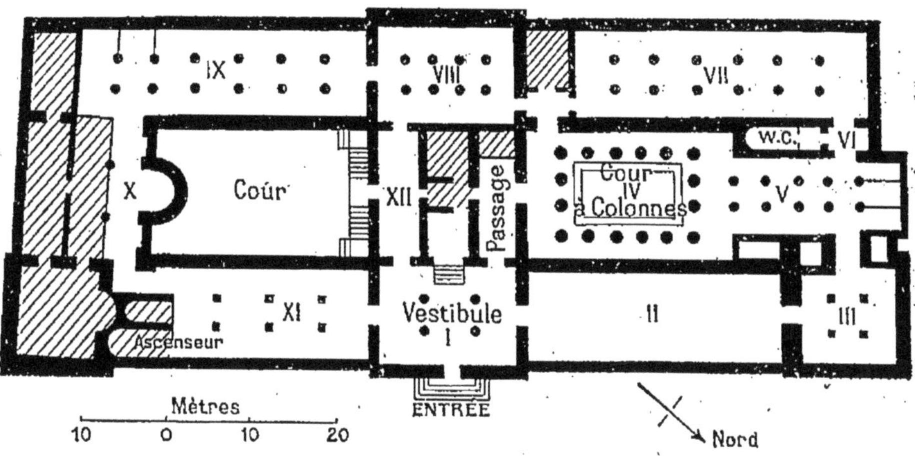

et objets que l'on y a retrouvés ; à dr. 13272. Cercueil d'Henui et objets que l'on y a trouvés ; entre les colonnes : 15700. Belle statue d'un fonctionnaire ; 16955. Tête d'un roi.

Salle VI de la VIIIe dynastie ; 1600-1400 av. J.-C.). — Au milieu, 2296. Statue du Précepteur d'une jeune princesse (il la tient entre les bras).

Salle VII (du Nouvel Empire ; 1600-1100 av. J.-C.) ; on y voit l'éclosion d'un art nouveau, plus raffiné et plus élégant que ne l'était l'art de l'Ancien Empire. — Paroi I : 2297. Ptahmai et sa famille. — Dans les vitrines, ustensiles divers, ornements, etc. — Entre les parois III et IV. 2. Sarcophage d'un général. — Au pilier isolé, 2058. Bas-relief du célèbre tombeau de Séthos Ier. — Paroi VIII : vitr. F. armes (hache de guerre ; poignard avec gaine). — Paroi IX : pierres sépulcrales (2060-61, peintures sur stuc ; 10859. Bas-relief sur bois). — Paroi X : 7278. Bas-relief funéraire ; 12412. Funérailles d'un grand-prêtre de Memphis. — Paroi XI : 2088. Funérailles de l'architecte Maia (les statues sont transportées sur des traîneaux à la sépulture) ; 2275. Beau bas-relief (le Mort priant le Dieu du Soleil). — Parois XII à XIV (époque lybienne après 1100 av. J.-C.) : 11000. Coffret en albâtre ; 2094. Bas-relief de Carnac (Juifs prisonniers de guerre). — Paroi XV (époque d'Aménophis IV) : 15000. Le roi et sa femme ; 14145. Le roi et sa famille.

Salle VII (passage). — Inscriptions.

Salle VIII (installation provisoire). — Cercueils ; objets divers (scarabés, ornements, ustensiles).

Salle IX (basse époque, après 660 av. J.-C.). — Cercueils ; statuettes de divinités et d'animaux sacrés ; momies d'animaux sacrés ; — 12500. Curieuse tête de vieillard. — 2039. Prêtresse (bronze). — 11404. Tête de bouquetin (bronze). — 10972. Statue d'un vieillard.

Suivent les antiquités de l'époque gréco-romaine.

SALLES X et XI (ÉPOQUE ROMAINE, après J.-C.). — Paroi III de la salle XI : 11673 et 11752. Momies avec leurs portraits; 11411. Portrait d'une dame Aline (au-dessous, momies de ses enfants avec portraits); 11414. Masque doré du mari d'Aline; 11417. Masque d'un parent d'Aline; 11415. Pierre sépulcrale d'Aline.

VESTIBULE : — Inscriptions, antiquités nubiennes.

SALLE XII (DE NUBIE). — IIIe compart. : 2244-45. Portrait d'une reine de Méroë et, dans la vitrine près de la fenêtre, parure en or de cette reine, qui était contenue dans la pomme de pin en bronze placée à côté du portrait et trouvée dans la pyramide consacrée à la reine.

1er étage. — Grande **collection de moulages** d'après les antiques; les salles XI et XII renferment provisoirement les moulages d'après les statues, reliefs (groupes de la frise du temple de Jupiter; victoire de Péonios; Hermès de Paraxitèle, etc.) provenant des fouilles entreprises, de 1875 à 1881, à Olympie.

2e étage. — **Cabinet d'Estampes**, très riche surtout en œuvres de maîtres allemands et néerlandais, ainsi qu'en dessins d'artistes anciens; il possède en outre une intéressante collection de manuscrits illustrés du Xe au XVIe s., de livres illustrés et de photographies d'après des tableaux ou dessins célèbres; deux salles sont consacrées à des expositions périodiquement renouvelées de gravures, estampes et dessins de toutes les écoles et de toutes les époques.

Sculptures de Pergame. — Cette intéressante collection est installée provisoirement sous le portique à colonnes, qui longe le côté E. du Nouveau-Musée (pour les voir, s'adresser à l'Ober-Aufseher ou gardien-chef, salle XII du Nouveau-Musée).

Vers 180 av. J.-C., l'Attalide Eumène II, roi de Pergame, vainqueur des Gaulois qui avaient envahi l'Asie Mineure, fit élever sur l'Acropole de Pergame un autel colossal, en l'honneur de Jupiter et de Minerve; un perron montait à cet autel, dont les faces extérieures étaient ornées d'une frise sculptée, en marbre, haute de 2 m. 30 et représentant la « Gigantomachie » ou le Combat des Dieux et des Géants. Cette frise, découverte en 1870 et 1880 par *Humann* (et qui est le plus grand monument de la sculpture grecque actuellement existant), surpasse en valeur la célèbre frise du Parthénon, dont on peut dire qu'elle est le pendant. — Elle a été soigneusement reconstituée, sans aucune restauration moderne; la partie la mieux conservée est celle du côté g., qui représente le combat entre les divinités de la mer et des géants monstrueux.

Antiquités de Priène, de Magnésie (pas visibles actuellement). — Ces antiquités et quelques autres provenant de Baalbek et de Pergame sont placées provisoirement dans le portique longeant la Sprée, à l'E. de la Galerie Nationale.

Antiquités de l'Asie Occidentale (*Vorderasiatische Altertümer*; visiter t. l. j. en semaine, de 11 à 1 h., après s'être annoncé à la Direction). — Elles sont provisoirement exposées dans un bâtiment situé au N. du Nouveau-Musée.

Rez-de-chaussée. — On y a réuni les antiquités (originales) de Babylone, d'Assyrie, de Syrie et d'Arménie. — A g., niche *A* : bas-relief en albâtre, provenant du palais du roi Asurnazirpal (884-859 av. J.-C.) à Nimroud, près Ninive; niche *B* : 2263. Bas-relief (Merodakbaladan, roi de Babylonie, récompense un vassal); niche *C* : monument commémoratif de Sargon, roi d'Assyrie; cloche assyrienne, avec figures. — Au milieu, près du pilier entre les niches *C* et *D*, monument de la victoire remportée par Asarhaddon, roi d'Assyrie (681-669 av. J.-C.) sur Taharka ou Tirhaka, roi d'Egypte (on voit Tirhaka et le roi Ba'al de Tyr enchaînés devant Asarhaddon); près de la fenêtre, deux lions colossaux, de Sendjerli. — A dr., statue du dieu Hadad (l'inscription est l'un des plus anciens exemples de notre écriture littérale); sculptures et inscriptions de Sendjerli et araméennes.

Étage supérieur. — Moulages de sculptures persanes et assyriennes; dans les vitrines, tablettes babyloniennes, cachets, etc.

National Galerie (*Galerie Nationale*; Pl. C, 4; t. l. j. de 10 à 6 h. du 1er avril au 30 sept., à 5 h. en oct. et mars, à 4 h. en nov. et févr., à 3 h. en déc. et janv.; 1 M. le jeudi; 50 pf. les vendr. et sam., gratuite les autres j.; catalogue illustré, 3 M.). — Bâtie par *Strack* sur les plans de *Stüler* et inaugurée en 1876, elle s'élève à côté et à l'E. du Nouveau-Musée, au centre d'une sorte de square entouré d'une colonnade dorique et orné d'une *fontaine*, par *Klein*, et d'autres sculptures (Amazone, bronze, par *Tuaïllon*; un Joueur de boules, par *Kraus*; l'Amour maternel, par *Schulz*; un Sculpteur, par *Lepke*, etc.). Un grand escalier, en haut duquel est la *statue équestre de Frédéric-Guillaume IV*, par *Calandrelli*, précède la façade dont les sculptures sont de *Moser*, *Calandrelli* et *Schulz*.

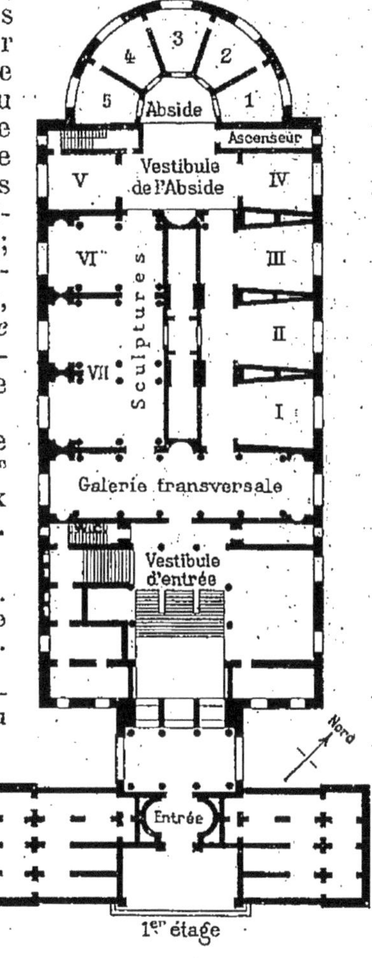

La Galerie renferme une importante collection d'œuvres d'art modernes (XIXe et XXe s.) formée par env. 1,200 tableaux et cartons, plus de 230 sculptures et env. 30,000 dessins et aquarelles.

1er *étage*. — **Vestibule**. — SCULPTURES : 46. *Wolff*. Bacchus et l'Amour; 49. *Herter*. Achille mourant. — PEINTURES : — 24. *Bendemann*. Juifs captifs à Babylone.

Galerie transversale (*Querhalle*). — BRONZES : 108. *Hildebrand*. Le peintre Bœcklin; au milieu, 152. *Lederer*. Coupe; 82. *Stuck*. Athlète; — PEINTURES. 520. *Becker*. Le Carnaval chez le Doge de Venise.

Salle I. — 772. *Bœcklin*. L'artiste et un squelette jouant du violon; 746. Falaise; 448. Les Champs-Elysées; 747. Un jour de printemps; 882. Nymphe et Centaure.

Salle II. — 473. *Feuerbach*. Médée en fuite; 905. La Belle-mère du peintre; 903. Paysage.

Salle III. — 87. *Gebhardt*. La Cène.

Salle IV. — 678. *Schœnleber*. Tempête à Rapallo. — 472. *Lenbach*. Bismarck; 455. Moltke.

On traverse le vestibule de l'abside (quelques sculptures); à dr., près du 1er cabinet, ascenseur pour le 2e étage (10 pf.).

Abside, partagée en 5 cabinets. — 2e CABINET : 545. *Uhde*. Le Bénédicité (allégorie). 1110. *Bœhle*. Ⓟ. — 3e CABINET : 553. *Stauffer-Bern*. Le romancier Freytag; 787. *Max*. Les Sœurs; 790. *Lenbach*. L'historien Mommsen. — 4e CABINET : 745. *Leibl*. Paysannes bavaroises, 946. Le bourgmestre Klein,

771. Chasseur; 949. *Lenbach*. Le Temple de Vesta à Rome. — 5e CABINET : 723. *Dora Hitz*. Fillette; 768. *Skarbina*. Le Soir; 592. *Liebermann*. Préparation du lin en Hollande; 781. Cordonniers.

Salle V. — 754. *Leistikow*. Le Lac de Grünewald. — 840. *Weise*. Dame dans un paysage d'automne.

Salle VI. — SCULPTURES : 23. *Rauch*. Une dame Ⓑ; 11. Le sculpteur Tieck.

Salle VII. — *Sculptures* : 146. *Hildebrand*, M. de Pettenkofer Ⓑ: 160. *Th. Heyse* Ⓑ; 154. *Begas*. Bismarck. — PEINTURE : 475. *Feuerbach*. Concert.

Il faut revenir au vestibule (ou prendre l'ascenseur) pour monter au 2e étage.

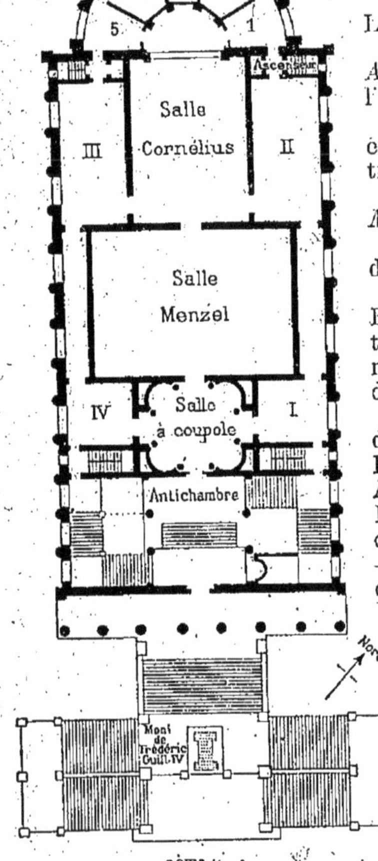

2ème étage

Escalier. — Frise, en stuc, par *Geyer* (épisodes de l'histoire de l'Allemagne); peintures par *Richter*, *Feuerbach* et *Piloty*.

2e *étage*. — **Vestibule.** — 843. *M. de Schwind*. La Rose. — 165. *Gaul*. Lion (bronze).

Salle à coupole. — Frise (le Zodiaque) par *A. von Heyden*; dessus de portes (histoire de l'Art en Allemagne) par *H. von Heyden*.

Il vaut mieux faire le tour des salles latérales et, ensuite, passer dans les deux salles centrales.

Salle I. — Aquarelles et dessins par *A. von Menzel*.

Corridor. — 506. *A. Achenbach*. Port hollandais. — 565. *Vautier*. Au lit du malade.

Salle II. — 8. *Fr. Adam*. La Retraite de Russie. — 400. *Defregger*. Retour du Landsturm tirolien (1809). — 3. *O. Achenbach*. Scheveningue. — 886. *Buchholz*. Printemps à Ehringsdorf.

On passe à côté de l'ascenseur pour entrer dans l'**abside** : — 1er CABINET : 1005. *Rayski*. Le comte H. Einsiedel; 1068. *Grosse*. Ⓟ; 997. *Mohn*. Dimanche de printemps. — 2e CABINET : 1055. *Kobell*. Son Ⓟ; 847. *Spitzweg*. Bain des dames, près de Dieppe; 846. Monsieur le curé. — 3e CABINET : 795. *F. de Schwind*. La duchesse d'Orléans et le peintre; 1028. *Steinle*. La Fille de l'artiste; 900. *Engert*. Jardin; 1040. *Waldmüller*. Ischl, 1041. Le Prater à Vienne. — 4e CABINET : Paysages par *Blechen*. — 5e CABINET : 741. *Meyerheim*. Joueurs de quilles.

Salle III. — 330. *Schrader*. Le consul Wagener (qui légua env. 300 tableaux à la galerie). — 1047. *Fr. Werner*. Un bibliothécaire; 1048. L'Empailleur. — 96. *Gude*. Paysage norvégien; 488. *L. Knaus*. Le chimiste Helmholz; 487. L'historien Mommsen; 169. Fête enfantine.

Corridor. — 670. *A. von Werner*. Sous Paris en 1871.

Salle IV. — Œuvres d'*Adolphe von Menzel*, entre autres : 218, 219. Frédéric II à Sans-Souci; 845. La Chambre à balcon; 984. Le Théâtre du Gymnase; 977. La Chambre à coucher du peintre; 976. Soirée en famille; 985. Souper de bal; 780. Le chemin de fer de Berlin à Potsdam; 1106. Jardin.

On rentre dans la salle à coupole pour passer dans la salle Menzel.

Salle Menzel, ornée de figures allégoriques (la composition d'une œuvre d'art) par *Bendemann*. — Œuvres de *Menzel* : 218. Chez Frédéric II, à Sans-Souci; 219. Concert de flûte chez le roi, à Sans-Souci; 220. Fonderie : 490.

Départ du roi Guillaume pour l'armée (1870); 481. Couronnement du roi Guillaume à Kœnigsberg (1861); — 20. *Begas*. Menzel Ⓑ; 527. *A. von Werner*. Cantinière; 446. *Fr. Adam*. Combat de Floing, près Sedan.

Salle Cornélius, décorée par *Janssen* (sujets mythologiques). — Cartons dessinés par *P. Cornélius* pour le cimetière de Berlin (nº 6, les Chevaliers de l'Apocalypse); on a placé aussi dans cette salle les cartons de *Rethel*, pour les fresques de l'hôtel de ville d'Aix-la-Chapelle et des paysages bibliques, par *Schirmer*.

Escalier. — 84. *Gallait*. La dernière heure d'Egmont. — 443. *Makart*. Venise rendant hommage à Catherine Cornaro, reine de Chypre.

3ᵉ étage. — **Vestibule** ou **Salle I**. (Peintures et sculptures du commenc. du XIXᵉ s.). — 593, 561, 568. *Graff*. Portraits. — 503. *Tischbein*. Joueuse de luth. — 218. *Tassaert*. Ziethen Ⓑ.

Salle II. — Fresques connues sous le nom de *fresques de la casa Bartholdy*, rapportées en 1888 de Rome, où elles ornaient la maison de ce nom et où elles avaient été exécutées entre 1816 et 1818 par *Cornelius*, *Overbeck*, *Schadow* et *Veit*.

On revient au vestibule pour passer, à g., dans le **corridor** (109. *Meunier*. Retour des mineurs, bas-relief en bronze) conduisant à la salle III.

Salle III. — 912. *Goya*. Combat de taureaux. — 891. *Courbet*. La Vague. — 690. *Constable*. Bords du Stour. — 751. *Bonington*. Marine. — 737. *Diaz*. Forêt. — 692. *Courbet*. Un bief. — 807. *Daubigny*. Paysage de printemps. — 889. *Constable*. Sa maison. — 901. *Fantin-Latour*. Son Ⓟ; 705. La Femme du peintre. — 732. *F. Millet*. Soir d'automne. — 911. *Goya*. L'Arbre de Mai. — 890. *Courbet*. Grand-duc attaquant un chevreuil. — 893. *H. Daumier*. Don Quichotte. — Au milieu : 183. *Rodin*. Le Penseur.

Corridor IV. — 702. *Ciardi*. Le Grand Canal à Venise. — 1051. *Ziem*. Vue de Venise. — Dans les vitrines, petites sculptures par *Bourdelles*, *Charpentier*, *Carriès*, *Falguière*, *Maillot*, *Troubetzkoi*, etc.

Salle V. — 821. *Zorn*. Maja. — 891. *Olde*. Soleil d'hiver. — 820. *Segantini*. Retour au pays — 811. *Daubigny*. Paysage. — 998. *C. Monet*. Saint-Germain-l'Auxerrois, à Paris. — 744. *Sisley*. Neige précoce. — 693. *Manet*. Dans la serre. — 1073. *Renoir*. En été; 1008. L'Après-midi des enfants à Vargemont. — 777. *Monet*. Argenteuil. — 887. *Cézanne*. Nature morte. — SCULPTURES : 116. *Rodin*. Le sculpteur Falguière Ⓑ en bronze; 91. Le sculpteur Dalou Ⓑ; 135. L'Homme et sa pensée; 182. L'Age d'airain (bronze).

On passe dans l'**abside**. — 1ᵉʳ CABINET : 137. *P. Troubetzkoy*. Le peintre Segantini Ⓑ; 134. *Klinger*. Amphitrite. — 2ᵉ CABINET : 1053. *Zuloaga*. Paysans espagnols; 917. *Hammershœi*. Chambre ensoleillée; 696. *Segantini*. Heure triste; 698. *Zorn*. Soir d'été en Suède.

Salles VIII, VII et **VI**. — Collection des aquarelles et dessins.

Kaiser-Friedrich-Museum (*Musée de l'Empereur-Frédéric*; Pl. C, 1; t. l. j. en semaine, sauf le lundi, de 10 à 3 ou 4 h. l'hiver ou à 6 h. l'été, le dim. de 12 à 3 ou à 6 h.; entrée 50 pf. les mardi et mercr., gratuite les autres j.; catalogue, 50 pf.). — Construit de 1898 à 1903 par *Ihne*, il occupe l'extrémité N.-O. de l'île des Musées. L'entrée principale est dans l'angle N.-O., où conduisent un pont venant du quai du Kupfergraben et un pont venant du jardin de Monbijou; c'est devant cette entrée que s'élève la *statue équestre de l'empereur Frédéric III*, par *Maison*. — Ce musée renferme : au rez-de-chaussée, une collection de sculptures de l'époque chrétienne primitive, de sculptures italiennes et allemandes de la Renaissance, ainsi qu'un cabinet de médailles; au 1ᵉʳ étage, une riche galerie de peinture et les sculptures italiennes en bronze, ainsi que la plupart de celles en marbre.

Rez-de-chaussée. — De l'entrée on arrive (par le vestibule, où est le vestiaire) au grand **escalier** (Pl. 1) à double rampe (au milieu, statue équestre du Grand-Électeur) qui monte à la galerie de peinture (il y a aussi, à côté, un ascenseur ; 10 pf.) ; en face de la statue, le corridor central (Pl. 2) conduit à la Basilique.

Basilique (Pl. 3), ou vaste salle à l'imitation des églises florentines du commenc. du XVIe s., et qui comprend aussi le 1er étage. — Au milieu deux *colonnes antiques* portent un lion (armes de Florence) et une louve (armes de Sienne) ; à côté *stalles* et lutrin avec marqueteries, œuvres remarquables de la fin du XVe s. — Dans les niches latérales, peintures et sculptures : — à dr., 259. *Begarelli*. Crucifiement (terre cuite) ; 287. *Giacomo* et *Giulio Francia*. Assomption ; 249. *Fra Bartolommeo*. Madone et Saints ; grande Madone trônant, en bois colorié, servant pour les processions (1500) ; — à g., autel en pierre avec Ste Dorothé, par *Andrea della Robbia* ; 1165. *Luigi Vivarini*. Madone et Saints ; 118. *Andrea della Robbia*. Autel, en terre cuite émaillée, avec Madone et Saints ; 191. *Paris Bordone*. Madone et Saints ; Mise au tombeau, grand groupe en terre cuite polychrome par *Giov. della Robbia*. — A côté de la porte de sortie, deux *lavabos* de sacristie, vénitiens ; au-dessus de celui de g., *tabernacle* avec St Jérôme, par *Bart. Buon* ; sur les piliers d'angle du balcon, deux *Pages* en marbre (du monument Vendramin, aux Frari) par *T.* ou *Ant. Lombardo*. — Aux piliers latéraux et aux fenêtres, écussons avec armoiries (la plupart des familles florentines) de la fin du XVe ou du commenc. du XVIe s.

En sortant par le grand portail du fond de la Basilique on se trouve au pied de l'escalier (Pl. 27) montant à la galerie de peinture (p. 175) ; à g., une porte s'ouvre sur le grand corridor ou Salle 11.

Salles 11 et 12. — **Façade du palais de Mschatta** (en arabe : « Camp d'hiver »), bâti sur la lisière du désert de Syrie, par un prince Sassanide (620 ap. J.-C.) et dont ces restes ont été offerts par le Sultan Abdul-Hamid à Guillaume II, qui les fit transporter à Berlin en 1904. On remarquera les ornements à jour (surtout sur le côté g.). — Par la porte même de la façade on passe dans les salles 13 et 14.

Salles 13 et 14. — Moulages d'œuvres d'art allemand.

Salle 10. — Collection d'art islamite prêtée au Musée par le Prof. Sarre : bronzes agéminés de Mossoul, verres émaillés, poteries persanes, etc.

Salle 9. — Tapis (collection donnée au Musée par le Dr W. Bode) : sur le mur à g., grand *tapis persan*, avec animaux, du XVIe s. et deux plus petits, montrant une influence marquée de l'art chinois ; à côté et aux autres parois, tapis des XIVe, XVe et XVIe s. — Dans les vitrines, objets d'art arabe et persan (grand coffret en bronze agéminé, destiné à garder le Coran ; vases polychromes syriens des XIIe et XIIIe s.), etc. — Près de la fenêtre à l'angle du mur du fond, belle *fontaine* en albâtre et carreaux polychromes.

Salle 8. — Sculptures italiennes gothiques (XIIIe-XIVe s.) : beau *portail* vénitien, aux armes des Baglioni ; entre les fenêtres, belle *cheminée* vénitienne ; entre les deux portes, à g., grand et beau *Crucifix*, par *Andrea Pisano* ; statuettes par *Giovanni Pisano* (Madone ; deux Sibylles) ; *Annonciation* (sur bois colorié) par un *maître Pisan*, etc. — Dans la vitrine du milieu, *ivoires*, en grande partie français (80. *Madone* sous un baldaquin, de la fin du XIVe s.). — 291 c. *Sainte* en bois doré ; 26. Gracieuse *Madone*, en albâtre, par *G. Pisano*, diptyques, paix (142. *Le Seigneur et la Mort de la V.*, remarquable œuvre italienne du XIVe s.), etc. — Au mur du fond, 85. *Madone avec l'Enf. J.*, gracieux bas-relief colorié ; 140. Couple amoureux, bas-relief (anglais ?) du XIVe s., etc.

Salles 6 et 7. — Art chrétien primitif et byzantin ; sarcophages, bas-reliefs (à g., près de la porte menant dans la salle 5 : *Madone* en prière et, comme pendant, l'*archange Michel* revêtu des insignes impériaux) ; plus loin, au-dessus d'un fragment de sarcophage, plaque en marbre avec bas-relief : un cerf et deux paons buvant dans un vase, d'où jaillit un pied de vigne, œuvre du ve s.; dans les vitrines, ivoires sculptés, bronzes, parures, lampes et petits objets byzantins; au fond de la salle 7, abside avec une *mosaïque* provenant d'une église de Ravenne et datant du milieu du VIe s. (elle représente le Christ adolescent dans le Paradis, entouré d'anges priant; dans la

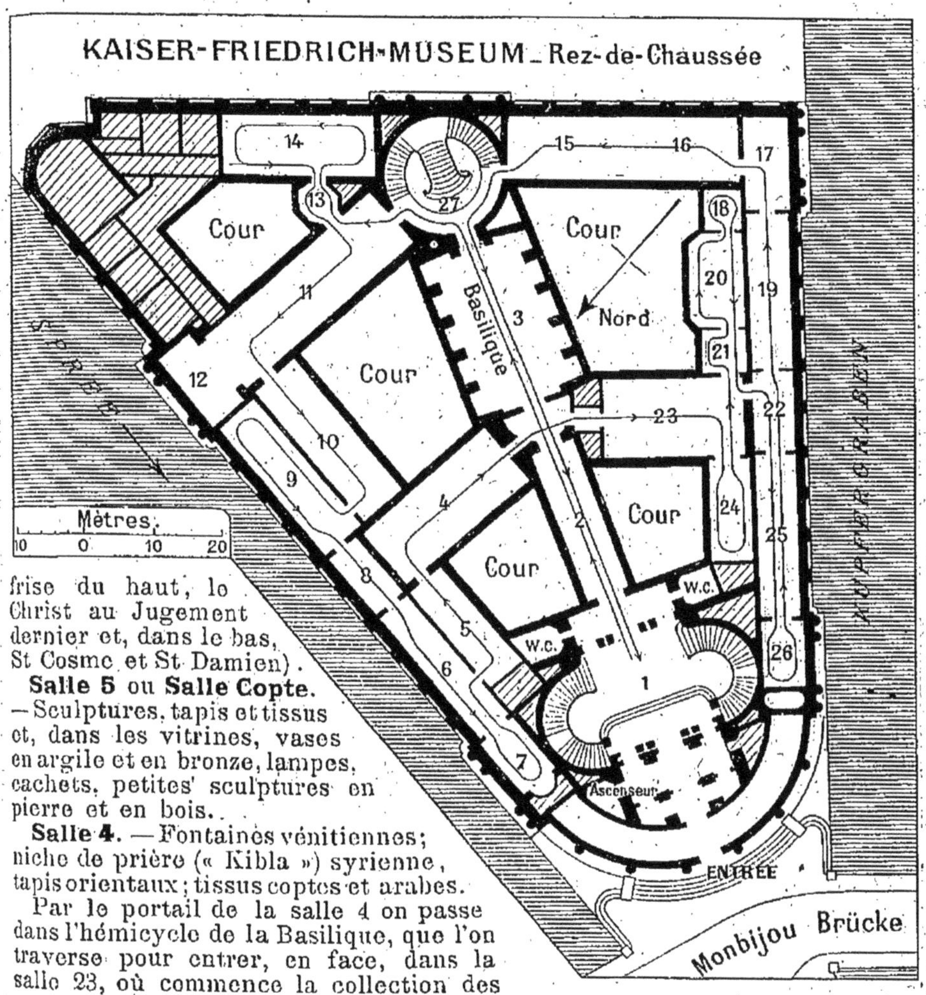

frise du haut, le Christ au Jugement dernier et, dans le bas, St Cosme et St Damien).

Salle 5 ou **Salle Copte**. — Sculptures, tapis et tissus et, dans les vitrines, vases en argile et en bronze, lampes, cachets, petites sculptures en pierre et en bois.

Salle 4. — Fontaines vénitiennes; niche de prière (« Kibla ») syrienne, tapis orientaux; tissus coptes et arabes.

Par le portail de la salle 4 on passe dans l'hémicycle de la Basilique, que l'on traverse pour entrer, en face, dans la salle 23, où commence la collection des sculptures allemandes et néerlandaises des XVe et XVIe s.

Salle 23. — A dr. et à g. en entrant, deux *autels* à volets (à l'extérieur, scènes de la Passion; à l'int., scènes de la vie de la V.) par *Hans Multscher* (1437); autels, sculptures sur bois, etc. — 2e TRAVÉE; 330. La V.. Mère de miséricorde, belle œuvre de l'école de Souabe, vers 1500; 301 à 306. Bas-reliefs et, sans n°, *Couronnement de la V.*, par *Veit Stoss*. — 3e TRAVÉE; nombreuses œuvres de *Till Riemenschneider*. — 4e TRAVÉE : 1207-1210. *Maître Berthold de Nuremberg*. Volets d'autel; 1238. Charmant petit *autel à volets*, de Cologne, dans la manière de maître Wilhelm (la V. dans un jardin, avec quatre Saintes; à l'extérieur, Ste Elisabeth de Thuringe et Ste Agnès); statuette coloriée (une dame à genoux), du milieu du XVe s. — Entre les portes vers la Salle 22 : 357. La V., Mère de miséricorde (statue en bois colorié; fin du XVe s.); devant la statue, *reliquaire de Patrocle* (« Patroklus-Schrein »), en argent doré, par *maître Sigefrid* (1313).

Salle 24. — Fenêtres avec vitraux (celui du milieu, représentant une Sainte, est une œuvre française du milieu du XIVe s.). — A g. (en face des fenêtres), 3 grands *retables* d'autel, des écoles de Bohême (Madone trônant, d'une belle couleur; vers 1350), de Saxe (Crucifiement; Couronnement de la V.) et de Westphalie (la Trinité, la V. et St Jean l'Evangéliste). — Au fond de la salle, grande *Tribune* romane du couvent de bénédictins de Grœningen (XIIe s.); en haut, *Crucifix* (fin du XIIe s.), plus bas, *retable* de Soes (Jésus devant Caïphe; Crucifiement; les Saintes femmes au Tombeau; du XIIIe s.); à g., *bas-reliefs* (le Christ trônant), œuvre toulousaine ou du nord de l'Espagne (?) et, plus bas encore, *retable* en marbre d'un beau travail, provenant de la Normandie (XIVe s.). — Dans la vitrine du milieu, ivoires sculptés allemands et français de la 1re période du moyen âge et de l'époque romane (28. Jésus et les quatre évangélistes, par un maître d'Echternach); dans le haut, 42. Reliquaire, du XIe s.

On revient à la Salle 23, pour passer, en face, dans la petite

Salle 21. — Sculptures allemandes de la Renaissance et des XVIe et XVIIe s. — Dans la vitrine en face de la fenêtre, petites sculptures en buis. — Au-dessus, Joueurs de boules, par *Petel* (1600-1543). — Paroi à dr. de la fenêtre : petit *autel* en pierre et, au-dessous, 2 *bas-reliefs* (à dr., Ste Agnès; à g., Ste Dorothée) de 1515; paroi à g., 384. La V. entre des anges (manière de Jodok de Vredis; fin du XVe s.). — Dans la vitrine du milieu, petits bas-reliefs (608. *Meit*. Jeune homme Ⓑ; 598. *Krug*. Le Péché originel). — A côté de la porte, vers la salle 20 : 405. *A. Flœtner*. Jeune musicien.

Salle 20. — Sculptures allemandes de la Renaissance. — A g., paroi en face des fenêtres : 1222. *Maître de Schœppingen* (Westphalie, vers 1475). Grand autel à volets : à dr. de l'autel : 1235. *Maître de la Vie de Marie* (1468-1480). La V. dans un jardin, entre des Saintes; autour, sculptures sur chêne de l'école du Bas-Rhin; à g. de l'autel : 1235 A. *Maître de la Glorification de Marie* (Cologne; 1460-1506). Adoration de l'Enf. J.; autour, petites sculptures sur bois des écoles rhénane et néerlandaise. — Au milieu, *fontaine* en bronze (de l'atelier de *P. Vischer*). — A g., fenêtres ornées de très beaux **vitraux** d'après *Hans Baldung Grien* (à remarquer le St Georges de la fenêtre du milieu). — Paroi du fond : grand *autel* sculpté et doré, par un maître du Tirol (vers 1480). — Dans les vitrines, sculptures en ivoire; plaquettes allemandes et françaises, petits bronzes (vitrine à g., bronzes par *P. Vischer*, ou de son atelier).

Salle 18. — Petites sculptures allemandes; bas-reliefs en cire.

On revient à la salle 23 pour entrer à g. dans les salles du côté O. où sont réunies les sculptures italiennes de la Renaissance. On traverse les salles 22 et 25.

Salle 26. — Sculptures florentines en terre et en stuc colorié, du commenc. du XVe s. — 151-152. *Ecole de Sienne*. Annonciation. — 108 A. Madone (bas-relief).

Salle 25. — Œuvres de *Donatello* (39 A. La V. et l'Enf. J., dans un beau tabernacle), de *Luca della Robbia* (118; 1161. Madones). — Dans la vitrine du milieu, petites sculptures : 94. *Verrocchio*. Madeleine agenouillée; 639 R. *Ecole vénitienne*. St Sébastien; etc.

Salle 22. — Œuvres de *Verrocchio* (97. Mise au tombeau; 93, Adolescent dormant), de *Matteo Civitali* (150 F. Petit autel avec la mort de la V.); etc.

Salle 19. — Sculptures des écoles de Florence et de Padoue). — 64. *Ant. Rossellino*. Madone. — 91. *Benedetto da Majano*. Le Rêve du pape Innocent III (bas-relief); 85. Philippe Strozzi (Ⓑ en terre cuite; le marbre est au Louvre); 149. Ste Catherine de Sienne. — 155 A et 156 A. *B. Bellano*. Madones. — Au milieu, sur une belle *crédence* : 191 D. *Sperandio*. Un jurisconsulte bolonais (grand Ⓑ). — A la paroi du fond, intéressants bas-reliefs sur bois de l'école lombarde.

Salle 17. — Sculptures de la grande époque de la Renaissance. — 86. **Benedetto da Majano**. La V. et l'Enf. J. — 231. *Jac. Sansovino*. Madone et

Saints ; 232. La V. avec l'Enf. J. — 225. *Cristoforo Romano.* Téodora Cibo Ⓑ. — 276. *Maître espagnol du XVIIe s.* Mater Dolorosa. — 249. *Al. Vittoria.* L'amiral Contarini Ⓑ. — Dans la vitrine près de la fenêtre, sculptures italiennes et espagnoles des XVIe et XVIIe s.

On passe à g. dans les salles du côté S.

Salles 16 et **15**. — *Cabinet numismatique* (env. 300,000 médailles, dont 135,000 antiques, grecques ou romaines).

1er étage. — On monte par le grand escalier (ascens. 10 pf.), dont le palier

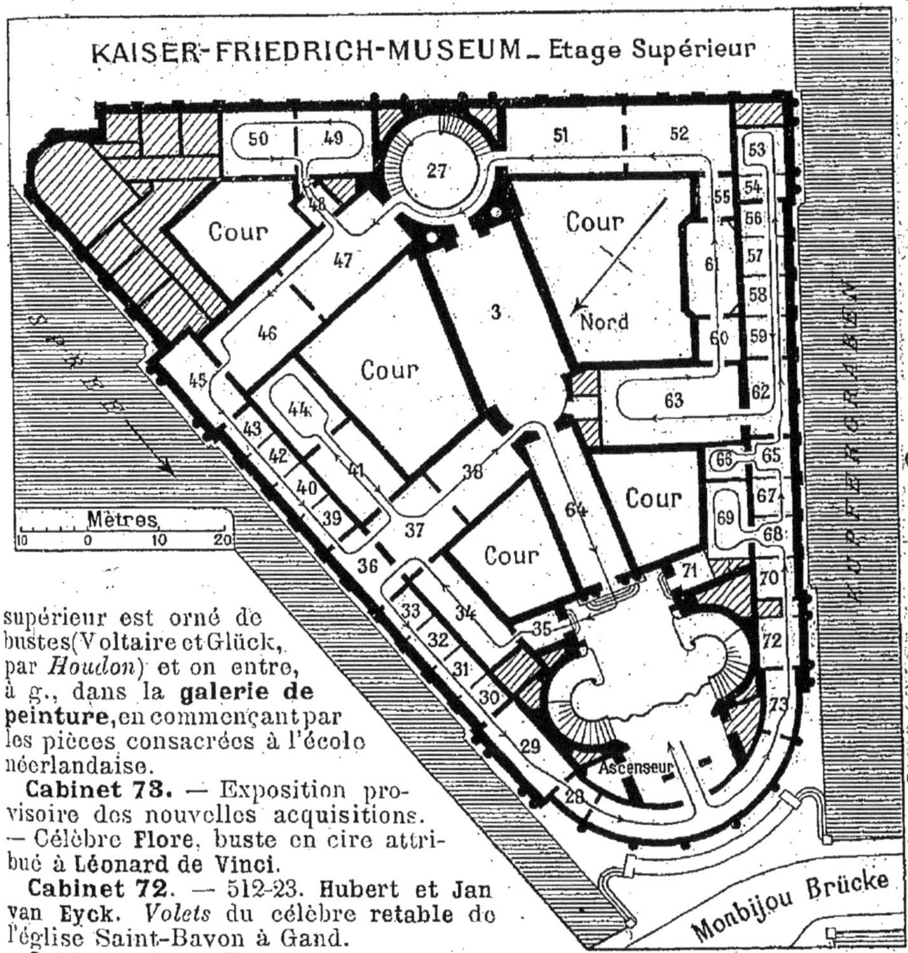

supérieur est orné de bustes (Voltaire et Glück, par *Houdon*) et on entre, à g., dans la **galerie de peinture**, en commençant par les pièces consacrées à l'école néerlandaise.

Cabinet 73. — Exposition provisoire des nouvelles acquisitions. — Célèbre **Flore**, buste en cire attribué à **Léonard de Vinci**.

Cabinet 72. — 512-23. **Hubert et Jan van Eyck.** *Volets* du célèbre **retable** de l'église Saint-Bavon à Gand.

Cabinet 70. — En commençant à g. : 553-39. *Dirk Bouts.* Volets d'autel (Elie dans le désert ; la Fête de Pâques). — 1645-45 A. *Simon Marmion.* Volets d'autel (Légende de St Bertin). — 938 A. *Maître de Flémalle.* Le Christ en croix. — 545 D. *Roger van der Weyden.* Jeune femme. — 1631. *Geertgen tot sint Jans.* St Jean-Baptiste. — 1617. *Jean Fouquet.* Estienne Chevalier et St Etienne. — 525 C. **J. van Eyck.** Madone ; 525. **L'Homme à l'œillet.**

Cabinet 68. — 535. *Roger van der Weyden.* Autel à volets (Adoration de l'Enf. J. ; la Sibylle de Tibur ; l'Etoile éclairant les rois Mages).

Salle 69. — 534 A. *Roger van der Weyden.* Episodes de la vie de la V. ;

534 B. Episodes de la vie de St Jean-Baptiste. — 1622. **Hugo van der Goes**. **Nativité**. — 561. *Quentin Massys*. Madone trônant.

Cabinet 67. — 586 D. *Hans Holbein*. Ⓟ; 586. **Hans Holbein le jeune**. **Georges Gisze** (1532). — 1629. *Martin Schongauer*. Nativité [l'un des rares tableaux entièrement peints par le maître]. — 557 C. **Albert Dürer**. L'électeur Frédéric le Sage (œuvre de jeunesse ; 1496) ; 557 E. **Le patricien nurembergeois Holzschuher** (1526) ; 557 F. Madone. 557 D. Le patricien Muffel. — 564 A. **Lucas Cranach le vieux**. **Le Repos pendant la fuite en Egypte**. — 557 G. *A. Dürer*. Une dame (peint à Venise ; 1506).

Cabinet 65. — 588. *Bartel Bruyn le vieux*. Le bourgmestre Ryht. — 589. *Lucas Cranach le vieux*. Le cardinal Albert de Brandebourg en St Jérôme (1527).

Salle 66. — 596 A. *Hans von Kulmbach*. Adoration des Rois.

On rentre dans le cabinet 65 pour passer dans la salle 62.

Salle 62. — 763. *Rubens*. Un des enfants du peintre ; 785. Persée délivrant Andromède ; 762 A. Isabelle Brand, sa première femme.

Cabinet 59. — 801 H. **Frans Hals**. Tyman Oosdorp ; 800-01. Jeune homme et jeune femme ; 801 C. « Hille Bobbe » ; 801 G. **Nourrice**.

Cabinet 58. — 741, 758 A. *Palamedesz*. Portraits. — 750. *T. de Keijser*. Tableau de famille ; 750 B et C. Volets d'autel.

Cabinet 57. — 808. **Rembrandt**. Son Ⓟ ; 811 A. **L'Homme au casque doré** (le frère du peintre) ; 828 F. **Vision de Daniel** ; 812. Saskia, première femme du peintre ; 828 H. La femme de Putiphar accusant Joseph ; 828. **La Chaste Suzanne** ; 828 L. **Le pasteur Anslo** ; 828 B. Henriette Stoffel, servante du peintre.

Cabinet 56. — 885 G. **Jac. van Ruisdael**. **Forêt de chênes**. — 922 C. *A. van de Velde*. La Ferme. — 795. *Jan Steen*. Jardin de cabaret.

Cabinet 53. — 819. *Nic. Maes*. Vieille femme épluchant des pommes. — 912 C. **J. Vermeer van Delft**. **Jeune fille et chevalier**. — 885 F. *Jac. van Ruisdael*. Paysage. — 795 D. *Jan Steen*. Le Baptême. — 1623. *Jan van der Heijde*. Rue d'Amsterdam. — 791 G. *G. Terborch*. Concert. — 912 B. *J. Vermeer van Delft*. La Toilette.

On revient à la salle 62.

Salle 63, ou **Grande Salle de Rubens**. — 762 C. **Rubens**. **Diane entourée de nymphes et de satyres**. — 782 B. et C. **A. Van Dyck**. **Patricien et Patricienne génois**. — 783. *Rubens*. Résurrection de Lazare ; 776 B. Bacchanale (peint en partie par van Dyck). — 770 A. *A. van Dyck*. Couronnement d'épines. — 781. **Rubens**. **Ste Cécile** ; 776 C. **Andromède**.

Cabinet 60. — Petits tableaux, esquisses, miniatures de l'école flamande ; 798 k. *Rubens*. Pietà.

Salle 61. — Collection Carstanjen (destinée à quitter prochainement le Musée, ce qui amènera des changements dans plusieurs salles ou cabinets voisins). — 14. *Van Dyck* Ⓟ. — 27. *Jac. van Ruisdael*. Paysage. — 32. **Rembrandt**. Le Christ à la colonne ; 33. **Son portrait**. — 8. *Cuyp*. Paysage.

Cabinet 55. — Peintres hollandais de la fin du XVIIe s.

Salle 52. — 821 A. *Konink*. Paysage. — 823. *Rembrandt*. Enlèvement de Proserpine [intéressante œuvre de jeunesse ; vers 1632].

Salle 51. — 856. *D. Teniers*. Joueurs ; 989 D. Paysage. — 533 A. *Dierick Bouts*. Jésus chez Simon. — 787 A. *Van Dyck*. La marquise Spinola.

La porte au fond conduit à l'escalier de l'aile S., ou petit escalier orné de statues de généraux du temps de Frédéric II ; le palier inférieur est orné de deux belles statues : **Mercure** et **Vénus**, par **J.-B. Pigalle**. — On entre dans la salle 47 pour passer, à dr., dans le cabinet 48.

Cabinet 48, ou **Salle de Tiepolo**. — *Tiepolo*. Fresques en grisaille sur fond jaune d'or, provenant d'une villa aux environs de Trévise.

Salle 49. — Peintres espagnols. — 1619 A. *Goya*. Sa mère ; 1619 B. Un moine. — 405 B. *Ribera*. St Sébastien [d'un grand réalisme]. — 404 A. *Zurbaran*. St Bonaventure montre le crucifix à St Thomas d'Aquin. —

414 C. **Murillo**. Adoration des bergers; 414. **Vision de St-Antoine de Padoue**. — 413. **Velazquez. Une dame.** — 404 C. *Zurbaran* (P).

Salle 50. — Peintres français, anglais, allemands du XVIIIe s. — En commençant à dr. : 428 et 428 B. *Claude Lorrain*. Paysages. — 478 A. **Nic. Poussin. Paysage** (l'Acqua Acetosa, près de Rome) avec St Mathieu et l'ange. — 465. *Mignard*. Marie Marcini. — 468. *Watteau*. La Comédie italienne; 470. La Comédie française. — 489 B. *Pesne*. La graveur Schmidt et sa femme; 469. Le peintre et ses deux filles. — 494. *Greuze*. Jeune fille. — 473. *Lancret*. Pastorale. — 1637. *J. Reynolds*. Son (P). — *H. Raeburn*. (P). — *Romney*. (P). — *Reynolds*. Kitty Fisher en Danaé; Mrs. Boone et sa fille. — 1646 A. *Romney*. (P). — 1638. *Gainsborough*. (P). — 1636. *Lawrence*. (P). — 491 C. *Chodowiecki*. (P).

On revient à la salle 47, où commence la collection d'œuvres italiennes.

Salle 47. — Peintres italiens des XVIIe et XVIIIe s. — A g., 413. *Maître italien du* XVIIe s. Le général Del Borro. — 305. *Mich. da Caravaggio*. St Mathieu. — 373. *Guido Reni*. St Paul et St Antoine ermites. — 372 A. *Agostino Carracci* (P). — 372. *Annibale Carracci*. Paysage. — 441. *Luca Giordano*. Le Jugement de Pâris. — 421. *Salvator Rosa*. Tempête. — *Tiepolo*. Armide et Renaud (esquisse). — 501 et 501 F. *Guardi*. Vues de Venise. — 459 B. **Tiepolo. Martyre de Ste Agathe.** — 1653. *Canale*. Vue de Venise. — 459 A et C. *Tiepolo*. Esquisses. — 426. *Maratta*. (P). — 421. *Salvator Rosa*. Paysage. — *Aless. Algardi*. Le cardinal Zacchia (B).

Par un beau portail vénitien, du style de la décadence, on passe dans la salle 46.

Salle 46, ou Salle de Titien. — 298 A. *Jac. Tintoretto*. Annonciation. — 160 A. *Titien*. Jeune fille avec un petit chien. — 169. *Paris Bordone*. Joueurs d'échecs. — 197. *Moretto*. La V. et Ste Elisabeth dans les nuages, en bas les donateurs. — 153. *Lor. Lotto*. (P). — 163. *Titien*. Son (P); 166. Sa fille Lavinia; 301. Un jeune homme. — 197 B. *Palma le vieux*. Figure idéale.

Un vieux portail vénitien du XVIe s. conduit dans la salle suivante.

Salle 45. — Peintres lombards et florentins de l'apogée de la Renaissance. — 207. *Boltraffio*. Ste Barbe. — 213. *Gaudenzio Ferrari*. Annonciation. — *Aless. Vittoria*. Le Procurateur de St Marc, Ottavio Grimani (B). — 538 A. *Bronzino*. U. Martelli. — **Michel-Ange. St Jean-Baptiste adolescent.** — 245 et 245 A. *Franciabigio*. Portraits. — 246. *Andrea del Sarto*. Madone et Saints. — 90 B. *Léonard de Vinci*. Le Christ ressuscité entre Ste Lucie et St Léonard [achevé par les élèves du maître]. — *Michel Ange*. Apollon [statuette inachevée]. — 248. *Raphaël*. Madone, dite Madone Colonna (vers 1507; inachevée); 145. Madone et Saints (vers 1503); 247. Madone de Terranuova (vers 1505); 141. Madone Solly (vers 1502); 147. Madone Diotallevi (une de ses premières œuvres; vers 1500). — 218 *Corrège*. Léda et le Cygne.

Cabinet 43. — 182, 320. *Lorenzo Lotto*. Portraits. — 259 B. **Sebastiano del Piombo. Figure idéale** (Ste Dorothée?). — 17 A. *Cima da Conegliano*. Paysage. — 112 D. *Ercole de' Roberti*. Madone. — 12 A. *Giorgione*. (P). — 18. *Antonello da Messina* (P).

Cabinet 42. — 1177. *Jean Bellin*. Résurrection. — 20. *Pseudo-Basaïti*. Autel à volets. — 17. *Cima da Conegliano*. Madone. — *Tamagnini*. Le banquier génois Accellini (B). — 28. *Jean Bellin*. Pietà. — 40. *Alvise Vivarini*. Madone et Anges musiciens. — 61. *L. da Laurana*. Princesse napolitaine (B). — Au plafond, peintures mythologiques par *Paul Véronèse* (du palais Pisani, à Venise).

Cabinet 40. — Sculptures florentines de la fin du XVe s. — 78. *Botticelli* (P). — 67 et 72 A. *Antonio Rossellino*. Bustes; 65. Madone et Anges (bas-relief). — 80. *Mino da Fiesole*. (B); 79 A. Madone (bas-relief). — *Rossellino*, Madone (bas-relief en stuc colorié). — 79. *Mino da Fiesole*. Niccolò Strozzi. (B). — 82. *Filippino Lippi*. Madone.

Cabinet 39. — Collection Simon. — 5. *Andrea Mantegna*. Madone. — 32. *Maître italien* du XVIe s. Masque en stuc d'un Fou. — 24. *Benedetto da*

Majano. Le cardinal Riario (B). — 2. *Bronzino*. (P). — Aux murs et dans la vitrine (posée sur une belle table Renaissance), médailles, sculptures en ivoire, reliefs en cire, etc., des xve et xvie s.

Salle 36 ou **Salle des bronzes italiens de la Renaissance.** — Plafond et cheminée vénitiens, dans la manière de Sansovino; les bronzes et les marbres sont des plus remarquables. — 391. *Jean Bologne*. Enlèvement de Déjanire. — 220. *Donatello*. L. de Gonzague (B); 234. Ange avec un tambourin (du baptistère de Sienne). — Dans la vitrine à g., sans n°, *Pollajuolo*. Hercule. — 235. *Donatello*. Modèle du David; etc. — Au milieu, 233. *Donatello*. St Jean-Baptiste.

Salle 37 ou **Salle de Signorelli.** — 79. *Luca Signorelli*. Volets d'autel. — 9. *And. Mantegna*. Le cardinal Mezzarata; 29. Présentation au temple. — 79 C. L. **Signorelli**. **Un Conseiller** (dans un paysage avec figures). — 1170. *Marco Zoppo*. Madone et Saints. — 79 A. **Signorelli. L'Ecole de Pan.**

On entre, à g., dans les salles 41 et 44.

Salle 44. — Peintres vénitiens. — 30. *Girolamo dai Libri*. Madone. — 44. *Bart. Montagna*. Madone; 44 B. Jésus apparaît à Ste Madeleine. — 51. *Ambr. Bergognone*. Madone et Anges.

Salle 41. — 2. *Cima da Conegliano*. Madone et Saints. — 23 A. *Vittore Carpaccio*. Préparatifs pour la mise au tombeau. — 1156 A. *C. Crivelli*. Madone et Saints. — 15. *Cima da Conegliano*. St Marc guérit le savetier. — 37. *Basaiti*. St Sébastien. — 46 A. *Liberale da Verona*. St Sébastien. — 33. *Alvise Vivarini*. Madone et Saints.

On revient à la salle 37 pour entrer, à g., dans la salle 38.

Salle 38 ou **Salle de Botticelli.** — 96. *Filippino Lippi*. Le Christ en croix, adoré par la V. et St François. — A g., 106. **Botticelli.** Retable (Madone, St Jean l'Evangéliste et St Jean-Baptiste); 1128. St Sébastien; à dr., 102 A. **Madone et anges.** — 73. *Piero del Pollajuolo*. Julien de Médicis.

Un vieux portail florentin, en « pietra serena » du xve s., donne accès à la tribune de la Basilique, d'où, en tournant à dr., on passe dans la salle 64.

Salle 64. — *Tapisseries* d'après les cartons de *Raphaël*, reproduction de celles de la chapelle Sixtine à Rome.

Par la petite porte au-dessus de la tapisserie (n° 1248) représentant la Conversion de Saül, on arrive au grand escalier et on passe, à dr., dans le cabinet 35.

Cabinet 35. — Peintres lombards et ferrarais.

Salle 34. — Peintres de Bologne et de Ferrare. — 115 A. *Fr. Cossa*. L'Automne. — 111. *Cosmé Tura*. Madone trônant et Saints.

Par les salles 37 et 36 on passe dans le cabinet 33.

Cabinet 33. — Plaquettes; très belle et riche collection (env. 1,000 pièces) d'œuvres d'*Andrea Riccio*, *Caradosso*, *Sperandio*, *Valerio Belli*, etc.; dans l'armoire, 6 plaquettes à sujets mythologiques par *Benvenuto Cellini*; petits bronzes.

Cabinet 32. — 62 A. *Desiderio da Settignano*. Jeune princesse. — 39 B. *Donatello*. Flagellation. — 69. *Fra Filippo Lippi*. La V. adorant l'Enf.-J. — *Antonio di Banco*. Le roi David [œuvre caractéristique de l'époque de transition entre le xiiie et le xive s.]. — *Manière de Verrocchio*. Profil de femme (bas-relief). — 60 A. **Frà Angelico. Le Jugement dernier** (triptyque). — 38 A. *Donatello*. St Jean-Baptiste adolescent; 39. Madone dite « di casa Pazzi ». — 58 D. *Masaccio*. Quatre Saints. — 62. *Desiderio da Settignano*. Marietta Strozzi.

Cabinet 31. — Terres cuites des *Della Robbia*. — 119 A. Annonciation. — 116 N. La V. avec l'Enf.-J. bénissant.

Cabinet 30. — 104 A. *Verrocchio*. Madone. — 90. *Raffaellino del Garbo*. Madone. — 338 B. *Bronzino*. Eléonore de Tolède. — 21. *Dom. Ghirlandajo*. Judith. — 1614. *Domenico Veneziano*. Jeune fille.

Salles 29 et **28.** — Florentins et Siennois des xive et xve s. : 1079-1081.

Taddeo Gaddi. Petit autel à volets. — 1064. *Bernardo da Firenze*. Petit autel. — 1062 A. *Duccio di Buoninsegna*. Nativité. — 1070 A. *Simon Martini*. Mise au tombeau. — 1130. *Gentile da Fabriano*. Madone et Saints. — 95. *Fra Filippo Lippi*. La Mère de Miséricorde. — 60. *Frà Angelico*. Madone.

III. — Quartier au N. des Linden.

Le touriste n'y trouvera pas beaucoup d'édifices intéressants.

La **Friedrichstrasse** traverse ce quartier par son prolongement N. et passe devant la **gare de la Friedrichstrasse** (Pl. B-C, 1), du ch. de fer métropolitain : la plus animée et la plus importante, grâce à sa position centrale, des gares de Berlin.

Au delà de la Sprée, que franchit le *Weidendammerbrücke*, on arrive au *Cirque Schumann* (Pl. B, 1); plus à l'O., sur la rive de la Sprée, est le *Neues Theater* (Pl. B. 1), pour le répertoire moderne.

A l'E. de la Friedrichstr., près de la rive dr de la Sprée, non loin de la *station de la Bourse* (*Haltestelle Bœrse*; Pl. C, 1) du Métropolitain, dans un jardin ouvert au public, est le **château de Monbijou** (Pl. C, 1), construit au XVIIIe s.

A l'int., **musée Hohenzollern** (ouvert t. l. j., sauf le samedi, de 10 à 3 h.; le dim. de 11 h. 30 à 2 h.; 25 pf.; entrée à l'extrémité g. de la façade N.); formé surtout de souvenirs de la famille royale de Prusse. Les salles les plus intéressantes sont les SALLES DE FRÉDÉRIC-LE-GRAND : 21, galerie des porcelaines; 22, trésor avec joyaux de grande valeur; 23, objets à l'usage personnel du roi; 24, uniformes, meubles; 25, son berceau, son trône, la chaise sur laquelle il mourut; 26, souvenirs divers.

Par l'*Oranienburgerstrasse*, au N.-O., on arrive à la **Synagogue**, grand édifice d'un style inspiré du moresque, sur les plans de *Knoblauch* (1859-1860); l'intérieur est intéressant.

IV. — Quartier au S. des Linden.

C'est la partie la plus animée de Berlin et, surtout du côté O., celle qui a le plus de cachet moderne, grâce aux nombreuses et importantes constructions qui y ont surgi dans ces dernières années. Les rues rectilignes qui le traversent du N. au S. et de l'E. à l'O. partagent le quartier en carrés réguliers.

Nous citerons parmi ces rues la **Friedrichstrasse**, bordée de belles maisons. On y remarquera les maisons des brasseries *Pschorr* (n° 165, à dr.), et *Sedlmayr* (*zum Spaten*; n° 172, à dr.), le *palais* de la baronne Faber (n° 79 à g.), la *maison Stangen* (n° 72, à g.), le « Weinrestaurant » *Kaiserkeller* (n° 178, à dr.) et la brasserie *Tucher* (n° 180, à dr.), avec une belle façade peinte par *Wanderer*. — Après avoir croisé la Leipzigerstrasse, la Friedrichstr. aboutit à la **place Belle-Alliance** (Pl. C, 4), dont le centre est occupé par un square entourant la **Friedenssæule** (*colonne de la Paix*), surmontée d'une statue de la *Victoire*, par *Rauch*; le piédestal est orné de 4 groupes en marbre représentant les puissances alliées de 1814-1815 : l'*Angleterre*, la *Prusse*, le *Hanovre*, les *Pays-Bas*; sur le côté S., les rampes de l'escalier sont décorées de deux statues : la *Paix*, par *Wolf*; la *Guerre de délivrance*, par *Hartzer*. Le pont que franchit le canal est également décoré de groupes en marbre (la *Navigation*, la *Pêche*, l'*Industrie*, le *Commerce*).

A l'E. de la Friedrichstrasse, entre la *Charlottenstrasse* et la *Markgrafenstrasse* se trouve le **Gensdarmenmarkt** (Pl. C, 2), dont le côté N. est occupé par la *Franzœsischekirche*, église de la colonie française; au centre est le **Schauspielhaus** (*Théâtre Dramatique*), bâti en 1821 par *Schinkel*; la façade vers l'E., ornée de groupes en bronze par *Rauch* et *Tieck*, donne sur la *Schillerplatz*, sur laquelle s'élève le **monument de Schiller**, par *R. Begas* (1871); au S., la *Neuekirche* a été restaurée ou, pour mieux dire, transformée à la fin du XIXe s. par *von der Hude* (les tours par *Gontard*).

Plus à l'E., sur le *Werderschemarkt* (Pl. C, 2), on voit au N., la *Bau-Akademie* (Académie d'architecture), bel édifice en briques, par *Schinkel* (1834), occupé auj. par l'*Institut météorologiqqe*. — Au S.-E. de cette place, près de la rive g. de la Sprée, sur le *Spittelmarkt* (Pl. D, 3), où aboutit aussi la Leipzigerstr. (*V.* ci-dessous), on peut visiter, au n° 57 de la *Wallstrasse*, la **Galerie Ravené** (Pl. D, 3).

Cette galerie (mardi et vend. de 10 à 2 h., fermée si ces jours sont de fête; entrée par la porte II) renferme env. 200 peintures de maîtres allemands du XIXe s. surtout des écoles de Berlin et de Düsseldorf. — La salle III renferme des œuvres de *Gallait*, *Schrader*, *A. Achenbach*, *Menzel*, *Tidemann*, *Krüger*, *Begas* et de quelques Français : *Couture*, *Biard*, *Troyon*.

A l'O. de la Friedrichstr. la **Wilhelmstrasse** est, dans sa partie supérieure, l'une des rues les plus aristocratiques de la capitale. En venant des Linden, on y rencontre : à dr. : n° 70, *Ambassade d'Angleterre*; n° 72, *palais du prince George*, en face de la *maison Pringsheim* (façade polychrome, mosaïques de Venise); n° 73, *Ministère de la Maison Royale* (ancien palais Schwerin); n° 74, *palais du Bundesrat* (Conseil fédéral); en face du n° 64, palais du *Ministère de la Justice*; nos 75 et 76, *Ministère des Affaires étrangères*; n° 77, *Reichskanzlei* (Chancellerie de l'Empire; Pl. B, 3), ancien palais Dœnhoff-Radziwill, bâti au XVIIIe s. et où résida jusqu'en mars 1890 le prince de Bismarck (c'est dans ce palais que se réunit en 1878 le Congrès de Berlin); n° 78, *palais du prince de Pless*, bâti en 1875 sur les plans du Français *Destailleurs*, dans le style Louis XIII. En face de ce palais s'ouvre la **Wilhelmplatz** (Pl. B, 3), aménagée en square, avec les *statues de six généraux* de Frédéric le Grand; sur le côté N. est le *palais du prince Léopold*; sur le côté S., le *Reichs-Schatzamt* (Trésor de l'Empire). — Plus loin, la Wilhelmstrasse croise à son tour la Leipzigerstrasse et aboutit à la place de Belle-Alliance (*V.* ci-dessus).

La **Leipzigerstrasse** traverse tout ce quartier de l'E. à l'O., depuis le Spittelmarkt jusqu'à la Leipzigerplatz. A l'E. elle longe (à g.) la *Dœnhoffplatz* (Pl. C, 3), sur laquelle est le *monument du baron de Stein* (1757-1831; célèbre ministre à qui la Prusse est redevable de sa puissante organisation après les désastres du commenc. du XIXe s.), par *Schievelbein* et *Hagen*. Vers l'extrémité O. de la Leipzigerstr., à l'angle de la *Mauerstrasse*, à g., se trouve l'édifice monumental du

Reichs-Postamt (Pl. B-C, 3) ou Direction générale des Postes de l'empire d'Allemagne.

A l'int., *Reichs-Postmuseum* (musée des Postes; t. l. j. excepté les mardi et sam., de 10 à 2 h.; gratuit), curieux et intéressant (le développement progressif des moyens de communication à l'usage de la Poste y est bien représenté).

Plus loin, la Leipzigerstrasse croise la Wilhelmstrasse; à l'angle S.-O. de cette rue, s'élèvent le *Kriegs-Ministerium* (Ministère de la Guerre) et, plus loin, l'*Herrenhaus* (Chambre des Seigneurs du royaume de Prusse).

A son extrémité O., la Leipzigerstrasse débouche sur la **Leipzigerplatz** (Pl. B, 3), autour de laquelle s'élèvent quelques édifices remarquables : au S. le *Ministère de l'Agriculture* (nos 6-10), et, au N., le *Reichs-Marineamt* (Amirauté; n° 13), la *maison Mosse* (n° 15), ornée de sculptures par *Klein* et, au n° 16, l'Automobile-Club Impérial, par *Ihne*; au centre sont le *monument du ministre comte de Brandeburg* († 1850), par *Hagen*, et le *monument du maréchal Wrangel* († 1877), par *Keil*.

La Leipzigerplatz touche à la *Potsdamerplatz*, très animée, bordée de constructions toutes modernes et d'où l'on peut aller, par la *Bellevuestrasse*, au Tiergarten (*V.* ci-dessous), ou par le tronçon N. de la *Kœniggrætzerstrasse*, à la porte de Brandebourg (p. 157). Au S. de cette place se trouve le **Potsdamer-Bahnhof** (gare de Potsdam).

De la Potsdamerplatz le tronçon S.-E. de la Kœniggrætzerstrasse conduit à la **Prinz Albrechtstrasse**, sur laquelle on voit, à dr., le Musée Ethnographique et le Musée de l'Art industriel et, à g., l'Abgeordnetenhaus (Chambre des Députés de Prusse).

Le **Museum für Vœlkerkunde** (*Musée Ethnographique*; Pl. B, 3; entrée par la Kœniggrætzerstrasse, 139; t. l. j. sauf le lundi de 10 à 3 ou à 4 h.; le dim. de midi à 3 ou 6 h., suiv. saison; gratuit) est une belle construction dans le style de la Renaissance italienne, sur les plans d'*Ende* (1886).

Rez-de-chaussée : à g., collections préhistoriques; collections se rapportant à l'histoire nationale; à dr., intéressante collection d'objets découverts par *Schliemann* († 1890) dans ses fouilles de Grèce, d'Asie et d'Egypte et donnée par lui à l'Etat. — ***1er étage*** : collections d'objets et d'ustensiles provenant d'Afrique, d'Océanie (surtout des colonies allemandes dans ces deux parties du monde) et d'Amérique (surtout du Pérou). — ***2e étage*** : collections asiatiques (surtout de la Chine). — ***3e étage*** : on doit y installer des collections de la Chine, d'Afrique, de l'Amérique du Nord.

Le **Kunstgewerbe Museum** (*Musée de l'Art industriel*; Pl. B, 3; t. l. j. sauf le lundi, de 10 h. à 4 h. en été, à 3 h. en hiver; dim. et fêtes, de midi à 3 ou 6 h., suiv. saison; gratuit), construction monumentale, par *Gropius* et *Schmieden* (1877-81), compte parmi les édifices modernes les plus importants de la capitale. Les *mosaïques* de la façade, par Salviati de Venise (d'après *Ewald* et *Geselschap*), représentent les principales époques de l'histoire de l'Art. Au perron sont les statues de Pierre Vischer et de Hans Holbein, par *Sussmann-Helborn*.

Ce riche musée est formé d'objets les plus divers, produits de l'art industriel de tous les pays et de toutes les époques.

Rez-de-chaussée. — Coté O., à dr. du vestibule et de la cour. — **Salles 9, 10**, objets divers (expositions périodiques). — **11** et **12** : mobilier d'église, tapisseries (à la paroi 70, salle 12, belle tapisserie flamande : l'Assomption, d'après Van Eyck); dans les vitrines, émaux cloisonnés et champlevés, émaux, bronzes. — **13** (gothique) : tapisseries, coffrets, cassettes peintes et sculptées. — **14** à **17** (de la Renaissance italienne et française) : bahuts, coffres, sièges, instruments de musique.

Côté S. — **Salle 18** (grande salle de la Renaissance) : beau plafond du XVIe s.; meubles, stalles de chœur, sièges, cheminées; à la paroi 106, banc de cérémonie d'une synagogue de Sienne (vers 1500); bahuts; vitraux peints. — **Vestibule** : éperon d'un Bucentaure de Venise (XVIe s.). — **Salle 19** : chambre du château de Haldenstein (près Coire; Suisse). — **Passage 20** aménagé en chapelle : autel, vitraux. — **Salle 21** : chambre du château de Hœlbrich (près Gemünden; Franconie). — **22** (au-dessus des deux dernières) : ouvrages de paille tressée; mosaïques; éventails; objets en laque du Japon. — **23** (bourguignonne) : meubles français et allemands des XIVe et XVe s.; tapisseries; sculptures sur bois; métier de tisserand en bois sculpté; pupitre, etc. — **24** (Renaissance allemande) : meubles des XVIe et XVIIe s. — **25** (baroque) : meubles de la fin du XVIIe et du XVIIIe s. — **26** (hollandaise) : meubles et, surtout, *ivoires* (intéressante collection). — **27** (rococo) : meubles; lambris de la chapelle du palais de Versailles (1720); pendules; bureau avec garniture en bronze. — **28** : petite chambre lambrissée et meubles français du XVIIIe s. — **29** : grande chambre lambrissée de l'hôtel de Sillery à Paris (dans le style de Germain Boffrand; vers 1730); cheminée en marbre, etc. — **30** : meubles de boudoir de Marie-Antoinette à Versailles (fauteuils, siège, paravent, par *G. Jacob*; Paris, 1780); autres meubles de la fin du XVIIIe s. — **31** (époque de l'Empire et des premières années du XIXe s.) : meubles français, allemands et anglais.

Galeries sur la cour. — Côté N. (vers l'entrée), ferronnerie; dans les vitrines 40, 39, 38, objets en fer ciselé, agéminé, etc., des XVIe, XVIIe et XVIIIe s. — Côté S., armoires, bahuts, petits ouvrages en bois.

Escalier : tombeau en forme de banc (Crémone, XVe s.); devant d'autel en mosaïque de stuc (Italie, XVIIe s.), etc.

1er étage : céramique, verrerie, ouvrages en métal, tissus, etc. — On entre par la galerie E. (à dr., en venant de l'escalier).

Galeries 43-46 : céramique du XIXe s.; carreaux en faïence d'Orient, d'Italie, d'Espagne (azulejos); poêles, cheminées allemandes; poteries rustiques; entre les pilastres, dans les vitrines : broderies, éventails, etc.

Salle 51 : maïoliques italiennes; armoires : 309. Œuvres des *Della Robbia*; 310. Maïoliques de Faenza (1470 à 1530). Deruta, Caffagiolo, etc.; 321. Gubbio; 323 et 314. Deruta; 315 et 316. Urbino. — **52** : poteries anciennes, d'Egypte et de Perse; faïences orientales et espagnoles. — **53** : faïences de Delft. — **54** : faïences allemandes. — **55** : grès allemands des XVIIe et XVIIIe s.; armoire 381 : poteries vernissées polychromes (grands plats par *Bernard Palissy*; assiette, vase, figures, par les *Hirsvogel*). — **56** : faïences françaises, italiennes, espagnoles; grès. — **57** : porcelaines de Berlin. — **58** : porcelaines de Meissen. — **59** : porcelaines de diverses fabriques allemandes et autres. — **60** à **62** : porcelaines chinoises (XVe au XVIIIe s.) et japonaises, grès; laques japonaises.

On passe dans la collection des ouvrages en métal et en verre. — **Salle 63** : bronzes asiatiques; vitr. 510 : objets en métal niellé ou damassé. — **64** : horloges et instruments astronomiques; lampes; montres; reproductions d'orfèvreries antiques (trésors d'Hildesheim, de Boscoreale, de Nagy-Szent Miklos, Pietroassa); orfèvrerie du XIXe s. — **65** : argenterie allemande des XVIIe et XVIIIe s.; vitr. 561 : argenterie de la ville de Lüneburg (XVe et XVIe s.); argenterie de la Renaissance, par *Gottisch*, *Jamnitzer*, *Petzold*, etc.;

émaux, etc, — **Galerie 44-45** : orfèvrerie, parures, tabatières, etc., de toutes époques et de toutes provenances; dans le bras S., argenterie, couverts, couteaux de chasse, etc.; dans le bras N., médailles et plaquettes (surtout de maîtres français du XIXe s.); peignes; pipes; etc.

On revient dans la salle 75 pour continuer le tour.

Salle 66 : très beau plafond et encadrements de porte, italiens, du XVIe s.; bronzes italiens des XVe et XVIe s. et bronzes allemands; émaux de Limoges et de Venise. — **67** : objets en étain, en bronze et en cuivre jaune; tapisseries de Flandre (XVIe s.); vitraux peints de la chapelle du cloître de Landau (Nuremberg; 1508; probablement d'après Alb. Dürer). — **68** : verres d'époques et provenances diverses, surtout de Venise (vitr. 626 : petit gobelet, avec une scène de roman de Chevalerie, dont la manière rappelle celle de Mantegna).

On traverse le vestibule.

Salle 48 : expositions périodiques de tissus (remarquable par le choix et la richesse), broderies, etc. — **49** : ouvrages en cuir, reliures, etc. (vitrine 678 : boîte octogone, avec une scène mythologique, provenant de Bâle, XIVe s.). — **50** : exposition de gravures, estampes, imprimés.

De cette salle un petit escalier monte à l'étage supérieur.

2e *étage* : — Collections de tissus (depuis les époques égyptienne et romaine jusqu'au XVIIIe s.). — **Salle 76** : exposition de tapis. — La **galerie** et les **salles 81** à **84** sont occupées par une collection de moulages.

En face du Kunstgewerbe Museum, l'**Abgeordnetenhaus** (Chambre des Députés de Prusse) est également une belle construction du style italien de la Renaissance, achevée en 1898 sur les plans de *Schulze*.

V. — La Kœnigsplatz, le Tiergarten, le Jardin Zoologique et Charlottenbourg.

En sortant du Brandenburgertor on se trouve en face de la Charlottenburger-Chaussée, qui traverse le Tiergarten (*V.* ci-dessous) et, un peu à dr., de la **Friedens-Allée** (*Allée de la Paix*) qui conduit à la **Kœnigsplatz** (*place Royale*; Pl. A, 2), au centre de laquelle se dresse la **Siegessæule** (*Colonne de la Victoire*) en granit, en grès et en bronze, haute de 61 m. 50, et posée sur un socle haut de 7 m. sur 19 m. de côté, et auquel montent 8 degrés.

Sur le socle, bas-reliefs représentant des faits d'armes des dernières campagnes de la Prusse (Danemark, Bohême, France; 1862-1871). Au-dessus du socle, galerie entourée de 15 colonnes doriques avec une *mosaïque* (par *Salviati*, de Venise, d'après *A. von Werner*) représentant la fondation de l'Empire. Autour de la colonne, cannelée, trois rangées de canons danois, autrichiens, français, tous dorés. Au sommet, statue dorée de la *Borussia*, par *Drake*, haute de 8 m. 30.

A l'E. de la Kœnigsplatz se dresse la masse colossale du **palais du Reichstag** (*Parlement de l'Empire*), un des plus beaux monuments de l'Allemagne, bâti de 1884 à 1894, dans le style de la Renaissance italienne, par *P. Wallot*. Le centre de la façade principale (à l'O.) est dominé par un groupe en cuivre : *l'Allemagne conduite par deux Génies*, œuvres de *R. Begas*; au tympan au-dessous, *Schaper* a représenté en relief *l'Art et l'Industrie protégés par les guerriers allemands*; aux deux côtés de la porte, reliefs, par *Lessing*, représentant le *Rhin* et la *Vistule*; au-dessus, le *St Georges abattant le dragon* a été modelé par *Siemering*. La façade E. est décorée de deux *Hérauts à cheval* par *Maison*; entre les colonnes du portique doivent trouver place les statues de *Bismarck*, *Moltke* et *Roon*. Le reste de l'édifice est également orné de sculptures.

L'intérieur, très bien aménagé, est visible en semaine t. l. j., en dehors des heures des séances, dans la matinée; l'entrée (25 pf.) est par le portail V, du côté N.; on remarquera surtout la *Wandelhalle* (Salle des Pas-Perdus) et le *Sitzungs-Saal* (Salle des Séances).

Devant le palais s'élève depuis 1901 le **monument de Bismarck**, par *P. Begas*; le soubassement est orné de groupes et de bas-reliefs allégoriques.

Au N. de la Kœnigsplatz, au débouché de l'*Alsenstrasse*, on voit la *statue du feld-maréchal de Roon*, par *Magnussen* (1904); sur le côté O. de la place, devant le **Neues-Opern-Theater** (ancien établissement Kroll; ouvert particulièrement en été; beau jardin, restaurant) se dresse le **monument de Moltke**, par *Uphues* (1905). A l'angle N.-O. de la place l'édifice en briques de la **Generalstabs-Gebæude** (*État-Major Général*) a été achevé en 1877.

Au S. de la Kœnigsplatz, — dans la direction du Tiergarten, qu'elle traverse du N. au S., — se détache la **Sieges-Allée** (*Allée de la Victoire*), ornée, par ordre de l'empereur Guillaume II, de 32 groupes en marbre de souverains et de princes des maisons de Brandebourg et de Prusse.

La statue principale s'élève au centre d'une sorte de banc en demi-cercle; à ses côtés, des gaines supportent les bustes de deux personnages contemporains du prince. La série commence avec le margrave Albert l'Ours (✝ 1170), accompagné des évêques Otto de Bamberg, l'apôtre de la Poméranie, et Wigger de Brandebourg.

Le **Tiergarten**, — le bois de Boulogne berlinois, — est fréquenté le matin par les cavaliers, dans la journée par les voitures et les promeneurs. L'allée du milieu, la *Charlottenburger-Chaussée*, que suit le tram et qui, comme l'indique son nom, conduit de la porte de Brandebourg à Charlottenbourg, est même très bruyante à certaines heures. Dans sa partie E., entre cette chaussée, la Sieges-Allée et la Kœniggrætzerstr. se trouvent : devant le Brandenburger Thor, le *monument de l'empereur Frédéric III*, par *Brütt* et le *monument de l'impératrice Victoria*, par *Gerth*, érigés en 1904; plus au S. le *monument de Gœthe* (Pl. B, 2), par *Schaper* (1880) et le *monument de Lessing* (Pl. B, 3), par *O. Lessing* (1860); à l'O. de ce dernier, vers la *Tiergartenstr.*, se trouvent les *monuments de la reine Louise*, par *Encke* (1880), *du roi Frédéric-Guillaume III*, par *Drake* (1850), et *de Wagner* (très décoratif), par *Eberlein* (1903). — A l'extrémité O. du Tiergarten, aux portes de Charlottenbourg, passe le ch. de fer métropolitain, dont la halte « Tiergarten » est à côté de la Charlottenburger-Chaussée. Au delà de cette halte, la ligne du Métropolitain traverse l'*Hippodrome* et touche à la halte du jardin zoologique (*Haltestelle Zoologischen Garten*).

Le **Zoologischer Garten** (t. l. j. de 6 h. mat. jusqu'à 10 h. 15

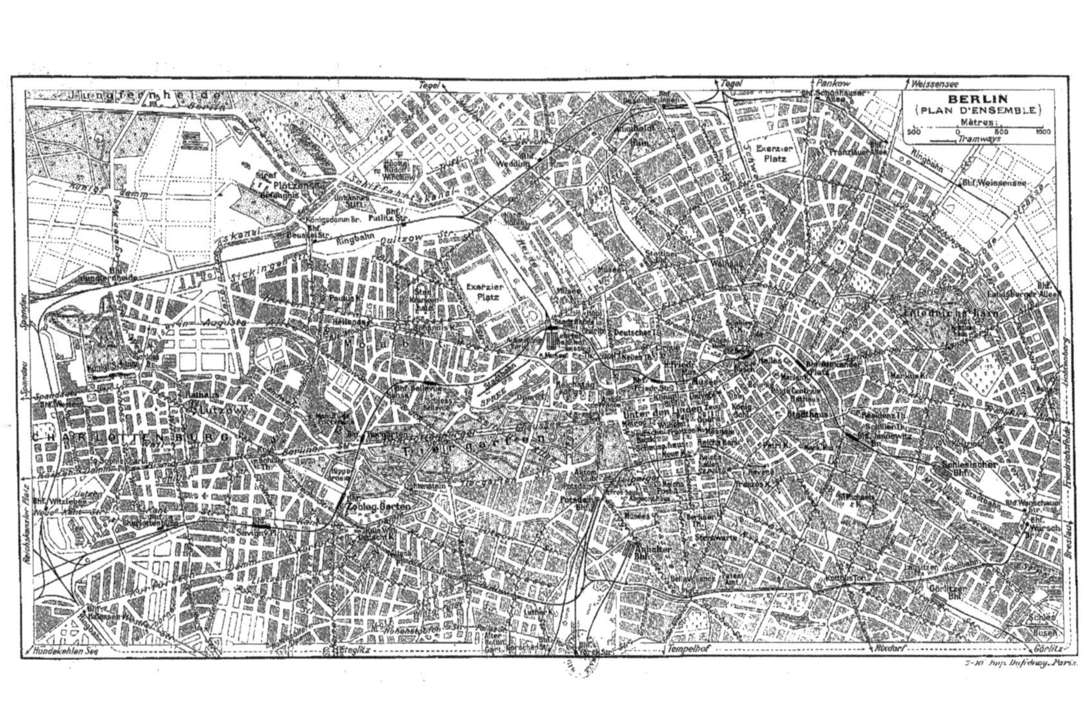

Imp. Dufrénoy, Paris.

s. en été; en hiver de 8 h. au coucher du soleil; entrée de 50 pf. à 1 M.; restaurant bon mais assez cher) est l'une des grandes attractions pour les bourgeois de Berlin; il est particulièrement riche en animaux et il s'y donne des concerts qui sont très suivis surtout pendant la belle saison.

Tout près et au S. de ce jardin a été élevée, en 1865, la *Kaiser-Wilhelm-Gedæchtnisskirche* (église commémorative de l'empereur Guillaume), du style roman, œuvre de *Schwechten*.

A son extrémité O., la Charlottenburger-Chaussée aboutit au pont de Charlottenbourg sur le Landwehr Canal; au delà du pont commence **Charlottenbourg.** — La *Berlinerstrasse*, suivie par le tram, passe devant la belle construction monumentale de la *Technische Hochschule* (Ecole Polytechnique), bâtie de 1878 à 1884 sur les plans de *Lucae* et de *Hitzig*, puis elle incline un peu à dr., traverse la ville et, sous le nom de *Spandauerstrasse*, aboutit devant le **Kœnigliches Schloss** (*Château Royal*), bâti entre 1695 et 1788, derrière lequel s'étend un beau jardin (entrée par l'aile O.) dessiné en 1694 par *Le Nôtre*. Vers l'extrémité N. de ce jardin s'élève le **Mausoleum** (*Mausolée royal*; t. l. j. de 10 h. à 6 h. en été, à 4 h. en hiver; 25 pf.), construit par *Gentz*, d'après *Schinckel*, en 1810, et agrandi en 1890.

Ici reposent le roi Frédéric-Guillaume III (✝ 1840) et la reine Louise (✝ 1810); leurs monuments sont l'œuvre de *Rauch*, qui exécuta le premier à Rome (1813) et le second à Berlin (1846); plus en arrière, l'empereur Guillaume Ier (✝ 1888) et l'impératrice Augusta (✝ 1890), dont les monuments sont l'œuvre d'*Encke* (1894).

De Berlin à Paris, R. 3, en sens inverse; — à Francfort, R. 20, en sens inverse; — à Cologne, R. 22, en sens inverse; — à Hanovre, R. 23, en sens inverse; — à Brême, R. 27, en sens inverse; — à Hambourg, R. 32, en sens inverse; — à Stralsund et Sassnitz-Trelleborg (route de Stockholm-Christiania), R. 35; — à Rostock et Warnemünde-Gjedser (route de Copenhague), R. 36.

Route 34. — POTSDAM ET SANS-SOUCI

Excursion très recommandée et obligatoire pour tous les Français qui viennent à Berlin. — Trois lignes de ch. de fer mettent Berlin en communication avec Potsdam, la durée du trajet variant de 25 à 30 min. suivant les trains.

1° *Potsdamer-Hauptbahn* (ligne principale), dont les trains partent de *Potsdamer Bahnhof* (Pl. A, 3) et pour laquelle les prix (1 M. 40 et 90 pf.) sont plus élevés que pour les lignes suivantes.

2° *Wannseebahn*, dont les trains (un départ toutes les heures depuis 8 h. 30 mat. jusqu'au soir), partent de *Wannsee Bahnhof*, annexe de Potsdamer Bahnhof et dont les prix sont ceux des lignes de banlieue (85 pf. en 2e cl.; 50 pf. en 3e cl.).

3° *Stadtbahn* (Métropolitain) dont les trains (env. 6 par h., de 9 h. du mat. à 6 h. du s.) partent de la *gare de la Friedrichstrasse* (centrale du Métropolitain) et dont les prix sont les mêmes que pour la Wannseebahn.

Pour faire cette excursion nous conseillons d'aller d'abord à Potsdam directement (par la Potsdamer-Hauptbahn, ou par la Stadtbahn), visiter le château et Sans-Souci et, si l'on a le temps et si la saison est favorable, revenir, en tram, ou (préférable, par le beau temps) en bateau à vapeur, au pont de Glienicke (*Glienickerbrücke*), aller à pied par *Glienicke*, à Babelsberg, puis redescendre au pont et prendre le bateau pour le lac de Griebnitz et la stat. de Neu-Babelsberg, d'où en ch. de fer à Berlin.

On peut, en ce cas, déjeuner à Potsdam. — Quant à la visite du palais de Potsdam et de Sans-Souci, telle qu'on la fait habituellement et en courant, elle est (à vrai dire) peu profitable.

Les trois lignes conduisant à Potsdam passent par Neu-Babelsberg avant d'arriver à Potsdam.

22 k. **Neu-Babelsberg**, où descendent les voyageurs à destination de Klein-Glienicke.

[De Neu-Babelsberg, à quelques pas de la gare, un petit bateau à vapeur traverse, en 15 min. (20 pf.) dans toute sa longueur, le **Griebnitzsee**, joli petit ac sur les bords duquel, notamment vers le S.-O., a surgi une colonie de villas.

15 min. Débarcadère de *Klein-Glienicke*, v. dont les maisons s'étendent parallèlement à la chaussée, jusqu'au golfe dit *Glienicker Lake* (*V.* ci-dessous), du lac formé par la Havel au pied de Babelsberg.

On prend à g. la chaussée qui monte (à g., restaurant) à l'entrée du parc **de Babelsberg**, dont le *château* était la résidence d'été de l'empereur Guillaume Ier; on peut y faire une promenade agréable d'une heure, par des allées ombragées (beaux points de vue). — On revient à l'entrée et on descend à (1 h. 30 env.) Klein-Glienicke (qu'il faut traverser jusqu'à la brasserie du *Bürgerhof*, près de laquelle se trouve la station des bateaux à vap., si l'on veut aller directement à Potsdam par le lac) et on reprend le bateau du Griebnitzsee pour Neu-Babelsberg et, de là, le ch. de fer pour (1 h. 45 env.) Potsdam.]

En arrivant à Potsdam la voie franchit la Nathe et traverse le faubourg de Teltow.

26 k. (par la Hauptbahn), ou **28** k. (par la Wannseebahn ou la Stadtbahn) Potsdam.

POTSDAM (*V.* l'*Index*), le Versailles prussien, est une V. de 62,000 hab., ch.-l. de la prov. de Brandebourg, située sur la rive dr. de la Havel et de ses lacs, au milieu d'une contrée boisée. Elle doit son existence à Frédéric le Grand qui, à l'instar des rois de France à Versailles, y établit sa demeure, y éleva le Nouveau-Palais et y créa Sans-Souci et le beau parc qui en dépend.

ITINÉRAIRE. — La gare est en deçà de la Havel, qu'il faut franchir sur un pont qui traverse la *Freundschafts-Insel* (île de l'Amitié) pour arriver à la **Paradeplatz**, sur laquelle se trouvent, à dr., le *Schloss-Restaurant* (déj. à la carte et à prix fixe) et l'embarcadère des bateaux à vap. pour Klein-Glienicke et Wannsee; vers la g., le Château.

Le **Stadt-Schloss** (*Château de la Ville*; t. l. j. de 10 à 4 ou à 6 h. suivant la saison; le dim. depuis 11 h.; le « Castellan » habite dans la cour, angle N.-E.; si l'on est pressé on peut renoncer à cette visite), bâti en **1670**, reconstruit en **1750**.

Dans l'aile E., quelques pièces ont une jolie décoration Louis XV; au centre, sont les chambres occupées jadis par Frédéric le Grand avec peintures par *Watteau*, *Lancret*, *Pesne*, etc., et des meubles du temps. Les autres pièces ne sont pas intéressantes.

A l'O. de la Paradeplatz, la *Garnisonskirche*, bâtie sous Frédéric Ier, renferme les restes de ce roi et de son fils, Frédéric le Grand. A côté de la chaire sont suspendus des drapeaux français pris dans les combats de 1813 à 1815.

Pour monter à Sans-Souci on peut prendre le tram pour la Brandenburgertor, qui passe par l'**Altmarkt**, sur lequel se trouvent : à l'E., le *Rathaus*, de 1754, surmonté d'un grand Atlas portant le globe, en cuivre repoussé et doré; au N., la *Nicolaikirche*, église à coupole, bâtie entre 1830 et 1840 sur les plans de *Schinckel*.

On longe la *Wilhelmsplatz* (au centre, *monument de Frédéric-Guillaume III*), plantée d'arbres, et, par la *Nauenerstrasse* et, à g., la *Charlottenstrasse*, on arrive (à dr.) à la *Louisenplatz*, ornée d'une fontaine et sur laquelle s'élève le **Brandenburgertor**, arc de triomphe de 1770.

De là on peut : soit visiter la Friedenskirche et entrer ensuite dans le parc de Sans-Souci par la Grünes-Gittertor (*V.* ci-dessous), soit monter, vers le N., par l'*Obeliskenstrasse*, large allée bien ombragée, à (30 min. de la gare) l'entrée supérieure de Sans-Souci, à dr. de laquelle est le fameux **moulin à vent**, devenu depuis longtemps une propriété royale et reconstruit sous Frédéric-Guillaume IV.

Le **Château de Sans-Souci** (t. l. j. de 10 h. à 4 ou 6 h. suivant la saison; dim. et fêtes, depuis 11 h.; le « Castellan » délivre les cartes d'entrée, **25 pf.**, à une croisée de la façade N., sur le derrière; on visite par fournées, sous la conduite d'un domestique) a été bâti de 1745 à 1747, par *Knobeldorf* pour Frédéric le Grand sur une éminence qui domine la ville à l'O. Frédérie en fit sa résidence favorite et y mourut en 1786. Depuis cette époque les appartements ont été conservés presque intacts. Ils sont ornés de peintures remarquables de **Watteau**, de **Lancret** et de **Pater**.

L'aile O. (par laquelle commence la visite) renferme la CHAMBRE DE VOLTAIRE (on y voit sa table de travail : Voltaire y séjourna de 1750 à 1753). — Au centre du palais, la SALLE A MANGER (Speisesaal), de forme ovale, est d'une jolie décoration. — L'aile E. était habitée par Frédéric; on y remarque la SALLE D'AUDIENCE (toiles de *Watteau*, *Pater*, *Lancret*; riche ameublement), la SALLE DE CONCERT (fresques par *Pesne*; pendule que Frédéric avait l'habitude de remonter et qui fut arrêtée à l'instant de sa mort, 2 h. 20 au matin); la CHAMBRE A COUCHER, dans laquelle est mort le roi (son portrait par *Graff*; ses derniers moments, statue par *Magnussen*) et, enfin, la BIBLIOTHÈQUE, d'une décoration charmante (tous les livres sont français; on y voit aussi des fragments du testament de Frédéric, le plan de Sans-Souci, dessiné par lui).

A l'E. du château, un bâtiment spécial renferme la GALERIE DE TABLEAUX (entrée 25 pf.) avec quelques toiles par *Rubens*, *Van Dyck*, *Van der Werff*, *Pesne*, *Breughel*, *Graff*, etc. De là on passe dans la SALLE DU MOT D'ORDRE (Parolesaal), où finit la visite.

A l'O., l'**Orangerie**, vaste construction du style florentin, a été achevée vers 1857 sur les plans de *Hesse*. Les statues de la façade sont de *Schievelbein*, de *Wittig* et d'autres.

L'int. (heures et prix, comme pour le château) renferme des sculptures modernes, par *Thorvaldsen*, *Rauch*, *Imhof*, etc., et des peintures également modernes, par *Achenbach*, *Hildebrandt*, *Stange*, etc.

A l'aile S.-O. un petit jardin (le *Paradies-Gærtl*) a un joli atrium du style grec.

Un escalier, interrompu par 6 terrasses, descend du château de Sans-Souci à la **Grande-Fontaine** (beau jet d'eau), entourée de 12 statues du XVIIIe s.; au S. se voient une réduction en marbre de la *statue de Frédéric le Grand* par *Rauch*, ainsi qu'un *vase* en bronze avec la reproduction des bas-reliefs du monument de Frédéric-Guillaume III.

A l'O. de la Grande-Fontaine une longue allée rectiligne conduit au **Neues-Palais** (*Nouveau-Palais*; jours et heures comme pour Sans-Souci), que Frédéric le Grand fit bâtir de 1763 à 1769, après la guerre de Sept Ans, pour donner une preuve de la prospérité de ses finances. Il sert actuellement de résidence d'été à l'empereur Guillaume qui en occupe l'aile N.

Les visiteurs entrent par l'aile S. — Au 1er étage, les SALLES DE CONCERT et DE BAL sont ornées de peintures par *Vanloo* (Ganymède dans l'Olympe; Sacrifice d'Iphigénie), *Pesne* (Enlèvement d'Hélène), *Luca Giordano* (Jugement de Pâris, Enlèvement des Sabines), *Guido Reni* (Lucrèce; Diogène).

A l'E. de la Grande-Fontaine s'ouvre la porte dite *Grünes Gittertor* (la Grille Verte), au dehors de laquelle s'élève à g. la Friedenskirche.

La **Friedenskirche** (*église de la Paix*; à g., au delà de la grille du parc, on prend sa carte pour le Mausolée, 25 pf.), belle église dans le style des basiliques romanes, a été bâtie en 1850, sur les plans de *Persius*. On pénètre dans l'église en passant par un *cloître*; le *portail* O., avec riche décoration en terre cuite, est une reproduction du célèbre portail de la Klosterkirche à Heilbronn. A l'angle N.-E. se dresse le *clocher*, haut de 40 m., orné d'une fresque (Jésus à Gethsemani) par *Steinbrück* et de quelques sculptures originales de l'époque romane, provenant d'Italie. Au delà du cloître est un petit *atrium* à colonnes avec un groupe (Moïse appuyé sur Aaron et Hur), par *Rauch* et une reproduction du Christ ressuscité de *Thorwaldsen*.

L'int., à 3 nefs, est décoré de sculptures par *Tenerani* et *Steinhæuser*, et de mosaïques (à l'abside : Jésus avec la V. et des Saints, œuvre vénitienne du moyen âge, provenant de Malamocco). Frédéric-Guillaume IV († 1861) et la reine Élisabeth († 1873) sont enterrés au pied de l'autel.

Au N. de l'atrium, dans un autre cloître dont un côté s'ouvre sur le parc de Sans-Souci, le **mausolée de l'empereur Frédéric III** († 1888; t. l. j. de 9 h. 30 à 4 ou à 6 h. suivant la saison) renferme le *tombeau de l'empereur*, avec sa statue couchée, par *R. Begas*, et les *tombeaux* de ses deux enfants, Sigismond et Waldemar, par *Raschdorff* et *Begas*. La Pietà de l'autel est de *Rietschel* (1845).

[**De Potsdam à Wannsee-gare, par les lacs** (1 h. 15 en bateau; dép. à 2, 3, 4, 5 et 6 h. en été seulement; 60 pf.). — L'embarcadère des bateaux se trouve à côté du pont et du Schloss-Restaurant. En quittant Potsdam on entre dans un premier lac formé par la Havel; à g. s'étend le faubourg dit Berliner Vorstadt; à dr., la colline boisée de Babelsberg.

15 min. (à dr.). *Klein-Glienicke* (stat.) et, à dr., golfe dit *Glienicker Lake*; au N. *château* et parc du prince Léopold. — De Klein-Glienicke à Neu-Babelsberg, *V.* ci-dessus.

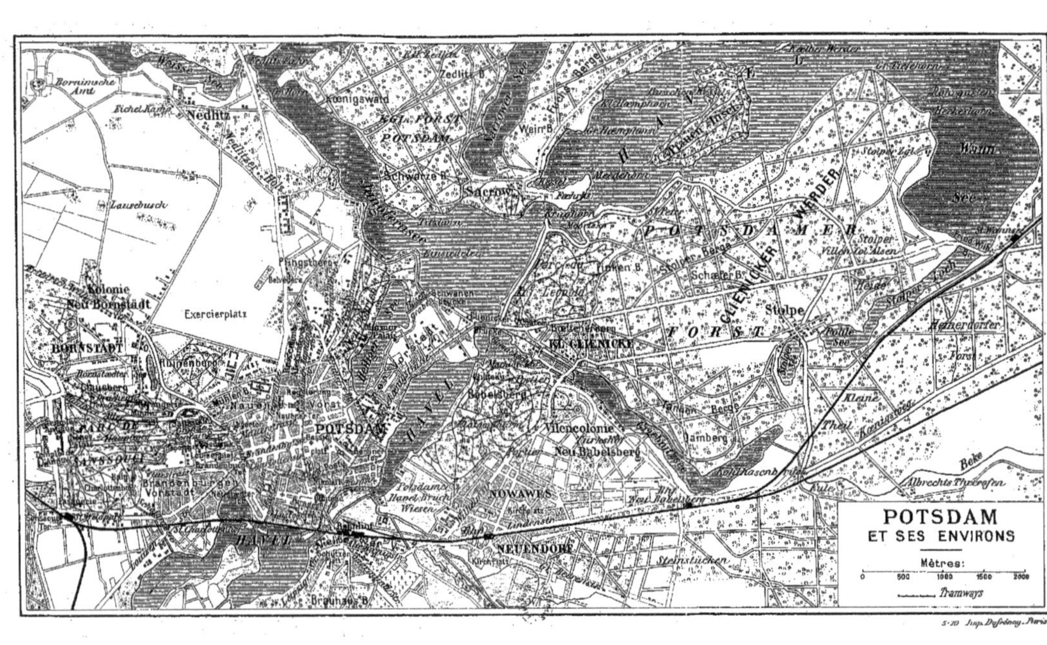

5-10 Imp. Dufrénoy, Paris.

On passe sous le *pont de Glienicke*, qui réunit les deux rives du lac et on entre dans le *Jungfernsee*. — 25 min. (à g.) *Sacrow* (stat.), avec un petit *château* royal et la *Heilandskirche* (église du Rédempteur) du style roman. — 30 min. (à dr.). *Moorlake* (stat.), avec un restaurant fréquenté; un peu au N., village russe de *Nikolskoe* avec l'église des SS. Pierre et Paul. — On passe à côté de la *Pfaueninsel* (île des Paons) et on se dirige à l'E. dans le golfe appelé *Wannsee*.

1 h. 10. **Wannsee** (il y a deux stat. : au Schwedischerpavillon et au Kaiserpavillon; restaur. *Kaiserpavillon*, au débarcadère), colonie de villas avec un *château* du prince Léopold.

De Wannsee à Berlin, soit par la Stadtbahn qui conduit jusqu'à la gare de la Friedrichstrasse, soit par la Wannseebahn, qui aboutit au Potsdamer Bahnhof, *V.* ci-dessus.]

Route 35. — DE BERLIN A STRALSUND ET SASSNITZ-TRELLEBORG

(ROUTE DE STOCKHOLM ET DE CHRISTIANIA)

ILE DE RUGEN

DE BERLIN A STRALSUND

PAR NEU-BRANDENBURG

225 k.; 🚂, gare de Stettin (*Stettiner Bahnhof*) en 4 h. 10 par train direct (Schnellzug); les trains du matin correspondent à Stralsund avec le bac à vapeur pour Altefæhr et les trains d'Altefæhr à Bergen et Sassnitz. — 20 M. 30, 15 M. 10, 10 M. 60 (Schnellzug). — *N. B.* En été on délivre à Berlin des cartes d'all. et ret. pour Sassnitz, *via* Stralsund-Bergen, pour 36 M. 70, 28 M. 90 et 19 M. 70. — Billets directs *Berlin-Stockholm*, 72 M. 30, 49 M., 31 M. 60.

29 k. *Oranienburg*, V. de 11,000 hab., sur la Havel.

100 k. **Neu-Strelitz** Ⓑ, V. de 12,000 hab., cap. du grand-duché de Mecklembourg-Strelitz, au bord du *lac de Zierke*. — Beau *château* grand-ducal avec parc.

De Neu-Strelitz à Rostock, R. 36.

136 k. *Neu-Brandenburg*, 10,000 hab., sur le *Tollensee*. — On croise la ligne de Lübeck à Stettin,

225 k. **Stralsund** (gare de *Stralsund Bahnhof*, Ⓑ; les passagers pour Rügen continuent jusqu'à la gare suivante : Stralsund Hafen; hôt. *Goldener Lœwe*, etc.), V. de 32,000 hab., ancienne place forte, située entre deux étangs sur le *Strelasund*, détroit large de 2,550 m., qui sépare l'île de Rügen de la terre ferme. — *Rathaus* avec riche façade du XVe s. et un petit musée provincial. — *Nicolaikirche* du XIIIe s. (sculptures en bois des XVe et XVIe s.). — *Jacobikirche*, gothique (autels avec belles sculptures en bois).

DE STRALSUND A SASSNITZ

53 k. — Bac à vapeur qui transporte les voyageurs, les wagons de la poste et des bagages, de Stralsund-port (*Stralsund-Hafen*) à (6 k.) la gare d'*Alte-*

fæhr, sur la rive S. de l'île de Rügen, où commence le ch. de fer pour Bergen et Sassnitz; trajet en 2 h. 15 par Schnellzug et en 2 h. 40 par train omnibus; 4 M. 60; 3 M. 50; 2 M. 40. — *N. B.* Les touristes qui se bornent à une simple excursion dans l'île de Rügen peuvent suivre l'itinéraire suivant : en ch. de fer de Stralsund et d'Altefæhr à Bergen et à Sassnitz, où l'on couche. Le lendemain matin, excursion à Stubbenkammer-Stubnitz, en 4 h. 30 env. (all. et ret.); l'après-midi, départ entre 1 h. 30 et 2 h. 45 pour Berlin (le train direct partant de Sassnitz vers 2 h. 45 a un wagon-restaur. entre Sassnitz et Berlin; il suit la ligne Stralsund-Dücherow-Pasewalk-Berlin, gare de Stettin). — L'île de Rügen est aussi en communication quotidienne avec la Suède (bateau à vap. de Sassnitz).

L'île de **Rügen**, la plus grande des îles de l'Allemagne (60 k. de longueur sur 40 de largeur; 967 k. carrés; 50,000 hab.), faisait, à une époque relativement récente, partie du continent. Les côtes sont bizarrement entaillées, surtout du côté O. où de nombreux golfes s'avancent dans les terres, tandis que la rive E., formée de falaises granitiques, a mieux résisté à l'action destructive des flots.

Le bac à vapeur venant de Stralsund aborde à (6 k. de Stralsund-Gare) *Altefæhr*, petite localité assez fréquentée pendant la saison des bains de mer.

29 k. **Bergen** (hôt. : *Ratskeller*; *Bahnhof*), petite V. de 4,000 hab., est le ch.-l. du cercle formé par l'île; la *Pfarrkirche*, romane, date du XIIe s.

[**De Bergen à Putbus** (10 k.; 🚂 en 20 min.; 60 pf., 40 pf.). — 10 k. **Putbus** (hôt. *Fürstenhof*) est, pour ainsi dire, la capitale morale de l'île; le prince de Putbus, qui en possède la moitié (330 k. carrés, avec env. 17,000 hab.), y a son *château*; on y trouve aussi un *théâtre* et un *Kursaal* fréquenté par les baigneurs (les bains de mer se trouvent à *Lauterbach*, 2 k. au S. de Putbus).

Une petite ligne d'intérêt local relie Putbus à (11 k.) **Binz** (hôt. : *Kurhaus*, *Kaiserhof*; etc.), à (30 k.) *Sellin* et à (34 k.) *Gœhren* (hôt. *Brandenburg*, etc.) dans la presqu'île de la Granitz, très fréquentée pendant l'été.]

Au delà de Bergen, la voie, laissant à dr. le mamelon du *Rugard* (91 m.; *tour* en mémoire du poète Arndt; belle vue), passe entre les golfes du *Grosser Jasmunder Bodden*, à g., et du *Kleiner Jasmunder Bodden*, à dr., pour atteindre la presqu'île granitique de **Jasmund**, le canton le plus pittoresque de l'île.

45 k. *Sagard*. — 49 k. *Lanken*. — 51 k. *Crampass-Sassnitz*.

53 k. **Sassnitz** (nombreux hôtels : *zum Fahrnberg*, ch. dep. 2 M. 50; *Strand-hôtel*; *Victoria*, etc.; bateaux à moteur pour Stubbenkammer, 75 pf.), séjour d'été et bains de mer (à Crampass) très fréquentés, dans un joli site au débouché du ravin du Krentz et à la lisière de la belle forêt de Stubnitz. Le port, achevé en 1897, a pris une certaine importance; depuis, des bateaux à vap. mettent en communication la Suède (par Trelleborg) avec l'Allemagne.

[**De Sassnitz au Stubbenkammer** (3 h. 30 env. à pied; la route de voit., que l'on peut suivre au retour, s'écarte de la côte, c'est-à-dire de la partie la plus intéressante; voit. à 1 chev. 4 à 6 M., à 2 ch. 6 à 8 M.). — On longe le bord des falaises crayeuses de la côte N.-E. et, par une belle forêt de hêtres, on atteint (45 min.) les parois escarpées des falaises appelées les

ILE DE RÜGEN

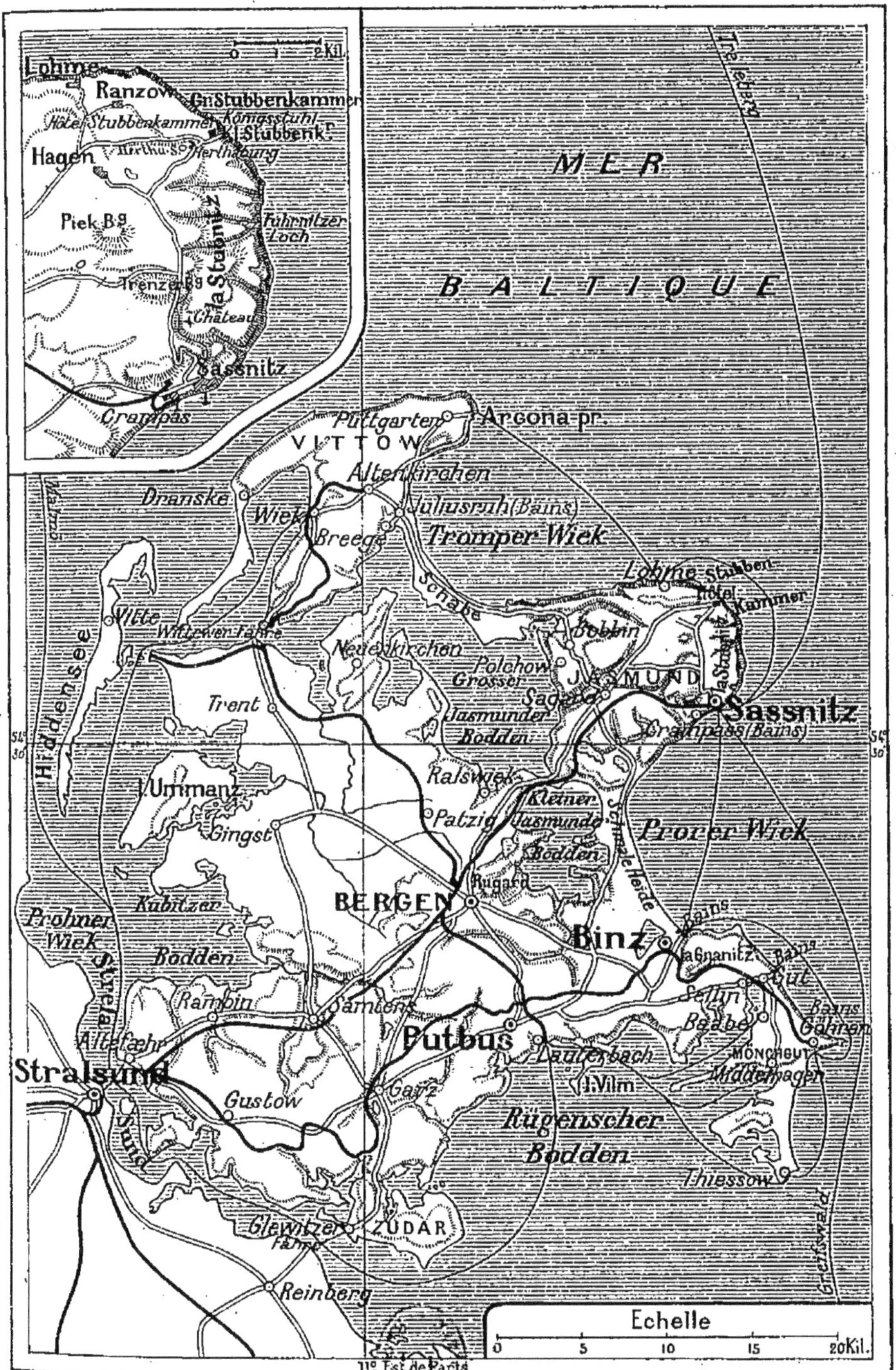

MER BALTIQUE

Lohme
Ranzow
Gr. Stubbenkammer
Königsstuhl
Hôtel Stubbenkammer
Kl. Stubbenk.r
Hagen
Herthaburg
Piek Bg
la Stubnitz
Fahrnitzer Loch
Trenze Bg
Château
Sassnitz
Crampas

Arcona pr.
Puttgarten
VITTOW
Altenkirchen
Dranske
Wiek
Juliusruh (Bains)
Breege
Tromper Wiek
Schabe
Lohme
Stubben-Kammer
Hôtel
Bobbin
Wittower Fähre
Neuenkirchen
Polchow
Grosser Jasmunder Bodden
JASMUND
Sagard
Sassnitz
Crampas (Bains)
Trent
Hiddensee
Vitte
I. Ummanz
Ralswiek
Patzig
Kleiner Jasmunder Bodden
Schmale Heide
Prorer Wiek
Gingst
Kubitzer Bodden
BERGEN
Rugard
Binz
Bains
la Granitz
Sellin
Bains
Gut
Baabe
Bains
Göhren
Prohner Wiek
Strela
Rambin
Samtens
Altefähr
Putbus
Lauterbach
Mönchgut
Middelhagen
Stralsund
I. Vilm
Gustow
Garz
Rügenscher Bodden
Thiessow
Sund
Glewitzer Fähre
ZUDAR
Reinberg
Greifswald
Trelleborg

Echelle
0 5 10 15 20 Kil.

11° Est de Paris

7-10 Imp. Dufrénoy. Paris.

Wissower Klinken et, un peu plus loin à g., le (50 min. env.) *restaurant Waldhalle*. De là, on monte par des rampes et des marches assez pénibles au (1 h. 30 env.) ravin du Kielerbach, dominé par des rochers déchiquetés; puis, par des montées et des descentes, on arrive en 1 h. 30 (3 h. env. de Sassnitz) aux points de vue dits *Victoriasicht* et *Wilhelmsicht*, en face du Kœnigsstuhl, et au **Stubbenkammer** (hôt.-restaur. *Stubbenkammer*; prix assez élevés), l'endroit le plus intéressant de toute l'île; il doit son nom au promontoire formé par une falaise abrupte encadrée par la forêt et dont le sommet (133 m.), appelé le *Kœnigsstuhl*, offre un beau point de vue. On peut descendre en 10 min. à la plage pour voir, sous un autre aspect, aussi intéressant, la grande paroi blanche de ce rocher. — De l'hôtel une route carrossable se dirigeant vers l'O., conduit, par la *forêt de Stubnitz*, à Sassnitz. En suivant cette route depuis l'hôtel, on arrive en 5 min. à une bifurcation (à dr., route de Nipmerow; à g., route de Sassnitz); un chemin entre les deux routes conduit en 5 min. au petit Hertha-See (*V*. ci-dessous), en traversant une belle hêtraie, où il passe à côté du superbe hêtre dit le *Herthabüche* (à dr., sentier pour l'*Opferstein*, ou pierre du sacrifice, ayant servi, dit-on, aux sacrifices humains en l'honneur de Hertha, ou Nerthus, la déesse des anciens Rugiens; à g., sentiers allant rejoindre la grande route). Le gracieux petit bassin du **Hertha-See** (*lac d'Hertha*) est entouré de coteaux boisés; sur la rive N. une sorte de rempart en hémicycle (la *Herthaburg*) serait le reste d'un temple consacré à Hertha.]

De Sassnitz à Trelleborg et à Stockholm, R. 39, *B*.

Route 36. — DE BERLIN A ROSTOCK ET A WARNEMUNDE

(ROUTE DE COPENHAGUE)

232 k.; 🚂, gare de Stettin (*Stettiner Bahnhof*), en 4 h. env., par trains directs (Schnellzug); 20 M. 60, 15 M. 90, 10 M. 60. — Billets directs Berlin-Copenhague, 36 M. 30, 25 M. 50, 16 M.

100 k. de Berlin à Neu-Strelitz (R. 35). — 135 k. *Waren*, V. de 9,500 hab., sur le *lac de la Müritz*, le plus grand de toute la région du Mecklembourg.

220 k. **Rostock** (Ⓑ; hôt. : *Rostocker-Hof*, ch. de 3 à 5 M., etc.; fiacres, la course 60 pf.; bat. à vapeur pour Warnemünde, en été, 25 pf.), V. commerçante de 62,000 hab., la plus importante du Mecklembourg et celle qui possède la flotte marchande la plus nombreuse de la Baltique. Ce fut au moyen âge une des principales villes de la ligue hanséatique, à laquelle Rostock appartint jusqu'à sa dissolution en 1630. L'Université, fondée en 1419, compte env. 400 étudiants. — Sur le *Neuer Markt*, au centre de la vieille ville, le *Rathaus* date des XIIIe et XIVe s.; la *Marienkirche* est une grande église gothique de la même époque.

Au delà de Rostock la voie ferrée longe la rive g. de la Warnow, dont l'estuaire s'élargit considérablement.

232 k. **Warnemünde** (hôt. : *Berringer-Pavillon*, *Stralendorf*, etc.), station de bains de mer très fréquentée.

De Warnemünde à Gjedser et à Copenhague, R. 37, *B*.

QUATRIÈME SECTION

DANEMARK, SUÈDE ET NORVÈGE

Route 37. — DE PARIS A COPENHAGUE

A. Par Cologne, Brême, Hambourg, Kiel et Korsœr.

1,293 ou 1,354 k.; 🚂 du Nord, en 30 h. env. par le train direct (1re et 2e cl., voit. directes Paris-Hambourg, traj. en 16 à 20 h.) quittant Paris vers 2 h. ap.-midi. — Billets directs, valables 10 j. : 134 fr. 40 (1re cl.), 90 fr. 60 (2e cl.).

938 ou **999** k. de Paris à Hambourg (gare centrale, ou *Hauptbahnhof*), où l'on change de train (*V.* R. 4).

111 k. de Hambourg à Kiel (*V.* R. 31), où l'on quitte le ch. de fer pour le bateau à vapeur.

DE KIEL A KORSŒR

133 k. — 🚢, 2 fois par j., le mat. vers 11 h. et la nuit vers 1 h. 45, en 5 h. 20 par le bateau du jour (allemand) et en 5 h. 50 par le bateau de nuit (danois). — 8 Kronor, 4 Kronor 50 œre; suppl. pour une cabine à 2 places (bateau danois), 6 Kronor ou env. 7 M.; restaurant à bord.

La traversée du port de Kiel (*Kieler Hafen*) est intéressante et mérite d'être faite le jour. A dr. sont les bassins et les chantiers de l'arsenal militaire (*Kaiserliche Werfe*); à g., l'Académie de Marine, à la lisière de la forêt de hêtres du Düsternbrook et le débouché du canal impérial. — Au delà de *Friedrichsort* (rive g.) est le phare; le bassin s'élargit et, sous le nom de *Kieler Fœhrde*, il se confond bientôt avec la baie de Kiel.

On passe par le canal dit *Langeland Belt*, entre l'*île de Langeland* à g. et celle de *Laaland* à dr.; sur la première on aperçoit le chât. de *Franckjœr*, du XIIIe s.

5 h. env. **Korsœr** (Ⓑ; hôt. *Store Belt*), douane danoise, petite V. de 7,100 hab., sur la côte O. de l'*île de Seeland* (en danois *Sjælland*), que l'on va traverser dans la direction de l'E.

DE KORSŒR A COPENHAGUE

111 k. 🚂, 1 h. 58 par train express : 6 Kronor 35 œre, 4 Kr. 35.

La voie parcourt un pays de pâturages et de bois. — 32 k. *Sorœ*,

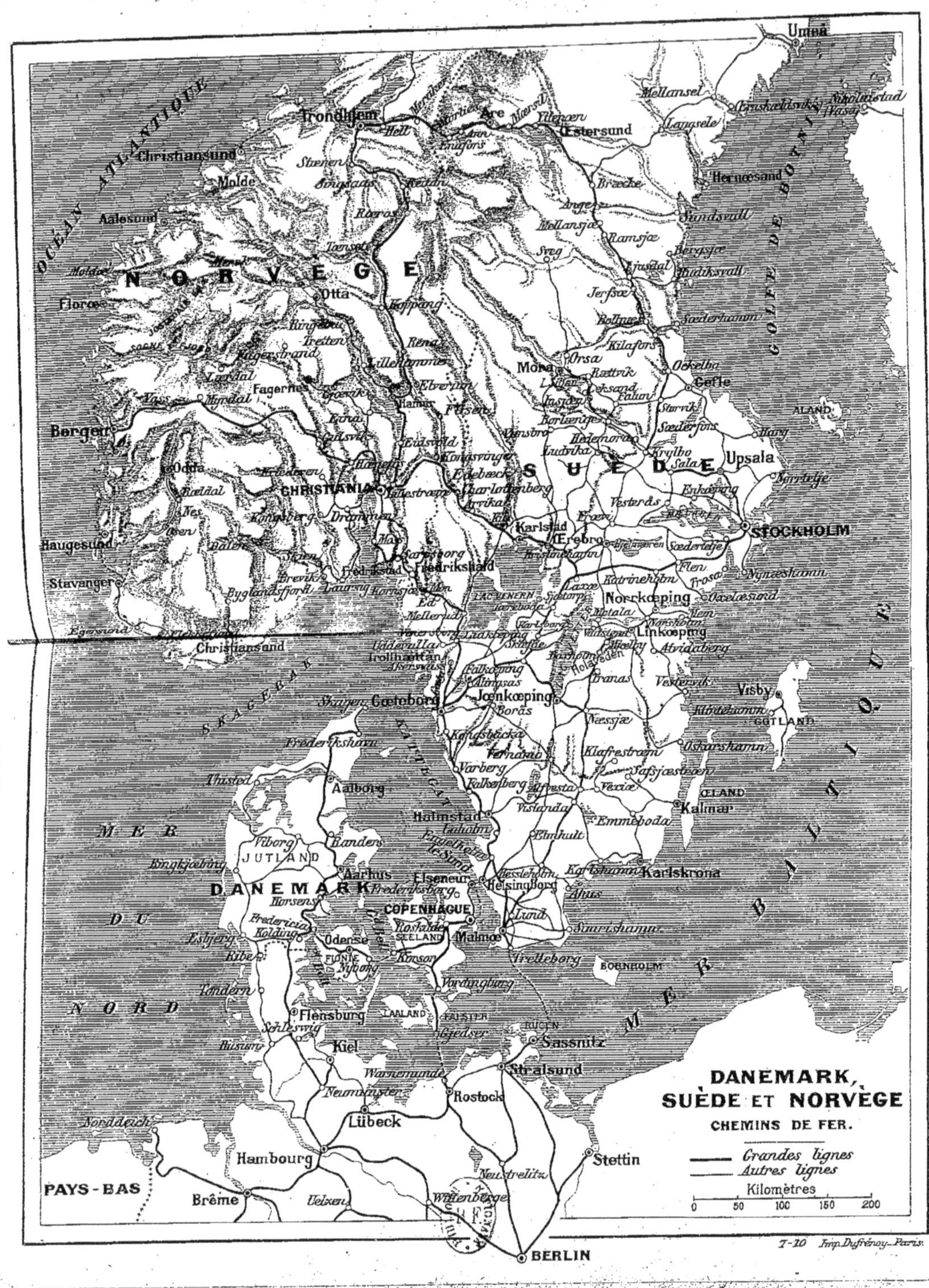

7-10 Imp. Dufrénoy_Paris.

petite V. sur un grand lac entouré de bois de sapins et de hêtres; *église* du XIIe s.

79 k. **Roskilde** (prononc. Roskillé; Ⓑ), V. déchue de 8,800 hab., jadis la capit. du royaume et le siège d'un évêché. — **Cathédrale,** intéressant édifice du XIe s., restaurée au XIIIe et au XIXe s. (tombeaux de rois de Danemark; belles boiseries sculptées; stalles, lutrins; retable du XVIe s.).

108 k. Frederiksberg (R. 38).

111 k. (355 k. de Hambourg). **Copenhague** (gare Centrale, ou *Banegaard*; omnibus des hôtels; voit. de place); R. 38.

B. Par Cologne, Hambourg, Lübeck, Rostock, Warnemünde et Gjedser.

1,378 ou 1,439 k., en 28 à 30 h. suivant les trains, *V.* ci-dessus *A.* — Billets directs (*via* Herbesthal, ou Bleyberg) valables 10 j. : 219 fr. 90 (1re cl.), 142 fr. 90 (2e cl.).

938 ou **999** k. de Paris à Hambourg (*V.* R. 4).

DE HAMBOURG A COPENHAGUE

440 k.; 🚂 et ⛴ en 10 h. 15 env., par le train quittant Hambourg vers 11 h. 30 du s. (wagon-lits Hambourg-Copenhague); 30 M. 30, 22 M. 70, 13 M. 50; suppl. pour le wagon-lits : de Hambourg à Copenhague, 10 M. (1re cl.), 6 M. 75 (2e cl.); de Rostock, ou Warnemünde, à Copenhague, 6 M. (1re cl.), 4 M. (2e cl.).

216 k. de Hambourg à Warnemünde (*V.* R. 36), où l'on quitte le chemin de fer pour le bat. à vapeur.

Le bateau (restaurant à bord) traverse le *Mecklenburger Bucht*, large de 50 k. environ, en 2 h. env.

266 k. **Gjedser Odde** (douane danoise; visite sommaire), à l'extrémité S. de l'île de Falster.

311 k. *Orehoved.* — Le train franchit sur un bateau transbordeur le bras de mer qui sépare l'île de Falster de l'île de Seeland, traverse la petite île de *Masnedœ* et franchit un bras de mer sur un pont tubulaire.

317 k. *Masnedsund.* — 340 k. *Næstved* Ⓑ, V. de 7,600 hab. — On traverse un pays plat.

385 k. *Kjœge*, V. de 4,300 hab., sur la baie du même nom, où les Danois battirent en 1677 la flotte suédoise et où le Norvégien Ivar Hvitfeldt sauva en 1710 la flotte dano-norvégienne en se faisant sauter avec son vaisseau le « Danebrog » et 700 hommes d'équipage.

La voie ferrée joint à g. la ligne de Korsœr (*V.* ci-dessus, *A*).

408 k. Roskilde (*V.* ci-dessus, *A*), d'où 32 k. pour Copenhague.

440 k. **Copenhague** (R. 38).

C. Par Cologne, Hambourg et Lübeck.

1,272 ou 1,333 k. 🚂 et ⛴ en 32 h. env. — De Paris à Lubeck : 1,002 ou 1,063 k.; 🚂 gare du Nord, en 20 h. env.; 105 fr. 10 en 1re cl., 67 fr. 80 en 2e cl.; wagons-lits de Paris à Cologne, au train de 10 h. du s., suppl. 17 fr. 30,

— De Lubeck à Copenhague : 270 k.; 🚢 t. l. j. vers 6 h. 30 du s., en 10 à 11 h.; 13 M. 50 (1re cl., cabine), 10 M. 15 (2e cl.), 6 M. 75 (3e cl.; pont).

1,002 ou 1,063 k. de Paris à Lübeck, par Liège, Cologne et Hambourg (*V.* R. 4 et 31, *A*). — A Lübeck on s'embarque pour Copenhague.

Le bateau passe devant Travemünde, à l'embouchure de la Trave, et entre dans la mer Baltique. — Au N., île du Falster, puis à l'O., île de Seeland.

270 k. (1,272 k. de Paris). **Copenhague** (R. 38).

D. Par Cologne, Hambourg, Altona, Vamdrup, Fredericia et Odense.

1,453 k. ou 1,514 k.; 🚂 et 🚢 en 30 h. env.; billets directs valables 10 j. : 154 fr. 70 (1re cl.), 104 fr. (2e cl.).

938 ou **999** k. de Paris à Hambourg (gare Centrale, ou *Haupt-bahnhof*; *V.* R. 4). — A Hambourg on change de train.

DE HAMBOURG A COPENHAGUE

PAR ALTONA, FLENSBURG, VAMDRUP, FREDERICIA, ODENSE ET KORSŒR

515 k. env.; 🚂 en 12 h. par trains directs (wagon-lits au train de 8 h. 48 du s.); 30 M. 30, 21 M. 40, 12 M. 70; suppl. pour le wagon-lits : 10 M. (1re cl.), 6 M. 75 (2e cl.).

82 k. de Hambourg à Neumünster (*V.* R. 31, *A*); on laisse à dr. la ligne de Kiel (*V.* R. 31, *A*). — La voie franchit le Kaiser Wilhelm Canal (*V.* p. 170).

115 k. *Rendsburg*, 15,800 hab. — La voie traverse le rempart (en ruine) du *Danewerk*, datant du XIe s. et connu surtout par les faits d'armes de 1848 à 1864.

139 k. **Schleswig**, V. de 18,500 hab., clairsemée à l'extrémité O. de l'étroite baie de la Schlei. — *Cathédrale*, du XIe s., rebâtie en 1440 dans le style gothique. — A dr. de la voie, dans une île du petit Burgsee, le vieux *château de Gottorp* sert de caserne.

178 k. Flensburg, V. de 55,000 hab., à l'extrémité S. de la baie du *Flensburger Fœhrde*, dont les rives sont parsemées d'habitations de campagne et de villages de pêcheurs.

240 k. **Woyens** (douane allemande).

260 k. **Vamdrup** (douane danoise; les bagages enregistrés pour Copenhague sont visités dans cette ville).

279 k. *Kolding*, V. de 13,500 hab. (restes d'un ancien château fort).

299 k. **Fredericia** Ⓑ, V. de 13,500 hab., sur la rive O. du *Petit Belt*, que l'on traverse en 15 min. sur un bac à vapeur.

De Fredericia à Frederikshavn et à Christiania, R. 46.

300 k. *Strib*, localité sur la côte N.-O. de l'île de *Fionie* (dan. *Fyen*), que la voie ferrée va traverser dans la direction de l'E.

354 k. **Odense** (hôt. : *Grand-Hôtel*; *Brockmann*), 40,600 hab. — *Cathédrale Saint-Knud*, construite au XIIIe s. — *Château* et *musée* (antiquités du Nord).

384 k. **Nyborg**, petite V. de 7,900 hab., où l'on prend le bat. à vapeur qui fait la traversée du *Grand Belt* (1 h. 20 env.; à bord, buffet avec mets froids).

405 k. Korsœr (*V.* ci-dessus, *A*), où l'on prend le ch. de fer pour Copenhague (*V.* ci-dessus), qui traverse l'île de Seeland de l'O. au N.-E.

515 k. (1,453 k. de Paris). **Copenhague** (gare centrale, ou *Hoved Banegaard*; visite des bagages; voit. de place); R. 38.

Route 38. — COPENHAGUE ET SES ENVIRONS

Gares : — Gare Centrale, ou Hoved Banegaard, au S.-O. du centre de la ville, pour tous les trains à l'exception de ceux de la Nordbane ; — du Nord ou Nordbane Station, près de la gare Centrale, pour les trains de Nordseeland, de Helsingsborg et de Gœteborg.

Principales curiosités : — **Frue Kirke** (église Notre-Dame ; p. 196) ; — **Château de Rosenborg** (p. 198) ; — **Musée des Beaux-Arts** (p. 199) ; — **Glyptothèque** (p. 204) ; — **Musée National** (p. 202) ; — **Musée Thorvaldsen** (p. 202).
Excursion à **Frederiksborg** et **Elseneur** (p. 207).

COPENHAGUE (*Kjœbenhavn* : pron. Kœbenhaoun ; *V. Index*), la capitale du Danemark, compte, avec ses faubourgs, env. 428,000 hab., avec Frederiksberg env. 515,000 hab. Elle est située par 10°14'40" long. E. et 55°40'53" lat. N. de Paris, sur la rive E. de l'île de Seeland. Un bras très étroit du *Sund* (dan. *Œresund*) sépare la ville proprement dite du faubourg de Christianshavn, sur l'île d'Amager.

Copenhague est une belle ville, animée, avec des rues propres, de larges avenues et de nombreux parcs. Elle possède de beaux musées et un port magnifique.

Le **port**, profond, spacieux et sûr, est formé par ce bras de canal dont nous venons de parler et commence au N., près de la citadelle, pour finir au S., au pont dit Langebroe. Dans sa partie supérieure, où le canal a sa plus grande largeur, une longue estacade le divise en deux bassins inégaux. Celui de l'E. forme la station de la flotte militaire entourée de toutes les constructions accessoires que nécessite un grand établissement naval; le bassin de l'O. est le port marchand.

Histoire. — La fondation de Copenhague ne date que du XIIe s. L'évêque Axel y obtint, en 1168, la concession d'un petit territoire qu'il entoura d'une enceinte, et qui devint en moins d'un siècle assez considérable. Son premier nom fut *Axelhuis*. Le nom de *Kjœbenhavn*, que la ville reçut lorsqu'elle grandit en importance, signifie Port des Marchands. Au XIVe s. elle devint la résidence de la cour; ses constructions en bois, détruites en 1728, en 1794 et 1795, par de violents incendies, furent remplacées par des habitations élégantes et des rues régulières. Elle était regardée comme l'une des plus belles villes de l'Europe, lorsque, en 1807, surprise en pleine paix par une escadre anglaise, elle essuya un terrible bombardement. Ce fut ainsi qu'elle paya le refus que le Danemark avait fait d'entrer dans la coalition contre la France.

I. — Le centre.

Le centre de la vie urbaine se trouve à la grande place du **Kongens Nytorv** (*Nouveau Marché du roi*; Pl. C, 3), au milieu de laquelle s'élève la *statue* équestre *de Christian V*, érigée en 1672 et entourée d'un petit square. — Sur le côté S.-E. de la place, le *Théâtre Royal* est une belle construction du style Renaissance, achevée en 1874 sur les plans de *Petersen* et *Dahlerup*.

A côté et au N. du théâtre, à l'angle de la *Tordenskjoldsgade*, est le palais du *Ministère des Affaires étrangères*; au delà, le **château de Charlottenborg**, bâti au XVIIe s., sert de résidence à l'Académie des Beaux-Arts. Derrière le château, le bâtiment du *Kunstudstillings-Bygning* sert aux expositions annuelles des beaux-arts; son entrée principale donne sur le **Nyhavn**, canal bordé de quais sur lesquels se voient encore quelques vieilles maisons à pignons.

Sur le côté O. du Kongens Nytorv vient déboucher l'**Œstergade**, la plus animée des rues de Copenhague, qui se prolonge (au delà de *Hœjbroplads*), par l'*Amagertorv*, et le *Vimmelskaft Nygade*, jusqu'aux places contiguës du *Gammeltorv* (Vieux marché, Pl. B, 3), ornée d'une fontaine du XVIIe s. et dont le groupe en bronze représente la Bienfaisance, et du *Nytorv* (Nouveau marché); sur le côté O. de cette dernière place, le *Raad-og Domhuset* (ancien hôtel de ville et palais de justice) est une construction de *Hansen* (1815).

A quelques pas N.-O. de ces places, sur la *Frue Plads* se trouvent la Frue Kirke et l'Université.

La **Frue Kirke** (*église de Notre-Dame;* Pl. B, 3), église métropolitaine du Danemark, a été rebâtie après le bombardement de 1807, par *Hansen*, en 1811. La façade, d'un style grec très froid, est décorée de statues et de bas-reliefs par *Thorvaldsen*.

L'int. (t. l. j. de 9 à 11 h. du 1er mai au 31 oct.; de 9 à 11 h. du 1er nov. au 30 avr., autrement s'adresser au « graver » ou sacristain, Kaunikestræde, 7, ou Studiestræde, 16; 1 Kr. 1 à 12 pers.), du style gréco-romain, est également orné de sculptures modelées (et en partie exécutées) par *Thorvaldsen* à Rome, de 1821 à 1827. On remarque les statues colossales du Christ (au maître-autel) et des Apôtres (celle de St Paul, à g., est de la main de Thorvaldsen); devant le maître-autel, l'Ange agenouillé qui supporte les fonts baptismaux; etc.

En face de l'église, l'*évêché* a été restauré à la fin du XIXe s.

A côté et au N. de la Frue Kirke, l'**Université** (Pl. B, 3), fondée en 1476 (env. 2,200 étudiants; vestibule orné de sculptures par *Mercié* et *Bissen* et de fresques par *Hansen*), touche au N. à la *Bibliothèque universitaire*, bâtie en 1860 (220,000 vol. et plus de 4,000 manuscrits) et, vers le N.-O., au *Musée Zoologique* (ouvert t. l. j., entrée 50 œre; intéressante collection de squelettes d'animaux préhistoriques; collection célèbre de squelettes de baleines). — La *Nœrregade* sépare ces bâtiments de la *Petri Kirke* (pl. B, 3), église des Allemands, avec un haut clocher de 1756.

Ici commence la *Krystalgade*, où se trouve, à g., la *Synagogue*, bâtie en 1833 par *Hetsch* dans le style oriental et qui aboutit vers

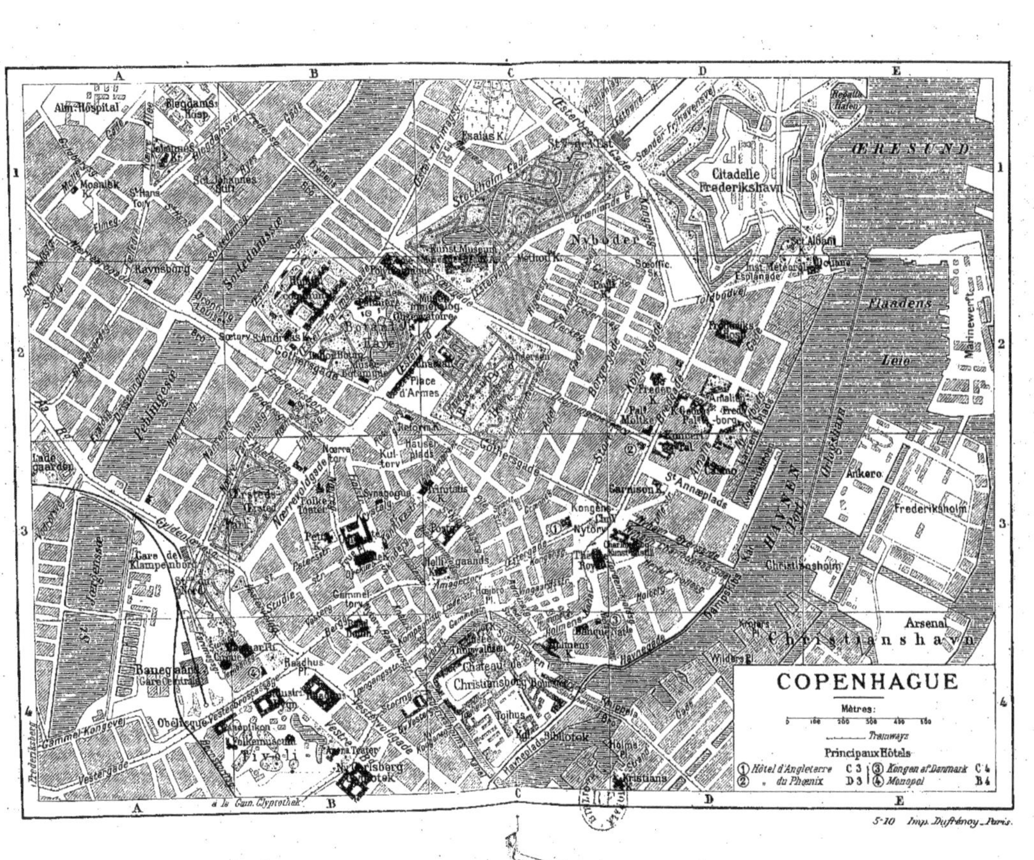

5-10 Imp. Dufrénoy_Paris.

le N. à la **Trinitatis Kirke** (Pl. B, C, 3), du XVIIe s. La grosse **Tour ronde** (*Runde Taarn*) de cette église, à 7 étages de croisées ogivales, est haute de 36 m. Le sommet (accessible t. l. j. de 12 à 2 h.; 10 œre), auquel monte un large escalier en colimaçon, est le meilleur point pour jouir du panorama de la ville et des environs.

Sous les arbres du petit cimetière attenant à l'église, un seul *monument*, érigé en 1879, a reçu les restes des poètes *Ewald* († 1781) et *Wessel* († 1785).

De la Trinitatis Kirke, la très animée **Kjœbmagergade**, où se trouve à g. la *Poste* (Pl. C, 3), ramène à l'Œstergade et au Hœjbroplads.

II. — Quartiers nord et nord-est.

Au N. et au N.-E. du Kongens Nytorv s'étend le quartier aristocratique, le « Westend » de Copenhague, aux larges rues se coupant à angle droit.

Du Kongens Nytorv on suit la **Bredgade**, qui commence à l'angle N., où se trouve le *palais Thot.* — A dr., la *Sankt Annæpleds*, sur laquelle s'élève la *statue de Niels Gade* (compositeur, † 1890), s'étend jusqu'au port. — Plus loin à dr. le *Koncertpalais* (Pl. D, 3), du XVIIIe s., du style rococo, est précédé d'une cour, avec une belle grille en fer.

A g., presque en face, à l'angle de la Dronningens Tvœrgade, le **palais du comte Moltke-Bregentved** (Pl. D, 3) renferme une intéressante collection de peintures (entrée par la Donningens Tvœrgade, 2; le mercr. de 12 à 2 h., d'avril à oct., les étrangers y sont admis sur demande adressée, la veille, au comte Moltke; pourboire, 1 Kr.).

De dr. à g. : 127. *Dirk Hals*. Joueurs de dames. — 99. *V. Noort*. Paysage. — 36. *S. de Koninck*. Dame à sa toilette. — 33 B. *Bol*. Dame hollandaise. — 49. *Diepraam*. Le Rieur. — 33 A. *Bol*. Gentilhomme hollandais. — 60. *Hobbema*. Paysage. — 38. *Van der Helst*. Retour de la chasse. — 61. *Hobbema*. Paysage. — 8. *Rubens*. Un dominicain. — 44. *Mieris*. Ⓟ. — 13. *Teniers le Jeune*. Intérieur. — 10. *Van Dyck*. Esquisse. — 6. *J. Brueghel* (?). Fuite en Egypte. — 29. *Honthorst*. Ⓟ. — 16. *Teniers le Jeune*. Intérieur. — 122. *Greuze*. Petite fille. — 18. *Ryckaert*. Cordonnier. — 2. *Amberger*. Le botaniste Bock. — 103. *Dobbels*. Marine. — 46. *Van Ostade*. Cabaret. — 88. *Wouwerman*. Chevaux. — 32. **Rembrandt. Vieille femme.** — 87. *Wouverman*. L'Abreuvoir. — 14. *Teniers le Jeune*. Paysans. — 42. *Metsu*. Le Petit voleur. — 25. *Teniers le Jeune*. Galanterie rustique.

Continuant à suivre la Bredgade, on voit à dr. le *palais* du roi George de Grèce, dont une partie est affectée à la Haute-Cour de Justice. A g. un peu en retrait, en face de la Frederiksgade (*V.* ci-dessous), au centre d'une place bordée de maisons monumentales de style uniforme, la **Frederiks Kirke** (ou *Marmor Kirke*; Pl. D, 2), commencée en 1749 sur les plans du Français *Jardin*, restée pendant longtemps inachevée, a été terminée en 1894 par *Meldahl*, aux frais du conseiller Tietgen. Le dôme s'élève à 84 m. du sol; son diamètre (32 m. 65) est presque égal à celui de la coupole de St-Pierre de Rome. A l'entrée de l'église deux statues en bronze représentent *St Ansgar* (St Auschaire), l'apôtre de ces contrées, et l'évêque *Grundtvig* († 1872).

L'int. (s'adresser au « graver » ou sacristain, t. l. j.; 2 Kr. de 1 à 12 pers.) est décoré de statues des Pères de l'Eglise et de théologiens; les fresques de la coupole sont d'*Overgaard*.

Quelques pas plus loin, dans la Bredgade, à g., la *chapelle Newsky* (église russe), à trois dômes dorés, a été bâtie en 1883. Toujours à g., le *Rigsdags-Bygning*, siège du Parlement, fait face à l'*Académie de chirurgie* (à laquelle est réuni le *Musée Anthropologique*) et à la *Katholsk Kirke* (église catholique), consacrée à St Auschaire, bâtie en 1842 dans le style des basiliques et ornée de fresques par *Settegast*. Enfin, à dr., se trouvent l'*hôpital Frédéric* et, à l'angle de la Toldbodvei (*V.* ci-dessous), la *Légation de France*.

En face de la Frederiks Kirke (*V.* ci-dessus), la courte *Frederiksgade* conduit à l'**Amalienborgplads** (Pl. D, 2), place octogonale décorée d'une belle *statue* équestre *de Frédéric V*, par le sculpteur français *Saly*. Les quatre palais du style rococo qui l'entourent, édifiés entre 1750 et 1766, servent actuellement de résidence au roi (celui à dr. et à g. du portique à colonnes en bois), au prince royal (celui à l'angle N.-E.) et au prince Christian (celui à l'angle N.-O.).

Ainsi que la Bredgade, à laquelle elle est parallèle, l'*Amaliengade*, qui traverse l'Amalienborgplads, aboutit vers le N. à la *Toldbodvej* et à l'*Esplanade*, qui séparent le quartier N. de la ville de la *citadelle de Frederishavn* (Pl. D, 1-2). Si l'on traverse du S. au N. l'Esplanade (à g., *St-Albani Kirke*, du culte anglican), on arrive au quai de la *Douane* (Tolbod), où abordent les paquebots étrangers, et à la **Lange Linie** (Pl. E, 1), longue jetée-promenade fréquentée pendant les soirées d'été (café-restaurant; pavillon du *Yachting-Club*; chambre obscure; etc.), ornée du *monument d'Iver Hvitfeldt*, le héros du combat naval de Kiœge (1710) et qui aboutit au petit bassin du *Lystbaade Havn* (port des embarcations de plaisance) et au bassin du *Frihavn* (Port franc) fermé par une double grille. De là on a une belle vue sur le port, l'Œresund et l'îlot fortifié de *Trekroner* (les Trois-Couronnes).

III. — Quartiers nord-ouest.

Au N.-O. du Kongens Nytorv, la **Gothersgade** conduit au parc de Rosenborg, au Jardin botanique et au Musée des Beaux-Arts.

La **Rosenborg Have** (ou *Kongens Have* : parc du Roi; entrée par la *Kronprindsessengade* et par l'*Oester Vold*; Pl. C, 2) est un joli parc, très fréquenté surtout par les enfants. Dans la partie O. on voit la *statue de la reine Caroline-Amélie* († 1881) par *Bissen* et dans la partie N. le *monument d'Andersen*, le célèbre conteur († 1875), par *Saabye*; l'angle S.-E. est formé par une caserne et par l'*Exerceerplads*, petite esplanade servant de place d'Armes.

A l'angle N.-O. du parc s'élève le château de **Rosenborg** (ouvert du 1er juin au 30 sept. t. l. j. de 10 h. à 3 h., du 1er nov. au 31 mars, mardi et vend. de 12 h. à 2 h.; dim. de 1 h. à 2 h.; mai et oct. lundi, mercr. et vend. de 11 h. à 2 h.; entrée 50 œre, enfants 25 œre, en hiver; 1 Kr., enfants 50 œre, en été; fermé les grandes fêtes), château de plaisance du roi Christian IV, bâti dans le style hollandais de la Renaissance en 1604 par *Inigo Jones* et *Hans Steenwinkel*. Il a été transformé en musée et renferme une collection historique très intéressante.

Rez-de-chaussée. — A dr., *salle d'audience de Christian IV* (beaux lambris : au milieu, cabinet en ébène et plaques gravées en métal doré du XVIe s., coffre de 1599 recouvert en velours, bardé de fer, aux chiffres de Christian IV et d'Anne-Catherine. — A dr. de cette salle, *chambre à coucher de Christian IV* : dans les vitrines, à dr., corne à boire oldenbourgeoise, du XVe s., en vermeil, parure nuptiale; à g., pendule, calice émaillé; devant la fenêtre, album émaillé d'Amélie-Catherine, portraits en cire, etc. — *Cabinet de travail* : à dr., près de la croisée, miroir en ébène avec ornements en argent; dans les vitrines, vêtements, harnachements, vase à boire formé par un cavalier avec sa lance; table carrée en ébène; cabinet du XVIIIe s. — *Chambre à coucher* : vitrine avec costumes; plusieurs cabinets; 2 vitrines avec bustes en cire. — *Salle de marbre* : dans les vitrines, coupes et cornes à boire en ivoire; beaux cabinets. — *Chambre du Roi* : devant la cheminée, grands réchauds en argent; consoles dorées; épinette en bronze de cloche; vitrines avec armes, ivoires, costumes; beau cabinet en marqueterie.

1re *étage.* — *Antichambre de la Rose* : tapisseries florentines; buste en acier et cristal; cabinets. — *Chambre à miroirs.* — *Antichambre de la princesse* : chaise plaquée d'argent; pendules et cabinet en argent, de travail italien; service à thé de Chine; table en argent; guitare. — *Petite chambre de Christian VI* : très beau cabinet en bois de rose, travail français de 1735. — *Grande chambre de Christian VI* : grand cabinet incrusté en nacre et métal, avec la figure de Christian VI à cheval; dans les vitrines, bijoux, verres, faïences, plats en métal; cabinet avec glaces par Lehmann (1735). — On repasse par l'antichambre de la Rose, et on suit un corridor (tapisseries). — *Chambre de la Tour* : bronzes. — *Chambre de Frédéric V* : bureau de la reine Caroline-Mathilde; dans les vitrines, porcelaines en pâte tendre de Copenhague, ivoires, miniatures, etc. — *Chambre de Christian VII* : à la fenêtre de g., portrait de Struensee; vitrines avec porcelaines, costumes; sous le grand portrait de Christian VII, vitrine plate avec bijoux. — *Chambres de Frédéric VI*, de *Christian VIII*, de *Frédéric VII* : dans les vitrines, uniformes et robes; meubles Empire.

2e *étage.* — *Salle des Chevaliers* : trônes du roi, en dent de narval, travail du XVIIe s., et de la reine; tapisseries, etc.; cheminée-poêle en 1771, fonts baptismaux royaux, etc. — A dr., *salle des verreries de Venise*. — A g., *salle des porcelaines*.

L'Œstervoldgade sépare, au N.-O., le parc de Rosenborg du **Botanisk Have** (*Jardin botanique*; une seule entrée par la Gothersgade; ouvert t. l. j. de 1 h. au soir; Pl. B-C, 2), fort bien entretenu, renferme le *Laboratoire botanique*, le *Musée botanique*, et, dans sa partie supérieure, l'*Observatoire*, devant lequel a été érigée la *statue de Tycho Brahé* (l'astronome, † 1701) et la grande *serre des palmiers*.

[En sortant du Jardin botanique on peut aller jusqu'au *Dronning Louises Bro*, pont d'où l'on a une belle vue sur les bassins de Peblinge et de Sortedam.]

En remontant vers le N. l'Œstervoldgade on arrive à une place sur laquelle se trouvent à dr. une Caserne et à g. le Kunstmuseum.

devant lequel a été érigé, en 1897, le **Dania-Monument**, d'après *Hasselris*, en souvenir des noces d'or (1892) du roi Cristian IX et de la reine Louise.

La statue représente la Dania (le Danemark); les bas-reliefs le mariage de la princesse Alexandra avec le prince de Galles (depuis Edouard VII; 1863); le départ pour la Grèce du prince Guillaume (depuis le roi George Ier des Hellènes; 1863); le mariage de la princesse Dagmar avec le czarewitch Alexandre (depuis Alexandre III, empereur de Russie; 1866).

Le **Kunstmuseum** (*Musée des Beaux-Arts*; Pl. C, 1-2; ouvert t. l. j., sauf le lundi, de 11 à 3 h.), bâti de 1891 à 1896, sur les plans de *Dahlerup* et *Mœller*. Il renferme la galerie royale de peinture et de sculpture et le cabinet des estampes.

Vestibule. — Sculptures modernes : à g., Adam et Ève après le péché, par *Schulz* et *Petersen*; à dr., Hercule et Hébé, par *Jerichau*. — Plâtres. — Collection d'estampes (plus de 80,000 pièces).

A g. on monte aux salles des peintres anciens; à dr. à celles des modernes. Nous commençons par les premières.

1er étage. — Section des maîtres anciens. — **Vestibule** : quelques tableaux modernes : 791. *Bjœrck*. Le Coup d'alarme; 803. *Wahlberg*. Clair de lune; 792. *Edelfeldt*. Paysage finlandais; 739. *Bergh*. Sous les bouleaux; 798. *De Rosen*. Karin Mansdotter et Eric XIV : 795 *Liljefors*. Oies sauvages; 806. *Zorn*. Aquarelle; 810. *R. Bergh*. Au bord de la mer. — Quelques anciens : 306. *Ryckaert*. Concert en famille; 230. *J. Moucheron*. Port de mer.

Salle I (en face). — De dr. à g. : 256. *A. van Ostade*. Intérieur. — 84. *Cuyp*. Paysage. — 269. *P. Potter*. Animaux. — 391. *Wouwerman*. Le Pont-Neuf à Paris (scène de carnaval). — 374. *S. de Flieger*. Paysage. — 228. *Moucheron*. Site d'Italie. — 257. *Van Ostade*. Paysage d'hiver.

Salle II. — 92. *G. Dou*. Médecin. — 208. *Van Mieris le Vieux*. Ⓟ. — 186. *Van Loo*. Fabrique de verroteries. — 303. *Van Heemskerk*. Danseurs.

Salle III. — 72. *L. Cranach*. Vénus et l'Amour; 73. Jugement de Pâris [œuvre de jeunesse]; 80. Crucifiement. — 63. *P. Cristus*. Un homme à genoux devant St Antoine (dans le haut, la Ste-Famille, par un élève de Van Dyck).

Salle IV. — 344. *Le Tintoret*. Noces de Cana (ébauche). — 289. *Salvator Rosa*. Cadmus et Minerve. — 184. *Filippino Lippi*. Rencontre de Joachim et de Ste Anne. — 316. *Schidone*. Actions de charité. — 281. *Ribera*. St Onuphre. — 61. *Caravage*. Joueurs.

Salle V. — 342. *D. Tiepolo*. La Cène. — 271. *N. Poussin*. Moïse et le buisson ardent. — 198. *Manfredi*. Campement.

Salle VI (Salon). — 168. *Jordaens*. Le Christ bénissant les enfants. — 324. *Snyders*. Cuisine. — 95. *Duyster*. Un gentilhomme et une dame. — 294. *Rubens*. Jugement de Salomon; 295. L'abbé Irselius. — 246. *A. van der Neer*. Un incendie pendant la nuit. — 390. *Wouwerman*. A l'auberge. — 167. *Jordaens*. Nymphes ornant les cornes d'Achelaüs. — 120. *Van Goyen*. Paysage. — 151. *P. de Hooch*. Concert de famille. — 101. *Van Everdingen*. Paysage. — 340. *Van Swanevelt*. Soir d'été. — 278. *Rembrandt*. Jeune homme; 279. Jeune femme (1635). — 277. **Rembrandt. Le Christ à Emmaüs** [la perle de la collection; daté 1648]. — 47. *Bol*. Les Saintes femmes. — 135. *Van der Helst*. Ⓟ. — 288. *Salvator Rosa*. Jonas prêchant à Ninive. — 345. *Le Greco*. Ⓟ. — 200. *Mantegna*. Le Christ soutenu par deux anges.

Salle VII. — 229. *F. Moucheron*. Paysage. — 172. *T. de Keyser*. Ⓟ. — 55. *Both*. Paysage. — 147. *Hondekoeter*. Basse-cour. — 22. *Beerstraeten*. Paysage.

Salle VIII. — 333. *J. Steen*. David vainqueur de Goliath. — 325. *Van Somer*. Charles Ier d'Angleterre (l'architecture par *Steenwyck*). — 249. *Netscher*. Ⓟ.

Salle IX. — 253. *Nolpe.* Paysage. — 315. *Schalken.* Dame cachetant une lettre. — 300. *S. Ruisdael.* Paysage. — 93. *G. Dou.* Jeune fille. — 205. *Van Miervelt.* Le poète Hooft.

Salle X. — 150. *P. de Hooch.* Le Bal. — 301. *Ruisdael.* Paysage. — 256. *Van Ostade.* Paysans. — 260. *Palamedesz.* Corps de garde. — 221. *Molenaer.* Paysans. — 67. *Codde.* Garde de police. — 244. *Van der Neer.* Incendie. — 191, 190. *Maas.* Portraits. — 321. *Van Slingenlandt.* Famille hollandaise. — 328. *Sorgh.* Adoration des bergers. — 207. *Mieris le Vieux.* Intérieur.

On passe dans la galerie transversale de sculpture : 4. *H.-V. Bissen.* Pêcheur ; 5. Philoctète.

Salle de sculptures. — 1. *Aarsleff.* L'Enfant prodigue. — 57. *Saabye.* Lady Macbeth ; 55. Suzanne. — 97. *H.-V. Bissen.* Le baron Hambro. — 7. *Bissen.* Femme peignant un pot ; 9. Une dame. — 13. *Bægebjerg.* Jeune fille écrivant.

On passe dans une galerie transversale (sculptures) pour entrer dans la SECTION DES PEINTRES MODERNES danois, du XVIIIe s. à nos jours.

Vestibule. — 603. *Krœyer.* Soirée d'été à Skagen. — 695. *J. Paulsen.* Adam et Eve.

Salles du Sud. — 457. *Marstrand.* Dimanche en Dalécarlie. — 459, 460. *La Cour.* Paysages. — 467. *Dalgas.* Moutons. — 470. *Dalsgaard.* Mormons ; 471. Le Cercueil. — 489. *Eckersberg.* Ⓟ. — 499. *Exner.* Chez le grand-père ; 503. Convalescent. — 560, 565 A. *C.-A. Jensen.* Portraits. — 613, 617, 618, 619, 620. *Kyhn.* Paysages. — 629. *Kœbke.* Le Vieux Matelot. — 646. *Lundbye.* Paysage d'hiver ; 647. Etable. — 665. *Marstrand.* Erasmus Montanus (esquisse) ; 667 A. Venise (esquisse). — 712. *Rœd.* Cour à Florence. — 737. *Skovgaard.* Etude ; 739. Paysage. 746. Paysage. — 752. *Sonne.* Pèlerinages des malades au tombeau de Ste Hélène ; 757. Fête de St Jean. — 779. *Vermehren.* Habitation de paysan ; 780. Mendiants.

Vestibule. — Tableaux d'*Abeldgaard*, de *Juel* et du peintre norvégien *Dahl*.

Grande Salle. — 426. *Bache.* Chevaux. — 430. *Bendz.* Atelier de sculpteur. — 436. *Bloch.* Samson ; 438. Christian II en prison. — 495. *Eckersberg.* Port de Copenhague ; 496 B et C. Etudes de Paris. — 497. *Erichsen.* Ⓟ. — 500. *Exner.* Fête à l'île Amager. — 522. *Hammer.* Coucher de soleil. — 546. *Helsted.* Père et fils. — 579. *J. Juel.* Ⓟ ; 584. L'Artiste et sa femme ; 595. Intérieur rustique. — 607. *Krœyer.* Ⓟ. — 616. *Kyhn.* Soirée d'été. — 624. *Kœbke.* Cathédrale d'Aarhus ; 628. Matin d'été. — 645. *Lundbye.* Prairie. — 650. *Marstrand.* Paysage du Seeland avec animaux. — 709. *Thomsen.* Le poète Rahbeck au lit de mort de sa femme. — 720, 721. *Rump.* Paysages. — 743. *Skovgaard.* Paysage. — 776. *Vermehren.* Berger.

Salles du Nord. — 416. *Achen.* Ⓟ. — 420, 421. *Ancher.* Pêcheurs. — 553. *Fr. Henningsen.* Enterrement. — 574. *Johansen.* Entretien du soir. — 577 B. *Jerndorff.* Ⓟ. — 640. *Locher.* Hiver. — 704. *Philipsen.* Paysage. — 768. *C. Thomson.* Dîner après la visite de l'évêque. — 786. *Zahrtmann.* Mort de la reine Sophie-Amélie.

Rez-de-chaussée. — **Collection royale des Eaux-fortes** (entrée dans l'aile de l'E.). — Elle renferme plus de 60,000 épreuves dont les plus remarquables sont celles d'*Albert Dürer* qu'on croit être celles que l'artiste donna au roi Christian II lors du voyage de ce roi dans les Pays-Bas.

Collection des moulages — Reproduction des principaux chefs-d'œuvre de la sculpture des temps les plus reculés jusqu'à nos jours.

IV. — Quartiers sud-est.

A l'angle S.-E. du Kongens Nytorv, à dr. du théâtre Royal, le **Holmens Kanal**, large rue vers le milieu de laquelle s'élève le *monument de Niels Juel*, le vainqueur des Suédois à la bataille navale de Kjœge (1677), conduit, en se dirigeant à g., à l'*Holmens Kirke* (Pl. C, 4), du XVIIe s., précédée de la *statue de Tordenskjold*, par *Bissen*, et aboutit au pont dit *Holmens Bro*. Ce pont débouche dans l'**île de Christiansborg** sur la *Slotsplads* (place du Château), devant le *monument* équestre *de Frédéric VII* († 1863), par *Bissen*, en face du Château (*V*. ci-dessous) et à côté de la **Bourse**, édifice caractéristique, construit au XVIIe s. par *Steenwinkel*, dans le style rococo hollandais de cette époque et restaurée vers 1882.

Le **Christiansborg Slot** (*château de Christiansborg*; Pl. C, 4) occupe avec ses dépendances la presque totalité de l'île. Incendié en 1884, il n'en reste qu'une imposante ruine. Les écuries royales et, au N., la chapelle, ont été épargnées par les flammes.

Au S.-E., la riche *bibliothèque royale* (entrée Tœjhusgade) possède env. 600,000 vol. et plus de 20,000 manuscrits; à côté, l'*Arsenal* (*Tœjhuset*; visible, en été, le merc. de 1 à 3 h.) possède une collection d'armes historiques, etc.

[Près de là, le *Knippels Bro* franchit le port et conduit au faubourg de *Christianshavn*, dominé par la curieuse tour, à flèche en tirebouchon, de la *Vor Frelsers Kirke* (église du Sauveur), du haut de laquelle la vue s'étend jusqu'à la côte suédoise.]

Sur le côté N.-O. du Château le **Musée Thorvaldsen** (ouvert en été de 10 à 3 h., en hiver de 11 à 2 h., les lundi, mardi, jeudi, sam., 50 œre; vestiaire 5 œre), bâti dans un style pseudo-grec, par *Bindesbœll* en 1848 (l'édifice est dans un triste état), est consacré à l'œuvre du célèbre sculpteur danois, qui y est enterré. La Victoire et le quadrige de la façade ont été exécutés par *Bissen* sur les dessins de Thorvaldsen.

Du péristyle on passe dans un corridor où se trouve à dr. l'entrée du public et qui fait le tour de la cour, au centre de laquelle est enterré *Albert Thorvaldsen*. Ce célèbre sculpteur, né en 1770 à Copenhague où il est mort en 1844, après une vie des plus laborieuses, a eu le mérite de revenir à l'antique dans ce qu'il avait de plus beau, de plus pur et de plus idéal. A l'apogée de la renommée vers 1820, son activité ne suffisant plus à l'exécution des œuvres qu'on lui demandait il dut se borner à en donner le modèle et à en confier l'exécution à ses élèves.

Les cabinets 1 à 17 se trouvent à g. du péristyle; en face de l'entrée principale dans la *cella*, ou salle du Christ, sont les modèles des sculptures de la Frue Kirke (p. 196); les cabinets 13 à 21 occupent l'aile à dr. du péristyle, où se trouve aussi l'escalier montant au 1er étage. Dans le cabinet 19, nous signalerons le n° 176 : statue d'un Jeune Berger, et les n°s 638-641 : les Ages de la vie et les Saisons. — Au 1er étage, les cabinets 22 à 32 renferment la collection de tableaux ayant appartenu à Thorvaldsen, ainsi que des œuvres du maître; dans le cabinet est exposée une partie des gravures et dessins; les autres cabinets contiennent des antiques, la bibliothèque, etc.

En quittant le Musée Thorvaldsen on peut se rendre, par le quai et le pont qui franchit le *Frederiksholms Kanal*, au **Prindsens Palais** (Pl. B, 4), naguère dépendance du palais royal de Christiansborg et renfermant à présent les collections du **National Museum**, formé par les sections danoise, ethnographique et archéologique.

La **section ethnographique** (en été t. l. j. sauf le lundi de 10 h. à 1 h., en hiver le dim. de midi à 2 h. et le mercr. de 10 h. à midi; entrée dans l'angle de la cour à g.), distribuée dans une cinquantaine de salles, compte parmi les plus riches du monde; tous les peuples y sont représentés, mais plus particulièrement le Groënland (salles 7 à 10), la Malaisie (salle 29. poignards précieux), la Chine (salle 33, belles robes brodées; salles 35 et 36, beaux vases; salle 37, grand paravent, pièce très rare du XVIe s.; salle 43, émaux cloisonnés, bronzes), l'Inde, etc.

La **section archéologique** ou **collection d'antiques** (en été, les dim., mardi, vendr., de 1 h. à 3 h.; en hiver, les dim. et vendr., de midi à 2 h.; entrée à g. sous la porte d'entrée), moins importante que les autres, n'occupe qu'une dizaine de salles où sont distribuées des antiquités égyptiennes, assyriennes, italiotes, étrusques, grecques, romaines et carthaginoises.

La **section danoise** (en été, t. l. j. sauf le lundi, de midi à 3 h., en hiver les dim. et jeudi, de midi à 2 h.; entrée au fond de la cour, à g.) est fort intéressante.

Rez-de-chaussée. — *Age de la pierre* (jusqu'à l'an 1508 av. J.-C). — SALLE I : ustensiles et armes provenant des conglomérats de coquillages et autres débris animaux; partie de ces conglomérats. — SALLES II ET III : ustensiles et armes en pierre, en partie polis, d'une époque moins reculée; hache et faucille en silex, avec manches en bois (pièces uniques trouvées en 1897 et 1898); parures en ambre; vases avec ornements rudimentaires. — *Age du bronze* (de 1500 à 500 av. J.-C.). — SALLE IV : cercueils en chêne et vêtements; instruments, armes (belles armes en bronze); *lurer*, espèces de trompettes de guerre ou de cors de chasse; vases (une tasse en or) et en bronze; **char complet**, du IIIe s. av. J.-C., avec garniture en bronze. — SALLE V : ustensiles en bronze; parure en or; petits canots en or (ex-voto); fragments de poteries. — *Age du fer* (de 500 av. J.-C. à 1000 après J.-C. env.). — SALLE VI (époque pré-romaine, 100 à 1 av. J.-C., et romaine, 1 à 300 ap. J.-C.) : collection très intéressante; armes, instruments en fer et en bronze; statuettes romaines, etc.; dans une vitrine, **coupe de Gundestrup**, en argent, avec figures repoussées (pièce unique). — SALLE VII (période des grandes migrations des peuples; IVe et Ve s. ap. J.-C.) : armes, bouclier en bois, ustensiles. — SALLE VIII (périodes des Vikings : VIe au Xe s.) : parures et bijoux en or, verres (dont plusieurs de couleur; dans la vitr. 261, coupe avec inscription grecque), monnaies; pièces de harnachement en bois avec ornements en bronze doré, etc.

ESCALIER : pierres runiques; monuments religieux des premiers temps du christianisme dans la Scandinavie.

1er étage. — *Moyen âge* (vers 1000-1500). — SALLE XI (époque romane) : 4 autels faits de planches épaisses avec figures et ornements en cuivre (XIIe s.); ornements d'église en métal (dans la 1re vitr. centrale, reliquaire en cuivre et émail cloisonné; on croit qu'il renferme un bras de St Olaf) et en ivoire (dans la vitr. près de la fenêtre, croix avec longue inscription); objets divers trouvés à Bornholm, etc. — SALLE XII (époque gothique) : armes; boucliers; vases; cornes à boire. — SALLE XIII : sculptures en bois, devants d'autels, retables; au centre, St Georges combattant le Dragon. — SALLE XIV : sculptures en bois; au centre, tombeau de J.-C. — SALLE XV : armoires d'église avec ferronnerie; vêtements sacerdotaux; calices, etc. — SALLE XVI (Renaissance) : bahuts, armoires, coffres; canons, armes et armures; tapisseries. — SALLE XVII (Renaissance) : autel en argent; table avec incrustations en argent (motif central : les Trois Grâces); bahuts; lits; ivoires. — SALLE XVIII (petit cabinet) : tapisseries (de Hans Knieper, d'Anvers, mais fabriquées en Danemark); horloges et montres (montre de Tycho-Brahé). — SALLE XIX (grande salle; XVIe et XVIIe s.) : escalier tournant en bois sculpté; **lit de parade** sculpté (du Jutland); bahuts (dans le bahut central, **bijoux et couronnes nuptiales**); cabinets; tapisseries de Hans Knieper (les Rois Danois); dans 2 vitrines, coupes, coffres, vases à boire en vermeil, en agate, en cristal; cheminée en pierre sculptée et peinte (du Jutland).

Du Prindsens Palais, on se rend, par la **Vestervoldgade**, large rue occupant une partie de l'emplacement de l'ancienne enceinte, à la **Raadhusplads** (Pl. B, 4), sur laquelle s'élève le nouvel hôtel de ville.

Le **Raadhus** (*Hôtel de Ville*), achevé au commenc. de notre siècle, est une belle construction en briques dans le style de la Renaissance danoise; la tour de l'E. a env. 100 m. de hauteur; des statues et des bustes en bronze ornent la façade.

Derrière le Raadhus, à l'angle du *Vestre boulevard* et du *Vesterbro passage*, s'étend le beau jardin **Tivoli**, lieu de divertissement très fréquenté (café-restaur.; théâtre; concerts; etc.); au nº 22 du Vestre boulevard se trouve le *Kunst-Industri Museum* (Musée des Arts industriels; ouvert les dim., merc., jeudi et sam., de midi à 3 h.; les dim., vendr., de 7 à 9 h. s.), bâti en 1893 (au 1er étage, collection Magnussen : sculptures sur bois des XVIe et XVIIe s.).

Le Vestre boulevard longe, vers le S.-E., le côté E. du Tivoli (près de l'entrée, *statue d'Asmus Carstens*, peintre, † 1798), puis croise la *Ny Vestergade Forlaengelse*, là où s'élève le bâtiment de la nouvelle Glyptothèque.

La **Ny Carlsberg Glyptotek** (Pl. B, 4; t. l. j., de 1 h. à 4 h.; gratuite les dim. et merc.; les autres j., 50 œre) est une très intéressante collection de peintures et de sculptures (on remarquera celles des maîtres français), réunie par M. Charles Jacobsen dans un bel édifice construit de 1892 à 1897, sur les plans de *Dahlerup* et agrandi en 1903-05 par *H. Kampmann*. La façade de l'édifice est ornée de 14 colonnes et de 4 pilastres en granit poli, ainsi que de copies en bronze de chefs-d'œuvre de l'art antique et de la Renaissance.

Rez-de-chaussée. — **Vestibule** : 12 statues de femmes (reines de Danemark; héroïnes de la mythologie scandinave et de la mythologie grecque), par *H.-W. Bissen*.

Jardin d'hiver : bronzes des *Delaplanche*, *Rodin*, *Const. Meunier*, et marbres de *Mercier* et d'*Alfr. Boucher*.

A g. du vestibule : **sculptures danoises.** — **Salle Bissen** : œuvres de *H.-W. Bissen* (1798-1868), de dr. à g. : Pâtre; Achille; Philoctète; Jeune fille cueillant des fleurs; Baigneuse; Danaïde; Oreste; Hylas; Jeune pêcheur; le juriste Œrstedt; plusieurs bustes; fresques : Apollon et les Muses, par *Schwartz* (d'après *Carstens*). — **Salle Jérichau** : œuvre de *J.-A. Jerichau* (1816-1883) : Adam et Eve venant d'être créés; Petite fille; Jeune esclave. — **Salle des Cariatides** : *Thorvaldsen.* Deux cariatides; *Jerichau.* Bustes. — **Salon** : de dr. à g. : *Th. Stein.* La Cueilleuse de fleurs; *Sinding.* Esclave, Mère Barbare rapportant son fils mort sur le champ de bataille, le Premier Baiser; *Saabye.* Suzanne; *Leighton.* Athlète; *Mac Dowel.* Rêve. En haut, près de la fenêtre, sur la paroi séparant cette salle de la précédente, bas-relief représentant M. Jacobson, le fondateur, et M. Dahlerup, l'architecte de la Glyptothèque, à un balcon. — **Salle du Christ** : *Bailly.* Eve.

A dr. du vestibule, **sculptures françaises.** — **Salle Falguière** : *L. Gérôme.* Anacréon tenant Eros et Bacchus dans ses bras; *Falguière.* Ophélie, Diane; Eve; *Salmson.* Fileuse; *P. Dubois.* Jeune fille; *Delaplanche.* Auber (maquette), la Leçon de lecture; *Léonard.* Ophélie; *Delaplanche.* La Musique; *Léonard.* Vision de Faust; *Marqueste.* Eve; *Mercié.* Têtes de jeunes filles; Fresque : la Barque de Caron, par *Schwartz* (d'après *Carstens*). — **Salle Paul Dubois** : *P. Dubois.* Pasteur (buste en bronze), Eve, le

Courage militaire, la Charité, Eve, la Foi, la Méditation, Narcisse, Falguière (buste en bronze). — **Salle Barrias** : *Barrias*. Le Serment du jeune Spartacus, la Nature; *Carpeaux*. Gérôme (buste en bronze); *Barrias*. Les Premières funérailles (Adam et Eve près du cadavre d'Abel), Mozart; au centre, *Chapu*. Jeanne d'Arc. — Entre cette salle et la suivante : *Barrias*. Le Chant (à dr.), la Musique (à g.). — **Salle des Impératrices** : *Gautherin*. L'impératrice Maria Feodorowna de Russie (née princesse Dagmar de Danemark), la princesse de Galles (née princesse Alexandra de Danemark). — **Salle Gautherin** : paroi à g., *Gautherin*. Buste de M. Jacobsen ; le Paradis perdu ; buste de Mlle Jacobsen.

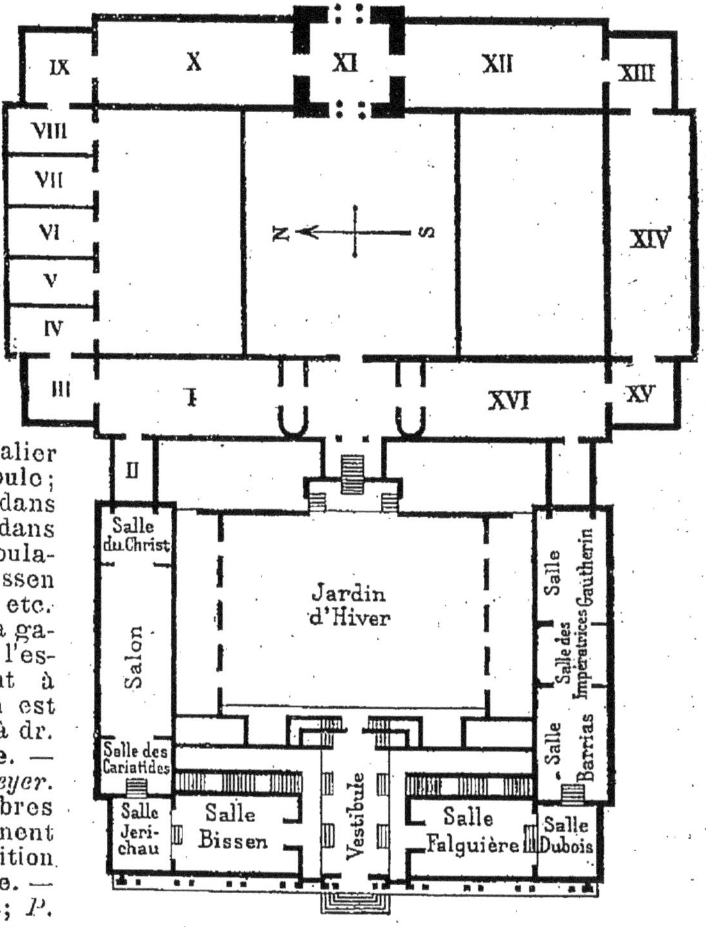

1er étage. — Escalier à dr. dans le vestibule; par la porte à g. dans l'escalier on entre dans une galerie avec moulages, dessins de Bissen et de Thorvaldsen, etc. — A l'extrémité de la galerie, on passe dans l'escalier correspondant à celui par lequel on est monté, et on monte à dr.

Salle de peinture. — De dr. à g. : *Krœyer*. Pasteur et des membres de l'Institut examinent les plans de l'Exposition de 1888 à Copenhague. — *P. Delaroche*. Guizot; *P. Dubois*. Mlle Jacobsen, deux Etudes; *Millet*. **La Mort et le Bûcheron**; *Bastien Lepage*. Le Chemineau; *Chaplin*. La Lyre brisée; *Delaunay*. Scène mythologique; *Roybet*. Le Porte-étendard; *O. Bache*. Christian IX; *P. Dubois*, Vue de Jersey; *Calame*. Sapins; *A. Aublet*. La Plage; *Bouguereau*. Vendangeurs; *Carolus Duran*. Tête d'enfant; *Dauphin*. Toulon; *E. Lévy*. Pastel; *Montenard*. Paysage (pastel); *Krœyer*. Une réception chez M. et Mme Jacobsen, à l'ancienne Glyptothèque; *Haslund*. Vieux paysans.

On descend à la galerie et, à son extrémité, on monte à g.

Salle de la Renaissance. — Moulages; marbre de la Renaissance (cheminées, bustes, madones, etc.); la V. à genoux devant l'Enf. J., terre cuite (école des Della Robbia). — Peintures : **Rembrandt**. **L'Etudiant** (1650). A dr. de ce tableau, *F. Hals*. Descartes; *Rubens*. Ste-Famille; *S. Ruisdael*. Marine. *Tiepolo*. Antoine et Cléopâtre. A g. du Rembrandt, *L. Cranach*. Ⓟ de femme; *Roger van der Weyden*. La V. et l'Enf. J.; *Ecole italienne* (du XVe s.). Ste-Famille.

Les collections des œuvres de l'antiquité sont renfermées dans la partie du musée nouvellement construite à laquelle un escalier donne accès depuis le Jardin d'hiver (*V.* le plan, p. 205).

Rez-de-chaussée. — **Salle I.** — E. 2. Tête égyptienne (IVe Dyn.); E. 13. Partie d'un tumulus (IVe Dyn.); E. 41. Tête en basalte, noire ou diorite (XIIe Dyn.); E. 58. Sta, Anubis, basalte (XVIIIe Dyn.); E. 62. Statuette, Seth, bronze (XIXe Dyn.); E. 64. Prince de Thèbes et sa mère (XVIIIe Dyn.); E. 150. Statuette Anubis, bronze (XXVI Dyn.); E. 184. Sarcophage d'une momie, bois (XXVIe Dyn.); 336, Génie assyrien, haut-relief albâtre.

Salle II. — Stèles et petites statues égyptiennes.

Salle III. — E. 159. Statuette égyptienne, granit (XXVIe Dyn.); E. 160. Statuette égyptienne, pierre verte (XXVIe Dyn.); E. 181. Chat, bronze (XXVIe Dyn.); E. 480. Roi (?), pierre noire (XXXIIIe Dyn.).

Salle IV. — 1 A. Torse d'homme; 4. Sphinx; 5 et 6. Lions couchés; 21. Statue de femme drapée; 238. Taureau.

Salle V. — 11. Tête d'athlète, style archaïque; 12. Adolescents. 16, 27. Têtes d'adolescents; 28. Adolescent, statue bronze.

Salle VI. — Haut-relief funéraire, attique, 206. Guerrier grec; 207. Relief funéraire attique; 221. Adolescent (monument funéraire); 227. Loutrophore.

Salle VII. — 30. Bas-relief (Oreste tuant Egiste); 98. Athèna Parthenon; 261. Hercule, bronze; 273. Hermès; 293-300. Têtes de femme.

Salle VIII. — 126. Tête de Bacchante; 197. Relief votif, attique; 277. Danseuse; 399. Niobide.

Salle IX. — 92. Esculape et Hygie; 319. Jeune femme; 398-400. Niobides.

Salle X. — 102. Athène; 113, Athlète; 248. Héra; 250. Hercule; 271. Hermès (?); 292. Jeune femme en costume dorique; 397. Narcisse et Eros; 409. Anacréon; 513. Jupiter; 547. Barbare captif à genoux.

Salle XI. — 168. Jeune homme aux pommes; 183. Eros; 497-498. Télamon.

Salle XII. — 83. Arthémis et Iphigénie; 90. Esculape; 141. Déméter; 253. Hercule; 304 A. Torse de femme; 387. Méléagre, statue; 483. Satyre jouant de la flûte.

Salle XIII. — 394. Polymnie; 403. Pan.

Salle XIV. — 397 A. Narcisse et Eros; 559, 568. Romains du temps de la république; 596. Jeune romain; 597. Pompée; 598. Jules César (?); 603. Junia secunda (la sœur de Brutus); 614. Livia, impératrice; 630. Agrippine, l'aînée; 634, 635. Agrippine la jeune; 647, 657. Dames romaines; 685. Antinoüs; 690. Antonin le Pieux; 698. Marc-Aurèle; 707. Lucius Vérus.

Salle XV. — 677. Dace, tête colossale; 778. Sarcophage de la Villa Casali; 782. Sarcophage de Marsyas.

Salle XVI. — 335. Léda; 415 A. Socrate; 424. Grec, inconnu; 436. Demosthène; 449. Pyrrhus, roi d'Epire; 449. Triton; 721. Septime Sévère; 730 A. Caracalla; 767. Gallien.

Salle XVII. — 187. Cheval marin; 379. Masque de Satyre; 529. Jules César; 532. Agrippine la jeune; 536. Fundilius; 537. Fundilia; 538. Tibère; 541. Domitia Longina en Vénus; 543. Trajan; 728. Caracalla jeune.

1er étage. — Le **musée Helbig** renferme des antiquités étrusques et italiques : sarcophages, reliefs, statues et statuettes, etc. Les parois sont ornées de peintures représentant des tombeaux étrusques.

Les salles de l'aile N. renferment des objets de l'art grec (statuettes de bronze et de terre cuite); les salles de l'aile S., renferment des bustes romains, des collections provenant de Palmyre, de l'Asie Orientale et des objets des premiers temps du Christianisme.

Au S.-O. de la Raadhusplads, le *Vesterbro passage* longe, à g., le jardin du Tivoli, à l'extrémité duquel est le *Dansk Folkemuseum* (Pl. A-B, 4), musée danois et collection d'objets pour servir à l'histoire de la civilisation. — On arrive ensuite à un rond-point au centre duquel se dresse la *Frihedstœtten* (colonne de la Liberté), érigée en 1778 en souvenir de l'abolition du servage. — On est ici dans le faubourg de Frederiksberg. A dr. se trouve la **gare Centrale** (*Hoved Banegaard*; Pl. A, 4), et au N. de la gare, le *Cirque* et le *théâtre Dagmar*. La *Vestergade*, suivie par le tram, se bifurque et sous le nom de *Frederiksbergallée* aboutit à la *Rundel* (entre l'*Alléegade* à dr. et la *Pile Allée* à g.), où s'élève la *statue de Frédéric VI*, à l'entrée du **Frederiksberg Have** (*parc de Fredriksberg*) qui entoure le château du même nom (*Frederiksberg Slot*), auj. école militaire (de la terrasse qui le précède, jolie vue sur Copenhague). A côté et à l'O. du château, le *Zoologisk Have* (jardin zoologique; entrée 50 œre) est très fréquenté (restaurant) pendant la belle saison.

Environs de Copenhague.

1° **Bois du Dyrehave et Klampenborg** (10 k. N.). — 1° En chemin de fer (gare dite *Klampenborg station*, dans la Gyldenlœvesgade, en 25 min.; 60, 40, 25 œre; en été, départs toutes les 1/2 h. dim. et fêtes; on peut prendre aussi le ch. de fer de l'Est à l'*Oesterbro station*, près de la citadelle). — 2° En tram, par la route qui longe le bord O. du Sund; il faut changer de voit. à la halte de Slukefter; ce dernier parcours serait assez intéressant, mais il est un peu long, il faudrait donc ne le faire qu'à l'aller ou au retour; — 3° En voiture particulière (env. 8 Kr.); — 4° En bateau a vapeur; 4 départs par j. de l'*Havnegade* (Pl. D. 3), en 35 min., pour 36 œre; il permet de jouir de la vue de la côte boisée et parsemée d'habitations de campagne.

La voie ferrée traverse le faubourg de *Nœrrebro*, passe à (5 k.) *Hellerup* (changement de train éventuel), où l'on quitte, à g., la ligne de Hillerod-Elseneur (*V.* ci-dessous), puis, par (8 k.) *Charlottenlund* (bon restaur. *Constantia* au bord du Sund, à 1 k. env. de la gare), avec un château (beau parc), résidence d'été du prince royal et des bains de mer fréquentés.

10 k. **Klampenborg** (hôt. *Klampenborg Badehôtel*, grand hôtel de 1er rang, avec bains de mer, etc., dîn. 4 Kr.; *Strandhôtel*, au débarcadère des bateaux, dîn. 2 Kr.), bain de mer très fréquenté et séjour d'été favori des habitants de Copenhague, situé entre le bord du Sund et la lisière de la belle forêt du **Dyrehave** (on l'appelle aussi couramment le *Skoven*, ou le Bois; des daims et des biches y errent en liberté), qui est, pendant les chaleurs de l'été, le rondez-vous d'une foule de promeneurs.

On passe, un peu au N. de la gare, au-dessus du viaduc du ch. de fer; une allée en droite ligne conduit, dans la direction de l'E., à la *Kirsten-Pils-Kilde*, source aux alentours de laquelle se tient, en été, une espèce de fête foraine en permanence; plus loin, dans la même direction (45 min. env. de Klampenborg), la maison forestière de *Fortunen* (café-restaur.) est également très fréquentée. — De la Kirsten-Pils-Kilde, aussi bien que de Fortunen, des avenues, se dirigeant au N.-E., conduisent, en 45 min. env., à travers bois, à l'*Ermitage* (restaur.), rendez-vous de chasse bâti par Christian IV en 1736 sur une hauteur dominant une clairière.

2° **Frederiksborg, Fredensborg, Elseneur.** — 1° Par le chemin de fer *A* : 58 k. de Copenhague à Elseneur, par la *ligne de l'intérieur*, gare du Nord, ou *Nord Banegaard*, passant à Frederiksborg, en 2 h. env.; 2 Kr. 35, 1 Kr. 50, 85 œre; *B* : 44 k. de Copenhague directement à Elseneur, sans passer par Frederiksborg, par la *ligne du littoral*, en 50 min. par train express, en 2 h. env. par train omnibus; 2 Kr. 80, 1 Kr. 75, 1 Kr. 50; les trains express partent de Copenhague, gare du Nord, les trains omnibus de la gare de l'Est). On partira le matin de Copenhague pour Frederiksborg, dont on visitera le château et où l'on déjeunera; puis on prendra le train pour Elseneur, que l'on visitera et d'où l'on reviendra à Copenhague par la ligne du Littoral qui passe par Klampenborg (*V.* ci-dessus) et où l'on pourra s'arrêter pour dîner. — 2° PAR MER : un service de ⛴ va 4 fois par j. de Copenhague (embarcadère sur le quai, à l'angle du *Nyhavn* et de l'*Havnegade*) à Elseneur en 3 h. env., pour 2 Kr. et 1 Kr. 50; par le beau temps c'est un trajet très intéressant et recommandé, le Sund étant très pittoresque.

A. **Par la ligne de l'intérieur** (58 k.). — 5 k. de Copenhague à Hellerup (*V.* ci-dessus). A dr., ligne du littoral (*V.* ci-dessous, *B*). — 8 k. *Gientofte*; à dr., fort et chât. de *Bernstorff*; à g., petit lac. — 13 k. *Lyngby*, petite V. bien située sur le lac de son nom.

[Un petit ⛴ conduit, en 20 min., à *Frederiksdal*, sur la langue de terre qui sépare le Lyngbysœ du *Bagsvierdsœ*, et d'où l'on peut aller en barque, par le pittoresque *Furesœ*, à *Fiskebæk* (hôt.-rest.); charmante excursion qui demande de 6 à 7 h., depuis Copenhague (all. et ret.).]

16 k. *Holte*; à g., *lac Fure* (Furesœ) et *château de Dronninggaard*.

34 k. **Hillerœd** (hôt. *Leidersdorff*, en face de l'entrée du château; omnibus pour Fredensborg, 50 œre; voit. à 1 chev. 3 Kr., à 2 chev. 6 Kr., et pourb.), petite V. située à la jonction des lignes de Frederiksvœrk, de Grœsted et d'Elseneur, sur le bord S. du petit *lac de Frederiksborg*. — De la gare, la route à g. (la plus courte), ou celle à dr., mènent également à la *place du Marché* (sur la côte N., *statue de Frédéric VII*, par *Bissen*) et de là, en quelques min. (env. 18 min. depuis la gare), au château.

Frederiksborg, château royal bâti au commenc. du XVIIe s. par Christian IV, dans un style hybride, où le gothique coudoie les formes hollandaises de la Renaissance, occupe l'emplacement d'un château de Frédéric II, dont on voit encore deux tours rondes. L'ensemble des bâtiments : château, communs, dépendances, occupe trois îles reliées par des ponts. — La décoration du château est, par endroits, remarquable (portail et loggia du bâtiment central). L'aile O. renferme la chapelle et, au-dessus, la salle des Chevaliers. — Après l'incendie de 1859, le château, reconstruit en partie par *Meldahl*, a été transformé, grâce à la munificence de M. Jacobsen, en **Musée historique national.**

Les collections (entrée par la loggia de l'édifice central; visibles en été, t. l. j. de 9 h. 30 à 5 h.; 50 œre; dim. et fêtes. 25 œre; la visite dure 1 h. 30 à 2 h.) sont disposées dans 64 salles (toutes sont numérotées), au rez-de-chaussée et aux deux étages supérieurs. Nous mentionnons les principales curiosités.

Rez-de-chaussée. — Salle 3 : frise (Conquête de l'Angleterre par les Danois). — 6-11 : copie de la célèbre tapisserie de Bayeux (Conquête de l'Angleterre par les Normands en 1066) longue de 70 m., haute de 50 cent. — 12 : armes (don de M. Jacobsen). — 17 : murailles et plafond d'après une salle à Gripsholm.

1er étage. — 22 : bahuts et armoires avec armoiries; devant la cheminée, lion en cuivre du XVIIe s. — 23 : deux armoires avec marqueteries. — 24 (corridor et chambre du Conseil) : décoration du temps de Christian V; grand tableau représentant la famille royale. — 25 : n° 8. Les Conjurés quittant Finnerup après le meurtre d'Erik Glipping en 1286, tableau par *O. Bache*; bahut en chêne décoré de ses anciennes couleurs. — 26 : n° 692. Prise d'Arkona par Valdemar le Grand et l'évêque Absalon en 1168, tableau par *L. Tuxen*. — 29 : n° G 31. La Reine Marguerite et le roi de Suède Albert de Mecklembourg fait prisonnier à la bataille de Falkœping en 1389, tableau par *Gérard Honthorst*; grand bahut en chêne sculpté avec scènes bibliques. — 30 : peintures (sujets historiques concernant les princes de Gottorp). — 31 : au plafond; le ciel avec représentations symboliques des planètes; au-dessus de la cheminée, n° 153, vue du château de Tycho Brahé (Uranieborg), tableau par *H. Hansen*. — 32 : nos 6, 13. Portrait du roi Christian III; globe céleste de Gottorp (1657).

2e étage. — 35 : portraits; beau cabinet en ébène, marqueté d'écaille et d'ivoire (deux panneaux sculptés : Bacchus et Neptune). — 36 : trois cabinets en ébène style Renaissance. — 37 : n° 376. Procession du couronnement du roi Christian IV, tableau par *O. Bache*. — 38 (salle des Chevaliers) : ancien **plafond**. — 40 : au plafond, la Mer et la Terre, tableau par *L. Tuxen*; n° 191. Portrait du roi Frédéric III (né en 1609); grand tapis de drap vert brodé en 1663. — 41 : portraits. — 42 : tableaux (faits historiques de 1658-1659-1660); modèle en relief du Slot de Copenhague en 1725. — 43 : armoires avec applications de cuivre gravé. — 44 : cabinet en ébène marqueté d'écaille et de cuivre. — 46 : cabinet avec mosaïques. — 47 : **meubles** avec marqueteries (1re moitié du XVIe s.). — 48 : lit (commenc. du XVIIIe s.); petit cabinet de la reine Anne-Sophie. — 49 : meubles style rococo. — 50 : n° 49. Portrait du comte Rantzau, par *J. Juel*. — Les dernières salles renferment quantité de peintures, surtout des portraits.

La **chapelle**, d'un style partie ogival, partie Renaissance, est richement décorée (chaire et maître-autel en argent repoussé; stalles en marqueterie, etc.). Dans le haut, le *Kongens Bedekammer* (oratoire du Roi), restauré après l'incendie et d'une grande richesse d'ornementation (marqueteries en ébène et ivoire; peintures par *Bloch*), est entièrement décoré des écussons des chevaliers de l'ordre de l'Eléphant.

Si l'on ne préfère pas aller en omnibus ou en voit. partic. à (8 k.) Fredensborg (*V.* ci-dessous), il faut revenir à la gare.

43 k. *Fredensborg* (hôt. *Jernbane hôtel*), v. dont la stat. est à 10 min. env. E. du château, que l'on n'aperçoit pas de la gare.

Le **château de Fredensborg**, où réside en été la famille royale de Danemark, a été construit en 1724 près du rivage S.-E. du *lac Esrom*, en mémoire de la paix conclue entre le Danemark et la Suède. Il ne renferme pas de curiosités bien intéressantes, mais le parc, toujours ouvert aux visiteurs, passe à bon droit pour le plus beau du Danemark; pour le visiter sans perte de temps, on fera bien de prendre un guide (50 œre à 1 Kr.), et de se faire conduire à l'allée dans la partie S., et au bord du lac (barques à louer pour promenade, au *Skipperhuset*).

46 k. *Kuistgaard*. — 58 k. *Snekkersten*, où vient se raccorder la ligne du littoral (*V.* ci-dessous, *B*). — 58 k. Elseneur (*V.* ci-dessous, *B*).

B. **Par la ligne du littoral** (45 k.). — 10 k. de Copenhague à Klampenborg (*V.* p. 207). — La voie longe la lisière de la forêt de Dyrehave à g., et le bord du Sund, à dr. — A dr., maisons et bains de *Taarbæk*. — 14 k. *Springforbi*. — 16 k. *Skodsborg* (hôt. : *Badehôtel*, etc.), séjour d'été et bains de mer fréquentés. — Suivent quelques autres stations insignifiantes. — 42 k. Snekkersten à la jonction de la ligne venant de Copenhague par Hillerœd (*V.* ci-dessus, *A*).

45 k. **Elseneur** (dan. *Helsingœr*; Ⓑ; la gare est sur le port, à l'embarcadère des bateaux à vap. pour Helsingborg et la Suède; hôt. *Jernbane Œresund*) est une vieille ville d'env. 14,500 hab., située sur le bord O. du Sund (*Œresund*), là où ce bras de mer, large de 5 k., est le plus resserré entre les rives de la Suède à l'E. et du Seeland à l'O.

En 15 min. env. et en contournant tout le port, on arrive au **château fort de Kronborg**, bâti au XVIe s. et reconstruit après un incendie, au XVIIe s. — On franchit deux ponts-levis, puis à g. un autre pont qui donne accès à la *cour* (bel aspect architectural) où il faut prendre son billet (à la 1re porte à g.; 30 œre par pers.; la chapelle seule 20 œre; les casemates, 25 œre; on est accompagné). — Les appartements du 1er étage n'ont pas d'intérêt; la première chambre que l'on visite est celle qui servit de prison, en 1772, à la reine Caroline-Mathilde, la complice du ministre Struensée. — La *chapelle* est ornée de boiseries, fortement restaurées. — De la *tour* du S.-O., à laquelle il faut monter, la vue est très belle et très étendue sur le Sund, la côte boisée du Seeland et sur la côte de Suède. — En sortant de la cour; si l'on tourne à dr., on monte à la *Flagbatterie*, la terrasse où le *Hamlet* de Shakespeare voit apparaître le spectre de son père.

Suivant une légende populaire, l'esprit de Holger Danske (l'Ogier le Danois des vieux romans de chevalerie français) se tiendrait caché au fond des casemates de Kronborg, d'où il ne sortira que pour délivrer le Danemark de l'extrême danger.

Près d'Elseneur se trouvent plusieurs stations de bains de mer, dont *Marienlyst* (25 min. à pied de Kronborg; grand *Etablissement de bains*, 300 ch. dep. 2 Kr., dîn. 3 Kr. 50) est la plus fréquentée; dans le beau *parc* de l'établissement, statues d'Ogier et d'Hamlet; belle vue sur les côtes de Suède. — Sur la hauteur, ancien château royal de *Marienlyst* et petit café-restaur. *Hamletsgaard*; un peu plus haut, une pyramide en pierre est désignée comme le tombeau de Hamlet.

De Copenhague à Paris, R. 37, en sens inverse; — à Hambourg, *A*, par Korsœr; *B*, par Kiel; *C*, par Lübeck; *D*, par Fredericia et Vamdrup, R. 37, en sens inverse; — à Berlin, par Gjedser Odde, R. 36 et 37 *C*, en sens inverse; — à Stockholm, R. 39.

Route 39. — DE PARIS A STOCKHOLM

A. Par Cologne, Hambourg, Kiel, Korsœr, Copenhague et Malmœ.

1940 ou 2,111 k.; 🚂 et 🚢 en 39 à 40 h., par le Nord-Express Paris-Cologne et les trains directs; pas de billets directs simples Paris-Stockholm, mais il y a des billets d'aller et ret. valables 45 j., *via* Hambourg ou *via* Berlin, prix : 381 fr. 40 (1re cl.) et 251 fr. 50 (2e cl.). — Billets directs Paris-Stockholm, *via* Hambourg, valables 10 j. : 184 fr. 70 (1re cl.), 122 fr. 30 (2e cl.); billets d'aller et retour, *via* Hambourg ou *via* Berlin, valables 45 j. : 381 fr. 40 (1re cl.), 251 fr. 50 (2e cl.).

1,292 ou **1,353** k. de Paris à Copenhague (*V.* R. 37).

DE COPENHAGUE A STOCKHOLM

1° PAR MALMŒ ET KATRINEHOLM

648 k.; 🚢 et 🚂 en 13 h. env. (dont 2 de traversée en bateau) par les trains directs (wagon-lits) de 9 h. 50 ou de 10 h. 15 du s.; 35 Kr. 30, 21 Kr. 90, 14 Kr. 90; suppl. pour le wagon-lits, 10 Kr. (1re cl.), 5 Kr. 2e (cl.).

Le bâteau traverse le **détroit du Sund**, large de 30 k., en se dirigeant au S.-E. pour aborder à (2 h.) Malmœ.

Malmœ (douane suédoise; hôt. : *Savoy*, à la gare, confortable, ch. dep. 2 Kr., dîn. 3 Kr.; *Kramer*, sur le Stortorg, ch. dep. 1 Kr. 50; etc.), V. industrielle de 75,000 hab., est un grand centre d'importation et d'exportation.

Gares : — GARE DE L'ETAT (Statensbangaard), pour Trelleborg, Gœteborg et Stockholm; — GARE D'YSTAD; — GARE DE LIMHAMN.

Ports : — pour les *bateaux de Copenhague-Lübeck* au PORT INTÉRIEUR, près de la douane; pour l'*Angfærjæ* (bateau trajecteur) au PORT DE L'EST, avec douane spéciale.

Histoire. — Malmœ, déjà connue au milieu du XIIIe s. sous le nom de Malmenhauge, était située à Vestervång, plus à l'intérieur du pays que l'emplacement actuel qu'elle occupe depuis 1319. Ses fortifications furent construites par Eric XIII en 1434; de celles-ci il ne reste que le *château*, construit en 1437 et situé pas bien loin du port. Il a servi de prison d'État; le fameux comte Bothwell, le troisième mari de Marie-Stuart, y fut enfermé, puis transporté à Kærnan (à Helsingborg) où il mourut. Malmœ, ainsi que les trois provinces de Scanie, de Halland et de Blekinge, appartenait jadis au Danemark; c'est par la *paix de Roskilde* (1658) qu'elles ont passé à la Suède sous le règne de Charles X; celui-ci, par la fameuse traversée sur la glace avec toute son armée, avait pris Copenhague et, par ce fait d'armes, les avait annexées à son royaume. Le nouveau port fut construit en 1775-78 par le Français *Suell* sous le règne de Gustave III.

La **Petri Kyrka** (église de Saint-Pierre), de style ogival, construite en 1319 en briques, est après la cathédrale de Lund la plus remarquable du midi de la Suède.

La *chaire* et l'*autel*, de style Louis XV, sont remarquables.

Sur le **Stortorg**, ou Grande-Place, orné de la **statue équestre de Charles X** par *Bœrjeson*, s'élève le **Radhus**, ou hôtel de ville, belle construction du style hollandais de la Renaissance (1546); il contient une *grande salle* (Knutsalen) où se réunissait jadis la puissante *Corporation de St-Canut*, dont chaque membre valait six témoins devant les tribunaux. Tout à côté, à g., se trouve la *résidence du préfet*.

Le **Musée** est situé sur la Regementsgata.

A l'int. : collections d'*histoire naturelle*, de *géologie*, d'*ostéologie* (restes d'animaux antédiluviens trouvés par E. Nordenskiöld en Patagonie) et d'*ethnographie* (Chine, Java, Sumatra, etc.); tableaux de peintres scandinaves modernes : *Arborelius*, *P. Ekström*, *Jacobsen*, *Kallstenius*, *M. Larsson* *G. Rydberg*, *Salmson*, *A. Œsterlind* et autres.

618 k. ou **758** k. de Malmœ à Stockholm, soit par Lund, Linkœping et Katrineholm, soit par Gœteborg (*V.* R. 40).

648 k. (1,940 k. de Paris). **Stockholm** (R. 41).

2° PAR HELSINGŒR, HELSINGBORG, HESSLEHOLM ET KATRINEHOLM.

661 k.; [train] et [bateau] en 16 h. env. par le train direct partant de Copenhague (gare Centrale) à 5 h. 39 ap.-midi et de Helsingborg (wagon-lits pour Stockholm) à 9 h. 10 du s. pour arriver à Stockholm à 9 h. du mat.; 41 Kr. 60; 21 Kr. 10; 16 Kr. 50; suppl. pour le wagon-lits : 10 Kr. (1re cl.), 5 Kr. (2e cl.).

1,292 ou **1,353** k. de Paris à Copenhague (*V.* R. 37).

43 k. de Copenhague à Elseneur (Helsingœr; *V.* R. 38, p. 209). — D'Helsingœr un bac à vapeur, traversant le bras de mer qui sépare le Danemark (Seeland) de la Suède, transporte les wagons sur la rive suédoise.

49 k. **Helsingborg** (®), hôt. : *Mollberg*, ch. de 2 Kr. 50 à 5 Kr. 50, déj. 1 Kr. 35, dîn. 1 Kr. 50 à 2 Kr. 50, soup. 2 Kr.; *Angleterre*, 50 ch. de 2 à 5 Kr., déj. de 75 œre à 1 Kr. 25, dîn. 1 Kr. 75 à 2 Kr.), V. de 33,400 hab., sur la partie la plus étroite (5 k.) du Sund en face de Helsingœr et de Kronborg. — Du **Stortorg** (Grande-Place) un large escalier monte à la terrasse d'Oscar II avec l'ancienne forteresse : **la tour Kærnan** (visible de 8 h. mat. à 8 h. s., entrée 25 œre), d'une circonférence de 60 m., et dont les murs ont 4 m.

d'épaisseur. — Sur le port, *statue équestre du comte Magnus Stenbock*, par *Bœrjeson*.

67 k. *Bjuf* (✕ sur Malmœ). — 73 k. *Astorp* (✕ sur Engelholm). — 84 k. *Klippan*.

126 k. Hessleholm, où l'on rejoint la ligne de Malmœ à Stockholm (R. 40).

661 k. (1,953 k. de Paris). **Stockholm** (gare Centrale); R. 41.

3° PAR HELSINGOER, HELSINGBORG, GŒTEBORG ET LAXA.

751 k.; 🚂 et ⛴, en 20 h. env. par le train direct quittant Copenhague vers 11 h. mat. et arrivant à 6 h. 40 ap.-midi à Gœteborg, d'où part à 10 h. s. un train (wagon-lits) pour Stockholm, où l'on arrive à 8 h. mat.; 46 Kr. 10; 27 Kr. 80; 18 Kr. 30; suppl. pour le wagon-lits : 10 Kr. (1re cl.), 5 Kr. (2e cl.).

1,292 ou **1,353** k. de Paris à Copenhague (*V.* R. 37).

49 k. de Copenhague à Helsingborg (*V.* ci-dessus, 2°).

142 k. *Halmstad*. — 216 k. *Varberg*.

293 k. **Gœteborg** Ⓑ; R. 40, *B*. — 458 k. de Gœteborg à Stockholm (*V.* R. 40, *B*).

B. Par Cologne, Berlin, Sassnitz et Trelleborg.

1,997 k.; 🚂 (gare du Nord) et ⛴, en 41 à 42 h. par les trains quittant Paris vers 2 h. de l'ap.-midi et vers 11 h. 30 du s.; billets directs valables 10 j., 201 fr. 50 (1re cl.), 132 fr. 30 (2e cl.).

1,068 k. de Paris à Berlin (gare de Stettin, ou *Stettinerbahnhof*); R. 3.

DE BERLIN A TRELLEBORG
PAR SASSNITZ

278 k.; 🚂 et ⛴, en 9 h. 30 ou 10 h., dont 4 h. de traversée en bateau.

278 k. de Berlin à Sassnitz (*V.* R. 35), où l'on s'embarque.

Le bateau traverse la mer Baltique à l'entrée des détroits. — 4 h. **Trelleborg**, vieille V. de 3,200 hab., où l'on prend le ch. de fer.

DE TRELLEBORG A STOCKHOLM
PAR MALMŒ

651 k.; 🚂 en 13 h. env.; wagon-lits au train partant vers 9 h. s.; wagon-restaur. à celui partant vers 6 h. 30 mat.; 32 Kr., 10 Kr. 12 Kr. 80; suppl. pour le wagon-lits 10 Kr. (1re cl.), 5 Kr. (2e cl.).

33 k. Malmœ (*V.* ci-dessus, *A*). — 618 k. de Malmœ à Stockholm (*V.* R. 40, *A*).

Route 40. — DE MALMŒ A STOCKHOLM

A. Par Lund, Linkœping et Katrineholm

618 k.; 🚂 en 12 à 16 h. par trains rapides (2 par jour, le mat. et le soir); 2e et 3e cl. (1re seulement pour les voyageurs qui viennent de l'étranger ou qui s'y rendent); 31 Kr., 18 Kr. 60, 12 Kr. 40; wagon-lits; wagon-restaur. dans les rapides de la journée (dîn. 2 Kr. 50); pour les autres trains on dîne dans les gares, indiquées dans les wagons. — On peut combiner cet itinéraire avec la visite du lac Vetter (p. 221); il faut, en ce cas, aller de Næssjœ à Jœnkœping, où l'on prend le bateau pour Motala (p. 221) et Norsholm, où l'on reprend le ch. de fer pour Stockholm; cette excursion demanderait 2 j. ou 2 j. 1/2.

17 k. Lund (hôt. *Grand-Hôtel*, 60 ch. de 1 Kr. 25 à 4 Kr. 50, déj. 1 Kr. dîn., 1 Kr. 50 à 2 Kr. 50, soup. 1 à 2 Kr.), V. de 19,200 hab., sur la Hoje, siége d'un évêché et d'une université.

Histoire. — Lund est une des plus anciennes villes de la Suède; déjà au xe s. le christianisme y fut prêché et dès 1060 la ville eut son premier évêque Egino; en 1104 elle devint le siège d'un archevêché et, jusqu'à la Réforme, la ville primatiale de la Scandinavie. — Elle se disait la « métropole » du pays et les rois venaient y prêter serment; un tumulus des environs, la butte de Saint-Liborius, était le lieu du couronnement. A la fin du xve s. elle possédait alors 21 églises et 6 cloîtres. En 1536 le papisme y fut aboli. Depuis cette époque Lund perdit de plus en plus de son ancienne importance et, à la mort de Charles XII, elle ne comptait pas plus de 680 habitants, mais déjà à la fin du xviiie s. elle en avait 3,000. Aujourd'hui elle est en quelque sorte la capitale morale de la Scanie, à cause de son Université.

La **Cathédrale** (*Saint-Laurentii Kyrka*, ou *Domkyrkan*), du style roman, est en forme de croix, avec deux tours autrefois ornées de flèches.

A l'int., long de 64 m., haut de 24, la perspective est des plus belles; cela provient peut-être de ce que l'édifice est plus large à l'O. qu'à l'E. La voûte repose sur deux rangées de colonnes. La **chaire** en marbre noir et en albâtre et les ornements de l'autel datent du moyen âge. Le **chœur** est la partie la plus remarquable, avec ses clefs de voûtes symbolisant la couronne d'épines de J.-C. L'**orgue**, le plus grand de Suède, construit par *Strand*, date de 1836 et compte 3,067 registres.

La **crypte**, longue de 42 m. sur 12 de large et 5 de haut, est soutenue par 24 piliers et éclairée par 10 fenêtres. On y voit le tombeau de l'archevêque Birger († 1519) et un puits avec des bas-reliefs et des inscriptions dû à *V. Duren*, qui vécut à Lund en 1513-27. A deux des piliers sont accolés les hauts-reliefs du géant Finn et de sa femme qui, dit la légende, avaient bâti l'église et, n'ayant pas pu s'entendre avec l'évêque St Laurent pour le payement, voulaient renverser le temple, mais ils furent pétrifiés par le saint à la place même où on les voit aujourd'hui.

Au N. de la cathédrale s'étend le parc **Lundagœrd** dans lequel, ou autour duquel, sont groupés : — l'**Université** (4 facultés, 46 professeurs et 850 étudiants), construction moderne (1878-82), du style

Renaissance, par *H. Zettervall*; — le **Musée historique et numismatique** (on y voit, entre autres curiosités, une chemise de la Vierge qui, suivant la légende, produisait un miraculeux effet dans les couches difficiles); — la **Palæstra** et **l'Odeum**, salle d'escrime et salle de musique; — la **Maison de la Société académique**, avec restaurant ouvert aussi aux étrangers; — la **statue** du grand poète **E. Tegner** (qui fut longtemps professeur à l'Université); — le **Musée Zoologique**.

Dans la rue *Adelsgata* se trouve le **Musée historique rétrospectif** (*Kulturhistoriska Museum*; entrée au jardin, de 10 h. à 8 h., 25 œre et au musée de 12 h. à 2 h., 25 œre de supplément).

Au N. de la ville se trouvent le **jardin** et la **colline de Tous-les-Saints** (*Allhelgonabacken*) avec la **Bibliothèque de l'Université** (*Universetets biblioteket*), construction nouvelle par *Hellström* (1907).

Cette bibliothèque possède plus de 200,000 volumes et une belle collection de manuscrits et d'incunables, entre autres ceux de *Cicero ad Herennium* et de *Tite Live*, tous les deux imprimés sur parchemin à Venise en 1470, les *Commentaires de César*, Rome, 1469; parmi les manuscrits un *Virgile* sur parchemin, pris pendant la guerre de Trente Ans.

Dans la partie S.-O. de la ville s'élève l'*Observatoire*, avec un buste de *Tycho Brahé*.

26 k. *Œrtofta*.

[A 1 k. N.-O., *château* du même nom, remarquable par son ancienneté (1346), et aussi parce que c'était naguère, en Scanie, la seule propriété nobiliaire dont le possesseur eût pleine juridiction sur ses sujets.]

83 k. **Hessleholm** (Ⓑ, hôt. *Berns*), V. commerçante de 2,430 hab.

134 k. *Elmhult*; près de la gare, modeste presbytère de **Roshult**, lieu de naissance du grand naturaliste Linné (13 mai 1707); on y a érigé un obélisque à sa mémoire.

182 k. **Alfvesta** Ⓑ, sur le point N. du petit *lac Salen*.

[A 114 k. S.-E. (🚂) **Karlskrona**, V. de 26,500 hab., sur la mer Baltique; station de la flotte royale de Suède.]

268 k. **Næssjœ** Ⓑ.

[A 43 k. O. (🚂 en 2 h.), **Jœnkœping**, V. de 23,800 hab., située sur la pointe S. du lac Vetter (*V.* p. 221); cette ville possède une préfecture et une **cour royale de justice** (*Gœta Hofrætt*).]

Nässjœ est la dernière station en Smalånd et, après avoir traversé *Holaveden*, pays montagneux et boisé, on entre dans la province d'Œstergœtland. — La voie passe par (320 k.) *Tranås*, stat. balnéaire et (341 k.) *Boxholm* (ateliers de métallurgie).

357 k. **Mjœlby** Ⓑ.

[**De Mjœlby à Œrebro** (121 k.; 🚂 en 4 h. 45). — On passe par (9 k.) *Skeninge*, petite V. de 1,320 hab., jadis une des plus importantes de Suède et (27 k.) Motala (p. 221).

121 k. *Œrebro* (hôt.: *Œrebro*; *Continental*), V. de 26,000 hab., l'une des plus anciennes de la Suède, sur la Svartœ, près du lac Hjelmar. — *Château*, transformé en musée. — Eglise *Nikolaikirka*, du XIIIe s., restaurée. — Dans la promenade, à l'E. de la ville, la *Kungsstuga* (maison du Roi) est une des plus vieilles et caractéristiques constructions en bois de la Suède.]

389 k. **Linkœping** (prononc. Lintcheuping; Ⓑ, hôt. : *Stora-Hôtel*, ch. de 1 Kr. 50 à 3 Kr., dîn. 2 Kr.; *Grand-Hôtel* etc.), V. de 16,650 hab., sur la rive O. de la Stånga, qui se jette un peu plus oin dans le *lac Roxen*.

Histoire. — Cette ville était déjà connue au XIIe s. La diète de 1152, qui y était assemblée, accorda au pape le denier de St Pierre et décida que le peuple ne porterait plus d'armes en temps de paix. En 1598, la *bataille de Stangebro* (le pont) entre le roi Sigismond et son oncle le duc Charles, plus tard Charles IX, coûta la couronne au premier. Les partisans du roi, livrés par lui, furent décapités par le duc sur la place *Jerntorget* (place de fer) à Linkœping, en 1600. Un cercle en pierres rouges dans le pavage, indique aujourd'hui l'emplacement. C'est la dernière guerre intestine que la Suède a subie.

Belle **Cathédrale** commencée dans le style roman, en 1150 et terminée à la fin du XVe s. dans le style ogival.

A l'int. (entrée libre; demander la clef de l'église en s'adressant en face de la petite porte du N., qui donne sur la rue Agatan), long de 98 m., large de 29 m. et haut de 16 m. : 2 groupes colossaux en plâtre, la *Foi*, la *Charité* et l'*Espérance*, par *Byström*. — A dr., dans le chœur, sarcophage en marbre blanc et noir de l'évêque *Terserus* (✝ 1678). A dr., sur le mur, vieux tableau d'autel par *Heemskerck* (1574), qui fut acheté par Jean III moyennant 1,200 tonneaux de blé. — Dans la chapelle à dr. au fond de l'église, tombeau des comtes de Bjelke richement orné.

A l'O., tout près de l'église, *Palais du préfet* et, au N., *Evêché* et **Bibliothèque du diocèse** (30,000 vol., manuscrits, médailles et antiquités).

[A 49 k. E. (chemin de fer à voie étroite), **Vadstena** (hôt. : *Stadshôtel*; *Bellevue*), V. de 2,360 hab. (**vieux château** construit par Gustave Vasa) et (81 k.) *Œdeshœg*, située sur la rive E. du lac Vetter, au pied de la colline **Omberg** (300 m.; *Tourist hôtel*), remarquable par sa végétation, ses carrières de pierre à chaux et ses grottes, parmi lesquelles celle de **Rœdgafvelsgrotta**, où l'on peut entrer en bateau sur une longueur d'une vingtaine de mètres. Du point culminant appelé **Hjessan** (le crâne), on aperçoit, quand le temps est clair, 50 églises et 6 villes. Au pied de la montagne, ruines de l'ancien **cloître d'Alvastra**, fondé au XIIe s. et qui contenait les restes de tous les rois de la famille *Sverker*.

Bateau : — pour (220 k.) *Stockholm*, — (160 k.) *Jœnkœping*, — (320 k.) *Gœteborg* et sur (60 k.) le *canal de Kinda*, plusieurs fois par sem.]

413 k. **Norsholm** (hôt. *Gœta*), sur le canal de *Gœta* (*V.* p. 222) et le *lac de Roxen*.

[A 42 k. S. (chemin de fer à voie étroite), *Atvidaberg*, grand centre industriel (mines de cuivre).]

De Norsholm à Gœteborg et à Stockholm par le canal de Gœta, p. 222.

436 k. **Norrkœping** (prononc. Nortcheuping; hôt. : *Standard*, ch. dep. 2 kr.; *Gœta*, etc.), V. de 46,000 hab., centre manufacturier très important sur le large Motala, à son embouchure dans le Braviken, golfe de la mer Baltique. — Fabriques de drap, d'étoffes de coton, de sucre, de papier, de pierre, etc. — De superbes avenues entourent la ville de trois côtés.

[A 1 k. O. (tram toutes les 10 min, 15 œre), sur le Motalastrœm, **Kneippbaden**, station balnéaire (système Kneipp), ainsi que bains chauds, bains de vapeur, bains de boue, etc. (pens. : *Villa Hults*, *Villa Stramsborg*, 3 à 4 Kr.).]

La voie entre Norrkœping et Katrineholm parcourt le **Kolmarden**, contrée montagneuse et boisée, aux sites d'une remarquable beauté.

485 k. **Katrineholm** Ⓑ, où se réunissent les lignes Sœdrastambanan (pour Malmœ) et Œstrastambanan (pour Gœteborg). — On entre dans la province de Sœdermanland qui, avec ses lacs et ses collines boisées, parsemées d'habitations, est remarquablement belle.

494 k. *Valla* (à g., *château de Stenhammar*, demeure du duc de Sudermanie).

507 k. **Flen.**

[A 30 k. E. (🚂 en 1 h. 30). *Eskilstuna* (hôt. : *Stadshôtel*; *Central*), V. manufacturière (fabriques d'armes) de 26,850 hab.]

522 k. *Sparreholm* (château renfermant une superbe bibliothèque).

581 k. **Saltskog.**

[A 1 k. O. 🚂, **Sœdertelje** (hôt. : *Stadshôtel*; *Bad.*), V. de 9,670 hab., station balnéaire très fréquentée, joliment située sur le canal qui réunit le lac Mælar à la mer Baltique.]

614 k. *Liljeholmen.* — On arrive à Stockholm par un tunnel de plus de 300 m. et, une fois dans la ville, un autre tunnel sous le faubourg aboutit à la gare Centrale.

618 k. **Stockholm** (gare Centrale, ou *Central station*); R. 41.

B. Par Gœteborg.

758 k. 🚂, ou 820 k. 🚂 et 🚢.

De Malmœ à Gœteborg : — 300 k., 🚂 en 7 h. 40 par trains directs; 16 Kr. 50, 9 Kr. 90, 6 Kr. 60; wagon-lits et wagon-rest.

De Gœteborg à Stockholm : — soit par 🚢, 520 k. sur le canal de Gœta, en 65-73 h.; — soit par 🚂, 458 k. en 9 h. 25 min.

DE MALMOE A GŒTEBORG

5 k. *Arlœf* (grande fabrication de wagons; industrie sucrière). — 60 k. *Billesholm* (mine de charbon, unique en Suède, qui s'étend de *Billesholm* et *Quidinge* jusqu'à *Hœganäs*, sur plus de 20 k.).

83 k. *Engelholm*, sur le Rœnnea, qui se déverse dans le Skeldervik (grandes pêcheries).

86 k. *Skeldervik*, station balnéaire; au N., ramifications de la montagne Hallandsas, qui séparent la Scanie du Halland.

124 k. *Laholm*, V. de 1,800 hab., sur la rivière Lagaa (importantes pêcheries de saumons; plus haut sur la rivière, à *Kassefors*, sont installés des viviers).

149 k. **Halmstad** (Ⓑ; hôt. *Martensson*), V. de 17,200 hab., au N. de la baie de Halmstad à l'embouchure de la rivière Nissau. — *Eglise* du XVe s. et petit *Musée* (25 œre).

192 k. *Falkenberg* (importantes pêcheries de saumons). — On franchit l'Atran.

223 k. *Varberg* (hôt. : *Stadshôtel*, *Varbergs-Hôtels*), V. de 7,000 hab., station balnéaire (ancienne *forteresse*, auj. pénitencier).

272 k. *Kongsbacka.* — A g., sur une presqu'île, château de *Tjolœholm* (moderne). — 295 k. *Almedal* (industrie de tissage et de filature). — Viaduc sur le Mœllndalsœ; à dr., vieux rempart dit « le Lion de Gœta ».

300 k. GŒTEBORG (prononc. Yeutéborg; gare de Bergslagsbangard. *V.* l'*Index*), V. commerç. et industrielle de 141,000 hab., située sur les rives S. du **Gœtaelf**, près de son embouchure sur le Kattegat. Ch.-l. du départ. de Gœteborg et Bohus et siège d'un évêché, c'est la seconde ville du Royaume. — *Universités* d'une seule Faculté. — Fabriques de produits de fer, d'acier, de machines, de cotons, de sucre, etc.; construction de bateaux; grandes brasseries; exportation de fer et de bois, etc.

L'ancienne ville, fondée par Gustave-Adolphe, en 1619, était entourée de remparts, remplacés aujourd'hui par une large zone de promenades et de parcs, où a été créé un des plus beaux jardins botaniques d'Europe.

Gares : — STATENS BANGARD (gare de l'Etat), dans la partie N.-E. de la ville, à proximité de presque tous les hôtels; — DE BERSLAGS BANAN, près de la précédente; — DE WESTGŒTA BANAN, au N. de la ville; — DE SÆRŒ, à côté du Slottskogspark au S.-O. de la ville; — DE TINGSTAD, sur l'autre rive du Gœtaelf.

Principales curiosités : — MUSÉE; — PARC DE SLOTTSKOG.

ITINÉRAIRE. — A 300 m. env. O. de la gare Centrale et de celle de Bergslags, l'**Œstra Hamngata**, — la principale artère de la ville, dont elle traverse le centre du N. (bassin de *Lilla Bommenshamn*) au S. (*Kungsportplads*), — longe en quai les deux rives de l'Œstra Hamnkanal, jusqu'au quai dit *Norra Hamngatan*. Là s'ouvre à dr. (O.) la **place Gustave-Adolphe** (*Gustaf-Adolfs Torg*), appelée aussi **Stora Torget**, où s'élève la *statue de Gustave-Adolphe*, par *Fogelberg* (1854). Sur le côté N. est la *Bourse* et sur le côté O. le *Radhus* (hôtel de ville), bâti en 1670 par *Nic. Tessin*, remanié depuis à plusieurs reprises. Derrière le Radhus, sur la Norra Hamngata, au bord du Stora Hamnkanal, se trouvent la *Kristine-Kirka* et le Musée.

Museum (t. l. j., sauf le lundi, de 11 à 3 h. en sem., de 1 à 3 h. le dim.; 50 œre le mardi et sam., gratuit les autres j.; entrée, 12, Norra Hamngatan), créé en 1861 et installé dans l'hôtel de l'ancienne Compagnie des Indes.

Rez-de-chaussée : — Vestibule orné de fresques allégoriques par *G. Pauli*. — *Collections minéralogiques*.

1er *étage*. — A dr. : *Cabinet numismatique*; *collections d'histoire naturelle*; — à g. : *collections préhistoriques*, *d'ethnographie*, *d'histoire* et *d'art industriel*; *intérieurs de maisons de paysans du XVIIe s.* et, dans la salle de l'église, *souvenirs religieux*.

La **collection de tableaux et de sculptures** est installée dans l'arrière-corps, où l'on parvient du vestibule en traversant la cour; l'entrée est indiquée par le mot « MUSEUM » au-dessus de la porte. La collection des tableaux modernes est très remarquables et la première de Suède.

Rez-de-chaussée. — **1re salle** : reproductions en plâtre des sculptures modernes suédoises. — **2e salle** : meubles, objets d'art et tableaux faisant partie des collections très importantes léguées par M. et Mme Furstenberg, auxquelles monte un petit escalier.

Grand escalier. — 326. *Nils Forsberg*. Gustave-Adolphe avant la bataille de Lutzen, le matin du 6 nov. 1632. — 296. *G. Kallstenius*. L'Été.

Étage supérieur. — **Vestibule.** — 371. *R. Bergh.* Femme devant l'âtre. — 332. *O. Bjœrk.* Ⓟ. — 260. *E. Josephson.* Vieille femme qui file. — 210. *B. Liljefors.* Coq de bruyère. — 387. *A. Zorn.* Dans l'escalier.

A dr. on entre dans les salles de la **collection de M. et Mme Furstenberg** installées comme elle l'était dans l'ancienne demeure des donateurs; elle se compose d'env. 200 numéros et fut réunie au Musée en 1902.

1re salle. — 85. *J. V. Lenbach.* Son Ⓟ. — 22. *A. Edelfelt.* En mer. — 92. *B. Liljefors.* Hibou au fond de la forêt; 87. Chat en chasse. — 152. *A. Wahlberg.* Jour de mai; 153. Clair de lune. — 162, 163. *A. Zorn.* M. Furstenberg et sa femme. — 147. *J. Thaulow.* Paysage d'hiver. — *J. R. Bergh.* Soirée d'été.

Dans cette salle et les suivantes, sculptures de *P. Hasselberg* : 179. Mme Furstenberg. 176. Perce-neige. 178. Buste de M. Furstenberg. 193. Le Charme de la vague; 177. La Grenouille; 190. Fontaine, 491. Nymphe des bois; 192. « Mignon »; 188. Victor Rydberg : 189 *a* et *b*. M. Furstenberg; 164. Le Grand-père, groupe en marbre sculpté par *Ch. Eriksson*, d'après le modèle de *P. Hasselberg*; ainsi que le 187, Fleurs de nénuphar.

2e salle (à dr.). — 68, 69, 70. *C. Larsson.* Triptyque avec sculptures représentant l'art de la Renaissance, de l'époque de Louis XV et des temps modernes. — 139. *C. E. Skanberg.* Port de Dordrecht. — 130. *I. F. Raffaelli.* Boulevard à Paris. — 20. *R. Colin.* L'Eté.

3e salle (à g.). — 257. *P. Ekstrœm.* Soleil et neige. — 258. *O. Bjsœk.* La femme du peintre; — 330. *G. B. Œsterman.* Ⓟ.

4e salle. — 259. *Chr. Krogh.* Passage difficile. — 378. *E. Petersen.* Dîner. — 263. *R. Verenskiold.* Automne, — 11. *Edelfelt.* Portraits; 186. Au piano. — 382. *I. Skovgaard.* Forêt de chênes. — 173. *Krœyer.* Messaline.

5e salle. — 274. *Lindhalm.* Ecueils; 136. Soir de novembre. — 204. *H. Birger.* Déjeuner d'artistes à Paris. — 41. *J. W. Wallander.* Invalide; 14. Dans la bruyère. — 134. *Krouthen.* Eté. — 256. *A. Zorn.* Jeunes filles au bain.

6e salle. — 194. *A. Œsterlind.* Accident. — 236. *C. Skanberg.* Venise. — 192. *G. Cederstrœm.* L'Armée du Salut à Paris. — 163. *C. G. Hellqvist.* Louis XI. — 169. *H. Salmson.* Récolte de betteraves en Picardie. — 178. *N. Forsberg.* Acrobates.

7e salle. — 389. *F. J. Fagerlin.* Cabane de pêcheurs; 379. Joueur de cartes. — 97. *G. Salomon.* Nouvelles de la guerre de Crimée. — 65. *J. E. Bergh.* Paysage; 220. Chute d'eau. — 66. *C. J. Hœckert.* La Reine Christine condamnant à mort son favori Monaldeschi. — 335. *A. Wahlberg.* Paysage.

1er cabinet — 137. *Ad. Tideman.* Chasseur d'ours mourant. — 344. *V. S. Lerche.* La Visite du Cardinal. — 341. *Gude.* Christiania-Fjord; 47. Enterrement au Sognefjord.

2e cabinet. — 347. *D. Müller.* Paysage. — 140. *H. Jerichau.* Capri. — Eaux fortes par *Zorn* et aquarelles de *Larsson*.

Au delà de la place Gustave-Adolphe, l'Œstra Hamngata franchit sur un pont le canal dit Stora Hamnkanal, laisse à g. le petit *Brunnspark*, square orné d'une *fontaine* par *Hasselberg*, et se termine à la place de *Kungsport*, où s'élève la *statue de Charles IX*, par *Bœrjesson*. De là on passe, par le pont dit *Kungsportsbro*, sur l'autre rive du *Vallgraf* ou fossé, où s'étendent à dr. et à g. les belles promenades de **Kungsparken**, à g., et de **Tradgardsforeningen** (jardin de la Société d'Horticulture), à dr., et que traverse de l'E. à l'O., la *Nya Allée*. Au delà du pont se trouve, à dr., le nouveau *Théâtre*, en face duquel a été placée une reproduction du célèbre groupe des **Bættespænnare** (*Combat au couteau*) par *J.-P. Molin* (1859).

C'est ici (surtout vers l'E.) le quartier moderne et élégant de la ville, que traversent du N.-O. au S.-E. la *Kungsports Avenye*, ou l'*Avenyen* (avenue) tout court, et la *Vasagata* du N.-E. au S.-O. —

En suivant cette dernière vers l'O. on arrive à la *place Vasa*, entre laquelle et le *parc Vasa*, créé en 1893, à dr., s'élève la *Hœg Skola* (Ecole de Hautes-Etudes), due à la munificence d'un particulier.

Au S.-O. du parc Vasa, à l'angle de l'*Engelbrektsgata* et de la *Gustafsgata*, l'*Elementarlæroverket fœr Flickor*, ou Ecole pour jeunes filles, est décorée, à l'int., de belles peintures par *C. Larsson* (Histoire de la femme suédoise).

Dans le quartier O. de la ville, la butte du *Skansen Krona* est couronnée par une ancienne forteresse (dans la grosse tour, petit *Musée d'artillerie*; dim. et mardi de 2 à 3 h., 25 œre). — Plus loin vers l'O., à l'extrémité du faubourg de *Masthugget*, le grand parc dit **Slottskogsparken**, créé en 1875, offre de beaux points de vue (surtout de la tour *Stora Utsigten*, dans la partie N.-O. du parc).

[*Environs.* — (30 min. en bateau) *Langedrag*, (50 min., bateau) *Styrsœ*, (2 h., bateau) *Marstrand*, sont des stations balnéaires fréquentées sur le Kattegat, de même que (24 k., chemin de fer) *Særœ* (bon hôt. et restaur.).]

De Gœteborg à Christiania, R. 47.

DE GŒTEBORG A STOCKHOLM

1° PAR LE CANAL DE GOETA

520 k.; bateau, 3 ou 4 fois par semaine, en 65-73 h.; 30 Kr. en cabine particulière; 20 Kr. avec lit au salon; très bonne cuisine à bord (café avec beurre et un plat chaud, 1 Kr. 25; dîn. 2 à 2 Kr. 50).

Route plus longue et plus coûteuse, mais infiniment plus agréable. *Elle ne saurait être trop recommandée* : la nature y est charmante et les **chutes de Trollhættan** sont de toute beauté.

Le **canal de Gœta** est l'œuvre de *Baltzar von Platen* et des deux frères *John et Nils Ericson*; commencé en 1810 et terminé en 1832, il a une longueur de plus de 80 k. et a coûté près de 14 millions de Kr. En ajoutant les lacs, qui interrompent ce canal en plusieurs endroits, la distance entre la mer du Nord et la mer Baltique est de près de 400 k. Profond de 3 m. 5, large au fond de 16 et à la surface de 30 m., il compte en tout **53 écluses**. Le point le plus élevé (près de **Viken** en *Vestrogothie*) a une altitude de 91 m. 5. Le canal proprement dit commence à **Mem**, sur le golfe de Stætbaken, tributaire de la mer Baltique, et fait communiquer les lacs : *Asplangen*, *Roxen*, *Boren*, *Vetter*, *Botten*, *Viken* et *Vener*. De Vener jusqu'à Gœteborg, le canal prend le nom de **Trollhætta-Kanal** qui a, à lui seul, 21 écluses. Celui-ci a un trafic annuel de 6 à 7,000 bateaux à vapeur ou à voiles, tandis que celui de **Gœta**, par suite de la concurrence du chemin de fer, n'en voit passer que 3,000 env.

De Gœteborg à Trollhættan, il faut remarquer la largeur respectable du fleuve de Gœta (120 m. env.) qui déverse dans le Kattegat les eaux du Vener et, par le fleuve Klarelf, les eaux du lac Fœmund et d'autres lacs de Norvège. Pendant le trajet de Gœteborg à Stockholm les deux voies, chemin de fer et canal, se croisent trois fois : à *Tœreboda*, à *Norsholm* et à *Sœdertelie*. — On peut *sommairement* visiter toutes les chutes de Trollhættan pendant les 2 h. que le bateau met à franchir le canal et les écluses. Comme ce temps est bien court, il vaut mieux retenir une place sur le bateau qui fait le trajet Gœteborg-Stockholm, tout en partant le matin 2 à 3 h. plus tôt avec le bateau Gœteborg-Trollhættan; après avoir bien visité les chutes on rejoint l'autre bateau au moment où il sort du canal au quai (*Angbatsbryggan*) tout à côté du grand hôtel. On peut aussi gagner du temps en allant par le ch. du fer à la stat. de (72 k.) Trollhættan (*V.* p. 259).

Le trajet de Gœteborg à Akersvass, où le bateau entre dans le canal, est assez monotone, excepté le passage de *Lilla Edet* (2 écluses) où les rives sont très jolies.

A 15 k. de Gœteborg on aperçoit les **ruines de la forteresse de Bohus**, les plus grandioses de la Suède, tout près de *Kongelf*, petite V. sans importance, mais jadis et dès le xe s., une des villes les plus importantes de la Scandinavie, sous le nom de *Kongahell* (salle des rois).

57 k. **Akersvass**, où le bateau entre dans le canal. — C'est là qu'on descend du bateau pour voir les **chutes de Trollhættan**. On suit à pied la rive dr. du fleuve par le *Kærlekensstig* (la route de l'amour) jusqu'à *Elviisluss* où, très retréci (40 m.), il forme la 1re chute **Flottbergsstrœm**. De là à Gullœfall, la chute supérieure, on compte 1,500 m. env. avec une montée de 35 m.

On passe devant **l'Olide halan**, grand élargissement du fleuve, pour arriver à la 2e chute, dite **Helvetesfallen** (*Chutes du Diable*; 40 m. de large). Le fleuve s'élargit pour former une espèce de lac (l'*Hojums varp*), puis se rétrécit encore et forme la chute (3e) de **Stampstrœmmen** enjambée par un pont (*Kung Oscarsbro*).

[A 50 m. à dr. de ces chutes est un chef-d'œuvre de construction, malheureusement inachevé : le **Polhemsgraf** (*tombeau de Polhem*), écluse creusée dans la montagne à une profondeur de 21 m où l'eau se jette perpendiculairement formant une chute admirable. Ici se trouve une formidable cavité appelée **Kungsgrottan** (*grotte Royale*), avec des inscriptions rappelant les souverains qui ont visité les chutes; cette cavité, ainsi qu'une grotte (**Jættegrytan**) située à 300 m. plus bas et d'une profondeur de 3 à 4 m., sont d'un haut intérêt.]

A 150 m. plus haut l'*îlot Toppœ*, qui rétrécit le fleuve, forme deux chutes (4e et 5e), **Toppœfall** et **Tjuffall**, resserrées par les rochers. La petite île Toppœ est reliée à la terre ferme par un pont hardiment construit, d'où l'on a une vue de toute beauté.

L'*île de Gullœ* forme les chutes supérieures (6e et 7e) de **Notfall** et **Gullœfall**. — On remonte en bateau pour rentrer dans le fleuve. Sur la rive dr. s'élèvent les deux montagnes sœurs : **Halle** et **Hunneberg**. Elles se composent d'énormes plaques d'argile qu'on dirait placées les unes à côté des autres. Sur le plateau se trouvent des lacs et des marais. Dans cette région vit en abondance l'élan, qu'on trouve du reste un peu partout en Suède (la chasse en est très limitée, car elle appartient exclusivement au roi).

86 k. **Venersborg**, V. de 7,150 hab. et préfecture du département d'Elfsborg, sur une presqu'île baignée d'un côté par le *Gœtaelf* et de l'autre par le *lac Vassbotten*, qui n'est en réalité qu'une baie du lac Vener et qui est réuni au fleuve de Gœta par le **canal de Carlsgraf**, le plus ancien de Suède. Il a une longueur de 400 m. avec 2 écluses qui lui permettent d'éviter la chute, assez considérable, de *Rånnumsfall*. La ville est réunie à la terre ferme par deux ponts jetés sur ce canal.

Le bateau entre dans le **lac Vener**, le plus grand de la Suède, avec une superficie de 5,568 k. c. et une profondeur qui atteint jusqu'à 89 m. Il reçoit les eaux de plusieurs fleuves, dont le plus considérable est le *Klarelf*, tributaire des grands lacs norvégiens.

[Le lac Vener est réuni au *lac de Frederikshald*, en Norvège, par le **canal de Dal**, long de 225 k., avec 20 écluses.]

Le bateau suit les côtes S. du lac, traverse la *baie de Kinne*, où se trouve *l'île de Kollandsœ* avec le *château de Leckœ*, ancienne habitation des évêques de Skara. On aperçoit à 6 k. S. la montagne isolée de *Kinnekulle* (306 m.).

200 k. **Sjœtorp**, 1re station de la partie O. du canal de Gœta. — On monte par 20 écluses 47 m. pour arriver au (30 k.) **lac Viken** (36 k. carrés; alt. 93 m.), partie culminante et réservoir d'eau de cette partie du canal. Une pierre qui indique ce faîte a été érigée à *Fimmersta*, à g. de la station de Vassbacken. — Les 20 écluses se trouvent : 9 à Sjœtorp même, 2 à Norrkvarn et 9 à Hajstorp.

218 k. (5 à 6 h. de Sjœtorp). Tœreboda (*V.* ci-dessous, 2°), où le ch. de fer de Gœteborg à Stockholm croise le canal de Gœta.

A *Vassbacken* le bateau entre dans le *lac Viken* et le traverse pour en sortir à *Forsvik*, passer dans une écluse et entrer dans le *lac Botten*; ici s'élèvent les *fortifications de Vaberg*. — A 1 h. de Vassbacken on arrive à *Rœdesund* (hôt.), station qui dessert la *forteresse de Karlsborg*, située sur les bords O. du lac Vetter.

Le **lac Vetter** (88 m. d'alt.) a une superficie de 1,898 k. carrés, une longueur du N. au S. de 128 k., une largeur de l'O. à l'E. de 30 k., une profondeur au N. de 20 à 30 m. et au S. de 80 à 120 m. La traversée du lac, soit pour aller à Motala, soit à Vadstena (p. 215), prend 2 h.

Dans sa partie S. se trouve l'île de **Visingsœ** (13 k. de long et 3 k. de large; tous les bateaux de Karlsborg, Motala, Vadstena et Jœnkœping y accostent; bon *Turisthôtel*, au débarcadère), qui renferme des curiosités dignes d'être visitées.

[Au S.-E. de l'île, ruines du *château de Visingsborg*, bâti en 1652-60 et détruit par un incendie en 1718. — Au centre, *église* (Brahekyrkan; ouverte mardi, mercredi et jeudi de 2 à 3 h.; les autres jours s'adresser à l'organiste), renfermant des **sarcophages** en albâtre avec deux statues du comte et de la comtesse de Brahe, un *crucifix en ivoire*, de *grands candélabres* en argent, etc. — Dans la partie N. de l'île, *église de Kumla*, du XVIe s., et *Observatoire*.]

278 k. **Motala** (hôt. *Nilson*, ch. 2 Kr., déj. 1 Kr.; *Grand-Hôtel* restaur. *Stadshus*), V. de 2,950 hab., sur le canal de Gœta, à son embouchure dans le lac Vetter. — Au bord du canal, à un endroit qu'il avait choisi, *tombeau du comte de Platten*, constructeur du canal. — Importantes fabriques de métallurgie, construction de bateaux, etc. (*Motala Verkstad*).

Le Motalastrœm, émissaire du lac Vetter, est en partie canalisé sous le nom de Gœta jusqu'à Norsholm où il se dirige vers le N., traversant et déversant les eaux du *lac Glan* à Norrkœping dans le golfe de Braviken, tandis que le canal continuant vers la direction de l'E. aboutit à Mem, la dernière stat., sur le golfe de Slœtbaken.

De Motala à Borensberg, 5 écluses permettent de faire le trajet à pied.

296 k. **Borensberg**, sur la rive S. du *lac Boren*.

A partir de Boren commence la plus belle partie du trajet : on croit traverser un parc aux sites les plus enchanteurs, aussi le bateau marche-t-il très lentement pour laisser aux touristes le temps d'admirer. On passe devant, à dr., les propriétés *Brunneby* et *Ljung*, anciens domaines de la famille Fersen (le favori de la reine Marie-Antoinette y est enterré). Plus loin, à dr. : *Sjœbacka*, *Kungs-Norrby* et à 2 k. S. (on a le temps d'y aller et revenir à pied), **église de Vretakloster**, fondée en 1128 par le roi Inge (à l'int., tombeaux d'anciens rois de Suède).

308 k. **Berg**, où l'on descend par un « **escalier d'écluse** » (7) jusqu'au **lac Roxen** (27 k. long, 10 k. large).

A g., *ruines du château de Stjernarp*, construit après la guerre de Trente Ans par un Douglas qui, avec deux de ses frères d'armes, Lilie et Banér, avait promis de construire trois châteaux d'où ils pourraient se voir. Deux de ces châteaux, *Lœfsta* et *Ekenæs*, restent encore intacts; Stjernarp fut détruit par un incendie en 1789. Les côtes N. du lac sont montagneuses et pittoresques, parsemées de jolies propriétés et de villas; les côtes S., au contraire, marécageuses, forment le commencement de la plaine d'Ostrogothie. — A 10 k. S., on aperçoit la tour de la cathédrale de Linkœping (p. 215).

335 k. **Norsholm** (*V.* p. 215), station commune aux lignes de ch. de fer du Sud ou Sœdra Stambanan (Malmœ à Stockholm) et de Vestervik.

De Norsholm à Katrineholm et à Stockholm, *V.* p. 215.

Le bateau traverse le *lac Asplængen* (5 k. de long) et passe dans les écluses de *Klæmman* entourées de montagnes.

347 k. *Vænnberga*, où l'on passe dans 2 écluses, puis on traverse les écluses de *Karlsborg* (4) et de *Mariehof* (2).

356 k. (4 à 5 h. de Norsholm). **Sœderkœping** (hôt. : *Stadshôtel*, *Badhôtel*), vieille petite V. de 2,100 hab., qu'un petit embranch. relie à Norrkœping (p. 215).

362 k. **Mem** (station de douane), situé sur l'embouchure du canal et où l'on passe dans la dernière écluse.

Le bateau entre dans le **golfe de Slætbaken** (long. 15 k.), où, à son embouchure et à dr., se voient les **ruines de Stegeborg**, ancien château fort qui a joué un grand rôle dans l'histoire de Suède.

Le château appartenait à la famille de Vasa; construit au XIIIe s., il fut réuni à la Couronne par la « réduction » sous Charles XI. Plus tard abandonné et enfin détruit par l'ordre de Frédéric I.

Le bateau entrant dans la mer Baltique et prenant la direction N. parcourt l'**archipel de Sainte-Anna**, remarquablement beau, puis passe à la petite station balnéaire d'**Arkœ** et traverse l'entrée du Braviken, golfe de la mer Baltique.

406 k. **Oxelœsund** (hôt. *Badhôtel*).

[**D'Oxelœsund à Flen** (62 k., ch. de fer en 2 h. env.). — 13 k. **Nykœping** (hôt. *Stora*), V. de 8,580 hab., ch.-l. de la prov. de Sudermanie, avec plusieurs églises et les ruines du château fortifié de *Nykœpingshus* du XIIIe s. La diète du pays s'y est réunie souvent. — La voie parcourt le *Sœdermanland* (Sudermanie), région couverte de lacs et d'étangs, ce qui a fait dire que « le jour où le Créateur sépara les terres et les eaux, il dût oublier le Sœdermanland ». — 62 k. Flen, stat. de la ligne du Sud (*Sœdra Stambanan*) Malmœ-Stockholm (p. 216).]

Le bateau suit les côtes de Sudermanie, passe devant la jolie petite ville de **Trosa**, station balnéaire, les châteaux de **Tullgarn**, (domaine royal et habitation du roi et de la reine pendant l'été) et de **Hœrningsholm**.

490 k. Le bateau s'engage dans le **canal de Sœdertelje**, passe devant la petite ville du même nom et entre dans le **lac Mælar**, parsemé d'env. 1,200 îles.

L'arrivée à Stockholm par le lac Mælar est au moins aussi jolie que celle du côté de Saltsjœn. Les deux rives montagneuses et boisées, parsemées de villas, offrent des sites très séduisants. Pour la description de cette dernière partie du trajet, *V.* p. 244.

520 k. Stockholm (quai de Riddarholmen); R. 41.

2° PAR LE CHEMIN DE FER.

458 k.; [ch. de fer] de l'Ouest (*Vestra Stambana*) en 12 à 14 h. env. par trains directs; 39 Kr., 27 Kr. 50, 18 Kr. 40, suppl. pour le wagon-lits 5 Kr.; wagon-restaur. (dîn. 2 Kr. 50). — On pourrait combiner cet itinéraire avec la visite du lac Vetter, en allant de Falkœping par ch. de fer à Jonkœping, d'où par le lac à Motala et par le canal à Norsholm (*V.* ci-dessus, *A*), où l'on reprendrait le ch. de fer pour Stockholm; il faudrait en ce cas compter 2 j. à 2 j. 1/2.

46 k. **Alingsas**, V. de 4,150 hab., sur la Sœfvea. — 80 k. *Herrljunga* Ⓑ. — 101 k. *Sœrby*. — La ligne atteint son point culminant à 225 m. d'alt.

114 k. **Falkœping-Ranten** (Ⓑ, déj. et soup. 1 Kr. 25), V. de 4,060 hab.

[A 1 k. N., le **Mœsseberg** (326 m.), avec un sanatorium et une station balnéaire.]

145 k. **Skœfde** (hôt. *Billingen*), V. de 6,040 hab., centre militaire, au pied du *Billingen*.

[[ch. de fer] pour (44 k. E.) **Karlsborg**, forteresse sur le lac Vetter et pour (21 k. O.) *Axvall* (camp militaire; à 4 k. de là, *Varnhem* avec une jolie église du XIIe s.).]

184 k. **Tœreboda**, où la voie croise le canal de Gœta (*V.* ci-dessus), dans les *forêts de Tiveden*. — 198 k. *Elgaras*, ancienne résidence royale.

229 k. **Laxa** (Ⓑ; hôt. *Iernvægs*), ⤫ sur Christiania (R. 45).

324 k. Katrineholm, Ⓑ, à la jonction de la ligne du Sud (p. 216) et de celle de l'Ouest.

458 k. **Stockholm** (*Central station*); R. 41.

Route 41. — STOCKHOLM ET ENVIRONS

Gares : — CENTRAL STATION (gare Centrale; omnibus des principaux hôtels) où aboutissent presque toutes les lignes; — ŒSTRA STATION, pour les lignes de *Rimbo* et de *Djursholm*; — STADSGARDEN STATION, pour *Saltsjœbaden*.

Ports : — NORRA BLASIEHOLMSHAMN et NYBROHAMN pour les bateaux de la *Suède méridionale* et *Gotland*, etc. — Sœdra Blasieholmshamn pour les bateaux des *environs de Stockholm* et de *Vaxholm*; — Skeppsbron pour les bateaux de la *Suède méridionale* (une partie), de la *Suède du Nord* et de la *Finlande*; — Riddarholmen, Munkbron et Malartorget pour les bateaux du *canal de Gœta*, des lacs *Mælar* et *Hjelmar* et d'*Upsal*.

Principales curiosités : — **Château royal** (p. 225); — **Storkyrkan** (p. 228); — **Riddarhuset** (p. 228); — **Riddarholmskyrkan** (p. 229); — Riksdagshuset (p. 230); — **Musée National** (p. 230); — Eglises de Clara (p. 242) et de Jacob (p. 237); — Kungstradgarden (p. 231); — place de Charles XII (p. 231); — **Humlegarden** avec la **Bibliothèque royale** (p. 241); — **Skansen** (p. 240); — **Nordiska Museet** (p. 238); — **Musée biologique** (p. 240).

STOCKHOLM (*V.* l'*Index*), capit. du royaume de Suède (442,126 k. carrés de superficie; 5,400,000 hab.), V. de 340,000 hab., est situé par 15° 43′ 33 long. E. et 59° 20′ 34″ lat. N. de Paris entre le lac **Mælar** et **Saltsjœn** (une baie de la mer Baltique), sur deux presqu'îles et plusieurs îles réunies par des ponts. Par sa situation, de tous côtés entourée d'eau, bordée de rochers en partie nus et stériles, en partie couverts de bois et de riantes villas, cette capitale offre un aspect ravissant, soit du côté de la mer, soit du côté du lac Mælar. « C'est (dit E. Reclus) l'une des plus belles cités du monde, surtout par un soir d'été, quand le soleil couchant dore les façades de ses palais et se reflète en une longue et frémissante traînée de lumière dans les eaux rapides du courant. »

Stockholm comprend les divisions suivantes : — 1° **Ville proprement dite (la Cité : Staden)** avec les îles **Riddarholmen** (île des Chevaliers) et **Helgeandsholmen** (île du Saint-Esprit). C'est la partie la plus ancienne, aux rues étroites et aux vieilles maisons, et qui renferme le château royal et presque toutes les administrations de l'Etat; — 2° **Norrmalm** (faub. du Nord) avec **Blasieholmen**, autrefois séparé de Norrmalm par le Nackstrœmmen; — 3° **Œstermalm** (faub. de l'Est); — 4° **Sœdermalm** (faub. du Sud) avec **Langholmen**; — 5° **Kungsholmen** (île du Roi); — 6° **Saltsjœ-Œarna** (îles de la Mer), au nombre de 4 : Skeppsholmen, Kastellholmen (stations d'une partie de la flotte royale), Djurgarden et Beckholmen.

Stockholm est **un des centres intellectuels et artistiques** du pays, de même qu'elle en est, avec Gœteborg, la ville la plus industrielle et la plus commerçante. C'est aussi un séjour fort agréable : les distractions n'y manquent pas et, grâce aux facilités avec lesquelles on peut visiter la ville et les environs, elle attire chaque année bon nombre de touristes.

Histoire. — Stockholm fut fondée, dit-on, par Birger Jarl sur l'emplacement d'une ancienne cité et n'occupa au commencement que l'île de Helgeandsholmen, puis les deux îles les plus proches (Cité et Riddarholm) pour s'étendre plus tard, formant le faubourg du Nord. Le faubourg de l'Est date seulement du règne de la reine Christine, fille de Gustave-Adolphe.

C'est après la déchéance de *Sigtuna* que Upsal (le vieux) devint capitale et après elle Stockholm. Elle reçut ses premiers privilèges en 1255. En 1261 on commença la construction de l'église de Storkyrkan et en 1282 le roi Magnus, fils cadet de Berger Jarl, entreprit la construction du cloître de Sainte-Claire (auj. Clarakyrkan) et le cloître franciscain de Riddarholm (Riddarholmskyrkan).

Malgré les efforts des rois, la ville n'était pas florissante et, quand Gustave

Vasa, en 1521, y fit son entrée triomphale, il n'y avait que le Stadsholmen (la Cité) qui était à peu près couvert de maisons, petites et aux toits de chaume. On avait néanmoins déjà commencé de construire un peu hors des murs, la Cité, avec ses fortifications, ses portes fermées de temps à autre par les autorités, étant peu commode à habiter. La ville fut plusieurs fois détruite par des incendies, dont un des plus terribles fut celui qui éclata à la mort de Charles XI en 1627. Le château royal avec la tour des « Trois Couronnes » fut complètement détruit et c'est à grand'peine que l'on put sauver le corps du roi.

Stockholm a subi plusieurs sièges. Deux faits d'une férocité et d'une cruauté sans pareilles ont souillé son histoire : — le premier, lorsque le roi Christian II (le Tyran) fit décapiter, sur la place dite Stortorget (le 8 nov. 1520), 96 personnes du clergé, de l'aristocratie et de la bourgeoisie sous prétexte qu'elles étaient excommuniées par le pape pour avoir défendu les intérêts de l'Etat contre l'archevêque d'Upsal, mais en réalité, parce qu'ils avaient résisté à son autorité; ce fait inouï porte le nom de « Blodbad » (bain du sang); — le second, quand, le 11-12 juin 1590, 60 bourgeois suédois, attirés traîtreusement à Kapplingen (auj. Blasieholmen) par les bourgeois allemands, y furent brûlés vifs.

C'est surtout pendant les dernières 40 années que Stockholm a pris un développement considérable. Parmi les constructions les plus récentes nous nous bornerons à citer : le Musée national, le Parlement, le Théâtre royal et le Théâtre dramatique, la Banque du Royaume, le Nordiska Museum, l'Académie de musique, la Bibliothèque royale, le « Skansen », le Musée biologiques, toutes les casernes, etc.

I. — La « Cité », Riddarholmen et Helgeandsholmen.

Château royal. — Storkyrkan. — Riddarhuset. — Riddarholmskyrkan. — Riksdagshuset. — Riksbanken.

Le **Château royal**, construit sur l'emplacement du château des *Tre Kronor* (Trois Couronnes), brûlé en 1697, est l'œuvre de *Nicodemus Tessin le jeune*. Il fut terminé seulement en 1760, à cause des guerres de Charles XII, par le fils de N. Tessin, *C.-G. Tessin*, par *Harleman* et *Cronstedt*. De style renaissance italienne, c'est un des plus beaux palais de l'Europe, surtout par sa situation à la jonction du lac Mælar avec la mer. Le panorama embrasse toute la cité, ainsi que d'innombrables nappes d'eau qui alternent ici avec des montagnes, là avec des forêts et des plaines verdoyantes.

Le château forme un quadrilatère (long. 124 m., larg. 116 m.) qui renferme une cour intérieure, à laquelle donnent accès des portiques pratiqués au milieu de chaque façade. A chacun des angles de l'édifice une aile et, du côté S.-O., deux constructions en demi-cercle séparées l'une de l'autre, forment la cour extérieure.

Façade Nord. — On y accède par une rampe ornée de balustres supportant chacun un énorme lion de bronze, d'où le nom de **Lejonbacken** (montée des lions).

Façade Sud. — Elle donne sur *Slottsbacken* (montée du Château), en bas duquel se trouve la **statue de Gustave III**, par *Sergel*; c'est la plus belle partie du Château. Elle est ornée de colonnes et de hauts-reliefs représentant des trophées de guerre, ainsi que de quatre groupes modelés par *J.-Ph. Bouchardon* († 1753; ils représentent

Pluton et Proserpine, Borée et Orityе, Pàris et Hélène, Romulus et Ersilie). De ce côté s'ouvre aussi une partie des grandes fenêtres de la Chapelle et de la salle de l'Etat (Rikssalen).

Façade Ouest. — Elle donne sur la cour extérieure et est ornée d'énormes cariatides et 9 médaillons représentant les anciens rois suédois de Gustave I à Charles XI.

Façade Est. — Elle donne sur le Norrström Saltsjœ, Skeppsholm et sur une partie de Djurgarden. Les ailes de cette façade encadrent un charmant petit jardin (**Logarden**), auquel on accède de l'intérieur par un escalier qui descend et de l'extérieur par un escalier qui monte. Ce jardin est fermé par une balustrade en granit ornée de statuettes et de vases de fleurs. On y voit aussi *deux fontaines* appliquées au mur du Château et au-dessus quatre bustes (modernes) représentant *Tessin*, *Taraval*, *Larchevêque* et *Härleman*.

Intérieur (visible *en l'absence de la famille royale* t. l. j. à partir du 1er mai au 1er sept., dans la sem. entre 10 h. et 3 h. et les jours fériés entre 1 h. et 3 h.; du 1er sept. au 1er mai la sem. de 11 h. à 2 h. et les jours fériés de 1 h. à 3 h: la visite est accompagnée; pourboire facultatif).

Pour voir les **grands appartements** (*festivètels-vœningen*) qu'habitait Charles XIV (Jean Bernadotte) et qui servent auj. aux fêtes, on entre sous le portique de l'Ouest.

Grand escalier orné de colonnes, d'urnes de porphyre, de peintures, de médaillons et de Génies en bronze supportant de grands candélabres. — **Salle des gardes du corps.** — **Salle de stuc ou de Concert**, qui possède une acoustique admirable. — **Chambre d'audience** : plafond peint en 1702 par *Jacques Fouquet* (Mars et Vénus unis par l'Amour; dieux et déesses de l'Olympe). — **Salon rouge** (ancienne chambre à coucher de Gustave III) : plafond par *Fouquet* (Charles XII et figures allégoriques); portes avec peintures par *C.-A. van Loo* et *I.-H. Taraval* et riches sculptures dessinées par *Fouquet* et exécutées par *Henrion*; murs ornés de peintures et de sculptures. — **Grande galerie** (long. 54 m., larg. 8 m.), riche en sculptures et en peintures par les mêmes artistes que dans le salon précédent, et ornée de 22 grands lustres. — Attenant à cette galerie, CABINET DE L'EST OU DE LA PAIX. — Deux **salons**, dont l'un est décoré de Gobelins du temps de Louis XV. — **Grande salle des Fêtes**, appelée *Hvitah afvet* (la mer blanche), d'une décoration blanc et or et, par sa simplicité, d'un très bel effet; au plafond, peintures allégoriques par des artistes italiens du XVIIIe s.

Appartement d'Oscar II et de sa femme : plafonds peints, meubles anciens, tableaux, sculptures et porcelaines. On y remarquera : tout un **service de pâte-tendre de Sèvres**, cadeau de Louis XVI à Gustave III (enfoui pendant un siècle dans les greniers du château, c'est seulement sous Charles XV qu'il fut tiré de sa cachette); les portraits de Charles XIV (Bernadotte) et de son épouse Désirée Clary, de Napoléon Ier et de Joséphine, d'Hortense de Beauharnais, reine de Hollande, de la princesse Augusta-Amélie de Bavière, épouse d'Eugène de Beauharnais, par *Gérard*, Oscar II, par *Zorn*, et des tableaux de *De Heem*, *Frans Hals*, *Botticelli* et *Bouchardon*. — **Ancien appartement de la reine douairière Joséphine** (sur la façade de l'Est) : plusieurs objets d'art et nombreux tableaux parmi lesquels on remarque la **Collection de Bologne**, cadeau de baptême de Napoléon Ier, et provenant du palais de Galliera. — **Chapelle** (*Slotts-kapellet*), éclairée par 28 fenêtres sur deux rangées : plafond par *Ehrenstrahl*, *Taraval* et *Pasch*; sculptures par *Larchevesque*, *Bouchardon* et *Sergel*; colonnes et entablement travaillés en stuc; chaire sculptée et entièrement dorée, supportée par les quatre symboles traditionnels des Evangélistes : l'ange, l'aigle, le lion et le taureau, coulés en plomb. — **Salle d'Etat** (*Riks-*

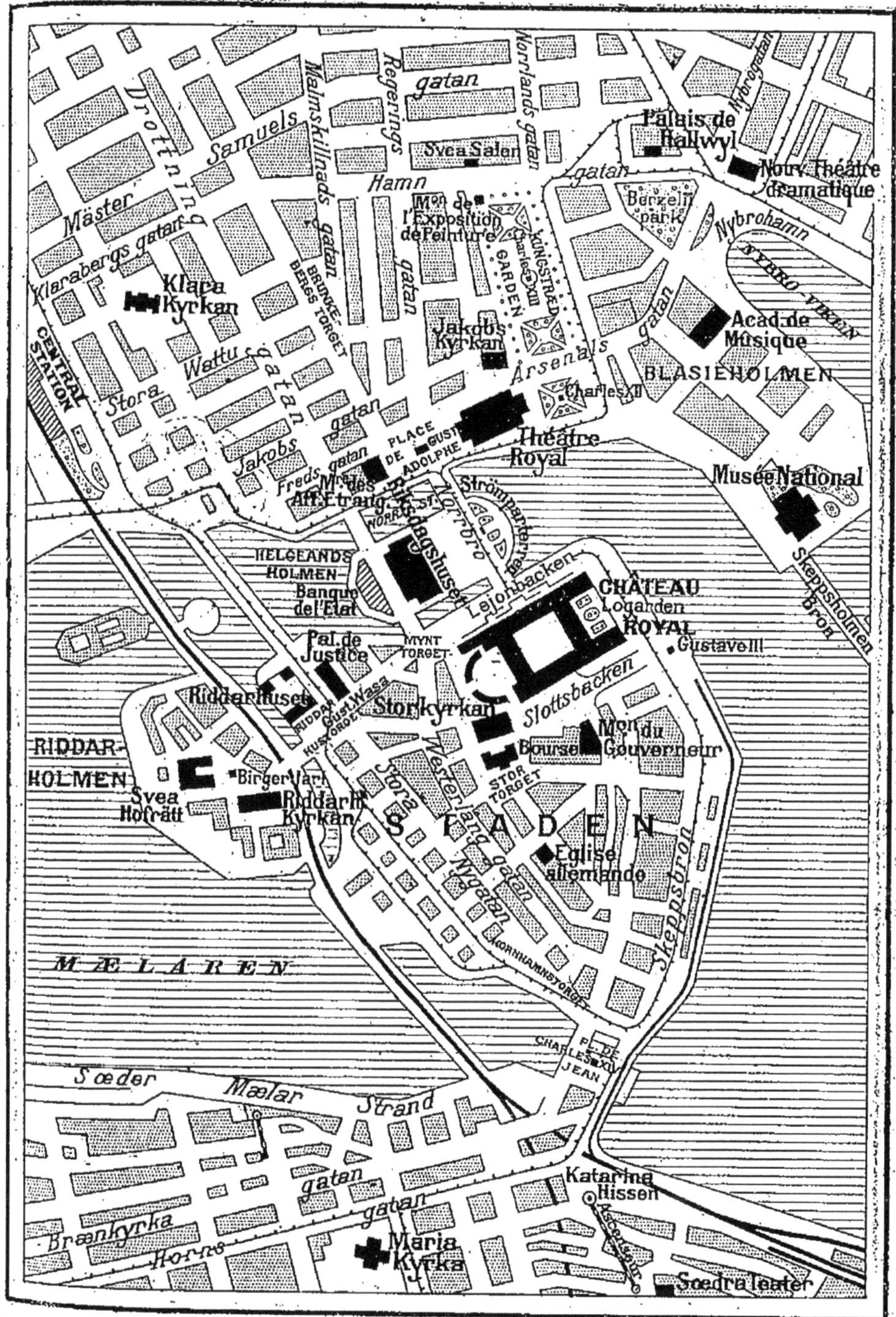

STOCKHOLM-CENTRE.

salen), une de plus belles du château, aussi bien par sa magnificence architecturale que par sa décoration : œuvres de *Larchevesque* et de *Sergel*; au fond de la salle, entre les *statues de Gustave-Adolphe* et *de Charles XIV* (Bernadotte), tous deux de *Bystræm*, trône en argent massif, cadeau de Magnus Gabriel de la Gardie à la reine Christine. Cette salle sert pour les cérémonies d'ouverture et de fermeture du Parlement, en présence du roi et des grands dignitaires du royaume.

En sortant du Château par le portique de l'O. on a tout près à g. la *statue d'Olaus Petri;* un des réformateurs, par *Th. Lundberg*, et la Grande Eglise.

La **Storkyrka** (*Grande Eglise*; le gardien demeure : Skomakaregatan, 30; pourboire, 50 œre), fondée par Birger Jarl en 1260, fut presque entièrement reconstruite en 1736-43. Sur l'une des façades on voit une inscription latine qui mentionne ce fait.

L'int. est divisé en 5 nefs par 4 rangées de colonnes en briques. — Chœur : à g., **St Jean et le Dragon**, groupe du XVIe s., ouvrage d'Augsbourg, la plus remarquable sculpture du moyen âge qui existe en Suède ; *retable* (naissance, mort et résurrection du Christ), ouvrage d'Augsbourg en argent, ivoire et bois d'ébène, don du conseiller du royaume A. Salvius; **2 tableaux d'autel**, par *C. Ehrenstrahl*, celui à g. du chœur représentant le Jugement dernier et celui à dr. la Descente de croix, du XIVe s.; **candélabre** à 7 branches en argent. — En avant du chœur, **lustre** en vermeil. — **Trésor** renfermant des objets d'art remarquables. — Parmi les monuments funéraires on remarque ceux du maréchal Helmfelt, d'Ehrenstrahl, de Salvius, etc.

En face du Château, de l'autre côté de Slottsbacken, est **l'hôtel du Gouverneur de Stockholm** (*Œfverstæthællarén*), bâti par *Nicodemus Tessin*, avec une cour disposée en jardin italien.

Une petite ruelle mène au **Stortorg** (*la Grande Place*), la plus ancienne place de Stockholm : ce fut là que Christian II, le tyran, fit décapiter 96 citoyens suédois (*V.* p. 225). Sur cette place s'élève la *Bourse* (1776).

Du Stortorg une courte ruelle, la *Skomakaregata*, mène à l'*église Allemande* (Tyskakyrkan), du XVIIIe s. La tour a un carillon, unique en Suède.

Int. richement décoré; autel et chaire à prêcher en ébène et albâtre du XVIIe s.

En traversant la *Verterlænggata* on arrive, par la *Stora Nygata* à **Ridarrhustorget** (*place des Chevaliers*).

En face, le **Riddarhus** (*palais des Chevaliers*), construit (1643-1670) par les architectes français *Jean et Simon de la Vallée*, dans le style Louis XIV mélangé de style hollandais, est sans contredit un des plus beaux édifices de la capitale.

Devant la porte d'entrée, **statue de Gustave Vasa**, par *Larchevesque*, érigée par la noblesse en 1771, au 250e anniversaire de son entrée à Stockholm. Dans la cour, **statue d'Axel Oxenstierna**, par *Bœrjeson*.

A l'int. (visible t. l. j. en s'adressant à l'huissier, ou Vakmæstare, qu'on trouve de 11 h. à 1 h. dans le vestibule au 1er étage, à dr.), on monte par un superbe escalier à la **Grande Salle**, où siégeait la noblesse au temps de la diète. Elle est décorée d'armoiries, peintes sur des plaques de cuivre, de toutes les familles nobles de la Suède, avec les armoiries de la famille Vasa au fond. Les peintures des plafonds sont d'*Ehrenstrahl*.

Au rez-de-chaussée, à g. du vestibule, est installé « le **Club** » (cercle des membres de la noblesse), où sont les portraits de tous les Présidents (dénommés maréchaux) depuis 1627, sauf un, celui de l'année 1789.

Séparé du Riddarhuset par une petite ruelle, le **Palais de Justice** (*Radhuset*), autrefois le palais du Grand Trésorier Gustave Bonde, a été transformé dans son état actuel en 1731.

Les rues étroites mais très pittoresques de la « Cité » (*Staden*) offrent plusieurs maisons des XVIIe, XVIe et même du XVe s., très intéressantes.

Un pont mène à **Riddarholmen** et à l'église de Riddaraholm.

La **Riddarholmskyrka** (les mardi et jeudi de 12 h. à 2 h.; 25 œre; sam. de 12 h. à 2 h., gratuite) appartenait jadis au couvent des Franciscains, fondée et richement dotée par le roi Magnus Ladulas. Eglise paroissiale depuis Gustave Vasa jusqu'en 1807, elle n'est plus depuis que la nécropole des rois suédois. Plusieurs fois détruite par la foudre, la dernière fois en 1835, elle a été reconstruite en 1847; sa tour, en fonte, est haute de plus de 90 m.

L'int., de style ogival, a une long. de 64 m. et une larg. de 20, mais par l'addition successive des chapelles sépulcrales il a aujourd'hui une apparence à la fois extraordinaire et bizarre.

Sauf le tableau de l'autel et la chaire, tout ce qui se rapportait au service divin a été enlevé. La décoration intérieure comporte actuellement les armoiries des chevaliers de l'ordre des Séraphins (après la mort de l'un d'eux les cloches de l'église sonnent t. l. j. à midi pendant une huitaine de jours), des drapeaux, des cymbales, des tambours et d'autres trophées de guerre. Le pavement est composé de pierres tombales portant le nom d'hommes illustres, entre autres Thorkel Knutson, marsk (connétable de l'armée), tuteur du roi Birger, l'homme le plus marquant du pays et d'un grand mérite décapité par ce même roi le 10 févr. 1306; Charles de Mornay, l'ami de Eric XIV; Hogenskild Bielke et d'autres.

Parmi les chapelles sépulcrales mentionnons celle du **Gustavianska grafkor** (*chapelle de Gustave*), où reposent depuis 1832 les restes de **Gustave-Adolphe**, dans un sarcophage que Gustave III avait fait faire en Italie pour son père Adolphe-Frédéric, mais que Charles XIV destina au héros de la guerre de Trente Ans. Dans cette même chapelle reposent en outre Marie-Eléonore, Adolphe-Frédéric, Louise-Ulrique, **Gustave III**, Sophie-Madeleine, Charles XIII, etc. — A côté de cette chapelle, celle de la dynastie actuelle (*Bernadottiska Grafkoret*), construite en 1850 d'après les plans de *Scholander*, renferme les restes de **Charles XIV-Jean**, de sa femme Désirée, d'Oscar Ier, du prince Gustave, de la reine Louise, de Charles XV et d'Oscar II. Le sarcophage de Charles XIV, modelé d'après celui d'Agrippa à Rome, est en porphyre d'Elfdalen.

Au N. du chœur la **Karolinska grafkor** (*chapelle des Charles*) a été construite (1686-1743) par *Tessin* et *Harleman*. En face, **sarcophage** de **Charles XII**, en marbre gris avec les insignes royaux en bronze doré, posé sur un socle de marbre vert; puis **sarcophages** de **Charles X**, d'Hedwig Eléonore, de **Charles XI**, de Frédéric et de bien d'autres membres de la maison de Vasa. — Il y a enfin dans un des bas-côtés la tombe de la famille comtale de Vasaborg et de **Lennart Torstenson**, et de l'autre côté celle de **Johan Banér**, deux des plus éminents héros de la guerre de Trente Ans.

Le palais du **Svea Hofrætt** (*Cour de Justice*), construit par *C.-G. Wranget* et habité par la famille royale après l'incendie du Château

Trois-Couronnes en 1697, est occupé actuellement par plusieurs administrations. — Devant ce palais la *statue de Birger Jarl*, par *Fogelberg*, à été érigée en 1854 aux frais des habitants de Stockholm.

Helgeandsholmen (*île du Saint-Esprit*), située entre la Cité et le faub. du Nord, est reliée aux deux rives par deux ponts : le Norrbro (*V.* ci-dessous, II) et la passerelle qui fait la prolongation de la *Drottninggata* (rue de la Reine) et du *Myntlorg* (place de la Monnaie), entre le Riksdagshus et la Banque.

Sur la partie O. se dresse le **Riksdagshus** (*palais du Parlement*), construction moderne, par *A. Johanson* (1898-1905), en style Renaissance de la dernière époque. Au-dessus du portique on voit les grandes Armes Royales de la Suède, surmontées de la statue colossale de « Svea », par *Th. Lundberg*.

L'intérieur est visible t. l. j., pendant l'été en s'adressant au gardien (Vaktmæstare), qui demeure dans l'aile N. sur la façade ; pendant les sessions seulement entre 8 à 10 et 4 à 6 h. (pourboire 50 öre).

Rez-de-chaussée : — Bibliothèque avec peintures d'*Arborelius*, *J. Erikson*, *Alfr. Wahlberg*, etc. ; — **Hall** en marbre vert de Kolmården. — Bel escalier en marbre blanc montant au 1er étage où s'ouvre la **Première Chambre**, salle hexagone. Par une porte à dr. on passe dans une salle (Klubbrum), puis dans la **Grande Galerie**, ornée de portraits de tous les Présidents des deux chambres. A l'extrémité de cette galerie s'ouvre la **Deuxième Chambre**. — Le 2e étage est occupé par les bureaux.

Derrière cet édifice la *Riksbank* (Banque de l'Etat) a été construite par *Johanson*.

Dans la partie E. de l'île, deux larges escaliers descendent au **Strœmparterre**, jardin au bord de l'eau avec *café-restaurant*, bien décoré (musique tous les soirs l'été ; très fréquenté).

II. — Norrmalm et Blasieholmen.

Le centre de la vie urbaine se trouve à la **place de Gustave-Adolphe**, située en face du Château royal, dont elle est séparée par l'île de Helgeandsholmen et le Norrstrœm.

Sur la place la **statue de Gustave-Adolphe**, œuvre du sculpteur *Larchevesque*, qui résida à Stockholm de 1760 à 1777, a été érigée en 1796.

Sur le socle 4 médaillons représentent les généraux et frères d'armes du roi : *Torstenson*, *Wrangel*, *Banér* et *Königsmark* et, depuis 1905, un groupe en bronze de trop grandes proportions, par *J.-C. Serget*, représente *Oxenstierna dictant à Clio les prouesses du Roi*. Le modèle en plâtre de ce groupe se trouve sous le portique de la façade de l'Est, en face du grand escalier du Château royal.

Le Théâtre royal, à l'E. de la place, construit sur l'emplacement de l'ancien théâtre, où, pendant un bal masqué, Gustave III fut assassiné (1792), est l'œuvre de l'architecte *A. Anderberg*.

Le VESTIBULE est orné de statuettes en bronze par *V. Akerman*, *C. Andersson* et d'autres artistes. Le GRAND ESCALIER est en marbre blanc. Le FOYER avec un portrait d'Oscar II et orné de riches dorures est d'un bel effet, ainsi que le FOYER DE LA FAMILLE ROYALE (peintures du *prince Eugène*). — La SALLE contient 1,250 places.

Du côté opposé de l'édifice, donnant sur la place de Charles-XII, le **café-restaurant**, surmonté d'une **terrasse** d'où l'on a une des plus belles vues sur Stockholm et les environs, est un endroit très fréquenté du public.

En face du Théâtre royal, le *palais de la princesse Sophie-Albertine*, plus tard palais des princes royaux, construit au XVIIe s. pour Lennart Torstensson (ses armoiries et celles de sa femme, née de la Gardie, figurent au-dessus de la porte qui donne sur le Fredsgata), est, depuis 1907, le *Ministère des Affaires étrangères*.

De cette place le **Norrbro** (pont du Nord), en granit, relie le faubourg de Normalm (le faub. du Nord) avec la « Cité » et conduit au Château royal.

De la place de Gustave-Adolphe en suivant le quai à g., on passe, devant le Théâtre royal et on atteint la **Karl den Tolftes Torg** (*place de Charles XII*), sur laquelle a été érigée la *statue* de ce roi, par *Molin*. La prolongation au N. de cette place est le **Kungstrædgarden** (*Jardin royal*), orné de la *statue de Charles XIII*, par *E.-G. Gœlhe* (les lions qui l'entourent sont de *Fogelberg*). Ce monument, fondu à Paris, est dû à l'initiative et à la munificence de Charles XIV, son fils adoptif et son successeur. Dans le jardin se voit également une *fontaine*, œuvre de *Molin*, ornée de figures allégoriques de la mythologie scandinave.

Dans l'angle N.-O. du Jardin royal est la *maison de l'Exposition de peinture* (*Allmænna Konstfæreningen*) avec un *café* (Blanche; musique t. l. j.; très fréquenté). En face de ce café, Hamngata, 18, *Svea-Salen* est un café avec salle de concert luxueusement installé (musique t. l. j.).

En continuant à suivre le quai on arrive au Musée National.

Musée National (*National Museum*), situé au point extrême de Blasieholmen. La construction, de style Renaissance, commencée en 1850 par *J. af Kleen*, général du génie, sur les plans et les dessins de *Stüler*, fut terminée en 1863, sauf les travaux d'ornementation et de peinture intérieurs, achevés seulement en 1865. La façade, avec portique de marbre verdâtre de Suède, est ornée de bas-reliefs, de statues (*Tessin*, *Sergel*) et bustes (*Fogelberg*, *Ehrenstrahl*, *Linné*, *Tegner*, *Wallin*, *Berzelius*). Sous le portique deux groupes en bronze représentent l'**Art**, par *Th. Lundberg* et la **Science artistique**, par *Chr. Eriksson*.

Les collections remarquables du Musée National sont distribuées dans les trois parties qui composent le bâtiment : — Rez-de-chaussée (vestiaire à g., on paye 2 œre par objet) : **musée historique et numismatique** (ouv. dim. 1-3, mar. et ven. 12-2; pendant l'été 12-3, gratuit, excepté mardi 25 œre) : — 1er étage : **antiquités égyptiennes, art industriel,** et une partie de la **sculpture** (ouv. dim. 1-3, mar. et ven. 11-3, gratuit, mer. jeudi et sam. 11-3, 50 œre; pendant l'été le musée est ouvert les dim. jusqu'à 5 h. et les autres jours jusqu'à 4 h.) : — 2e étage : **moulages de sculptures antiques, tableaux et collections de gravures et de dessins.** — Des catalogues sont en vente à l'entrée. Défense aux gardiens de recevoir des pourboires.

Rez-de-chaussée. — **1er vestibule** : Statues colossales d'*Odin* et *Thor*, par *Fogelberg*.

Le musée historique (on y entre par une porte située entre les deux statues d'Odin et de Thor), fondé au XVIIe s., a été considérablement augmenté pendant les quarante dernières années; il offre en ce moment une des plus belles collections de ce genre.

Salles I et II. — Objets de l'âge de la pierre, trouvés pour la plupart en Scanie et en Westrogothie, appartenant à des peuplades qui connaissaient déjà l'agriculture et qui se servaient d'animaux domestiques. La plupart de ces objets sont en silex; pourtant les pointes des lances sont en os avec des éclats de silex fixés dans les rainures le long des bords. La vaisselle est très grossière. Les ornements des personnes sont en os, en dents d'animaux et en ambre.

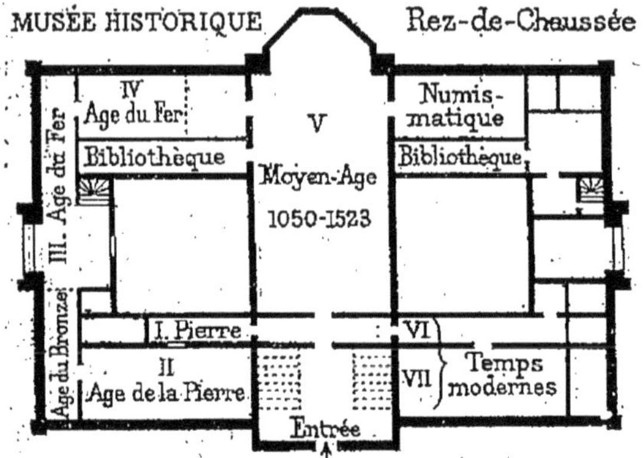

Salle III. — Objets de l'âge du bronze et du fer, qui témoignent d'influences de l'Asie et de l'Europe méridionale sur les habitants des bords de la mer Baltique. Les objets de l'*âge du bronze* sont de deux périodes différentes : la plus ancienne, lorsqu'on enterrait les morts, et la seconde, quand on les brûlait. Les objets de la 1re période sont en général très richement ornés, tandis que ceux de la 2e sont bien plus simples et en tous points inférieurs.

L'*âge du fer* se divise en trois époques : la plus ancienne démontre l'influence celtique ; la 2e, celle de la culture provinciale romaine et la 3e rappelle l'époque des grandes invasions. — Riches **collections de l'île de Gotland** (objets contemporains des deux premières époques de l'âge du fer; pendant la première, de la naissance de J.-C. au commenc. du IIIe s., les deniers romains et les monnaies d'or byzantines furent importés en Suède). — **Grand vase romain en bronze.** — Vase en verre. — Trois grands colliers du Ve et du VIe s., etc.

Salle IV. — Objets du **second âge du fer,** du commenc. du VIe s. jusqu'à 1050 : quelques bijoux en or; parures en argent; **grands glaives** à manches de fer et à lames damasquinées ; pointes de lances ; haches; étriers en fer ; broches ovales, etc. Une grande partie de ces objets ont été trouvés à l'île Bjœrkœ, la Birka des anciens, dans le lac Mælar.

Salle V (KYRKSALEN OU SALLE DE L'EGLISE). — Objets du moyen âge : bijoux des églises suédoises du XIVe s. et du commenc. du XVIe; pierres funéraires ; cloches ; vêtements sacerdotaux; mître de l'évêque de Linkœping ornée de riches broderies et de plaques d'argent émaillées.

Salle VI (à côté de la salle V, à dr. de la grande entrée). — Objets ayant appartenu aux rois et à leur famille depuis 1527 à 1611 : **livre d'heures de Gustave Vasa** (la naissance de ses enfants annotée par lui); **vêtement** que Nils Sture portait quand il fut assassiné par Eric XIV; **souvenirs** de Gustave-Adolphe, de Christine, de Charles XIII et d'Ulrique-Eléonore; table à ouvrage et encrier d'Anne-Marie Lenngren. — Objets ayant appartenu à Linné et à Berzelius; la dernière lettre d'Andrée, etc., etc.

Cabinet numismatique (à l'extrémité de la salle V, à dr.). — Vitrines de médailles frappées en l'honneur des rois de Suède et d'autres personnages de distinction suédois et étrangers. — Collections de monnaies suédoises, de **monnaies anglo-saxonnes** et de **monnaies arabes ou koufiques.** Sur demande, les gardiens ouvrent les armoires renfermant ces collections qui sont parmi les plus riches connues.

1er étage. — **Vestibule** : statue de Balder, par *Fogelberg* ; peintures décoratives (histoire de l'Art en Suède) par *Larsson.*

Salle I. — **Céramique européenne.** — **Vase hispano-mauresque** colossal (commenc. du XIVe s.) et **vase de l'Alhambra.** — Dans les bahuts, majoliques italiennes pour la plupart de la fin du XVIIe s. — Vitrine de **tabatières** et de **bonbonnières** en argent et or, don de M. Dahlgren. — Sur le mur, peinture décorative du Danois *H. Koler* (1897). — Vitrines de faïences françaises, allemandes, hollandaises, suédoises et anglaises de Wedgwood. — Sur une des tables vitrées, charmante **collection de pâte tendre de Sèvres**, don du roi Charles XV ou de particuliers, entre autres une tasse et une soucoupe, avec le portrait de la reine Marie-Antoinette. — Produits des fabriques suédoises de *Rœrstrand* et de *Marieberg* (1758-88).

Salle II. — **Céramique orientale** de la Chine et du Japon. — Collection d'assiettes et d'autres objets appartenant à un service armorié (famille Strœmfelt; dépôt) du XVIIIe s.

Salle III. — **Verres anciens** de Bohême, de Venise et de Suède. — Sur une colonne, **collection de montres**, donnée par M. Dahlgren

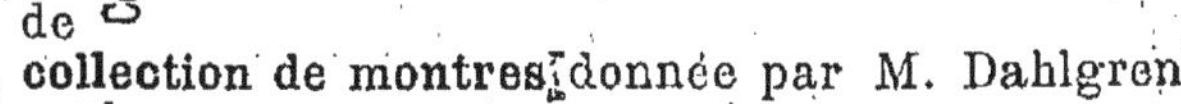

Salle IV. — Vases antiques, bronzes, etc., etc.

Salle V. — Œuvres de sculpture antique, provenant d'acquisitions faites en Italie par le roi Gustave III et de dons considérables, surtout de la reine Joséphine de Beauharnais. — Au centre : 1. **Endymion** [trouvé en 1783 dans les fouilles de la villa Hadriana, près de Tivoli) et acheté par le roi Gustave III en 1775 pour 2,000 ducats]. — 2. **Minerve.** — 3,12. **Apollon et les Muses.** — 24. **Faune.** — 45. **Vénus**, etc.

Salle VI. — Au milieu, moulages d'œuvres antiques et modernes.

Salle VIII. — Œuvres de sculpteurs suédois. — A g. : 390. *Fogelberg.* Apollon; 391. Vénus; 682. *Molin.* Pasteur; Oscar I; Esquisses de *Sergel* et de *Fogelberg*; 647. *Chinard* (Français, † 1813). L'impératrice Joséphine; 403. *Bissen* (Danois, † 1688) Hylas; 382. *Byström* († 1848). Héro; 373. *Gœthe.* Bacchus. — Couloir à g. : 357. **Sergel. Faune**; 397. *Qvarnstrom* († 1867). Pêcheur napolitain. — Autour des colonnes à g. : 862. *Hasselberg* († 1894) Louis de Geer.; 362. *Sergel.* Gustave III; plusieurs œuvres du même artiste. — Dans l'allée centrale : 359. *Sergel.* **Amour et Psyché**; — 746. *Hasselberg.* **Perce-Neige**; *Chr. Eriksson.* **Charme.**

1er CABINET. — A dr. : 694. *Sergel.* Vénus sortant du bain. — 771. *Kjellberg.* Blanche.

2e CABINET. — 360. **Sergel. Vénus Callipyge.** — Œuvres de *Fogelberg.*

3e CABINET. — Ouvrages de *Sergel.*

4e CABINET. — Bustes de *Sergel* : 372. B. M. Armfelt; 751. Ch. de Geer; 357. A. von Hœpken; 633. Charles X; 609. Gustave-Adolphe; 632. G. Vasa.

5e CABINET : — Œuvres de *Bystrœm* et de *Gœthe.*

Salle IX (derrière la Salle VIII). — Esquisses de *Bouchardon*, *Fogelberg*, *Chr. Eriksson*, et autres artistes. — Montres et médailles françaises. — SCULPTURES. — 884. *Hasselberg* Le peintre Josephon. — 943. *Rodin.* Victor Hugo. — 908. *Lundberg.* Deuil. — 886. *Meunier.* **Débardeur.** — 669. *Börgeson* **Pêcheurs.** — 954. *Milles.* **Éléphants.**

Arts industriels. — **Salle X.** — Reliures anciennes, etc.

Salles XI-XII. — Meubles de luxe; armoire renfermant des ouvrages en ivoire et en ambre et des échantillons de produits des fabriques de verre de Reymyre.

Salles XIII. — Meubles exposés chronologiquement dans les Cabinets suivants :

1er CABINET. — **Chambre à coucher** du commenc. du XVIe s.; le grand lit, le bahut et l'armoire sont fabriqués en Danemark, les chaises en Allemagne et les tentures en Flandre.

2e CABINET. — Bibliothèque; trois armoires, de fabrication allemande du XVIe s.; pendule en ivoire, cadeau de Louis XIV à Mme de Maintenon; lustre de fabrication vénitienne; murs tapissés de cuir de Cordoue.

3e CABINET. — **Salle à manger**; porte ayant appartenu à Axel Oxenstierna; armoire en ébène, ouvrage italien du XVe s.; glace de style hollandais Louis XV.

7e CABINET. — Meubles style Louis XV; à g., portrait en tapisserie par *Per Hillestrœm l'aîné*; horloge fabriquée par l'horloger de Charles XII; glaces de Venise; lustre de Saxe (moderne).

8e CABINET. — **Meubles du XVIIe s.**; **clavecin** fabriqué à Londres en 1784; lit de fabrication suédoise; *grande armoire* en marqueterie hollandaise; *commode*, ouvrage suédois.

9e CABINET : — **Ameublement** style Louis XVI. — Retournant par la grande salle :

6e CABINET. — **Meubles de luxe**; au milieu, **table** plaquée d'argent, ayant appartenu à la reine Hedvig-Eléonore.

5e CABINET. — **Armoire** en ébène richement incrustée d'ivoire, travail d'Augsbourg du XVe s.; petite armoire plaquée d'argent.

4e CABINET. — **Chambre à coucher**; grand lit de Nuremberg (Gustave-Adolphe y a couché); de même que l'armoire à dr., lustre, ouvrage allemand.

Au fond de la salle : grand dais, fait en Danemark par un tisserand flamand, butin de guerre pris par Charles X; au-dessous, table couverte d'une *nappe d'apparat* italienne du XVe s.

Collections égyptiennes. — Elles sont exposées dans 3 petites chambres et comprennent des sarcophages, des momies, des pierres avec inscriptions du temps des Pharaons et objets d'un âge de plus de 4 000 ans.

2e *étage*. — Des deux côtés de l'escalier, reproductions de la fameuse frise du Parthénon.

Vestibule. — Au fond, **Entrée de Gustave Vasa à Stockholm (1521)**, peinture de *C. Larsson*. — Moulages des chefs-d'œuvre de la sculpture grecque et romaine et d'œuvres modernes de sculpteurs suédois (statue de Linné, par *Chr. Eriksson*; bustes de John et Nils Eriksson, de Nordenskiœld). — Les deux colonnes à l'entrée de la salle du milieu et celles à l'entrée de la salle de gravure sont antiques (achetées par Gustave III en Italie).

Galeries de peinture. — Il existait déjà avant 1730 au château de Stockholm et aux autres résidences royales une collection de 330 tableaux de différentes écoles. Ce nombre fut bientôt augmenté des collections particulières de la reine Louise-Ulrique et de son fils Gustave III, puis des riches collections du comte C. G. Tessin qui, à Paris comme ambassadeur, avait pu acheter un grand nombre de tableaux néerlandais du XVIIe s. et français du XVIIIe s.; enfin de la collection du Dr Martelli de Rome, comprenant 480 tableaux achetés en 1798 par Gustave III.

Salle centrale (en face de l'escalier). — 1419. *N. Forsberg*. Mort d'un héros dans le lazaret de Notre-Dame à Paris (1871). — 1363. *G. Cederström*. Charles XII transporté hors la frontière suédoise. — 1397. *J. J. Krouthén*. Marais en Œstergœtland. — 1405. *O. Bjœrk*. Marché de Venise. — 967. *J. J. Hœckert*. Intérieur d'une tente lapoune. — 1558. *C. B. Hellqvist*. Mort de Sten Sture; 1431. Le Sac de Visby. — Au-dessus de la porte d'entrée : 1367. *Joh Tirén*. Après une tempête de neige en Laponie. — Portraits, entre autres celui de Gustave III, par *Roslin*, et bustes d'amateurs. — Au milieu de la salle : **Psyché traînée par deux amours**, groupe en bronze d'*A. de Vries*, pris à Prague en 1648. — En tournant à dr. on entre dans la

1re salle de peinture suédoise. — De dr. à g. : 1603. *Anders Zorn*. Danse du 24 juin (Midsommardans) au lac Siljan; 1607. Braskulla (Dalécarlienne);

1510. Son Ⓟ; 1640. Bruno Liljefors. — 1609. *Prince Eugène de Suède.* Nuit d'été. — 1507. *Richard Bergh.* Eva Bonnier. — 1554. *R. Tegerstrœm.* Le compositeur Stenhammar.

Au milieu du grand mur : œuvres de *B. Liljefors* : Aigles ; Oies sauvages ; Coq de bruyère ; Renards ; Nid d'aigles. — 1602. *Richard Bergh.* Ⓟ. — 1504. *Schultzberg.* La Nuit de Walpurgis en Dalécarlie. — 1569. *Rosenberg.* Soirée de mars. — 1482. *Björck.* Le Prince Eugène. — 1626. *Alfr. Bergström.* A la mer. — 1551. *G. Kallstenius.* Paysage. — 1458. *Alb. Edelfelt.* Victor Rydberg. — 1402. *C. Skanberg.* Venise.

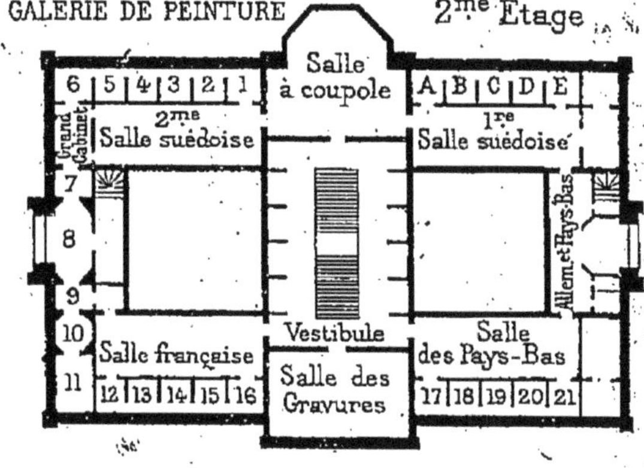

Cabinets A et **B.** — Aquarelles et pastels de *C. Larsson*, d'*A. Zorn*, d'*Egron Lundgren*, de *K. Nordstrœm*, et de *Nils Kreuger.* — Tableaux d'*E. Nordlind*, *F. Thaulov* et *G. Pauli.*

Cabinets C, D, E. — Œuvres d'artistes danois, norvégiens et italiens. — 188 et 191. Esquisses de *Tiepolo.*

On retourne par la salle du milieu pour entrer à g. dans la **2e salle de peinture suédoise** (anciens maîtres). — De g. à dr. : 1198. *Blommér.* Freïa. — *G. v. Rosen.* Nordenskiœld.

Sur le grand mur à g. 1032. *Wertmüller.* Marie-Antoinette et ses enfants. — 1004. *Pilo.* Couronnement de Gustave III. — 1010. *Roslin.* Gustave III et ses frères. — 1566. La famille Jennings. — 1496. *K. van Breda.* Thérèse Vandoni.

Sur le grand mur à dr. : 986. *Marcus Larsson.* Paysage. — 1316. *Kronberg.* Nymphe des bois. — 1293. *Rosen.* Ⓟ — 1239. *Wahlberg.* Paysage ; 1155. Clair de lune. — 1355. *Hœckert.* Incendie du château de Stockholm. — 1223. *Malmstrœm.* Les Elfes. — 1342. *Tœrnœ.* Paysage. — 1381. *Kronberg.* David et Saül. — 1054. *Bergh.* Paysage. — 983. *Kjorboe.* Renard.

Sur le mur du fond : 1337. *Kronberg.* Amours. — 1154. *Rosen.* Eric XIV chez sa maîtresse Catherine Mœnsdotter, au moment où Gœvan Persson lui impose de signer son abdication. — 222. *Malmstrœm.* Ingeborg.

Cabinet 1. — 1528. *Smith.* Forgerons. — 1536. *Svedlund.* Bruges. — 1404. *Hall.* Maison de paysans en Bretagne. — 1368. *Nyberg.* Dessinateur. — 1534. *E. Stenberg.* Crépuscule.

Cabinet 2. — 1366. *Cederström.* « Fraîches nouvelles ». — 1091. *Ankarcrona.* Paysage. — 1328. *Arborelius.* Genre. — *A. Wahlberg.* Paysages.

Cabinet 3 (école suédoise à Düsseldorf). — 1320. *D'Unker.* Au Mont-de-Piété. — 1056. *Fagerlin.* Jalousie ; 1204. Convalescent. — 981. *Jernberg.* Ours. — 1364. *Fagerlin.* Intérieur hollandais.

Cabinet 4. — 992. *Amalia Lindegren.* Intérieur en Dalécarlie. — 1318. *Lagerholm.* Une vieille histoire. — 1207. *Hœckert.* Mariage. — 1125. *Saloman.* Intérieur. — 1030. *Wallander.* Concert. — 999. *Nordenberg.* La Dîme. — 1215. *M. Larsson.* Tempête.

Cabinet 5. — 1028. *Wahlbom.* Mort de Gustave-Adolphe. — 1022. *Stæck.* Paysage. — 1356. *Lindholm.* Genre. — 1524. *Palm.* Vue de Civita Castellana. — 1244. *Wickenberg.* Effet d'hiver en Hollande.

Cabinet 6. — 955. *Fahlrantz.* Château de Kalmar. — 1001. *Palm.* Le Grand Canal à Venise. — 1243. *Westin.* Amour.

Grand cabinet des pastels et des miniatures. — 126 et 127. *Lundberg.* C. G. Tessin et sa femme. — *Lafrensen.* Petites gouaches. — *Hall.* La Comtesse Egmont (miniature).

Cabinet 7. — *Martin.* Le poète populaire C. M. Bellman. — *Hilleström.* Bellman; Intérieur.

Cabinet 8. — Miniatures. — 949. *Ehrenstrahl.* Son Ⓟ. — 1072. *Bourdon* (Français). La reine Christine. — 950. *Ehrenstrahl.* Allégorie. — 947. *Dahl.* Charles XII. — 1407. *Ehrenstrahl.* Nègre avec des perroquets et des singes. — 308. *D. Beck.* La reine Christine.

Cabinet 9. — Peintres modernes, français et allemands (*Manet*, *Lenbach*, *Ménard*, *Thoma*).

Cabinet 10. — Maîtres norvégiens et danois.

Cabinet 11. — *Krœyer.* Skagen. — *Ejnar Nielsen.* Ⓟ d'Ellen Ksey. — *Viggo Johansen.* « Entre artistes ». — *Simon.* Crépuscule. — *Villegas.* Prélats espagnols.

On revient au cabinet 9 et de là on passe dans la

Grande Salle de l'Ecole Française. — Grand mur a g. : 768. *Boucher.* Toilette de Vénus. — 870. *Oudry.* Nature morte. — 785. *Chardin.* Lièvre. — 773. *Boucher.* Pastorale. — 798. *Fr. Desportes l'aîné.* Nature morte. —829. *Gagneraux.* Le pape Pie VI montre à Gustave III le musée du Vatican. — 771. *Boucher.* Léda. — 858. *Natoire.* Jupiter et Junon. — 799. *Desportes.* Nature morte; 797. Lapins. — 769. *Boucher.* Nymphes et amours. — 794. *Courtois.* Combat.

Au fond : — 802. *Desprez.* Gustave III assiste à la messe de minuit à l'église de Saint-Pierre.

Grand mur a dr. : — 845. *Lancret.* Patineuses. — 884. *Rigaud.* Le Cardinal Fleury. — 800. *Desportes.* Nature morte. — 854. *Le Moyne.* Vénus et Adonis. — 846. *L. M. van Loo.* Louis XV. — 770. **Boucher. Le Triomphe de Vénus** [un chef-d'œuvre du maître et une des perles du musée]. — 793. *Coypel.* Jugement de Pâris. — 872. *Oudry.* Nature morte. — 1186. *Nattier.* La princesse d'Orléans en Hébé.

Petit mur : — 1313. *Pesne.* La comtesse Fersen, née Sparre. — 1314. *Largillière.* E. Sparre. — 867. *Oudry.* Chasse. — 830. *Claude Lorrain* (?). Paysage. — 801. *Desportes.* Animaux.

Cabinet 12. — 888. *Taraval.* Vénus et Adonis. — 783. *Chardin.* Prière. — 874. *Pater.* Baigneurs. — 843. *Lancret.* Balançoire; 884. Collin-maillard. — 779. *Chardin.* Artiste. — 772. *Boucher.* La Toilette. — 784. *Chardin,* Intérieur; 782. Toilette du matin.

Cabinets 13 et 14. — Collection Heilborn et Holterman-Warendorff.

Cabinets 15 et 16. — Œuvres flamandes : — 653 et 654. *Teniers.* Paysans. — 607 et 608. *Rubens.* Esquisses.

Salle de gravures. — Collection de gravures, dessins et aquarelles fondée par *C.-G. Tessin*; elle compte, grâce aux donations du professeur *P.-F. Wahlberg* et comte *Ax. Bielke*, plus de 100,000 feuilles. — Parmi les dessins, ceux de *Raphael*, *Corrège*, *Holbein*, *Dürer*, *Rembrandt*, *Van Dyck* sont les plus remarquables. — Parmi les artistes suédois il faut citer : *Egron Lundgren* (aquarelles), *Carl Larsson*, *Scholander*, *Billmark* (dessins).

On y voit aussi quelques peintures : 1452. *Schultzberg.* Hiver. — 1038. *Winge.* Loke et Sigyn. — 1437. *Tirén.* Lapons. — 937. *Bergh.* Vue d'Uri.

On traverse le vestibule et on entre à dr. dans la grande salle de l'école néerlandaise.

Grande salle de l'école néerlandaise. — Grand mur a g. — 762. *De Crayer.* Philippe IV. — 406. *Van Dyck* (?). Vénus pleurant la mort d'Adonis. — 433. *Fyt.* Gibier. — 689. *C. de Vos.* Partie de cartes. — 1156. *Jordaens.* Le roi Candaule. — 343. *Soutman.* Les quatre Evangélistes. — 410. *Van Dyck.* Amour. — 1486. *Snyders.* Renard. — 404. *Van Dyck.* St Jérôme. — 488. *Jordaens.* L'Adoration des bergers. — 601. *Rubens.* Les trois Grâces.

Petit mur : — 595. *Ecole de Rubens.* Les quatre Pères de l'Eglise (St Jérôme, St Ambroise, St Grégoire, St Augustin) en conseil. — 639. *De Vos.* Chasse. — 596. *Ecole de Rubens.* Suzanne au bain.

Grand mur à dr. : — 597. *Ecole de Rubens.* Mercure. — 398. *Dubbels.* Naufrage. — 1120. *Leyzter.* Joueur de flûte. — 599. *Rubens.* **Sacrifice à Vénus.**

—462. *Hobbema*. Ferme. — *Frans Hals*. Violoniste [acheté en 1901 moyennant 45,000 fr.]. — 585. **Rembrandt**. Ⓟ; 578. **Les Guerriers bataves prêtent serment à Claudius Civilis de chasser les Romains** [c'est là partie centrale d'un tableau destiné à l'hôtel de ville d'Amsterdam et qui devait être cinq fois plus grand]; 581, 582. Homme et femme [peut-être les parents de Rembrandt]; 584. Jeune femme [la cuisinière du maître]. — 486. *Karel du Jardin*. Ⓟ. — 1349. *Rembrandt*. St Pierre. — 600. **Rubens Bacchanale**. — 433. *Van Goyen*. Dordrecht. — 583. *Rembrandt*. Ⓟ. — 616. *Ruisdael*. Paysage. — 501. *Leux*. Ⓟ. — 1430. *Bol*. Dame jouant du luth.

Petit mur : — 598. *Soutmann*. Sigismond III de Pologne. — 637. *Snyders*. Nature morte.

Cabinet 17. — 528. *Mommers*. Paysans italiens. — 1084. *Moucheron*. Paysage. — 453. *De Heem*. Nature morte.

Cabinet 18. — 317. *Berchem*. Port. — 707, 709 à 718. *Ph. Wouwerman*. Manèges, paysages. — 572. *Potter*. Marché de bestiaux.

Cabinet 19. — 657. *Ochtervelt*. Toilette; 658. Concert. — 510. *Metsu*. Partie de cartes. — 593. *Zorg*. Boucher. — 647. *Jan Steen*. Partie de cartes.

Cabinet 20. — 550. *Van Ostade*. Paysans. — 393. *G. Dou*. Madeleine; 394. son Portrait (?). — 621. *Ruysdael*. Paysage. — 548. *Van Ostade*. Vieille femme; 551. Vieillard taillant une plume. — 310. *Bega*. Leçon de musique. — 622. *Ruysdael*. Paysage.

Cabinet 21. — 418. *Eeckhout*. Le Paysan et le Satyre. — 579. *Rembrandt*. St Anastase lisant. — 473. *P. de Hooch*. Intérieur. — 1386. *P. Codde*. En famille. — 1549. *Dirk Hals*. En bonne compagnie.

On traverse la grande salle en se dirigeant vers la pièce en face, partagée en trois compartiments.

Grande salle des écoles allemandes et néerlandaises anciennes (elle renferme aussi quelques tableaux de maîtres italiens et espagnols). — 321, 322. *Beuckelaar*. Marchés. — 325. *Pieter Aertsen*. Cuisine. — 258. *L. Cranach aîné*. Genre. — 255, 356. Le père et la mère de Luther. — 257. *Cranach le jeune*. Charles-Quint et Jean-Frédéric de Saxe à la chasse. — 1073. *Baldung Grien*. Mercure. — 507. *Jan Matsys*. Vénus; 508. Vieillard et jeune femme. — 1495. *Ribera*. St Bartholomé. — 214. *Matteo di Giovanni*. Adoration des mages. — 133. *Leonardo Bassano*. Cléopâtre. — 11. *Caravaggio*. Judith.

Le musée est entouré d'un jardin qui renferme quelques sculptures : — les **Lutteurs** (*Bæltespænnare*), par *Molin*; — Frères, par *Lundberg*; — Garçon regardant une tortue, par *Bœrjeson*.

De la place Gustave-Adolphe, l'Arsenalsgata, qui s'en détache à l'E., conduit, en longeant l'Opéra, au Kungstrædgarden (p. 231), où il aboutit près de la **Jakobskyrka** (*église de Jacob*), fondée en 1590, et dont le portail Renaissance S. est richement orné de figures symboliques.

Int. à trois nefs, restauré en 1903, d'un aspect imposant; tableau d'autel : Glorification du Seigneur, par *Westin*; dans le chœur, sarcophage du maréchal de Horn († 1619). — Dans le petit cimetière contigu à l'église, *tombeau du poète Kellgren*.

Traversant en diagonale le Kungstrædgarden, on arrive, par l'une ou l'autre des rues qui s'en détachent à l'E., au **Berzeliipark** (*parc de Berzelius*), où se trouvent la *statue de Berzelius*, l'illustre chimiste († 1848), par *Quarnstrœm*, le *café-concert Berns* et, dans la partie vers le bassin de Nybro, la *statue de l'ingénieur Eriksson* († 1889), par *Bœrjeson*.

Au N. du parc, dans l'*Hamngata*, qui le borde de ce côté, on voit le *palais du comte de Hallwyl*, belle construction moderne sur les plans de *Clason* et qui, à la mort du propriétaire, doit revenir à l'Etat.

Près de là, au débouché de l'Hamngata et de la Nybrogata sur le quai de *Nybrohamn*, le **Nouveau Théâtre dramatique** est une œuvre remarquable (quoiqu'un peu trop surchargée de décorations) de *Liljeqvist* (beau plafond du foyer, par *Larsson*).

III. — Djurgarden. — Skansen.

Le beau quai de *Strandvægen*, bordé vers le N. par des constructions remarquables (entre autres l'hôtel au n° 33, par *Clason*), aboutit au *Djurgardsbro* ou pont du Djurgard, orné de statues de divinités scandinaves, qui conduit au Djurgarden.

Le **Djurgarden** (pron. Yourgôrdèn), — le bois de Boulogne de Stockholm, — est un vaste et beau parc, créé par Gustave III et par Charles XIV, dans une île séparée de la terre ferme par l'étroite baie de Djurgœrdsbrunnsviken.

Immédiatement au delà du pont on se trouve sur le *Lejonslætten*, esplanade ornée de la *statue équestre de Charles XIV* devant le Musée biologique et où s'élèvent, à dr., le Nordiska Museum (*V.* ci-dessous), précédé d'une *statue d'Orphée* par *Lundberg* et, plus loin, le Musée biologique (*V.* ci-dessous), en face du Théâtre et près de l'entrée principale du Skansen (*V.* ci-dessous).

Le **Nordiska Museum** (*Musée du Nord*; t. l. j. de 11 h. à 4 h., entrée 50 œre, le lundi 1 kr.), bâti dans le style de l'époque de Vasa (XVIe s.), par *J.-G. Clason*, de 1893 à 1896, a été ouvert en 1907. Le portail est orné de 6 hauts-reliefs par *Eld*.

Rez-de-chaussée. — Du vestibule où se trouve le vestiaire (5 œre) on passe dans une immense salle, longue de 126 m., haute de 20 m., qui occupe les quatre étages de l'édifice et où se trouve la collection d'armures. Dans l'hémicycle, en face de l'entrée, *statue* colossale polychrome de *Gustave Vasa*, par *C. Milles*; tout autour de la salle, drapeaux suédois des XVIIe et XVIIIe s., souvenirs des campagnes de Gustave-Adolphe et de Charles XII.

Collection royale d'armures (*Lifrustkammaren*; t. l. j. de 11 h. à 4 h.; entrée gratuite les dim. et vend., les autres j. 50 œre, sauf le lundi, 1 kr.), formée d'armures, d'armes et de vêtements ayant appartenu à des souverains ou à des personnages illustres.

La collection est disposée chronologiquement, en commençant à g. — Parmi les objets les plus remarquables nous citerons : — les *armures* de Gustave Vasa, d'Eric XIV, de Charles IX (la plus belle pièce de la collection, œuvre du Nurembergeois *H. Knopf*); des vêtements et des objets divers ayant appartenu à Gustave-Adolphe : partie de l'armure qu'il portait à la bataille de Lutzen où il trouva la mort (6 novembre 1632); magnifiques selles; — des armes à feu de Charles X; l'uniforme que portait Charles XII quand il fut tué à Frederikshald (30 nov. 1718); le costume que portait Gustave III la nuit de son assassinat (16 mars 1791).

Collection ethnographique. — **Costumes du peuple suédois** (*Svenska allmogeafdelningen*) disposés par provinces, en commençant par celle de Schonen (Scanie). — A g., en entrant, du vestibule : — CHAMBRES 1 à 4 : Scanie; — 5 : Blekinge; — 6 : Œland et Gotland; — 7 : Scanie; — 8 à 11 : Smæland; — 12 et 13 : Halland; — 14 : pays de Mark, en Vestrogothie; — 15 : intérieur de Dalécarlie; — 16 et 17 : Vestrogothie; — 18 : Delsland; — 19 : Bohuslana; — 20 : Ostrogothie; — 21 : intérieur de l'Helsingsland; —

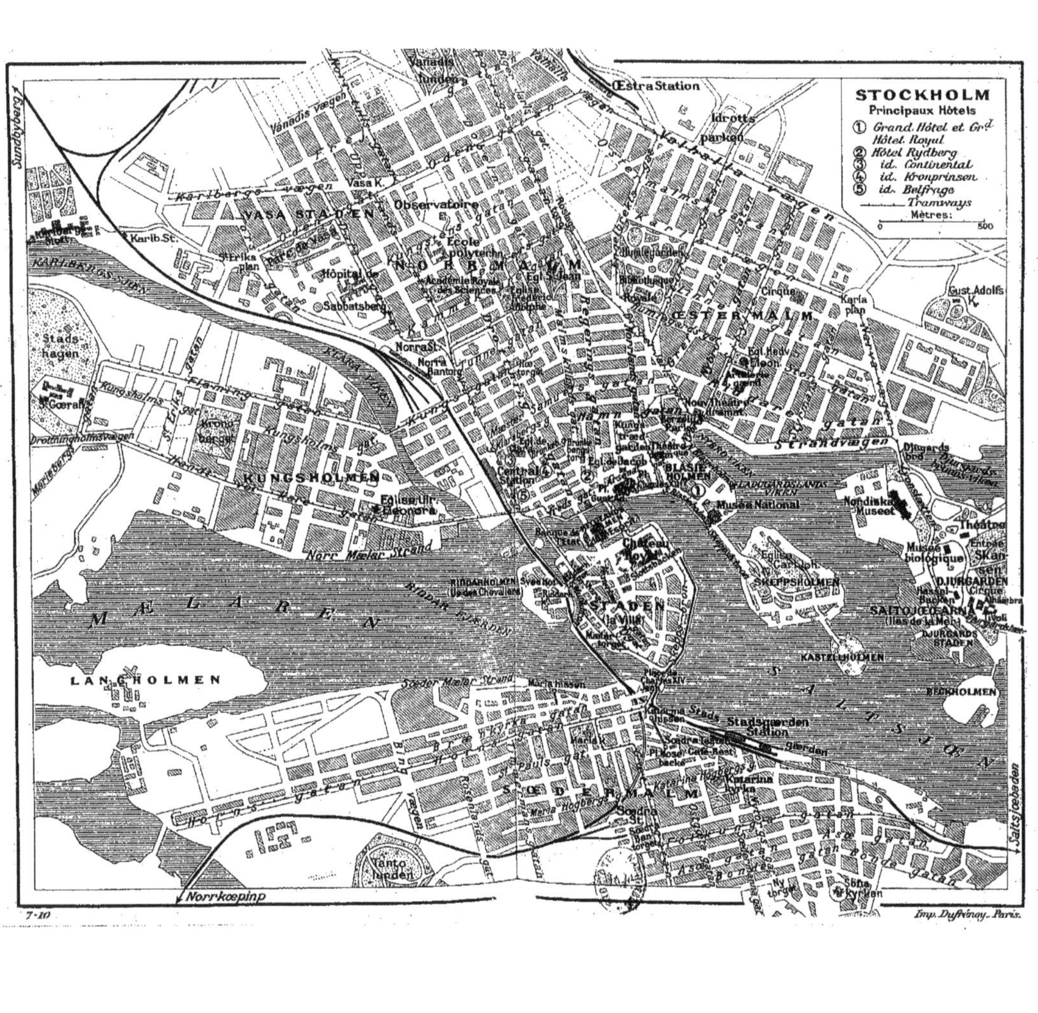
STOCKHOLM
Principaux Hôtels
① Grand Hôtel et Grd Hôtel Royal
② Hôtel Rydberg
③ id. Continental
④ id. Kronprinsen
⑤ id. Belfrage
Tramways
Mètres:
0
500
Œstra Station
Idrotts parken
Vasa K.
Observatoire
VASA STADEN
Karib. St.
Hôpital de Sabbatsberg
Ecole polytechn.
Académie Royale des Sciences
Egl. S. Jean
Humlegården
Bibliothèque Royale
ŒSTERMALM
Cirque
Karla plan
Gust. Adolfs K.
Norra St.
Norra Bantorg
Nouv. Théâtre dramat.
Strandvægen
Djurgards bro
Central Station
Egl. de Jacob
BLASIE HOLMEN
Musée National
Nordiska Museet
Théâtre
Musée biologique
Skansen
DJURGARDEN
SKEPPSHOLMEN
KASTELLHOLMEN
BECKHOLMEN
Château Royal
RIDDARHOLMEN
STADEN
la Ville
KUNGSHOLMEN
Norr Mælar Strand
M Æ L A R E N
LANGHOLMEN
Söder Mælar Strand
Maria Hissen
Stadsgaarden Station
Katarina Kyrka
SŒDERMALM
Södra St.
Tanto lunden
Sofia Kyrkan
Norrkoepinp
Saltsjœbaden
Sundbyberg
7-10
Imp. Dufrénoy, Paris.

22 : intérieur du Gestrikland; — 23 : Sudermanie; — 24 : Néricie et Væstmanland; — 25 à 28 : Dalécarlie.

1er étage (on peut y monter en ascenseur). — CHAMBRES 29 à 31 : costumes du couronnement et de gala; baldaquin et selle de Charles X; berceaux de Gustave IV et de Charles XII, etc. — 32, 33 et 35 : objets appartenant à des corporations d'arts et métiers suédoises, 34 et 36, à des corporations étrangères (particulièrement allemandes). — 37 à 45 et 48 : costumes du peuple norvégien; 46 : costumes du peuple danois et islandais; 47 : costumes du peuple finlandais. — 82 à 87 : industrie suédoise du XVIIIe s. : jouets, instruments de musique (luth du poète Bellman); métiers de tisserand, tissus, etc.

2e étage. — Costumes des classes aisées et de la noblesse suédoises, du XVIe au XXe s.; riche collection disposée par ordre chronologique : deux chambres de chaque période donnent : l'une, une idée de la vie de tous les jours; l'autre représente la vie de société. — CHAMBRES 49 à 51 : *époque des Vasa* (1520-1650); — 52 et 53 : *époque Caroline* (1650-1750); — 54 : intérieur bourgeois (1730); 55 : objets divers; bahuts; porcelaines (1720-1750); — 56 : verres et faïences de Rœrstrand et de Marieberg (XVIe et XVIIe s.); — 57 à 61 : *époque Rococo* (1750-1770) : meubles, costumes, montres, boîtes, etc.; — 59 et 60 : intérieur bourgeois (1760); — 61 : *époque de transition* : costumes; meubles, faïences : — 62 : reconstitution d'une chambre de Gripsholm, installée par Gustave III; — 63 : époque Gustavienne (1770-1810); meuble par *Haupt*, ayant appartenu à la princesse Sophie-Albertine; — 64 et 65 : costumes; « secrétaire » de voyage, ayant appartenu à Gustave III; — 66 et 67 : intérieurs bourgeois (1780 et 1790); — 68 à 70 : époque de l'Empire (1805-1830). Les autres chambres renferment des meubles modernes, etc.

Sous-sol. — *Objets de Laponie* : costumes, ustensiles domestiques; harnais, traîneaux, etc.; — *histoire du feu* et son importance pour l'humanité (objets relatifs à l'éclairage, au chauffage, à la cuisine); — ustensiles pour la chasse et la pêche; — objets et meubles ecclésiastiques : portes d'églises avec ferronneries du XIIIe s.; fonts baptismaux en bois; sièges; ornements d'autel, etc.

Le **Musée biologique** (t. l. j. de 10 h. au coucher du soleil, d'avril à décem.; le reste de l'année, dim. et fêtes, aux mêmes heures; entrée 1 Kr., enfants 50 œre), très bien organisé par ses créateurs *G. Kolthoff* et *B. Liljefors*, occupe un édifice en bois, dans le style des vieilles églises scandinaves.

Collection de tous les mammifères et oiseaux de Suède, représentés dans leur vie naturelle [représentation admirable de compréhension, de fidélité et d'exécution].

Le Skansen (t. l. j. de 8 h. au soir; entrée 50 œre, les enfants 25 œre, concert et danses toutes les semaines; défense de photographier; on doit, éventuellement, déposer à l'entrée les appareils), véritable **musée en plein air**, est une création absolument originale et des plus intéressantes, due à l'initiative du *Dr. Hazelius* († 1901), à qui l'on doit également le Nordiska Museum. — Le Skansen occupe env. 30 hect. d'un terrain pittoresquement accidenté et donne, avec ses lacs, ses rochers, ses bois et ses pelouses, une image en miniature de la campagne suédoise.

L'entrée principale est à côté du théâtre du Djurgarden (*V.* ci-dessus); à côté le petit ch. de fer de montagne conduit également à l'intérieur (10 œre all., 5 œre ret.); une 2e entrée se trouve plus au S., entre le théâtre et Hasselbacken ; une 3e est à côté du Tivoli (en été une 4e entrée dans le Djurgœrdslætten).

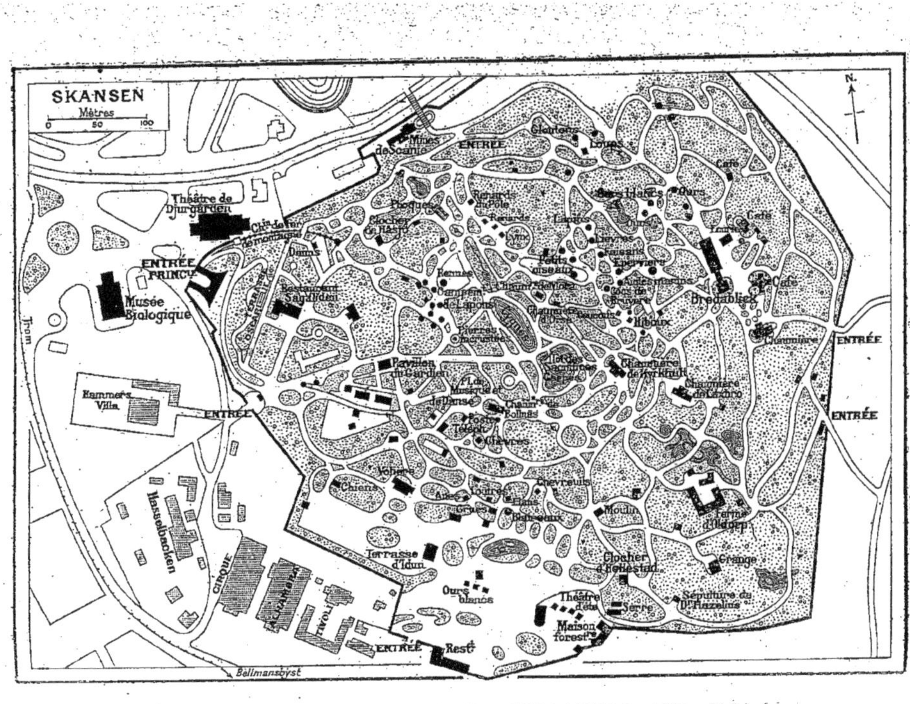
SKANSEN
Mètres
0
50
100
N.
ENTRÉE
Théâtre de Djurgården
Musée Biologique
Hasselbacken
CIRQUE
ALHAMBRA
TIVOLI
Bellmansbyst
Mines de Scanie
Ours blancs
Terrasse d'Idun
Restt
Bredablick
Café
Chaumière
Ferme d'Oldorp
Grange
Moulin
Clocher d'Hollestad
Théâtre d'été
Serre
Maison forest.re
Sépulture de Dr Hazelius
Chèvres
Chevreuils
Chiens
Pavillon du Gardien
Pierres incrustées
Campement de Lapons
Rennes
Hiboux
Loups
Gloutons
Ours
Lièvres

De l'entrée principale on monte, à dr., à la *terrasse d'Oscar II*, beau point de vue, et au restaurant Sagaliden; si l'on monte par le ch. de fer, on arrive tout près du *Hæsjæstapel* (reproduction d'un vieux clocher de Hæsjo, dans le Jemland); plus loin, on voit un *campement de Lapons*, avec habitations d'été et d'hiver, rennes, etc. Parmi les autres curiosités, on peut citer : des vieilles maisons de paysans, une cabane en pierre, des cabanes de charbonniers, de grandes pierres à aiguiser et des moulins à bras datant fort probablement de l'âge de la pierre; l'antique *Morastuga*, ou chaumière de Mora, etc. — Vers l'extrémité N.-E. s'élève la tour-belvédère du **Bredablick** (25 œre; très belle vue sur la ville et les environs). — Vers le S. on remarque le *pavillon de Svedenborg*, des maisons de paysans, un moulin, un clocher (belle vue; 10 œre) près duquel se trouve la sépulture du *Dr. Hazelius*, le créateur de Skansen, de Nordiska Museet; etc., etc. — En été des fêtes populaires, avec danses et jeux, ont lieu fréquemment dans le parc.

Plus au S. on est dans la petite plaine de *Djurgardslætten* et, au bord de la baie de Saltsjœn, sont groupées les maisons de *Djurgardstaden*, le seul quartier de Stockholm qui ait des habitations en bois; on y voit la *maison de Bellman* († 1795), le barde populaire, l'improvisateur célèbre, dont les vers, accompagnés des mélodies qu'il improvisait en même temps, sont encore chers au peuple suédois.

Au delà du Skansen, vers le S., sont groupés plusieurs lieux de divertissement : à dr., le *Hasselbacken* (grand café-restaurant fréquenté par la bonne société; concert l'après-midi; jardin avec la *statue du poète Bellman*; *V.* ci-dessus); à g., le *Cirque*, l'*Alhambra*, le *Tivoli* (jardin; jolie vue); près de ce dernier se trouve l'entrée S. du Skansen (*V.* ci-dessus).

Viennent ensuite **Manilla** (institut des sourds-muets et des aveugles) et la **Villa de M. A. Thiel**, avec une collection d'œuvres d'art ultra-modernes qu'il ouvre gracieusement, 2 fois par semaine, au public (on exige la carte de visite du visiteur; pas de pourb.).

Le point terminus du Djurgarden est le *Blockhusudden*, ancien poste de douaniers.

On peut revenir en ville soit par le tram, soit par bateau (tous les 1/4 d'h.; 50 œre) qui conduit soit au quai de Nybrohamn, en face du parc Berzelius (p. 237), soit au Skeppsbron, à côté du Château royal (p. 225).

IV. — Le Humlegarden, Bibliothèque royale.

De la place Gustave-Adolphe (p. 230), par la **Regeringsgata** (rue de la Régence), l'une des plus grandes artères de la ville, et par la *Norrlandsgata*, qui lui est parallèle à l'E., on arrive au grand jardin dit **Humlegarden**, où se trouve la Bibliothèque royale (*V.* ci-dessous); c'est derrière cet édifice que s'étend la plus belle partie du jardin; dans l'angle S.-O. se voit le groupe en bronze des *Farfadern* (le grand-père et le petit-fils) par *Hasselberg*; au centre du jardin, le *monument de Linné*, le célèbre botaniste, † 1740 (statue colossale et figures allégoriques : la Médecine, la Zoologie, la Botanique, l'Agriculture en bronze, par *Kjellberg*); dans la partie N.-E., sur une petite éminence, la *statue de Scheele* (chimiste; † 1786), par *Bœrjosson*.

La **Bibliothèque royale** (t. l. j. en sem. de 10 à 3 h.), bâtie de 1870 à 1877 sur les plans de *Dahl*, possède plus de 400,000 vol. et env. 11,000 manuscrits.

Les pièces les plus intéressantes sont exposées dans la salle dite *Visningssalen* ; on remarque : — vitr. 1 ; le *Codex aureus* (Evangiles en latin), manuscrit par des moines irlandais (VIe s.) ; *Loys roi de France et Thibaux d'Arabie* (roman de chevalerie), manuscrit français (XIIe s.) ; — vitr. 2 ; code visigoth, traduit en espagnol (XIVe s.) ; livres d'heures ; — vitr. 19 à 24 : reliures ; — vitr. 27 : œuvres de Voltaire avec notes de sa main, etc.

Au N. du *Humlegarden*, dans la rue *Valhallavæg*, le *Idrottspark* est un parc consacré aux sports (piste de cycles, tennis, etc.).

A l'E., s'étend le quartier d'**Œstermalm** ; c'est là que se trouvent presque tous les établissements militaires ; à l'*Artillerie Gard*, dans la *Riddaregata*, le *Musée d'Artillerie* (t. l. j. de 10 à 12 h. ; 50 œre) renferme une assez riche collection d'armes.

V. — Quartier de Norrmalm.

A quelques pas à l'O. de la place Gustave-Adolphe commence la **Drottninggata** (*rue de la Reine*), grande et belle rue, la plus animée et la plus commerçante de toute la ville, qui traverse du S. au N. le quartier de Norrmalm. On y arrive de la place Gustave-Adolphe par la courte *Fredsgata* (rue de la Paix). La 5e rue à g. (*Brunkebergsgatan*) débouche sur le cimetière où se trouve la **Klarakyrka** (*église de Claire*), d'un ancien couvent de nonnes franciscaines (clarisses), bâtie en 1285 par le roi Magnus Ladulås, qui la dota richement, détruite par un incendie en 1751, reconstruite en 1753 et restaurée à la fin du XIXe s.

Int. orné de sculptures par *Sergel*. — Dans le cimetière qui entoure l'église sont enterrés les poètes *Bellman*, *Anne-Marie Lenngren* et *Léopold*. — Des fouilles récentes ont mis à jour les fondations de l'ancien couvent.

Plus au N., dans la *Drottninggata*, après avoir croisé le tram, on trouve à dr. la **Vetenskaps-Akademie** (Académie royale des Sciences), qui possède de riches collections d'histoire naturelle.

Dans le vestibule, célèbre *météorite* pesant 20,000 kilogr., apporté du Groenland par Nordenskjold (1871).

Un peu plus vers l'E., dans un cimetière, s'élève l'**Adolf-Frederikskyrka** (église de Frédéric-Adolphe), de la fin du XVIIIe s.

A l'int., *tombeau de Descartes*, † à Stockholm en 1650 et dont les restes furent transportés à Paris en 1661.

Vers le N.-E. se dresse la tour de la *Johanneskyrka* (église Saint-Jean), bâtie en 1889 sur le *Brunkebergsås*, point culminant de la ville.

A son extrémité N. la Drottninggata passe, à g., devant l'*Ecole polytechnique*, débouche en face de la butte où s'élève l'*Observatoire* (beau point de vue ; s'adresser au gardien ou « Vaktmæstar » ; 50 œre).

Vers l'O. s'étend *Vasastaden* (faubourg de Vasa), avec le *parc de Vasa* et le grand *hôpital du Sabbastsberg*.

VI. — Quartier de Sœdermalm.

Au S. du quartier de Staden, ou de la Cité proprement dite (p. 224), deux ponts en fer enjambant une écluse donnent accès au **Carl-Johanstorg** (*place de Charles-Jean*), où l'on voit la *statue équestre de Charles XIV* par *Fogelberg* (1885). — Au delà de la place commence le quartier de **Sœdermalm**, ou faubourg du Sud, construit sur un sol très accidenté. En franchissant le pont E. de l'*Œsterslussgata*, on se trouve sur le quai de **Stadsgarden**, au pied du **Katarina-Hissen**, ascenseur (5 œre) qui aboutit à une plate-forme d'où l'on jouit d'une **très belle vue panoramique** sur Stockholm et ses environs. — De la plate-forme une longue passerelle conduit à la **place de Mosebacke**, où sont le *Sœdra Teatern* et le *jardin-restaurant Mosebacke*, autre beau point de vue. — A 5 min. S.-E., la **Katarinakyrka**, que signale de loin sa haute coupole, a été construite vers 1680 par *I. de la Vallée*, à l'endroit où furent brûlés les restes des victimes du massacre de novembre 1520 (*V. Histoire*).

Environs de Stockholm.

1° Châteaux de Haga et Ulriksdal (1 h. 20 env. N.; tram, partant de la place de Riddarhus, passant par les rues Wasa, Upland et Nortull, jusqu'à Stallmæstargarden, 25 min. env.; chaloupe à vapeur, 9 à 10 fois par j. de Stallmæstargarden, par Haga à Ulriksdal, 40 min., 50 œre; on peut aussi utiliser le ch. de fer, de la gare Centrale à la stat. de Nortull, à 10 min. de Stallmæstargarden). — Le tram sort de la ville près de la stat. *Nortull* du ch. de fer de raccordement. — 25 min. env. *Stallmæstargarden*, halte d'où une allée de tilleuls conduit en 8 à 10 min. à l'embarcadère de la chaloupe à vapeur pour Haga. — On peut aussi continuer avec le tram jusqu'à la halte suivante de *Haga grindar*, à la grille d'entrée du parc de Haga, qu'il faut traverser pour atteindre (20 min. env.) le **château de Haga**, bâti par Gustave III, en 1787, dans un beau site, sur le bord O. du *Brunsviken*; c'est la résidence de la princesse Thérèse, veuve du prince Auguste; en son absence on peut visiter le château (s'adresser au Vaktmæstar, dans la dépendance, 1 kr.), qui renferme quelques peintures décoratives par *Marguillier* et quelques meubles du XVIIIe s.

A quelques min. N. du château, se trouve la station de la chaloupe, venant de Stallmæstargarden, pour Ulriksdal, par la pittoresque anse de *Brunsviken*, le goulet de *Alkistan* et le fjord d'Edsviken, sur le bord S.-O. duquel se trouve, à quelques min. du débarcadère (on passe devant la maison du Vaktmæster, à qui l'on s'adresse pour visiter; 1 kr.), le **château d'Ulriksdal**, construit vers la fin du XVIIe s. par le général de la Gardie et auj. résidence de la reine douairière Sophie, veuve d'Oscar II.

A l'int., vieux meubles, peintures; beau portail à marqueteries d'une pièce décorée par des maîtres hollandais du XVIIe s., etc.

On pourrait revenir, par la forêt, à Stocksund et y prendre le ch. de fer électrique pour Stockholm; ou bien, prolonger l'excursion, jusqu'à (4 k. env. N.-E.) **Djursholm**, charmante colonie de villas au bord du golfe de *Stora Wærtan* et rentrer de là à Stockholm, soit par le ch. de fer électrique (35 à 40 min.) aboutissant à l'Engelbrektsgata, à côté du Humlegarden (p. 241); soit par la chaloupe à vapeur faisant, 3 ou 4 fois par j. (1 kr. 50), le service de la rive O. du pittoresque *Lilla Wærtan* jusqu'à Stockholm (quai du Château royal).

2° **Vaxholm** (1 h. 30 env. N.-E. ; 🚢 10 à 12 fois par j. du quai de Nya Blasieholm, 50 à 75 œre). — On longe la côte S. de l'île Djurgard (p. 238), puis tournant vers le N.-E. on laisse à g. l'île de *Lidingœ* et, traversant un petit archipel on arrive à **Vaxholm** (assez bon hôtel), petite V. bien située sur la côte S. de l'île de *Vaxœ* et très fréquentée par les habitants de Stockholm pendant la belle saison. La *forteresse,* construite par Gustave Vasa, sur l'îlot rocheux qui sépare les îles de Vaxœ et de Rindœ, commande la seule passe par laquelle les vaisseaux de fort tonnage peuvent arriver à Stockholm. — Presque en face de Vaxholm, sur le bord S.-O. de l'*île de Rindœ*, se trouve la station balnéaire de *Rindœbad* (hôtel, 50 ch. dep. 2 kr. ; café-restaur.) desservie, par une chaloupe à vapeur.

3° **Saltsjœbaden** (16 k. S.-E., 🚂 gare quai de Stadsgarden, près de l'ascenseur de Katarina Hissen, en 30-50 min. ; départs toutes les h., 73 œre ; all. et ret. 1 Kr. ; 🚢. de la place Charles XII, près de la pl. Gustave-Adolphe, tous les 1/4 d'h., en 1 h. 30, 75 œre ; all. et ret., 1 Kr. ; excursion pittoresque, à faire en bateau à l'all. ou au ret.). — La voie ferrée traverse un tunnel avant de sortir de Stockholm, puis parcourt un pays rocheux et bien boisé, et, au delà d'un tunnel, passe entre le Hammarbysjœ, à dr., et le Svindelsviken, à g. — 4 k. *Nacka.* — La voie longe le bord N. du Jœrlasjœn et au delà de (8 k.) *Dufnæs,* le bord S. du Lænnerstasunds puis franchit un pont pour arriver à la presqu'île de (16 k.) Saltsjœbaden.

Par le bateau, on longe la côte S. de Djurgarden, puis tout au commencement de l'*Halfkakssundet* on tourne au S., pour s'engager dans l'étroit boyau du pittoresque *Skurusund* qui débouche, près de *Dufnæs*, dans le *Lænnerstasunds*, à l'extrémité E. duquel un autre boyau, le *Sœdra Stæket* conduit à la grande baie du *Baggensfjærd* sur le bord S.-E. de laquelle se trouve, dans une belle situation, **Saltsjœbad** (hôt. : *Grand-Hôtel*, 100 ch. de 2 à 8 Kr., sur la plage), localité très fréquentée en été pour ses bains de mer, et en hiver pour les sports de la saison. Près du Grand-Hôtel un pont conduit à une petite île boisée où se trouve un bon restaurant.

4° **Château de Drottningholm** (45 min. E. ; 🚢, du Gymnasiigrand à la pointe S. de Riddarholmen 7 fois par j. en semaine, 13 fois les dim. ; 50 œre), sur l'île de *Lofœ.* Bâti à la fin du XVIIe s. par les *Tessin* père et fils, ce château est le Versailles de la Suède.

Int. (pour visiter, s'adresser au gardien ou « Vaktmæstar », 1 Kr.). — Vestibule et salles, ornés de tableaux par *J. Vernet*, *Larchévesque*, *Erhenstrahl*, *Deprez*, *Hillestrœm*, etc. ; — chambre à coucher de Gustave III ; — salle du Régent, avec les portraits des souverains contemporains d'Oscar II (fin du XIXe s.).

Les *jardins*, dans le style français, sont ornés de bronze par *Adrien de Vries* et ses élèves ; ils conduisent au très beau *parc* où l'on voit (15 min. S.-O. du château) le *China Slott* (château chinois), pastiche, construit en 1770 par ordre d'Adolphe-Frédéric, qui voulait en faire une surprise pour sa femme le jour de sa fête.

5° **Mariefred et Gripsholm** (3 h. 30 env. O. ; 🚢, du quai de Munkbron, à côté de Riddarholmen, les dim., mardi, jeudi et sam., en été ; all. et ret. dans la journée, 2 Kr. 50 ; — 🚂, de la gare Centrale, par Saltskog, en 2 h. 30 à 3 h. 30 ; 4 Kr. 30, 2 k. 90 ; trajet sans intérêt ; préférer le bateau). — Le bateau remonte le lac Mælar, parsemé d'îles ; à dr., sur une hauteur de l'île de *Kungshatt* (du Chapeau royal), un chapeau en fer rappellerait celui que perdit un roi de Suède en échappant à la poursuite des ennemis. — Plus loin, vers le N., on voit l'*île de Bjœrkœ*, l'antique *Birka*, où St Ansgare prêcha l'Evangile en 829 (une croix en marbre a été érigée en souvenir de lui). — Dans la baie de Gripsholm, dans une anse de la rive O., se trouve *Ræfsnæs*, patrimoine de Gustave Vasa, où il apprit la mort de son père décapité dans le massacre (« Blodbad ») du 8 novembre 1520.

Mariefred (hôt. *Stadshôtel*, avec restaur., à mi-chemin du château de Gripsholm), petite V. aux maisons rouges, doit son nom à l'ancien couvent de « Pax Mariæ » fondé au xve s. — A 8 ou 10 min. du débarcadère, au S. de la petite ville, se trouve le château de Gripsholm.

Le **château de Gripsholm** (ouvert t. l. j. de la sem.; entrée 50 œre; les dim., de midi à 2 h., 25 œre et, après 2 h., 10 œre), construit en 1537 par Gustave Vasa sur l'emplacement d'un ancien château appartenant à Bo-Jonson Grip (d'où son nom), fut la résidence de prédilection de Gustave Vasa comme plus tard celle de Gustave III.

Rez-de-chaussée. — Prison du roi Jean III, véritable prison royale, joliment décorée, avec tout le confort de cette époque.

1er étage. — Antichambre avec plafond bien conservé de 1543. — A g., Salon de Gustave III avec un portrait de lui par *Roslin* et tous les rois de l'Europe contemporaine. — Appartement de la Reine. — Grande salle (Rikssalen), avec portraits des rois contemporains de Gustave Vasa. — Chambre de la princesse Sophie-Albertine, avec portraits de la Reine Marie-Antoinette et de sa sœur.

2e étage. — Théâtre, construit par Gustave III sur l'emplacement de l'ancienne chapelle. — Prison d'Eric XIV, misérable cellule dans une des tours avec couloir où s'ouvraient de petites lucarnes, armées de barreaux de fer et sans vitres, et où veillait un gardien jour et nuit. Le plancher et les embrasures portent des marques du séjour du prince.

Dans la cour extérieure deux énormes *canons de bronze*, vulgairement appelés « *Galten* » (le Cochon) et « *Suggan* » (la Truie), pris à Novgorod par *J. de la Gardie*. — La cour intérieure a été restaurée de nos jours.

6° Château de Skokloster (⛴; départ du Riddarholm, t. l. j. à 6 h. mat. traj. en 2 h. env.; 1 Kr. 25; rest. à bord). — C'était à l'origine un couvent, exproprié par Gustave Vasa, et donné, plus tard, par le roi Charles IX à la famille Wrangel. Ce château (entrée 50 œre), reproduction de celui d'Aschaffenburg en Bavière, fut construit par le maréchal C. Wrangel, à l'aide du butin qu'il rapporta de Pologne, de Bohême et d'Allemagne pendant la guerre de Trente Ans. Son gendre, le comte Brahe, en hérita et depuis il est toujours resté dans cette famille.

Il renferme : une bibliothèque assez riche; une collection de 1,150 armes (**l'épée de Ziska** et la hache employée par le bourreau de Linkœping en 1600 y figurent); un musée d'antiquités et de curiosités.

De Stockholm à Paris, R. 39; — à Malmœ, *A*, par Katrineholm, Linkœping et Lund, *B*, par Gœteborg, R. 40; — à Visby, R. 42; — à Mora, R. 43; — à Christiania, R. 44; — à Trondhjem, R. 45.

Route 42. — DE STOCKHOLM A VISBY

L'ILE DE GOTLAND

200 k. env., 🚂 et ⛴, ou ⛴ seulement, en 12 ou 14 h. — 1° 🚂, gare Centrale, de Stockholm, par Elfsjœ à Nynæshamn, 63 k., en 2 h. env., 1 Kr. 95 et 1 Kr. 30; ⛴ t. l. j., sauf le dim., à 10 h. 30 du s., de Nynæshamn à Visby en 7 h. env.; — 2° ⛴ t. l. j. vers 6 h. du s. du Riddarholm, en 12 h. env.; place de cabine (« Hytt »), 15 Kr. (all. et ret.), de salle commune (« Aktersalon ») 10 Kr.; on trouve les billets chez C.-O. Strindberg, au Riddarholm (il est prudent de s'y prendre d'avance si l'on tient à s'assurer une bonne cabine); — 3° ⛴ t. l. j., le soir, du Norra-Blasieholm, derrière le Musée National, en 12 à 14 h.; mêmes

prix; billets chez W. Larka, Skeppsbroon, 10 (même remarque comme ci-dessus pour les places).

Il faut une journée pour la visite de Visby; comme on y arrive le matin de bonne heure, on pourrait donc, à la rigueur, revenir à Stockholm le soir même.

La traversée par bateau ne manque pas d'intérêt. Les bateaux partant du Riddarholmen passent par le lac Mælar aux îles nombreuses (*V.* p. 244) et par le canal de Sœdertelje, d'où ils débouchent par le *Fiærnefjord* sur la mer Baltique (*Œstersjœn*); les bateaux partant de Blasieholmen passent au contraire par la baie de Saltsjœn, la passe de *Halfkaks Sundet*, devant Vaxholm (p. 244) et atteignent la pleine mer près de *Dalaræ*, station balnéaire fréquentée, aux nombreuses villas.

VISBY (prononc. *Visbü*; hôt. : *Stadhôtel* *, 80 ch., dans la Strandgata; *Visby bœrs*, même rue; restaur. du *Pavillion*, avec bar américain, dans le Jardin botanique, sur la plage : déj. complet 1 Kr. 25, lunch 1 Kr. 50 ou 2 Kr., dîn. 1 Kr. 50, 2 Kr. ou 3 Kr. 50), V. de 9,300 hab. pittoresquement située sur le côté N.-O. de l'île de **Gotland**, la plus grande de la Baltique, dont elle est le ch.-l., était au moyen âge une riche et puissante ville hanséatique. Bien déchue aujourd'hui, elle est pourtant très intéressante par les restes de son ancienne grandeur et on peut dire que nulle autre cité de l'Europe septentrionale ne renferme d'aussi nombreux et d'aussi importants vestiges du temps passé.

Histoire. — Suivant la légende, ce serait aux habitants de Vineta, dans l'île d'Usedom, qu'il faudrait attribuer la fondation de Visby; ce qu'il y a de certain c'est que la ville était forte et prospère au commencement du XIIIe s.; déjà à cette époque sa loi maritime (« code de Visby ») avait une grande importance pour la navigation de la Baltique et de la mer du Nord. Alliée aux villes de la Hanse, Visby devint au XIIIe s. le principal entrepôt de la Baltique; elle comptait à cette époque 12,000 bourgeois, auxquels il faut ajouter les artisans, qui habitaient hors de l'enceinte, et elle possédait 18 églises et 5 cloîtres. — Alliée de la Suède, dont elle s'était affranchie, la ville, qui, dès le commenc. du XIVe s., s'acheminait vers son déclin, fut prise en 1361 par le roi de Danemark, Valdemar Atterdag, qui rançonna les habitants, les forçant de remplir d'or et d'argent les trois plus grandes cuves à bière que l'on put trouver; toute l'argenterie de la cité y passa; par-dessus le marché, le roi fit enlever aussi les cloches des églises, dont il ne reste que les voûtes ou les piliers : des fragments admirables d'architecture normande ou ogivale, rappelant seuls ce désastre. Le tout fut transporté à bord de deux vaisseaux, dont l'un (celui qui avait la plus riche cargaison) fit naufrage et échoua complètement devant les îles de Carlsœ. Depuis ce pillage, la ville déchut de plus en plus et ne se releva jamais; elle resta un sujet de litige entre la Suède et le Danemark et ce ne fut qu'à la paix de Brœmsebro, en 1645, que l'île de Gotland revint définitivement à la Suède.

Les anciens **remparts**, couronnés d'une quarantaine de tours qui enserrent la ville de tous les côtés, datent du XIIIe s. et occupent l'emplacement de constructions antérieures; vers le S., ils s'arrêtent près du bord de la mer, aux ruines de l'ancien château de *Visborg*.

Du port on entre en ville par la *Stora-Strandporten*, qui donne accès à la *place Donner*, à l'angle N. de laquelle se voit la curieuse maison *Burmeister*, de 1661, toute tapissée de lierre; à quelques pas vers l'E., à l'angle de la *Meilangata*, l'*Apotheket* est une assez curieuse pharmacie datant du XIIIe s. — Plus au N., dans la *Strondgata*, le *Gotland Fornsal* (t. l. j. de 1 à 2 h.; 25 œre) est un petit musée d'antiquités locales.

Au milieu des habitations et des jardins de la petite ville suédoise moderne se trouvent les ruines, plus ou moins bien conservées, d'une dizaine d'églises du XIIe et du XIIIe s. — Dans la partie N. de la ville, non loin et à l'E. du Jardin botanique, l'*église Saint-Nicolas*, du commenc. du XIIIe s., offre un curieux mélange du style roman et du style ogival (à remarquer la façade, manquant de portail et l'intérieur fort pittoresque). — A quelques min. S., l'*église du Saint-Esprit* (Helge Andskyrka), de 1250 et du style roman, se compose de deux nefs superposées, à chœur unique; plus à l'O. l'*église Saint-Clément*, du même style et de la même époque, a un beau portail, sur le côté S. — C'est dans le même quartier que se trouve, au pied de la ville haute, à peu de distance de l'enceinte, la **cathédrale** ou **Sainte-Marie**, la seule église servant encore au culte, bâtie à la fin du XIIe s., consacrée en 1225 et offrant un curieux mélange de styles disparates; elle est dominée par 3 tours : une grosse à l'O., deux plus sveltes, à l'E.

A l'O. de la cathédrale et voisines l'une de l'autre, les deux *églises Sankt-Drotten* et *Sankt-Lars*, du XIIe s., ont de grosses tours, qui étaient probablement destinées à la défense. — Au S., sur la place dite *Storatorget*, la belle *église* franciscaine de *Sankt-Karin*, ou *Sainte-Catherine*, est une charmante construction ogivale du XIIIe s.

A l'extrémité S.-O. de la ville, au bord de la mer se trouve la promenade publique de *Palissaderne*.

[Les environs de Visby (ainsi que toute l'île de Gotland, d'ailleurs) sont le paradis des archéologues et l'on ne cesse d'y faire des trouvailles, qui enrichissent le musée de Stockholm. — Un petit ch. de fer à voie étroite facilite les excursions; nous devons nous borner à mentionner : — sur la ligne de Hafdhem : (46 k.) *Stænga*, avec son église; (55 k.) *Hemse* (petit hôt.) dont l'*église* romane, du XIIe s., renferme des peintures murales du XVe s.; (44 k.) *Klintehamm* (hôt. *Jernvæg*), fréquenté pour ses bains de mer et près d'où se trouve l'église de *Klinte*, bâtie en 1231; — sur la ligne de Tingstæde : (7 k.) *Othem* et (15 k.) *Lærbr* , avec de remarquables églises anciennes.]

Route 43. — DE STOCKHOLM A MORA

LA DALÉCARLIE

A. Par Upsala et Krylbo.

328 k.; 🚂, ligne d'Upsala (gare Centrale) jusqu'à Insjœn, 262 k. en 6 h. 30, par le train direct du mat.; 15 Kr., 9 Kr., 2 Kr.; 🚂 d'Insjœn à Mora, 70 Kr. env., t. l. j. en été, en 3 h. 30 ou 4 h. 30; 2 Kr. 50, 1 Kr. 25; — ou bien 338 k., 🚂 *via* Falun, en 11 h. env.; 19 Kr., 11 Kr. 40, 7 Kr. 60.

DE STOCKHOLM A BORLÆNGE

161 k. de Stockholm à Krylbo (*V.* R. 44). — A Krylbo, on entre en

Dalécarlie et commence la ligne du « Sœdra Dalarnes Jernwæg » (ch. de fer du Sud de Dalécarlie); ✕ à dr., sur Storvik; à g., sur Tillberga (*V.* ci-dessous, *B*).

De Krylbo à Trondhjem, R. 44.

184 k. *Hedemora*, vieille petite V., dans une belle situation entre deux petits lacs, dont le plus grand (*lac Runn*) est à l'E., traversé par le Dalelf. — 200 k. *Sæter*, au bord du minuscule *lac Ljustern*.

225 k. **Borlænge** (hôt. : *Jernwægs*; *Central*), gare de bifurcation, à 139 m. d'alt.; on croise la ligne de Gœteborg-Falun.

DE BORLÆNGE A MORA

1° *Par Insjœn et le lac Siljan.*

103 k. env.; 🚂 de Borlænge à Insjœn, 37 k. en 1 h. 20; ⛴ d'Insjœn à Mora, 70 k. env., en 3 h. 30 env.

La voie monte en longeant la rive g. du Dalelf, qu'elle franchit avant (11 k.) *Dufnæs*, stat. à 161 m. d'alt.

37 k. **Insjœn** (hôt. *Jernvæg*), près du minuscule lac du même nom, formé par l'Œster-Dalelf. Le train s'arrête à l'embarcadère du bateau.

Le bateau (assez bon restaur. à bord) remonte l'Œster-Dalelf qui sert à un très actif flottage des bois provenant des forêts de la région.

45 min. d'Insjœn. **Leksand** (hôt. *Nya Hotellet*, près du débarcadère), petite V. sur le bord S. du lac Siljan, avec une grande église où, les dimanches, on peut voir, dans leur pittoresque costume, un grand nombre d'habitants des alentours.

Le **lac Siljan**, dit *l'Œil de la Dalécarlie* (Dalarnes œga), situé à 165 m. d'alt. entre des pentes boisées ou couvertes de prairies, mesure 40 k. de long sur 11 k. de large et occupe une surface de 286 k.-carrés. Les pentes qui le bordent sont couvertes de prairies et de bois.

Le bateau entre dans le lac proprement dit env. 45 min. après avoir quitté Leksand; à g. est la presqu'île de *Siljansnæs*, dominée par le *Bjœrkberg*; à dr. s'ouvre la baie de Rættvik.

1 h. 45 env. Rættvik (*V.* ci-dessous, 2°), où ne touche pas le bateau direct. — Le lac se rétrécit; on laisse à g. la grande *île de Sollerœn*, que domine le *Gesundaberg* (513 m.), et on entre dans la baie de *Saxviken*, à l'extrémité N. du lac, où se trouve Mora.

103 k. env. (3 h. 30 env. en ⛴ de Leksand). **Mora** (hôt. : *Mora*, ch. dep. 1 Kr. 50; *Gustaf Vasa*), vieille et intéressante bourgade, ch.-l. (ainsi que Leksand et Rættvik) d'une vaste commune, où l'on voit, tous les jours de fête, débarquer par centaines les paysans venus pour entendre le prêche. — Sur la place de l'Eglise, *statue de Gustave Vasa*, par *Zorn* (il est représenté au moment où, en 1520, il fait appel au patriotisme et à la valeur des Dalécarliens, pour affranchir la Suède du joug danois).

La **Dalécarlie**, appelée à bon droit « le cœur de la Suède », réunit sur son territoire les aspects caractéristiques des paysages suédois : plaines verdoyantes traversées par de grands cours d'eau, montagnes boisées, lacs nombreux, belles cascades. On y trouve aussi des spécimens des principales industries de la Suède : grandes forges et scieries, importantes exploitations minières et forestières. Les habitants, connus pour leur amour pour la liberté et pour leur bravoure, sont signalés d'ordinaire comme représentant le type national le plus pur des « Svear », le peuple qui a donné leur nom aux Suédois ou « Svenskar » de nos jours.

[A 30 min. S.-O. de Mora, se trouve *Utmeland*, où Gustave Vasa fut sauvé par une femme des Danois qui le poursuivaient; une *chapelle* commémorative, érigée par Charles XV, renferme trois peintures dont une par le roi, les autres par *Bergh* et *Hæckert*.

Une ligne de ch. de fer passant par Vansbro (*V.* ci-dessous, *B*), va de Mora à (223 k.) Kristinehamn, sur la ligne de Stockholm à Christiania (R. 45).]

2° *Par Falun et Rættvik.*

113 k.; 🚂 en 5 h. 30 env.; 7 Kr., 4 Kr. 20, 2 Kr. 80.

1 k. *Domnarfvet*, localité industrielle (grandes aciéries Bessemer et importantes fabriques de papier de pâte de bois). — Pont sur le Dalelf.

6 k. **Ornæs**, à 109 m. d'alt., sur la rive S.-O. du *lac Runn*; un bateau y amène les voyageurs depuis la gare.

On est ici sur un sol historique, sur le théâtre des premiers événements de l'époque mémorable de laquelle date la liberté de la Suède, affranchie par Gustave Vasa du joug danois. A *Rankhyttan*, près d'Orsa, se voit encore la grange (*Kungsladan*) où Vasa, déguisé en paysan, fut occupé à battre le blé; plus loin, au bord du lac, l'*Ornæstuga*, où Vasa fut sauvé par Barbo Stigsdotter, qui le cacha aux Danois et l'aida à leur échapper.

23 k. **Falun** (hôt. : *Stadhôtellet*, ch. dep. 2 Kr. 25, restaur.; *Nya hôtel*, près de la gare; etc.), V. de 10,000 hab., ch.-l. de la prov. de Dalécarlie, à 117 m. d'alt., sur le Falu-æ. — Importantes *mines de cuivre*, qui atteignent 400 m. de profondeur; pour les visiter (de 8 à 12 h. ou de 4 à 6 h., en semaine; pourb. 1 à 3 Kr. suivant le nombre des visiteurs) s'adresser, par téléphone, au « Gruf Kontor ».

23 k. *Falun*, gare du Nord. — 49 k. *Sægmyra*, à 202 m., sur l'Arbosjœ.

66 k. *Westgærde*, à 246 m.; forêts de pins; très belle vue. — La voie descend vers le lac Siljan (*V.* p. 248), dont elle atteint la rive E. en arrivant à Rættvik.

73 k. **Rættvik** (hôt. : *Tourist*, bon, ch. dep. 1 Kr. 50, déj. 1 Kr. 10, dîn. 2 Kr., soup. 1 Kr. 50; *Karbrik*), V. de 8,900 hab., à 165 m., bien situé dans un des plus beau sites des bords du lac. — Etablissement de bains du lac. — Vieille *église* et, à côté, *pierre de Vasa*. — Jolis environs.

⛴ pour Mora et Leksand, *V.* ci-dessus, 1°.

La voie longe la rive N.-E. du lac Siljan. — Belle vue à g. — 111 k. *Mora-Noret*; à dr., ligne d'Orsa (*V.* ci-dessous). — On franchit le large émissaire du lac d'Orsa dans le lac Siljan et l'Œstra-Dalelf, qui vient aussi s'y jeter.

113 k. Mora (*V.* ci-dessus, 1°).

B. Par Tillberga et Vansbro.

369 k.; 🚂, ligne de Stockholm-Vesteras-Bergslagens (gare Centrale), en 9 h. env. par le train direct partant vers 7 h. 15 mat. (wagon-restaur.); 20 Kr. 50, 12 Kr. 30, 8 Kr. 20. — Ligne assez intéressante et qui peut être utilisée comme variante pour l'aller ou le retour de Mora à Stockholm.

La voie longe, à g., la baie de Rœrstrand, laisse à g. le château de Carlberg (p. 251) et à dr. la ligne d'Upsala à Trondhjem (R. 44). — Au delà de (17 k.) *Jakobsberg* on franchit la passe du *Stækel* au débouché de la baie d'Upsala dans le lac Mælar, que la voie longe à g. (S.). — Tunnel dans l'*île de Stækesœ* et pont. — 47 k. *Bœlsta* et pont sur l'Ekolsundsvik. — 74 k. *Enkœping*, petite V. de 5,000 hab.

101 k. **Tillberga** Ⓑ, dans une grande plaine, à la jonction de plusieurs lignes.

La voie se dirige vers le N., par une région boisée où abondent les mines de fer et les forges. — On franchit le Svartœ. — 129 k. *Ramnæs*, sur le canal de Strœmsholm, que la voie va longer à g. — 151 k. *Engelsberg*, sur le bord N.-E. du beau *lac Aminningen*, que l'on côtoie en passant devant les grandes forges de *Fagersta*. Plus loin, on passe entre les lacs de *Sœdra Barken*, au S., et *Norra Barken*, au N., dans un beau site. — 196 k. *Smedjebacken*, localité industrielle et important centre minier.

212 k. **Ludvika** (hôt. *Jernvæg*), à 154 m. d'alt., sur la rive S.-E. du *lac Wessman*, entouré de hauteurs couvertes de belles forêts de bouleaux.

260 k. *Bjœrbo*; à dr., ligne de Falun. — La voie longe la rive dr. du Vester-Dalelf, qu'elle franchit en arrivant à

298 k. **Vansbro**, où l'on rejoint la ligne venant de Kristinehamn (p. 256), que l'on va suivre vers le N.-E. jusqu'à Mora.

369 k. Mora (*V.* ci-dessus, *A*).

Route 44. — DE STOCKHOLM A TRONDHJEM

PAR UPSALA, KRYLBO, BRÆCKE ET ŒSTERSUND

854 k.; 🚂 ligne du Nord, ou *Norra Stambanan* (gare Centrale) en 23 h. env.; de la mi-juin à fin août 2 trains directs (wagon-lits) en 20 h., à la même époque on peut aussi utiliser 3 fois par sem. l'express de Laponie (wag.-restaur. et wag.-lits) jusqu'à Bræcke, en 10 h. 30; 45 Kr. 05, 28 Kr., 18 Kr. 65; trains directs 40 Kr. 20 et 26 Kr. 80. — *N. B.* Les voyageurs voulant aller d'Upsala à Ockelbo par la ligne de Gefle doivent le dire en prenant leur billet.

DE STOCKHOLM A UPSALA

66 k., 🚂 (gare Centrale) en 1 h. 30 à 2 h. 30; 4 Kr. 50, 2 Kr. 70, 1 Kr. 90; — 90 k., ⛴, de Riddarholm, t. l. j. avant midi, en 6 h., 1 Kr. 50 (restaur. à bord); ce dernier itinéraire est recommandé, si on a le temps, pendant la belle saison.

A. **Par chemin de fer.**

2 k. *Carlberg*, ancien château royal, sur le petit lac du même nom, réuni par un canal au lac d'Ulsunda.

Construit au XVIIe s. par Carlsson Gyllenhjelm, bâtard de Charles IX, il passa, à l'époque de la « réduction », à la couronne et la famille royale y habita jusqu'en 1792; transformé depuis en école de cadets, il fut agrandi et deux ailes y furent ajoutées.

La voie ferrée longe le parc du château, près duquel se trouve la fabrique de porcelaines de *Rœrstrand*, la plus ancienne de la Suède.

7 k. *Jerfva*. — A 20 min. N., château d'Ulriksdal (p. 243).

32 k. *Rosersberg*. — A 2 k. de la stat., *château* du même nom, auj. école de tir des officiers suédois (très beau parc; bibliothèque, avec catalogue de la main de Charles XIII).

37 k. *Mærsta*.

[A 8 k. O., ⊛, **Sigtuna**, petite localité à l'entrée de l'étroite baie de Garnsviken, fut jadis la capitale de la Suède. Fondée au IXe s., assiégée, prise et brûlée par St Olof, roi de Norvège, elle fut rebâtie au XIe s. par le roi de Suède Olof Skœtkonung; les Esthoniens la détruisirent en 1187 et ils emportèrent en Russie les portes en argent de la ville qui se trouvent, dit-on, dans une église de Novgorod. Il ne reste plus de l'ancienne Sigtuna que les ruines de trois églises.]

La voie traverse le dernier méandre de la baie de Garnsviken, puis franchit la Sæfjaa près de son débouché dans la Fyrisœ; à g., grand asile d'aliénés; un peu plus loin, premières maisons d'Upsala.

66 k. Upsala (*V*. ci-dessous, *B*).

B. **Par bateau à vapeur.**

Le bateau se dirige à l'O. et parcourt le bras du lac Mælar qui sépare l'île de Kersœ, à g., de la terre ferme; au delà de l'extrémité N.-O. de cette île on aperçoit à g. le château de Drottningholm (p. 244). On passe entre plusieurs îles, puis, tournant au N., on atteint la baie de Grœveln. — 2 h. env. Près d'Almare-Stæk, on traverse l'étroite *Stækelsund* (passe du Stæket), en passant sous la chaussée et le ch. de fer de Vesteras. — On laisse à g. l'île de *Munkholm*; plus loin, à dr., le *château de Steninge* et, encore plus loin, Sigtuna (*V*. ci-dessus) entre deux bras du fjord et, presque en face, à g., *Signildsberg*, sur l'emplacement de l'antique *forn-* (ou *fœr-*) *Sigtuna*, où (d'après la légende) le chef Sigge se nomma dieu et se fit élever un temple. — A g., *Hœlunaholm*; puis, au delà de l'*Erikssund*, le *Skofjord*, où se trouvent, à l'O., le château de Skokloster (p. 245), superbe avec ses larges façades et ses quatre tours d'angle, et la *Skokyrka*, ancienne église des Dominicains. — 5 h. 30 env. On atteint l'extrémité du fjord, à l'embouchure de la Fyrisœ dans le lac et on remonte cette rivière; à g., Institut agricole d'*Ultuna*.

6 h. **Upsala** (hôt. : *Stadshôtel*, ch. dep. 2 Kr. 50, dîn. 2 Kr. 50 ou 3 Kr., jardin, au centre de la ville près de la cathédrale; *Svea*, près

de la gare; fiacres, à 1 chev., l'h. 1 Kr. 25 pour 1 pers. et 1 Kr. 50 pour 2 pers.; à 2 chev. 2 Kr.; pour Gamla-Upsala 3 Kr. pour 1-2 pers.; 5 Kr. 3-4 pers.; embarcadère à Flustret, au pied du château, près du pont Island, à l'entrée S. de la ville), V. de 24,500 hab., célèbre par son université et siège de l'archevêché de Suède, est située sur les deux rives de la Fyrisœ, que franchissent 8 ponts.

Histoire. — La ville actuelle d'Upsala n'était, à l'origine, que le marché de commerce et le port d'échanges de l'antique cité d'Upsala (« Gamla Upsala ») qui fut avant Stockholm la métropole des Suédois. Quand les rois se transportèrent à Stockholm, ils établirent en 1276 à Upsala, où avait lieu leur couronnement, le siège de l'archevêché fondé un siècle auparavant. Grâce à l'université, fondée en 1477 par l'archevêque J. Ulfson Œrnefot et richement dotée depuis par les rois (surtout par Gustave-Adolphe), Upsala est devenu le centre intellectuel du royaume.

La ville moderne, où se trouve la gare, est bâtie en plaine sur la rive g. du fleuve; la ville du moyen âge, sur la rive dr., couvre les hauteurs.

Au sommet et sur les pentes de la colline se dressent trois des édifices les plus célèbres de la Suède : le château, l'université, la cathédrale.

Le **Dom** (*Cathédrale*) est, après le dôme de Trondhjem, le plus beau monument religieux de l'époque ogivale, qui existe en Scandinavie; mais, de plus que l'église norvégienne, il a l'avantage d'avoir gardé sa nef entière, malgré les cinq incendies qui l'ont endommagée. — La construction fut commencée en 1289 par l'architecte français *Etienne de Bonnœuil*, « tailleur en pierre, maistre de faire l'église de Upsal en Suède », comme il est dit dans le contrat passé avec lui à Paris en 1287, par lequel il s'engageait à prendre pour modèle l'église de Notre-Dame.

L'église, terminée et consacrée en 1435, était surmontée de 3 tours, une au milieu, les deux autres sur la façade O., mais lors de l'incendie de 1702 elles furent complètement détruites. Les deux tours de la façade O. (imposante par la noble sévérité de son style) ont été érigées en 1884-93, par *Langlet*, d'après *H. Zettervall*. Le portail S., datant du commenc. du XIVe s. et renouvelé par *Th. Lundberg*, est le plus remarquable.

Int. (pour visiter s'adresser au « Klockar » ou sacristain, au no 1, Domtropphus, à l'E. du chœur; 50 œre à 1 Kr.). — Nefs et chœur sont soutenus par 26 piliers isolés; voûte et murs décorés de peintures par *Lindegren*. — Vitraux par *Callmander*, d'après les cartons de *Lindegren*. — **Chaire** du style Louis XV, richement décorée, d'après *Nic. Tessin*. — Maitre-autel gothique, d'après *Zetterwall*; dans le chœur, grand lustre en argent de 1648; derrière l'autel, *châsse* en argent doré, renfermant les restes du roi St Eric, tué en 1160 par les Danois ; au-dessus de la châsse, prétendue couronne de ce roi.

Chapelles, transformées depuis la Réforme en chapelles funéraires: nombreux tombeaux des rois, des reines et de membres de familles aristocratiques. — A l'extrémité E. du chœur, le *Gustavianska grafkoret* (chapelle tombale de Gustave) renferme le *tombeau de Gustave Vasa*, représenté couché entre ses deux premières femmes (la troisième y est aussi inhumée); les murs de la chapelle sont ornés de fresques par *Sandberg*, rappelant des épisodes de la vie du roi. — La *Sacristie*, dans le bras N. du transept, renferme le *trésor*, riche en objets précieux de différentes époques (crosse épiscopale de 1164, calice et patène de 1541, couronnes royales, etc.).

Au N. de l'église l'*Erikskælla* est une source qu'aurait fait jaillir le sang du roi martyr.

Le **Château** (*Slottet*), énorme masse de briques rouges, flanquée de tours rondes, s'élève au sommet de la colline, au S.-O. de la cathédrale et domine toute la cité (belle vue).

Moins ancien que le Dôme, il rappelle aussi le nom de Gustave Vasa, qui le construisit pour tenir sous le feu de ses canons l'archevêque. C'est près de là que fut tenu le célèbre synode, qui supprima tous les biens des églises et des couvents pour les donner à l'Etat et qui interdit même le culte catholique, afin que « les Suédois, devenus un seul homme », n'eussent désormais « qu'un seul Dieu ».

Entre le Dôme et le Château vers l'O. se trouvent les principaux édifices universitaires.

En face et à l'O. du Dôme, le *Gustavianum* (musée zoologique et petite galerie de tableaux) est la plus ancienne de ces constructions. Un petit square sur le versant de la hauteur, orné de la *statue de Geijer* (l'historien d'Upsala) par *Bœrjeson* (1885), le sépare à l'O. de l'Université.

La nouvelle **Université**, édifice du style Renaissance, en briques et grès, a été achevée en 1886 sur les plans de *Holmgren*.

A l'int. quelques belles salles (dans la chancellerie, très beau bahut, offert en 1632 à Gustave-Adolphe par la ville d'Augsbourg).

L'Université compte 55 professeurs et env. 1,800 étudiants, qui sont divisés en 13 provinces (« Nationen »), ayant presque toutes leur maison particulière et dirigées par un président (« Ordfœranden ») élu par la corporation.

Au S. du Gustavianum, l'allée de l'*Odinslund*, qui commence au delà de l'Archevêché, et est ornée d'un *obélisque* en l'honneur de Gustave-Adolphe, passe devant la *Trefaldighetskyrka* (église de la Trinité) et aboutit à la Bibliothèque.

La **Bibliothèque** (*Carolina Rediviva*), entièrement rebâtie à la fin du XIXe s., possède env. 330,000 vol. et 13,700 manuscrits.

La *salle d'exposition* (« Visningssalen », au rez-de-chaussée, t. l. j. de 10 à 2 h. en s'adressant au « Vaktmæstar » ou gardien; 50 Kr.) renferme, entre autres documents précieux, le plus ancien monument des idiomes du Nord, le célèbre *Codex argenteus*, traduction des Evangiles en langue gothique, par l'évêque Ulfilas († 388), sur 187 feuilles de parchemin rouge en lettres d'or et d'argent. Ce manuscrit, pris par les Suédois à Prague en 1648, donné par la reine Christine à son bibliothécaire Vossius, fut vendu par celui-ci à Magnus-Gabriel de la Gardie, chancelier de l'Université, qui en fit don à la Bibliothèque.

A l'O. de la Carolina, dans le *Carolinaparken*, orné d'un *buste de Charles XIV*, par *Fogelberg* et où l'on a placé des pierres runiques, se trouve le bel édifice du *Chimicum* ou laboratoire de Chimie. — Au S. s'étend le *Jardin Botanique* (sous la coupole de l'amphithéâtre de botanique, belle *statue de Linné*, par *Bystrœm*).

[*Environs*. — **Hammarby** (11 k. S.-E.; ⊛, voit. à 1 chev. 5 Kr., à 2 chev. 8 Kr., all. et retour), où habita Linné, le célèbre botaniste († 1788). Près de là, dans une maisonnette, les *Mora Stenar* (pierres de Mora) marquent l'emplacement où jadis les rois étaient élus et où on leur prêtait serment, après quoi le nom de l'élu était gravé sur l'une de ces pierres.

Gamla Upsala (11 k. N., 🚂 ou Ⓑ), la « Vieille Upsala », celle où siégeait Odin, se trouve dans la plaine au pied d'une petite chaîne de collines sableuses. Naguère il ne restait de l'antique cité que des cabanes et une petite église reposant (dit-on) sur les substructions d'un temple où se faisaient des sacrifices humains ; mais un village s'est reformé peu à peu autour de la station du chemin de fer et le paysage a perdu son caractère. Non loin de l'église s'élèvent trois monticules (ou plutôt trois tumuli) : les **Kungshœgarne** ou collines des Rois, remaniés par la main de l'homme, où, d'après la tradition, seraient ensevelis les dieux Odin, Thor et la déesse Freya. On les a fouillés à plusieurs reprises, mais on n'y a trouvé qu'une urne et quelques menus objets, transportés au Musée National de Stockholm, et des ossements calcinés. — Un autre tertre plus bas, désigné sous le nom de *Tingshœg*, servait, dans les moments difficiles, de tribune aux rois pour haranguer la multitude ; Gustave Vasa fut le dernier à y monter. Du sommet des buttes, on aperçoit dans la plaine solitaire des centaines d'autres élévations, en partie artificielles, dont la plupart recouvrent probablement des corps.

Dans une ferme à côté de l'église on peut se faire servir de l'hydromel (« Mjœd »), que l'on boit dans une corne montée en argent (50 œre).]

D'UPSALA A TRONDHJEM

788 k. 🚂, *via* Krylbo-Ockelbo ; 749 k. 🚂, *via* Gefle-Ockelbo.

128 k. (de Stockholm). *Sala*, V. de 7,400 hab., à 52 m. d'alt. sur la Sagå, connue par sa grande mine de plomb argentifère, exploitée depuis le XVIe s. — On traverse une région boisée et déserte.

161 k. **Krylbo** (hôt. *Jernvæg* et restaur. ; ⚒ sur Tillberga à l'O. et Engelsberg, au S.), à 80 m. d'alt. sur le Dalelf.

De Krylbo, par Borlænge, à Mora et à Falun, R. 43.

La voie se dirige au N. et franchit le Dalelf. — 219 k. *Storvik*, Ⓑ, où l'on croise la ligne de Gelfe à Falun.

257 k. **Ockelbo**, à la jonction avec la ligne venant d'Upsala par Gefle (grande église ; importante usine alimentée par les mines de Vindkœrn).

La voie franchit le Voxnaelf, pour longer ensuite la rive O. du *lac Varpen*. — Au delà de (317 k.) *Bollnæs*, la voie remonte la vallée du Ljusneelf qui forme une chaîne de petits lacs, que l'on longe à dr.

365 k. *Jerfsœ*, à 134 m., dans une belle situation. — On franchit le Ljusneelf.

380 k. *Ljusdal*. — La voie passe entre plusieurs lacs, à travers une région d'une beauté sauvage, pour atteindre, entre (428 k.) *Ramsjœ* et (446 k.) *Mellansjœ*, son point culminant, à 330 m. d'alt.

484 k. **Ange** (hôt. *Jernvæg* et restaur. ; changem. de voit. sauf pour les express ; ⚒ pour Sundsvall), à 168 m. d'alt. — La voie monte et traverse une contrée déserte.

515 k. **Bræcke** (bon hôt.-restaur. *Jernvæg* ; ch. dep. 1 Kr. 50, din. 2 Kr.), à 291 m., sur le *lac Refsunden*.

Succession de remblais et de tranchées. — On passe près des lacs d'*Arvik* et *Lockné*.

586 k. **Œstersund** (Ⓑ; hôt. : *Grand-Hôtel*, près de la gare, ch. dep. 2 Kr. 50, le propr. parle français; *Norrland*), V. de 6,500 hab., ch.-l. du Jémtland, à 296 m. d'alt., dans un site pittoresque, sur le bord E. du *lac Storsjœn*, en face de l'île de Frœsœ. — L'*Esplanade*, qui traverse la ville de l'E. à l'O., aboutit à un pont de 432 m. qui la relie avec l'*île de Frœsœ*, où sont plusieurs villas.

La voie longe le lac, franchit l'Indalself (à dr., cascade) et passe devant le pittoresque petit *lac Nælden* (à dr.), puis franchit le Faxelf entre ce lac et celui d'*Alsen*.

624 k. *Ytterœn*, à 298 m., station balnéaire (sanatorium; source ferrugineuse).

655 k. *Mœrsil* (hôt. : *Jernvæg*, *Dalgard*; *Sanatorium*), station climatique à 329 m. — Au delà de (665 k.) *Hjerpen*, on peut voir à g. la *cascade de Rista*, formée par l'Undersœkerelf. — La voie longe la rive g. de l'Are.

692 k. **Are** (hôt. : *Grand-Hôtel*, ch. dep. 2 Kr.; *Areskutan*), station climatique fréquentée, au pied de l'*Areskutan* (1,416 m.).

700 k. *Dufed* (hôt. *Dufed*), à 385 m.

[De Dufed on peut aller voir, en 3 h. env. all. et retour (voit. 4 à 6 Kr.), la magnifique *cascade de Tænnforsen*.]

La voie franchit le Dufedself, dans une région désolée; à dr. on aperçoit le *Minnesten*, haute pierre commémorative d'un corps de troupes suédois qui, en 1718, pénétra de là en Norvège.

713 k. *Gefsjœ*, à 506 m., sur le lac du même nom; belle vue à g. (S.) sur le Bunnerfjæll, les Snasahœgar et, entre les deux, sur les Sylar et leur glacier. — 724 k. *Ann*, à 537 m., au bord du lac du même nom; sur la rive S.-O. on voit les *chutes de Handœl*.

735 k. **Enafors** (hôt. : *Turist*), bon centre d'excursions de montagne, à 554 m. d'alt.

[*Cascade de Handœl* (4 à 5 h.; guide, servant aussi de rameur, 3 à 4 Kr. 50). — *Cascade du Bradslœjan* (du Voile de la mariée; 1 h. env. O. vers la frontière), l'une des plus belles de la Suède. — Les *Sasnahogar* (1,465 m.; 4 h. S., avec guide; très belle vue); etc.]

La voie monte toujours et passe par de grandes galeries destinées à l'abriter de la neige.

748 k. **Storlien** (hôt. : *Jernvæg*; *Sanatorium d'Hœgjæll*; douane suédoise; changement de voit., à l'exception des wagons-lits), dernière station suédoise, séjour climatique, à 592 m.

On atteint la frontière, à 556 m. d'alt., et on entre en Norvège; le pays est désert et la végétation a presque disparu. — Descente.

773 k. **Meraker** (Ⓑ; douane norvégienne), à 219 m. d'alt., dans une belle situation; très belle vue. — Pont sur le Stjœrdalelf et tunnel.

820 k. *Hell* (⚔ sur Levanger), à l'embouchure du Stjœrdalelf. — Petit tunnel. — 840 k. *Hommelvik*. — La voie longe le Stjœrdalsfjord. — A g., asile d'aliénés de Rotvold. — En arrivant à Trondhjem on voit à dr. l'église de *Lade*, puis on traverse le faubourg de Baklandet et on franchit la Nide, ou Nidelf, près de son embouchure dans le Trondhjemsfjord.

854 k. **Trondhjem** (R. 49); la gare est dans une île que le pont de Meraker (Merakerbro) réunit à la ville proprement dite.

Route 45. — DE STOCKHOLM A CHRISTIANIA

574 k.; 🚂, gare Centrale, ligne de la Vestra Stambanan, en 12 h. env.; 37 Kr. 60, 23 Kr. 85, 15 Kr. 90 (trains directs); wagon-lits, 10 Kr. en 1re cl., 5 Kr. en 2e cl. et wagon-restaur. (dîn. 2 Kr. 50) aux trains rapides.

133 k. de Stockholm à Katrineholm (*V.* R. 40, *A*).

142 k. *Baggetorp.* — 155 k. *Vingœker*, au centre d'une contrée qui a conservé plusieurs de ses anciens usages et l'ancien costume national. — 174 k. *Kilsmo*, sur la rive N. du *lac Sottern.*

229 k. *Laxœ* (à 5 k. N., *Porla*, stat. thermale). — 264 k. *Degersfors*, à l'extrémité S. du *lac Mœckeln.*

290 k. *Kristinehamn*, V. de 8,150 hab. sur le lac Vener, au fond de la baie de *Varnevik.*

De Kristinehamm à Mora, *V.* p. 249.

330 k. **Karlstad** Ⓑ, V. de 15,350 hab., ch.-l. de la prov. de Vermland; fondée en 1548 par Charles IX, la ville fut presque entièrement détruite par un incendie en 1865. — Au N., sur le Klarelf, nombreuses usines et fabriques.

350 k. **Kil** (prononc. Tchil), gare de ⚔ à 106 m. d'alt. — On croise la ligne de Bergslagsban, de Gœteborg par Fryksta à Mora et Gefle (R. 43 et 44).

390 k. *Arvika* Ⓑ, dans une belle situation sur la côte N. du Glafsfjord (ou Elgafjord) que le canal de Gefle réunit au grand lac Vener. — 418 k. *Amot*, sur le *lac Nysocken.*

432 k. *Charlottenberg* Ⓑ, dernière station suédoise (visite des bagages; ceux enregistrés ne sont visités qu'à Christiania).

475 k. **Kongsvinger** (bon Ⓑ avec ch. à coucher), petite V. à 147 m. d'alt., à 2 k. env. de la gare, sur la rive dr. du Glommen.

La voie longe la rive g. du Glommen, qui forme plusieurs rapides. — 517 k. *Aarnes* Ⓑ. — 546 k. *Fetsund.* — Grand pont sur le Glommen, qui forme le lac Œieren.

La voie, se dirigeant au N.-O., longe la baie de Draget. — 564 k. *Lillestrœm* Ⓑ, à 108 m. d'alt. — La voie franchit le Nitelv, affluent du lac Œieren, puis traverse le Romerike, ancienne division historique de la Norvège.

575 k. **Christiania**, gare de l'Est, ou *Œstbanegaard* (on l'appelle aussi *Hovedbanegaard*, ou gare Centrale); R. 48.

Route 46. — DE PARIS A CHRISTIANIA

A. Par Cologne, Hambourg et Frederikshavn.

1,871 ou 1,932 k.; 🚂 et ⛴ en 40 h. env., sans compter l'arrêt à Hambourg (2 h. env.). — Billets directs : de Paris à Hambourg, valables 5 j. : 97 fr. 50 (1re cl.), 64 fr. 40 (2e cl.); de Hambourg à Christiania, 76 M. 30, 53 M. 90, 34 M. 70.

DE PARIS A HAMBOURG

938 ou 999 k.; 🚂 du Nord, en 16 h. 10 par le train de luxe « Nord-Express », en 19 à 20 h. par trains directs.

Pour les généralités sur ce trajet, *V*. R. 4.

938 k. ou **999** k. Hambourg (gare Centrale, ou *Hauptbahnhof*); R. 30.

DE HAMBOURG A CHRISTIANIA
PAR FREDERIKSHAVN

933 k.; 36 h. env., 🚂 et ⛴. — 633 k. 🚂 (gare Centrale, ou *Hauptbahnhof*) de Hambourg à Frederikshavn, en 12 h. 20 env. par le train direct (wagon-lits), partant vers 9 h. du s. et coïncidant avec le départ des bateaux pour Christiania, ou pour Christiansand; — 300 k. env., ⛴, 4 fois par sem. (se renseigner à Hambourg) de Frederikshavn à Christiania, en 24 h. env.; — billets directs depuis Hambourg, 78 M. 60, 53 M. 90, 34 M. 70.

Pour le trajet de Hambourg à Vamdrup, *V*. p. 194.

260 k. **Vamdrup** (douane danoise, on ne visite pas les bagages enregistrés pour Christiania).

279 k. *Kolding*, avec les ruines d'un vieux château.

298 k. **Fredericia**, V. de 13,500 hab., au bord du Petit Belt.

De Fredericia à Strib et à Copenhague, R. 37, *D*.

A dr., en arrivant à Veile, belle vue sur la baie du Veilefjord. — 320 k. *Veile*, V. de 10,000 hab. — 356 k. *Horsens*, vieille V. de 22,300 hab., sur la baie de son nom. — 385 k. *Skanderborg*.

409 k. **Aarhus** Ⓑ, vieille V. de 55,000 hab., sur la baie du même nom.

468 k. **Randers** Ⓑ, V. de 21,000 hab., sur la Gudenaa, avec une église du XIVe s. (intéressantes sculptures en bois).

549 k. **Aalborg** (Ⓑ; hôt. *Phénix*), intéressante vieille V. de 21,000 hab. sur le *Limfjord*, étroit bras de mer qui réunit la mer du Nord et le Kattegat. — Eglises du XIIIe et du XIVe s. — Curieuses vieilles maisons du XVIIe s.

La voie franchit le Limfjord sur un pont de 300 m.

633 k. **Frederikshavn** (hôt. *Dania*), petite V. de 6,000 hab., sur le Kattegat. — Les voyageurs porteurs de billets directs pour la Suède ou la Norvège ne descendent pas à la gare, mais continuent jusqu'au pont, où le train s'arrête près de la station des bateaux pour Gœteborg et pour Christiania.

De Frederikshavn le bateau longe la pointe terminale N. du Jutland et sort du Kattegat pour traverser en droite ligne le large golfe du *Skagerrak* qui se termine au N. par le *Kristianiafjord* où le bateau passe entre les îles de *Lindœ*, d'*Hovedœ* et de *Blekœ*, pour rentrer dans le *Bjœrvik*, qui forme le port de Christiania.

933 k. (1,871 k. ou 1,932 k. de Paris). Christiania (R. 48).

B. Par Cologne Hambourg et Copenhague.

1,926 ou 1,987 k.; 🚂 et ⛴ en 44 h. env., sans compter les arrêts à Hambourg et à Copenhague, qui varient suivant les trains. — Billets directs, valables 10 j. : *via* Kiel-Korsœr, 200 fr. 50 (1re cl.), 132 fr. 60 (2e cl.); *via* Vamdrup-Fredericia, 219 fr. 90 et 142 fr. 90.

DE PARIS A COPENHAGUE

1,296 ou 1,357 k.; 🚂 et ⛴ en 28 ou 30 h. suivant les trains.

Pour les généralités sur ce trajet, *V*. R. 5.

1,296 k. ou **1,357** k. Copenhague (R. 38).

DE COPENHAGUE A CHRISTIANIA

Pour se rendre de Copenhague à Christiania on a le choix entre trois routes : — 1° par 🚂, en 16 h. env., *via* Helsingœr-Helsingborg-Gœteborg; — 2° par ⛴ et 🚂, en 17 h. 30 env., *via* Malmœ-Helsingborg-Gœteborg; — 3° par ⛴, en 40 h. env., *via* Frederikshavn. — Nous ne tenons pas compte de cette dernière.

A. Par Helsingœr et Gœteborg.

630 k.; ⛴ et 🚂 en 16 h. env.; 32 Kr., 19 Kr. 20, 12 Kr. 80.

Pour la description du trajet entre Copenhague et Helsingœr, *V*. p. 207 à 209.

43 k. Helsingœr (p. 209), où l'on prend le bat. à vapeur.

49 k. Helsingborg (R. 39, *A*, 2°), petite V. suédoise, où l'on prend le train pour Christiania.

Pour la description du trajet entre Helsingborg et Christiania, *V*. R. 39, *A*, 2°, R. 40, *B*, et R. 47. — On passe par : — 27 k. Engelholm Ⓑ; — 93 k. Halmstad Ⓑ; — 244 k. Gœteborg Ⓑ; — 464 k. Fredrikshald.

630 k. (1,926 ou 1,987 k. de Paris). Christiania (gare de l'Est, ou *Œstbanegaard*); R. 48.

B. Par Malmœ et Gœteborg.

687 k. env.; ⛴ et 🚂 en 17 h. env. — 30 k. env., ⛴ 6 à 7 fois par j. entre Copenhague et Malmœ en 1 h. 36; — 657 k., 🚂 de Malmœ, par Gœteborg, à Christiania, en 15 h. 30 par le train direct du mat. ou par celui partant vers 10 h. du s. (wagon-lits); 50 Kr. 70, 32 Kr. 10, 21 Kr. 20.

Le bateau quitte Copenhague par le Nyhavn, laisse à g. l'îlot de *Trekroner* (phare) et, se dirigeant à l'E., traverse le Sund; à dr., île de *Saltholm*.

1 h. 30. Malmœ (R. 39, *A*); le bateau aborde sur la rive g. (E.) du quai du port, sur le côté S. duquel se trouve le *Tullhus* ou douane suédoise.

Pour la description du trajet entre Malmœ, Gœteborg et Christiania, *V*. R. 47.

687 k. de Copenhague (1,983 ou 2,044 k. de Paris), Christiania (gare de l'Est ou *Œstbanegaard*); R. 48.

Route 47. — DE MALMŒ A CHRISTIANIA

657 k. : [train] env., ligne de Bergslagsbana, en 15 h. 30 env. par trains directs (wagon-restaur.; wagon-lits à celui du soir); 42 Kr. 90, 27 Kr. 20, 18 Kr. 10. — Si l'on voulait visiter le canal et les écluses de Trollhættan on pourrait utiliser le bat. de Gœteborg par le canal de Gœta à Trollhættan, 8 à 9 h., 4 Kr. 50 avec cabine (on pourrait, en ce cas, quitter le bat. à Akersvass et aller à pied jusqu'à Trollhættan). — On peut aussi se rendre de Gœteborg à Christiania par [bateau], 20 h. env., mais le trajet n'offre pas assez d'intérêt (on pourrait, tout au plus, se borner au trajet depuis Fredrikshald, qui exige env. 8 à 10 h.).

De Malmœ à Gœteborg, *V*. R. 40, *B*.

300 k. Gœteborg (gare de *Bergslagsbana*); R. 40, *B*.

DE GŒTEBORG A CHRISTIANIA

357 k., [train] gare de Bergslagsban en 9 h. env.; 25 Kr. 90, 17 Kr., 11 Kr. 30.

La voie remonte la vallée du Gœtaelf en suivant sa rive g. — Pays insignifiant jusqu'à (65 k.) *Upphærad*.

372 k. (de Malmœ). **Trollhættan** (hôt. : *Grand-Hôtel Trollhættan*, à 15 min. de la gare, sur la rive g. du canal; ch. dep. 1 Kr. 50, dîn. 2 à 3 Kr., omnibus de la gare 50 œre, de ou pour Akersvass 1 Kr., *Jernvægs-Hôtel*, à la gare; voit. de place, 1 Kr. 50 l'h., chaque h. en sus 50 œre; le bateau venant de Gœteborg fait une halte à Akersvass, où se trouvent les omnibus des hôtels, et ensuite près du Grand-Hôtel), commune de 6,500 hab., formée par une importante réunion d'usines et de fabriques, utilisant la force motrice développée par les chutes et qui est évaluée à plus de 200,000 chevaux.

La visite des chutes et des écluses (*V*. p. 220) demande env. 4 h. Il est préférable d'aller (à pied en 1 h., en voit. en 30 min.) jusqu'à Akersvass, à l'embouchure inférieure du canal, et de là, à pied, revenir vers Trollhættan en longeant le Gœtaelf par le chemin du *Kærlekensstig*, jusqu'au pont *Suckarnasbro* (pont des Soupirs) sur le Silfverbæcken, où l'on retrouve la route qui passe plus loin à côté d'une église et des écluses de Polhem (*V*. R. 40, *B*).

De Trollhættan à Stockholm, par le canal de Gœta, R. 40, *B*, 1°.

382 k. *Œxnered*; à dr., embranch. de Venersborg. — A dr. (E.), à l'extrémité S. du grand lac Vener, que la voie va longer, on aperçoit le *Halleberg* (148 m.) et le *Hunneberg* (150 m.). — A dr. grand lac Vener (*V.* p. 220).

423 k. **Mellerud** Ⓑ (✕ à dr. sur Kil, ligne de Stockholm à Christiania, R. 45). — On quitte la ligne de Bergslagsbana qui se dirige au N. vers Kil et la Dalécarlie (R. 45 et 43).

467 k. *Ed* Ⓑ, dans une belle situation sur le *lac Stora Lee.* — A la gare, *monument* en mémoire de *Nils Ericson* († 1870), l'ingénieur hydraulicien qui construisit les écluses d'Akersvass et le canal de Dal.

479 k. *Mon* Ⓑ, dernière gare suédoise (douane, visite à l'entrée en Suède).

488 k. **Kornsjœ**, première gare norvégienne (douane et visite des bagages, assez sommaire), à 145 m. d'alt.

506 k. *Aspedammen*, au point culminant de la ligne (172 m.). — A g., échappée sur le fjord de Fredrikshald. — Tunnels. — Sur la hauteur, à g., le fort de Fredriksten (*V.* ci-dessous : Fredrikshald). L'aspect du pays devient plus intéressant; à dr., *lac Femsjœ*, relié à quatre autres lacs situés plus haut, dans une contrée pittoresque, mais peu fréquentée. — La voie ferrée traverse une moraine et un petit tunnel qui débouche sur la belle vallée de *Tistedal* (nombreuses usines).

520 k. **Fredrikshald** (Ⓑ; hôt. *Grand-Hôtel*, à la gare), V. de 12,300 hab., sur le Tistedalelv, qui se jette ici dans l'Idefjord et sur la rive g. duquel se dresse, à 113 m. d'alt., l'ancienne citadelle de *Fredriksten* (c'est là que fut tué, en 1718, pendant le siège, le roi Charles XII; un *monument* lui a été érigé en 1860 par l'armée suédoise). — Grand commerce de bois (plus d'un million de troncs flottés annuellement des forêts de la région).

La voie franchit le Tistedalelv. — Tunnels. — A g., échappées sur le fjord et sur l'île de *Bratœ*, puis franchit le Glommen en arrivant à Sarpsborg.

547 k. **Sarpsborg** (hôt. *Kristiania*), V. de 9,209 hab., sur la rive g. du Glommen qui forme ici : au N. la baie de Glommen Glengshœlen et au S., près du pont du ch. de fer, la superbe cascade de *Sarpsfos.* De nombreuses usines utilisent la force motrice du fleuve.

Au delà de (553 k.) *Greaaker*, on franchit un bras du Glommen (belle vue).

562 k. **Fredriksstad**, V. commerçante de 13,500 hab., au débouché du Glommen dans le fjord de Christiania.

Tunnel. — Pont sur le Kjœlbergelv. — 596 k. *Moss* Ⓑ, V. de 8,000 hab., en face de l'*île de Jelœ*, qu'un pont relie à la terre ferme. — Montée. — 632 k. *Ski* Ⓑ, à 128 m. d'alt. — Descente. — 648 k. *Ljan.* — Belle vue sur le Bundefjord, dont les rives, ainsi que les îles, sont parsemées de villas.

657 k. Christiania (gare de l'Est, *Œstbanegaard*, ou *Hovedbanegaard*, près du centre de la ville); R. 48.

Route 48. — CHRISTIANIA

Gares : — ŒSTBANEGAARD, ou HOVEDBANEGAARD (gare de l'Est, ou gare Centrale, avec douane et visite des bagages, pour les lignes venant du N.-E., du S. et de la Suède), sur le Jernbantorv (place du Chemin-de-Fer); à l'E. du centre de la ville; — WESTBANEGAARD (gare de l'Ouest pour les lignes du Randsfjord, de Drammen-Krœderen, de Kongsberg et Skien-Larvik), sur le quai du Pipervik, à 1 k O. de la précédente. — Aux deux gares, voit. de place, facteurs numérotés, tram pour la ville; à celle de l'Est, omnibus des hôtels.

Ports : — Les grands bateaux à vapeur abordent généralement dans le BJŒRVIKEN au quai dit *Toldbodbryggen* (quai de la Douane; visite à bord); — ceux venant de Bergen et de la côte norvégienne, abordent un peu plus loin au *Fæstningsbryggen*; — ceux venant de Suède et de Danemark abordent au PIPERVIKEN, près de la Westbanegaard; — ceux du service local stationnent dans le Bjœrviken, au quai dit *Jernbanebryggen*, à côté de l'Œstbanegaard et au quai de *Pipervikshryggen*.

Principales curiosités. — CHÂTEAU ROYAL ET PARC (p. 263). — **Kunst Museum** (p. 263). — MUSÉE HISTORIQUE (p. 263). — UNIVERSITÉ (bateau des Vikings; p. 262). — KUNSTINDUSTRI MUSEUM (p. 264). — PARC DE SANKT-HANSHAUGEN (p. 265). — **Oskarshall et Musée national norvégien** (p. 265). — **Excursion à Holmenkollen et dans le fjord** (p. 266).

CHRISTIANIA (*Kristiania*; *V.* l'*Index*), V. de 300,000 hab. (avec ses faubourgs), capitale du royaume de Norvège (322,987 k. carrés; 2,350,000 hab.) et la deuxième cité de la Scandinavie par l'importance de sa population, est située à l'extrémité N. du fjord de son nom, qui sépare les deux presqu'îles secondaires de la Norvège méridionale (à l'O.) et de la Gothie (à l'E.), découpées au S. de la grande péninsule scandinave. Ce fjord se termine au milieu des terres « par un vaste bassin en forme de croissant, où des ports peuvent s'établir à l'abri de chaque langue de terre : Christiania en possède deux : *Piperviken* à l'O. et *Bjœrviken* à l'E.; celui-ci est le plus fréquenté et le long de ses quais s'amarrent les navires, bien défendus des vents; mais les glaces ferment la baie en moyenne pendant un tiers de l'année » (Reclus).

Le fjord de Christiania était connu jadis sous le nom de *Viken* (ou « le Golfe » par excellence); c'était l'un des meilleurs et le plus fréquenté de ces havres d'embûche et de refuge, où les *Vikings* préparaient leurs expéditions et venaient cacher leurs flottilles. De nos jours, le grand lac marin de Christiania doit son importance commerciale « à la fécondité des terres qui le bordent; le district même d'Akershus, entourant la capitale, possède à lui seul plus de la moitié des terres cultivées du royaume et leurs produits sont exportés par les marins de Christiania; sur le versant des collines et des montagnes qui regardent le fjord se trouvent aussi les gisements de minéraux les plus considérables » (Reclus).

Christiania, centre d'industrie et de commerce, etc., est le marché le plus animé de la Norvège, du moins pour l'importation, car, pour l'exportation, Bergen lui est souvent supérieur. Elle est enfin, — si l'on tient compte de sa haute latitude, — « une des villes de la Scandinavie les plus agréables à habiter, grâce à la pureté de l'air que l'on y respire, à l'élévation relative de la température, à la beauté de ses environs » (Reclus).

Histoire. — Là où s'élevait la cité médiévale d'*Oslo*, fondée au milieu du XIe s. par Harald le Sévère, surgit au XVIIe s. la Christiania actuelle, qui doit son nom à son fondateur, le roi Christian IV de Danemark. La ville était alors entourée de fortifications se rattachant à la citadelle d'Akershus, qui seule est restée debout. Le feu ravagea à plusieurs reprises Christiania : en 1686, en 1708 et en 1858. Devenue en 1905 la capitale du royaume de Norvège, elle est en outre le siège d'un évêché luthérien et d'une université fréquentée par plus de 1,200 étudiants.

Industrie. — Fabriques de machines, filatures, ateliers de construction.

ITINÉRAIRE. — Le centre de la vie urbaine est concentré sur **Karl-Johansgade** (*rue Charles-Jean*), qui commence à la place dite **Jernbanetorv**, en face de la gare de l'Est (*Œstbanegaard*) et aboutit, vers l'O., au Slots Parken (Parc du Château ; p. 263) en face du Château royal.

Le terrain qui s'étend, au S. (à g.) de la Karl Johansgade, jusqu'au bord du Kristianiafjord, est occupé par la vieille ville et par la **Akershus Fæstning** (*Forteresse d'Akershus* ; on peut y entrer), des remparts de laquelle on a une très belle vue sur le fjord ; elle sert d'arsenal et de prison et renferme l'*église* de la garnison, ainsi qu'un *musée d'artillerie* (visible en s'adressant au bureau du « feldtœimester », à l'E. de la Fæstningsplads).

En parcourant de l'E. vers l'O. la Karl-Johansgade on rencontre successivement : — à dr., le **Stor Torv** (la *Grande Place*), ou plus vulgairement **Torvet**, avec la *statue de Christian IV*, par *Jacobsen* et, à l'E., la **Vor Frelserskirke** (*église du Rédempteur*, de la fin du XVIIe s., restaurée vers 1850 ; — à g., le **Storthings-Bygning** (palais du Parlement), édifice moderne, achevé en 1866 sur les plans de *Langlet* ; la façade principale, ornée de deux lions en granit par *Borch*, donne à l'O. sur le square de l'**Eidsvolds Plads**, avec la *statue de Vergeland* (poète ; † 1845) par *Bergslien* ; — à g., le **Théâtre National**, achevé en 1899 sur les plans de *Bull* (devant, *statues* colossales *de Henri Ibsen* et de *Bjœrnstjerne Bjœrnson*, par *Sinding* ; sur le côté N., *statue de l'acteur J. Brun*, par *Bergslien*) ; — à dr., presque en face du théâtre, l'**Université**, vaste édifice bâti vers le milieu du XIXe s. par *Grosch*, d'après *Schinkel* ; devant le corps central (orné d'une frise par *Skeibrok*, représentant Pallas Athèna vivifiant le premier homme), *statue de Schweigaard* (jurisconsulte ; † 1870), par *Middelthurn* (1883) ; dans l'annexe vers l'O. se trouve la *Bibliothèque* (env. 425,000 vol.).

Dans le jardin derrière le corps principal, un hangar (entrée libre les dim., lundi, vend. de 12 à 2 h. ; autres j. et h., en s'adressant au garde ou « vagtmester », dans le bâtiment central, 25 œre) abrite un **bateau des anciens Vikings**, trouvé à Gokstad, près du Sandefjord, en 1880, dans un tumulus où était enseveli un chef de ces redoutables Normands conquérants et écumeurs de mer, qui enterraient leurs chefs dans leur navire de combat (la chambre mortuaire, en planches, était située près du mât). — Dans un autre hangar, à côté, on a réuni les débris d'un bateau du même genre, trouvé en 1867, et quelques vieilles peintures d'église, provenant du Hallingdal.

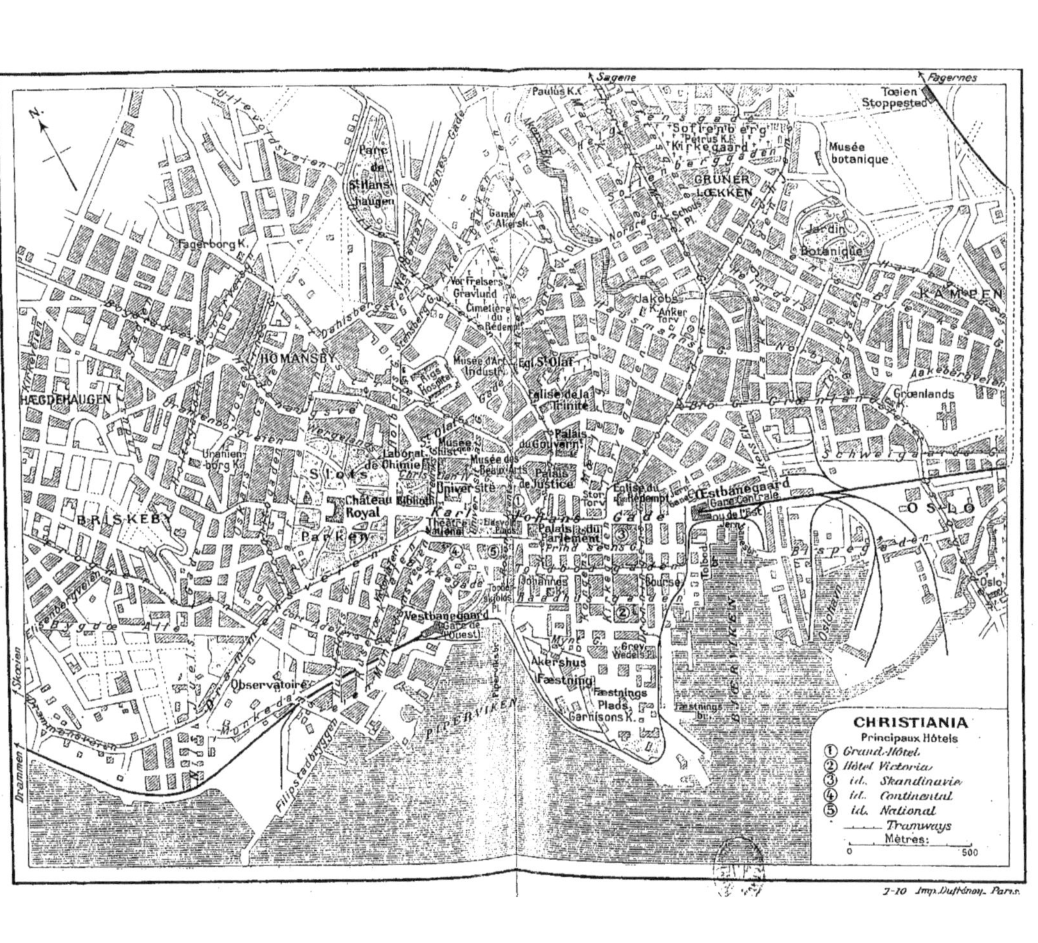

7-10 Imp. Dufrénoy, Paris.

Au N. de l'Université se trouvent le Musée des Beaux-Arts et le Musée historique (*V.* ci-dessous).

Au delà de l'Université et du Théâtre National, la Karl-Johansgade aboutit au beau **parc du Château** (*Slots Parken*), où a été érigée la *statue de Charles XIV* (ou Charles-Jean; Bernadotte) par *Bergslien* et qui précède le château.

Le **Château royal** (*Kongens slot*) est un grand bâtiment sans caractère, bâti entre 1825 et 1850.

A l'int. (visible en l'absence de la famille royale; s'adresser au « Slotsführer », dans l'aile S.; pourb.), assez riche collection de sculptures et peintures par des artistes norvégiens.

Au N.-O. du Slots Park s'étend un quartier tout moderne de petits hôtels et de villas. Au S. du parc, que borde le *Drammensveien* et au delà de cette rue, vers l'O., l'*Observatoire* s'élève au sommet d'une butte; vers l'E. la *Victoria Terrasse* est formée par deux étages de magasins supportant trois grandes maisons à tourelles.

Revenant à la Karl-Johansgade on trouve à son amorce, à g., la *Fredriksgade*, qui aboutit (à dr.) devant le Musée historique.

L'**Historisk Museum** (ouvert les mardi, mercr., jeudi, vend. de 1 à 3 h., dim. de 12 à 3 h., entrée libre; cabinet numismatique, dim. de 12 à 3 h., *idem*), construit au commenc. du siècle sur les plans d'*Henriksen*, renferme la collection d'antiquités norvégiennes, le cabinet numismatique et la collection ethnographique.

Rez-de-chaussée. — A dr., Ire SALLE : armes et ustensiles de l'âge de la pierre (env. 15 siècles av. J.-C.) et de l'âge du bronze. — IIe SALLE : objets de l'âge du fer; anneaux, bagues et ornements en or. — IIIe SALLE : **objets du temps des Vikings** (VIIIe-Xe s.), remarquable collection d'armes, ustensiles, ornements (entre autres, près de l'entrée, le « trésor de Hoen » et un éperon en or richement orné).

Entresol. — **Cabinet numismatique** (env. 45,000 monnaies et médailles); collection ethnographique des régions polaires, rapportée par l'explorateur Amundsen (1903-1907); groupes biologiques du prof. *Collet.*

Etage supérieur. — **Collection ethnographique norvégienne**, occupant 5 salles.

Sur le côté opposé (O.) de la Fredriksgade, près du *Laboratoire de Chimie*, un hangar abrite un autre **bateau de Vikings**, trouvé près d'Oseberg en 1904 et bien restauré en 1906; il daterait de l'an 800 av. J.-C. et il ressemble à celui dont il a été question ci-dessus (p. 262), mais il est plus orné.

En face et à l'E. du Musée historique, sur l'*Universitetsgade*, se trouve le Musée des Beaux-Arts, ou Musée d'Etat.

Le **Kunst Museum** (ouvert les dim., mardi, mercr., jeudi, vend., de 12 à 3 h., entrée libre; autres j. et h., s'adresser au gardien ou « Vagtmester » dans l'aile N.-O.; 50 œre à 1 Kr.), belle construction en briques dans le style de la Renaissance italienne, par *Schirmer*, et aux frais de la Caisse d'épargne de Christiania. Commencé en 1879, il a été agrandi entre 1903 et 1907.

Rez-de-chaussée. — Riches collections de moulages. — Le grand **escalier** montant au 1er étage est orné de sculptures (*Rodin.* Le Penseur; *Sinding.* Une mère captive; « Deux êtres humains »).

1er étage. — La **collection de tableaux** est intéressante pour l'étude de l'art norvégien du XIXe et du XXe s.; les tableaux ne sont pas numérotés mais ils portent le nom de l'auteur.

1re salle. — Sculptures par *G. Vigeland*; peintures de maîtres hollandais des XVIe et XVIIe s. — On passe à dr. dans la 2e salle.

2e salle (Danois, Suédois et autres étrangers.) — *Krœjer.* Concert à l'atelier. — *Uhde.* Un acteur. — *I. Skovgaard.* Deux scènes bibliques. — *N. Skovgaard.* Journée de septembre en Hollande. — *Zahrtmann.* La reine Ingeborg au lit de mort de son fils. — *E. Josèphson.* Forge espagnole. — *A. Zorn.* Au bord de la mer. — *Le prince Eugène de Suède.* Paysage. — *Claude Monet.* Temps de pluie à Etretat. — *Raffaelli.* Une rue (effet de soleil). — *Simon.* Une foire.

En face de l'entrée on passe dans **4 cabinets** renfermant des œuvres de maîtres italiens, allemands et néerlandais des XVIe et XVIIe s., ainsi que d'Allemands de l'école de Düsseldorf (XIXe s.). — Du dernier cabinet on passe dans la 3e salle.

3e salle (Norvégiens et Allemands du XIXe s.). — *Gude.* Le Fjord de Christiania. — *Cappelen.* Cascade dans le Telemarken. — *Tidemand.* Intérieur norvégien; Cortège nuptial dans le Hardanger (le paysage par *Gude*); Chasseur d'ours, etc.

Suivent **3 cabinets** consacrés également aux Norvégiens et aux Allemands; on y remarque plusieurs œuvres de *Tidemand* (Service divin dans une église de campagne; le Vieux solitaire, etc.), des paysages par *Isachsen* (le Sœterdal), *O. Sinding* (Nuit polaire), *Nielsen* (Soir dans le Ny Hellesund), etc.

4e salle (Maîtres norvégiens modernes). — *Krohg.* La Lutte pour l'existence. — *Leif.* Eriksson découvre l'Amérique. — *O. Sinding.* Paysages. — *Thaulow.* Une rue à Kragerœ; Paysages. — *Werenskjold.* Jeunes paysannes du Telemarken; Mme Nissen; B. Bjœrnson; H. Ibsen. — *Petersen.* Grieg. — *Heyerdahl.* Mme Gundersen; Vieux pêcheur. — *Munthe.* Jour d'été. — *Stredvisg.* Le Fils de l'Homme. — *Callet.* Paysages; etc.

Dans les **cabinets** suivants : sculptures par *M. Steibrok* (La Vieille mère, marbre; Lassitude, bronze), peintures par *O. Sinding*, *Grimelund*, *Kolstœ*, etc., et suites d'aquarelles (Légendes et contes du Nord) par *Munthe*.

5e salle (Norvégiens et Allemands). — *Kitty Kielland.* Nuit d'été. — *Wentzel.* Déjeuner; Bal dans le Sœterdal. — *Jœrgensens.* « Sans Travail ». — *Soot.* Le poète Lie et sa femme; etc.

6e salle (Norvégiens contemporains). — *Erichsen.* Paysage du Telemarken. — *Sohlberg.* Soir d'été. — *Munch.* Printemps. — *Ofsli.* Nuit de la St-Jean. — *S. Sinding.* Intérieur, etc.

A l'étage supérieur, *collection d'estampes* et *gravures*, *Bibliothèque* et salles de lecture.

Dans le quartier qui s'étend à l'E. de l'Universitetsgade se trouvent : — le nouveau *Palais de Justice* et le *palais du Gouvernement* (*Regjerings*); — la *Trefoldighedskirke* (église de la Trinité), gothique, bâtie en 1858 sur les plans de *Châteauneuf*.

L'Universitetsgade aboutit, au N., à la *Sankt-Olafsgade* où se trouve le Musée d'Art industriel.

Le **Kunstindustri Museum** (*Musée d'art industriel*; entrée par la Sankt-Olafsgade; gratuit les lundi et vend. de 12 à 3 h., autrement, s'adresser au gardien ou « Vagtmester »; 50 œre).

Rez-de-chaussée. — Collection de vieux tissus norvégiens : tapisseries (dont une du XIIIe s.), broderies; ornements, objets de ménage; moulages en plâtre de deux portes de vieilles églises du XIIe s.

Entresol. — Collection de verres et ustensiles divers, d'objets japonais et chinois, de meubles et tapisseries (dont une des Gobelins, du XVIIe s.); une chambre de paysans de la Norvège méridionale, du XVIIIe s.

Étage supérieur. — Collection de porcelaines de Meissen et Copenhague, verres norvégiens du XVIIIe s., faïence, terres cuites, etc.; fonts baptismaux de l'église du Rédempteur (XVIIe s.), etc.

A côté du Musée, à l'angle des rues appelées *Ulleveldsveien* (à g.; O.) et *Akersveien* (à dr.; E.) se trouve **Sankt-Olaf**, église catholique bâtie en 1853. Près et au N. de l'église le cimetière dit *Vor Frelsers Gravlund* (cimetière du Rédempteur) mérite d'être visité par sa belle situation (un assez grand obélisque, en pierre du Labrador, indique la place où est enterré Henri Ibsen).

En remontant toujours l'Akersvei on arrive à la **Gamle Akerskirke** (*vieille église d'Aker*; le sacristain ou « Kirketjener » habite en face), antique basilique anglo-romane qui existait déjà en 1650 et qui a été fondée, croit-on, par le roi Olaf le Pacifique; elle a été bien restaurée en 1831 par *Hanne* et *Schirmer*.

A quelques min. N.-O. de l'église le beau **parc de Sankt-Hanshaugen** (le mont Saint-Jean) offre un superbe point de vue sur la ville et le fjord de Christiania. Il est orné de la *statue de P.-E. Asbjœrnsen*, le conteur populaire, par *Bergslien*; on y trouve, près de l'entrée, un restaurant et, pendant la belle saison, il y a concert presque tous les soirs.

Environs.

1° **Presqu'île de Bygdœ, Oskarshall, Musée Norvégien** (on peut faire l'excursion en utilisant : le tramway électrique, depuis la station près du Storthing, ou depuis le Théâtre, suivant la route de Drammen jusqu'à la halte de *Stillebach*, d'où en 5 min. à pied on gagne l'embarcadère du petit bateau qui transporte sur la rive opposée à 500 m. env. S. d'Oskarshall; les petits bateaux partant toutes les 1/2 h. du quai de Pipervikon et touchant à Oskarshall; ou, enfin, le ch. de fer, de la gare de l'Ouest, jusqu'à la station de *Skaien*, d'où on va en 20 min. env. à Oskarshall; nous recommandons le tram et les petits bateaux à vapeur, l'un pour l'aller, les autres pour le retour ou *vice versa*; l'excurs. complète exige 3 à 4 h.). — La presqu'île de Bygdœ, que le petit golfe de Frognerkillen sépare des faubourgs O. de Christiania est signalée de loin par le château d'Oskarshall. La route de Drammen (*Drammensveien*), bordée de villas et longeant d'assez près le bord de la mer, qui y conduit depuis la Karl-Johansgade, offre de beaux points de vue. — De la halte de *Skillebæk*, la rue dite *Frammsveien* conduit en 5 min. au S., à l'embarcadère de la barque à vapeur qui transporte (10 œre) à *Dronningen*; établiss. de bains de mer (restaur.), îlot rocheux relié par un pont volant à la côte E. de Bigdœ, où s'élève le château royal.

Oskarshall, bâti par le roi Oscar Ier vers 1852, sur les plans de *Nabelong*, est un assez bel édifice du style gothique anglais, dans une très belle situation. — L'int. (s'adresser au « Vagtmester », derrière le château; 50 œre à 1 Kr.) mérite une visite pour sa décoration; la salle à manger, notamment, est décorée de paysages norvégiens par *Frick* et de scènes de la vie des paysans norvégiens, par *Tidemand*. — Du haut de la *tour* le coup d'œil est admirable. Un chemin qui commence près de la maison du gardien (Vagtmester) du château conduit vers l'O. en 10 min. au Musée Norvégien (on peut y arriver aussi directement de Dronningen, en 15 min.).

Le **Norsk Folksmuseum** (*Musée national norvégien*; t. l. j. de 11 h. du mat. à 11 du s.; les collections de 11 à 7 h. seulement; 50 œre en sem., 25 œre le dim.; *défense de photographier*, si on a un appareil il faut le déposer à l'entrée), imitation réussie du Skansen de Stockholm (p. 240), est un véritable musée en plein air.

Les collections (meubles, tissus, ustensiles, instruments de musique, costumes) sont presque entièrement réunies dans le *Ridehus*, non loin de l'entrée. Un peu plus loin l'*église* renferme des peintures et des boiseries, surtout du XVIIe et du XVIIIe s. Près de l'église sont groupées de vieilles maisons rustiques, dont une (la *Raulandstue*) avec portail et inscriptions du XIIIe s. — Plus haut, vers le N.-O., dans un petit bois, l'antique *Stavekirke* de Gol dans le Hallingdal, datant du commenc. du XIVe s., est un intéressant spécimen de cette sorte de constructions; transportée ici en 1884, elle a été restaurée sur le modèle de l'église de Borgund.

Un chemin qui longe à l'O. le Folksmuseum conduit vers le N. au (10 min.) *Landbrugmuseum* (t. l. j. de 12 à 2 h. et de 4 à 6 h.), collection de vieux ustensiles et instruments agricoles et au *Kungsgaard*, villa sans prétention servant de séjour d'été à la famille royale.

2° **Holmenkollen et Frognersœteren** (tram de l'Eidsvoldsplats jusqu'à Majorstuen, d'où tram électr. pour Holmenkollen en 25 min., 25 œre). — Ce sont les deux lieux de plaisance préférés par la population de Christiania, surtout **Holmenkollen**, à 317 m. d'alt., qui offre une vue des plus étendues sur la ville et les environs; il y a aussi un fort bon hôtel (*Turist-hôtel*; ch. dep. 3 Kr.; restaur. dîn. de 2 à 6 h., 3 Kr.). — Au N. de Holmenkollen un chemin (*Kaiser-Wilhelmsvei*), qui bifurque à 1 k. env., à l'endroit où une grande pierre rappelle la visite du roi Oscar II et de Guillaume II en 1890, laisse à g. le chemin de Voxenkollen et monte, presque toujours sous bois, à (30 min. env.) **Frognersœteren** (430 m.), ancienne maison de campagne du consul Heftye, qui la légua à la ville de Christiania; à côté un *restaurant*, bâti dans le style norvégien et quelques vieilles maisons en bois du Telemarken.

3° **Fjord de Christiania.** — C'est aussi le but d'une charmante excursion, très recommandée; plusieurs services de bateaux permettent de la faire aisément (entre autres le bateau « Turist » partant 2 fois par j. du quai de Piperviken; 2 h. 30 en tout, 2 Kr. 50; buvette à bord).

De Christiania à Paris, R. 46, en sens inverse; — à Malmœ, R. 47; — à Trondhjem, R. 49; — à Merok et Visnæs, R. 50; — à Lærdal, R. 51; — à Bergen, R. 53.

Route 49. — DE CHRISTIANIA A TRONDHJEM

561 k.; 🚂, gare de l'Est (*Œstbanestation*, ou *Hovedbanegaard*), en 16 h. 30 env. par trains directs (wagon-lits entre Hamar et Trondhjem, à celui de l'après-midi); 45 Kr. 90, 30 Kr., 19 Kr. 10 (suppl. pour le wagon-lits 3 Kr. 50; retenir sa place dès la gare de Christiania); repas en route : pour le direct du matin, déj. à Hamar, 1 Kr. 25, dîn. à Koppang, 1 Kr. 50, goûter du soir à Singsaas; pour le direct de l'après-midi, dîn. à Hamar, 1 Kr., goûter du soir à Rena et à Koppang, déj. à Stœren; avoir soin de prévenir le conducteur d'avance.

21 k. de Christiania à Lillestrœm (*V.* R. 45). — On laisse à dr. la ligne de Kongsvinger (R. 45). — Montée douce. — 2 tunnels. — Descente.

68 k. *Eidsvold* Ⓑ, à 126 m. d'alt. sur le Vormen, sortant du grand *lac Mjœsen* dont la voie va longer la rive E.

La voie franchit le Vormen sur un pont en fer haut de 20 m. et long de 362 m. — La voie monte à travers une région boisée.

114 k. *Stange*, station à 222 m. d'alt. — La voie descend et franchit sur une digue le pittoresque *Akersvik*.

126 k. **Hamar** (Ⓑ; hôt. : *Grand-Hôtel*, à la gare, ch. dep. 2 Kr.; *Victoria*), V. de 7,000 hab., à 127 m. d'alt., sur le bord E. du lac Mjœsen, entre le petit golfe d'Akersvik et le Furnesfjord. Siège d'un évêché fondé en 1152; on n'y voit plus que des restes de l'ancienne cathédrale.

De Hamar à Otta, R. 50.

La ligne, à voie étroite, traverse une région boisée. — En arrivant à (139 k.) *Hœrsand*, belle échappée vers le S.-O. sur le *Skreidfjeld* (815 m.), le point culminant de toute la contrée.

158 k. **Elverum** (Ⓑ; hôt. *Central*), à 188 m., sur le Glommen, dont on va remonter la vallée jusqu'à Rœros.

[Un embranch., en construction, réunira prochainement Elverum à Flisen et, par Kongsvinger, à Christiania.]

On franchit l'Aasta. — 190 k. *Rena*, à 225 m. — 247 k. *Koppang* Ⓑ, dominant le cours du Glommen, à 353 m. d'alt. — On franchit le Glommen. — 272 k. *Atna*, à 357 m. d'alt. — 285 k. *Hanestad*, à 382 m.; sur la rive opposée du Glommen se dresse le *Grœtlingbratten* (1,140 m.). — 324 k. *Lilleelvedal*, à 506 m. — La voie longe la base du *Tronfjeld* (1,663 m.), formé de masses de gabbro et de serpentine; belle vue en arrière. — 347 k. *Tœnset*, à 426 m. — Forte montée. — La voie franchit le Nœrenelv et le Naaelv. — Le train rebrousse pour arriver en gare de Rœros.

399 k. **Rœros** (Ⓑ; hôt. *Falstrœm*), petite V. à 628 m., sur l'Hitterelv, entre de grandes tourbières entourées de hautes dunes morainiques. — Les *mines de cuivre* exploitées près de Rœros produisent annuellement env. 650,000 kilogr. de cuivre affiné.

La voie franchit le Glommen sortant du lac d'Aurussunden. — 412 k. *Jensvold*. — La voie atteint le point culminant de la ligne à 670 m. d'alt., puis descend dans le bassin de la Gula. — 432 k. *Reitan*, à 541 m.; à g., quelques vieilles fermes et, plus loin, en bas, église d'*Horv*. — 443 k. *Eidet* Ⓑ, à 421 m. — 7 petits tunnels et pont sur le ravin de la Drœja. — 480 k. *Singsaas*, à 176 m.; pont sur la Gula et, à g., belle cascade. — 3 tunnels. — En arrivant à Stœren, à g., *église* de cette localité.

510 k. *Stœren*, dans une belle situation à 64 m. d'alt., à 2 k. en aval de l'embouchure de la Sokna dans la Gula. — A dr., belle cascade. — 517 k. *Hovind*; on franchit le Gulefos. — 541 k. *Melhus*. — La voie quitte la vallée de la Gula, puis monte jusqu'à (551 k.) *Heimdal*, stat. à 141 m. d'alt. (plusieurs villas) pour descendre vers le Nidelv, dont on suit la rive g. — 2 tunnels. — On traverse le pont de Trondhjem formé par l'embouchure du Nidelv.

561 k. **TRONDHJEM** (*V.* l'*Index*): la gare (*Jernbanestation*) est dans une île formée par le bassin du *Ydrehavn*, le *Œstre-Kanalhavn* et le *Nedre-Elvehavn* (où abordent les grands bateaux à vapeur) au N. du centre de la ville.

Trondhjem, l'antique *Nidaros*, jadis capitale de la Norvège, est de nos jours une ville commerçante de 38,500 hab. et la métropole religieuse du royaume : c'est dans sa cathédrale que viennent se faire sacrer les rois. — Les maisons sont généralement en bois et les rues, qui seraient ailleurs des avenues ou des places, mesurent de 30 à 36 m. de large. — Quoique située entre le 63° et le 64° degré de latitude, la ville jouit, grâce aux vents tièdes de l'Atlantique, d'un climat relativement doux.

Histoire. — Sur un amas de rochers qui domine la ville actuelle se dressait jadis, suivant la tradition, le château de Hakon-Jarl, le dernier chef païen de la Norvège qui sacrifia (dit la Saga) son propre fils aux dieux. Fondée en 996 par le roi Olaf Tryggveson qui y bâtit une résidence royale et une église, agrandie trente ans plus tard, par le roi St Olaf, *Nidaros* (c'est-à-dire : Embouchure du Nid) devint au moyen âge la métropole de la Norvège. Ce ne fut qu'au milieu du XVIe s. qu'elle s'appela Trondhjem. — C'est au saint roi Olaf que la ville doit son église et c'est à la piété des fidèles qui accouraient en foule vénérer les restes du saint exposés sur le maître autel de la cathédrale que l'on doit attribuer la prospérité de Trondhjem, qui fut jusqu'à la Réforme la cité la plus grande et la plus riche de la Norvège.

ITINÉRAIRE. — De la gare (ainsi que du quai de Bratœren, sur le Nedre Elvehavn, où abordent les vapeurs) le *pont de Meraker* (Merakerbro), franchissant l'Œstre-Kanalhavn, aboutit à la *Fjordgade* (rue du Fjord), qu'il faut traverser pour suivre en face la *Sœndregade* jusqu'à son extrémité S. où elle débouche, — entre le *Raadhus*, à g., et la *Poste*, à dr., — sur la *Kongensgade*, là où s'élève la *statue de Tordenskjold* (l'amiral, né à Trondhjem en 1691). On suit cette rue à dr. (O.) en passant devant l'*église Vor Frue* et on arrive sur le *Torvet*, ou place du Marché; de là, en suivant à dr. (S.) la *Munkegaden*, on arrive bientôt à la cathédrale.

Domkirken, ou *cathédrale*, monument romano-ogival, le plus beau de la Norvège, date de différentes époques depuis la fin du XIe au commenc. du XIVe s.; une partie détruite par les incendies a dû être rebâtie à des époques postérieures. C'est surtout depuis 1869 que l'on a entrepris la restauration complète de l'église, sous la direction de *Christian* († 1906) et de son successeur *Ryjord*. On a refait le chœur et l'octogone de l'abside, la salle du chapitre, le transept, le portail S., la tour centrale, et on espère achever les travaux pour 1915.

Int. (t. l. j. en sem. de 12 à 1 h. 30 et de 6 à 7 h.; le dim. de 1 à 2 h. 30; à d'autres heures moyennant carte d'entrée, que l'on trouve chez les libraires, 2 Kr. pour 1 ou 2 pers., 4 Kr. pour 3 à 8 pers.; en visitant aux heures où l'église est ouverte gratuitement, on fait quand même une petite offrande pour les travaux de restauration). On entre d'habitude par la salle du Chapitre (côté N.) d'où l'on passe dans le chœur et dans l'octogone que domine la coupole, où se trouvait jadis la châsse en argent contenant les reliques de St Olaf et qui a été volée et transportée (dit-on) à Copenhague au XVIe s.; sur le côté dr. (S.) de l'octogone jaillit la source dite de St-Olaf et qui inspira, très probablement, l'idée de fonder l'église à cet endroit. Par la grande nef on arrive au transept du style roman, d'où l'on passe dans la partie O. de la grande nef, encore en cours de restauration.

Près et au S. de l'église le *Kongsgaard*, ancien château archiépiscopal, renferme auj. le *Musée d'Artillerie* (visible le dim. de 12 h. à 1 h. 20).

[*Environs*. — On a de très beaux points de vue sur la ville et les alentours : — **de la forteresse de Kristiansten** (25 min. E., par le faubourg de Baklandet), bâtie au XVIIe s. à 72 m. d'alt. sur la hauteur qui domine la rive dr. du Nidelv; la vue est encore plus étendue du *Blasevoldbakken*, 37 m. plus haut; — **de la route dite Aasvei** (15 min. O., par le faubourg d'Ilen), qui longe en la dominant la rive g. du Nidelv, qui décrit une grande boucle; — du *Graakallen* (3 h. env. par le faubourg d'Ilen et la route de Gramskaret), le plus haut sommet (558 m.) des environs de Trondhjem; à 1 h. 30 env. (450 m.) se trouvent un hôtel et un restaurant; de là un sentier monte en 20 min. au sommet.

Une excursion en bateau, dans **l'intérieur du fjord de Trondhjem**, est très intéressante et recommandée; des petits bateaux à vapeur y circulent pendant la saison (se renseigner aux agences).

Les cascades de Leerfossen (7 k. S.; voit., 4 h. env. all. et ret., voit, dep. 5 ou 8 Kr.) peuvent être le but d'une excursion, mais elles ont beaucoup perdu depuis leurs utilisation pour des exploitations industrielles.]

De Trondhjem à Stockholm, R. 44.

Route 50. — DE CHRISTIANIA A MEROK ET A VISNÆS, PAR OTTA

534 k.; ch. de fer, voit. et bateau, en 2 j. 1/2 à 3 j. — On peut coucher en route à Lillehammer, à Otta, à Aanstad, à Polfos, à Grotli.

DE CHRISTIANIA A OTTA

297 k., ch. de fer (gare de l'Est ou *Œstbanestation*) de Christiania à Otta par Hamar (où l'on change de train) en 8 h. 30 ou 10 h., 25 Kr. 30, 17 Kr. 30, 11 Kr. 20 par train direct, 19 Kr. 40, 14 Kr. 70 par train omnibus (il y a un de chaque sorte t. l. j.); on trouve à Hamar un petit repas tout prêt, en prévenant le conducteur dès Lillestrœm. — Les touristes disposant de leur temps pourraient utiliser entre Eidsvold et Lillehammer le bateau faisant ce trajet par le lac Mjœsen, t. l. j. en 7 h. 30 env.; en ce cas il faut se renseigner d'avance à Christiania.

126 k. de Christiania à Hamar (*V.* R. 49). — On change de train pour prendre la ligne, à voie étroite, du Gudbrandsdal, qui longe, à g., le Furnesfjord, grande baie du lac Mjœsen. — 153 k. *Tande*. — 3 tunnels.

184 k. **Lillehammer** (hôt.; *Ingberg*, ch. dep. 1 Kr. 50, près de la gare et de la station des bateaux; *Victoria*, ch. dep. 2 Kr., dîn. 2 Kr.; *Grand-Hôtel*, ch. dep. 1 Kr. 50, tous les deux bons), petite V. à 176 m. d'alt. (55 m. au-dessus du lac) sur la Mesna qui se jette ici dans le lac. — Près de la gare, du côté de la ville, dans un jardin, on peut voir le *Maihaug* (entrée 50 œre), sorte de petit musée en plein air (vieilles maisons de paysans du XVe et du XVIe s.; collection d'armes, etc.).

[A 2 k. E., dans la gorge de l'*Helvedeshœl* (le Trou d'Enfer), la Mesna forme de belles cascades.]

C'est à partir de Lillehammer que commence la grande et belle **vallée du Gudbrandsdal**, arrosée par le Lougen et riche en beaux pâturages. — La voie franchit la Mesna, puis le Lougen près de (192 k.) *Faaberg*.

214 k. *Tretten*, à 191 m. d'alt., près du bord S. du petit *lac de Losna*. — La voie longe la rive O. du lac et passe au pied d'une chaîne de hauteurs, dont le sommet culminant est le *Kiliknappen* (1,082 m.). — 224 k. *Losna*. — 232 k. *Myre*; sur la rive opposée (g.) du Lougen, sur une hauteur boisée, *église de Ringebu*, bâtie au XIIIe s. et agrandie au XVIIe s. — Tunnel. — 243 k. *Ringebu*. Ⓑ, à 197 m. d'alt.

252 k. *Hundorp*, à 193 m. d'alt.; suivant la légende, l'antique « gaard » (ferme) de *Huntorpe* était, jadis, la résidence du chef païen Dale Gudbrand, l'adversaire de St Olaf. — Le pays devient de plus en plus sauvage; la vallée monte vers le N. pour descendre bientôt à l'O.; près de la route, un petit *monument* est consacré au souvenir du capitaine écossais Sinclair (*V*. ci-dessous).

278 k. *Kvam*, dans une région d'un aspect triste. — La voie franchit le Lougen puis le Ottaelv, près et en amont de sa jonction avec le Lougen.

297 k. **Otta** (hôt. : *Grand-Hôtel*, 26 ch. dep. 1 Kr., dîn. 2 Kr.; *Otta*; *Bjœrkheim*, etc.; station de skyds ou carrioles), à 288 m., entre le Lougen et le Ottaelv. — Au delà du pont sur le Lougen, près de la route du Gudbrandsdal, petit *monument* commémoratif du combat du 26 août 1612 (un petit corps d'Ecossais au service de la Suède y fut mis en déroute par les paysans mérovingiens; le capitaine Georges Sinclair y perdit la vie).

D'OTTA A MEROK

PAR GROTLI

170 k. (que l'on compte pour 216 à la poste); Ⓟ et service de « skyds » (carrioles), pour 1 pers. 26 Kr. 18, pour 2 pers. 39 Kr. 27, jusqu'à Grotli, et 10 Kr. 54 ou 15 Kr. 80 de Grotli à Merok; voit. à louer (« Kalechwogen ») d'Otta à Merok : 97 Kr. 20, 1 à 2 pers.; 108 Kr. 20, 2 pers.; 129 Kr. 60, 4 pers. — On peut coucher à Fossheim et à Grotli.

A Otta, où finit la voie ferrée, on prend, vers l'O., la route qui remonte le monotone Ottadal en longeant la rive g. de l'Ottaelv qui, au delà de (17 k.) *Bowik*, va s'élargissant de plus en plus.

29 k. *Sœrum* (hôt. *Sœrum*, ch. dep. 1 Kr. 50). — 34 k. *Eglise* de *Vaage* datant du XIIIe s., agrandie au XVIIe en utilisant les matériaux anciens.

On passe sur la rive dr. pour longer la rive S. d'un lac long et étroit, qui s'appelle *Vaagevand*, dans son tronçon E., et *Ottevand*, dans son tronçon O. — On franchit le Tesseelv, descendu du petit lac Tesse (*Tessevand*) et qui forme, à 30 min. S. de la route, une belle *cascade* et une autre (l'*Oxefos*) encore plus belle, 1 h. 30 env. plus haut. — Sur la rive N. du Vaagevand s'élève le *Skardœ* (1,630 m.).

50 k. Eglise de *Gardmo* et *hôtel Frisvold* (ch. dep. 1 Kr. 50, dîn. 1 Kr. 50). — On passe au pied du *Lomsklev* et on franchit la

Bœvra, dont la rive g. est dominée par la masse du *Lomsegg* (2,061 m.) et qui forme une cascade près du pont.

65 k. *Hôtel Fossheim* (ch. dep. 1 Kr.) et *hôtel Fossberg*; à dr., près des hôtels, à 395 m. d'alt. sur une ancienne moraine, *église de Lom*, datant du XIIIe s., rebâtie plus tard, mais gardant encore son abside primitive avec le clocher rond. — Au delà de l'église se détache à g. la vallée de la Bœvra.

[**Vallée de la Bœvra, Rœdsheim et le Galdhœpig** (15 k., ⊛ jusqu'à Rœdsheim; bon chemin de Rœdsheje au sommet du Galdhœpig, 6 à 7 h.). — 1 k. env. de l'hôt. Fossheim, *Andvord*; à l'endroit dit *Staberg* la vallée se transforme en un étroit boyau, enserré par les parois rocheuses et qu'encombrent des blocs tombés du haut de la montagne; beau coup d'œil au sortir de cette cluse.

On franchit la Bœvra en arrivant à Rœdsheim.

15 k. *Rœdsheim*, ou *Rœjshejm* (prononc. Reuisêm; hôt. passable, chez T. Kvamme, presque toujours rempli pendant la saison), centre d'excursions très fréquenté par les Norvégiens, à 549 m. d'alt. Près du pont de la Bœvra on peut voir plusieurs « marmites des géants » ou marmites glaciaires.

L'ascension du **Galdhœpig** (prononcez Galleupig), la plus haute montagne de la Norvège, demande 7 à 8 h.; on va coucher à (5 h. env.) la *Juvvashytte*, refuge-auberge (ouvert du 20 juin au 15 sept.; 20 lits; souvent rempli), à 1,900 m. d'alt.; de là, on compte env. 3 h. pour arriver au sommet (2,468 m.) du Galdhœpig, la plus haute cime de l'Europe septentrionale.]

77 k. *Aanstad* (hôt. passable) et, un peu plus loin, église de *Skiaaker*. — A g. s'ouvre le *Lunderdal*, couvert de moraines et dominé par des glaciers. — On passe momentanément sur la rive g. de l'Ottaelv.

87 k. *Flikœi*, puis à g., *église de Nordberg*. — 82 k. *Port de Domma*; à g. s'ouvrent le *Brotedal*, vers l'O. et le *Tundradal*, vers le S.; à g. aussi l'Ottaelv forme une cascade.

La route monte au N. dans le *Billingsdal* en dominant la rive g. du fleuve qui sort du *lac d'Hogerbotten*, dont on va longer la rive N. Viennent ensuite les petits *lacs Frederik* et *Pol*; à l'extrémité N. de ce dernier se trouve Polfos.

109 k. (comptés pour 130). **Polfos** (hôt. *Polfos*, ch. dep. 1 Kr. 50, dîn. 2 Kr., on parle anglais), à 590 m. d'alt., au milieu des bois, au pied de la *Synstaalkirke* (1,380 m.). — La route monte et franchit la Kværnaa, qui descend à dr. en formant des cascatelles, puis le Tordalselv; on laisse à g. les petits *lacs* dits *Vuluvand*, *Heimdalsvand* et *Grotlivand*. — 113 k. Ancienne « Fieldstue » ou maison de poste (auj. dépendance de l'hôtel) de Grotli.

129 k. (comptés pour 150). **Grotli** (ou *Grotlid*, ou *Grjotli*, ou *Grotljen*; bon hôtel, nouveau, 60 lits; ch. dep. 1 Kr. 50, dîn. 2 Kr. à 2 Kr. 50), à 880 m., à la jonction des routes de Stryn, de Geiranger et du Gudbrandsdal.

[**De Grotli à Visnæs, par la route de Stryn** (67 k. comptés pour 83; ⊛ praticable de la mi-juin à la mi-sept.; 1 j. 1/2 env. en couchant à Hjelle; serv. de skyds à stations fixes; voit. à louer, env. 55 Kr. pour 1-2 pers., 65 à 70 Kr. pour 3-4 pers.; *route très intéressante*). — Laissant à dr. la route de Geiranger, on franchit l'émissaire du lac Breidal entre celui-ci et le petit lac Grotli. — On remonte vers l'O. le *Vatsvendal*; à g., au delà du petit *lac d'Heilstugen*, s'ouvre le sauvage *Mauraadal*, dominé par le *Skridulaupen*, à l'E., et par le *Randeggen*, à l'O., aux flancs couverts de nevés et de glaciers.

13 k. env. *Vassvendingen*, ou *Vassvendingen*, halte (rafraîchiss.) au point culminant de la route (1,140 m.). — La route descend dans le *Videdal* en longeant la rive N. du *lac Langevand*, dominé vers le S. par le glacier de Tystig (versant N. du *Randeggen*). — On franchit deux fois le torrent qui forme des belles cascades. — Descente en lacets (belle vue vers l'O.).

29 k. env. **Videsœter** (bon hôt., 40 lits dep. 1 Kr. 50); près et derrière l'hôtel, cascade d'*Œstebrofos*. — Descente, par endroits fort raide, en lacets (raccourcis pour piétons); très belle vue vers l'O. sur le Videdal; à g., belle cascade tombant des flancs du Nukken. — Pont (*Jælbro*) à 90 m. de hauteur sur le torrent du Skævingsdal.

37 k. *Skaare* (aub.). — Pont sur le torrent du Sandal. — Maisons de *Folven*.

De Skaare à la Djupvashytte, *V.* ci-dessous.

44 k. env. **Hjelle** (ou *Jelle*; hôt. *Hjelle*, ch. dep. 1 Kr. 50), à 23 m. d'alt. sur le **Strynsvand** (ou Opstrynsvand), extrémité E. des dernières ramifications du Nordfjord. — Des bateaux à moteurs font 3 fois par j. la traversée de Hjelle à (1 h. 30 env. ; 1 Kr. 50) Mindre Sunde; traversée intéressante.

56 k. *Mindre Sunde* (hôt. *Mindre Sunde*, ch. dep. 1 Kr. 50).

De Mindre Sunde à Loen, R. 52.

La route franchit le Strynselv, — émissaire du Strynsvand qu'il réunit à l'Invikfjord, — dont elle va longer la rive N. en passant par *Œvre Ejde*, l'église de *Nestryn*, *Ytre Ejde* (cascade), puis franchit le Strynselv en arrivant à (67 k. env.) Visnæs (*V.* ci-dessous).]

Au delà de Grotli, au commencement du lac Breidal, la route bifurque : à dr. (N.-O.) elle se dirige vers le Geirangerfjord (*V.* ci-dessous) et à g. (S.-O.) elle s'engage dans le Vasvendal (*V.* ci-dessus). La route de Merok, que nous allons suivre, longe le rive N. du *lac Breidal* (Breidalvand; 880 m. d'alt.).

La route longe les petits *lacs Lœgervand* et *Langvand*, laissant à dr. le mont de *Djupvasegg* (1,640 m.). — A g., superbe vue sur les glaciers de *Skœringsdalsbrœ* et sur le *lac Djupvand* (1,004 m. d'alt.) qui, même l'été, est souvent couvert de glace. Plus au S. se dresse le pic de *Grosdalsegg* (1,570 m.).

Une « bautasteen », ou pierre runique, indique le point culminant de la route à 1,030 m.

153 k. **Djupvashytte** (2 maisons avec 24 lits dep. 1 Kr. 50; dîn. 2 Kr. 50), à l'extrémité O. du lac Breidal.

[De la Djupvashytte à Skaare (5 à 6 h. S.-O., à pied avec guide, 6 Kr.), magnifique course de montagne. — Pour Skaare, *V.* ci-dessus.]

La route est ici une des plus belles de la Norvège; entre Djupvashytte et Merok, sur un parcours d'env. 16 k., — et avec une différence de niveau d'env. 1,000 m., — elle traverse par une suite de montées et de descentes en lacets un pays extrêmement pittoresque.

164 k. *Œrjesœter*, ferme à 430 m. d'alt. — La route, formant le « Knude » (lacet), passe sous un viaduc, sur lequel elle vient de passer et laisse à g. la belle cascade du *Tverabœfos*. — Un peu plus loin (à g. indic.), du *Flydalsjuv*, beau point de vue sur la gorge qu'il domine et sur le plateau de Merok. — Au delà de l'*hôtel Union* (280 m. d'alt.; vue semblable à celle du Flydalsjuv), une grande « Bautasteen » rappelle la première constitution de la Norvège

(1814) et la formation du royaume indépendant (1905). — Après avoir produit plusieurs petits cours d'eau on arrive à l'hôtel Union, puis on franchit le Storfos, sur le pont de Vinje et, laissant à g. l'église et l'hôtel Geiranger, on atteint Merok.

170 k. env. **Merok** (ou *Marok*, ou *Mæraak*; *V.* l'*Index*), à l'extrémité E. du Geirangerfjord, est un petit v. formé par quelques maisons collées aux flancs des falaises, que domine une petite église.

Le **Geirangerfjord** est « une des merveilles de la Norvège »; de tous les côtés de nombreuses cascades se précipitent du haut des rochers escarpés qui enserrent le fjord.

DE MEROK A VISNÆS

PAR HELLESYLT

66 k. env.; ⛴ et ⊛, en 10 h. env. — 1 h. 30 env., ⛴ de Merok à Hellesylt, en 1 h. 30, 2 Kr.; — 50 k. env. ⊛ de Hellesylt à Visnæs, serv. de skyds à stations fixes en 8 à 9 h. avec relai et halte à Grodaas; voit. à louer (Kalechvogen) pour 26 Kr. 10, 1 à 2 pers.; 29 Kr., 3 pers.; 35 Kr., 4 pers.).

A quelque distance de Merok le Geirangerfjord, se rétrécissant tout à coup, devient un étroit couloir à l'extrémité O. duquel on découvre vers le N. la *cascade des Sept-Sœurs* (*Syv Sœstrefos*). — On laisse à dr. *Marvik* et *Lundarnæs*, où le Geirangerfjord se confond avec le Sunelvfjord à l'extrémité S. duquel se trouve Hellesylt.

17 k. env. **Hellesylt** (hôt. *Grand-Hôtel*, ch. dep. 1 Kr. 25), dans une belle situation.

De Hellesylt à Falejde, R. 54.

La route de Visnæs remonte la *vallée du Sundalelv*, qui descend de la vallée d'Hornindal (belles vues). — 30 k. *Kjestadli*, à 424 m.

45 k. *Grodaas* (ou *Sande*; hôt. *Raftevold*, ch. dep. 1 Kr. 50), dans une belle situation sur le bord E. du *Horninsdalvand*, dont on va longer la rive S.-E. jusqu'à (51 K.) *Kjœs*, d'où l'on descend, par un pays boisé, à (63 k.) *Falejde*. De là, en longeant la rive N. de l'*Invikfjord*, on arrive à Visnæs.

66 k. (534 k. env. de Christiania). **Visnæs** (ou *Visnæs y Stryn*; hôt. *Central*, ch. dep. 1 Kr. 50, sur le port), au débouché du Stryn, émissaire du lac du même nom (*V.* ci-dessus).

Route 51. — DE CHRISTIANIA A LÆRDAL ET AU SOGNEFJORD

PAR LE VALDRES

315 à 367 k.; belle route qui demande 3 ou 4 j. suivant l'itinéraire que l'on choisit : par Eina-Fagernes ou par le lac Spirillen-Fagernes; on peut coucher en route à Sœrum, à Fagernes, à Fossheim, à Lœken, à Maristuen.

DE CHRISTIANIA A FAGERNES

A. Par Eina.

210 k., 🚂 ligne du Nord, ou *Nordbane* (gare Centrale, ou *Hovedbanegaard*, ou *Œstbanestation*) en 8 h. env. par les trains 2 et 8; 10 Kr. 55 en 2e cl., 7 kr. en 3e cl.; on change de train à Eina; voit. directes, en été, par les trains 2 (du matin) et 8 (de l'ap.-midi); on peut faire un petit repas chaud à Dokka, où les voyageurs du train 2 trouveront des paniers de provisions tout prêts.

La voie monte en contournant la ville; à g. le faubourg et le réservoir d'eau de *Kampen*. — 10 k. *Kjelsaas*, à 155 m. d'alt.; on passe dans le Maridal et on longe le bord E. du *lac de Maridal*. — Tunnels. — Descente. — 32 k. *Hakedal*, à 166 m., avec une vieille usine abandonnée. — On côtoie le bord E. du lac d'*Harestue*. — Tunnel. — 53 k. *Grua*, à 370 m. — A g., ligne de Bergen (R. 52).

58 k. **Roa** (buvette; ⚔ sur Bergen). — 68 k. *Gran*, à 205 m. (vieux édifices du XIIe et du XIIIe s. : deux églises, vieux couvent). — 72 k. *Jaren*; à g., embranch. de Rœikenvik, sur le Randsfjord. — 81 k. *Bleiken*; à g., belle échappée sur le Randsfjord. — La voie longe un petit lac, atteint son point culminant (493 m.) puis descend et longe le bord O. du joli *lac d'Eina*.

101 k. **Eina** (hôt. *Eina*), à 401 m. d'alt., où l'on quitte la ligne du Nord pour prendre celle du Valdres (*Valdresbane*).

[D'Eina, par la vallée de l'Hundselv, à (23 k. N.-E., 🚂 en 45 min. env.), *Gjœvik* (hôt. *Vittoria*), sur la rive N.-O. du *lac Mjœsen*.]

La voie rebrousse en courbe puis se dirige vers l'O., puis longe le bord E. du grand et beau *Randsfjord*. — 140 k. *Odnæs*, à 168 m. — On franchit l'Etna et le Dokka en arrivant à Dokka.

148 k. **Dokka** (Ⓑ; hôt. *Qvales*). — 166 k. *Etna*; belle vue sur la vallée, à dr.; puis on traverse une région boisée et des gorges sauvages. — Tunnel.

179 k. **Tonsaasen** (hôt. *Sport*, à la gare), au point culminant d'un plateau (600 m.) où se trouvent deux grands *Sanatorium* (*Breidablik* et *Rem*) ou, plutôt, deux pensions très fréquentées pendant la belle saison; belle vue, vers le N., sur le Jotunheim au sommet neigeux. — Au delà de (191 k.) *Bjœrgo* on croise la route du lac Spirillen (*V.* ci-dessous, *B*) qui rejoint près de là la route du Valdres. — 197 k. *Aurdal* et, à g., bourgade de *Frydenlund*. — On franchit la Bœgna (cascades); échappée, à g., sur l'Aurdalsfjord, puis sur le Strandefjord, dont on atteint bientôt la rive S., à l'embouchure de la Bœgna.

210 k. Fagernes (*V.* ci-dessous, *B*).

B. Par le lac Spirillen.

218 k.; 🚂, ⛴ et 🐎. — 98 k., 🚂 (gare Centrale ou *Œstbanestation*) de Christiania à Hœnefoss et Hen, en 3 h. par train direct; 6 Kr. 40, 4 Kr. 90, 3 Kr. 10 (trains-omnibus), 8 Kr. 35, 5 Kr. 90, 4 Kr. (train-express). — 56 k., ⛴ de Hen à Sœrum, en 6 h. env., 3 Kr. — 64 k., 🐎 de Sœrum à Fagernes; serv. de « skyds », en carrioles, à relais fixes; la Société de voituriers

(*Kjæreselskab*) de Sœrum met à la disposition des touristes des voit. pour le parcours jusqu'à Lœrdal, au prix de 85 Kr. pour 2 pers., 100 Kr. pour 3 pers., 115 Kr. pour 4 pers. (il est bon de téléphoner ou télégraphier d'avance).

90 k. de Christiania à Hœnefoss (*V.* R. 53). — A Hœnefoss, on change de train.

98 k. **Hen**, ou *Heen* (hôt. : *Jernbane*; *Anderson*); l'embarcadère des bateaux est à 10 ou 12 min. de la gare.

Le bateau (restaur. à bord) remonte pendant 2 h. 30 env. le Aadaselv, ou Bœgna (émissaire du lac Spirillen), très large par endroits, bordé par de grandes forêts de sapins et formant de nombreux rapides — Au delà d'*Olsvik* on atteint l'extrémité S. du pittoresque **lac Spirillen**, que l'on traverse dans la direction du N. où il finit près de *Næs*, et où le bateau, passant sous un long pont en bois, remonte le Bœgna en passant par *Granum*, où il s'arrête lorsque les eaux sont trop basses (auquel cas des voitures transportent les voyageurs jusqu'à Sœrum).

154 k. **Sœrum** (hôt. *Sœrum*, ch. dep. 1 Kr. 50), où l'on quitte le bateau (on y passe d'habitude la nuit) pour prendre la route de voitures.

La route remonte la vallée de la Bœgna en longeant la rive dr. — Au delà de *Dokka i sœndre Aurdal*, les parois escarpées du Morkollen bordent la route qui franchit le Muggædalselv. — 172 k. *Garthus* (relai). — Pont sur l'Hœloraa (belles cascatelles) et ferme d'*Olmhus*. — Sur la rive g., *Bang i sœndre Aurdal*, église entourée de fermes. — En haut, entre les arbres, Sanatorium de Breidablik (p. 274). — On franchit la Bœgna, qui forme la belle cascade dite *Storebrufos*.

189 k. **Fjeldheim** (bon hôt. *Fjeldheim*), sur la rive g. du fleuve; à dr., route pour (10 k.) Tonsaasen par (5 k.) Breidablik (*V.* p. 274); à g., route de l'Aurdal, que l'on va suivre et qui forme la partie la plus intéressante du trajet. — La chaussée, taillée dans la roche, domine le fond de la vallée (belle vue sur *Reïnli* et sa vieille église). — A 1 h. 20 de Fjeldheim on atteint le point culminant de la route, qui contourne un rocher; belle vue sur le massif du Jotunheim. — Descente en lacets. — A 2 h. env. de Fjeldheim on rejoint la route du Valders, que l'on suit à g. et que côtoie le ch. de fer venant de Christiania (*V.* ci-dessus, *A*).

207 k. Aurdal, stat. du ch. de fer du Valdres (*V.* ci-dessus, *A*).

218 k. **Fagernes**, ou *Fagernæs* (hôt. : *Fagernes*, ch. dep. 2 Kr., dîn. 2 Kr.; *Fagerlund*), à 370 m., dans une belle situation, au milieu de forêts de pins, à la bifurcation de la route (celle de dr. conduit vers le N. à Fagerstrand et au lac Bygdin; *V.* p. 278).

DE FAGERNES A LÆRDAL

A. Par le Vestre Slidre.

149 k., ⊛ que l'on parcourt en 2 j. ou 2 j. et demi; service de skyds, 30 Kr. pour 1 pers., 45 Kr. pour 2 pers.; voit. particulières, 65 Kr. pour 2 pers., 80 Kr. pour 3 pers., 95 Kr. pour 4 pers.; si l'on arrivait à Fagernes par le

train 2, c'est-à-dire vers 5 h. du s., on pourrait se rendre le même soir à Fossheim, mais, en ce cas, il sera bon de retenir d'avance la chambre à l'hôtel de Fossheim. — Pendant la belle saison, il y a aussi un service de bateau à moteur entre Fagernes et Fossheim; en 1910, d'autres bateaux ont été mis en service sur le Strandefjord et sur le Slidrefjord. — On fait cette route en 2 j., en couchant le premier j. à Nystuen ou à Maristuen; le deuxième j., on va dîner (ou déj.) à Hægg, ou à Husum.

La route franchit le Dalelv, longe le *Strandefjord*, passe devant les *églises de Strand* et d'*Ulnæs* et laisse à g. un long pont conduisant à la ferme de *Stende*. — Montée.

15 k. **Fossheim**, ou *Fosseim* (bon hôt. *Fossheim*, ch. dep. 1 Kr. 50, dîn. 2 Kr.), situé sur le tronçon de la rivière allant du Strandefjord au Slidrefjord. — La route longe la rive N.-E. du *Slidrefjord*, en passant près de l'église de *Vestre Slidre*, à 423 m. d'alt.; viennent ensuite l'*hôtel Einangs*, la maison du médecin du district et l'*hôtel Visnœs*.

29 k. **Lœken** (hôt. *Lœken*, ch. dep. 1 Kr.), dans une très belle situation sur le Slidrefjord, parsemé de petites îles. — La route quitte bientôt la rive E. du Slidrefjord pour longer la Bœgna qui forme la jolie cascade de *Lofos*. — Pont sur la Veslea, puis sur la Bœgna; à dr., *hôtel Vangsnæs* et, plus loin, pont sur l'Alaelv.

44 k. **Œilo** (hôt. *Œilo* et relais de skyds), à 450 m. d'alt., dans la partie la plus septentrionale du Valdres, dans une vallée dont le fond est occupé par le **Vangsmjœsen**, beau lac alpestre sur le bord duquel sont groupées les maisons et l'église de Vang. — La route, pratiquée à coups de mine dans les parois rocheuses du *Kvamslev*, offre de beaux points de vue; des toitures l'abritent des éboulis et des avalanches. — On passe devant l'*église de Vang*; dans le parvis, une pierre runique porte une inscription qui dit : « Les fils de Kosâ ont dressé cette pierre pour (souvenir) de Kunar (leur) neveu ». Quelques min. au delà de l'église, en entrant à Grindaheim, *hôtel Fagerlid*.

54 k. *Grindaheim* (hôt. *Grindaheim* et relais de skyds), sur le Vangsmjœsen, qui atteint ici sa plus grande largeur; vers le S. se dresse la masse du *Grindafjeld* (1,708 m.). — La route quitte le lac et monte par un terrain à peu près sans arbres et en voie de reboisement, franchit un ruisseau, longe le petit Strandefjord, puis franchit la Bœgna.

71 k. *Skogstad* (aub. passable), à 574 m. d'alt. — La route monte dans une vallée étroite et sauvage, franchit la Bœgna (cascades), laisse à dr. la route du lac Tyin et à g. le petit *lac Trold* ou *Ulro* et se dirige vers le *Stugunœse*, dont le pic (1,471 m.) domine les hauteurs au pied desquelles se trouve Nystuen.

83 k. **Nystuen** (hôt. *Nystuen*, ch. dep. 1 Kr. 50, dîn. 2 Kr.), primitivement une « Fjeldstue » (cabane ou refuge de montagne), à 992 m. sur une hauteur dénudée au pied du Stugenœse, dont on peut faire d'ici l'ascens. en 2 h. — Au delà de Nystuen la route atteint son point culminant à 1,004 m. d'alt., puis descend en dominant à une grande hauteur le cours de la Lœra.

100 k. **Maristuen**, anciennement *Margretestuen* (grand et bon

hôtel-sanatorium *Maristuen*, 86 lits; ch. dep. 1 Kr. 50, dîn. 2 Kr.), à 803 m. d'alt., l'une des quatre antiques « fieldstuen » ou refuges de montagne, sorte d'hospices créés au XIIe s. par le roi Eystein, pour abriter les voyageurs.

La route franchit le torrent descendu de l'Oddedal et descend rapidement en passant près de plusieurs fermes, puis se réunit avec la route venant (à g.) de la gare de Gol en Hottingdal.

111 k. *Hægg*, ou *Hegg* (hôt. *Hegg*, ch. dep. 1 Kr. 50), à 452 m. — Au delà de la ferme de *Kvamme*, la route tourne brusquement vers le S.-O. puis vers le S. où la Læra forme une boucle sur la branche E. de laquelle, à 9 k. d'Hægg, se trouvent l'hôt. *Borgund* et l'antique **église de Borgund**, la plus intéressante des « Stavekirken » du XIIe s., fort bien restaurée par la Société pour la conservation des monuments de la Norvège; quelques inscriptions runiques, tracées au couteau sur le portail O., ont permis de préciser l'époque de la construction de ce monument dont l'aspect rappelle singulièrement celui des temples de la Chine et du Thibet. Le *clocher*, qui se trouve entre la « stavekirke » et la grande *église* moderne, a été restauré au XVIIe s.

La route traverse la cluse du *Svartegjel* (cascade de *Svartegjelfos*), entre les parois de la *Vindhelle*, et on tourne au N., puis à l'O.

124 k. **Husum** (bon hôt.; ch. dep. 1 Kr., dîn. 2 Kr.), à 326 m.; la Læra y forme une petite cascade. — La route franchit la Læra sur le pont de Nedre Kvamme et longe la rive g. en traversant une gorge pittoresque où elle domine le fleuve, dont le lit était jadis bien plus élevé; plus loin, elle passe dans ce qui reste d'une énorme « marmite glaciaire » dont on a fait sauter les parois à la mine. — A dr., belle cascade (*Store Soknefos*). — En sortant de la gorge, la route franchit la Læra, gravit une butte d'alluvions, où le torrent de Jutul forme une cascade et parcourt la large et plate **vallée de Lærdal.**

139 k. *Blaaflaten* et petite cascade de *Bœafos*. — Sur les flancs des hautes montagnes bornant la vallée, on reconnaît les terrasses surétagées formées jadis par les eaux. — On franchit la Læra sur le *Voldsbrö*, près de l'église de *Tœnjum*, puis on se dirige vers le N. jusqu'à un pont sur lequel passe le chemin de la rive dr.; de là, la route, tournant à l'O., passe par *Œje* (à dr., cascade de *Stœnjum*) pour aboutir à la rive E. du Lærdalsfjord.

149 k. **Lærdal**, ou **Lærdalsœren** (hôt. *Lindstrœm*, bien tenu, 3 maisons avec jardin, ch. dep. 2 Kr., dîn. 2 Kr. 50; l'embarcadère des bateaux du Sognefjord est à 1 k. de l'hôtel; voit. 50 œre, avec bagages 60 œre par pers.), petite bourgade de 800 hab., dans une plaine marécageuse à l'embouchure de la Læra dans le bras du Sognefjord appelé Lærdalsfjord.

[De Lærdal, on peut faire quelques belles excursions dans les ramifications du Sognefjord, entre autres dans l'*Aurdalsfjord* et dans le *Lysterfjord*; des bateaux à moteur les desservent régulièrement; on pourrait aussi, par l'Aurdalsfjord, Bakke et la route de Gudvangen et Framnes (p. 281), aller prendre à Voss-Vangen le ch. pour Bergen.]

De Lærdal à Bergen, *A*. par le Sognefjord, *B*. par Gudvangen, Voss, Odda et le Hardangerfjord, *V*. R. 52.

B. Par l'Œstre Slidre.

176 k. env., ⊛ et ⛴. — De Fagernes à Fagerstrand, ⊛ 56 k., serv. d'automobiles 2 fois par j. en été en 3 h. 15; 11 Kr. 20; — ⛴ à moteur sur le Bygdin t. l. j. de l'extrémité E. à l'extrémité O. en 1 h. env., 4 Kr.; ⛴ à mot. sur le Tyn, 2 fois par j. du 1er juill. au 15 août; — de Framnes à Nystuen ⊛ 12 k., comptés comme 17. — Belle variante à la route de Fagernes-Lærdal, pour touristes disposant de leur temps; le premier jour, en arrivant de Christiania, par le train du mat., à Fagernes, on pourrait en partir un peu après 5 h. et arriver, en automobile, à Heggenes pour le souper et le coucher).

En quittant Fagernes, la route, se dirigeant vers le N., longe, en la dominant, la rive dr. du *Sæbœfjord*, passe par *Skvantsvaal* et pénètre dans la **vallée d'Œstre Slidre** dont les habitations sont clairsemées sur les rives du *Volbufjord*, que la route domine.

23 k. *Heggenes* ou *Hæggenæs* (relais et bon hôtel; ch. dep. 2 Kr.); à l'E. se dresse le *Store Mellenfjeld*, du versant O. duquel, à l'endroit dit *Œiangershœi* (3 h. 30 env. de l'hôtel; guide 1 Kr. 60) on a une très belle vue. — La route monte et passe par *Hægge* puis devant l'*église* principale de l'Œstre Slidre fondée en 1320, mais rebâtie ensuite. — A g., le *Dalsfjord* et le *Medalsfjord*. — 44 k. *Skammestein* (relais). — On longe le *Hedalsfjord* et on traverse un haut plateau marécageux, puis on descend et, à l'*hôtel Jotunheim* (pas mauvais; ch. dep. 1 Kr.), on atteint la rive E. du lac Bygdin, près de l'embouchure de son émissaire, la Vistra, que l'on franchit pour atteindre Fagerstrand.

56 k. **Fagerstrand** (hôt. *Tourist* et relais), où la route aboutit à l'embarcadère du bateau à moteur qui fait la traversée (25 k. env.) du **lac Bygdin**, — le plus grand des lacs de la région du Jotunheim, à 1,060 m. d'alt., — jusqu'à *Eidsbugaren* (hôtel modeste), à l'extrémité O. du lac, d'où une route de voit., passant à côté de trois tout petits lacs, conduit à (4 k. env.) Tyinholmen, sur la rive O. du lac Tyin (les piétons pourraient combiner avec ce trajet l'ascension du Skinegg, *V.* ci-dessous, qui demande 1 h. 40 env. depuis Eidsbugaren et 1 h. 30 env. pour la descente à Tyinholmen).

85 k. env. **Tyinholmen** (hôt. *Tyinholmen*, bon), d'où part le bateau à moteur qui dessert le lac Tyin.

[Le **Skinegg** (1 h. 30 env. S.-E.; sans difficulté, recommandé) offre un magnifique belvédère sur les montagnes du Jotunheim; le meilleur point de vue est celui que l'on a du sommet N. (1,461 m.), les sommets du S., plus élevés (1,570 et 1,605 m.) étant trop en recul.]

Le bateau traverse le **lac Tyin** (1,078 m. d'alt.) qui se partage en deux bras; on laisse à dr. celui de l'O. pour parcourir celui du S. jusqu'à (13 k. env., 2 h. env.) *Framnes* ou *Framnæs* (hôt. *Framnes*, bon; ch. dep. 1 Kr. 50), où commence la route qui descend par le versant O. du *Stœlnœsen* à la route du Valdres (*V.* ci-dessus, *A*) qu'elle rejoint par un énorme lacet, en franchissant la Bjœrdœla, qui forme une belle cascade (à 6 k. env. de Framnes) et que l'on suit à dr. (S.-O.) jusqu'à (12 k. env. de Framnes) Nystuen.

66 k. de Nystuen à Lærdal (*V.* ci-dessus, *A*).

Route 52. — DE LÆRDAL A BERGEN

A. Par le Sognefjord.

200 à 350 k. suiv. l'itinéraire des bateaux, en 15 à 24 h.; 12 Kr. 90, restaur. bord (dîn. 2 Kr.); les bateaux desservant 5 à 6 fois par semaine cette ligne sont assez confortablement organisés, mais ils n'ont que très peu de cabines, et pas toujours assez de places où passer la nuit, il faut donc avoir soin de retenir (s'il y en a) une cabine d'avance.

Le **Sognefjord**, le plus grand des fjords de Norvège, mesure 180 k. de long de Skjolden à son extrémité N.-E. à Sognefest, où il débouche sur le Sognesœ et l'Océan; très profond (par endroits, jusqu'à 1,200 m.), il n'a qu'une largeur moyenne de 5 à 6 k.; de nombreuses ramifications entaillent ses côtes bordées de hauts rochers granitiques. — « C'est ici qu'il faut venir, — dit M. de Launay, — si l'on veut voir un fjord tel qu'on se le figure volontiers : un fjord avec les escarpements vertigineux, la mer profonde et les innombrables cascades tombant d'un jet, sur 1,200 m. de haut, du bord du plateau dans les vagues ». Vers le N. et découpé par les golfes latéraux du Sognefjord, s'étend à 2,078 m. d'alt. le nevé de **Justedal** (ou Jostedal), le plus grand plateau neigeux de la Scandinavie et de l'Europe occidentale. « car ce névé, entouré de roches encore inaccessibles, ne recouvre pas moins de 900 k. c. d'un manteau de neige immaculée, de toutes parts frangé de glaciers qui descendent dans les cirques ». Plus à l'E., les **Jotunfjelde** (Monts des Géants), dont les cimes nombreuses dominent les ramifications orientales du Sognefjord, méritent bien leur nom, car ces pointes sont les plus élevées de la Scandinavie et l'une d'elles, le *Galdhœppig*, ou *Ymesfjeld*, redresse les saillies bizarres de ses crêtes à plus de 2,500 m. au-dessus de l'Atlantique. « On ne saurait décrire le charme de cette navigation, sur ces eaux calmes et profondes que raie le sillage du bateau. Les fonds bleus violacés forment de délicieux décors sur lesquels se profilent les silhouettes de montagnes aux rochers à pic ou aux pentes verdoyantes. » (E. Gallois.)

Le bateau partant de Lærdal pour Bergen ne touche pas à toutes les stations du fjord. — Il parcourt le golfe étroit dit *Lærdalfjord* puis, au delà du promontoire de *Fodnæs*, il laisse à dr. l'*Aardalsfjord*; à g., sur le bord S., s'ouvre le *Vindedal*, dominé par le *Store Graanase*. Plus loin à dr., dans une petite anse, Amble (*V.* p. 281). — Sur la rive S., au delà du promontoire de *Refnæstangen*, on voit les fermes d'*Indre Frœningen* et d'*Ytre Frœningen*; à une centaine de mètres au-dessus de cette dernière se trouve l'*école* où viennent, même de grandes distances, les enfants de la région.

Le bateau contourne le promontoire de *Saganœs* et laisse à dr. le golfe de l'Aurlandsfjord (*V.* ci-dessous, *B*). — Sur la rive S., au pied du *Nute* et du *Nonhaug*, se trouve *Fresvik*. Sur la rive N., au delà du promontoire de *Meisen*, s'ouvre le *Sogndalsfjord*. Viennent ensuite *Hermansværk* et *Lekanger*, dans une région fertile et peuplée; un peu plus loin, à l'O. de Lekanger, on voit la ferme d'*Husebœ*, avec une grande « Bauta » ou pierre runique et, en face, sur la rive S., l'église de *Fejos*, dominée par le glacier de Fresvik et de Rambaren.

Sur la rive N., au delà du *Fjærlandsfjord*, qui s'ouvre vers le N.-E., se trouve **Bamholm** (hôt. : *Kvikne*; *Balestrand*), ch.-l. du fertile canton du Balestrand, dans une belle situation à l'ouverture de la petite anse de l'*Essefjord*; c'est un assez bon centre d'excursions dans le Holmedal, le Fjærlandsfjord, etc.

Le bateau, se dirigeant vers la rive S., y aborde à *Vik*, ou *Viksœren*, dans une petite anse au débouché des vallées de l'*Offredal* (à l'E.) et de *Bodal* (à l'O.), puis il reprend la direction de l'O. et se rapproche de la rive N., sur laquelle se trouve *Kirkebœ*, avec son église dominant le fjord du haut des rochers. — A dr. et à g., de nombreuses anses frangent les rives du fjord, dont l'aspect est de moins en moins intéressant.

Vadheim (hôt. *Vadheim*), au débouché de deux vallées, dont celle vers l'O. est parcourue par l'Holmedalselv (qui vient se jeter ici dans le fjord), est également un bon centre d'excursions, très fréquenté par les touristes se rendant dans le Nordfjord.

[**De Vadheim à Sandene (Gloppen) sur le Nordfjord** (124 k. ⊛ en 2 j. env.; stol-kjœrre: 1 pers. 21 Kr.; 2 pers. 31 Kr. 38; calèche; 2 pers., 55 Kr. 35; 3 pers., 61 Kr. 50; 3 pers., 73 Kr. 80). — On remonte vers le N. le *Vadheimsdal*, où se trouvent les petits *lacs d'Yxland*, jusqu'à (16 k.) *Sande* (bon hôt. *Siverstsen*), avec l'église d'*Holmedal*, au bord d'un tout petit lac. — 30 k. *Langeland*, à l'extrémité S. du lac de ce nom.

41 k. *Fœrde* (hôt.: *Hafstad*, ch. dep. 2 Kr., dîn. 2 Kr. 25; *Sivertsen*, mêmes prix), dans une belle vallée; les chevaux qu'on y élève sont très appréciés. — La route tourne vers le N.-E., longe le petit *lac de Movatten*, au pied du *Viefjeld* et passe près de belles forêts de pins.

61 k. *Nedre Vasenden* (hôt. *Nielsen*), sur la rive O. du beau *lac Jœlster* (Jœlstervand), long de 23 k. env. et desservi par un petit bateau (traversée en 2 h.; 2 Kr.) et dont la route longe la rive N. parsemée de fermes.

84 k. *Skei* (hôt. *Skei*, ch. 1 Kr. 50 à 2 Kr.; voit. à louer), à l'extrémité E. du lac. — La route passe près des deux petits *lacs de Fœgle* et *de Skrede*, puis longe, en la remontant, la rive E. du petit *lac de Bolsœ*, laisse à g. l'ancienne route et, se dirigeant au N., par le *Vaatedal*, atteint (98 k.) *Egge en Vaatedal* (hôt. *Egge*), puis longe le bord E. du *lac de Bergem*.

100 k. *Red* (ou *Re*; hôt. *Gordon*), dans une belle situation sur la rive E. du *lac de Bredheim*. — Route pittoresque, accidentée.

124 k. Sandene, ou Gloppen, au bord du Gloppenfjord (Nordfjord; *V.* R. 54).]

Au delà de Vadheim le pays n'offre pas d'attrait. La localité la plus importante est *Ladvik*, sur la rive N. — A l'ouverture du Sognefjord, que le groupe des îles Sulen (*Sulen Œr*) sépare de l'Atlantique, le bateau, contournant, à g., le promontoire de *Sognefest*, se dirige vers le S. et, naviguant dans un archipel de petites îles et îlots, atteint Bergen.

200 à 350 k. env. Bergen (R. 53).

B. Par Gudvangen, Voss, Eide, Odde et le Hardangerfjord

396 k. env.; ⛴ et ⊛, en 4 j. env. — ⛴ 4 ou 5 fois par sem. de Lærdal à Gudvangen, en 3 h. 30 env., 4 Kr. — ⊛ de Gudvangen à Voss (Vossevangen), 56 k., serv. de skyds, 25 Kr. pour 2 pers., 30 pour 3 pers., 36 pour 4 pers. (bien s'entendre d'avance) et de Voss à Eide, 30 k., 14, 16 et 18 Kr. — ⛴, 7 fois par sem. d'Eide à Bergen, en 10 ou 14 h., 6 Kr. 60. — *Belle route très fréquentée*; on couche ordinairement à Voss, à Eide et à Odde.

DE LÆRDAL A VOSS.

De Lærdal le bateau, traversant le golfe du Lærdalfjord, passe devant le promontoire de *Fodnes* (à dr.), à l'embouchure du grand *Aardalsfjord*, touche à *Amble*, dans un site pittoresque (*Stavekirke* du XIIe s., mal restaurée), puis, tournant au S., entre dans l'étroit *Aurlandsfjord*, branche latérale du Sognefjord; de hautes parois rocheuses, sillonnées de nombreuses cascades, enserrent ce boyau dont la largeur ne dépasse pas 1,590 m. — On laisse à g. *Breinœs* (ou Brednœs) et la petite vallée d'où sort le Kolarelv. A dr. le promontoire de *Nærœnæs* précède la bifurcation du fjord, dont le bateau va parcourir le bras O.; très beau coup d'œil vers le S. — Au delà du promontoire de *Bejteln* on entre dans le *Nærœfjord*, d'une grandeur sauvage; à dr., le Lœgdeelv forme une *cascade* haute de 300 m. Puis le fjord, de plus en plus étroit, prend l'aspect d'une rivière. Au fond se perdent dans le ciel des montagnes couronnées de neige; à g. (E.), fermes de *Styve*, dominées par le *Syrdalsfjeld* et, en face, le *Dyrdalfjeld*; plus loin, à dr., grande *cascade de l'Ytre Bakken*, puis *cascade du Bakkelv*, près des maisons et de l'église de *Bakke*. C'est ici le point le plus intéressant de la route.

70 k. **Gudvangen** (hôt. : *Vikingvang*, ch. dep. 1 Kr. 50, dîn. 2 Kr. 50; *Hansen*, mêmes prix; voit. à louer au débarcadère des bateaux), groupe de fermes à l'extrémité du Nærœfjord et au débouché du Nærœdalelv dans le fjord. — Belles cascades, dont celle du *Kilefos*, haute de 560 m.

La route s'engage dans la sauvage vallée du *Nærœdal*, d'une grandiose majesté, traverse un éboulis et franchit la rivière dont elle suit en montant la rive dr.; à dr. (O.), sur la rive g., se dresse le *Jordalsnut* (1,100 m.), énorme masse blanchâtre de pierre du Labrador.

A 2 h. de Gudvangen on franchit encore une fois la rivière, en arrivant au pied du *Stalheimsklev*, paroi barrant la vallée et que la route gravit par une suite de 17 lacets (à dr. et à g., cascades) pour atteindre l'hôtel.

82 k. **Hôtel de Stalheim** (100 lits; ch. dep. 2 Kr. 50, dîn. 2 Kr. 50), à 342 m. d'alt., au sommet du *Stalheimsnut*; très beau point de vue, surtout l'après-midi.

La route décrit une courbe et descend en dominant à une grande hauteur le Nærœdalelv, puis atteint le *lac d'Opheim* (Opheimsvand; 291 m. d'alt.), près de l'*hôtel* et de l'*église* d'*Opheim* (avant d'y arriver, on voit à g. une pierre rappelant l'accident de voiture qui coûta la vie à deux Américains). On quitte le lac à l'*hôtel Framnœs* et 1 k. plus loin on est à Vinje.

92 k. **Vinje**, ou *Vinje i Vossestrand* (hôt. *Vinje*, dîn. 2 Kr.), dans une belle situation, à 225 m.

La vallée s'élargit; la route franchit deux petits cours d'eau, puis franchit, sur le pont d'*Aasbrœkke* (133 m.), le *Vossenstrandelv*, qui forme une belle cascade et descend ensuite.

104 k. *Tvinde*, ou *Tvinne* (hôt. *Tvinde*, passable), localité à 95 m. d'alt., près de la belle cascade de Tvinde (*Tvindefos*), dont les eaux s'écoulent comme sur les marches d'un gigantesque escalier. —

On longe les deux petits *lacs* dits *Lœnevand* et *Melsvand*, on traverse un pays bien boisé et couvert de prairies, puis on longe le *Lœnevand* et on atteint l'extrémité E. du Vagsvand en arrivant à Voss.

126 k. Voss ou Vossevangen (R. 53), station de la ligne Christiania-Bergen.

DE VOSS A BERGEN, PAR ODDE.

La route, franchissant le Raundalselv, en remonte la rive g. par une région bien boisée, où se trouvent de nombreuses et grandes fermes; puis, se dirigeant vers le S., elle atteint au delà de la ferme de *Mæle* son point culminant, à 266 m. d'alt. A la descente, on longe deux petits lacs traversés par le Skjerveelv; plus loin, une suite de lacets conduit dans la profonde vallée du *Skjervet* (à g., double cascade de *Skjervefos*; la route passe entre les deux).

22 k. *Œvre Vasenden*, ou *Seim i Graven* (hôt. *Næssheim*), à l'extrémité N. du joli *lac Graven*, dont on suivra la rive E. — La route bifurque près de l'*église de Graven*.

[L'embranch. de g. conduit, par *Dale* et le *lac Espeland*, à (3 h. env. en voit.) **Ulvik** (hôt. : *Brakenæs*; *Vestrheim*, etc.), localité très fréquentée et centre d'excursions, dans une belle situation entre deux ramifications N.-E. du Hardangerfjord.]

Au delà de l'église de Graven, la route passe sur des viaducs en bois; plus loin, taillée à coups de mine dans la roche, elle longe, en la dominant l'extrémité S. du lac, avant de s'engager dans la gorge où coule son émissaire.

30 k. (comptés comme 40). **Eide** (hôt. : *Mælands-Hôtel*, grande maison près de l'embarcadère des bateaux, ch. dep. 2 Kr., dîn. 2 Kr. 50; *Jaunsen*, ch. dep. 1 Kr. 50), à l'extrémité supérieure du *Gravenfjord*, ramification N. du Hardangerfjord.

Le Hardangerfjord, *det underdejlige Hardanger*, c'est-à-dire le « merveilleux Hardanger », ainsi que l'appellent les Norvégiens, est le plus connu, l'un des plus grands et, certes, l'un des plus beaux fjords de la Norvège.

Le bateau qui fait t. l. j., en 4 h. env., la traversée d'Eide à Odde part un peu trop tard dans l'après-midi pour que l'on puisse bien jouir du paysage. — Après avoir parcouru le petit Gravenfjord, il traverse en diagonale du N. au S.-E. le large *Utnefjord*, où il touche à (2 h. env.) *Utne*, localité avec une grande église, dans une belle situation sur la rive S. de l'Utnefjord. De là, le bateau, doublant à dr. la pointe où se trouve la ferme de *Tronæs*, entre directement au S. dans la longue échancrure du Hardangerfjord appelée **Sœrfjord** (*Fiord du Sud*) et dont l'aspect a un charme particulier, dû au contraste de ses rives, par endroits couvertes d'habitations et d'arbres fruitiers, par endroits abruptes et rocheuses et dominées au S.-O. par le haut plateau glaciaire du **Folgefond** (1,631 m.), qui allonge son long manteau de glace à une hauteur variant entre 1,500 et 1,600 m. « Entre les plis des montagnes des bavures semblent se glisser vers le fjord et d'innombrables torrents tombent en cascades, se creusant souvent leur lit sous la neige amoncelée dans les creux des rochers. » (E. Gallois.) — *Lofthus*, sur la rive E. et l'égis

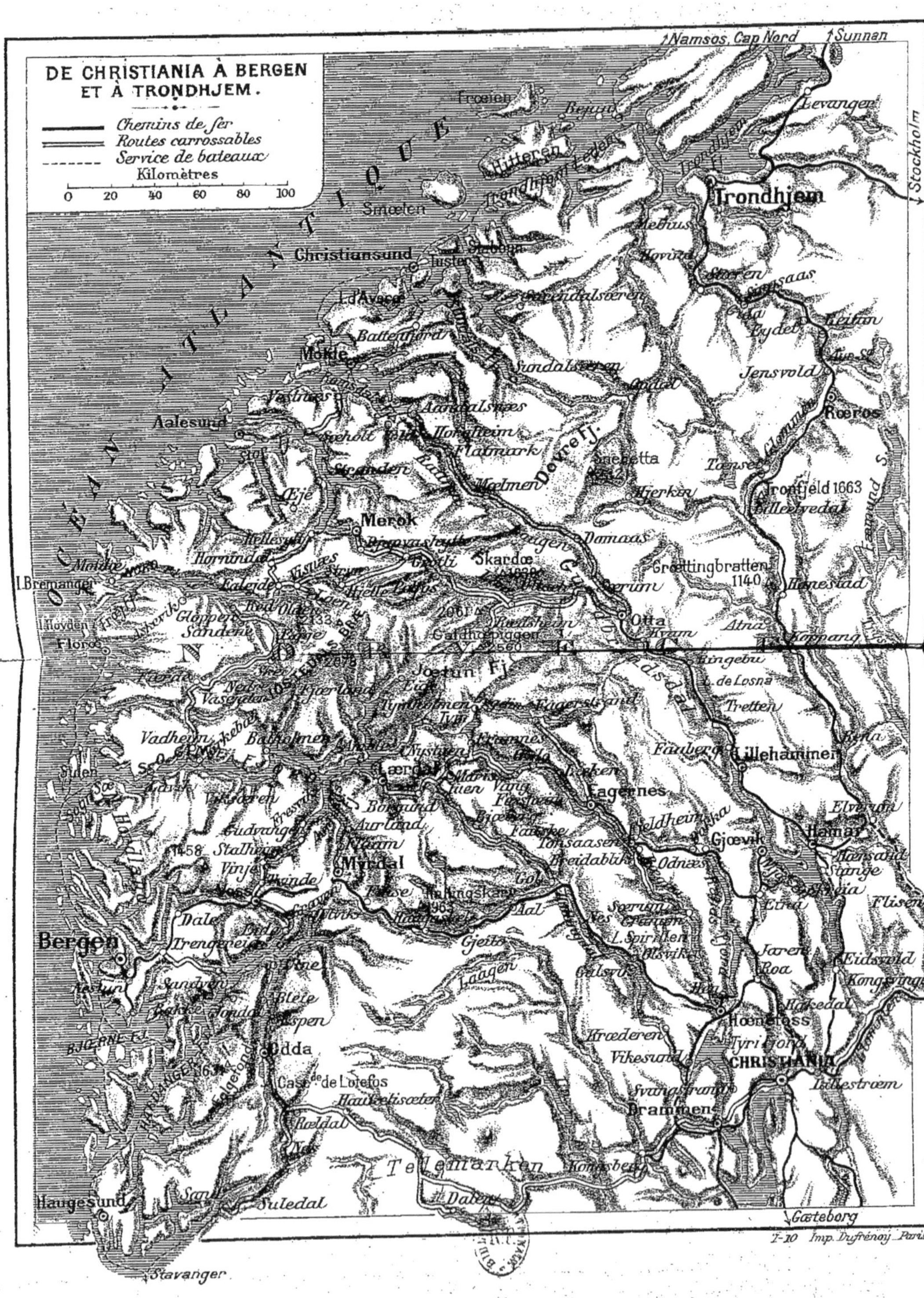
DE CHRISTIANIA À BERGEN
ET À TRONDHJEM.
Chemins de fer
Routes carrossables
Service de bateaux
Kilomètres
0 20 40 60 80 100
OCÉAN ATLANTIQUE
Namsos, Cap Nord
Sunnan
Stockholm
Trondhjem
Christiansund
Molde
Aalesund
Merok
Rœros
Otta
Lillehammer
Hamar
Gjœvik
Fagernes
Myrdal
Voss
Bergen
Odda
Haugesund
Stavanger
Drammen
CHRISTIANIA
Hœnefoss
Eidsvold
Telemarken
Gœteborg
Imp. Dufrénoy, Paris

ogivale d'*Ullensvang*, *Naae* et les fermes de *Bleie*, sur la rive O., avec leurs cascades, puis *Espen*, sur la rive E., comptent parmi les plus beaux sites du fjord.

4 h. env. (d'Eide). **Odde**, ou *Odda* (hôt. : *Hardanger*, avec dépendance, bien tenu; 110 ch. dep. 1 Kr. 50, dîn. 2 Kr. 50; *Grand-Hôtel*, ch. dep. 1 Kr., tous les deux au débarcadère des bateaux; *Odda*, ch. dep. 1 Kr. 50, café-restaur., dans une belle situation sur le Sandvendvand, à 25 min. du débarcadère; etc.; voit., stolkjærre et calèches, à louer; guides), localité industrielle (fabriques de produits chimiques, etc.), est un centre de tourisme très fréquenté, dans une belle situation entre le Sœnfjord au N. et le lac de Sandvend au S.

[Parmi les excursions des environs d'Odde il faut citer : — le *lac Sandvend* (*Sandvendvand*; 2 h. env. all. et ret. par la route du Telemarken); — le *glacier de Buarbræ* (5 h. env. all. et ret.), par le lac Sandvend (petit bateau à vapeur faisant la traversée); — les cascades de *Lotefos* (7 h. à pied, 4 h. 30 en voit. aller et ret.), par le lac Sandvend, Hildal et Grœnsdal, etc.

D'Odde deux belles routes conduisent l'une à (204 k. E.) Christiania, par le pittoresque *Telemarken*; l'autre par la vallée de Suledal à (env. 115 k. S.-O.) *Sand*, sur le Sandsfjord (ramification du Bukkenfjord), d'où l'on pourrait se rendre (bateau 5 fois par sem.) à **Stavanger**, V. de 32,000 hab. (belle *cathédrale* gothique, du XIIIe s.), reliée par bateaux à vap. (t. l. j. en 12-14 h.) à Bergen.]

Le bateau faisant t. l. j. le service d'Odde à (15 à 16 h.) Bergen revient, par le Sœrfjord, à Utne et Eide (*V.* ci-dessus), puis se dirige vers le S.-E. et, par les grands golfes d'*Indre* et *Ytre-Salmen*, vient toucher à *Sandven* (ou *Norheimsund*; bon hôt. *Sandven*), agréable séjour d'été sur la rive N. du fjord (très belle vue vers le S. sur le Folgefjord et ses glaciers). — La station suivante est *Jondal*, sur la rive E.; au delà le fjord se rétrécit pendant env. 5 k.; à dr. est *Vikingsnœs*, séjour d'été préféré des Anglais; on passe dans le large bassin du *Hisfjord* où se trouvent, au N., la station de *Bakke* (joli site) et, un peu plus loin, l'*église de Strandebarm*, puis la belle *cascade de Fosse*.

Le bateau passe à côté de la grande *île Varalds* et, par le *Kvindherredsfjord*, il sort du Hardangerfjord proprement dit, puis, tournant au N., il pénètre par l'étroit *Loksund* dans le grand *Bjœrnefjord*, d'où il arrive, en traversant un petit archipel, à Bergen.

270 k. env. de Voss. Bergen (R. 53).

Route 53. — DE CHRISTIANIA A BERGEN

492 k.; chemin de fer (gare de l'Est, ou *Œstbanestation*), en 14 h. 30 par train direct (wagon-restaur. à celui du mat.); 26 k. 70 en 2e, 17 k. 10 en 3e cl. (trains directs), 21 Kr. 80, 13 Kr. 60 (trains omnibus). — *Ligne très intéressante.*

Cette ligne, qui traverse dans toute son épaisseur le relief norvégien, est l'une des voies ferrées les plus remarquables de l'Europe en raison des difficultés d'un ordre spécial qu'a présentées sa construction et que ne manquera pas d'offrir son exploitation. Sur les 492 k. qu'elle mesure, plus de 150 ont dû être établis dans des conditions très laborieuses à travers la haute montagne, entassement de massifs, plateaux serrés les uns contre les autres ;

énorme socle rocheux large de 200 k. env., dont l'altitude s'élève progressivement vers l'O. pour se terminer brusquement, de côté, en escarpements abrupts. Par conséquent il ne pouvait pas être question, comme dans les Alpes, d'un tunnel de base pour traverser cette énorme masse et « l'on a dû escalader la montagne ». Ce qui place la ligne norvégienne hors pair, parmi les chemins de fer de montagnes, c'est son altitude relative, pourrait-on dire. Son point culminant se trouve à 1,301 m., à quelques mètres près l'altitude de deux des transalpins les plus élevés, l'Aarlberg (1,311 m.) et le Brenner (1,367 m.). Or, tandis que, dans nos pays tempérés, 1,300 m. représentent la montagne basse, boisée, couverte de pâturages et habitée, sous le 60e et le 61e degré de latitude, c'est la haute montagne dénudée et déserte, la zone des glaciers et des neiges éternelles, où l'hiver dure neuf mois. Pendant 100 kilomètres, la ligne Bergen-Christiania se trouve à 600 ou 700 mètres au-dessus de la limite supérieure des forêts. Aussi bien peut-on dire que l'altitude de 1,300 mètres atteint par le chemin de fer norvégien correspond, dans les Alpes, à celle de 2,800-3,000 m.

En quittant Christiania on laisse à g. le faubourg de Kampen et le bassin de l'aqueduc; au delà de (10 k.) *Kjelsaas* on traverse plusieurs tunnels. — 32 k. *Hakedal*; à 168 m., dans la vallée de l'Hakedalselv; à g., lac d'Harestue (*Harestuvand*). — 53 k. *Grua*, halte à 370 m.

58 k. **Roa** Ⓑ et ✕ sur Fagernes et Gjœvik.

De Roa à Fagernes, R. 51.

La voie, se dirigeant vers l'O., atteint en arrivant à (77 k.) *Jevnaker*, l'extrémité S. du *Randsfjord* dont elle franchit l'émissaire en arrivant à Hœnefos.

90 k. **Hœnefos** (Ⓑ; hôt. *Glatved*), petite V., à 96 m., au confluent de la Bœgna sortie du lac Spirillen (p. 275) et du Randselv, venant du Randsfjord, qui forment ici le Storelv, allant se jeter plus loin vers le S.-O. dans le grand Tyrifjord.

De Hœnefos à Hen et au lac Spirillen, R. 51.

On laisse à g. la ligne de Drammen et on remonte la vallée de la Sokna ou Sogna; au delà de (112 k.) *Sokna*, on passe à côté de quelques petits lacs, puis on traverse le *tunnel d'Haversting* (env. 3 k.) qui débouche près de la rive E. du *lac de Krœderen* (Krœderensjœ).

141 k. **Gulsvik** Ⓑ, à 155 m., à l'extrémité N. du lac. — La voie s'engage dans le *Hallingsdal*, que parcourt la rivière du même nom, qui forme par endroits de petits lacs. — 185 k. *Nesbyen*, à 169 m., en face du bourg de *Nes*. — Le paysage devient plus intéressant et les fermes nombreuses. — Pont sur le Hallingselv. — 202 k. *Gol* Ⓑ, à 207 m., d'où une route conduit, par le Hemsedal, à Lærdal (R. 51). — La vallée incline vers le S.-O. et la voie continue à monter en longeant la rive dr. de la rivière qui forme des rapides.

218 k. *Torpe*, avec une vieille église (*Stavekirke*) du XIIIe s. — 228 k. *Aal* Ⓑ, à 437 m. (grande église). — La rivière s'élargit et forme le *Strandefjord*, que la voie domine en montant par le versant O. du *Sangerfjeld* (1,178 m.). — 242 m. *Hol*, à 603 m., où commence l'*Ustadal*, dont on franchit le petit cours d'eau.

253 k. **Gjeilo** (B), à 794 m., point de départ pour l'ascension (guide 3 Kr.) du *Hallingskarv* (1,963 m.). — Église d'*Ustadal*. — La voie atteint le *lac d'Usta* (Ustavand), dont elle longe la rive N. (courte échappée vers le S.-O. sur le grand glacier du Hardanger Jœkkelen). — On ne voit plus d'arbres.

279 k. *Haugastœl*, à 988 m., sur le *Stœlefjord*, continuation de l'Ustavand ; au N., sommet occidental du Hallingskarv, dont la voie contourne la base. On atteint le petit *Nygaardsfjord* (990 m.), prolongement du Stœlefjord. — A g., ferme de *Nygaard*. — On longe l'Ustekveikja, qui forme des rapides et des cascades et on franchit la Grjotaa, puis, au delà de l'énorme paroi rocheuse du *Stouri*, on traverse les vallons d'Hestabotn, d'Oksabotn et de Sanabotn, pour contourner le *Kongsnut* et atteindre le *lac de Finse*.

302 k. **Finse** ((B); hôt.), à 1,222 m. d'alt., sur le lac de son nom (*Finsevand*), en face de la masse imposante des glaciers du Hardanger Jœkel. — C'est la station la plus élevée de la ligne, au cœur des montagnes; la glace ne disparaît que fort tard (quand elle disparaît) des lacs et la neige ne fond jamais au fond de la vallée, que dominent les glaciers. — De magnifiques passages s'ouvrent de tous les côtés de la montagne vers le Sognefjord et le Hardangerfjord.

[Du N. à l'E. se dresse le *Hallingskarv* qui aboutit, vers l'O., aux glaciers. « En 5 à 6 h. on peut faire l'ascension des différents bastions de cette muraille et jouir d'une vue merveilleuse vers le N., que bornent les cimes du Jotunheim. — Du côté S. est le Hardangerjœkkel : c'est au S. de ce glacier que se trouve la vallée peut-être la plus sauvage de la Norvège, sur les bras intérieurs du Hardangerfjord. Des hauteurs avoisinantes, l'œil plonge dans des crevasses gigantesques, où se précipitent de majestueuses chutes d'eau, et une promenade de Finse au (4 à 5 h.) refuge de *Dæmmevas* (*Dæmmevashytte*), au *lac Dæmme* (Dæmmevand), aux eaux couleur d'émeraude où se réfléchissent les glaciers du Hardanger Jœkel, est à recommander. — On peut aussi aller voir, dans le *Simodal*, les grandes chutes du *Skykjafos*, tombant de 250 m. de haut.]

La voie, montant toujours, contourne le *Norenut*, traverse des tunnels-galeries en bois et atteint son point culminant à 1,301 m. d'alt., près de *Fagerbotn*. On est ici au point de partage des bassins du Skagerak et de la mer du Nord. — Descente.

323 k. *Hallingskeit*, à 1,101 m. ; à g. le *Vosseskavl* (2,055 m.), couvert de glaciers; dans la vallée, lacs de *Grœndal* et de *Kleve*, dont on longe la rive O. — Tunnels et tranchées. — Après avoir quitté le lac de Kleve on voit s'ouvrir à dr. (N.) le sauvage *Freitteimdal*, avec les lacs de *Reinongav* et de *Seltuft*. Plus loin, très bas dans la vallée, à dr. de la voie, au-dessus des chutes de *Kjossafoss*, on voit l'*hôtel de Vatnahals*. — Un peu avant Myrdal se trouve, entre deux tunnels, le point considéré comme le plus grandiose de toute la ligne. Presque à pic la montagne plonge à 600 m. dans la vallée de Flaamsdal. « C'est la vallée chaotique de Norvège dans sa forme la plus caractéristique : un monde de ruines après les révolutions terrestres de jadis, où l'homme est obligé de lutter contre une nature rude et ingrate. »

336 k. **Myrdal** ((B); à 15 min. de la gare, bon hôt. *Vatnahals*, ch. dep. 1 Kr. 50, dîn. 2 Kr. 50), à 866 m. d'alt., dans une région montagneuse et sauvage. — En quittant Myrdal on entre dans le grand *tunnel de Gravehals* (5,300 m.). — 342 k. *Opset*, à 850 m. — Les arbres réapparaissent. — A dr. s'ouvre la *vallée de Rjoandedal*, qui aboutit au Flaamsdal. Un tunnel, belle œuvre technique, amène sous le palier de la voie ferrée le cours d'eau sortant de cette vallée. — On entre dans le *Raundal*. — Tunnels. — Par l'étroit passage du *Sverreskar* on sort du Raundal en arrivant à la ferme de *Klyve* et à (376 k.) la station d'*Ygre*, à 168 m. — La voie franchit l'émissaire du *lac Lundar*, qu'elle laisse à dr. et atteint l'extrémité E. du *lac de Vangs* (Vangsvand) en arrivant à Voss.

385 k. **Voss**, ou *Vossevangen* (Ⓑ; hôt. : *Fleischer*, 75 ch. dep. 2 ou 3 Kr., dîn. 2 Kr. 50, à la gare; *Vossvangen*, 50 ch. dep. 1 Kr. 50, dîn. 2 Kr. 45, à côté de l'église; *Præstegaard*, etc.; voit. à louer : pour *Eide*, 2, 3 ou 4 pers., 14, 16 ou 18 Kr.; pour *Ulvik*, 24, 28 ou 32 Kr.; pour *Stalheim*, 16, 20 ou 24 Kr.; pour *Gudvangen*, 25, 30 ou 36 Kr.), petite V. à 55 m. d'alt., sur le Vangsvand, dans une région fertile entre les bois et les montagnes. C'est un des endroits les plus fréquentés par les touristes, grâce à ses hôtels et à sa situation au point de départ de bonnes routes conduisant au pays de Sogn et de Hardanger.

L'*église*, en pierre, date du XIIIe s. — A 10 min. de l'hôt. Fleischer, le *Finneloftet*, vieille maison en bois du XIVe s., renferme un assez intéressant petit *musée* (entrée 10 œre).

[Le *Lønetroje* (1,424 m.; 8 h. all. et retour, guide 3 Kr.), au N., et le *Hondalsnut* (1,458 m., 10 h. env.), à l'O. de Voss, offrent de très beaux points de vue panoramiques.]

De Voss à Stalheim, Gudvangen et Lærdal, R. 52, *B*.

La voie longe la rive N. du Vangsvand puis, par un petit tunnel, atteint (393 k.) *Bulken*, où le Vosselv sort du lac. — 404 k. *Evanger*. On longe la rive S. du *lac d'Evanger*. — Tunnels. — 414 k. *Bolstad*, au milieu de rochers, sur la rive E. du fjord de son nom, que la voie va longer par la rive S. (belle vue).

425 k. **Dale**, localité manufacturière, au débouché du Bergsdal. — On longe, à g., le *Dalevaag*, jusqu'à (432) *Stanghelle*, où l'on atteint la rive E. du long **Sœrfjord**, que l'on côtoie jusqu'au delà d'Arne. — 441 k. *Vaksdal*; usines importantes. — Tunnels.

453 k. **Trengereid**, d'où l'on peut faire l'ascens. du *Gullfjeld* (986 m. S.; 5 h. all. et ret., guide 4 Kr.; belle vue) par *Œdejord*.

[**De Trengereid à Norheimsund sur le Hardangerfjord** (50 k.; Ⓢ, skyd pour 1 pers. 9 Kr., pour 2 pers. 13 Kr. 50; *l'une des plus belles routes de la Norvège*). — La route, montant en lacets jusqu'à (11 k.) *Aadland* (hôt. *Aadland*), à l'extrémité N. du *Samnangerfjord* (⚓ pour Bergen), descend ensuite et franchit l'Egedaselv en arrivant à (19 k.) *Tysse* (ou *Tæsse*; grande manufacture). — Par la vallée de l'Egedas, où se trouve l'*hôt. Kvamshaug* (pas mal; dîn. 2 Kr.), on atteint (31 k.) le relais d'*Ekeland* puis on descend dans la cluse sauvage du **Tokagjelet** (tunnels), qui débouche sur le *Steinsdal*, au pied de l'*Œfsthusfos*, par lequel on arrive à (50 k.) **Norheimsund** ou *Sandven* (bon hôt. *Sandven*, ch. dep. 1 Kr. 50), au bord du *Norheimsund*, baie de l'Ytre Samlen (Hardangerfjord; *V.* p. 282), d'où l'on peut se rendre à Bergen en bat. à vapeur.]

Tunnels. — 463 k. *Garnes*, en face de la grande *île d'Ostevœ*, où l'on voit l'église de *Haus*. — La voie se dirige au S., par la rive E. de l'Arnevaag, minuscule ramification du Sœrfjord. — 467 k. *Arne*. — A dr., émissaire du lac d'Haukeland. — 474 k. *Haukeland*, au bord du lac de ce nom. — Tunnels. — On franchit trois fois le Nestunelv. — 483 k. *Nestun*. — A g., le *Nestunvand*. — 486 k. *Fjœsanger*, sur le *lac Nordaas*; villas et maisons de campagne. — 490 k. *Solheimsviken*, faubourg S. de Bergen, au bord du Puddefjord.

492 k. **BERGEN** (*V.* l'*Index*), V. de 80,000 hab., l'ancienne « Bjorgoin » (la Ville des Montagnes), fondée dans la deuxième moitié du XIIe s. « au milieu d'un labyrinthe d'îles, d'îlots et de péninsules inégales : sept montagnes, sans compter les sommets secondaires, se dressent en amphithéâtre autour d'elle. Ces hauteurs (dont la plus élevée, l'*Ulriken*, culmine, vers l'E., à 644 m.), tout en donnant un aspect des plus pittoresques au paysage, contribuent, en arrêtant les nuages, à faire de Bergen une des villes du monde où les pluies sont le plus fréquentes (1,835 mm., tandis qu'on n'en compte que 538 à Christiania). — C'est la ville de la morue et le fameux poisson figure dans ses armes; il est du reste, l'objet principal du commerce de toute la côte. Célèbre autrefois comme comptoir de la Ligue hanséatique (*V.* ci-dessous : Histoire), Bergen en a conservé d'intéressants souvenirs comme : le quai allemand avec ses vieilles maisons et ses magasins en bois; on a même reconstitué avec soin un de ces établissements et la visite en est fort intéressante.

La ville s'avance dans la mer vers l'O., entre le *Store Lungegaardsvand* au S.-E., le *Puddefjord* vers le S.-O. et le *Byfjord* vers le N.-O.; le *Vaagen*, ramification de ce dernier, sépare deux quartiers de la ville et en forme le port principal.

Gare. — La nouvelle gare, achevée en 1910, se trouve au S.-E. du centre de la ville, au bord du Store Lungegaardsvand.

Port. — Le *Vaagen*, sur le quai N. duquel s'arrêtent les grands bateaux à vapeur; les bateaux côtiers et du Sognefjord abordent au quai S., près de la Nykirke, non loin de l'Holbergsalmenning, où touchent les bateaux de l'Hardangerfjord.

Principales curiosités. — MARIAKIRKE (p. 288). — BERGENS MUSEUM (p. 290). — HANSA MUSEUM (p. 288). — VESTLANDSKE MUSEUM (p. 290). — BERGENHUS (p. 288). — NYGAARDSPARKEN (p. 290).

Histoire. — Fondée en 1070 par le roi Olaf Kyrre et dotée de grands privilèges, la ville grandit bientôt et ne tarda pas à rivaliser avec Nidaros (Trondhjem); au XIIe s. elle fut, avec ses environs, le théâtre des luttes civiles qui désolaient la Norvège. — Sa prospérité grandit surtout au XVe s., lorsque, vers 1450, les négociants germaniques de la Hanse eurent obtenu du gouvernement danois la permission d'y établir un comptoir. Elle fut alors l'un des marchés les plus fréquentés de la Hanse et les Allemands y possédaient, pour ainsi dire, une ville dans la ville, composée de greniers et de magasins portés sur pilotis et rattachés à la terre ferme par des appontements; de véritables garnisons de commis et de serviteurs, comprenant jusqu'à 3,000 hommes, défendaient le quartier des Hanséates, qui avaient accaparé tout le commerce du nord de la Norvège et obligé toute la région à porter le produit de la pêche à Bergen. Une particularité intéressante à propos de ces Allemands, était l'interdiction absolue faite à toute femme de pénétrer auprès de ces hommes, à qui il était défendu de se marier. — Vers 1560 le bailli Walkendorf mit un terme à la toute-puissance de la Ligue hanséatique dont les comptoirs subsistèrent néanmoins jusqu'en 1763, date à laquelle fut vendue la dernière maison appartenant à la colonie allemande. « Mais un grand nombre de noms de famille rappellent encore les négociants qui avaient monopolisé, au XVe s., le trafic de Bergen et l'architecture hanséatique donne encore à certains quartiers, une physionomie que l'on ne retrouve pas dans les autres villes de la Norvège. »

ITINÉRAIRE. — A l'extrémité E. du basssin du **Vaagen** qui forme, ainsi que nous l'avons dit, le port de Bergen, s'allongent à la suite l'une de l'autre les deux places du **Torvet** au N. et du **Torv-Almenning** au S. On y voit la *Bourse*, la *Banque de Norvège*, devant laquelle a été érigée la *statue du poète Holberg* († 1714) par *Bœrjeson* et, tout au S., la *statue du président Christie*, par *Borch*.

A l'O. du Torv-Almenning commence la **Strandgade**, la principale rue de la ville, où se trouvent d'importantes maisons de commerce, des bureaux de compagnies de navigation, etc. et qui aboutit à la *place du Toldbod* (Douane) et à la pointe du *Nordnæs*, que domine l'ancien fort de *Frederiksberg*.

A l'O. du Torvet commence, le long de la rive N. du Vaagen, le **Tyskebrygge** (*quai Allemand*), l'ancien quartier de la Hanse germanique. Incendié en 1702, reconstruit depuis, il est formé par une rangée de maisons bordant le quai, peintes de couleurs claires qui remplacent les vieilles constructions hanséatiques, dont une seule existe encore, tout près du Torvet, l'antique *Finnegaard*, où l'on a installé le Musée Hanséatique.

Le **Hansa Museum** (*Musée Hanséatique*; de 10 à 6 h. en été; entrée 1 Kr.), qui donne une idée assez complète de l'ancienne installations des *Hœfe* (comptoirs), renferme une collection d'armes, d'ustensiles domestiques, etc.

Rez-de-chaussée. — Magasins et entrepôts de marchandises.

1er étage. — Comptoirs et bureaux des négociants; par une sorte d'antichambre, on passe devant la *Stube* (le bureau du patron), dans la salle à manger et dans la chambre à coucher.

2e étage. — Chambres des employés et des domestiques. — Sur le derrière, dans la cour, se trouve une pièce qui était la seule où il était permis de faire du feu et où, par conséquent, se réunissaient en hiver tous les habitants de la maison.

A l'extrémité O. du quai une courte rue conduit à dr. à la Mariakirke.

Le **Mariakirke** (*église Sainte-Marie*), l'ancienne église des Allemands, datant du XIIe s., a été agrandie au XIIIe et restaurée au XIXe s., époque à laquelle ont été ajoutées deux tours.

A l'int., nef du style roman, chœur ogival; autel et chaire, richement décorée, du XVIIe s.

A l'O. et près de l'église, à l'entrée du port, se trouve l'ancienne forteresse du **Bergenhus** (on visite, en semaine, de 8 à 6 h.; s'adresser au corps de garde; pourb. au soldat qui accompagne) renfermant deux tours du XIIIe s., rebâties au XVIe et restaurées

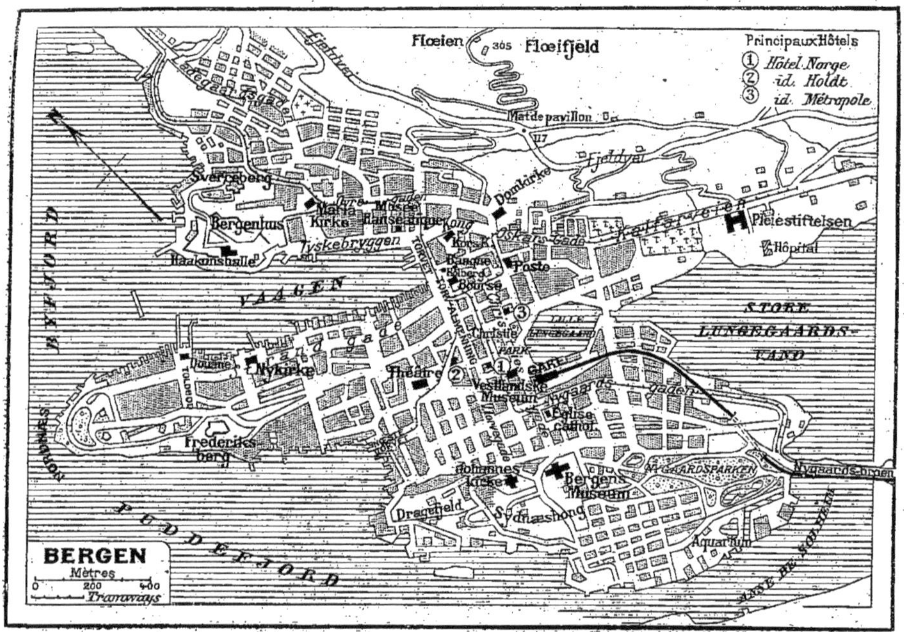

BERGEN

Mètres
0 200 400
Tramways

Principaux Hôtels
① Hôtel Norge
② id. Holdt
③ id. Métropole

Flœien
305
Flœifjeld
Matdepavillon
117
Fjeldvei
Kalfarveien
Pleiestiftelsen
Hôpital
Sverresberg
Bergenhus
Haakonshalle
Maria Kirke
Musée Hanséatique
Tyskebryggen
Domkirke
Kong Oscars Gade
Korsk.
Banque
Bourse
Poste
VAAGEN
STORE LUNGEGAARDS-VAND
LILLE LUNGEGAARD
Christie
PARK
GARE
Douane
Nykirke
Théâtre
Vestlandske Museum
Nygaards gaden
Eglise cathol.
Fredericksberg
NYGAARDSPARKEN
Nygaards-broen
Johannes kirke
Bergens Museum
Sydnæshoug
Dragefjeld
Aquarium
BYFJORD
PUDDEFJORD

plus tard (*très belle vue* de la galerie) et la *Kongenhallen*, du XIIIe s. avec une grande salle des fêtes (« Haakonshalle »), entièrement restaurée de nos jours. — Au N. de la forteresse, une belle promenade entoure les restes de l'ancien *Sverreberg*, château fort datant du roi Sverre (fin du XIIe s.).

Revenant aux deux places mentionnées ci-dessus, on peut aller visiter, à l'E., le nouveau quartier qui s'élève autour du petit bassin du *Lille Lungegaard*, sur le bord O. duquel a été aménagé le petit square du *Park* (musique, t. l. j. en sem., l'été), où se trouvent : à l'O., *l'hôtel Norge* et le *Grand Café*, séparés par le *monument d'Ole Bull* (violoniste, né à Bergen : 1810-1880) par *Sinding*, et au S. le Vestlandske Museum.

Le **Vestlandske Museum** (*Musée du Vestland*; t. l. j. de 11 à 2 h. et de 4 à 6 h. pour les collections d'art industriel, gratuit les dim., lundi, mercr., vendr.; les autres j. 25 œre; t. l. j. de 11 h. à 2 h. pour la galerie des tableaux, gratuit; dim., merc., vendr. de 11 à 2 h. pour la collection de la pêche), a été bâti à la fin du XIXe s. par *Bucher*; à la façade, *statue du peintre Dahl*, par *Tœnnesen*.

Rez-de-chaussée. — A g., **Musée de la Pêche** et à dr. **Exposition industrielle** permanente des fabricants et ouvriers de la ville.

1er étage. — **Musée Vestlandais des Arts industriels** : collection des meubles et objets en bois sculpté des XVe au XVIIIe s.; ornements en or et en argent; tapis norvégiens; porcelaines; ustensiles divers en métal, etc.

2e étage. — **Galerie de peinture** : œuvres de maîtres norvégiens modernes, *Tidemand*, *Thaulow*, *Rasmussen*, *Gude*, *Bodom*, *Nordenberg*, *Eckersberg*, etc.; quelques salles appartiennent à la Société Artistique qui y fait des expositions périodiques.

Du Vestlandske Museum et de Lille Lungegaard, la *Christiesgade* conduit vers le S.-O., en passant (à g.) devant *l'église catholique*, à la butte du *Sydnæshong*, sur laquelle s'élève le musée de la ville.

Le **Bergens Museum** (t. l. j. de 11 à 2 et de 4 à 6 h.; mardi, jeudi, sam. 25 œre, gratuit les autres j.), a été bâti de 1865 à 1897 par *Nebelong* et *Sparre*.

Sous-sols et rez-de-chaussée. — **Antiquités norvégiennes** : modèle de l'ancien quartier hanséatique de Bergen; portail d'église de Sognedal; autel en chêne sculpté (XVIe s.); meubles divers; ustensiles de ménage, etc.

1er et 2e étages. — **Collection d'histoire naturelle**, où sont très bien représentés les oiseaux et les poissons du Nord (entre autres, grand squelette de baleine).

Sur la hauteur à l'O. du Musée la grande *Johanneskirke* est une belle construction gothique de *H. Backer* (1893). — A l'E. du Musée s'étend le **Nygaardspark** (café; pavillon de musique, concerts le dim. de 5 à 7 h. du s. en été), promenade offrant de très beaux points de vue; à son extrémité S., du côté de l'anse de Solheim (*Solheimsvik*), se trouve l'*Aquarium* (t. l. j. sauf le sam., de 10 à 2 h. et de 4 à 8 h., 20 œre), station biologique du Dr. Danielssen, intéressante pour l'étude des poissons du Nord.

[*Environs.* — Le **Fjeldvei** (1 h. 30 S.-E. à pied) est une colline que l'on atteint du Torvet (p. 288) par la place dite *Vetterlids Almanning* et une bonne route montant par le versant S. du *Flœjfjeld* (très belle vue sur la ville et la mer parsemée d'îlots, surtout de l'endroit marqué par un mât de pavillon, où la route domine, à 117 m. d'alt., le Dôme de Bergen). A 30 min. env. on arrive au *café* du Fjeldvei; un peu plus loin la route bifurque : celle de dr. descend en lacets à la chaussée du *Kalfarvei* (desservie par le tram électr.), en face de l'édifice du *Pleiestiftelses* et, de là, on revient, à pied ou par le tram, à la ville. — On peut aussi, de l'endroit mentionné ci-dessus et signalé par un mât, monter à g. (N.), par une suite de 6 lacets, en 45 min. env., au **Flœjen** (251 m.), d'où la vue est encore plus belle; à côté de la grande *girouette* qui a donné le nom à l'endroit, il y a un assez bon restaurant.

Les bords du Store Lungegaard, — que l'on peut longer par le Kalfarvei (*V.* ci-dessus), bordé de beaux jardins jusqu'à *Floen* et revenir de là à Bergen en bateau, — forment aussi le but d'une charmante promenade.

De Bergen à Lærdal, R. 52; — à Trondhjem, R. 54; — au cap Nord, R. 55.

Route 54. — DE BERGEN A TRONDHJEM

PAR LE NORDFJORD, VISNÆS, MEROK ET MOLDE

5 à 6 j.; ⛴ et ⊛. — Très belle route, intéressante et recommandée.

DE BERGEN A VISNÆS

PAR LE NORDFJORD

21 à 30 h., suiv. les bateaux; ⛴ 3 fois par sem., 15 Kr. 50 (se renseigner d'avance pour la cabine, tous les bateaux n'en ayant pas de disponibles). — En été on pourrait profiter des services de croisière de la Cie de navigation la « Bergenske » (ou bien de ceux de la « Nordenfjeldske » de Trondhjem), pour aller de Bergen à Visnæs; on emploie plus de temps, c'est vrai, mais on a plus de confort et, surtout, on a l'occasion de voir la partie la plus intéressante du Sognefjord, car presque tous ces bateaux le parcourent jusqu'à Balholm et même jusqu'à Gudvangen dans leur voyage vers Visnæs.

N. B. — Les touristes qui se borneraient à suivre cette route jusqu'à Molde, pourraient utiliser le bateau de la Bergenske (jusqu'à nouvel ordre : le yacht « Mira »), qui fait, 2 ou 3 fois par mois en été, la croisière Bergen-Gudvangen-Hellesylt-Merok-Molde-Loen-Bergen, en 7 j. env. (160 fr. sans les repas, trois par jour, que l'on compte 7 fr. 50 p. j.; on trouvera tous les renseignements nécessaires à l'agence Berg, 14 r. des Pyramides, à Paris).

En quittant Bergen le bateau s'engage dans l'archipel d'îles et d'îlots qui borde la côte du *Nord Hordland*. — Suivant les bateaux, on touche à trois ou quatre localités sans grande importance.

On traverse le **Sogn-Sœ**, qui fait communiquer le Sognefjord avec l'Atlantique et laissant à dr. *Sognefest*, à l'embouchure du Sognefjord (R. 52), on traverse le petit groupe des *îles Sulen* (*Sulen Œre*), que domine le *Polletind* (530 m.) dans celle d'Indre Sulen, vers l'E.

20 milles maritimes. **Florœ**, petit port assez commerçant. — On laisse à g. *l'île d'Hovden* pour s'engager, à dr. (N.-E.), dans le **Frœjfjord**, canal ou passe que borde vers l'O. la grande *île de Bremanger*, à l'extrémité N.-E. de laquelle culmine, à 915 m. d'alt., *le Hornelen*

aux flancs escarpés et dont le bateau contourne la base en se dirigeant vers le N.-O. par l'étroite passe du **Skatestrœm**. Au sortir de cette passe on arrive à l'entrée du Nordfjord qu'on laisse, momentanément, à dr. pour toucher à Moldœ.

13 à 15 h. de Bergen. **Moldœ**, toute petite île dans la passe d'Ulve (*Ulvestrand*), entre l'île de **Vaagsœ** à l'O. et le continent à l'E. — On rebrousse chemin pour pénétrer dans le Nordfjord.

Le Norfdjord, qui s'étend sur 80 k. de long, parallèlement et au N. du grand Sognefjord (R. 52), est, comme celui-ci, formé de plusieurs branches qui l'entaillent profondément, surtout vers l'E. et le S.-E. C'est surtout sur les bords de ces ramifications que le paysage est de toute beauté et d'une grandeur qui dépasse, peut-être, celle des autres fjords norvégiens.

Les bateaux, faisant le service entre Bergen et le Nordfjord, ne suivent pas tous exactement le même itinéraire et ne desservent pas tous les mêmes stations. — Au delà de Bryggen (côte N.) commence le **Daviksfjord** qui, au delà de *Domsten* (ou *Dombesten*; très belle vue vers le S. sur l'*Aalfotbrœ*, glacier à 1,632 m. d'alt.), se bifurque pour former, à g., l'*Eidsfjord* et, à dr., l'*Idsfjord*. Certains bateaux desservent quelques localités du premier avant de passer dans le second, où l'on touche à **Askevik**, au débouché du petit *Aalfotfjord*; un peu plus loin, à dr., s'ouvre la vallée d'*Oksedal*, dont les versants sont sillonnés par les cascades qu'y forment les décharges des glaciers d'Aalfot et de Gjegnœ.

On entre dans le **Hundviksfjord**; à dr. s'ouvre, vers le S.-O., le *Hyenfjord* et, plus loin, vers le S.-E., le beau **Gloppenfjord** à l'extrémité duquel, dans une belle situation, **Sandene** (ou *Gloppen*; hôt. *Gloppen*; *Sivertsen*) est assez fréquenté comme séjour d'été (beaux environs). — On revient au fjord principal qui prend, en se dirigeant à l'E., le nom d'**Uitfjord**, d'abord, et d'**Invikfjord** ensuite. — Belle vue sur les montagnes. — On touche à quelques stations sans importance.

20 à 26 h. **Falejde** ou, pour mieux dire, *hôtel* de ce nom (trois maisons; ch. dep. 1 Kr. 50, dîn. 2 Kr. 25), séjour préféré des Anglais et d'où l'on pourrait aller, par une superbe route, à (9 k.; voit. 4 à 6 Kr.) Visnæs (*V.* ci-dessous).

Le Nordfjord est ici d'une incontestable beauté; en face, à l'E., il est dominé par les pentes escarpées de l'*Aarheimsfjeld* (615 m.), au pied duquel le Strynselv vient se jeter dans le fjord, devant Visnæs.

[**De Falejde à Hellesylt sur le Geirangerfjord** (46 k. comptés pour 57; ⊕ avec serv. de Stolkjærre, sans relais sauf une halte d'env. 2 h. à Grodaas où l'on peut luncher; 1 pers. 9 kr. 86, 2 pers. 14 kr. 79; calèches, 2 pers. 25 kr., 3 pers. 27 kr. 50, 4 pers. 33 kr.). — La route, pittoresque, s'élève en quittant l'Invikfjord par « une série de grimpades et de dégringolades avec, de tous côtés, au milieu de grands bois de sapins ou de bouleaux, des lacs qu'on entrevoit, des clairières étroites d'herbes jaunes, des échappées sur de grandes montagnes bleu sombre assez proches : quelque chose de tout à fait « romantique » (Gallois).

12 k. (comptés pour 17). *Kjœs*, où on atteint le *Kjœsbund*, anse du grand lac d'Hornindal (sur la rive N.-E. duquel se trouve (18 k.) Grodaas (p. 273). Une montée longue et raide (les piétons abrègent) conduit à (33 k.) Kjelstadli (p. 273) et de là, descend à (46 k.) Hellesylt (R. 50).]

22 à 30 h. **Visnæs** (p. 273).

De Visnæs à Grotli, R. 50, en sens inverse.

De Visnæs le bateau, longeant la base de l'Aarfjeld, se dirige vers le S.-E. pour atterrir à Loen.

23 à 31 h. de Bergen. **Loen** (hôt. *Alexandra*, au débarcadère; ch. dep. 1 Kr. 50), ham. avec une petite église, à l'entrée du **Loendal**, belle vallée que dominent l'*Auflemsfjeld*, vers le S. et le *Lofjeld*, vers le N. et où se trouve le beau lac de Loen.

[**Lac de Loen** (6 à 7 h. all. et ret., au S.-E.; bonne ⊛; petite voit. ou Stolkjærre, 1 Kr. 50 à 2 Kr. all. et ret.). — 30 min. env. (45 min. à pied). *Vasenden*, à l'extrémité N.-E. du lac, que dessert une barque à moteur (traversée en 1 h.; 2 Kr. 50 all. et ret.; barque à 2 rameurs, 5 Kr. 50 à 6 Kr. all. et ret.). — Le lac, long d'env. 14 k., offre de beaux points de vue; de nombreuses cascades y tombent des glaciers de Skaala, d'Hellesœter, d'Osterdal; à son extrémité S., entre *Bœdul* et *Næsdal*, il est enserré par le **cirque** grandiose de Næsdal, formé par les parois du *Skaalfjeld* et du *Bœdalsfjeld* vers l'E., du *Kjendalskrona* et du *Nonsnib*, dont la masse imposante se dresse à pic (1,839 m.) vers le S. et du *Ravnefjeld* vers l'O., cirque que couronne le grand **glacier de Jostedal** (*Jostedalsbræ*; env. 2,070 m.), le plus vaste réservoir de glace de l'Europe continentale, immense champ de neige, qui couvre 900 k. carrés et qui n'a pas d'équivalent dans les Alpes.

De Loen, le bateau continue jusqu'à (45 min.) *Olden* (hôt. *Yri*), à l'extrémité S. du fjord, au débouché du pittoresque *Oldendal*, qui peut être le but d'une belle excursion à Ejde et au lac d'Olden (8 h. all. et ret., ⊛).

De Loen une route, assez fréquentée, conduit à Mindre Sunde, dans le Stryndal (R. 50).]

DE VISNÆS A MEROK
PAR LE STRYNDAL ET GROTLI

2 j. env.; ⊛ (on peut coucher à Vidosœter et à Grotli). — *Très belle route, très recommandée.*

Pour la description du trajet entre Visnæs, Grotli et Merok, *V.* R. 50 (en sens inverse pour le parcours Visnæs-Grotli).

DE MEROK A MOLDE
PAR HELLESYLT, SŒHOLT ET VESTNÆS

2 j. env.; ⛴ et ⊛ (on peut coucher à Sœholt ou à Vestnæs).

DE MEROK A SŒHOLT PAR LES FJORDS

5 à 9 h. suiv. les bateaux; serv. t. l. j.; 3 Kr. 50.

Le bateau traverse le magnifique Geirangerfjord (p. 273); à dr., *cascade des Sept-Sœurs*. Le bateau touche à Hellesylt (p. 273); de là, revenant jusqu'en face du promontoire de *Lundarnæs*, il tourne au N. et s'engage dans le **Sunelvsfjord**, qui débouche, au N., dans le grand et beau **Slyngsfjord** (ou *Strandefjord*), où il aborde à *Stranden*, avec l'église et la station de *Slyngstad*, au débouché du Strandedal. — Se dirigeant ensuite vers le N.-O., il double (à dr.) le promontoire de *Holmen* (ou *Stordalnæs*) à l'entrée du Stœrdal et atterrit à

Sœholt (ou *Sjœholt*; bon hôtel *Rasmussen* ou *Sœholt*, ch. dep. 1 Kr. 50), dans un paysage charmant, à l'extrémité N.-E. de la baie d'Œrskog (*Œrskogvik*), aux côtes verdoyantes et basses, en face de l'*église* d'*Œrskog*, située sur la rive g. de la petite rivière qui vient ici se jeter dans le fjord.

DE SŒHOLT A MOLDE PAR VESTNÆS

4 h. 30 env.; ⛴ et ⊛. — 26 k. de Sœholt à Vestnæs, ⊛ desservie par skyds et stœlkjærre, 1 pers. 4 Kr. 50, 2 pers. 7 Kr. 50 (on trouve presque toujours des voit. à l'arrivée du bateau). — 1 h. env., de Vestnæs à Molde, ⛴ en 1 h., 1 ou 2 fois par j.; 2 Kr. 50.

En quittant Sœholt la route pénètre dans la pittoresque vallée d'Œrskog, qu'elle remonte vers le N.-E., où s'élève le *Snaufjeld* (278 m.). Au delà d'un petit lac, à 10 k. env. de Sœholt, on atteint la cabane-auberge d'*Œrskogsfjeldet* (on y trouve du café et de la limonade gazeuse), puis on descend

15 k. *Eltingsgaard* (175 m. d'alt.), dans le *Skorgedal*.

20 k. env. *Viken*, où la route atteint la **Tresfjord**, dont elle longe la rive O. (belles vues) en passant près de nombreuses fermes. — On franchit le débouché du *Mistfjord* en arrivant à

26 k. env. **Vestnæs** (bon hôt. *Vestnæs*; ch. dep. 1 K. 50, dîn. 2 Kr.), à l'ouverture du Tresfjord, au pied de hauteurs boisées.

[**Le Romsdal** (1 j. 1/2 ou 2 j.; ⛴, 2 fois par j. de Vestnæs à Aandalsnæs, en 2 h. 30 ou 4 h. env.; 2 Kr. 30; ⊛ d'Aandalsnæs à Horgheim, Flatmark, etc.; *très belle excursion, fort recommandée*). — Le bateau, partant de Vestnæs, se dirige vers l'E., laisse à dr. le Tresfjord et à g. l'île de *Sækken* et remonte le grand **Romsdalfjord**, où il touche à différentes localités. — Au delà de *Vold* (rive S.) on passe devant l'embouchure de l'*Indfjord*; la vue est fort belle sur les hautes montagnes qui se dressent au S. et d'où tombe la cascade du *Skjoten*. — Plus loin on touche **Veblungsnæs**, au pied du *Sætnesfjeld* (1,190 m.); un peu plus à l'E. on voit l'église en bois de *Gryten*. — Le bateau traverse la large embouchure de la Rauma venant du Romsdal, pour atterrir à Aandalsnæs.

2 h. 30 ou 4 h. env. **Aandalsnæs**, ou **Næs** (hôt. : *Bellevue*, ch. dep. 2 Kr., dîn. 2 Kr. 50, sur la hauteur près du débarcadère; *Romsdalshorn*, ch. 1 Kr. 50, au débarcadère; voit. à louer à l'arrivée des bateaux, les prix de leur tarif s'entendent pour l'all. et le ret. : ainsi, pour Horgheim, on paie pour un stolkjærre, 1 pers., 5 Kr., ou 2 pers., 7 Kr. et pour une calèche 19 ou 20 Kr.), est un séjour très fréquenté et le point de départ des excursions dans le pittoresque **Romsdal**, ou vallée de la Rauma), dont les eaux claires forment par endroits de délicieux petits lacs. — Nous devons nous borner à mentionner celle, pour ainsi dire classique, d'Horgheim.

La route, longeant la rive dr. de la Rauma, se dirige au S.-E. et pénètre dans la vallée verdoyante que dominent de hautes montagnes. — 3 k. env. de Næs. *Hôtel Holgenæs*, sur une hauteur, près de la ferme d'Aak. On laisse à dr. une route venant de Sogge et on passe à côté de quelques fermes, au pied du *Hornet* ou *Romsdalhorn*, qui culmine à l'E. par 1,556 m., tandis qu'en face, une suite de rochers escarpés, aux sommets déchiquetés, les *Troltinder* (pics des Sorcières) atteignent 1,840 m. — La rivière s'élargissant forme presque un petit lac aux abords de (14k.) **Horgheim**, ou *Horgjem* (prononc. Horyème; hôt. sans prétention), sur un terrain d'éboulis, à 72 m. d'alt. — Au delà de Horgheim la route passe à côté de nombreuses fermes et près de quelques belles *cascades* (à g., celle de *Mongefos*, descendant du fjeld de Mongegjura). — Si on a le temps on pourrait pousser jusqu'à (12 k. de Horgheim) *Flatmark* (petit hôt.), dans une belle situation au milieu de pâturages, à l'E. du *Skiriaxlen* (1,142 m.).]

De Vestnæs le bateau traversant en ligne droite l'ample **Moldefjord**, — à l'E. duquel se profile le magnifique décor des montagnes du Romsdal, avec leurs arêtes vives et leurs dents pointues, — arrive en 1 h. env. à Molde, sur la rive N.

Molde (hôt. : *Grand-Hôtel Pommerenk*, bon, ch. dep. 2 Kr. 50, dîn. 3 Kr., bien situé à l'extrémité E. de la ville; *Alexandra*, ch. dep. 1 Kr. 50, à l'extrémité opposée) est une petite V. d'env. 1,800 hab., fondée au xve s. et qui est très fréquentée comme séjour d'été, grâce à sa situation aussi belle que bien abritée contre les vents du N. et de l'O. par les hauteurs verdoyantes qui l'entourent de ces côtés; aussi y voit-on des jardins semés de fleurs, chose rare dans ces contrées. — La vue est vraiment très belle, surtout de la promenade ou parc de *Rekneshaugen*, hauteur de 79 m. et à quelques min. N.-O. de la ville (15 à 20 min. des hôtels). — Une belle promenade est celle qui, de l'allée où se trouve le Grand-Hôtel, va, par *Moldegaard*, en 25-30 min., au **Fanestrand**; la route, tracée au milieu d'une magnifique végétation, est bordée de maisons de campagne et de belles fermes.

DE MOLDE A TRONDHJEM

PAR KRISTIANSUND

DE MOLDE A KRISTIANSUND

1° *Par Battnfjordsœren.*

16 h. env.; 🚌 et 🚢. — 🚌 38 k. de Molde à Battnfjordsœren, serv. d'omnibus automobile en 1 h. 30 env., 7 Kr.; stollkjærre, 1 pers. 7 Kr., 2 pers. 10 Kr.; calèches, 2 pers. 16 Kr., 3 pers. 18 Kr., 4 pers. 20 Kr. — 13 à 14 h. de Battnfjordsœren à Trondhjem, 🚢 6 fois par sem., 10 Kr. 60.

La route, riche en belles vues, longe le riant Fanestrand (*V.* ci-dessus) ou rive N. du Fanefjord, monte ensuite vers le N. par le plateau de *Rauheia*, puis, au delà d'un petit lac, descend en lacets dans la vallée bien cultivée qui aboutit au Battnfjord.

38 k. **Battnfjordsœren** (hôt. *Nordmœr*, ch. dep. 2 Kr., à l'embarcadère des bateaux), dans une assez belle situation au bord du fjord qui lui a donné le nom.

Le bateau quitte de très bonne heure Battnfjordsœren, traverse le Battnfjord et passe ensuite entre les îles d'Aver (*Averœ*) au S.-O. et de Fred (*Fredœ*) au N.-E., avant d'atteindre (1 h. 30 env.) Kristiansund (*V.* ci-dessous, 2°).

2° *Par mer.*

12 milles maritimes; 🚢 t. l. j. en 6 h. env. (18 h. de Molde à Trondhjem; 13 Kr. 60).

Le bateau, quittant le Moldefjord, entre vers le N. dans le *Julsund* et laisse à g. les îles d'*Otter* et de *Gorsten*. Au delà de cette dernière on voit s'ouvrir à g. la pleine mer.

12 milles. **Kristiansund** (hôt. : *Grand-Hôtel*; *Mœlerup*; *Villa Knutzon*), V. commerçante de 12,000 hab., fondée vers le milieu du

XVIIIe s., sur quatre petites îles, dont celle de *Kirkenlandet* où se trouvent l'église et les hôtels. — Commerce très actif de poisson, surtout de merluche que l'on exporte abondamment en Espagne.

DE KRISTIANSUND A TRONDHJEM

22 milles maritimes; ⛴ en 12 h. env.

En quittant Kristiansund le bateau navigue encore pendant un certain temps en pleine mer, mais après avoir dépassé, à dr., les îles montagneuses de *Tuster* et de *Stabben*, il s'engage dans un archipel d'îlots qui assurent le calme à la navigation. A g., grande île, plate, de *Smœlen*, puis le *Rumsœfjord*, au delà duquel le bateau s'engage dans la passe de **Trondhjems-Leden**, que borde à g. la grande île d'*Hitteren*.

15 milles. **Bejan**, station des bateaux du Cap Nord, à l'extrémité d'un petit promontoire, à l'entrée du *Skjœrenfjord*, qu'on laisse à g. pour passer au S. dans le **Trondhjemfjord**.

22 milles (34 de Molde). Trondhjem (R. 49).

Route 55. — DE BERGEN ET DE TRONDHJEM AU CAP NORD. — LE NORDLAND

Plusieurs itinéraires et plusieurs services de bateaux à vapeur s'offrent au choix des touristes désireux de visiter cette région. Nous croyons leur être plus particulièrement utiles en leur signalant les services de croisières organisés par les Cies de navigation de Bergen (*Bergenske Dampskibsselskab*) et de Trondhjem (*Nordenfjeldske Dampskibsselskab*) ou par la Cie allemande Hambourg-Amérique (*Hamburg-Amerika-Linie*), à partir des premiers jours de juin, jusqu'à la mi-août.

Quelques-unes de ces croisières, et les plus longues, ont leur point de départ à Newcastle, d'autres à Rotterdam et à Hambourg; celle qui nous semble le plus pratique commence à Trondhjem et dure 7 jours. Elle est desservie par de bons et grands yachts à vapeur des deux compagnies (le « Kong Harald » de la Nordenfjeldske; le « Neptun » de la Bergenske), le « Meteor » de la Hamburg-Amerika.

Il y a habituellement 12 de ces croisières, du 14 ou 15 juin au 28 ou 30 juillet; le bateau quitte Trondhjem le soir, touche à Svartisen, à Tromsœ et à Hammerfest, pour arriver dans la matinée du 3e jour au Cap Nord, d'où il repart le soir; au retour il touche au Lyngenfjord, à Tromsœ, au Raftsund et à l'île Torghatten, pour arriver à Trondhjem, le matin du 7e jour.

Les prix sont les suivants depuis Trondhjem (il n'y a qu'une seule classe): 1° *Cabines du Pont principal* : couchette dans cabine à 2, ou cabine à 1 pers., à l'avant, 428 fr.; couchette dans cabine à 3 pers., 428 fr.; couchette dans cabine à 2 pers., au milieu ou à l'avant, 357 fr. ; — 2° *Cabines du Pont inférieur* : couchettes dans grandes cabines, à l'avant, 314 fr. — Des cabines à 2 couchettes peuvent être retenues pour 1 pers., moyennant un supplément de 50 pour cent. — Les prix de la Hamburg-Amerika sont plus élevés.

Dès que l'on se sera décidé à prendre part à l'une de ces croisières, très fréquentées, il faudra retenir quelque temps à l'avance (surtout si c'est pour la période du 10 juillet au 15 août) la place que l'on aura choisie: ce qu'on peut faire en s'adressant aux agences des Compagnies : *C.-F. Berg*, 14, r. des Pyramides, à Paris (où l'on trouvera toutes les publications, horaires, etc., des compagnies norvégiennes ou, pour la Hamburg-Amerika-Linie, r. Scribe, 7); *Reimers*, Glockengiesserwall, 6, à Hambourg, *Capit. Chr. Eilerstsen*, Kongens Nytorv, 24, à Copenhague, etc.

Les bateaux sont bien aménagés; la cuisine n'y est pas mauvaise; le seul désagrément est celui de l'encombrement, occasionné parfois par le trop grand nombre de passagers.

Quittant Trondhjem, — habituellement dans la soirée, — le bateau sort du Trondhjemfjord en passant à dr. (N.) devant *Bejan*, à la pointe terminale S. du promontoire d'Œreland, au delà duquel on se dirige vers le N., en longeant d'assez près la côte devant laquelle s'égrène un chapelet de petites îles. Au delà de l'étroit *Stoksund*, on passe (31 milles de Trondhjem) au large de la petite V. de **Namsos**, puis (à g.) devant (41 milles) *Rœrvik* dans l'*île d'Indre-Vikten*. — Plus loin, on laisse à g. l'*île Lekœ*, sur la rive S. de laquelle un rocher présente la silhouette grossière d'une figure féminine.

Au matin on aperçoit, à g., l'île **de Torgen** (certains bateaux-croisière y touchent au retour), dominée par la colline du *Torghatten*, ayant à peu près la forme d'un grand chapeau et qui est traversée par une sorte de tunnel naturel (le Hullet ou « le Trou »; un assez mauvais chemin y monte en 45 min.). En s'éloignant de l'île, on peut très bien voir le jour à travers ce boyau (dans la direction du N.-E. au S.-O.).

A g., *île de Vagen* et *Brœnœ*, petit port important pour la pêche (surtout des harengs). — On laisse à dr. l'embouchure du *Velfjord* et, plus au N., celle de *Vefsenjord*, masquée par un groupe d'îles et bornée, vers le N.-O., par la grande *île d'Alsten*, vers l'extrémité S. de laquelle se dressent les cimes de **Syv Sœstre** (les Sept-Sœurs; 800 à 1,000 m.). — A dr., au delà des *îles de Dinæsœ* et de *Lœkta*, s'ouvre le *Ranfjord*. — On traverse le petit archipel des *Trænen* et on passe le **cercle polaire Arctique** (par 66°32′30″), que les bateaux saluent d'habitude par quelques coups de leur petit canon. A g. la **Hestmandœ** (*île du Cavalier*) présente la silhouette d'un cavalier, dont le manteau retombe sur la croupe de la monture.

Au delà de l'*île de Rœdœlœven* (du Lion de Rœdœ), dont le contour rappellerait celui d'un lion accroupi, le bateau s'arrête, entre deux fermes, à la station de (77 milles env.) **Svartisen**, où descendent les touristes désireux de visiter le *Fondalsbrœ*, ramification du grand **glacier de Svartisen**, qui domine toute la côte (l'excursion demande 1 h. env., par un chemin raboteux exigeant de fortes chaussures). Doublant le cap **Kunna** (ou *Rotknœet*; 609 m. d'alt.), le bateau entre en pleine mer pour s'engager, ensuite, vers le N., dans l'ample **Vestfjord**, que longe vers l'O. et le N.-O. la chaîne en hémicycle des îles **Lofoten**; c'est ici une des parties les plus pittoresques de la route, grâce surtout aux étranges effets de la lumière. — Les Lofoten sont le rendez-vous, des pêcheurs surtout de janvier à avril : c'est qu'en effet la morue vient frayer dans ces parages. Cette pêche occupe env. 30,000 hommes montés sur cinq ou six mille bateaux; ils campent à terre dans des huttes. C'est ici, entre les îles d'*Hindœ*, au N. et d'*Œstraagœ* au S., que s'ouvre le grandiose détroit du

Raftsundyœ qui se termine par un cirque sauvage de noires montagnes. — A l'archipel des Lofoten succède celui des **Vesteraalen**; enfin le bateau traversant le **Malangenfjord**, entre dans l'étroit *Tromsœsund* et atterrit à Tromsœ.

Tromsœ (hôt. : *Grand-Hôtel*; *Norden*), V. de 8,000 hab., à 69°38', sur la petite île de Son, bordée par le Tromsœsund à l'E. et le Sundesund à l'O. (que traverse un courant rapide), est le ch.-l. d'une préfecture et la résidence d'un évêque; elle possède un intéressant **Musée** (*Museet*) avec de remarquables collections ethnographiques et d'histoire naturelle; il y a aussi une *église catholique* (sur le *Torvet* ou place du Marché). — Sur la hauteur, le jardin public de l'*Alfheim* est le rendez-vous favori des habitants pendant les soirées d'été; tout autour, éparses sur les terrasses et les collines, au milieu des forêts de bouleaux, les riches négociants de Tromsœ ont, comme ceux de Gênes et de Marseille, des maisons de campagne.

[Une visite au **Tromsdal** et au **campement des Lapons** (4 h. env. all. et ret.) est le complément habituel de l'étape de Tromsœ.]

De Tromsœ au cap Nord la distance est d'env. 46 milles marins de Norvège (soit env. 300 k.), que les bateaux rapides parcourent en 12 ou 14 h. — On quitte Tromsœ par le **Grœtsund** et on laisse à g. les *îles de Ringvadsœ*, *Reinœ* et *Vannœ*; à dr., s'ouvre le beau **Lyngenfjord**, dominé par de hautes montagnes, dans lequel entrent, au retour, les bateaux des croisières pour permettre aux touristes de visiter un camp de Lapons. — On entre en pleine mer jusqu'à la grande **île de Sœrœ** et, par le canal de **Sœrœsund**, on arrive à Hammerfest.

Hammerfest, petite V. de 2,400 hab., la plus septentrionale du monde (70°40'11" lat. N., 21°25'16" long. E. de Paris) a été fondée à la fin du XVIIIe s. et est devenue un centre commercial et industriel d'une certaine importance (grandes distilleries et fonderies d'huile de foie de morue). Dans la rue longeant le port se trouvent le bureau du télégraphe et l'*église* catholique. — A Hammerfest, le soleil ne se couche pas du 13 mai au 27 juillet; il ne se lève pas du 18 nov. au 23 janvier, période pendant laquelle il est remplacé par la lumière électrique.

A partir d'Hammerfest la verdure disparaît et le paysage offre bien l'aspect désolé des régions arctiques. On passe entre l'*île Rolfsœ* à g. et la grande presqu'île de *Maasœ* à dr.; puis, au delà de l'*île d'Hjelmsœ*, on laisse à g. les quatre rochers escarpés des *Stappene*, habités par des milliers de mouettes et de pingouins.

On double la pointe peu élevée de *Knivskjær-Odden* et, au delà d'une baie profonde, on atteint le pied du **Cap Nord**, à l'extrémité de l'*île de Magerœ*, séparée de la Norvège par un étroit canal. Le formidable rocher, masse de schiste noirâtre que des crevasses découpent en énormes piliers, domine la mer de plus de 300 m.; sur le flanc E. de la falaise, à mi-hauteur des escarpements, s'avance une « corne », bloc détaché que les marins signalent au passage. Le paysage est d'une grandeur sévère. Pour gravir le sommet du plateau il faut env. 1 h. et le pied sûr (un bon pardessus ne sera pas de trop, à cause du vent).

COULOMMIERS

Imprimerie PAUL BRODARD.

ESSENCE SPÉCIALE

Pour AUTOMOBILES

BENZO-MOTEUR

(Marque FENAILLE et DESPEAUX)

ESSENCES DE PÉTROLE SPÉCIALES

1° Pour Automobiles et Moteurs, en bidons de 5 et 10 litres.

2° Pour Moto-Cycles et Voiturettes, en bidons de 2 litres.

B*

LUCHON

REINE DES PYRÉNÉES

50 000 VISITEURS PAR SAISON

Trains rapides et de luxe, à 14 heures de Paris

« Luchon est la plus riche des stations sulfureuses sodiques. » (Ed. FILHOL).

« Luchon est la Reine des stations sulfurées.
« Luchon est la plus forte des eaux sulfurées. » } (Prof. LANDOUZY).

Traitements divers : Diathèse rhumatismale et arthritique. — *Rhumatisme.* — Affections cutanées. — Voies respiratoires. — **Humages** (Inhalation spéciale de Luchon). — Lymphatisme. — Syphilis.

ALLEZ GUÉRIR A LUCHON

CASINO DE 1er ORDRE

Tourisme. — Excursions variées. — Ascension de hauts sommets :

Port de Venasque, alt. 2 417 m. — Pic de Sauvegarde, alt. 2 736 m. — Pic Sacroux, alt. 2 678 m. — Pic de la Glère et lac de Gourgouttes, alt. 2 323 m. — Tusse de Maupas, alt. 3 110 m. — Pic de la Fourcanade, alt. 2 882 m. — Pic Posets, alt. 3 367 m. — Maladetta, pic de Néthou, alt. 3 404 m.

GOLF. — SPORTS D'HIVER

LE NÉGRI

CURE-DENTS STÉRILISÉ ENVELOPPÉ

B. S. G. D. G.

LE PIPOZ

CHALUMEAU DE PAILLE STÉRILISÉ ENVELOPPÉ

Société d'Hygiène LE NÉGRI-PIPOZ, *rue Joubert,* 28

PARIS

TÉLÉPHONE : 303-06

PUBLICITÉ DES GUIDES JOANNE
EXERCICE 1910-1911

I. Adresses utiles — Sociétés financières
Journaux — Chemins de fer — Agences de voyages
Indicateurs — Compagnies maritimes

ADRESSES UTILES

BIJOUTERIE

Tranchant, *79, rue du Temple*, Paris. Bijouterie argent en tous genres. Hochets, Bracelets, Chaînes, Bourses, Ronds de serviettes, Timbales, Coquetiers, Tabatières, Petite orfèvrerie, Articles de bureaux et de fumeurs, Chapelets, Croix, Médailles. TÉLÉPHONE 283-12.

CALVITIE
CHUTE DES CHEVEUX

Cornioley, *1, rue de la Paix*, Paris. Produits hygiéniques; Spécialités pour la chevelure et le visage. *Prospectus gratis*. Diplôme de la Sté de Médecine de France.

CAOUTCHOUC DE VOYAGE
HYGIÈNE — CHIRURGIE

Maison Charbonnier
J. VECRIGNER, Succ[r]
376, rue Saint-Honoré, 376

Caoutchouc manufacturé anglais, français et américain. Chaussures américaines et gants, bottes de marais.

Vêtements imperméables, toile-caoutchouc. Tubs anglais ou bains portatifs, cuvettes pliantes, sacs à eau chaude, coussins et matelas à air et à eau pour malades et pour voyages. Urinaux. Bidets et bassins, etc. Atelier de réparation.

TÉLÉPHONE 241-67

CHOCOLAT

Chocolat **Menier**. (V. p. 151).

DENTIFRICE

Docteur Pierre. (Voir p. 47).

GLACIÈRE

Glacière Portative

J. Schaller, *332, r. Saint-Honoré*, Paris. (Voir p. 48).

HOTELS

Grand Hôtel de l'Amirauté, *5, rue Daunou* (rue de la Paix). Grands et petits appartements. Chambres depuis 4 fr. Pension, 12 fr. Cuisine et cave recommandées. TÉLÉPHONE 231-86.

Grand Hôtel de l'Athénée
15, rue Scribe, Paris

Grand Hôtel des Capucines, *37, boulevard des Capucines*. Maison recommandée. SANS SUCCURSALE. Table d'hôte. Excellente cuisine, Bains. Ascenseur. Eclairage électrique. TÉLÉPHONE 250-52.
Mme E. CHABANETTE, propriétaire

Hôtel des Champs-Élysées
3 et 5, rue Balzac (angle de la rue Lord Byron)— *Champs-Élysées* Nouvellement construit avec tout le confort moderne. TÉLÉPHONE 574-77.
M. P. Santini, directeur

Hôtel du Chariot d'Or
39, rue de Turbigo, près du boulevard de Sébastopol. Entièrement transformé. Confort moderne. Chambres depuis 3 fr. Table d'hôte. Restaurant. Ascenseur. Lumière électrique. Chauffage central. — 264-84. **Constantin**, propriétaire.

Hôtel Corneille, *5, rue Corneille*. Chambres de 3 à 6 fr. Restaurant. Lumière électrique. Bains. Douches. Calorifère. TÉLÉPHONE 810-80.
Agréé par le T. C. F.

Hôtel du Danube, *58, rue Jacob*, près les Tuileries et la gare d'Orsay. Maison de famille. Pension depuis 7 fr. Déjeuners, 2 fr. 50. Dîners, 3 fr. Salon. Bains. Electricité. Chauff. central TÉLÉPHONE 733-71.
Teissèdre, propriétaire.

Hôtel Fénelon, *11, rue Férou* (près de Saint-Sulpice). Chambres de 2 à 8 fr.; au mois de 25 à 80 fr. Repas, 2 fr. 25 et 2 fr. 50. — Pension, 115 fr. — Confort moderne.

HOTEL MONDIAL

CITÉ BERGÈRE, 5 (Grands boulevards). Ascenseur. Chauffage central. Bains. Restaurant. Chambres depuis 3 fr. TÉLÉPHONE 221-32. Adr. télégr. : Hôtel-Mondial-Paris.

Mêmes Maisons:

Hôtel de Belgique et Hollande. 7, *rue Trévise.* **Hôtel de la Cité Bergère,** 4, *cité Bergère.*

HOTEL de la TRÉMOILLE

14, rue de la Trémoille

Champs-Élysées

(Voir p. 6).

Hôtel Vignon, 23, *rue Vignon* (gare Saint-Lazare, Madeleine). Chambres depuis 3 fr. 50. Pension depuis 8 fr. Installation moderne. Chauffage central.

TÉLÉPHONE 311-10

INSTITUTIONS

COURS KAYSER CHARAVAY

4, Square Lamartine (*187, avenue Victor-Hugo*) et 3, avenue Montespan (*177, avenue Victor-Hugo*).

Préparation aux lycées, aux baccalauréats, aux Écoles du Gouvernement, session d'octobre

Cours pour jeunes enfants, demi-pension, externat et internat fam.

Cours de vacances.

École Albert-Le-Grand

E. LEMAIGRE, directeur

71, Rue Raynouard, Paris

Situation des plus hygiéniques.
Externat du *Lycée Janson.*
Préparation à tous les examens.
Education complète.
Vie de famille. TÉLÉPHONE 694-38.

INSTITUTION J.-B. DUMAS

23, Rue Oudinot, Paris

Directeur : **A. SOLDÉ**

Ingénieur des Arts et Manufactures

Préparation à l'Ecole Centrale des Arts et Manufactures, à l'Institut agronomique et aux Ecoles nationales d'agriculture; à l'Ecole des Hautes Etudes commerciales, Ecoles d'électricité, aux Baccalauréats.

INTERNAT, DEMI-PENSION ET EXTERNAT

Nombre limité de pensionnaires (en chambre)

JARDIN

Institut Rudy, 53, avenue d'Antin, Paris. 50e année. Cours et leçons. Langues, Lettres, Sciences, Musique, Chant, Peinture, Danse, Escrime, etc. 150 professeurs.

INSTITUTION

Notre-Dame-de-Sainte-Croix

30, Av. du Roule, Neuilly, Paris

Près la Porte Maillot et le Bois de Boulogne

Internat, demi-pension, externat.

ENSEIGNEMENT COMPLET

Depuis les classes enfantines jusqu'au baccalauréat. — Cours spacieuses, ombragées.

Abbé **LITTER**, Directeur

LANTERNES D'AUTOMOBILES

DENICH (A.), 144, *rue Saint-Maur*, Paris. (Voir p. 48.)

MAISONS DE SANTÉ

ÉTABLISSEMENTS MÉDICAUX HYDROTHÉRAPIQUES ET GYMNASTIQUES

ÉTABLISSEMENT KELLER

MAISON DE SANTÉ

Hydrothéraphie, Électrothérapie

127, FAUB. ST-HONORÉ. TÉLÉPHONE 572-67

Dr **Taguet**, ancien interne des hôpitaux de Paris, et Dr **J. Keller**, Directeurs.

TRAITEMENT des MALADIES NERVEUSES et DIGESTIVES.

Entièrement restauré à neuf avec tout le confort moderne. — Situation au centre de Paris, près des Champs-Elysées.

PENSIONNAIRES ET EXTERNES

Ni aliénés ni contagieux.

PARAPLUIES, CANNES

DUGAS-GÉRARD, 30, rue de Mogador, Paris. Fabric. de cannes, cravaches, fouets, parapluies et ombrelles. Maison de confiance. Prix modérés.

Anciennement : *82, rue St-Lazare.*

PARFUMERIE

PARFUMERIE PINAUD

(*Voir page de garde à la fin du volume*)

CORNIOLEY, *1, rue de la Paix*, Paris. Produits hygiéniques. Spécialités pour la chevelure et le visage. *Prospectus gratis.* Diplôme de la Société de Médecine de France.

PENSIONS DE FAMILLE

FAMILLE PARISIENNE

Mme BAJOU, 23, rue de Vaugirard, *près du Luxembourg, Paris,* — Chambre avec pension de trois repas, 35 à 50 fr. par semaine. — Nombreuses références.

PENSION DE FAMILLE

12, Avenue Jules-Janin, ENTRÉE 12, rue de La Pompe, PARIS. — Situation très agréable, près le Bois de Boulogne. Confort moderne. Chauffage central. Electricité. Bains. Jardin. Nombreux moyens de communication.

PHARES D'AUTOMOBILES

DENICH (A.), *144, rue Saint-Maur,* Paris. (Voir p. 48.)

PHOTOGRAPHIE

(Appareils et fournitures pour la)

RICHARD (Jules), ✻.... **419-63**
R. Mélingue, 25; R. Lafayette, 7, et R. Halévy, 10

Télégr. : *Enregistreur-Paris*

Constructeur d'Instruments de Précision

Jumelle stéréoscopique dite

LE VÉRASCOPE (Brev. S.G.D.G.) donnant l'illusion de la réalité en vraie grandeur avec le relief et la véritable perspective.

LE GLYPHOSCOPE

(Breveté S.G.D.G.)

Nouvelle Jumelle stéréoscopique à **35** fr. à l'usage des débutants en photographie.

(*Voir page de garde au commencement du volume*).

PRODUITS PHARMACEUTIQUES

Coaltar saponiné

(*Voir page bleue au commencement du volume.*)

Fer Bravais. (Voir p. 149).

Lin Tarin; Pommade Fontaine; Savon Fontaine.

(Voir p. 47).

PHARMACIE CENTRALE DU NORD. (Voir page 149).

VÉRITABLES GRAINS DE SANTÉ DU Dr FRANCK *contre la constipation.* (Voir page de garde en tête du volume.)

POMMADE MOULIN

Guérit Dartres, Boutons, Rougeurs, Démangeaisons, Eczémas, Hémorroïdes. Fait repousser les Cheveux et les Cils. 2 fr. 30 le pot, *franco.*

Pharmacie **MOULIN**

30, rue Louis-le-Grand, PARIS

RESTAURANT

Restaurant du Grand Vatel, 275, *R. St-Honoré*, Paris. (V. p. 134).

TEA ROOMS

Restaurant du Grand Vatel, 275, *rue St-Honoré*, Paris. Afternoon Tea. — Orchestre. (Voir page 134).

THERMOMÈTRES

Jules Richard (*Voir page de garde au commencement du volume*)

VÉRASCOPE

RICHARD (Jules), ✻..... **419-63.** R. Mélingue, 25; R. Lafayette, 7, et R. Halévy, 10

Constructeur d'Instruments de Précision

Le **VÉRASCOPE** (Brev. S.G.D.G.)

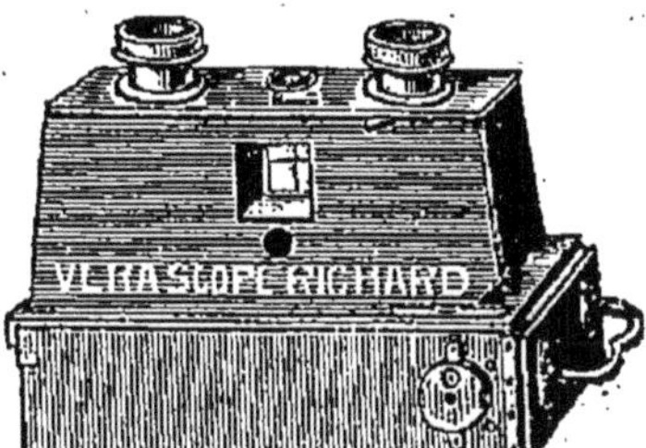

Le **GLYPHOSCOPE** (Br. S.G.D.G.) *Nouvelle Jumelle stéréoscopique à 35 fr* à l'usage des débutants en photographie. (*Voir page de garde au commencement du volume*).

VOYAGES

Agence Lubin, *boul. Haussmann, 36, Paris* (Voir page 43).

Compagnie des Messageries Maritimes. (Voir p 44).

Compagnie Générale Transatlantique. (Voir p. 43).

Compagnie de Navigation mixte (Voir p. 45)

Compagnie Marseillaise de Navigation Fraissinet et Cie. (Voir p. 45).

Compagnie de Navigation Marocaine et Arménienne Paquet et Cie (Voir p. 46).

Paris

HOTEL DE LA TRÉMOILLE

(Champs-Élysées). — 150 chambres et Salons, Ascenseurs, Chauffage central Eclairage électrique. — Arrangements depuis 10 fr. par jour. — *Grand Hôtel et Continental, à Ajaccio*, même direction. **LAFOND**, proprre.

SOCIÉTÉ GÉNÉRALE

Pour favoriser le développement du Commerce et de l'Industrie en France

Société anonyme fondée en 1864

CAPITAL : 400 MILLIONS

Siège social : rue de Provence, 54 et 56, à Paris

AGENCES DANS LES DÉPARTEMENTS :

* Abbeville
Agde.
* Agen.
* Aix-en-Provence.
* Aix-les-Bains
* Alais.
Albert.
Albertville.
* Albi.
* Alençon.
Ambert.
* Amboise.
* Amiens.
* Andelys (Les)
* Angers.
* Angoulême.
* Annecy.
Annemasse.
* Annonay.
* Apt.
* Arcachon.
* Argentan.
Argenton-sur-Creuse.
* Arles.
* Armentières.
* Arras.
* Aubagne.
* Aubenas.
* Aubusson.
* Auch.
Auray.
* Aurillac.
* Autun.
* Auxerre.
* Avallon.
Avesnes.
* Avignon.
Avize.
Avranches.
Ay.
* Bagnères-de-Bigorre.
* Barbentane.
Barbezieux.
* Bar-le-Duc.
Bar-sur-Aube.
Bar-sur-Seine.
Bayeux.
* Bayonne.
Beaumont-s-Oise
* Beaune.
* Beauvais.
* Belfort.
Bellegarde.
* Belley.
* Bergerac.
Bergues.
* Bernay.
* Besançon.
* Béziers.
* Biarritz.
Billom.
Blére.
* Blois.
Bohain.
Bolbec.
* Bordeaux.
* Boulogne-s-M.
* Bourbonne-les-Bains.
* Bourg.
* Bourges.
Bourgoin
Bressuire.
* Brest.
* Briey.
* Brignoles
Brionne.
* Brive.
* Caen.
* Cahors.
* Calais.
* Cambrai.
* Cannes.
* Carcassonne
Carentan.
Carmaux.
* Carpentras.
* Castelsarrasin
* Castres.
Caudry.
Cavaillon.
* Cette.
* Chalon-s.-S.
* Châlons-s-M.
* Chambéry.
ChambonFeugerolles
Chantilly
* Charleville.
Charmes.
Charolles.
* Chartres.
Châteaudun.
Châteaulin.
Châteauneuf-s.-Charente.
Châteaurenard.
* Châteauroux.
* Château-Thierry.
Châtillon-s-Seine
Chaumont.
* Chauny.
Chazelles-s-Lyon
* Cherbourg.
* Chinon.
Clamecy.
* Clermont-Ferr.
Cluny.
* Cognac.
Comines.
* Compiègne
Condom.
Contrexéville.
* Corbeil.
* Cosne.
* Coulommiers
Coutances.
* Creil.
Crest.
Creusot (Le).
* Dax.
* Denain.
* Dieppe.
Digoin.
* Dijon
* Dinan.
Dinard.
* Dôle.
Domfront
* Douai.
Doué-la-Fontaine
Doullens.
* Draguignan.
* Dreux.
* Dunkerque.
* Elbeuf.
* Epernay.
* Epinal.
Estaires
* Etampes.
* Eu.
Evian-les-Bains
* Evreux.
Falaise.
* Flèche (La).
Flers.
Foix.
* Fontainebleau.
Fontenay-l-Comte
Fougerolles.
* Fourmies.
* Gaillac.
Gannat.
* Gap.
* Gien.
Gisors.
Givet.
Givors.
Gournay-en-Bray.
* Granville.
* Grasse.
Graulhet.
Gravelines.
* Gray.
* Grenoble.
* Guingamp.
* Guise.
* Havre (Le).
Hirson.
* Honfleur.
* Hyères.
Issoudun.
Jarnac.
Joigny.
Jonzac.
* Jussey.
* La Bassée.
Lagny.
* Laigle.
Landivisiau.
Langon
Langres.
Lannion.
Laon.
Lapalisse.
La Réole.
* Laval.
* Lavaur.
Lavelanet.
* Lézignan.
* Libourne.
Ligny-en-Barrois
* Lille.
Lillers
* Limoges.
* Lisieux.
Loches.
Lodève.
* Longwy.
* Lons-le-Saunier.
* Lorient.
Loudun.
* Louviers.
* Lunéville.
* Lure.
* Luxeuil.
* Lyon.
* Mâcon.
Mamers.
* Mans (Le).
* Mantes.
Marmande.
* Marseille.
Marvejols.
* Maubeuge.
Mauléon.
Mayenne.
* Meaux.
* Melun.
* Menton.
Méru.
* Merville.
Meulan.
* Meursault.
Meymac.
* Millau.
Mirecourt.
* Moissac.
* Montargis.
* Montauban.
* Montbéliard.
* Mont-d-Marsan

(*) Les agences marquées d'un astérisque sont pourvues d'un service de coffres-forts.

Montdidier.
* Monte-Carlo.
* Montélimar.
* Montereau.
* Montluçon.
* Montpellier.
* Montreuil-s.-M.
Montrichard.
Moret-s.-Loing.
Morez-du-Jura.
* Morlaix.
* Moulins.
Moutiers
* Nancy.
* Nantes.
Nantua.
* Narbonne.
* Nemours.
* Nevers.
* Nice.
* Nîmes.
* Niort.
* Nogent-l-Rotrou.
* Noyon.
Nuits-St-Georges
* Oloron-Sainte-Marie.
* Orléans.
* Orthez.
* Oyonnax.
* Pamiers.
Parthenay.
* Pau.
* Périgueux.
Péronne.
* Perpignan.
Pertuis.
* Pézenas.
Pithiviers.
* Poitiers.
Pons.
* Pont-à-Mousson
* Pont-Audemer.
Pont-de-Beauvoisin.
Pontivy.
Pont-l'Évêque.
* Pontoise.
* Provins.
* Puy (Le).
Quesnoy (Le)
* Quimper.
Quimperlé.
* Redon
* Reims.
* Remiremont.
* Rennes.
Rethel.
Revel.
Riom
Rive-de-Gier.
* Roanne.
* Rochefort-s-Mer
* Rochelle (La).
* Roche-sur-Yon (La).
* Rodez.
* Romans.
* Romilly-s-Seine.
Romorantin
* Roubaix.
* Rouen.
* Royan.
* Rueil
Ruffec.
Saint-Affrique.
* Saint-Amand.
* Saint-Brieuc.
* Saint-Chamond.
* Saint-Claude.
Saint-Cloud.
* Saint-Dié.
* Saint-Dizier.
* Saint-Etienne.
* Saint-Flour.
Sainte-Foy-la-Grande.
* Saintes.
* Saint-Gaudens.
* Saint-Germain-en-Laye.
Saint-Girons.
* Saint-Jean-d'Angély.
* St-Jean-de-Luz
* Saint-Lô.
Saint-Loup-s.-Semouse.
* Saint-Malo.
* Saint-Nazaire.
* Saint-Omer.
* Saint-Quentin.
Saint-Remy-de-Provence.
Saint-Servan.
Salies-de-Béarn
Salins-du-Jura.
Salon.
Sancoins.
* Sarlat.
* Saumur.
* Sedan.
* Semur.
* Senlis.
Senones
* Sens.
Sézanne.
Sèvres.
* Soissons.
Souillac.
* Tarare.
* Tarascon.
* Tarbes.
Terrasson.
* Thiers.
Thizy.
Thonon-l.-Bains.
* Thouars.
Tonneins.
Tonnerre.
* Toul.
* Toulon.
* Toulouse.
Tourcoing.
* Tournus.
* Tours.
* Troyes.
* Tulle.
Tullins.
Uzès.
* Valence.
Valence-d'Agen
* Valenciennes.
Valognes.
Valréas.
Vals-les-Bains.
* Vannes.
* Vendôme.
Verneuil-s-Avre
* Vernon.
* Versailles.
Vervins.
* Vesoul.
* Vichy.
* Vienne.
Vierzon.
Villedieu-les-Poêles.
* Villefranche-de-Rouergue.
* Villefranche-s.-Saône.
* Villeneuve-s-Lot
* Villeneuve-s-Yonne.
* Villers-Cotterets
Villeurbanne.
Vitré.
* Voiron.
Vouziers.
Yvetot

AGENCES A L'ÉTRANGER

Londres, Old Broad Street, 53; Bureau de West End, 65, 67, Regent Street; et **St-Sébastien** (Espagne), avenida de la Libertad, 37.

La Société a, en outre, **88 Succursales, Agences** et **Bureaux** à Paris et dans la Banlieue, **260 Bureaux auxiliaires** rattachés aux agences et des **Correspondants** sur toutes les places de France et de l'Etranger.

Corespondants en Belgique: Société Française de Banque et de Dépôts, Bruxelles, 70, rue Royale; — **Anvers**, 22, Place de Meir; — **Ostende**, avenue Léopold; — **Spa**, 21, place Royale.

OPÉRATIONS de la SOCIÉTÉ GÉNÉRALE:

Dépôts de fonds à intérêts en compte ou à échéance fixe (taux des dépôts de 1 an à 2 ans, 2 0/0; de 4 ans à 5 ans, 3 0/0, net d'impôt et de timbre), **Ordres de Bourse** (France et Etranger); **Souscriptions sans frais; Vente aux guichets de valeurs livrées immédiatement** (obligations de chemins de fer, obligations et Bons à lots etc. **Escompte et Encaissement de coupons français et étrangers; Mise en règle de titres; Avances sur titres; Escompte et Encaissement d'effets de commerce; Garde de titres; Garantie contre le remboursement au pair** et les risques de non-vérification des tirages, **Virements et chèques sur la France et l'Etranger; Lettres de crédit et Billets de crédit circulaires, Change de monnaies étrangères: Assurances** (vie, incendie, accidents), etc.

Service de coffres-forts et de compartiments de coffres-forts au Siège social, dans les succursales, et dans un très grand nombre d'agences de Paris et de Province, **depuis 5 fr. par mois**; tarif décroissant en proportion de la durée et de la dimension — (**Demander les notices spéciales** à tous les guichets de la Société.)

(*) Les agences marquées d'un astérisque sont pourvues d'un service de coffres-forts.

Type B*

Bains de Mer de la Méditerranée

Agay, Antibes, Bandol, Beaulieu, Cannes, Cassis, Cette, Golfe-Juan-Vallauris, Hyères. Juan-les-Pins, La Ciotat, La Seyne-Tamaris-sur-Mer, Le Grau du Roi, Menton, Monaco, Monte-Carlo, Montpellier, Nice, Ollioules-Sanary, Palavas, Saint-Cyr-La Cadière, Saint-Raphaël-Valescure, Toulon et Villefranche-sur-Mer.

BILLETS D'ALLER ET RETOUR

à prix très réduits

individuels ou collectifs de famille

DÉLIVRÉS DANS TOUTES LES GARES DU RÉSEAU P.-L.-M

du 15 Mai au 1er Octobre

Validité : **33 jours**, avec faculté de prolongation (1).

1° Billets d'Aller et Retour individuels de Bains de Mer 1re, 2e et 3e classes

Minimum de parcours simple : 150 kilomètres.

Prix : Le prix des billets est calculé d'après la distance totale, aller et retour, résultant de l'itinéraire choisi et d'après un barème faisant ressortir des **réductions importantes.**

2° Billets d'Aller et Retour collectifs de Bains de Mer 1re, 2e et 3e classes pour Familles

Délivrés aux familles d'au moins deux personnes, voyageant ensemble

Minimum de parcours simple : 150 kilomètres.

Le prix s'obtient en ajoutant au prix de deux billets simples au tarif général (pour la première personne), le prix d'un billet simple pour la deuxième personne, la moitié de ce prix pour la troisième et chacune des suivantes.

Nota. — Les titulaires de billets de Bains de mer **collectifs** peuvent obtenir, conjointement avec ces billets ou sur la présentation de ceux-ci, **des cartes d'abonnement d'un mois avec 50 0/0 de réduction sur le prix des abonnements ordinaires pour un parcours d'au plus 100 kilomètres** comprenant la plage désignée sur le billet de bains de mer. Ces cartes d'abonnement peuvent être prises isolément par chacune des personnes nommément *désignées* sur le billet d'aller et retour collectif.

Arrêts facultatifs aux gares situées sur l'itinéraire

Demander les billets (individuels ou collectifs) quatre jours à l'avance à la gare de départ.

(1) La durée de validité peut être prolongée une ou plusieurs fois de 15 jours moyennant le payement, pour chaque prolongation, d'un supplément égal à 10 0/0 du prix du billet.

VILLES D'EAUX

DESSERVIES PAR LE RÉSEAU P.-L.-M.

Aix-les-Bains, Royat (Clermont-Ferrand), Vichy, Évian-les-Bains, etc.

1° Billets d'aller et retour collectifs 1re, 2e et 3e classes
Valables **33** jours, avec faculté de prolongation

Délivrés, du **1er mai** au **15 octobre**, dans toutes les gares du réseau P.-L.-M., sous condition d'effectuer un parcours simple minimum de 150 kilomètres, aux familles d'au moins trois personnes voyageant ensemble.

PRIX : Ajouter au prix de quatre billets simples ordinaires (pour les deux premières personnes) le prix d'un billet simple pour la troisième personne, la moitié de ce prix pour la quatrième et chacune des suivantes.

2° Billets d'aller et retour individuels 1re, 2e et 3e classes
Valables **10** jours, avec faculté de prolongation

Délivrés, du 1er mai au 31 octobre, dans toutes les gares du réseau ; réduction : 25 0/0 en 1re classe, et 20 0/0 en 2e et 3e classes.

Arrêts facultatifs aux gares situées sur l'itinéraire

Demander les billets (collectifs ou individuels), quatre jours à l'avance, à la gare de départ.

Billets d'aller et retour collectifs

de Vacances à prix réduits

1re, 2e et 3e CLASSES

Délivrés, aux familles d'au moins trois personnes, de toutes gares P.-L.-M. à toutes gares P.-L.-M., sous condition d'effectuer un parcours simple minimun de 150 kilomètres ou de payer pour ce parcours :

1° Du jeudi qui précède la Fête des Rameaux, au Lundi de Pâques inclus.

Durée de validité : **33 jours** ; faculté de prolongation d'une ou plusieurs périodes de 15 jours, moyennant le payement, pour chaque prolongation, d'un supplément de 10 0/0 de la valeur du billet collectif.

2° Du 15 juin au 15 septembre. Validité : jusqu'au 5 novembre.

PRIX : Ajouter au prix de quatre billets simples (pour les deux premières personnes), le prix d'un billet simple pour la troisième personne, la moitié de ce prix pour la quatrième et chacune des suivantes.

Lorsqu'un billet de vacances comprend plus de trois voyageurs, trois d'entre eux au moins sont tenus de voyager ensemble à l'aller et au retour ; les autres ont la faculté, quand la demande du billet collectif en fait mention, de voyager isolément dans des conditions déterminées.

Arrêts facultatifs à toutes les gares de l'itinéraire.

Faire la demande de billets, quatre jours au moins à l'avance, à la gare de départ.

CHEMINS DE FER DE L'ÉTAT

VOYAGES A PRIX RÉDUITS

Sur les Lignes du Sud-Ouest

BAINS DE MER DE L'OCÉAN

Billets de Bains de mer, valables 33 jours (non compris le jour du départ), délivrés du jeudi précédant la Fête des Rameaux au 31 octobre

1° BILLETS DE BAINS DE MER

AU DÉPART DE PARIS

De **PARIS (Montparnasse St-Lazare ou Invalides)** ou de **PARIS (Quai d'Orsay, Pont St-Michel ou Austerlitz)** par toute voie État *via* Chartres et Saumur ou *via* Chartres et Chinon ou par Tours transit) aux gares ci-après et retour.	PRIX ALLER ET RETOUR — Section I sans faculté d'arrêt aux gares intermédiaires			Section II — § 1 Faculté d'arrêt entre CHARTRES ou TOURS et la station balnéaire		
	1re cl	2e cl	3e cl	1re cl	2e cl	3e cl
Royan	71 30	52 40	38 10	80 65	61 20	43 50
La Tremblade (Ronce-les-Bains)	74 25	54 20	39 »	83 80	63 30	45 55
Le Chapus	67 20	49 10	35 »	77 05	58 20	40 »
Le Chateau-Quai (île d'Oléron)	68 70	50 60	36 20	78 55	59 70	41 20
Marennes	66 25	48 35	34 60	76 10	57 50	39 45
Fouras	63 90	46 50	33 20	73 75	55 75	37 90
Chatelaillon	62 35	46 10	32 40	71 95	55 25	37 05
Angoulins-sur-Mer	61 80	45 70	32 15	71 35	54 75	36 70
La Rochelle (ville)	61 10	45 10	31 80	70 50	54 20	36 30
La Rochelle-Pallice (île de Ré)	61 95	45 75	32 20	71 50	54 95	36 80
L'Aiguillon-Port *Via* Chantonnay-Transit	59 40	45 60	31 75	67 60	54 50	35 75
L'Aiguillon-Port *Via* Luçon-Transit	61 35	45 95	32 25	70 40	55 95	36 65
La Tranche *Via* Chantonnay-Transit	61 90	48 10	34 25	70 10	57 »	38 25
La Tranche *Via* Luçon-Transit	63 85	48 45	34 75	72 90	58 45	39 15
Les Sables-d'Olonne	62 60	46 30	32 55	72 25	56 95	37 20
Saint-Hilaire-de-Riez (Sion)	61 30	46 10	32 40	74 20	56 70	37 05
Saint-Gilles-Croix-de-Vie (Sion)	61 55	46 55	32 70	74 50	57 30	37 35
De **PARIS-MONTPARNASSE, St-LAZARE ou INVALIDES** par Segré et Nantes-État transit, ou Angers St-Laud transit, et Nantes-Orléans-transit, aux gares ci-après et retour				§ 2 Faculté d'arrêt entre Sainte-Pazanne incl et la station balnéaire		
Challans (île de Noirmoutier, île d'Yeu, Saint-Jean-de-Monts)	63 35	44 65	31 35	71 35	50 65	35 35
Bourgneuf-en-Retz	58 50	42 90	30 10	66 50	48 90	34 10
Les Moutiers	58 50	43 30	30 40	66 50	49 30	34 40
La Bernerie	58 50	43 55	30 60	66 50	49 55	34 60
Pornic (1) (2)	58 80	44 30	31 15	66 80	50 30	35 15
Saint-Père-en-Retz	58 50	43 30	30 65	66 50	49 30	34 65
Paimbœuf (2)	59 05	43 30	30 80	67 05	49 30	34 80

2° BILLETS DE BAINS DE MER

AU DÉPART DES GARES AUTRES QUE PARIS, VALABLES 33 JOURS

non compris le jour du départ

Ces billets sont délivrés par toutes les gares, du réseau de l'État (ancien) (**Paris excepté**), pour toutes les stations balnéaires désignées ci-dessus. Ils comportent les mêmes réductions de prix que les billets d'aller et retour ordinaires et donnent le droit de s'arrêter aux gares intermédiaires

Dispositions spéciales au 1° et au 2°

Enfants. — Les enfants de 3 à 7 ans payent moitié du prix des billets de bains de mer

Prolongation de la durée de validité. — La durée de validité peut être prolongée d'une ou deux périodes de 30 jours, moyennant un supplément de 10 0/0 par période

3° BILLETS DE BAINS DE MER

A VALIDITÉ RÉDUITE, SANS FACULTÉ DE PROLONGATION

A) **Billets de toutes classes valables pendant 5 jours, du vendredi de chaque semaine au mardi suivant ou de l'avant-veille au surlendemain d'un jour férié.** — Leurs prix sont ceux des billets simples augmentés d'un dixième avec minimum de perception, par place, de 12 fr en 1re classe, de 9 fr. en 2e classe et de 5 fr en 3e classe.

B) **Billets de 2e et de 3e classes délivrés par toutes les gares du réseau de l'État** (ancien), **situées au sud de la Loire, valables un jour seulement, le dimanche ou un jour férié** — Leurs prix sont les deux tiers de ceux des billets de bains de mer de 33 jours, avec minimum de perception par place de 4 fr. en 2e classe et de 2 fr. 50 en 3e classe

Pour les conditions d'utilisation des billets de bains de mer, voir les Tarifs G. V nos 6 et 106

(1) Un service régulier de bateaux à vapeur est organisé entre Pornic et Noirmoutier pendant la période du 1er juillet au 30 septembre

(2) Les stations de Pornic et Paimbœuf desservent les plages de Ste-Marie, La Plaine, Préfailles, Le Cormier, Tharon, St-Michel-Chef-Chef, Les Rochelets, St-Brévin-l'Océan et St-Brévin-les-Pins, par l'intermédiaire de la Cie du Chemins de fer d'intérêt local du Morbihan (Réseau de la Loire-Inf.).

CHEMINS DE FER DE L'ÉTAT

VOYAGES A PRIX RÉDUITS

Sur les Lignes de Normandie et de Bretagne

Bains de mer de la Manche

Plage du Tréport, Dieppe, Saint-Valéry-en-Caux, Fécamp, Etretat, Le Havre, Trouville-Deauville, Houlgate, Villers-sur-Mer, Courseulles, Barfleur, Cherbourg, Carteret, Granville, Saint-Malo, Dinard, Portrieux, Saint-Quay, Saint-Cast, Paimpol, Tréguier, Perros-Guirec-les-Bains, Roscoff, Brest, etc., etc.

Billets d'aller et retour individuels dits de « *Bains de Mer* », délivrés du jeudi précédant la Fête des Rameaux au 31 octobre, valables selon la distance 3, 4 et 10 jours (1re, 2e et 3e classes) et 33 jours (1re et 2e classes).

Les billets de 33 jours peuvent être prolongés d'une ou deux périodes de 30 jours moyennant un supplément de 10 0/0 par période et donnent droit à un arrêt, à l'aller et au retour, à une gare au choix de l'itinéraire suivi.

Billets de Voyages circulaires

(1er mai au 31 octobre)

Billets circulaires valables UN MOIS et pouvant être prolongés d'un nouveau mois moyennant un supplément de 10 0/0.

ONZE ITINÉRAIRES différents dont les prix varient entre 50 et 115 francs en 1re classe entre 40 et 100 francs en 2e classe, permettent de visiter les points les plus intéressants de la Normandie, de la Bretagne et l'Ile de Jersey.

Excursion au Mont Saint-Michel

(Du jeudi précédant la fête des Rameaux au 31 octobre)

Billets d'aller et retour à prix réduits, de 1re, 2e et 3e classes, valables selon la distance, de 3 à 8 jours.

Excursion au Havre

(Juin à septembre)

Billets d'aller et retour à prix réduits de 1re, 2e et 3e classes, délivrés au départ de PARIS et de ROUEN (R. D.), avec trajet en bateau dans un sens entre ROUEN et le HAVRE.

Excursion à l'Ile de Jersey

Par Granville et Saint-Malo

—

Billets d'excursion à prix réduits, de 1re, 2e et 3e classes, délivrés toute l'année au départ de : Paris, Rouen, Chartres, Le Mans et Angers.

Par Carteret

—

Billets d'excursion à prix réduits, de 1re, 2e et 3e classes, délivrés de mai à octobre, au départ de : Paris, Rouen, Le Havre, Caen, Cherbourg, Le Mans et Angers.

Voyage Circulaire en Bretagne

Billets circulaires de 1re et de 2e classes, délivrés TOUTE L'ANNÉE avec billets d'aller et retour complémentaires à prix réduits, permettant de rejoindre et de quitter l'itinéraire.

ITINÉRAIRE. — Rennes, Saint-Malo-Saint-Servan, Dinard-Saint-Enogat, Dinan, Saint-Brieuc, Guingamp, Lannion, Morlaix, Roscoff, Brest, Quimper, Douarnenez, Pont-l'Abbé, Concarneau, Lorient, Auray, Quiberon, Vannes, Savenay, Le Croisic, Guérande, Saint-Nazaire, Pont-Château, Redon, Rennes.

Excursions en Bretagne

Facilités accordées par cartes d'abonnement individuelles et de famille, valables pendant 33 jours.

ABONNEMENTS INDIVIDUELS

Il est délivré, du jeudi précédant la fête des Rameaux au 31 octobre, des cartes d'abonnement spéciales permettant de partir d'une gare quelconque (grandes lignes) de l'ancien réseau de l'Ouest pour une gare au choix des lignes désignées aux alinéas ci-dessous en s'arrêtant sur le parcours; de circuler ensuite, à son gré, pendant un mois, non seulement sur ces lignes, mais aussi sur tous leurs embranchements qui conduisent à la mer, et enfin, une fois l'excursion terminée, de revenir au point de départ avec les mêmes facilités d'arrêt qu'à l'aller.

Carte valable sur la côte nord de Bretagne : 1re classe, **100** fr.; 2e classe, **75** fr. — Parcours : Ligne de **Granville** à **Brest** (par **Folligny, Dol** et **Lamballe**) et les embranchements de cette ligne vers la mer.

Carte valable sur la côte sud de Bretagne : 1re classe, **100** fr.; 2e classe, **75** fr. — Parcours : Ligne du **Croisic** et de **Guérande** à **Châteaulin** et les embranchements de cette ligne vers la mer.

Carte valable sur les côtes nord et sud de Bretagne : 1re classe, **130** fr.; 2e classe, **95** fr. — Parcours : Lignes de **Granville** à **Brest** (par **Folligny, Dol** et **Lamballe**) et de **Brest** au **Croisic** et à **Guérande** et les embranchements de ces lignes vers la mer.

Carte valable sur les côtes nord et sud de Bretagne et lignes intérieures situées à l'ouest de celle de Saint-Malo à Redon ; 1re classe, **150** fr.; 2e classe, **110** fr. — Parcours : Lignes de **Granville** à **Brest** (par **Folligny, Dol** et **Lamballe**) et de **Brest** au **Croisic** et à **Guérande** et les embranchements de ces lignes vers la mer, ainsi que les lignes de **Dol** à **Redon**, de **Messac** à **Ploërmel**, de **Lamballe** à **Rennes**, de **Dinan** à **Questembert**, de **Saint-Brieuc** à **Auray**, de **Loudéac** à **Carhaix**, de **Morlaix** et de **Guingamp** à **Rosporden**.

ABONNEMENTS DE FAMILLE

Toute personne qui souscrit, en même temps que l'abonnement qui lui est propre, un ou plusieurs autres abonnements de même nature en faveur des membres de sa famille ou domestiques habitant avec elle, bénéficie, pour ces cartes supplémentaires, de réductions variant entre **10** et **50** 0/0, suivant le nombre de cartes délivrées.

Paris à Londres

Via ROUEN, DIEPPE et NEWHAVEN, par la gare SAINT-LAZARE

Deux départs tous les jours et toute l'année, matin et soir (dimanches et fêtes compris)

Billets simples valables sept jours			Billets d'aller et retour valables un mois		
1re classe	2e classe	3e classe	1re classe	2e classe	3e classe
48 fr. 35	35 fr. »	23 fr. 25	82 fr. 75	58 fr. 75	41 fr. 50

Ces billets donnent le droit de s'arrêter, sans supplément de prix, à toutes les gares situées sur le parcours, ainsi qu'à Brighton

Nota. — Les trains du service de jour entre Paris et Dieppe et vice versa comportent des voitures de 1re et de 2e classes à couloir avec W.-C. et Toilette ainsi qu'un wagon-restaurant; ceux du service de nuit comportent des voitures à couloir des trois classes avec W.-C. et Toilette.

Une des voitures de 1re classe à couloir des trains de nuit comporte des compartiments à couchettes (supplément 5 francs par place). Les couchettes peuvent être retenues à l'avance aux gares de Paris et de Dieppe moyennant une surtaxe de 1 franc par couchette.

CHEMINS DE FER DU MIDI

Les voyageurs peuvent effectuer des voyages sur le réseau du Midi (notamment dans les Pyrénées et aux gorges du Tarn), au moyen d'une des combinaisons suivantes, comportant de notables réductions sur les prix ordinaires des places :

1° Billets d'aller et retour individuels et de famille, de toutes classes

A destination des stations thermales et balnéaires situées sur le réseau du Midi.

Durée (1) : 33 jours, à compter du jour de départ, ce jour compris.

2° Billets de voyages circulaires : Paris, centre de la France, Pyrénées, Provence et gorges du Tarn (de 1re et 2e classes)

Durée (1) : 20 jours pour les voyages intérieurs du Midi (G. V., 5) et 30 jours pour les voyages communs avec l'Orléans et le P.-L.-M. (G. V., 105). — En outre, il est délivré, sur les réseaux du Midi et d'Orléans, des billets spéciaux d'aller et retour à prix réduits, pour permettre aux voyageurs porteurs de billets de voyages circulaires de visiter des points situés en dehors du voyage circulaire, notamment Carcassonne. Le voyage circulaire Provence-Pyrénées a une durée de validité de 25 jours.

3° Billets d'aller et retour de famille pour les vacances

Durée (1) : 33 jours, à compter du jour de départ, ce jour compris.

4° Cartes d'excursions dans le centre de la France et les Pyrénées
donnant droit à la libre circulation dans les zones à explorer

Ces cartes sont délivrées du 15 juin au 15 septembre, au départ de toutes les gares des réseaux du Midi et de l'Orléans.

Durée de validité : un mois avec faculté de prolongation moyennant supplément.

Il existe 5 zones d'excursions sur lesquelles le voyageur a droit à la *libre circulation*.

Les prix varient suivant le point de départ et la zone choisie. — Des réductions allant de 10 0/0 pour la 2e personne jusqu'à 50 0/0 pour la 6e et les suivantes sont consenties à toute personne qui souscrit en même temps plusieurs cartes de même nature en faveur des membres de sa famille (2).

5° Billets spéciaux d'aller et retour, de toutes classes, pour Lourdes

Délivrés au départ de toutes les gares des réseaux de l'Etat, du Nord, de l'Ouest, de l'Est, de P.-L.-M., d'Orléans, et dans toutes les gares du Midi situées à plus de 150 kilomètres de Lourdes. — Durée de validité variable suivant la longueur du parcours : 4 à 12 jours, non compris le jour du départ. Réduction de 20 0/0 à 40 0/0 suivant la classe et la distance parcourue (3).

AVIS. — *Un livret indiquant en détail les conditions dans lesquelles peuvent être effectués les divers voyages d'excursion, de famille, etc., sera envoyé à toute personne qui fera parvenir au service commercial de la Compagnie, boulevard Haussmann, 54, à Paris (IXe arr.), la somme de 25 centimes.*

---

(1) Faculté de prolongation moyennant supplément de 10 p. 100.
(2) Consulter pour les détails le Tarif commun G. V., n° 106.
(3) Consulter pour les détails le tarif commun G. V., n° 102.

CHEMIN DE FER DU NORD

PARIS-NORD A LONDRES

Via Calais ou Boulogne

Cinq services rapides quotidiens dans chaque sens — Voie la plus rapide

SERVICES OFFICIELS DE LA POSTE

(Via Calais)

La gare de Paris-Nord, située au centre des affaires, est le point de départ de tous les grands express européens pour l'Angleterre, la Belgique, la Hollande, le Danemark, la Suède, la Norvège, l'Allemagne, la Russie, la Chine, le Japon, l'Autriche, l'Orient, la Suisse, l'Italie, la Côte d'Azur, l'Égypte, les Indes et l'Australie.

SERVICES RAPIDES

ENTRE PARIS, LA BELGIQUE, LA HOLLANDE, L'ALLEMAGNE, LA RUSSIE, LE DANEMARK LA SUÈDE ET LA NORVÈGE

		Trajet en
6 express dans chaque sens entre	Paris et Bruxelles	3h 50
3 — —	Paris et Amsterdam	8 30
5 — —	Paris et Cologne	8 »
5 — —	Paris et Francfort-sur-Mein	12 »
5 — —	Paris et Hambourg	16 »
5 — —	Paris et Berlin	18 »
2 — —	Paris et St-Pétersbourg	51 »
Par le Nord-express, bihebdomadaire		46 »
1 express dans chaque sens entre	Paris et Moscou	60 »
Par le Nord-express, hebdomadaire		54 »
2 — —	Paris et Copenhague	27 »
2 — —	Paris et Stockholm	43 »
2 — —	Paris et Christiania	40 »

SAISON DES BAINS DE MER

Billets à prix réduits

Pendant la saison, du jeudi précédant la fête des Rameaux au 31 octobre, *toutes les gares du Chemin de fer du Nord* délivrent des billets de bains de mer de 1re, 2e et 3e classes, à destination des stations balnéaires suivantes : BERCK (station du chemin de fer d'intérêt local), *via* Montreuil-sur-Mer ou *via* Rang-du-Fliers-Verton, BOULOGNE-VILLE ou TINTELLERIES (Le Portel), CALAIS-VILLE, CAYEUX (station du chemin de fer d'intérêt local), *via* Saint-Valery-sur-Somme, QUEND-FORT-MAHON, QUEND-PLAGE, FORT-MAHON-PLAGE, RANG-DU-FLIERS-VERTON (Plage de Merlimont), ROSENDAEL (Plage de Malo-les-Bains), CONCHIL-LE-TEMPLE (Fort-Mahon), DANNES-CAMIERS (plages Sainte-Cécile et Saint-Gabriel), DUNKERQUE (plages de Malo-les-Bains et Rosendaël), ETAPLES, PARIS-PLAGE (station du chemin de fer électrique), *via* Etaples, EU (plages du Bourg-d'Ault et d'Onival), GRAVELINES (Petit-Fort-Philippe), GHYVELDE (Bray-Dunes), LE CROTOY (station du chemin de fer d'intérêt local), *via* Noyelles, LEFFRINCKOUCKE (MALO TERMINUS), LE TREPORT-MERS, LOON-PLAGE, MARQUISE-RINXENT (plage de Wissant), NOYELLES, SAINT-VALERY-SUR-SOMME, WIMILLE-WIMEREUX (plages de Wimereux, Audresselles et Ambleteuse), ZUYDCOOTE (Nord-Plage).

Il existe trois catégories de billets, savoir :

1° **Billets de saison** (1) de 1re, 2e et 3e classes, valables pendant 33 jours, non compris le jour de l'émission, avec facilité de prolongation pendant plusieurs périodes de 15 jours (2), sous condition d'effectuer un parcours minimum de 100 kilomètres aller et retour. Ces billets, créés pour les familles, sont *nominatifs* et *collectifs*. Il est accordé une *réduction de 50 0/0* à chaque membre de la famille en plus du troisième. Les billets dont il s'agit doivent être demandés au moins 4 jours à l'avance à la gare où le voyage doit être commencé.

2° **Billets hebdomadaires** et **carnets d'aller et retour** (1) de 1re, 2e et 3e classes. Les billets hebdomadaires sont valables pendant 5 jours, du vendredi au mardi et de l'avant-veille au surlendemain des fêtes légales. Ces billets et carnets sont individuels. Les prix varient selon la distance et présentent des *réductions de 25 à 40 0/0*. Les carnets contiennent 5 billets d'aller et retour et peuvent être utilisés à une date quelconque dans le délai de 33 jours, non compris le jour de distribution.

(Voir notes, page suivante.

CHEMIN DE FER DU NORD *(Suite)*

3° **Billets d'excursion** (1) de 2° et 3° classes, les dimanches et jours de fêtes légales, valables pendant une journée. Ces billets sont individuels ou de famille. — Les prix réduits des billets individuels sont indiqués dans le tableau ci-dessous. — Pour les *familles* (ascendants et descendants), il est accordé une nouvelle réduction sur le prix des billets individuels d'excursion, allant de 5 à 25 0/0, selon que la famille se compose de 2, 3, 4, 5 personnes et plus.

Les billets de saison et les billets hebdomadaires sont valables dans les mêmes trains et aux mêmes conditions que les billets ordinaires du service intérieur.

Les billets d'excursion ne sont valables que dans des **trains spéciaux** *ou dans des* **trains du service ordinaire** *désignés à cet effet par la Compagnie.*

4° **Cartes d'abonnement** (1) de 1re, 2° et 3° classes, valables pendant 33 jours, et comportant une réduction de 20 0/0 sur le prix des abonnements ordinaires d'un mois. Ces cartes ne sont délivrées qu'à toute personne qui prend deux billets ordinaires au moins ou un billet de saison pour les membres de sa famille ou domestiques allant séjourner sous le même toit dans une station balnéaire désignée ci-dessous Ces cartes ne sont valables que pour les points de départ et de destination sans arrêt en cours de route.

Les prix au départ de Paris, pour les trois catégories, sont les suivants :

Prix des billets (3) de saison, hebdomadaires et d'excursion

DE PARIS AUX STATIONS CI-DESSOUS	Billets de saison de famille valables pendant 33 jours — Prix pour 3 personnes			Prix pour chaque personne en plus			BILLETS HEBDOMADAIRES Prix (**) par personne			BILLETS d'excursion Prix (*) par personne	
	1re cl.	2e cl.	3e cl.	1re cl.	2e cl.	3e cl.	1re cl.	2e cl.	3e cl.	2e cl.	3e cl.
Berck	149 40	101 40	66 30	25 60	17 45	11 45	31 »	24 15	17 »	11 15	7 35
Boulogne (ville)	170 70	115 20	75 »	28 45	19 20	12 50	34 »	25 70	18 90	11 10	7 30
Calais (ville)	198 30	133 80	87 30	33 05	22 30	14 55	37 90	29 »	21 85	12 35	8 10
Cayeux	137 55	93 60	61 20	24 »	16 45	10 80	29 30	23 05	15 95	11 »	7 25
Conchil-le-Temple (Fort-Mahon)	140 40	94 80	61 80	23 40	15 80	10 30	28 80	22 50	15 75	9 75	6 35
Dannes-Camiers	157 20	106 20	69 30	26 20	17 70	11 55	31 70	24 40	17 50	10 50	6 85
Dunkerque	204 90	138 30	90 30	34 15	23 05	15 05	38 85	29 95	22 60	12 50	8 20
Enghien-les-Bains	»	»	»	»	»	»	2 »	1 45	» 95	»	»
Etaples	152 40	102 90	67 20	25 40	17 15	11 20	30 90	23 95	17 »	10 35	6 75
Eu	120 90	81 60	53 10	20 15	13 60	8 85	25 40	20 10	13 70	8 85	5 75
Fort-Mahon (plage) (4)	141 30	96 60	64 20	24 15	16 70	11 30	29 50	23 85	16 65	10 80	7 75
Ghyvelde (Bray-Dunes)	213 »	143 70	93 60	35 50	23 95	15 60	39 95	31 15	23 40	12 50	8 20
Gravelines (Petit-Fort-Philippe)	204 90	138 30	90 30	34 15	23 05	15 05	38 85	29 95	22 60	12 50	8 20
Le Crotoy	131 25	89 10	58 20	22 60	15 40	10 10	27 90	21 95	15 15	10 25	6 75
Leffrinckoucke (Malo-Terminus)	209 10	141 »	92 10	34 85	23 50	15 35	39 40	30 55	23 05	12 50	8 20
Le Tréport-Mers	123 »	83 10	54 »	20 50	13 85	9 »	25 75	20 35	13 90	9 »	5 85
Loon-Plage	204 30	138 »	90 »	34 05	23 »	15 »	38 75	29 90	22 50	12 50	8 20
Marquise-Rinxent	182 10	123 »	80 10	30 35	20 50	13 35	35 60	26 80	20 05	11 75	7 70
Noyelles	126 90	85 80	55 80	21 15	14 30	9 30	26 45	20 85	14 35	9 15	5 95
Paris-Plage	156 »	105 90	70 20	26 60	18 15	12 20	32 10	24 95	18 »	11 35	7 75
Pierrefonds	66 »	44 40	29 10	11 »	7 40	4 85	15 40	11 50	7 60	»	»
Quend-Fort-Mahon	137 70	93 »	60 60	22 95	15 50	10 10	28 30	22 15	15 45	9 60	6 25
Quend-Plage (4)	140 70	96 »	63 60	23 95	16 50	11 10	29 30	23 15	16 45	10 60	7 25
Rang-du-Fliers-Verton	145 20	98 10	63 90	24 20	16 35	10 65	29 60	23 05	16 20	10 05	6 55
Rosendaël (plage de Malo-les-Bains)	207 60	140 10	91 50	34 60	23 35	15 25	39 20	30 35	22 90	12 50	8 20
Saint-Amand	159 90	108 »	70 50	26 65	18 »	11 75	32 20	24 65	17 75	»	»
Saint-Amand-Thermal	163 20	110 10	72 »	27 20	18 35	12 »	32 80	24 95	18 10	»	»
Saint-Valery-sur-Somme	131 10	88 50	57 60	21 85	14 75	9 60	27 15	21 35	14 75	9 80	6 05
Serqueux (Forges-les-Eaux)	98 70	66 60	43 50	16 45	11 10	7 25	21 50	16 70	11 25	»	»
Wimille-Wimereux	174 60	117 90	76 80	29 10	19 65	12 80	34 55	26 10	19 30	11 25	7 40
Zuydcoote (Nord-Plage)	211 80	142 80	93 »	35 30	23 80	15 50	39 80	30 95	23 25	12 50	8 20

(*) Sur les prix afférents au parcours de la Compagnie du Nord, une nouvelle réduction de 5 à 25 0/0 est faite sur les billets de famille, selon que la famille est composée de 2 à 5 personnes et au delà.

(**) Des carnets individuels, contenant 5 billets hebdomadaires d'aller et retour, peuvent être utilisés à une date quelconque dans le délai de 33 jours, non compris le jour de distribution.

(1) Ces billets sont personnels et ne peuvent être vendus, sous peine de poursuites judiciaires.

(2) Cette prolongation est faite, au retour, par les soins de la gare de départ, avant l'expiration de la première période moyennant le supplément de 10 0/0 du prix total du billet.

(3) Ces prix ne comprennent pas les 0 fr. 10 de timbre pour les sommes supérieures à 10 francs.

(4) Les billets à destination de Fort-Mahon-Plage et de Quend-Plage ne sont délivrés que du 11 juin au 5 octobre, période pendant laquelle fonctionne le tramway. Avant et après cette période, la distribution et la prolongation restent limitées à Quend-Fort-Mahon.

CHEMINS DE FER DE L'EST

Services directs internationaux

Des trains rapides quotidiens assurent les services directs de la Compagnie de l'Est avec : **la Suisse**, *via* Belfort-Bâle, – **l'Italie**, *via* Belfort, Bâle et le St-Gothard, – **Luxembourg**, *via* Longwy, – **l'Allemagne**, *via* Pagny-sur-Moselle, et Avricourt, – **l'Autriche-Hongrie** et **l'Europe Orientale**, *via* Avricourt-Strasbourg et *via* Belfort, Bâle, la Suisse et l'Arlberg.

Voyages internationaux à prix réduits, à itinéraires tracés par le voyageur

Les gares du réseau de l'Est délivrent toute l'année des livrets internationaux à coupons combinables, à prix réduits, permettant aux voyageurs de composer à leur gré un voyage circulaire ou d'aller et retour comportant des parcours en France, en Algérie, en Tunisie, en Corse, sur les lignes d'un grand nombre de Compagnies de navigation européennes, ainsi que sur la plupart des lignes des réseaux étrangers.

Parcours minimum, 600 kilomètres. — Durée de la validité des livrets : 60 jours jusqu'à 3000 kilom., 90 jours de 3001 à 5000 kilom. inclus, et 120 jours au-dessus de 5000 kilom.

Voyages circulaires à itinéraires fixes à prix réduits de France en Italie

Il est délivré pendant toute l'année, dans les gares du réseau de l'Est, des billets circulaires valables 60 jours, sans faculté de prolongation, permettant de se rendre en Italie par le St-Gothard et d'en revenir par le Mont-Cenis ou par Vintimille. Ces billets offrent de nombreuses combinaisons d'excursions sur les lignes italiennes.

Billets d'aller et retour de famille et Billets circulaires de saison, à prix réduits

I. **Billets d'aller et retour de famille.** — *a*) Pour les stations thermales situées sur le réseau de l'Est, pour Gérardmer (Vosges) et pour Givet (Vallée de la Meuse).

Délivrance des billets du 15 mai au 15 septembre.

b) Pour voyager sur le réseau de l'Est, à l'occasion de Pâques (délivrance du jeudi qui précède la fête des Rameaux au lundi de Pâques) et des grandes vacances (délivrance du 15 juin au 15 septembre).

II **Billets circulaires individuels ou de famille** pour excursions dans les Vosges, délivrés dans les gares du réseau de l'Est et au départ des réseaux de l'Etat, d'Orléans et du Nord, dans la période du 1er mai au 15 octobre.

Nota. — Pour tous autres renseignements, consulter le livret des Voyages circulaires, que la Compagnie de l'Est envoie gratuitement aux personnes qui en font la demande.

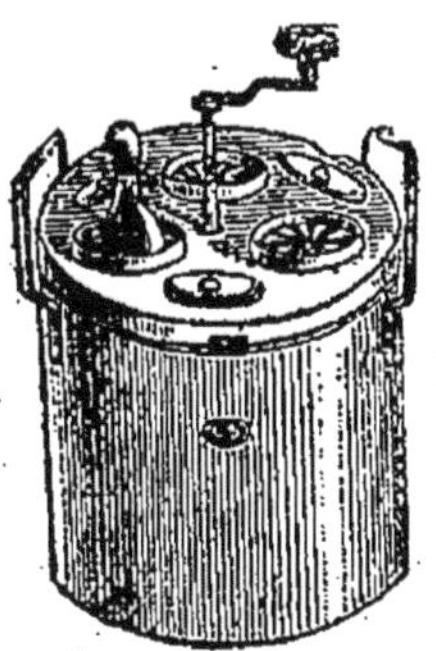

GLACIÈRE
PORTATIVE

La seule qu'on fasse fonctionner sous les yeux du public

Produit en 10 minutes de **500** gr. à **16** kg.
de **Glace**, ou des **Glaces**,
Sorbets etc., par un **sel inoffensif**

SE MÉFIER DES CONTREFAÇONS

J. SCHALLER rue **Saint-Honoré, 332, Paris**
Prospectus franco

PHARES & Projecteurs

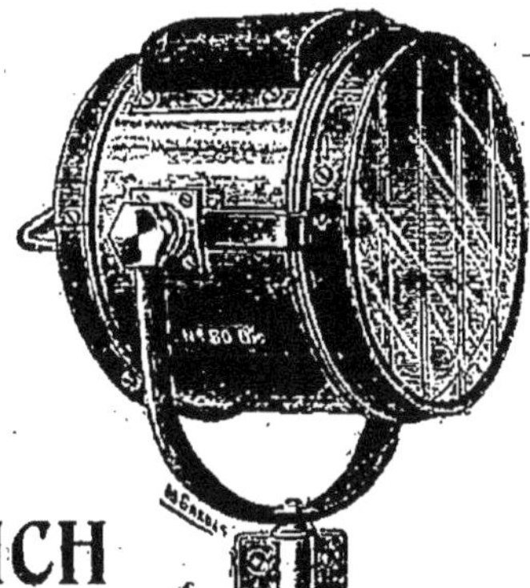

POUR
AUTOS

A. DENICH
144, rue Saint-Maur, 144
PARIS (XIe)
Envoi gratis du Catalogue N° 11

III

FRANCE

Classée par ordre alphabétique des localités

Aix-les-Bains

GRAND HOTEL BRISTOL

Près de l'Établissement Thermal et des Casinos. — Situation exceptionnelle dans un grand parc et en plein centre.— Appartements avec antichambres et cabinets de toilette — Salles de bains. — *Grandes terrasses ombragées.* — Lumière électrique. — Ascenseur. — Garage pour autos. P. DESSUET, Propriétaire

Aix-les-Bains

GRAND HOTEL DES BERGUES ET NEW-YORK

Avenue de la Gare en face des deux Casinos et près de l'Établissement thermal. — Installation nouvelle. — Grand confort moderne.— Lumière électrique générale. — Salle de bains. — Chauffage central. — Ascenseur. — Pension depuis 9 francs.

MILLIET et GARCIN, Propriétaires

Aix-les-Bains

HOTEL TERMINUS

Près de la gare. — Grand confortable. — Jardin ombragé. — Service par petites tables. — Cuisine de premier ordre. — Lumière électrique. — Arrangements sanitaires. — Ascenseur. — Pension depuis 8 fr. — Saison d'hiver : Hôtel des Palmiers et Château de Plaisance à Monte-Carlo

PIGNAT et DARPHIN, Propriétaires

Aix-les-Bains

HOTEL DE PARIS

Rue Daquin et place Carnot *à une minute des Thermes et près les Casinos.* — Confortable. — Cuisine très soignée. — Lumière électrique. — *Téléphone.* — Jardin. — Pension depuis 8 francs et arrangements pour familles. — *Omnibus gare.* — CROIZÉ, Propriétaire.

Aix-les-Bains

HOTEL RICHEMOND

Ancien hôtel Dussuel. — Près de l'établissement thermal. — Situation unique. — Nouvelle installation. — Lumière électrique. — Téléphone. — Arrangements pour familles — Pension : *Chalet* et *Bains Romains.* — G. BERGERAT, Propriétaire.

Aix-les-Bains

GRANDE AGENCE

Location de villas et appartements meublés

Vente et achat de propriétés

Renseignements gratuits. — *Téléphone:* — *English spoken.*

A. BALOZET

Annecy

GRAND HOTEL DU MONT-BLANC

DE PREMIER ORDRE

Entièrement neuf et à proximité du lac. — **Médaillé du T. C. F.** — Garage pour autos. — Pension depuis 8 fr. 50

A. MICHAUD, Propriétaire

Annecy

GRAND HOTEL VERDUN ET DE GENÈVE

Le seul en face du Lac

Premier ordre. — Lumière électrique. — Chauffage. — Grand garage pour automobiles dans l'hôtel. — Pension depuis 8 fr. 50.

BRUCHON, Propriétaire.

Antibes

GRAND-HOTEL

Place Macé à 300 mètres de la gare.

Vue splendide sur la mer et sur les montagnes. — Absolument neuf et pourvu de tout le confort moderne. — Ascenseur. — Electricité. — 100 chambres en plein midi. — Restaurant à la carte et à prix fixe. — Arrangements pour séjour de familles. — Spécialement recommandé pour sa bonne cuisine aux touristes qui visitent la région.

Directrice : Madame CHARON

Antibes (Le Cap)

GRAND HOTEL DU CAP

Premier ordre. — Grand parc de neuf hectares. — Vue splendide sur le Golfe, les Iles de Lérins, les Montagnes de l'Esterel. — 100 chambres et salons. — Ascenseur. — Electricité. — Chauffage central dans toutes les chambres. — Appartements avec salles de bains privées. — Garage avec fosse. — Autobus à la gare. — Cave et cuisine très soignées. — Prix très modérés. — Arrangements pour familles. — Saison d'été. — Etablissement hydrothérapique et Grand Hôtel à *Andorno* Piémont). — **A. SELLA, Propriétaire.**

Arcachon

LOCATION DE VILLAS

Agence spéciale de la ville d'hiver. — **Villa Ducos.** — Agence de la Plage, *284, boulevard de la Plage.* — Renseignements précis et gratuits. — Téléphone 42. — **A.-J. DUCOS, Directeur-Propriétaire.**

Arcachon

LOCATION DE VILLAS

VILLE D'HIVER et PLAGE.

ARCACHON-OFFICE (Ancienne Agence **Expert**) *Avenue Gambetta, 1.*

TÉLÉPHONE 0.80. — *Renseignements gratuits.*

ARCACHON

(GIRONDE)

STATION HIVERNALE ET ESTIVALE

Située à **une heure de Bordeaux, à huit heures de Paris,** cette station jouit d'un climat tempéré et régulier; c'est un des rares points du monde où, dans une même journée, on n'éprouve pas de changement brusque de température. Arcachon est par excellence la station des convalescents.

En hiver comme en été, Arcachon offre des ressources uniques, ses forêts, son bassin merveilleux qui est sans égal au point de vue des régates et du tourisme nautique, de la pêche, de la chasse aux oiseaux de mer, qui abondent toute l'année.

Deux fois par semaine, chasses municipales avec équipage de premier ordre. Tous les étrangers sont admis à suivre à cheval, sans redevance.

Chasse aux sangliers en toute saison. Deux casinos complètent les attractions de la station : Cercle nautique et des sports, bals, représentations, concerts, golf, lawn-tennis, etc.; une mention spéciale pour le nouveau casino de la plage : d'une construction récente, c'est un palais moderne

Terrasse avec vue splendide sur la mer. La décoration magistrale et le confort de ce casino le placent au premier rang des établissements similaires.

Pour de *plus amples renseignements*, il convient de demander les brochures spéciales du *Syndicat d'initiative d'Arcachon*, qui les adresse *franco*.

Envoi franco de toutes brochures

Arcachon (Gironde) (*Suite*)

Mais on ne peut aller à **Arcachon** sans visiter **Bordeaux.** Cette ville offre aux touristes un très grand intérêt par son magnifique port, ses monuments de toutes les époques, si nombreux, si variés, ses musées remplis de toiles de grande valeur.

D'**Arcachon** à **Bordeaux,** on bénéficie par chemin de fer d'un tarif spécial très réduit.

La visite du département de la Gironde, organisée avec soin, révèle aux étrangers des richesses artistiques et historiques peu connues.

Il convient de s'adresser pour tous renseignements au *Syndicat d'initiative de Bordeaux* (Place de la Comédie).

Argelès-Gazost

HOTEL BEAU-SÉJOUR

A 20 mètres de la gare. — Le plus près du parc et des établissements. — Petit parc privé avec de magnifiques ombrages. — Transport gratuit des bagages. — Portique de gymnastique. — *Pension depuis 6 fr. par jour.* — La meilleure cave des Pyrénées.

CHEBARDY, Propriétaire

Arles

GRAND HOTEL DU NORD-PINUS

Place du Forum. — Maison de tout premier ordre et des mieux exposée par ses divers appartements. — Forum romain dans l'hôtel, — Auto-garage et mécanicien. — Electricité. — Téléphone. — Confort et prix modérés. — English spoken.

F. BESSIÈRE, Propriétaire

Arras

HOTEL DE L'UNIVERS

Maison de premier ordre. — Recommandée aux familles et aux voyageurs. — Grands et petits appartements. — Jardin. — Salons. — Garage. — **Chauffage à vapeur.** — Téléphone. — Electricité. — *Omnibus à la gare.*

DURET, Propriétaire

Avignon

GRAND HOTEL D'AVIGNON

Rue de la République. — Près des Postes et Télégraphes. — Le mieux situé. — De premier ordre. — 80 chambres et salons. — *Grand confortable.* — Cuisine très soignée. — Prix modérés. — *Omnibus.* — Spécialité de grands vins de Châteauneuf-du-Pape.

J. **CANDY,** Propriétaire, **A. CHAZALET** Successeur.

Bagnères-de-Bigorre

GRAND HOTEL VICTORIA

La plus belle situation sur la promenade des Coustous

De premier ordre. — Tout le confort moderne. — Auto-garage. — Electricité partout. — *Téléphone.*

PÉREZ, Propriétaire

Bagnères-de-Bigorre

GRAND HOTEL de FRANCE

OUVERT TOUTE L'ANNÉE

Éclairage électrique

Garage pour autos

Maison de 1er ordre

Entièrement restaurée

Près de l'établissement thermal et du casino. — Confort moderne. *Cuisine renommée.* — *Galerie promenoir.* — Téléphone n° 16.

V. Daniel STYLITE, Propriétaire

LUCHON

REINE DES PYRÉNÉES

80 000 visiteurs par saison, *Trains rapides et de Luxe*, à 14 h. de Paris

« Luchon est la plus riche des stations sulfureuses sodiques. » (Ed. FILHOL.)

« Luchon est la Reine des stations sulfurées. » — « Luchon est la plus forte des eaux sulfurées. » (Prof. LANDOUZY.)

Traitements divers Diathèse rhumatismale et arthritique. — *Rhumatisme.* — Affections cutanées — Voies respiratoires. — Humages (Inhalation spéciale de Luchon). — Lymphatisme. — Syphilis.

ALLEZ GUÉRIR A LUCHON

CASINO DE 1er ORDRE. — *Tourisme.* — *Excursions variées.* — *Ascension de hauts sommets.* — Port de Venasque, alt. 2417 m. — Pic de Sauvegarde, 2736 m. — Pic Sacroux, alt. 2678 m. — Pic de la Glère et lac de Gourgouttes, alt. 2323 m. — Tusse de Maupas, alt. 3 110 m. — Pic de la Fourcanade, alt. 2 882 m. — Pic Posets, alt. 3367 m. — Maladetta, pic de Néthou, alt. 3404 m. — **Golf.** — **Sports d'hiver.**

Biarritz

HOTEL D'ANGLETERRE

DE TOUT PREMIER ORDRE

Confortable moderne. — Situation incomparable sur la mer.

Grands jardins au Midi et sur la plage

AU CENTRE DE LA VILLE ET DES PLAGES

ASCENSEUR — ÉLECTRICITÉ

Appartements avec bains. — Arrangements sanitaires modernes

M. CAMPAGNE, Propriétaire

Biarritz

Hôtel Victoria et de la Grande-Plage

DOMAINE IMPÉRIAL

De tout premier ordre. — Magnique vue de mer. — La plus belle situation, près du **Grand Casino** et des **Thermes salins.** — Grand jardin. — Lawn-tennis. — Salle de bains. — Calorifère. — Lumière électrique. — Ascenseur. — *Omnibus et voitures de luxe.* **J. FOURNEAU, Propriétaire**

Biarritz

GRAND HOTEL

Tout premier ordre. — Spécialement recommandé aux familles

Résidence de S. M. l'Impératrice d'Autriche, S. M. le Roi d'Espagne, S. M. le Roi de Suède, S. M. le Roi de Serbie, etc.

Seul établissement en face de la mer qu'il domine entre les deux Casinos et en plein centre. — Appartements spéciaux se composant de salon, chambre à coucher, salle de bains et W. C. — Restaurant renommé prix modérés. — Conditions particulières pour long séjour.

B. SARTUQUE, Directeur

Biarritz

HOTEL RÉGINA

Situé sur le Plateau du Phare attenant aux terrains du Golf

Vue merveilleuse sur la mer et sur les montagnes. — Toutes les chambres en façade, soit sur la mer, soit sur le Golf. — Avec cabinet de toilette et salle de bains. — Bar, fumoir, billard. — Vastes salons de réception. — Au centre, grand jardin d'hiver. — *Restaurant à prix fixe et à la carte.*

Directeur : FERNAND JOURNEAU

de l'Hôtel du Palais à San-Sebastian (Espagne)

BIARRITZ

HOTEL DU PALAIS

Ex-Résidence Impériale

Ouvert toute l'année. — 100 appartements complets avec salle de bains et toilette, et 200 chambres de maîtres avec cabinets de toilette. — Dernier confort moderne

ASCENSEUR ET CHAUFFAGE CENTRAL

Lawn-tennis et salle d'enfants. — Parc de 26 000 mètres. Magnifique hall et salle de restaurant. — Vue unique sur la mer. — Grande salle des fêtes et jardin d'hiver. — Salle de lecture et Salon impérial. — Orchestre renommé. — Salon de coiffure. **PATTARD**, *Directeur Général.*

Même Direction qu'au Grand-Hôtel à Monte-Carlo.

Biarritz

HOTEL CONTINENTAL

De premier ordre. — 200 chambres et salons sur la mer et au midi. — Téléphone. — Lumière électrique. — Salles de bains à chaque étage. — Chauffage central. — Ascenseur. — Garage pour autos. — Tennis. — Jardin. — *Prix modérés.* — **Paul PEYTA, Propriétaire.**

Biarritz

HOTEL DES PRINCES

Maison de premier rang, près de la poste et des Casinos. — Recommandé aux familles pour son confortable. — ***Cuisine et caves renommées.*** — Ascenseur. — Téléphone. — Lumière électrique. — Arrangements pour familles. — Prix modérés. — **L. COUZAIN**, Propr.

Biarritz

HOTEL DU CASINO

OUVERT TOUTE L'ANNÉE.— Complètement remis à neuf. — Vue splendide.— Restaurant incomparable au bord de la mer.— Soupers, cuisine de premier ordre. — Cave exceptionnelle. — *Lumière électrique* dans toutes les chambres. — F. CAMPAGNE Fils, Propriétaire.

Biarritz

HOTEL DE FRANCE

Construction nouvelle. — Installation moderne. — Ascenseur. — Lumière électrique. — Calorifères.—Bains. — Téléphone. — Restaurant. — Tea-Room. — Billard. — Jardin. — Prix modérés. — *Moderate charges.* — Même propriétaire : Hôtel Saint-Etienne, à Bayonne.— Les clients peuvent prendre leurs repas soit à *l'Hôtel de France*, à Biarritz, soit à *l'Hôtel Saint-Etienne*, à Bayonne. — B. COMBES, Prop.

Biarritz

PAVILLON HENRI IV

Hôtel de premier ordre

CONFORT MODERNE — VUE MAGNIFIQUE

M. SENERS, Propriétaire

Biarritz

MONHAU-EXCELSIOR HOTEL

Restaurant. — *Pension de famille.* — De premier ordre. — Magnifique situation sur la mer entre le Casino Belle-Vue et le Casino municipal. — Eclairage électrique. — Bains. — Téléphone.— Ascenseur — Jardin. — Arrangements pour familles et séjour. — Prix modérés. — L. BEAUXIS, Propriétaire.

Biarritz

HOTEL COSMOPOLITAIN

Place de la Mairie. — Situation la plus centrale. — Vue de la mer. — Construction récente. — Mobilier entièrement neuf. — Chambres et appartements très confortables. — Cuisine très soignée. — Pension depuis 8 fr. par jour, sauf en août et en septembre. — *Lumière électrique.* —Chauffage à vapeur. — Ascenseur.

GENETIER, Propriétaire.

Biarritz

NOUVEL HOTEL DE L'EUROPE

Ouverture le 1er mars 1910. — *Installation moderne.* — Dans toutes les chambres, cabinet toilette avec lavabos à eau chaude et froide —Chauffage central.— Salles de bains. — Ascenseur. — Électricité. — Téléphone. — Vue sur la mer. — *Prix modérés.* — L. CASENAVE.

Biarritz

PAVILLON ALEXANDRA

Place du Port-Vieux, 3. — Pension de famille de premier ordre ouverte en 1907. — Situation splendide sur la place du Vieux-Port et le rocher de la Vierge. — Chauffage central. — Electricité. — *Téléphone 0.42.* — Pension depuis 8 fr. sauf août et septembre. — NADAU. Propre.

Biarritz

MAISON NARTUS (ATALAYE)

Au-dessus du port des Pêcheurs. — La plus belle exposition, en face de la mer. — Magnifique vue. — Grands et petits appartements très confortables. — *Cuisine soignée.* — Pension depuis 8 fr. et arrangements pour familles. — Salles de bains — Téléphone. — PAVILLON NARTUS. — Appartements confortables, avec cuisine. — Lumière électrique. — J. NARTUS, Propriétaire.

LE
DIABÈTE
est radicalement
GUÉRI
et en peu de temps
PAR LE
VIN URANÉ PESQUI
Remède inappréciable pour cette dangereuse maladie. Il calme la soif, et il donne la FORCE et la VIGUEUR
Dans toutes les Pharmacies

ASCENSEUR **Bordeaux** TÉLÉPHONE 1600

HOTEL DES QUATRE SŒURS

Place de la Comédie (Grand centre)

Confort moderne. — Vue sur l'Opéra, à proximité des théâtres, des promenades, des messageries maritimes transatlantiques. — *Magnifique hall.* — Salon de réception, de lecture, de correspondance. — *Fumoirs.* — **Electricité.** — **Bains.** — **Douches Chauffage central** par l'eau chaude, dans toutes les chambres. — *Garçons de courses.* — Chambres depuis 2 fr. 75. **R. SIMION, Propriétaire**

Bordeaux

NOUVEL HOTEL

RESTAURANT DE PREMIER ORDRE

Installation la plus moderne. — Chambres de 4 à 18 francs

Ascenseur. — Électricité. — Salle de bains. — Chauffage à vapeur

4 et 5, Place de la Comédie, en face du Grand Théâtre

TÉLÉPHONE **403**

Bordeaux

HOTEL DE BAYONNE

Restaurant. — Maison de 1er ordre. — Place du Chapelet, à 50 mètres de l'Intendance et à une minute de la Place de la Comédie. — *Cuisine très réputée.* — *Chambres depuis 3 francs.* — Electricité partout. — Téléphone. — Arrangements pour familles et séjour. — *Se habla español.* — *English spoken.* — **Eugène AUGÉ, Prop.**

Bordeaux

GRAND HOTEL DE NICE

Place du Chapelet. — **Magnifique situation,** au centre des plus beaux quartiers. — Chambres et appartements très confortables au rez-de-chaussée et à tous les étages. — *Service du petit déjeuner.* — Bains. — Calorifère. — Téléphone. — Electricité. — *Se habla español.*

PHILIP et Cie, Propriétaires

Bordeaux

GRAND HOTEL MONTRÉ

4 grandes façades sur larges rues. **Entrée : rue Montesquieu, 4. Tél.** 629

150 *chambres et appartements.* — Installation avec tout le dernier confort. — Au centre de la ville, à proximité des meilleurs restaurants et de la grande poste. — Deux ascenseurs électriques. — Chauffage central à eau chaude et à la vapeur. — Deux grands hall. — Auto-garage gratuit. — Eau courante chaude et froide dans les cabinets de toilette. — Laboratoire photographique. — Ventilation par aspiration automatique. — *Chambres avec salle de bains; toilette, W. C., etc., y attenant.* — Trois grandes salles d'expositions avec gradins. — Bains et douches aux étages. — Plusieurs salons de lecture, correspondance, fumoir. — *Chambres depuis 2 fr. 75 par jour.* — Service et lumière électrique compris. — Tarif dans chaque chambre. — *On parle les langues étrangères.* **MONTRÉ, Propriétaire**

Bordeaux

RESTAURANT DU LOUVRE

21, cours de l'Intendance, 21

Déjeuners, 2 fr. 50, médoc compris. — Dîner, 3 fr., médoc compris. Lumière électrique. — **Tous les soirs, pendant le dîner, projections de photographies animées.** — *Maison spécialement recommandée par le T. C. F.* **J. PERARD, Propriétaire**

SOURCES **CHOUSSY et PERRIÈRE**

SAISON DU 25 MAI AU 1er OCTOBRE

Trois Etablissements complets — Casino — Grand parc

CURE D'AIR. — *Anémie, lymphatisme, dermatoses, voies respiratoires, rhumatismes, diabète, paludisme.*

Transportées, les Eaux de La Bourboule se conservent indéfiniment

Siège social : rue Drouot, 29 (Envoi de notices franco)

La Bourboule

GRAND HOTEL DES ILES BRITANNIQUES

Premier ordre, à l'angle de l'Établissement thermal. — 150 chambres et salons — Fumoirs. — Grand jardin et salle de récréation pour les enfants. — **Garage et fosse pour automobiles.** — Conditions spéciales en juin et en septembre. — *English spoken.* — *Se habla español.* — Téléphone. — Ascenseur. — Eclairage électrique.

C. DONNEAUD, Propriétaire

Villa des Iles Britanniques — Appartements pour familles

La Bourboule

LE GRAND HOTEL ET DE L'ÉTABLISSEMENT

E. CHEVALET, Propriétaire

Situation unique en face le casino entre les établissements. — 200 chambres et salons. — Salle de Bains. — 2 ascenseurs. — Garage. — Jardins. — Terrasses. — Tout le confort moderne. — Grand restaurant. Cuisine renommée. — Five o'clock tea room.

La Bourboule

GRAND HOTEL DE PARIS

TOUT PREMIER ORDRE

Ascenseur, Bains, Électricité, Téléphone

150 Chambres et Salons. — RESTAURANT

Villas, jardins, tennis, auto-garage pour 25 voitures boxes, atelier de réparations.

25 mai — 30 septembre. **LEQUIME**, propr.

La Bourboule

SPLENDID HOTEL : Hôtel d'Angleterre et Beau-Séjour réunis

Pension depuis 9 fr. en juin et en septembre. — Premier ordre. — Près des Etablissements thermaux et du Casino. — Entre les deux Parcs. — Grand jardin. — Tennis. — Auto-garage — Eclairage électrique. — Téléphone. — Ascenseur. **LEMERLE**, Propriétaire.

La Bourboule

GRAND HOTEL DES AMBASSADEURS

Premier ordre. — Très recommandé pour sa cuisine spéciale suivant prescriptions des docteurs. — Conditions réduites en juin et en septembre. — Garage pour automobiles. — *Lumière électrique.* — Omnibus à tous les trains. — **DUPEYRIX**, Propriétaire

---

La Bourboule

GRAND HOTEL RICHELIEU

Premier ordre. — Le plus près des Thermes

Conditions spéciales pour Familles

Téléphone.— Électricité.— Ascenseur.— Interprète.— Garage et Fosses

A. G. A. et Correspondant du T. C. F.

PASSAVY-PANET, Propriétaire

La Bourboule

HOTEL DU PARC

Premier ordre. — Nouveaux agrandissements. — *Situation unique dans le Parc et près du Casino.* — Cuisine très soignée. — Service parfait. — Pension, chambre, déjeuner et dîner, **depuis 8 fr. par jour**, tout compris. — Arrangements pour familles avec enfants. — Electricité dans toutes les chambres.

Mme **FAURE-FOURNIER**, Propriétaire

La Bourboule

PALACE HOTEL ET VILLA MÉDICIS

Tout premier ordre. — Au centre de la station, près du Parc, des Thermes et du Casino. — Installation hygiénique modèle.— Chambres depuis 5 fr. — Pension par petites tables depuis 7 fr. — Sur demande table de régime. — Restaurant à la carte. — Cuisine renommée. — Prix réduits en juin et en septembre. — Chambre noire. — Eclairage électrique partout. — Téléphone. — Ascenseur. — Grand garage avec fosses, atelier de réparations et service de toilette.— Bains et douches. — Lawn-tennis attenant à l'hôtel. — Interprète. — Omnibus.

A. SENNEGY, Propriétaire

Cambo

VILLA HOTEL MODERNE

AGRANDISSEMENTS POUR LA SAISON DE 1910

En face le Jardin public. — Situation exceptionnelle. — Superbe vue des Pyrénées. — Entièrement neuf. — Electricité. — Téléphone. Cuisine très recommandée. — Pension depuis 7 francs par jour et Arrangements pour familles. — Correspondant T. C. F.

L. DIMPRE, Propriétaire

Cannes

RIVIERA PALACE

HOTEL DU PRINCE DE GALLES

Position incomparable, tout premier ordre. — *Autobus de l'hôtel au Casino et au Golf-Club.*

Vve Henry de la BLANCHETAIS, Propriétaire

Cannes

HOTEL GONNET

BOULEVARD DE LA CROISETTE

Ouvert toute l'année. — Magnifiquement situé en face des îles de Lérins. — *Premier ordre.* — Grand jardin. — Arrangements pour séjour. — **F. DAUMAS, Propriétaire.**

Cannes

HOTEL BEAU-RIVAGE

Maison de premier ordre sur la Croisette.— Magnifique vue de mer. — Plein midi. — Jardin d'hiver. — Grand jardin. — Atrium. — Electricité. — Téléphone. — Ascenseur. — Interprètes.

HAINZL, Directeur

Cannes

HOTEL DES PINS

Premier ordre. — A proximité de l'église russe. — Abrité des vents par une forêt de pins. — Vaste jardin. — Téléphone. — Eclairage électrique. — Service spécial de voitures pour la promenade et la ville.

Cannes

GRAND HOTEL DU PAVILLON

Premier ordre. — Tous les conforts. — Vue splendide. — Grand jardin. — Arrangements pour familles. — Pension. — Prix modérés. **P. BORGO, Propriétaire.** — Même maison à Baveno. Lac Majeur. Ligne Simplon en été.

Cannes

HOTEL NEVA

RUE DE LA COLLINE

Vue sur la mer. — Plein midi. — Arrangements sanitaires. — Bains. — Electricité. — Grand jardin. — Lawn-tennis. — **Cuisine recherchée.** — Pension depuis 8 fr. par jour. — *Téléphone*

J. Couttet, Prop. — Saison d'été : **Central hôtel, Chamonix.**

Cannes

GRAND HOTEL de la TERRASSE et RICHEMOND

Entièrement remis à neuf. — 120 chambres et salons. — Position centrale. — Plein midi, dans un vaste parc de 2 hectares. — Service soigné. — Pension depuis 8 fr. par jour. — Chauffage central à eau chaude dans toutes les chambres. — **G. ECKHARDT**, Propriétaire.

Cannes

HOTEL COSMOPOLITAIN

JARDIN AU MIDI — VUE DE LA MER

Appartements confortables. — Service et cuisine de premier ordre. — Pension depuis 8 fr. — *Ascenseur.* — Electricité. — Calorifère. — Bains. — Téléphone n° 291. — **A. WEHRLÉ**, Propriétaire.

Cannes

TERMINUS-HOTEL

Ouvert toute l'année.— Situé (en ville) à 50 mètres de la gare et au midi. — Chambres confortables. — Journée depuis 8 fr. — Cuisine spécialement soignée — Electricité. — Calorifère. – Salon de lecture. — Salle de bains.— Pas de frais d'omnibus. — **P. GILLES, Propriétaire**, *parle anglais et allemand.* — **Annexe à l'hôtel : AMERICAN BAR 1er ordre.** —

Mêmes maisons { **Savoy-Hôtel**, 1er ordre, *Cannes.*
Hôtel Terminus, Le Fayet-Saint-Gervais.

Cannes

HOTEL VICTORIA

Plein midi. — Grand jardin. — A 2 minutes de la mer. — Chambres très confortables. — Electricité partout. — Cuisine simple et soignée. — Tramway devant la porte. Ouvert toute l'année. — Pension depuis 9 fr. par jour. — English spoken. — Man spricht deutsch.

L.-W. PILATTE, Propriétaire

Cannes

HOTEL SUISSE

Entièrement meublé à neuf. — Situation centrale. — Plein midi. – Beau jardin abrité. — **Ascenseur.** — **Lumière électrique.** — **Chauffage central.** — Grandes chambres bien aérées. — Arrangements sanitaires. — Pension depuis 9 fr. — **A. KELLER (Suisse), Propriétaire.**

Cannes

SPLENDID HOTEL

Restaurant indépendant. — Cave renommée 1er ordre. — Sur la Croisette en face la jetée et le Casino. — Plein midi. — Vue superbe sur la mer et l'Esterel. — **Entièrement remis à neuf.** — Chauffage à eau chaude. — Ascenseur.— **L'été :** *Hôtel Villas Thévenin, Le Mont-Dore (Auvergne).*

E. THÉVENIN, Propriétaire

Cannes

HOTEL DE LA PLAGE

Premier ordre. — Très bien situé sur la Croisette. — Vue splendide sur les îles de Lérins et les montagnes de l'Esterel. — Chauffage à eau chaude dans toutes les chambres.— Grand hall.— Lumière électrique. — Ascenseur. — Arrangements pour séjour. — Prix modérés.

L'ETE ; *Hôtel de l'Observatoire à Saint-Cergues sur-Nyon (Suisse)*

E. GIMPERT, Propriétaire

Cannes

HOTEL-VILLA MARIE-LOUISE

Ouvert du 1er octobre au 31 mai. — Vue splendide. — Jardin entouré de bois de pins. — Vie de famille. — Bonne cuisine. — Salle de bains. — *Pension depuis 6 francs par jour, tout compris.* — Arrangements pour la saison. — **Ph. AGUILLON, Propriétaire.**

Le Cannet (DE CANNES)

STELLA-HOTEL

Terminus des tramways. — Loin de la mer. — Vue splendide sur le golfe. — Plein midi. — Chauffage. — Électricité. — Téléphone n° 9. — Ascenseur. — Grand jardin très abrité. — *Cuisine de premier ordre, très recommandée.* — Pension depuis 7 fr. par jour.

LE-SUR, Propriétaire

Cannes

HOTEL-PENSION SAINT-MAURICE

Boulevard d'Alsace — *Plein midi*

Reconstruit et entièrement remis à neuf. — Chauffage à eau chaude dans toutes les chambres. — Bains — Electricité. — Chambre noire.

Cuisine bourgeoise. — Arrangements pour familles. — Pension à partir de 8 francs par jour, tout compris. — **Téléphone 17-24.**

J. CHARASSE, Propriétaire

Cannes

AGENCE GÉNÉRALE DES ÉTRANGERS

Fondée en 1864

RUE D'ANTIBES, 2, et PLACE DES ILES, 1

DUBSET, SUCCESSEUR DE VIDAL ET HUGUES

Villas et appartements à louer — Propriétés à vendre — *Téléphone* 250

Cannes

AGENCE ROUX

FONDÉE EN 1875

Joseph AUGIER, Successeur

71, rue d'Antibes, 71

Location de Villas et d'Appartements. — Vente et Gérance d'immeubles

---

Cannes

VILLAS ET PROPRIÉTÉS

A LOUER OU A VENDRE

— SUR TOUT LE LITTORAL —

S'adresser : **ASTOIN-ANTIBES**

CAPVERN

(HAUTES-PYRÉNÉES)

A 15 heures de Paris, à 6 heures de Bordeaux, à 2 heures de Toulouse à 4 heures de Bayonne, à 1 heure de Luchon, à 1 heure de Lourdes. — Station célèbre de vieille date pour la grande efficacité de ses eaux.— N'a pas de similaire, grâce au traitement combiné de ses deux sources **Houn-Caoudo**, stimulante, tonique, puissamment reconstituante, et **Bouridé** éminemment sédative et décongestionnante. — Eau de table non gazeuse, ne troublant pas le vin, d'un goût agréable, légère et digestive.

ÉTABLISSEMENT OUVERT TOUTE L'ANNÉE

SAISON DU 15 MAI AU 31 OCTOBRE

Exportation importante d'eau en bouteilles toute l'année

EAU TRÈS STABLE

Eaux calciques et magnésiennes (sulfatées et bicarbonatées). — Tempér. 24°. — Diurétiques, laxatives, dépuratives, résolutives, toniques et reconstituantes.

Souveraines dans : *Gravelle urinaire* et *Coliques néphrétiques*, *Gravelle biliaire* et *Coliques hépatiques*, *Affections* des *Reins*, de la *Vessie*, des *Voies urinaires*, *Engorgements* du *Foie* et des *Voies biliaires*, *Goutte*, *Diabète*, *Affections rhumatismales et arthritiques*, *Affections* de l'*Estomac*, de l'*Intestin*, du *Foie* et des *Voies biliaires*, *Etats hémorroïdaires*, *Affections de la matrice*, *Troubles de la menstruation* (*Etouffements et Vapeurs*, *Age critique*), *Anémies diverses*; *Etats nerveux divers*, *Neurasthénie*.

Postes — Télégraphe — Casino — Parc — Promenades — Excursions

HOTELS DE PREMIER ORDRE

Capvern-les-Bains

GRAND HOTEL DU PARC

1er ordre. — Près de l'Établissement. — Tout le confort moderne. — *Grand parc ombragé attenant à l'hôtel.* — Cuisine très soignée spécialement recommandée. — Pension depuis 7 fr. — Garage et fosse pour autos. — Omnibus à la gare. — **BEAUPERTUIS, Propriétaire.**

Capvern-les-Bains

GRAND HOTEL BEAU-SÉJOUR

1er ordre. — Le plus confortable. — Vaste parc. — *Un omnibus de l'hôtel conduit gratuitement les clients à l'établissement.* — Garage pour autos. — Pension depuis 8 fr. — Omnibus à la gare.

ROUZAUD, Propriétaire.

Cauterets

CONTINENTAL-HOTEL

De tout premier ordre. — Situation exceptionnelle. — Jardin dans l'intérieur de l'hôtel. — Ascenseur. — Lumière électrique. — 250 Chambres. — Grand restaurant Louis XV. — **Salle des fêtes.** — Garage avec fosse attenant à l'hôtel. — Correspondant du T. C. F. et de l'A. C. F. — Omnibus à la gare. — **Ch. DUCONTE, Propriétaire.**

Cauterets (Hautes-Pyrénées)

GRAND HOTEL D'ANGLETERRE

Ouvert toute l'année. — De tout premier ordre. — Confort moderne. — 350 chambres. — Succursales. — Appartements et pavillons meublés à louer. — Ascenseur. — Téléphone — Bains. — Grand garage. — Jardins anglais. — Arrangements, pension pour séjour.
A. MEILLON, *Propriétaire de l'***Hôtel Gassion** *à Pau (B.-Pyr.)*

Cauterets

GRAND HOTEL DU PARC

Premier ordre. — Dans le Parc. — Entièrement remis à neuf. — Grands et petits appartements. — **Table d'hôte.** — **Restaurant.** — **Cuisine très recommandée.** — Fumoir. — *Lumière électrique.* — **Prix modérés.** — Omnibus à la gare. — Garage.
LÉON FERRÉ, Propriétaire, ex-Directeur de l'*Hôtel des Promenades.*

Cauterets

HOTEL RÉGINA

Ancien Hôtel des Promenades. — Complètement transformé. — De premier ordre. — Seul situé sur la place des Œufs. — Restaurant. — Véranda. — Fumoir. — Salle de bains. — Billard. — Ascenseur. — Lumière électrique. — **Auto-garage.** — *Omnibus à tous les trains.* — **J. DUCONTE, Propriétaire.**

Cauterets (Hautes-Pyrénées)

GRAND HOTEL DE L'UNIVERS

Ouvert du 1er mai à fin octobre
GRAND CONFORT MODERNE
Restaurants Louis XV et Louis XVI
VASTE TABLE D'HOTE
AUTO-GARAGE

HOTEL DE PREMIER ORDRE
Recommandé aux familles
Salle de billard
Fumoir, Salons de Lecture, Musique, Correspondance, etc.
Omnibus à tous les trains

Rue de la Raillère — Place Saint-Martin

Vue splendide sur les montagnes et situation centrale

Près du Casino, des Établissements thermaux, des Promenades, du tramway de la Raillère, de la Poste, etc.

A. CIER, Directeur-Propriétaire

DU MÊME PROPRIÉTAIRE :

VILLA DES ROSES à louer meublée pour la saison

Chambéry (SAVOIE)

LE GRAND HOTEL DE FRANCE

Maximum de confort à Chambéry

Chambéry

GRAND HOTEL de la PAIX et TERMINUS

En face de la gare. — De 1er ordre. — Appartements avec cabinet toilette, eau chaude et froide. — Chauffage. — Bains. — Électricité. — Téléphone 1-18. — Ascenseur.

LEBRUN, Propriétaire

Chamonix

HOTEL ROYAL ET DE SAUSSURE

Sur la place du monument de Saussure. — Maison de premier ordre, entièrement restaurée et remontée. — Appartements très confortables. — **Restaurant.** — Cuisine et cave soignées. — *Prix modérés.* — Arrangements depuis 9 fr. — Bains. — Lumière électrique. — Grand jardin. — Parc. — Observatoire. — Vue superbe sur le mont Blanc et sa chaîne. — Saison d'hiver. — **COUTTET Frères, Propriétaires.**

Chamonix

GRAND HOTEL COUTTET ET DU PARC

HOTEL-PENSION COUTTET, ouvert toute l'année. — De premier ordre. — Magnifique situation en face du mont Blanc et entouré d'un grand jardin. — *Lumière électrique.* — Ascenseur. — Chauffage central. — Bains. — *Téléphone.* — Chambre noire. — Garage pour autos. — **Saison d'hiver** : Patinage appartenant à l'hôtel.

COUTTET Frères, Propriétaires

Chamonix

GRAND HOTEL DE LA POSTE

Premier ordre. — Diplômé pour son installation hygiénique. — Lumière électrique partout. — Bains, douches. — Grand garage. — Téléphone no 6. — Ascenseur. — Déjeuner fourchette, 3 fr. ; dîner table d'hôte, 4 fr. — 100 lits depuis 2 fr. 50. — Pension depuis 8 fr. — **P. SIMOND**, Propriétaire.

Chamonix

CENTRAL HOTEL

De construction récente. — Très belle vue sur la chaîne du Mont-Blanc. — **Confort moderne.** — Lumière électrique. — Bains. — *Téléphone.* Arrangements depuis 7 fr. — Saison d'hiver : **Hôtel Néva**, Cannes.

François COUTTET, Propriétaire

Chamonix

GRAND HOTEL VICTORIA & MODERNE

PREMIER ORDRE

Dernier confort. — Ascenseur. — Garage. — Prix de pension : depuis 8 fr. en juin; 9 fr. en juillet ; 11 fr. en août ; 9 fr. en septembre.

Succursale de l'Hôtel Bristol à Naples et de l'Excelsior Palace Hôtel à Palerme.

Chamonix

HOTEL DE PARIS

Ouvert toute l'année. — Chauffage central. — Au milieu de la ville. — Merveilleuse vue sur la chaîne du Mont-Blanc. — Salon. — Fumoir. — **Téléphone 35.** — Jardin. — Service par petites tables. — *Cuisine recommandée.* — Pension depuis 7 fr.

H. WEISSEN-COUTTET, Propriétaire

Chamonix

GRAND HOTEL DES ÉTRANGERS

A gauche en sortant de la gare.

Saison d'été; saison d'hiver. — Chauffage central. — Confort moderne. — **Pension minimum, 7 francs.**

Transport gratuit des bagages aller et retour gare.

TAIRRAZ, Propriétaire.

Chamonix

TOURING HOTEL ET DU LOUVRE

Situation centrale. — Belle vue de la chaîne du Mont-Blanc. — *Bains.* — *Téléphone.* — Véranda. — Cuisine soignée. — Pension depuis 7 fr. — *Vin et petit déjeuner du matin compris.* — Arrangements pour familles nombreuses.

A. PERRIN-FÉLISAZ, Propriétaire

Chamonix

HOTEL PENSION BALMAT

Sur la place, près de l'église. — Vue splendide sur la chaîne du Mont-Blanc. — Petit déjeuner, 1 fr. Déjeuner, 2 fr. Dîner, 2 fr. 50 — Cuisine soignée. — Service à la carte. — Prix spéciaux pour séjour. — Bains, douches et électricité dans toutes les chambres. — Téléphone 19. — *On parle anglais, allemand, français.*

Mme Caroline C. BALMAT, Propriétaire

CHAMONIX — ***LES TINES***

EXCELSIOR-HOTEL

Ouvert en 1906. — A 200 mètres de la gare des Tines. — Hygiène et confort moderne — La plus belle vue de la mer de glace du Montanvert et de la chaîne du Mont-Blanc. — Hydrothérapie — Parc avec ombrages. — **Pension depuis 6 fr.** — Réductions en juin et septembre. — On n'accepte pas les malades contagieux.

Paul CHARLET, Propriétaire

Châtel-Guyon-les-Bains

HOTEL-VILLA BON ACCUEIL

AVENUE BARADUC, près les thermes. — Maison confortable. — Cuisine soignée. — *Service par petites tables de régime.* — Electricité. — Téléphone. — Jardin. — Pension depuis 7 fr. et arrangements pour familles. — **Mme FOULTIER-VINCENT, Propriétaire.**

Dijon

HOTEL DE LA CLOCHE

Place Darcy

150 chambres et salons
Ascenseur
Chauffage central

Bains
Lumière électrique
Garage et fosse

L. GORGES, Propriétaire, *successeur de E. GOISSET*

Dinan

HOTEL DE BRETAGNE

Place Duclos. — Grande terrasse. — Café. — Restaurant. — Cave et cuisine réputées. — Table d'hôte. — Auto-garage. — Salle de bains. — Douches. — Arrangements spéciaux pour pension. — *Téléphone 2-15.* — **INTERPRÈTES.**

Dinan

GRAND HOTEL DE L'EUROPE

Près de la grande poste, à gauche de la sortie de la gare — Confort moderne. — Salle de bains. — Chauffage central. — Café avec grande terrasse.— Le plus grand garage de la région.— Fosse pour 2 voitures. — **Douche.** — Pendant l'eté omnibus à tous les bateaux. — Prix très modérés. — **Téléphone 2.10.** — English spoken.

Dinard

HOTEL BELLEVUE

Entièrement neuf. — *En face le débarcadère.* — Le seul baigné par la mer. — Vue splendide et unique sur la baie, Saint-Malo, Saint-Servan et l'embouchure de la Rance. — Chambres et appartements très confortables. — Arrangements sanitaires parfaits. — Garage pour autos. — Pension depuis 8 fr. — **J. RAGOT, Propriétaire**

Dinard

HOTEL PENSION ÉDEN

Boulevard Feart. — Hôtel de famille. — Ouvert toute l'année. — Situation centrale, près la plage. — Grand confortable. — Cuisine soignée. — Electricité partout. — Grand jardin ombragé. — Saison balnéaire depuis 8 fr. — Arrangements pour familles et séjour.
L'hiver depuis 5 fr. — **Jacques GOUÉ, Propriétaire.**

(*Voir page de garde à la fin du volume.*)

Lourdes

HOTEL DU COMMERCE

Près de la poste, à 4 minutes de la grotte par le tram. — Tout le confort moderne. — Arrangements sanitaires parfaits. — Correspondant du T. C. F. — Auto-garage. — Pension depuis 8 fr. et arrangements pour familles. — *On parle anglais et espagnol.* — Téléphone n° 26

Madame MOURA, Propriétaire

Lourdes

HOTEL DE L'UNIVERS

Arqué Nicolau, Propriétaire. — Boulevard de la Grotte, 14. — A proximité de la Chapelle. — Recommandé au clergé et aux familles. — Confort moderne et hygiénique — Vastes appartements pour familles. — Service par petites tables. — Jardin d'agrément avec terrasses d'où l'on jouit d'une vue splendide sur les Pyrénées. — **Prix par jour : 8 fr., tout compris.** — Auto-garage. Electricité. Omnibus gare. — Se méfier des pisteurs.

Lourdes

GRAND HOTEL BEAU-SÉJOUR

En face de la gare. — Vue merveilleuse sur les Pyrénées. — Chambres T. C. très confortables. — Cuisine soignée. — Magnifique terrasse ombragée. — Eclairage électrique. — Téléphone 18. — Auto-garage. — Pension depuis 8 fr. et arrangements pour séjour et pour familles. — **CAMPS-PEYROUZA, Propriétaire.**

Lourdes

GRAND HOTEL ROYAL

DE PREMIER ORDRE et le seul le plus près de la Grotte et de la Basilique. — Vue incomparable des processions et cérémonies religieuses. « A une minute de la Grotte et de la Basilique. » — Lumière électrique et chauffage dans toutes les chambres. — Cuisine soignée. — Arrangements pour séjour. — *Auto-garage avec fosse.* — English spoken. — Se habla espanol. — Man spricht deutsch. — **L. ROSS, Propriétaire.**

Lourdes

NOUVEL HOTEL ET SAINT-LOUIS DE FRANCE

A proximité de la Grotte.

Vue splendide sur le Gave et les montagnes. — Confort moderne. — Bains. — Electricité. — Ascenseur. — Prix modérés.

Mlle JACOB, Propriétaire, Membre de l'Union fraternelle catholique.

Lourdes

VILLA ESPÉRANCE

Pension de famille. — Près de l'hôpital des Sept-Douleurs, à 5 minutes de la Grotte. — Tramway station Pont-Vieux. — *Ravissante situation aux bords du Gave.* — *Jardin très ombragé.* — Appartements confortablement meublés. — Cuisine soignée. — *Pension depuis 7 fr. par jour*

H. DABAT, Propriétaire

Lourdes

HOTEL SAINT-SAUVEUR

(à une minute de la Grotte)

On y est comme chez soi. — Avec tout le confort possible. — Lumière électrique. — Omnibus à tous les trains. — Pension depuis 8 fr. — *Arrangements pour familles.*

M. et Mme Pierre GIRET, Propriétaires

Marseille

Grand Hôtel Noailles et Métropole

RUE NOAILLES-CANNEBIÈRE

De premier ordre. — Confort moderne. — Réputation européenne. — Meilleure situation, près de la gare, des ports et des promenades. — Autobus pour tous les trains et bateaux. — Appartements avec salle de bains et W.-C. — *Ascenseur.* — *Lumière électrique.* — Chambre à partir de 4 francs. — Arrangements pour familles et séjour prolongé.

E. BILMAIER, Propriétaire, ci-devant THOUNERHOF, Thoune (Suisse)

Marseille

Grand HOTEL DU LOUVRE et DE LA PAIX

TÉLÉPHONE 56. — **Réputation universelle.** — *Telegram :* LOUVRE-PAIX. — Près de la gare et du port (plein midi). — **250 chambres et appartements avec salle de bains, toilette, W.-C.** — Grand restaurant. — Cuisine et caves renommées. — Table d'hôte : déjeuner, 4 fr. 50; dîner, 6 fr. — Chambres depuis 5 fr., service et éclairage compris. — Billets de chemin de fer. — *Omnibus.* — Interprète. — Ascenseurs — Arrangements depuis 13 fr — *Maison suisse* Propr^res L. **ECHENARD-NEUSCHWANDER (Next door to the P. et O. office).**

ANNEXE :

Palace Hôtel et Restaurant LA RÉSERVE

Site merveilleux, Panorama unique (bord de la mer, CORNICHE) ou le **PALAIS DE LA BOUILLABAISSE** et de toutes les **Spécialités provençales.** — Grand parc aux coquillages. — Déjeuners et dîners sur commande. — Five o'clock tea. — Appartements avec salle de bains, toilette, W.-C. et chambre depuis 6 fr. — Villas pour familles. — Grand jardin et vaste terrasse dominant la mer. — Grandes salles pour mariages et salons de réception. — Bains de mer chauds et froids à proximité. — Tramways tous les quarts d'heure. — Propriétaire **L. ECHENARD et P. NEUSCHWANDER (du Carlton Hotel London).** — *Téléphone* 201. — *Telegram* **PALACE-HOTEL.**

Marseille

LE GRAND HOTEL

EX-GRAND HOTEL DE MARSEILLE

Rue de Noailles, 26-28, et Cannebière

Hôtel de luxe, installé avec le confort le plus moderne. — Grand hall. — *Chauffage central à eau chaude.* — Bains à tous les étages. — Installations sanitaires parfaites. — *Lumière électrique.* — **Caves et cuisine renommées.** — **Service par petites tables.** — **Prix modérés.** — Arrangements pour familles et séjour prolongé. — *Ascenseurs.*

Louis RUECK et Cie, Nouveaux Propriétaires.

Marseille

G^D HOTEL ET RESTAURANT DES PHOCÉENS

ÉLECTRICITÉ **ISNARD** TÉLÉPH. 14-44

4 ET 6, RUE THUBANEAU

RESTAURANT DE 1ER ORDRE

Marseille

GRAND HOTEL BEAUVAU

Rue Beauveau, rue Cannebière, quai de la Fraternité

Seul hôtel de premier ordre, ayant façade sur la mer, au centre de la ville et au midi. — Entièrement remis à neuf. — Ascenseur. — *Bains.* — *Téléphone* 849. — Chambre noire. — Pension depuis 8 fr. 50 par jour. — Arrangements pour familles. — *Omnibus à tous les trains.* — **H. TEISSIER, Propriétaire.**

Marseille

HOTEL DU PETIT LOUVRE

Le seul et unique Restaurant en plein midi sur la Cannebière. — Chambres depuis 2 fr. 50 et arrangements pour familles. — **Ascenseur.** — Omnibus. — Interprète. — *Téléphone*. — **Veuve GARRONE, Propriétaire.**

Marseille

RÉGINA HOTEL

Tout premier ordre, avec prix modérés. — Nouvellement construit en plein centre avec tous les derniers perfectionnements. — 250 chambres avec 100 salles de bains, W. C. ; depuis 4 fr.

RESTAURANT. 1er ordre. — Prix fixe. Carte.

C. CAVASSE. Propriétaire

Marseille

GRAND HOTEL DE PROVENCE

Cours Belsunce, 12. — Le plus central, le mieux situé.

Restaurant de premier ordre. — Déjeuner 2 fr. 50, dîner, 3 fr., service à la carte. — Spécialités : *Bouillabaisse, Langouste américaine.* — Chambres depuis 3 fr. — Lumière électrique. — Téléphone 12-99. — Omnibus. — **P. GARDANNE, Propriétaire.**

Marseille

HOTEL DU XXe SIÈCLE

DERNIER CONFORT

Au-dessus du **CAFÉ RICHE**, *Rue Cannebière*

Chambres de 4 à 12 francs

Marseille

GRAND NOUVEL HOTEL MEUBLÉ

Boulevard du Musée, 10, près la rue Noailles (Cannebière). — Electricité et chauffage central. — Ascenseur. — Interprètes. — Bains. — Grand hall. — Jardin. — Chambres, 3, 4, 5 fr. et au-dessus. — Grand confort. — Garçons de courses. — Renseignements. — Correspondant du *Touring-Club de France.* — Chambre noire. *Télégrammes* : **Noutel-Marseille.** — **CHEVRET, Propriétaire.**

Marseille

Grand Hôtel-Restaurant CALIFORNIE et COLONIAL

Cours Belsunce, 44

Ameublement neuf. — 110 chambres Touring-Club depuis 2 fr., service et électricité compris, salle de bains et douches. — Appartements de luxe avec lavabos à eau courante chaude et froide. — Déjeuners, 2 fr. 50 ; dîners, 2 fr. ; par petites tables. — Arrangements pour sociétés et familles — *Téléphone* 739. — Omnibus à la gare à tous les trains. — Electricité partout. — Cuisine de premier ordre et au beurre. — Tous les jours : Bouillabaisse, Soles normandes Langoustes et autres spécialités. — *Maison recommandée par T.C.F.* — **ALBERT et DUC, Propriétaire.**

MARSEILLE. — Notre-Dame-de-la-Garde

Menton

GRAND HOTEL MONT-FLEURI

Premier ordre. — Plein midi. — **Situation exceptionnelle.** — Magnifique vue sur mer. — Très abrité à mi-côte. — Entièrement meublé à neuf avec tout le confortable moderne. — *Chambre noire pour photographie.* — Garage pour bicyclettes. — Téléphone. — Ascenseur.

L. NAVONI, Propriétaire

Menton

GRAND HOTEL VICTORIA et des PRINCES

ET DÉPENDANCES

Premier ordre. — Plein midi. — Grand jardin. — Nouveaux appartements avec salles de bains et W. C. — Chauffage central partout. — Bains. — Fumoir. — Ascenseur. — PRIX MODÉRÉS. — Omnibus à tous les trains. — **R. LEUBNER**, Propriétaire.

Menton

BALMORAL HOTEL

Ouvert toute l'année. — Situation centrale. — Plein midi. — Jardin. — Magnifique véranda et restaurant sur la mer. — Bains. — Douches. — **Ascenseur.** — *Lumière électrique.* — Bonnes chambres depuis 3 fr. — Petit déjeuner, 1 fr. 50; déjeuner, 3 fr.; dîner, 4 fr., servis à part 4 et 5 fr. — Pension pour séjour depuis 9 fr., petit déjeuner compris. — **Cuisine renommée.** — Garage modèle pour 20 autos avec fosse. — 10 chambres pour chauffeurs. — **Victor RÉ**, Propriétaire-Directeur.

Menton

GRAND HOTEL DES ANGLAIS

De tout premier ordre et prix modérés

Bord de mer. — Grand jardin. — Appartements avec bains. — *Garage.* — **Renommé pour sa cuisine et sa cave.**

J. CHABASSIERE, Propriétaire

Menton

HOTEL DE LONDRES

Avenue Carnot, près du Jardin public. — Ouvert toute l'année. — Vue sur la mer. — Plein midi. — Bains. — Electricité. — Service par petites tables. — Pension depuis 7 fr. — Chambres 2 fr. 50.

Omnibus à la gare — **Vve SCHWARZMANN et SCHLENK, Propriétaires.**

Menton

GRANDE AGENCE DE MENTON FONDÉE EN 1876

GUSTAVE AMARANTE, ✠ ✠ ✠

Location de toutes les villas et de tous les appartements meublés ou non meublés à Menton et au cap Martin. — Vente et achat de villas, hôtels, châteaux et terrains. — Indications sérieuses, précises et gratuites. — Maison de premier ordre. — **Ne pas oublier le prénom GUSTAVE.**

MENTON

Location de villas
Vente d'immeubles

AGENCE AMARANTE

MAISON DE CONFIANCE FONDÉE en 1867

Écrire : TONIN AMARANTE 38, Av. Félix Faure **MENTON** (Alp. Mes)

NICE CIMIEZ

EXCELSIOR HOTEL REGINA

Inauguré par S. M. la Reine d'Angtleerre

Tramways électriques très fréquents pour centre de Nice

De tout premier ordre. — Plein midi. — Situation hygiénique parfaite. Vue splendide. Lumière électrique dans tout l'hôtel. — Chauffage à la vapeur. — 4 Ascenseurs électriques. — *Table d'hôte par petites tables.* — GRAND RESTAURANT A LA CARTE. — Nourriture *saine et soignée.* — *Concerts tous les jours de* 3 *heures à* 5 *heures et de* 7 *h.* 1/2 *à* 9 *h.* 1/2. — Arrangements pour long séjour.

Nice

LE GRAND HOTEL

En face le square Masséna — 600 chambres et salons à proximité des Théâtres et Casinos. — Vaste et magnifique hall. — Chauffage central. — Appartements et chambres avec salles de bains communicantes.

Nice

HOTEL BEAU-RIVAGE

QUAI DU MIDI, EN FACE DE LA MER

Prix modérés. — Ascenseurs — Electricité dans toutes les chambres. — Arrangements pour séjour.

Nice

PALACE HOTEL

Tout le confort moderne. — Plein midi. — Situation très centrale. — Grand jardin. — **W. MEYER, Propriétaire.**

Nice

HELDER (HOTEL RESTAURANT)

Place Masséna, à côté du Casino municipal

Maison de premier ordre. — Rendez-vous du high life.

L'ÉTÉ : Hôtel de Paris (Trouville-sur-Mer)

Nice

HOTEL WESTMINSTER

Promenade des Anglais

PREMIER ORDRE

150 chambres et salons. — Éclairage électrique. — Service à tables séparées. — Cuisine française. — Plein midi — Confort moderne. — Bains. — Jardin d'hiver chauffé. — Ascenseurs. — Grand auto-garage. Chambre noire, etc., etc. — Arrangements depuis 12 fr. par jour. — Maison très fréquentée. — **François REBETEZ**, Propriétaire.

Nice-Cimiez

LE WINTER PALACE

LE PLUS MODERNE

Situé dans un grand parc. — Tennis. — Automobile entre l'hôtel et la place Masséna pour le service des clients. — **Jos. AGID, Directeur.**

Nice

HOTEL-PENSION SUISSE

Maison suisse renommée. — **Premier ordre.** — Situation magnifique sur le bord de la mer. — Vue splendide. — Jardin. — Bains. — Calorifère. — Téléphone. — *Lumière électrique.* — Ascenseur. — Arrangements pour familles, depuis 9 fr. — Chauffage central à eau chaude partout. — **J.-P. HUG, Propriétaire.**

Nice

HOTEL NATIONAL

Avenue de la Gare, près la gare. — **Dernier confort.** — **Chauffage central.** — Ascenseur. — Electricité. — **Pension depuis 10 fr.** — **Hôtel ouvert toute l'année.** — **E. BESSNER, nouveau propriétaire.**

Nice

GRANDE PENSION DE FRANCE

Rue de France, 35, près de la promenade des Anglais. — Premier ordre. — Plein midi. — Grand jardin. — Bains. — Lumière électrique. — Chauffage central. — Cuisine très soignée. — Pension de 8 à 12 fr. — *English spoken. Man spricht deutsch.* — Auto-garage gratuit. — Ascenseur.

Nice

Hôtel du Tzaréwitch

Boulevard du Tzaréwitch

Chauffage central dans toutes les chambres

Vue sur la mer. Prix très modérés.

A cinq minutes du centre, par le tramway.

Entièrement meublé à neuf. — Situation hygiénique parfaite.
Parc privé de 22 000 mètres. — Eau de source sur la Propriété.
Garage pour autos. — Panorama idéal.

S. LE BROCQ, Propriétaire

Orléans

GRAND HOTEL SAINT-AIGNAN

Square Gambetta, Orléans. — De tout premier ordre. — Appartements avec salon particulier et bain-toilette. — Chauffage à vapeur. — Auto-garage. — English spoken. — Man spricht deutsch. — Lift. — *Téléphone* 0.13.

Dr **DESCHAMPS-LEMAIRE**, Directeur-Propriétaire

Orléans

HOTEL MODERNE

Rue de la République, 37

Ouvert en 1903. — De tout premier ordre. — *Restaurant.* — Situation centrale en face de la gare. — Installation moderne. — Médaille d'argent du T. C. F. pour ses chambres hygiéniques. — Hydrothérapie. — *Calorifère.* — Arrangements sanitaires. — Electricité partout. — *Téléphone.* — Ascenseur. — Auto-garage. — *English spoken.* — Ch. **BRAVLET**, Propriétaire.

Orléans

TERMINUS HOTEL

Annexe de l'Hôtel moderne. — Rue de la République, 40, en face de la gare. — De tout premier ordre avec tout le confort moderne. — Moitié de l'hôtel en Touring-Club. — Electricité. — Chauffage central. — Hydrothérapie. — Téléphone 464. — Garage et fosse. — Ascenseur. — Prix modérés. — **BRAVLET**, propriétaire.

Orléans

HOTEL DE LA BOULE D'OR

Au centre de la ville. — Entièrement remis à neuf, avec tout le confort moderne. — Electricité — Téléphone. — Hydrothérapie. — Chauffage central. — Appartements et salons pour famille. — Service à la carte et table d'hôte. — Omnibus. — Auto-garage avec fosse, 30 voitures. — English spoken. — Man spricht deutsch.

E. **AUDEBERT**, Propriétaire.

Paramé

BRISTOL PALACE HOTEL

Créé en 1900. — De tout premier ordre. — *Sur la plage, accès direct.* — Grand confort. — Pension depuis 10 fr. par jour.

HOTEL DE LA PLAGE (annexe du Bristol). — *Même situation.* — Pension depuis 8 fr. par jour. — **J.-C. GALLET**, Propriétaire.

Paramé

Hôtel de France et Villa Colbert

Tout près de la plage. — 80 chambres très bien meublées, plusieurs avec vue de mer, à proximité de la station des tramways Saint-Malo, Rothéneuf et Cancale. — Hôtel et pension de famille renommés par leur bonne tenue, table et confort, garage pour bicyclettes et autos — Prix très modérés : 6 à 8 fr. avril, mai, juin et septembre. 8 à 12 fr. juillet et août. Grands arrangements pour longs séjours et familles nombreuses.

Paramé

AGENCE GÉNÉRALE

Carrefour de Rochebonne. — G. **BAZANTAY**, successeur de MM. **Hollain** et **Esnault**. — Location de villas et appartements à Paramé, Rothéneuf, Saint-Malo, Saint-Servan, Dinard et la région. — Vente et achat de propriétés, villas, terrains, fonds de commerce. — Bureau ouvert toute l'année. — Renseignements gratuits.

G. BAZANTAY et BROUARD, directeurs. — *Téléphone* 0.07

Perpignan

GRAND HOTEL

Quai Sadi-Carnot, près de la Préfecture et de la Poste. **De tout premier ordre.** — Hall superbe. — Ascenseur. — Bains. — Téléphone. — Electricité partout. — Arrangements sanitaires parfaits. *Cuisine et cave spécialement recommandées.* — **Prix modérés.**
Eugène CASTEL, Propriétaire

Plombières-les-Bains

HOTEL MÉTROPOLE

Téléphone 18.— Premier ordre, entre le Parc et les Thermes. — Salles de bains à tous les étages, eau chaude et froide. — Lumière électrique. — Ascenseur. — Auto-garage. — Tables de régime. — Vastes jardins. — *Les Villas du Parc* (Annexes). — **BAUDOT**, Propriétaire.

Poitiers

GRAND HOTEL DE FRANCE

Premier ordre. — Dans le plus beau quartier. — **Cuisine et cave réputées.** Électricité. — Téléphone. — Garage pour autos. — **Prix modérés.** — *English spoken.* — *Man spricht deutsch.* — **Omnibus de la ville.** — Spécialité de volailles et de patés truffés.— **ROBLIN-BOUCHARDEAU, Propriétaire.**

Poitiers

GRAND HOTEL DU PALAIS

Au centre des monuments historiques. — Recommandé aux familles. — Diplômé du *Touring-Club.* — Appartements avec bains privés. — Chambres modernes.— Chauffage central. — Ascenseur. — Electricité. — Auto-garage. — *Téléphone* 0-56. — *Omnibus de l'hôtel aux trains.*
CHARPENTIER et DÉTROIT, Propriétaires

PRÉCHACQ-LES-BAINS

(Landes)

ÉTABLISSEMENT OUVERT

Du 1er mai au 20 octobre, desservi par la gare de Laluque

Eaux et Boues végéto-minérales similaires à celles de Dax.

Rhumatismes, arthrites, névralgies, névroses, affections utérines, anémie.

Eaux sulfureuses.— Maladies des voies respiratoires, de la peau, du tube digestif.

Prix de la pension : 1re classe, 8 fr. ; 2e classe, 5 fr. 50 par jour et par personne, tout compris : logement, linge, nourriture, traitement balnéaire, service, éclairage.

Pour renseignements, s'adresser au Directeur

Rennes

HOTEL CONTINENTAL

Quai Lamartine et rue d'Orléans

De premier ordre. — Central, et dans le plus beau quartier. — Garage pour autos. — Chambre noire. — Grand confortable. — Grand estaminet. — *Omnibus à la gare.* **Pierre DIOTEL**, Propriétaire

Royan

GRAND HOTEL DE BORDEAUX

Ouvert du 1er mars au 1er novembre

RESTAURANT A LA CARTE

Magnifique vue de mer. — Jardin

GRAND HOTEL DE L'EUROPE

à Pontaillac

Situation merveilleuse sur la mer, avec jardin de 6000 mètres
Les deux hôtels sont de tout premier ordre et sous la même direction.

Royan

LE GRAND-HOTEL

Au Parc. — Le seul donnant sur la Grande Plage. — Agrandissement considérable. — 150 chambres. — Salle de bains — Magnifique terrasse sur la mer. Grand jardin dans les Pins. — Appartements pour familles. — Maison de premier ordre. — Ouvert du 1er mars au 1er novembre. — *English spoken.* — *Se habla español.* — *Omnibus de l'hôtel à tous les trains.* — *Téléphone.* — *Garage pour automobiles.*

Royan

ROYAL-HOTEL

PREMIER ORDRE

CONFORT MODERNE. — LUMIÈRE ÉLECTRIQUE

Vue magnifique sur la mer

Téléphone 1.21. Grand garage attenant à l'hôtel

Royan

FAMILY-HOTEL

Agrandissements considérables et installation moderne. — En face la Grande Plage, à l'entrée du Parc. — La plus belle situation de Royan. — Très recommandé pour le confortable de ses chambres et sa *cuisine très soignée.* — Téléphone. — Bains. — Garage. — Pension depuis **8 francs** par jour, excepté le mois d'août, petit déjeuner, vin, service tout compris. — Prix spéciaux et très modérés pour l'hiver. — **Vve PINSON**, Propr.

Royan

HOTEL DU LOUVRE

Boulevard Botton, 10, et rue des Bains. — En face la plage et près des deux Casinos. — Installation moderne. — Chambres très confortables. — Se recommande pour sa cuisine de famille. — Prix : Pension depuis 8 fr. sauf en août. — Arrangements avantageux pour familles. — Garage pour automobiles.

Madame Vve DIAS, Propriétaire.

Royan-Pontaillac

NOUVEL HOTEL DE LA PLAGE

Ouvert toute l'année. — Entièrement neuf. — Vue superbe de la haute mer. — Chambres très confortables éclairées à l'électricité. — Cuisine très soignée. — Pension depuis 7 fr., *vin, petit déjeuner et service tout compris*, sauf le mois d'août. — **Arrangements pour familles.**

BLANCHARD, Propriétaire

Saint-Honoré-les-Bains (Nièvre)

GRAND HOTEL VAUX-MARTIN

Grand confortable. — Cuisine très soignée, pension depuis 7 fr — Billard. — Grand jardin. — Téléphone. — Garage avec fosse.
Autos à tous les trains Vandenesse et Romilly.

Beaulieu Saint-Jean-Cap-Ferrat

PANORAMA PALACE

200 chambres et salons. — Belle situation. — Plein midi. — Grand parc et terrasse sur la mer.— Chauffage central.— Lumière électrique — Ascenseur.— Lawn-tennis.— Croquet et jeux divers.— Hydrothérapie complète.— Bains turcs — Bains d'eau de mer chauds et froids.— Pension depuis 10 fr.
V. CLÉRISSI, Propriétaire

Saint-Jean-de-Luz

GRAND HOTEL DE LA POSTE

Exposition midi et nord. — Belle vue des Pyrénées. — Chauffage à vapeur. — Salle de bains. — Magnifique jardin devant l'hôtel. — Pension. l'hiver depuis 7 fr et l'été depuis 8 fr., tout compris
Mlle A. Dumas, propriétaire

Saint-Jean-de-Luz

GRAND HOTEL D'ANGLETERRE

De tout premier ordre, ouvert toute l'année.— **Agrandi et entièrement remis à neuf.** — Electricité. — Ascenseur. — Salles de Bains. — Garage. — *Hôtel de la Plage* (annexe de l'Hôtel d'Angleterre). — Prix modérés. — **C. Monin**, propriétaire.

Saint-Jean-de-Luz

GOLF-HOTEL BEAU-RIVAGE

Premier ordre. — Merveilleuse situation sur la plage, avec panorama des Pyrénées. — Grands jardins. — Tennis.— Dans toutes les chambres, cabinet de toilette avec lavabos à eau chaude et froide et chauffage à vapeur. — 15 salles de bains.— Garage.— Ascenseur.— Electricité.— *Téléphone 0.40.* — *Fire Proof* — Pension pour séjour depuis 11 fr. — **Léon Fourneau.**

Saint-Jean-de-Luz

HOTEL MODERNE TERMINUS PLAGE

Situation incomparable au centre de la Baie et à côté des Bains

Panorama splendide sur l'océan et les Pyrénées. — Les quatre orientations, air, lumière, soleil, hygiène irréprochable. — Eau chaude et eau froide avec cab. de toilette et W.-C. Chambres avec vérandas sur la mer — Grands et petits appartements avec salon et salles de bains. — Pour familles; arrangements amiables. — Electricité. — Chauffage. — Ascenseur. — Garage. — Plan des chambres et appartements sur demande. — S'adresser au propriétaire.

Saint-Jean-de-Luz

HOTEL DE FRANCE

Boulevard des Pyrénées, presqu'en face la gare. — Chambres confortables — Bains. — Douches. — Téléphone. — Pension depuis 7 fr. tout compris. — Restaurant. — Déjeuner, 2 fr. 50. — Dîner, 3 fr. avec vin. — Service à la carte. — **GÉLOS**, propriétaire.

Saint-Jean-Pied-de-Port

CENTRAL HOTEL

Situé sur les bords de la Nive, en face de la Cascade. — **A.C.F.** — **T.C.F.** — **A.G.A.** — Modern confort. — Salon particulier. — Lumière électrique.— Chambre noire.— Diplômé au concours du *Bon Hôtelier.* — Pension 7 fr. par jour. — **Téléphone 8.** — **CADIOU**, Propriétaire.

Salies-de-Béarn (Basses-Pyrénées)

Deux hôtels de tout premier ordre, médaillés et diplômés par le Touring-Club et l'Automobile-Club de France

1° **Le Grand Hôtel du Parc et de l'Établissement thermal**, attenant aux bains et aux douches. — Eclairage électrique. — Téléphone n° 2.

2° **Le Grand Hôtel de France et d'Angleterre.** — Situation élevée et spéciale pour cure d'air. — Voiture gratis pour les bains. — Eclairage électrique. — Téléph. n° 7.

N. B. — Ces deux hôtels, sous la direction de **M. G. Graner**, sont les seuls à Salies qui possèdent un ascenseur.

Salies-de-Béarn (Basses-Pyrénées)

MAISON COUSTÈRE

PENSION DE FAMILLE

Appartements meublés — Cuisines particulières — Eau de la ville

Jardin — Prix modérés

Salins-du-Jura

Dans le Parc de l'Établissement thermal

GRAND HOTEL DES BAINS

PREMIER ORDRE — CONFORT MODERNE

OMNIBUS A TOUS LES TRAINS

Saujon (CHARENTE-INFÉRIEURE)

GRAND ÉTABLISSEMENT THERMAL

Villégiature médicale, dans lequel les malades peuvent s'isoler ou vivre en famille, *avec une direction médicale constante.*

Maladies nerveuses. — Maladies d'estomac. — Rhumatismes.

HYDROTHÉRAPIE — MASSAGE — ÉLECTROTHÉRAPIE

Saujon

VILLA DU PARC

Maison spéciale pour les personnes en traitement à l'Établissement thermal et pour leur famille

Saison du 1er mai au 1er novembre. — Installation confortable. — Lumière électrique. — Téléphone n° 15. — A proximité de l'Établissement et du Parc. — Arrangements pour longs séjours.

LA STATION HYDRO-MINÉRALE
DE

SERMAIZE-SARRAZINS (Marne)

A 4 heures de Paris. En raison de son installation moderne et complète d'hydrothérapie et d'électrothérapie, grâce aux principes minéraux de son eau (sulfate de soude, de magnésie, sels de chaux), *traite avec succès toutes les affections chroniques du tube digestif et des voies urinaires, — estomac, intestins, constipation, foie, coliques hépatiques, gravelle, etc.*

VILLA DE LA SOURCE, ouverte toute l'année pour les **maladies des femmes, accouchements, convalescents.**
SERVICE CHIRURGICAL

Grains de Sermaize, *laxatif* souverain contre la constipation.
Pastilles de Sermaize facilitent puissamment la digestion, prises après le repas.

Toutes les manifestations ... sité, etc. — les affections de la peau, les maladies du système nerveux, etc.

La Villa de la Source, située en pleine forêt de sapins et dans une situation des plus hygiéniques, reçoit toute l'année tous les malades et les convalescents, *sauf les aliénés et les contagieux.*

Pour tous les renseignements, **s'adresser au Directeur de la Station Thermale de SERMAIZE-LES-BAINS** (Marne).

Tours

GRAND HOTEL DE L'UNIVERS

Réputation européenne. — Central, près de la gare. — Lumière électrique. — Téléphone. — Salles de bains. — Ascenseur. — Garage. — Conditions particulières pour familles pendant la saison d'hiver.

MAURICE ROBLIN, Directeur

Tours

GRAND HOTEL DE BORDEAUX

Sur le boulevard, place de la Gare

PREMIER ORDRE. — Téléphone 0.32. — Eclairage électrique. — Garage avec fosse pour autos. — *English spoken.*

Mme C. DELIGNOU, Propriétaire

Tours

MÉTROPOL-HOTEL

LORIN-BRUNE, Prop. (*Ancien propriétaire de l'Hôtel du Faisan*)

Tout premier ordre. — Entièrement neuf. — Salons. — Appartements complets pour familles. — Hygiène moderne. — Bains. — Chauffage central. — Ascenseur. — La plus belle situation de Tours. — **Place du Palais, 14 et 16, et rue de Bordeaux, 1 et 3.** — Téléphone 0.51. — Adresse télégraphique : *Métropol-Tours.*

Tours

HOTEL DU CROISSANT

Rue Gambetta, en face de la Poste. — Chambres et appartements confortables et réservés pour familles et touristes. — Cave et cuisine renommées. — Arrangements pour séjour et pour familles avec enfants. — Omnibus à tous les trains. — Téléph. — **Maurice MARIE, Propr^re.**

Tours

HOTEL DU PALAIS

Place du Palais de Justice, faisant face à l'Hôtel de Ville près de la gare. — Chambres très confortables. — Electricité. — Prix modérés. — *Grande salle de café et restaurant attenant à l'hôtel.* — Déjeuner 2 fr.; dîner 2 fr. 50 et à la carte. — **Téléphone 4.47.** — **TELLIER** Propr.

Le Trayas (Var)

A LA RÉSERVE — HOTEL ET PENSION

Installation moderne. — Magnifique véranda servant de salle à manger. — Panorama splendide. — Point de départ de magnifiques excursions. — Garage et fosses. — *Hôtel T.C.F.*

Télégrammes : Sube-Trayas gare. — Mme SUBE, Propriétaire.

Le Trayas

ESTÉREL HOTEL ET GRAND HOTEL DU TRAYAS

Dans une forêt de pins; 100 mètres d'altitude, dominant la mer. — Confort moderne. — Lavabo à eau courante. — Chauffage central. — Electricité. — Billard. — Tennis. — Pension depuis 9 fr. — Garage. — Voitures, chevaux et ânes pour excursions. T. C. F., T. C. B., F. C. A. — L'ÉTÉ : VICHY-HOTEL, à Vichy. — GUICHARD-DOYAT, Propriétaire.

(Voir page de garde à la fin du volume.)

Vichy

Grand Hôtel des Ambassadeurs et Continental

Sur le Parc, le plus près du nouveau Casino. — Hygiène de table et d'installation. — **Tout le confort moderne.**— A.C.F.— **Téléphone.** — Auto-garage. — A.G.A. — **GILBERT ROUBEAU**, Propriétaire.

Vichy

Grand Hôtel des Thermes et Villa Maussant

Sur le Parc, à côté du Casino

Ascenseur. — **Téléphone** — **Éclairage électrique**

GARAGE ET FOSSE POUR AUTOS. — **MURIS, Directeur**

Vichy

Hôtel du Parc et Majestic Palace

Sous la même direction

DE TOUT PREMIER ORDRE — SUR LE PARC

J. ALETTI, Directeur

Vichy

LE NOUVEL HOTEL

DE TOUT PREMIER ORDRE.

Sur le parc, en face de l'Établissement thermal et du Palais des Sources. — **250** chambres et salons. — Appartements luxueux avec salle de bains, douches, water-closet, lavabos à eau chaude et froide. — Table d'hôte et de régime à 11 h. du matin et à 6 h. du soir (menus spéciaux pour diabétiques, dyspeptiques). — **Restaurant à la carte et à prix fixe.** — Orchestre de tziganes pendant les heures des repas. — Electricité. — Téléphone. — Billard. — Ascenseurs. — Bains aux étages. — Chambre pour photographie. — **Garage pour autos.** — **F. BOUYONNET, Directeur.**

Vichy

INTERNATIONAL HOTEL

Ouvert toute l'année. — De tout premier ordre. — Chauffage central, chambres peintes. — Lavabos à eau courante. — Vaste hall. — Jardin d'été et d'hiver. — Garage avec boxes fermés attenant à l'hôtel. — Interprètes. — *Téléphone* 68. — Ascenseurs.— A.C.F. A.G.A. — En 1910, ouverture de l'*Astoria Palace*, hôtel de grand luxe sur le parc. — **SOALHAT**, Propriétaire.

Vichy

HOTEL DES PRINCES

Sur le Parc en face le Casino. — *Entièrement reconstruit et remis à neuf.* — De premier ordre. — Appartements avec salle de bains. — *Chambres avec cabinets de toilette à eau courante chaude et froide.* — Tables d'hôte par petites tables. — Restaurant à la carte et à prix fixe. — Hall. — Ascenseur. — Chauffage central. — Téléph. 1.55. **H. COFFIGNEAU**, prop., chef de cuisine l'hiver au *Gd Hôtel de Cannes*.

Vichy

GRAND HOTEL DE ROME

Près du Parc et des Sources. — Agrandissements considérables. — 120 chambres. — **Nouvelle installation très confortable.**— Excellente cuisine.— Pension depuis 8 fr. — Lumière électrique. — Omnibus à tous les trains. — **BLANC**, Propriétaire.

Madrid

GRAND HOTEL DE LA PAIX

PUERTA DEL SOL, 11, 12

Hôtel français. — Courriers. — Voitures. — Bains à l'Hôtel

Éclairage et Ascenseur électriques

J. CAPDEVIELLE, Propriétaire

Madrid

GRAND HOTEL DE L'ORIENT

Puerta del Sol y Calle Arenal. — Ce magnifique établissement, situé au centre de la ville, est, comme installation, à la hauteur des meilleurs hôtels. — Magnifiques appartements et chambres luxueuses pour familles. — Salon de lecture. — Billard. — *Bains.* — Ascenseurs. — Voitures aux gares. — *Prix très modérés*, depuis 7 fr. 50 par jour. —

Madrid

NUEVO GRAN HOTEL DE EMBAJADORES

Grand Hôtel des Ambassadeurs, *Carrera de San Geronimo, 4, et Victoria,* 1. — Mme Vve **GARCIA**, Propriétaire. — Recommandé pour son confort et bon service. — Situé dans le plus beau quartier. — Appartements pour familles. — Cuisine française. — On sert par petites tables. — Bains. — Chauffage central. — Ascenseur. — Téléphone 1075. — Prix modérés. — Interprètes et omnibus à toutes les gares.

Madrid

GRAND HOTEL INGLÉS

8 *et* 10, *rue Etchegaray, et rue Principe,* 11. — Hôtel restaurant de premier ordre. — Considérablement agrandi et complètement transformé. — Magnifiques appartements pour familles. — Salle de restaurant pouvant contenir 600 personnes. — Superbe salon. — Bains à tous les étages. — Téléphone. — Ascenseur. — Chauffage à vapeur. — Lumière électrique. — Chambres depuis 4 pesetas. — Pension depuis 12 pesetas. — Interprètes et omnibus de l'hôtel à l'arrivée des trains. — **Harra y Aguado**, propriétaires.

Madrid

GRAND HOTEL CERVANTÈS

Puerto del Sol, 10, et rue Préciados, 2. — Hôtel restaurant de premier ordre avec façade sur 8 rues et en face del ministerio de la Gobernacion. — Chambres indépendantes, mais pouvant à volonté communiquer, pour appartements de familles. — Ascenseur. — Salon de lecture. — Bains à tous les étages. — Mobilier et tentures absolument neufs. — Grand confort. — De la salle à manger, vue large sur la Puerta del Sol. — Chauffage central. — Chambres depuis 4 pesetas. — Pension depuis 10 pesetas par jour. — *Interprètes et omnibus de l'hôtel à chaque gare.* — Téléphone. — **V. MARTINEZ**, Propriétaire.

Madrid

GRAND HOTEL IMPÉRIAL

Calle de la Montera, 22. — Bonne situation. — Chauffage central dans toutes les chambres. — Salon de lecture. — Salle de bains à chaque étage. — Lumière électrique. — Téléphone 1999. — Pension complète depuis 9 pesetas par personne.

Peydebasque et **Arenillas**, propriétaires.

Madrid

HOTEL DE LONDRES

Rue Galdo, 2, façade rue Preciados et rue Carmen

Vue sur la Puerta del Sol. — Construction spéciale pour hôtel, inauguré en 1907. — Chambres spacieuses et aérées. — Salon de lecture. — Salles de bains. — Lumière électrique. — Ascenseur. — Téléphone. — Cuisine française et espagnole. — Service à prix fixe et à la carte. — Pension depuis 10 pesetas par jour, tout compris. — Interprète et omnibus à tous les trains. — **Emilio ORTEGA**. Propriétaire

Saint-Sébastien

GRAND HOTEL BIARRITZ

Calle Guetaria, 8. — De premier ordre. — Entièrement neuf. — Situation centrale. — Lumière électrique. — Cheminées dans presque toutes les chambres. — Cuisine française et espagnole. — Arrangements pour familles. — *Prix modérés.* — J. JUANTEGUI, Propr.

Saint-Sébastien

HOTEL-RESTAURANT FRANÇAIS

Rue Larramendi, 6 (angle rue Isabel la Católica, derrière la cathédrale, à 250 mètres de la gare). — Cuisine française. — *Déjeuner et dîner*, 2 pes. 50; 4 plats, pain, vin, desserts.— Arrangements pour familles. — Chambres confortables. — Prix modérés et prix spéciaux pour les enfants. — Pension depuis 8 pesetas par jour. — Personnel français. — *Interprètes à tous les trains.* — **Raoul BARRUL**, Prop.

Santander

GRAND HOTEL-RESTAURANT LABADIE

Blanca, 16, et Ribera, 13 — Se recommande par son confort et sa bonne cuisine française.—Service par petites tables.— Cave renommée. — Chambres avec vue sur la mer.— Belle salle de café dans l'hôtel.— *Personnel de la maison à l'arrivée des trains.* — On parle français.

Léandre **LABADIE**, Propriétaire

Saragosse

HOTEL-RESTAURANT CONTINENTAL

52, Coso, 52 (en face Calle de Alfonso). — *Premier ordre.* — Au centre de la ville. — Confort et élégance. — Terrasse. — Jardin. — Bains.— Douches.— Service à la carte.— Pension depuis 8 pesetas.— *Omnibus à tous les trains.*— On parle français.— Joachin CAVERO. Prop.

Séville

GRAND HOTEL DE MADRID

Calle Mendez Nunez. — Hôtel de premier ordre situé au centre de la ville. — Splendide patio-jardin à ciel ouvert, luxueusement orné de plantes exotiques. — Bassin et jets d'eau. — Rare salle à manger ornée de mosaïques, rappelant le palais de l'Alcazar. — Cuisine très soignée. — Lumière électrique. — Téléphone. — Garage.— *Interprète et omnibus à tous les trains.*

Séville

HOTEL D'ANGLETERRE

Plaza de San Fernando

Le plus moderne. — Le plus spacieux. — Le mieux situé de la ville, avec 63 balcons sur l'agréable place de San Fernando.— *Cuisine française* renommée. — Pension depuis 12 pesetas 50 par jour.

François **CARRÈRE**, Propriétaire.

Valladolid

CAFÉ ET HOTEL-RESTAURANT MODERNE

PLACE MAYOR.— Premier ordre.— *Très bien situé.* — Pâtisserie. — Chauffage central.— Salles de bains.— Billards.— Cuisine soignée. — Service à la carte et par petites tables. — Garage. — Voitures de l'hôtel à tous les trains. — On parle français..

SILVESTRE MOTOS, Propriétaire.

V. SUPPLÉMENT

Spécialités pharmaceutiques
Chocolat Menier

GUIDES JOANNE

PETIT INTERPRÈTE

FRANÇAIS-ALLEMAND

CONTENANT LES MOTS ET LES PHRASES
LES PLUS UTILES EN VOYAGE

LIBRAIRIE HACHETTE ET Cie

GUIDES JOANNE

PETIT INTERPRÈTE
FRANÇAIS-ALLEMAND

CONTENANT LES MOTS ET LES PHRASES
LES PLUS UTILES EN VOYAGE

LIBRAIRIE HACHETTE ET Cie

GUIDES JOANNE

La collection des **Guides Joanne** constitue une bibliothèque indispensable au Voyageur et au Touriste.

Rédigés d'après un plan particulièrement pratique, ils renferment les renseignements les plus complets sur les moyens de transport, les hôtels, la manière de visiter les villes, etc. Leur compétence est reconnue pour tout ce qui touche l'art, l'archéologie, l'histoire et la géographie.

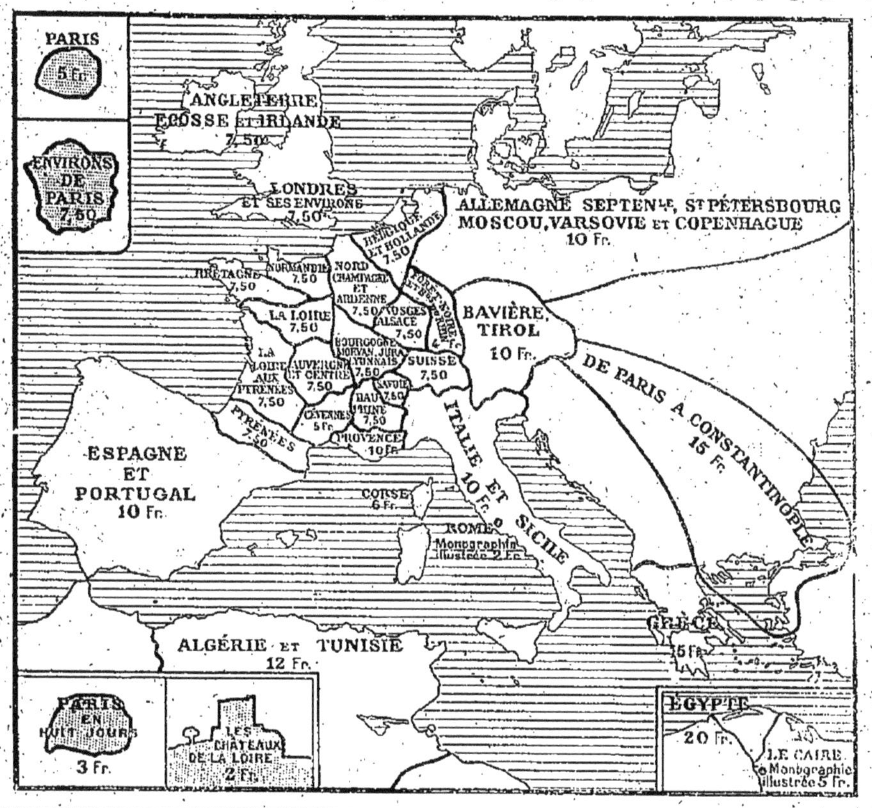

MONOGRAPHIES JOANNE

Série à 0 fr. 50

Angers.
Arles et les Baux.
Avignon.
Blois.
Chantilly.
Châtel-Guyon, Riom.
Dijon.
Gérardmer.
Lourdes.
Montpellier.
Mont St-Michel (Le).

Série à 1 franc.

Aix-les-Bains.
Ajaccio.
Alger.
Arcachon.
Bagnères-de-Bigorre.
Bagnères-de-Luchon.
Biarritz, Bayonne.
Bordeaux.
Boulogne.
Bruxelles.
Caen, Bayeux.
Cannes, Antibes, etc.
Cauterets.
Chamonix.
Chartres.
Cl.-Ferrand, Royat.
Compiègne.
Contrexéville, Vittel.
Dax.
Dieppe et le Tréport.
Eaux-Bonnes.
Fontainebleau.
Genève.
Le Havre.
Iles de la Manche.
Lyon.
Le Mont-Dore et la Bourboule.
Marseille.
Menton.
Nancy.
Nantes.
Nice.
Nîmes.
Orléans.
Pau.
Plombières, Bains.
Poitiers.
Reims.
Rouen.
Royan.
Saint-Malo, Dinard.
Saint-Raphaël.
Saint-Sébastien.
Toulon, Hyères.
Toulouse.
Tours.
Trouville.
Tunis.
Versailles.
Vichy.

1030-09. — Coulommiers. Imp. Paul BRODARD. — 8-09.

PETIT INTERPRÈTE
FRANÇAIS-ALLEMAND

CONTENANT LES MOTS ET LES PHRASES LES PLUS UTILES EN VOYAGE

Il nous paraît indispensable de donner ici, pour les personnes ne connaissant pas la langue allemande et auxquelles est destiné cet interprète, quelques indications sur la prononciation allemande.

En allemand toutes les lettres se prononcent, même les **e** et les consonnes finales.

Quant aux voyelles et aux diphtongues : — **e** se prononce généralement **é**; — **u** se prononce **ou**; — **ü** ou **ue** se prononce **u**; — **ä** ou **æ** se prononce **ê**, très ouvert et prolongé (comme dans *laine*); — **ö** ou **œ** se prononce **eu**; — **eu** se prononce à peu près **œ'u** ou **a'eu**, il faut l'habitude pour bien rendre ce son; — **ai** se prononce **aï** (en une seule syllabe); — **au** se prononce **aou** (en une syllabe); — **äu** ou **æu** se prononce à peu près comme **a'eu** (en une syllabe); — **ei** se prononce **aï**.

Quant aux consonnes : — **g** se prononce toujours **gh** ou **gu** (comme dans *guerre*); — **ch** a un son guttural ressemblant à celui de l'**h** aspiré français, très marqué; — **h** se prononce aspiré, à peu près comme la lettre *h* du mot *haine*, mais avec plus d'aspiration; — **ph** se prononce *f*; — **sch** se prononce comme **ch** (dans *chèque*, *choix*, etc.); — **z** se prononce **tz**; — **v** se prononce *f*; — **w** se prononce **v**.

Enfin, **an**, **en**, **in**, **on**, **un** se prononcent *ann*, *enn*, *inn*, *onn*, *oun*; **ün** se prononce à peu près comme *une* en **français**.

FRANÇAIS	ALLEMAND	PRONONCIATION FIGURÉE
Monsieur	*Mein Herr; Herr*	Ma'inn Herr; Herr.
Madame	*Gnädige Frau* (en parlant à une dame); si l'on parle à une femme ordinaire, on lui dit *Frau* en faisant suivre son nom, p. ex. : *Frau Mayer, Frau Schmidt*).	G'naidigué Fraou; Fraou.
Mademoiselle	*Mein Fräulein; Fräulein.*	Ma'inn Freula'inn; Freula'inn.
Je	*Ich*	Ich (*ch* aspiré).
Il, elle	*Er, Sie.*	Er, Zî (*i* long).
Nous	*Wir*	Vir.
Vous	*Sie*	Zî (*i* long).
Ils, elles	*Sie* (en parlant à une seule personne); *Ihr* (en parlant à plusieurs pers.).	Zî (*i* long), îr (*i* long).
Le	*Der* (masc.); *das* (neutre).	Derr; dass.
La	*Die*	Dî (*i* long).
Mon, ma	*Mein, meine.*	Ma'inn, ma'ine.
Mes	*Meine.*	Ma'ine.
Notre, nos	*Unser* (masc.); *unsere* (fem.); *unseres* (neut.); *unsere* (plur.).	Ounserr (e, *fém.*; es, *neutre*); ounseré (plur.).
Oui	*Ia*	Ya.
Non	*Nein*	Na'inn.
Je suis	*Ich bin.*	Ich (*ch* asp.) binn.
Nous sommes	*Wir sind.*	Vir sinnd.
Vous êtes	*Sie sind* (en parlant à une personne) : *Ihr seid* (en parlant à plusieurs pers.).	Zî (*i* long) zind; Ir (*i* long) zaïd.
Merci!	*Danke!*	Danke!
S'il vous plaît	*Wenn es Ihnen gefällig ist*;—on dit habituellement *bitte* (je vous prie) tout court.	Venn es hinenn (*i* long) ghefellighist; — bitté!

FRANÇAIS	ALLEMAND	PRONONCIATION FIGURÉE
Bonjour!	*Guten Tag!*—le matin on dit: *guten Morgen.*	Goutenn Tag!—Goutenn Morghenn.
Bonsoir!	*Guten Abend!*	Gouten Abennd!
Bonne nuit!	*Gute Nacht!*	Gouté Nacht (*ch* asp.).
Bon voyage!	*Glückliche Reise!* . .	Gluckliché (*ch* asp.) Ra'ise!
Adieu!; — portez-vous bien!	*Adieu; — leben Sie wohl!*	Adieu; — lebenn Zî (*i* long) vool!
Au revoir!	*Auf's wiedersehen!* .	Aoufs vîderzeen (*i* l.).
A demain!	*Auf Morgen!*	Aouf Morguenn!
Ici	*Hier*	Ir (*i* long).
Là-bas	*Da unten*	Da ountenn.
Là-haut.	*Da oben.*	Da obenn.
En haut.	*Oben*	Obenn.
En bas	*Unten.*	Ountenn.
Avant.	*Vorher*	For'herr (*h* asp.).
Après.	*Nachher.*	Nach'herr (*ch* asp.).
Où?	*Wo?*	Vo?
Sur.	*Auf.*	Aouf.
Sous	*Unter.*	Ounterr.
Pourquoi?	*Warum?*	Varoum?
Parce que.	*Weil*	Wa'ill.
Souvent.	*Oft.*	Offt.
Quelquefois	*Manchmal.*	Manch' (*ch* asp.) mal.
Jamais	*Niemals.*	Nî' (*i* long) mals.
Un peu.	*Ein wenig.*	Aîn venigue.
Beaucoup.	*Viel.*	Fîl (*i* long).
Rien	*Nichts.*	Nichts (*ch* asp.).
Tout	*Alles*	Alless.
Trop	*Zuviel.*	Tzoufîl (*i* long).
Trop peu.	*Zu wenig*	Tzou venigue.
Plus.	*Mehr*	Meer.
Moins.	*Weniger*	Véniguer.
Assez.	*Genug.*	Ghénough.
Loin	*Weit*	Va'it.
Près	*Nah.*	Nâ (*â* long).
Vite.	*Schnell*	Chnell.
Doucement	*Langsan*	Lang'sam.
En avant	*Vorwärts*	Forvèrts (*è* grave).
En arrière	*Rückwärts.*	Ruckvèrts (*idem*).
Bon.	*Gut.*	Goutt.

FRANÇAIS	ALLEMAND	PRONONCIATION FIGURÉE
Mauvais.	*Schlecht.*	Chleckt.
Grand.	*Gross.*	Gross.
Petit.	*Klein.*	Klaïn.
Large.	*Weit.*	Waït.
Étroit.	*Eng.*	Enngh.
Chaud.	*Warm.*	Varm.
Froid.	*Kalt.*	Kalt (en marquant le *t*).
J'ai.	*Ich habe*	Ich (*ch* asp.) habé (*h* asp.).
Nous avons.	*Wir haben.*	Wir habenn (*h* asp.).
Vous avez.	*Sie haben* (en parlant à une pers.); — *Ihr habt* (en parlant à plusieurs pers.).	Zî (*i* long) habenn (en parlant à une pers.); — Ir (*i* l.) habt (*h* asp.; en parlant à plusieurs pers.).
Je veux.	*Ich will.*	Ich (*ch* asp.) vill.
Je désire.	*Ich wünsche.*	Ich (*ch* asp.) wunché (*u* comme dans *une*).
Y a-t-il.	*Giebt es?*	Ghibt es?
Est-ce.	*Ist es?*	Ist es?
Dites-moi.	*Sagen Sie mir.*	Saghenn Zî (*i* long) mir...
Parlez-vous français.	*Sprechen Sie französisch.*	Sprechen (*ch* asp.) Zî (*i* l.) frantzœsich?
Comprenez-vous?	*Verstehen Sie?*	Ferste-enn Zî (*i* long).
Je ne vous comprends pas.	*Ich verstehe Sie nicht.*	Ich (*ch* asp.) ferstè-e Zî (*i* long) nicht (*ch* asp.).
Parlez plus lentement.	*Sprechen Sie langsamer.*	Sprechenn (*ch* asp.) Zî (*i* long) langsamér.
Répétez.	*Wiederholen Sie.*	Vîderholen (*i* long; *h* asp.) Zî (*i* long).
Écrivez.	*Schreiben Sie.*	Chraïbenn Zî (*i* long).
Comment appelez-vous cela?	*Wie nennen Sie das?*	Vî (*i* long) nennenn Zî dass?
Je voudrais avoir.	*Ich möchte haben.*	Ich (*ch* asp.) meuchté (*ch* asp.) habenn (*h* asp.).

FRANÇAIS	ALLEMAND	PRONONCIATION FIGURÉE
A manger.	*Zu essen.*	Tzou essenn.
A boire.	*Zu trinken.*	Tzou trinnquenn.
J'ai soif.	*Ich habe durst.*	Ich (*ch* asp.) habé (*h* asp.) dourst.
Je suis indisposé.	*Ich bin unwohl.*	Ich (*h* asp.) binn ounvool.
Avez-vous...?	*Haben Sie.*	Habenn (*h* asp.) Zî (*i* long).
Aurons-nous.	*Werden wir haben.*	Verdenn vir habenn (*h* asp.).
Où est...?	*Wo ist?*	Vo ist?
Où y a-t-il?	*Wo giebt es?*	Vo ghibt es?
Allez.	*Gehen Sie.*	Ghé' enn Zî (*i* long).
Allez chercher.	*Holen Sie.*	Holenn (*h* asp.) Zî (*i* long).
Apportez.	*Bringen Sie.*	Bringhenn Zî(*i* long).
Envoyez.	*Schicken Sie.*	Chiquenn Zî (*i* long).
Achetez.	*Kaufen Sie.*	Kaoufenn Zî (*i* long).
Payer.	*Zahlen; bezahlen.*	Tzâlenn (*a* long), *ou* betzâlenn.
Combien coûte ceci?	*Wie viel kostet dies?*	Vîfîl (*i* long) kostett dîs (*i* long).
Aujourd'hui.	*Heute.*	Haïté (cet *aï* est presque un *a-eu*).
Hier.	*Gestern.*	Ghesternn.
Avant-hier.	*Vorgestern.*	Forghesternn.
Demain.	*Morgen.*	Morghenn.
Après-demain.	*Übermorgen.*	Ubermorghenn.
Ce matin.	*Diesen Morgen.*	Dîsen (*i* long) Morghenn.
Ce soir.	*Diesen Abend.*	Dîsen (*i* long)Abennd.
Voulez-vous me donner.	*Wollen Sie mir geben.*	Vollenn Zî (*i* long) mir ghebenn.
Voulez-vous me dire.	*Wollen Sie mir sagen.*	Vollenn Zî (*i* long) mir saguenn.
Comment s'appelle cet endroit?	*Wie heisst dieser Ort?*	Vi(*i* long) haïsst(*h* as.) dîse-r (*i* long) Ortt.
Quelle heure est-il?	*Wieviel Uhr ist es?*	Vîfîl (*i* long) Our ist ess?
Fera-t-il beau temps?	*Ist es schönes Wetter?*	Ist ess cheuness Vetter?

FRANÇAIS	ALLEMAND	PRONONCIATION FIGURÉE
Vilain temps.	*Schlechtes Wetter.*	Chlé-*ch*tes (*ch* asp.) Vetter.
Prenez garde!	*Nehmen Sie sich in Acht;* — ou : *geben Sie Acht.*	Neemenn Zî sich (*ch* asp.) inn Acht (*ch* asp.); — *ou* ghebenn Zî (*i* long) Acht (*ch* asp.).
Pardon!	*Ich bitte um Verzeihung* (on peut dire aussi : *Pardon!*).	Ich (*ch* asp.) bitte oum Fertzaïoung.
Dépêchez-vous.	*Beeilen Sie sich.*	Bé-aïlen Zî (*i* long) sich.
Arrêtez.	*Halten Sie an.*	Haltenn (*h* asp.) Zî (*i* long) ann.
Partons.	*Fahren wir.*	Fârenn (*a* long) vir.
Laissez-moi tranquille.	*Lassen Sie mich in Ruhe.*	Lassen Zî (*i* long) mich (*ch* asp.) inn Roû (*ou* long).
Allez-vous-en.	*Gehen Sie.*	Gué-enn Zî (*i* long).
C'est trop cher.	*Dass ist zu theuer.*	Dass ist tzou te- (*e* muet, presque *eu*) yerr.
Je suis pressé.	*Ich bin beeilt.*	Ich (*ch* asp.) binn béaïlt.

A la gare; départ.

La gare, la station.	*Der Bahnhof, die Station.*	Der Bânn'hof (*â* long; *h* asp.); dî (*i* long) Station.
Départ.	*Abreise; Abfahrt* (d'un train ou d'un bateau)	Ab'raïsé; abfârt (*â* long).
Entrée.	*Eingang.*	A'inngangh.
Sortie.	*Ausgang.*	Aous'gangh.
C'est bien ici la gare de...?	*Dies ist wohl hier der Bahnhof?*	Dîs (*i* long) ist vool hi'-er (*h* asp.) der Bânhof (*a* l.; *h* as.)?
Quand part le train pour...?	*Wann geht der Zug nach?*	Vann gueett der Tzoug nach (*ch* as.).
Où est le bureau des billets?	*Wo ist die Billet-Ausgabe?*	Vo ist dî (*i* long) Billett Ausgabe?

FRANÇAIS	ALLEMAND	PRONONCIATION FIGURÉE
—	—	—
Où fait-on enregistrer son bagage?	*Wo lässt man sein Gepäck einschreiben,*—ou *befördern.*	Vo lasst mann sé-inn Ghépech aïnchreibenn?—(*ou* befeurdern, *expédier*).
Donnez-moi un billet de 1re, 2e, 3e classe, pour...	*Geben Sie mir ein Billet* (ou *eine Fahrkarte*) *erster, zweiter, dritter Klasse, nach...*	Guebenn Zî (*i* long) mir aïn Billett(aïne Faarkarte) ersterr, zwaïterr, dritterr klasse nach... (*ch* asp.).
Un billet d'aller et retour pour...	*Ein Billet* (ou *eine Fahrkarte*) *hin und zurück, nach...*	Aïn Billett(aïne Faarkarte), hin (*h* asp.) ound zouruck, nach (*ch* asp.)...
Un billet circulaire.	*Ein Rundreisebillet.*	Aïn Roundraïse billett.
J'ai deux colis.	*Ich habe zwei Gepäckstücke.*	Ich (*ch* asp.) habe (*h* asp.) tzwaï Ghepèckstucke(ègrave).
Enregistrez (étiquetez) cette malle, cette valise, cette boîte à chapeau, ce sac pour...	*Schreiben Sie diesen Koffer, diese Reisetasche, diese Hutschachtel, diesen Sack ein, nach...*	Chreiben Zî (*i* long) dîsenn (*i* long) Koffer, dîseRaïsetâche, dîse (*i* long) Houtchachtel (le 2e *ch* asp.), dîsen Sack aïn, nach...(*ch* asp.)
Ai-je un excédent de bagage?	*Habe ich Uebergewicht?*	Habé (*h* asp.) ich (*ch* asp.) Uberguevicht *ch* asp.)?
Je prendrai ceci avec moi dans le compartiment.	*Ich werde dies mit mir in das Coupé nehmen.*	Ich (*ch* asp.) verdé dîss (*i* long) mit mir inn dass Coupé nêmenn (*i* long).
Donnez-moi mon bulletin.	*Geben Sie mir meinen Gepäckschein.*	Ghebenn Zî (*i* long) mir mainen Ghepeckschain.
Où est la salle d'attente?	*Wo ist der Wartesaal?*	Vo ist der Vartesaal?
Où est le buffet?	*Wo ist das Buffet?*	Vo ist das Buffett?
A droite, à gauche, en face, tout droit.	*Rechts, links, gegenüber, gradeaus.*	Rechts (*ch* asp.), linnks, gheguenuberr, gradé'aouss.

FRANÇAIS	ALLEMAND	PRONONCIATION FIGURÉE
Où sont les cabinets ?	*Wo sind die Aborte?*	Vo sinnd dî (*i* long) Aborte?
Pour hommes, pour femmes.	*Für Männer* (ou *für Herren :* pour Messieurs); *für Frauen* (ou *für Damen :* pour Dames).	Fur Mênner (*ê* grave) *ou* fur Herrenn (*h* asp.); — fur Fraouenn *ou* fur Damenn.
Est-ce bien le train pour...?	*Ist diess der Zug nach...?*	Ist dis (*i* long) der Tzoug nach (*ch* asp.)..?
A quelle heure arrive ici le train de...?	*Wann kommt hier der Zug von... an?*	Vann kommt hîr (*h* asp.; *i* long) der Tzoug fon... an?
A-t-il du retard?	*Hat der Zug Verspätung?*	Hatt (*h* asp.) der Tzoug Ferspêtoung? (*ê* long).
Combien de retard?	*Wieviel Verspätung?*	Vîfîl (*i* long) Ferspêtoung?
Allons-nous partir bientôt?	*Werden wir bald abfahren?*	Verdenn vir bald abfâren (*a* long)?
Je préfère prendre le train rapide, express, omnibus.	*Ich ziehe vor, den Kurierzug, den Schnellzug, den Perzonenzug, — zu nehmen.*	Ich tzie for, denn Courîrtzoug (*i* long), denn Chnelltzoug, denn Personentzoug,—tzou nêmen (*ê* long).
Je paierai un supplément.	*Ich werde einen Zuschlag zahlen.*	Ich (*ch* asp.) verde aïnenn Tzouchlag tzâlen (*a* long).
Dans quelle voiture faut-il monter?	*In welchen Wagen muss man steigen?*	Inn velchenn (*ch* asp.) Waghenn mouss mann staïghenn?
Ce wagon va-t-il directement à...?	*Ist diess ein directer Wagen nach...?*	Ist dîss (*i* long) aïn directerr Vaghenn nach... (*ch* asp.)?
Faut-il changer de wagon, de train?	*Muss man Zug, Wagen wechseln?*	Mouss mann Tzoug, Vaghenn vechseln (*ch* asp.)?
Portez-moi cela, mes affaires, jusqu'à mon compartiment.	*Tragen Sie mir dies, meine Sachen, in mein Coupé.*	Traghenn Zî (*i* long) mir dîss (*i* long), maïne Sachenn

FRANÇAIS	ALLEMAND	PRONONCIATION FIGURÉE
		(*ch* asp.), inn maïn Coupé.
Indiquez-moi le compartiment des fumeurs, des non-fumeurs, des dames seules.	*Zeigen Sie mir das Rauchcoupe, das Nichtrauchcoupé, das Damencoupé.*	Tzaïghenn Zî (*i* long) mir dass Raouchcoupé (*ch* asp.), dass Nichtraouchcoupé (*ch* asp.), dass Damenncoupé.

Dans le train.

Cette place est-elle occupée?	*Ist dieser Platz besetzt?*	Ist dîser (*i* long) Platz besetz?
Cette place est la mienne.	*Dieser Platz ist der meine.*	Dîser (*i* long) Platz ist derr ma'iné.
A la station de... y a-t-il une diligence, un omnibus, un bateau à vapeur, — en correspondance avec le chemin de fer?	*Giebt es an der Station.... einen Postwagen, einen Omnibus, ein Dampfschiff, — in Verbindung mit der Eisenbahn?*	Ghibt ess ann der Station.... aïnen Postvaguenn, aïnenn Omnibouss, aïnn Dampfschiff, — inn Ferbinn'doung mit der A'isen'bân (*a* long)?
Ouvrez la fenêtre, la porte.	*Oeffnen Sie das Fenster, die Thür.*	Euffnenn Zî (*i* long) dass Fennsterr, dî (*i* long) Tûr (*u* l.).
Fermez la fenêtre, la porte.	*Schliessen Sie das Fenster, die Thür.*	Chlîsenn (*i* long) Zî (*i* long) dass Fennsterr, dî (*i* long) Tûr (*u* long).
Baissez le rideau.	*Lassen Sie den Vorhang herab.*	Lassenn Zî (*i* long) denn For'ang herab (*h* asp.).
Levez le rideau.	*Ziehen Sie den Vorhang hinauf.*	Tzî'enn Zî (*i* long) denn For'ang hinn aouf (*h* asp.).
S'il vous plaît.	*Wenn es Ihnen gefällig ist* (on dit communément : *bitte*, — je vous prie, — tout court).	Venn es Inenn (*i* long) ghefêlligh (*è* grave) ist (*ou bien* : bitté).

FRANÇAIS	ALLEMAND	PRONONCIATION FIGURÉE
Comment s'appelle la montagne, le château, l'église, le village, la rivière, — que l'on voit à droite, à gauche, là-haut, là-bas?	*Wie heisst der Berg, das Schloss, die Kirche, der Fluss,* — *den* (Berg), *das* (Schloss), *die* (Kirche), *den* (Fluss), *wir rechts, links, oben, unten, sehen?*	Vî (*i* long) aïsst derr Bergh, dass Chloss, dî (*i* l.) Kirche (*ch* asp.), derr Flouss, — denn (*ou* dass *ou* dî) vir rechts (*ch* asp.), linnks, obenn, ountenn sehenn (*h* asp.)?
Où sommes-nous?	*Wo sind wir?*	Vo sinnd vir?
Quelle est cette station-ci?	*Welches ist diese Station?*	Velches (*ch* asp.) ist dîse (*i* long) station?
Tout le monde descend.	*Alles aussteigen!*	Allès aousstaïghenn!
Changement de voiture pour...	*Wagenwechssel nach.*	Vaghennvechsel (*ch* asp.) nach (*ch* asp.)..
Combien de minutes d'arrêt a le train?	*Wieviel Minuten Aufenthalt hat der Zug?*	Vîfîl (*i* long) Minoutenn Aoufenn'talt hatt (*h* asp.) derr Tzoug?
Ai-je le temps de descendre?	*Habe ich Zeit auszusteigen?*	Habe (*h* asp.) ich (*ch* asp.) Tzaïtt aouszou'staïghenn?
A quelle heure arriverons-nous à...?	*Um wie viel Uhr* — (ou *um welche Zeit*), — *kommen wir an in..?*	Oum vîfîl (*i* long) Our, — (*ou* oum velche (*ch* asp.) Tzaïtt, — kommenn vir ann inn...?
Sommes-nous arrivés?	*Sind wir angekommen?*	Sinnd vir anghékommenn?
Y a-t-il un buffet? . .	*Giebt es ein Buffet* (ou *eine Restauration*)?	Ghîbt (*i* long) ess aïnn Buffett (*ou* aïne Restauration)?
Peut-on boire quelque chose?	*Kann man etwas trinken?*	Kann mann etvass trinnquenn?

A la douane.

La douane.	*Das Zollamt.*	Dass Tzollamtt.
Visite des bagages.	*Gepäcks-Revision.*	Ghepêks (*ê* ouvert) Revision.

FRANÇAIS	ALLEMAND	PRONONCIATION FIGURÉE
Rien à déclarer?	*Nichts zu verzollen?*	Nichts (*ch* asp.) tzou fertzollenn.
Pas de tabac?	*Keinen Tabak?*	Kaïnenn Tabac.
Pas de liqueurs?	*Keinen Liqueur?*	Kaïnenn Liqueur.
Pas de dentelles?	*Keine Spitzen?*	Kaine Spitzenn.
Des vêtements usés.	*Gebrauchte Kleiderstücke.*	Ghebraouchte (*ch* asp.)Klaïderstucke.
Du linge.	*Wäsche.*	Vêché.
Objets qui ont servi.	*Gebrauchte Sachen.*	Gebraouchté(*ch* asp.) Sachen (*ch* asp.).
Visitez.	*Sehen Sie nach.*	Se'enn Zî (*i* long) nach (*ch* asp.).
Le douanier.	*Der Zollbeamte.*	Derr Tzollbeamté.
Le chef de la douane.	*Der Chef des Zollamtes.*	Derr Chef dess Tzollamtess.
Je réclame.	*Ich erhebe Widerspruch.*	Ich(*ch* asp.)er'hebé(*h* asp.) Vîdersprouch (*i* long, *ch* asp.).
Combien de droit d'entrée?	*Wieviel Eintrittszoll?*	Vîfîl (*i* longs) Aïntrittstzoll?

A la gare; arrivée.

Arrivée.	*Ankunft.*	An'kounftt.
Où est la sortie?	*Wo ist der Ausgang?*	Vo ist derr Aouss'gangh?
Je désire laisser mon bagage à la consigne.	*Ich wünsche mein Gepäck in der Gepäckabgabe zu lassen.*	Ich (*ch* asp.) vunché (*un* comme dans *une*) maïn Ghepêck (*è* grave) inn der Ghepêck'abghabé tzou lassenn.
Je le reprendrai ce soir pour le train de....	*Ich werde es heute Abend zu dem Zug nach.... abholen.*	Ich (*ch* asp.) verdé es haeuté Abennd tzou demm Tzoug nach (*ch* asp.).... abholenn (*h* asp.).
Y a-t-il un omnibus, une voiture?	*Giebt es einen Omnibus, einen Wagen?*	Ghîbt (*i* long) es aïnenn Omnibouss, aïnen Vaghenn?

FRANÇAIS	ALLEMAND	PRONONCIATION FIGURÉE
L'hôtel est-il loin, près de la station?	*Ist das Hôtel entfernt? ist das Hôtel nahe bei der Station?*	Ist dass Hôtel ennt'-fernt? ist dass Hôtel nah baï derr Station?
Je prendrai une voiture à l'heure, à la course.	*Ich werde einen Wagen auf Zeit, — auf einfache Fahrt, — nehmen.*	Ich (*ch* asp.) verdé aïnenn Vaghenn aouf Tzaïtt, — aouf aïnnfache (*ch* asp.) Fart (*a* long), — nêmenn (*ê* long).
Voici mon bulletin de bagage.	*Hier ist mein Gepäckschein.*	Hîr (*h* asp., *i* long) isst maïnn Ghepêck'chaïnn.
Payez le facteur; donnez-lui cinquante heller — *ou* une couronne (en Autriche), — cinquante pfennigs *ou* un mark (en Allemagne).	*Bezahlen Sie den Träger; geben Sie ihm fünfzig Heller* — ou *eine Krone; — fünfzig Pfennige* ou *eine Mark.*	Betzâlenn (*a* long) Zî (*i* long) denn Trêgherr; ghebenn Zî (*i* l.) îmm (*i* l.) funftzigh (*un* comme dans *une*) Hellerr (*h* asp.), aïnéKroné; — funftzigh Pfennighé, aïné Mark.
Portez mon bagage, ma malle à l'hôtel.	*Tragen Sie mein Gepäck, meinen Koffer in das Hôtel.*	Traghenn Zî (*i* long) maïnn Guepêck, maïnenn Kofferr inn dass Hôtel.
Combien demandez-vous?	*Wieviel verlangen Sie?*	Vîfîl (*i* longs) ferlanghenn Zî (*i* long)?
C'est trop, je ne payerai pas ça; voici un mark, cela suffit.	*Dass ist zu viel; das zahle ich nicht; hier eine Mark, das genügt.*	Dass ist tzou fîl (*i* l.); dass tzâle (*a* long) ich (*ch* asp.) nicht (*ch* asp.); hîr (*h* asp.; *i* long) a'iné Mark, dass ghenught.
Faites venir une voiture.	*Lassen Sie einen Wagen kommen.*	Lassenn Zî (*i* long) aïnenn Vaghenn kommenn.
Cocher, conduisez-moi à...	*Kutscher, fahren Sie mich nach....*	Koutcherr, fârenn (*a* long) Zî (*i* long) mich (*ch* asp.) nach... (*ch* asp.).

A l'hôtel.

FRANÇAIS	ALLEMAND	PRONONCIATION FIGURÉE
Je désire une chambre à un lit, — à deux lits.	*Ich wünsche ein Zimmer mit einem Bett, — mit zwei Betten.*	Ich (*ch* asp.) vunche aïn Tzimmer mitt aïnemm Bett, mitt tzvaï Betten.
A quel étage? au 1er, au 2e, au 3e, au 4e?	*In welchem Stock? im ersten, im zweiten, im dritten, im vierten Stock?*	Inn velchemm (*ch* asp.) Stock? im erstenn, im tzwaïtenn, im drittenn, im fîrtenn Stock?
Combien coûte cette chambre?	*Wieviel* (ou *Was*) *kostet dieses Zimmer?*	Vîfîl (*i* longs) *ou* Vass kostett dîses (*i* l.) Tzimmer?
Est-ce service et éclairage compris?	*Ist Bedienung und Beleuchtung inbegriffen?*	Ist (*i* long) Bedînoungh ound (*i* long) Beleu'ichtoungh (*ch* asp.) innbegriffenn?
En avez-vous une mieux, — une moins chère, — au 1er, au 2e étage?	*Haben sie ein besseres, — ein billigeres — Zimmer in dem ersten, — in dem zweiten Stock?*	Habenn Zî (*i* long) aïnn besseress, — eïn billigheress, — Tzimmer, inn dem ersten, inn dem tzwaïtenn Stock?
Lit.	*Bett.*	Bett.
Chaise.	*Stuhl.*	Stoûl (*oû* long).
Vase de nuit.	*Nachttopf.*	Nacht'topff (*ch* asp.).
Changez ces draps, ces taies d'oreillers, ces serviettes, ils, elles, — ne sont pas propres.	*Wechseln Sie diese Betttücher, diese Kissenüberzüge, diese Handtücher, — sie sind nicht sauber.*	Vechselnn (*ch*asp.) Zî (*i* long) dîse (*i* l.) Bett'tucherr (*ch* asp.), dîse (*i* l.) Kissenuberzughe, dîse (*i* l.) Hannd tucherr (*h* asp.), — zî (*i* l.) nicht (*ch*asp.) saouberr.
Mettez-moi une couverture en laine de plus	*Geben Sie mir eine Wollene Decke mehr*	Ghebenn Zî (*i* long) mir aïné volléné Decké mêr (*ê* très ouvert et prol.).

FRANÇAIS	ALLEMAND	PRONONCIATION FIGURÉE
Faites essuyer ces meubles, — cette armoire, cette toilette, cette table.	*Lassen Sie diese Möbel, — diesen Schrank, diesen Waschtisch, diesen Tisch, — abwischen.*	Lassenn Zî (*i* long) dîse Meubel, — dîsenn (*i* l.) Chrank, dîsenn (*i* l.) Vachtich, dîsenn (*i* long) Tich, — abvichenn.
Videz ce seau, cette cuvette, ce vase de nuit.	*Leehren Sie diesen Eimer, diese Waschschüssel, diesen Nachttopf.*	Léerenn Zî (*i* long) dîsenn (*i* long) Aïmerr, dîse (*i* long) Vach'chussel, dîsenn (*i* long) Nacht'topf (*ch* asp.).
Donnez-moi de l'eau chaude, de l'eau froide, de l'eau bonne à boire; une bougie, des allumettes, une lampe.	*Geben Sie mir warmes Wasser, kaltes Wasser; Wasser zum trinken; ein Licht, Zündhölzer, eine Lampe.*	Ghebenn Zî (*i* long) mir varmess Vasser, kaltes Vasser; Vasser tzoum trinn-kenn; a'inn Licht (*ch.* asp.), Tzundheultzerr, a'iné Lampe.
A quelle heure est la table d'hôte?	*Um wieviel Uhr ist die Table-d'hôte?*	Oum vîfîl (*i* long) Our ist dî (*i* long) Table-d'hôte?
Avez-vous des repas à prix fixe ou à la carte?	*Haben Sie Mahlzeiten zu festen Preisen, oder nach der Karte?*	Habenn (*h* asp.) Zî (*i* long) Malzaitenn (*a* long) tzou festenn Praïsenn oderr nach (*ch* asp.) derr Karte?
Je désire dîner, déjeuner, manger de suite.	*Ich wünsche gleich zu dîniren, zu frühstücken, zu essen.*	Ich (*ch* asp.) vunché gla'ich (*ch* asp.) tzou dînirenn, tzou frustucken, tzou essenn.
Faites monter, — descendre mes bagages.	*Lassen Sie mein Gepäck herauf bringen, — herunter bringen.*	Lassen Zî (*i* long) mainn Ghepêck heraouf (*h* asp.), brinnghenn, — herounterr (*h* asp.) brinnghenn.
J'ai une malle, un sac	*Ich habe einen Koffer,*	Ich (*ch* asp.) habé (*h*

FRANÇAIS	ALLEMAND	PRONONCIATION FIGURÉE
de nuit, une valise, un paquet de cannes et de parapluies, un rouleau de manteaux et de couvertures, un carton à chapeau.	*einen Nachtsack, eine Reisetasche, ein Paquet Stöcke und Schirme, eine Rolle Mäntel und Decken, eine Hutschachtel.*	asp.) a'inenn Kofferr, a'inenn Nachtsack (*ch* asp.), a'ine Raïsetache, a'inn Paquet Steucké ound Chirmé, a'ine RolléMênntelound Deckenn, a'ine Houtcha'chtel (*cht* asp.).
Faites-moi réveiller demain matin, à 6 heures.	*Lassen Sie mich morgen früh, um sechs wecken.*	Lassen Zî (*i* long) mich (*ch* asp.) morghenn frû (*u* long) oum sechs (*ch* asp.) veckenn.
Préparez ma note, pour ce soir, — pour demain matin.	*Bereiten Sie meine Rechnung vor, für diesen Abend, — für morgen früh.*	Beraïtenn Zî (*i* long) maîne Rechnoungh (*ch* asp.) for, — fur dîsenn (*i* long) Abennd, — fur morghenn frû (*u* long).
Dites au garçon de cirer mes bottines et de brosser mes vêtements.	*Sagen Sie dem Hausknecht meine Steifel zu wichsen, meine Kleider zu bürsten.*	Saghenn Zî (*i* long) demm Haousknecht (*h* asp.; *cht* asp.) maîne Stifell tzou vichsen (*ch* asp.), maîne Klaïderr tzou burstenn.
Un morceau de savon.	*Ein Stück Seife.*	Aîn Stuck Saïfe.
Allumez la lampe.	*Zünden Sie die Lampe an.*	Tzunn'dennZî(*i*long) dî (*i* long) Lampe ann.
Allumez le poêle.	*Zünden Sie den Ofen an.*	Tzunn'dennZî(*i*long) denn Ofenn ann.
Fermez la porte, la croisée, les rideaux, les jalousies.	*Schliessen Sie die Thür, die Läden, die Gardinen, die Jalousien.*	Chliessen Zî (*i* long) dî (*i* long) Tur, dî (*i* long) Lêdenn, (è grave), dî (*i* long) Gardinenn, dî (*i* long) Jalousienn

FRANÇAIS	ALLEMAND	PRONONCIATION FIGURÉE
Donnez-moi une carafe et un verre.	*Geben Sie mir eine Caraffe und ein Glas.*	Ghebenn Zî (*i* long) mir aïne Caraffé ound aïnn Glass.
J'ai du linge à donner à la blanchisseuse.	*Ich habe Wäsche an die Wäscherin zu geben.*	Ich (*ch* asp.) habé (*h* asp.) Vêché ann dî (*i* long) Vêcherinn tzoughebenn.
Il me le faut pour ce soir, — demain matin, — demain soir, — pour après-demain.	*Ich brauche sie für diesen Abend, — morgen früh, — morgen Abend, — für übermorgen.*	Ich (*ch* asp.) braouché (*ch* asp.) zî (*i* long) fur dîsenn (*i* long) Abennd, — morghenn frû (*u* long), — morghenn Abennd, — fur uber morghenn.
Je suis pressé; quand me le rendrez-vous?	*Ich bin beeilt; wann geben Sie sie mir zurück?*	Ich (*ch* asp.) binn beaïlt; vann ghebenn Zî zî (*i* long) ess mir tzouruck?
Chemise de jour, de nuit.	*Tageshemd, Nachthemd.*	Tagheshemd (*h* asp.); Nachthemd (*ch* et *h* asp.).
Chemise d'homme. .	*Männerhemd* ou *Herrenhemd.*	Mênnerhemd (*h* asp.) *ou* Herrenhemd (*h* asp.).
Chemise de femme.	*Frauenhemd.*	Fraouennhemd (*h* asp.).
Blanchir sans empeser.	*Waschen ohne zu stärken.*	Vachenn ône (*o* long) tzou stêrckenn (*è* très ouvert).
Pantalons.	*Beinkleider*	Baïnnklaïderr.
Caleçons	*Unterbeinkleider* ou *Unterhosen*	Ounterr'baïnnklaïderr; Ounterrhosenn (*h* asp.).
Bas.	*Strümpfe*	Strumpfe(*u*mouillé).
Chaussettes	*Socken*	Sockenn.
Gilet de flanelle. . .	*Flanell Unterjacke.* .	Flanell Ounterr'yaké.
Gilet de tricot. . . .	*Tricot Unterjacke.* .	Tricot Ounterr'yaké.
Manchettes	*Manschetten.*	Manchetten.
Cols	*Kragen*	Kraghenn.

FRANÇAIS	ALLEMAND	PRONONCIATION FIGURÉE
Jupons.	*Unterrock* (plur. *Unterröcke*).	Ounterrock (*au plur.* Ounterreucké).
Mouchoirs de poche.	*Taschentuch* (plur. *Taschentücher*).	Tâchen'touch (*ch* asp.); (*au plur.* Tâchen'tucher).
Bonnets de nuit.	*Nachthaube* (pour femme); *Nachtmütze.*	Nacht'haoubé (*ch* et *h* asp.); Nachtmutzé (*ch* asp.).
Chemise.	*Hemd* (plur. *Hemden*).	Hemd (*h* asp.); (*au plur.* hemdenn).
Camisole.	*Camisol.*	Camisol.
Chemisettes.	*Chemisetten.*	Chemisetten.
Coudre les boutons.	*Die Knöpfe annähen.*	Dî (*i* long) Kneupfe annêhenn (*é* long et très ouvert; *h* asp.).
Raccommoder.	*Ausbessern.*	Aouss'bessern.
Épingles.	*Stecknadeln.*	Stecknadeln.
Une aiguille.	*Eine Nähnadel.*	Aïne Nêhnadel (*é* long et ouvert).
Du fil blanc, noir.	*Weisser, schwarzer Faden.*	Vaïsser, chvarzerr Fadenn.
Un bouton.	*Ein Knopf.*	Aïn Knopff.

Restaurant.

Garçon, servez-moi vite, je suis pressé.	*Kellner, bedienen Sie mich schnell, ich bin beeilt.*	Kellnerr, bedînenn (*i* long) Zî (*i* long) mich (*ch* asp.) chnell, ich (*ch* asp.) binn bea'illt.
Qu'avez-vous de prêt?	*Was haben Sie fertig?*	Vass habenn (*h* asp.) Zî (*i* long) fertigh?
Mettez une nappe propre.	*Legen Sie ein reines Tischtuch auf.*	Leghenn Zî (*i* long) a'inn ra'iness Tich'tuch (*ch* asp.) aouf.
Donnez-moi une serviette.	*Geben Sie mir eine Serviette.*	Ghebenn Zî (*i* long) mir a'ine Serviette.
La carte du jour, le menu.	*Die Tageskarte, das Menu.*	Dî (*i* long) Taghes-karté; das Menu.
Cuillère.	*Löffel.*	Leuffel.
Fourchette.	*Gabel.*	Gabell.

FRANÇAIS	ALLEMAND	PRONONCIATION FIGURÉE
Couteau	*Messer*	Messerr.
Serviette	*Serviette*	Serviette.
Une carafe	*Eine Caraffe.*	Aïne Caraffe.
Une bouteille	*Eine Flasche*	Aïne Flache.
Un verre	*Ein Glas*	A'inn Glass.
Une assiette	*Ein Teller*	A'inn Tellerr.
Vin blanc, rouge	*Weisswein, Rothwein.*	Vaïs'va'inn, Rot'-va'inn.
Bière	*Bier.*	Bîr (*i* très long.)
Eau, eau gazeuze, minérale.	*Wasser, Sodawasser, Mineralwasser.*	Vasserr; Sodavasserr, Mineral vasserr.
Pain, pain tendre	*Brod, weiches Brod.*	Brod; vaïches (*ch* asp.) Brod.
Poivre	*Pfeffer*	Pfefferr.
Sel	*Salz*	Saltz.
Huile	*Oel*	Eul.
Vinaigre	*Essig*	Essigh.
Moutarde	*Senf.*	Sennf.
Lait	*Milch*	Milch (*ch* asp.).
Beurre	*Butter*	Boutterr.
Bouillon	*Bouillon*	Bouillon.
Potage	*Suppe*	Souppé.
Soupe maigre	*Magere Suppe*	Maghere Souppé.
Hors-d'œuvre	*Vorspeise*	Forspaïsé.
Œufs à la coque, — sur le plat.	*Weiche Eier; — Spiegeleier.*	Vaïche(*ch* asp.) a'ierr; — Spieghel'aïerr.
Omelette	*Omelette*	Omelett.
Poisson	*Fisch*	Fich.
Bœuf	*Rindfleisch*	Rinndfla'ich.
Bœuf bouilli, rôti	*GekochtesRindfleisch; gebratenes Rindfleisch.*	Ghekochtess(*ch* asp.) Rinndfla'ich; ghebrateness Rinndfla'ich.
Mouton	*Hammel* (ou *Schöpsen*)	Hammel (*ou* Cheupsenn).
Côtelettes de mouton, de veau.	*Hammelcotelettes; Kalbscotelettes.*	Hammelcôtelettes; Kalbscôtelettes.
Escalope	*Schnitzel*	Chnitzell.
Veau	*Kalb*	Kalb.
Poulet	*Huhn*	Hoûnn (*h* asp.; *ou* l.)
Porc	*Schwein*	Chvaïnn.

FRANÇAIS	ALLEMAND	PRONONCIATION FIGURÉE
Chevreuil	*Rehe*	Rehe (*h* asp.).
Saucisse	*Würstchen*	Vurst'chenn(*ch* asp.).
Saucisson	*Wurst* (ou *Salami*)	Vourst *ou* Salami.
Jambon	*Schinken*	Chinkenn.
Lièvre	*Hase*	Hase (*h* asp.).
Perdreau	*Perlhuhn*	Perlhôunn (*h* asp.; *ou* long.).
Pommes de terre.	*Erdäpfel* (ou *Kartoffeln*).	Erdêpfel *ou* Kartofeln.
Pois	*Erbsen*	Erbsenn.
Haricots verts	*Grüne Bohnen*	Gruné Bônenn (*o* long).
Salade; laitue	*Salat; Kopfsalat*	Salat; Kopfsalat.
Patisserie, gâteaux.	*Zuckerbäckerei, Kuchen.*	Zouckerbêckeraï; Kouchen (*ch* asp.).
Fromage	*Käse*	Kêse (*ê* très ouvert).
Fruits; raisins, pommes, poires, fraises, cerises, prunes, noix, pêches, oranges.	*Obst* ou *Früchte, Trauben, Æpfeln, Birnen, Erdbeeren, Kirschen, Pflaumen* (ou *Zwetschgen*), *Nüsse, Pfirsiche, Orangen.*	Obst *ou* Fruchte (*ch* asp.); Traoubenn, Êpfeln, Birnenn, Erdbeerenn, Kirchenn, Pflaoumenn (*ou* Tzvetchguenn) Nusse, Pfirsiche(*ch* asp.), Orangen.
Café; liqueur	*Caffee; Liqueur.*	Cafée; Liqueur.
Donnez-moi la note.	*Geben Sie mir die Rechnung.*	Ghebenn Zî (*i* long) mir dî (*i* long) Rechnoung (*ch* as.)
Voici votre pourboire.	*Hier ist Ihr Trinkgeld.*	Hîr (*h* asp.; *i* long) ist îr (*i* long) Trinnk'gheld.

Le Bain.

Où est l'établissement de bains?	*Wo ist die Badeanstalt?*	Vo ist dî (*i* long) Bade'anstalt?
Je désire un bain, chaud, froid, de siège, une douche.	*Ich wünsche ein warmes Bad, ein kaltes Bad, ein Sitz Bad, eine Douche.*	Ich vunnche aïnn varmess Bad, aïnn kaltess Bad, aïnn Sitzbad, aïne Douche.

FRANÇAIS	ALLEMAND	PRONONCIATION FIGURÉE
Donnez-moi un grand drap, une serviette, un morceau de savon.	*Geben Sie mir ein grosses Laken,—ein Handtuch, — ein Stück Seife.*	Ghebenn Zî (*i* l.) mir aïnn grosses Lakenn,—aïnn Handtouch (*h* et *ch* asp.), aïnn Stuck Sa'iffe.

Le fumeur.

Donnez-moi un cigare ordinaire, — de la Havane, — à quinze pfennigs, — clair, foncé; — doux, fort.	*Geben Sie mir eine gewöhnliche Cigarre; — eine Havanna, —zu fünfzehn Pfennig; — hell, dunkel; — leicht, starke.*	Ghebenn Zî (*i* long) mir aïne gheveunliche (*ch* asp.) Cigarre, — aïne Havanna, — tzou tzveulf (*ê* long) Pfennigh,— hell (*h* asp.), dounkell, — laïcht (*ch.* asp.), starké.
Du tabac à fumer pour cigarettes, pour la pipe.	*Rauchtabak für Cigaretten, für die Pfeife.*	Raouchtabak (*ch* asp.) fur Cigarettenn, fûr dî (*i* long) Pfaïffe.
Des cigarettes, fortes, douces.	*Starke Cigarretten, leichte Cigarretten.*	Starke Cigarettenn, laïchte (*ch* asp.) Cigarettenn.
Du papier à cigarettes.	*Cigarrettenpapier.*	Cigaretten papîr (*i* long).
Une boîte d'allumettes.	*Eine Schachtel Zündhölzer.*	Aïne Chachtel (*cht* asp.) Tzunnd'heultzer (*h* asp.).
Combien?	*Wieviel?*	Vîfîl (*i* long).

Poste et télégraphe.

Où est la poste (*ou* le bureau de poste)?	*Wo ist die Post* (ou *das Postamt*)?	Vo ist dî (*i* long) Post,—dassPostamt?
Où est le guichet de la poste restante?	*Wo ist der Schalter für Postlagernd?*	Vo ist derr Chalterr fur Postlaghernd?
Avez-vous des lettres, — une lettre chargée, — pour moi?	*Haben Sie Briefe, — einen recommandirten Brief, — für mich?*	Habenn (*h* asp.) Zî (*i* long) Brîfe (*i* long), — einenn recommandirtenn

FRANÇAIS	ALLEMAND	PRONONCIATION FIGURÉE
		Brîf (*i* long) — fur mich (*ch* asp.)?
A quelle heure arrive, — part le courrier?	*Um wieviel Uhr kommt, — geht — die Post?*	Oum vîfîl (*i* long) Our kommt, — gheett — dî (*i* l.) Post?
Voici des papiers qui constatent mon identité	*Hier meine Identitäts Papiere.*	Hîr (*h* asp.; *i* long) maïne Idenntitêts (*ê* long et ouvert) papîre (*i* long).
Je vous prie de faire suivre les lettres qui arriveront après mon départ à cette adresse.	*Ich bitte Sie mir die Briefe welche nach meiner Abreise ankommen, an diese Adresse nachzusenden.*	Ich (*ch* asp.) bitte Zî (*i* long) mir dî (*i* long) Brîfe (*i* long) velche (*ch* asp.) nach (*ch* asp.) maïnerr Abraïse ankommenn, an dîse (*i* long) Adresse nachtzousenndenn (*ch* asp.).
Vous n'avez pas d'autres lettres à mon adresse?	*Haben Sie keine anderen Briefe an meine Adresse?*	Habenn (*h* asp.) Zî (*i* long) kaïne anderenn Brîfe (*i* l.) ann ma'inéAdresse?
Donnez-moi une carte postale; avec réponse.	*Geben Sie mir eine Postkarte; — mit Antwort.*	Ghebenn Zî (*i* long) mir a'inéPostkarte; — mit Antvortt.
Donnez-moi des timbres pour une lettre, le pays, pour l'étranger.	*Geben Sie mir Postmarken für einen Brief, für das Inland — für das Ausland.*	Ghebenn Zî (*i* long) mir Postmarkenn fur aïnnenn Brîf (*î* long) fur dass Innland, — fur dass Ausland.
Cette lettre pèse-t-elle plus que le poids réglementaire?	*Hat dieser Brief Uebergewicht?*	Hatt (*h* asp.) dîser (*i* long) Brîf (*i* long) Ubergheviсht (*ch* asp.)?
Où y a-t-il du papier, une enveloppe, de l'encre, une plume?	*Wo giebt es Papier, ein Couvert* (ou *ein Briefumschlag*), *Tinte, eine Feder?*	Vo ghibt es Papîr (*i* long), aïnn Couvert *ou* aïnn Brîfoumchlag (*i* l.), Tinnte, a'ine Federr?

FRANÇAIS	ALLEMAND	PRONONCIATION FIGURÉE
Je désirerais envoyer un télégramme pour la France.	*Ich wünsche ein Telegramm nach Frankreich zu senden.*	Ich (*ch* asp.) vunché (*u* comme dans *une*) aïn Telegramm nach (*ch* asp.) Frankraïch (*ch* asp.) tzou senndenn.
Combien est-ce par mot?	*Wieviel kostet das Wort?*	Vîfîl (*i* long) kosstett dass Vort?
Y a-t-il un droit fixe en dehors du coût par mot?	*Giebt es eine Grundtaxe ausser der Worttaxe?*	Ghibt es a'ine Ground taxe aousser derr Vorttaxe?
Donnez-moi un reçu.	*Geben Sie mir einen Empfangsschein.*	Ghebenn Zî (*i* long) mir a'inenn Empfangcha'inn.
Jusqu'à quelle heure le bureau est-il ouvert?	*Bis wieviel Uhr ist das Bureau geöffnet.*	Bis vîfîl (*i* long) Our ist das Bureau ghe'euffnett?

Promenade dans la ville.

Je désire visiter la ville et avoir un guide pour m'accompagner.	*Ich wünsche die Stadt zu besuchen und einen Führer zu haben, um mich zu begleiten.*	Ich (*ch* asp.) vunché (*u* comme dans *une*) dî (*i* long) Stadt tzou bezouchen (*ch* asp.) ound aïnenn Fûrerr (*u* long) tzou habenn (*h* asp.), oum mich (*ch* asp.) tzou béglaïtenn.
Combien me demandez-vous pour voir les curiosités de la ville?	*Wieviel verlangen Sie um mich alle Merkwürdigkeiten der Stadt sehen zu lassen?*	Vîfîl (*i* longs) ferlanghenn Zî (*i* long) oum mich (*ch* asp.) allé Merkvurdigh'ka'itenn derr Stadt se'enn tzou lassenn?
Comment s'appelle cette rue?	*Wie heisst diese Strasse?*	Vî (*i* long) haïsst dîse (*î* long) Strasse?
Quel est le plus court chemin pour se rendre à....?	*Welches ist der nächste Weg um sich nach?... zu begeben.*	Velchess (*ch* asp.) ist derr nêchsté (*é* très ouvert; *ch* aspiré)

FRANÇAIS	ALLEMAND	PRONONCIATION FIGURÉE
		vegh oum sich (*ch* asp.) nach (*ch* asp.)... tzou beghebenn?
Venez avec moi pour me montrer le chemin.	*Kommen Sie mit mir, um mir den Weg zu zeigen.*	Kommenn Zî (*i* long) mit mir, oum mir denn Vègh tzou tzaïghenn.
Faut-il aller à droite, à gauche, tout droit?	*Muss man nach rechts, oder nach links, — gehen?*	Mouss mann nach (*ch* asp.) rechts (*ch* asp.), oder nach (*ch* asp.) linnks, — ghé'-enn?
Quel est cet édifice: église, hôtel de ville, hôpital, caserne, couvent, collège, musée, bibliothèque, théâtre?	*Welches ist dieses Gebäude: Kirche, Rathaus, Krankenhaus, Caserne, Kloster, Gymnasium Museum, Bibliothek, Theater?*	Velchess (*ch* asp.) ist dîse (*i* long) Ghebeeude: Kirche (*ch* asp.), Rat'haouss. Krankenhaous (*h* asp.), Caserne, Klosterr, Ghimnasioum, Museoum, Bibliothek, Teaterr?
Où est l'entrée...?	*Wo ist der Eingang?*	Vo ist der A'inngangh?
Quels sont les jours de visite?	*Welche sind die Besuchstage?*	Velché (*ch* asp.) sinnd dî (*i* long) Besouchstaghé (*ch* asp.)?
A quelle heure peut-on visiter?	*Um welche Zeit kann man besuchen?*	Oum velché (*ch* asp.) Tzaïtt kann mann bezouchenn (*ch* asp.)?
Est-ce ouvert toute la journée?	*Ist es den ganzen Tag geöffnet?*	Ist ess denn gantzen Tag ghe'euffnett?
A quelle heure (*ou* quand) ferme-t-on?	*Um wieviel Uhr* (ou *wann*) *schliesst man?*	Oum vîfîl (*i* longs) Oûr (*oû* long), ou: vann chliesst mann?
Je voudrais voir le tableau de..., la statue de..., la chapelle, la sacristie.	*Ich möchte das Bild von..., die Statue von..., die Kapelle, die Sacristei—sehen.*	Ich meuchte (*ch* asp.) dass Bild fonn..., dî (*i* long) Statoue fonn..., dî (*i* long

FRANÇAIS	ALLEMAND	PRONONCIATION FIGURÉE
		Kappelle, dî (*i* long) Sacristaï, — se' enn.
Je voudrais monter à la tour.	*Ich möchte auf den Turm steigen.*	Ich meuchte (*ch* asp.) aouf denn Tourm staïghen.
Peut-on entrer?	*Kann man eintreten?*	Kann mann aïntretenn?
Où est le gardien?	*Wo ist der Wächter?*	Vo ist derr Vêchter (*ê* très ouvert; *ch* asp.).
Qui peut ouvrir?	*Wer kann öffnen?*	Verr kann eufnen?
Allez chercher la personne qui a les clefs.	*Holen Sie die Person welche die Schlüssel hat.*	Holenn (*h* asp.) Zî (*i* long) dî (*i* long) Personn velché (*ch* asp.) dî (*i* long) Chlussell hatt (*h* asp.)
Voici pour vous.	*Hier für Sie.*	Hir (*h* asp.; *i* long) fur Zî (*i* long).
Avez-vous un catalogue?	*Haben Sie einen Katalog?*	Habenn (*h* asp.) Zî (*i* long) aïnenn Catalogue.
Quel est le prix?	*Welches ist der Preis?*	Velchess (*ch* asp.) ist derr Praïss?
Je désirerais avoir un âne, un mulet, un cheval.	*Ich wünsche einen Esel, ein Maulthier, ein Pferd, — zu haben.*	Ich (*ch* asp.) vunché (*u* mouillé) aïnenn Esel, aïnn Maoultir (*i* l.), aïnn Pferd tzou habenn (*h* asp.).
Quel est le tarif?	*Welches ist der Tarif?*	Velchess (*ch* asp.) ist derr Tarif?
Combien de temps faudra-t-il?	*Wieviel Zeit brauchen Sie?*	Vîfîl (*i* longs) Tzaït braouchenn (*ch* asp.) Zî (*i* long)?
J'irai à pied.	*Ich werde zu Fuss gehen.*	Ich (*ch* asp.) verdé tzou Fuss ghe'enn.
Quel est le village qu'on aperçoit là-bas; — cette montagne, cette forêt, ce	*Welches ist das Dorf, das man da unten bemerkt; — dieser Berg, dieser Wald,*	Velchess (*ch* asp.) ist dass Dorf, dass mann da ountenn bemerkt; dîserr (*i*

FRANÇAIS	ALLEMAND	PRONONCIATION FIGURÉE
château, cette ruine, cette grande construction.	*dieses Schloss, dieses grosse Gebäude?*	long) Bergh, dîser (*i* long) Vald, dîsess(*i* long)Chloss, dîsess (*i* long) grossé Gebe'eude?

Les mois et les jours.

Mois	*Monat.*	Monatt.
Janvier	*Januar*	Yanouar.
Février	*Februar*.	Febrouar.
Mars	*März*	Mêrtz (*ê* très ouvert).
Avril	*April*	April.
Mai.	*Mai*.	Maï.
Juin.	*Juni*	Youni.
Juillet	*Juli*.	Youli.
Août	*August*	Aougoust.
Septembre.	*September*.	Septemmberr.
Octobre.	*October*.	Octoberr.
Novembre.	*November*.	Novemmberr.
Décembre.	*Dezember*	Detzemmberr.

La semaine.

Semaine.	*Woche*	Woche (*ch* asp.).
Lundi.	*Montag*	Montagh.
Mardi.	*Dienstag*	Dînstagh (*i* long).
Mercredi	*Mittwoch*	Mittvoch (*ch* asp.).
Jeudi.	*Donnerstag*	Donnerstagh.
Vendredi	*Freitag*	Fraïtagh.
Samedi	*Sonnabend* ou *Samstag*.	Sonnabennd *ou* Samstagh.
Dimanche.	*Sonntag*.	Sonntagh.

Jour.

Jour.	*Tag*.	Tagh.
Aujourd'hui.	*Heute*.	Ha-eute.
Hier.	*Gestern*.	Ghesternn.
Avant-hier.	*Vorgestern*	Forghestern.
Demain.	*Morgen*.	Morghenn.
Après-demain	*Uebermorgen*	Ubermorghenn.

FRANÇAIS	ALLEMAND	PRONONCIATION FIGURÉE
Ce matin.	*Heute Morgen.* . . .	Ha-eute Morghen.
Ce soir.	*Heute Abend*	Ha-eute Abennd.

L'heure.

Matin.	*Morgen*	Morghenn.
Midi	*Mittag*	Mittag.
Après-midi	*Nachmittag*	Nachmittagh (*ch* asp.).
Soir, nuit.	*Abend*	Abennd.
Minuit	*Mitternacht*	Mitternacht (*ch* asp.).
Heure.	*Uhr*(heured'horloge); *Stunde* (heure de durée).	Our (*ou* l.), Stounde.
Quart d'heure. . . .	*Viertel Stunde*. . . .	Fîrtel (*i* l.) Stounde.
Demi-heure	*Halbe Stunde*. . . .	Halbe (*h* asp.) Stounde.
Une minute.	*Eine Minute*.	Aïne Minoute.

Les nombres.

Un; une.	*Eins, ein; eine*. . .	Aïnns, aïnn; aïnne.
Deux	*Zwei*	Tzwaï.
Trois	*Drei*.	Draï
Quatre	*Vier*	Fîr (*î* long).
Cinq.	*Fünf*	Funf(*un* comme dans *une*).
Six.	*Sechs*	Sechs (*ch* asp.).
Sept.	*Sieben*	Sîbenn (*i* long).
Huit.	*Acht*	Acht (*ch* asp.).
Neuf	*Neun*	Na-eun.
Dix.	*Zehn*	Tze'enn.
Onze	*Elf*.	Elf.
Douze.	*Zwölf*.	Tzveulf.
Treize.	*Dreizehn*.	Draïtzé'enn.
Quatorze	*Vierzehn*	Fîrtzé'enn (*i* long).
Quinze	*Fünfzehn*	Funftzé'enn.
Seize	*Sechszehn*.	Sechtze'enn (*ch* asp.).
Dix-sept.	*Siebzehn*	Sîb (*i* long) tzé'enn.
Dix-huit.	*Achtzehn*	Achtze'enn (*ch* asp.).
Dix-neuf.	*Neunzehn*	Naeun'tzé'enn.

FRANÇAIS	ALLEMAND	PRONONCIATION FIGURÉE
Vingt	*Zwanzig*	Tzvanntzigh.
Vingt-un	*Einundzwanzig*	Aïn'ound'tzvantzigh.
Trente	*Dreissig*	Draïssigh.
Quarante	*Vierzig*	Fîrtzigh (*i* long).
Cinquante	*Fünfzig*	Funftzigh.
Soixante	*Sechzig*	Sechtzigh (*ch* asp.).
Soixante-dix	*Siebenzig*	Sîbenntzigh (*i* long).
Quatre-vingts	*Achtzig*	Achtzigh (*ch* asp.).
Quatre-vingt-dix	*Neunzig*	Na'eun'tzigh.
Cent	*Hundert*	Hounderrt (*h* asp.).
Cent un	*Hundert und eins*	Hounderrt (*h* asp.(ound aïnns.
Cent deux	*Hundert und zwei*	Hounderrt (*h* asp.) ound tzwaï.
Deux cents	*Zwei Hundert*	Tzwaï hounderrt (*h* asp.).
Cinq cents	*Fünf Hundert*	Funf hounderrt (*h* asp.).
Mille	*Tausend*	Taousennd.

Nombres ordinaux.

Premier (première)	*Erste*	Ersté.
Second (deuxième)	*Zweite*	Tzvaïté.
Troisième	*Dritte*	Dritté.
Quatrième	*Vierte*	Fîrté (*i* long).
Cinquième	*Fünfte*	Funfté.
Sixième	*Sechste*	Sechsté (*ch* asp.).
Septième	*Siebente*	Sibennté (*i* long
Huitième	*Achte*	Achté (*ch* asp.)
Neuvième	*Neunte*	Na-eunnté.
Dixième	*Zehnte*	Tze'ehnté.
Onzième	*Elfte*	Elfté.
Douzième	*Zwölfte*	Tzveulfté.
Treizième	*Dreizehnte*	Draïtze'ennté.
Quatorzième	*Vierzehnte*	Fîrtze'ennté (*i* long),
Quinzième	*Fünfzehnte*	Funftze'ennté.
Seizième	*Sechzehnte*	Sechstze'ennté (*ch* asp.).
Dix-septième	*Siebzehnte*	Sîbtze'ennté (*i* long).

FRANÇAIS	ALLEMAND	PRONONCIATION FIGURÉE
Dix-huitième.	*Achtzehnte*	Achtze'ennté (*ch* asp.).
Dix-neuvième	*Neunzehnte*	Na'eunntze'ennté.
Vingtième.	*Zwanzigste*	Tzvanntzighsté.
Vingt et unième. . .	*Einundzwanzigste*. .	Aïn ound tzvann-tzighsté.
Vingt-deuxième. . .	*Zweiundzwanzigste* .	Tzvaï ound tzvann-tzighsté.
Trentième.	*Dreissigste*.	Draïssighssté.
Quarantième	*Vierzigste*.	Fîrtzighssté (*i* long.)
Cinquantième	*Fünfzigste*.	Funftzighssté.
Soixantième.	*Sechzigste*.	Sechtzighssté (*ch* asp.).
Soixante-dixième. . .	*Siebzigste*.	Sîbtzighssté (*i* long).
Quatre-vingtième . .	*Achtzigste*.	Achtzighssté (*ch* asp.).
Quatre-vingt-dixième.	*Neunzigste*	Na'eunntzighssté.
Centième	*Hundertste*	Hounndertsté (*h* asp.).
Deux-centième. . . .	*Zweihundertste*. . . .	Tzwaïhoundertssté (*h* asp.).
Millième.	*Tausendste*	Taousenndssté.

1030-09. — Coulommiers. Imp. PAUL BRODARD. — 8-09.